国家出版基金项目

"十四五"国家重点出版物出版规划项目

中国耕地土壤论著系列

中华人民共和国农业农村部　组编

中国潮土

Chinese
Fluvo-aquic Soils

张淑香　李　涛　任　意 等◆著

中国农业出版社

北　京

图书在版编目（CIP）数据

中国潮土 / 张淑香等著. -- 北京 ：中国农业出版社，2024. 6. --（中国耕地土壤论著系列）. -- ISBN 978 - 7 - 109 - 32061 - 1

Ⅰ. S155. 4

中国国家版本馆 CIP 数据核字第 2024YJ2178 号

中国农业出版社出版

地址：北京市朝阳区麦子店街 18 号楼

邮编：100125

责任编辑：刘　伟　廖　宁　　文字编辑：李　辉

版式设计：王　晨　　责任校对：周丽芳

印刷：北京通州皇家印刷厂

版次：2024 年 6 月第 1 版

印次：2024 年 6 月北京第 1 次印刷

发行：新华书店北京发行所

开本：889mm×1194mm　1/16

印张：23.25

字数：639 千字

定价：238.00 元

中国耕地土壤论著系列

著者名单

著　者　　张淑香　李　涛　任　意　魏　丹　徐明岗

吴克宁　王胜涛　武雪萍　张会民　陈延华

宋付朋　孙志梅　卢昌艾　吕英华　段英华

张文菊　李文超　李若楠　李银坤　颜　芳

卢桂菊　田彦芳　程道全　温延臣　李　玲

郭斗斗　黄绍敏　葛树春　韩天富　魏　猛

丁建莉　于　蕾　王　乐　张微微　秦贞涵

王卓然　王　琼　许华森　张国刚　张　鑫

秦程程　柳开楼　金　梁　闫军营　张认连

曲潇琳　龙怀玉　郭　宁　孙　楠　王红叶

张骏达　任　萍　张水清

耕地是农业发展之基、农民安身之本，也是乡村振兴的物质基础。习近平总书记强调，"我国人多地少的基本国情，决定了我们必须把关系十几亿人吃饭大事的耕地保护好，绝不能有闪失"。加强耕地保护的前提是保证耕地数量的稳定，更重要的是要通过耕地质量评价，摸清质量家底，有针对性地开展耕地质量保护和建设，让退化的耕地得到治理，土壤内在质量得到提高、产出能力得到提升。

新中国成立以来，我国开展过两次土壤普查工作。2002年，农业部启动全国耕地地力调查与质量评价工作，于2012年以县域为单位完成了全国2 498个县的耕地地力调查与质量评价工作；2017年，结合第三次全国国土调查，农业部组织开展了第二轮全国耕地地力调查与质量评价工作，并于2019年以农业农村部公报形式公布了评价结果。这些工作积累了海量的耕地质量相关数据、图件，建立了一整套科学的耕地质量评价方法，摸清了全国耕地质量主要性状和存在的障碍因素，提出了有针对性的对策措施与建议，形成了一系列专题成果报告。

土壤分类是土壤科学的基础。每一种土壤类型都是具有相似土壤形态特征及理化性状、生物特性的集合体。编辑出版"中国耕地土壤论著系列"（以下简称"论著系列"），按照耕地土壤性状的差异，分土壤类型论述耕地土壤的形成、分布、理化性状、主要障碍因素、改良利用途径，既是对前两次土壤普查和两轮耕地地力调查与质量评价成果的系统梳理，也是对土壤学科的有效传承，将为全面分析相关土壤类型耕地质量家底，有针对性地加强耕地质量保护与建设，因地制宜地开展耕地土壤培肥改良与治理修复、合理布局作物生产、指导科学施肥提供重要依据，对提升耕地综合生产能力、促进耕地资源永续利用、保障国家粮食安全具有十分重要的意义，也将为当前正在开展的第三次全国土壤普查工作提供重要的基础资料和有效指导。

相信"论著系列"的出版，将为新时代全面推进乡村振兴、加快农业农村现代化、实现农业强国提供有力支撑，为落实最严格的耕地保护制度，深入实施"藏粮于地、藏粮于技"战略发挥重要作用，作出应有贡献。

中华人民共和国农业农村部副部长　张兴旺

　　耕地土壤是最宝贵的农业资源和重要的生产要素，是人类赖以生存和发展的物质基础。耕地质量不仅决定农产品的产量，而且直接影响农产品的品质，关系到农民增收和国民身体健康，关系到国家粮食安全和农业可持续发展。

　　"中国耕地土壤论著系列"系统总结了多年以来对耕地土壤数据收集和改良的科研成果，全面阐述了各类型耕地土壤质量主要性状特征、存在的主要障碍因素及改良实践，实现了文化传承、科技传承和土壤传承。本丛书将为摸清土壤环境质量、编制耕地土壤污染防治计划、实施耕地土壤修复工程和加强耕地土壤环境监管等工作提供理论支撑，有利于科学提出耕地土壤改良与培肥技术措施、提升耕地综合生产能力、保障我国主要农产品有效供给，从而确保土壤健康、粮食安全、食品安全及农业可持续发展，给后人留下一方生存的沃土。

　　"中国耕地土壤论著系列"按十大主要类型耕地土壤分别出版，其内容的系统性、全面性和权威性都是很高的。它汇集了"十二五"及之前的理论与实践成果，融入了"十三五"以来的攻坚成果，结合第二次全国土壤普查和全国耕地地力调查与质量评价工作的成果，实现了理论与实践的完美结合，符合"稳产能、调结构、转方式"的政策需求，是理论研究与实践探索相结合的理想范本。我相信，本丛书是中国耕地土壤学界重要的理论巨著，可成为各级耕地保护从业人员进行生产活动的重要指导。

中　国　工　程　院　院　士

中国科学院南京土壤研究所研究员

　　耕地是珍贵的土壤资源，也是重要的农业资源和关键的生产要素，是粮食生产和粮食安全的"命根子"。保护耕地是保障国家粮食安全和生态安全，实施"藏粮于地、藏粮于技"战略，促进农业绿色可持续发展，提升农产品竞争力的迫切需要。长期以来，我国土地利用强度大，轮作休耕难，资源投入不平衡，耕地土壤质量和健康状况恶化。我国曾组织过两次全国土壤普查工作。21世纪以来，由农业部组织开展的两轮全国耕地地力调查与质量评价工作取得了大量的基础数据和一手资料。最近十多年来，全国测土配方施肥行动覆盖了2 498个农业县，获得了一批可贵的数据资料。科研工作者在这些资料的基础上做了很多探索和研究，获得了许多科研成果。

　　"中国耕地土壤论著系列"是对两次土壤普查和耕地地力调查与质量评价成果的系统梳理，并大量汇集在此基础上的研究成果，按照耕地土壤性状的差异，分土壤类型逐一论述耕地土壤的形成、分布、理化性状、主要障碍因素和改良利用途径等，对传承土壤学科、推动成果直接为农业生产服务具有重要意义。

　　以往同类图书都是单册出版，编写内容和风格各不相同。本丛书按照统一结构和主题进行编写，可为读者提供全面系统的资料。本丛书内容丰富、适用性强，编写团队力量强大，由农业农村部牵头组织，由行业内经验丰富的权威专家负责各分册的编写，更确保了本丛书的编写质量。

　　相信本丛书的出版，可以有效加强耕地质量保护、有针对性地开展耕地土壤改良与培肥、合理布局作物生产、指导科学施肥，进而提升耕地生产能力，实现耕地资源的永续利用。

中国工程院院士
中国农业大学教授　张福锁

　　土壤是农业生产和社会经济发展的基础，是粮食安全和可持续发展的保障。我国在20世纪80年代开展了第二次全国土壤普查，系统查明了我国土壤的类型、分布、主要特性及利用情况，出版了《中国土壤》等巨著。20世纪90年代以来，随着我国社会经济的发展，特别是随着农村经营方式、农业结构调整的重大转变，土地管理和利用方式等发生了巨大变化，耕地质量也发生了较大变化。鉴于此，农业农村部决定组织编著出版"中国耕地土壤论著系列"丛书。《中国潮土》是丛书之一，系统总结和提炼近40年来潮土研究的成果。

　　我国潮土面积2 565.9万 hm²，广泛分布在全国27个省（自治区、直辖市），主要分布于我国温带和暖温带地区的冲积平原和沟谷阶地上。潮土在我国以山东、河北、河南3个省的面积最大，面积分别为466.6万 hm²、425.1万 hm²、416.1万 hm²，分别占我国潮土面积的18.2%、16.6%、16.2%；其次为江苏、内蒙古、新疆、安徽、湖北、山西，面积分别为249.2万 hm²、212.9万 hm²、156.2万 hm²、118.4万 hm²、80.3万 hm²、80.2万 hm²，分别占我国潮土面积的9.7%、8.3%、6.1%、4.6%、3.1%、3.1%；辽宁、四川、广西及北京、天津等省份也有潮土分布。该书是潮土分类、分等、特性与利用等方面最新研究成果的系统总结。其主要数据来源有两方面：一是本书撰写者在科研、教学、推广中累积的数据和资料；二是全国农业技术推广服务中心、耕地质量监测保护中心相关资料，2010年前后开展的我国耕地地力调查、测土配方施肥相关数据等。

　　全书共13章，每章内容及撰写人员如下：第一章，潮土的形成环境与过程（吴克宁、张淑香、龙怀玉、张微微、曲潇琳）；第二章，潮土的分类、分布及其特征（吴克宁、李玲）；第三章，潮土区土壤肥力和作物产量的演变特征（张淑香、孙楠、任意、王乐、张认连、徐明岗、卢贵菊、温延臣、任萍）；第四章，潮土有机质演变特征与提升技术（张文菊、田彦芳）；第五章，潮土氮素（孙志梅、许华森、李文超、张鑫、段英华）；第六章，潮土磷素（张淑香、秦贞涵、陈延华、张微微、王琼、郭斗斗、黄绍敏、魏猛、于蕾、王卓然、郭宁）；第七章，潮土钾素（张会民、张水清、柳开楼、韩天富）；第八章，潮土耕地测土配方施肥技术推广与应用（吕英华、卢昌艾、闫军营）；第九章，潮土耕地质量评价（王胜涛、任意、程道全、颜芳、王红叶、张骏达）；第十章，潮土设施菜地氮磷转化特征及管理（武雪萍、李若楠、李银坤、魏丹、张国刚）；第十一章，潮土设施菜地存在的问题、对策与规划（魏丹、武雪萍、张国刚、金梁、丁建莉、秦程程）；第十二章，华北潮土分析（李涛、宋付朋）；第十三章，潮土耕地分区利用与保护及可持续利用（魏丹、任意、张国刚、葛树春、王胜涛、金梁、丁建莉、秦程程）。

本书注重潮土研究的基础性和系统性，也注重潮土耕地保护和持续利用的技术及模式。

本书是集体智慧的结晶。参加撰写的几十位作者均为长期从事潮土研究和利用的专家学者。全书由张淑香、李涛、魏丹、武雪萍、张会民和任意交换审核，最后由张淑香和李涛定稿。

本书在编写过程中，得到许多领导、专家的指导和支持，尤其是农业农村部农田建设管理司、耕地质量监测保护中心等单位的大力支持，在此表示衷心感谢。本书的出版还要感谢科技基础资源调查专项"典型农区耕地质量演替数据整编与深加工"（2021FY100500）、国家重点研发计划项目"农田草地生态质量检测技术集成与应用示范"（2017YF0503805）、农业行业科技项目"北方一熟区耕地培肥与合理农作制"（201503120）和"粮食主产区土壤肥力演变与培肥技术研究与示范"（201203030）、国家重点研发计划项目（政府间重点专项）"中欧农田土壤质量评价与提升技术"（2016YFE0112700）、国家重点研发计划项目"耕地地力影响化肥养分利用的机制与调控"（2016YFD0200300）等的支持。感谢中国农业科学院创新工程项目、国家土壤质量数据中心、土壤培肥与改良创新团队全体成员的大力支持！

由于著者水平有限，加上时间仓促，书中不妥之处敬请批评指正！

著　者

目录 CONTENTS

第一章 潮土的形成环境与过程 >>>

潮土是发育于河流冲积土，受地下潜水作用，经过耕作熟化而形成的一种半水成土壤。多数国家称此类土壤为冲积土或草甸土。美国的《土壤系统分类》将其列为冲积新成土亚纲。潮土是河流沉积物受地下水运动和耕作活动影响而形成的非地带性土壤，因有夜潮现象而得名。

第一节 潮土概述

一、潮土分布与面积

潮土是河流沉积物受地下水运动影响并经长期旱耕而形成的一类半水成土壤。潮土区地形平坦开阔，水热资源充足，土体深厚，肥沃宜垦，是我国粮、棉、油的主要生产基地，也是各种水果、蔬菜和多种名特优农产品的重要产区。

我国潮土面积 2 565.9 万 hm²，广泛分布在全国 27 个省（自治区、直辖市），主要分布于我国温带和暖温带地区的冲积平原和沟谷阶地上。大部分集中分布在黄淮海平原，以及长江、珠江、辽河中下游的开阔河谷与平原，在黄河河套平原也有连片集中分布。此外，在一系列盆地、河谷、山前平原与高山谷地、高原滩地也有小面积分布。

潮土在我国以山东、河北、河南 3 个省的面积最大，面积分别为 466.6 万 hm²、425.1 万 hm²、416.1 万 hm²，分别占我国潮土面积的 18.2%、16.6%、16.2%；其次为江苏、内蒙古、新疆、安徽、湖北、山西，面积分别为 249.2 万 hm²、212.9 万 hm²、156.2 万 hm²、118.4 万 hm²、80.3 万 hm²、80.2 万 hm²，分别占我国潮土面积的 9.7%、8.3%、6.1%、4.6%、3.1%、3.1%；辽宁、四川、广西及北京、天津等省份也有潮土分布。

二、潮土理化特征

潮土中有机质含量并不高，但土壤矿物质养分含量较丰富，加之土体深厚，结构疏松，易于耕作管理，是生产性能良好的一类耕种土壤。潮土分布区域广，类型变化多样，生产性状差别很大。由沙质沉积物发育的潮土，沙性重，漏水漏肥，养分含量低，保肥供肥能力弱，多属低产土壤；由黏质沉积物发育的潮土，质地黏重，通透性和耕性差，湿时上层滞水，干时龟裂跑墒，适耕期短，养分含量虽较高，但物理性状差，生产潜力难以发挥；由壤质沉积物发育的潮土，质地适中，物理性状好，抗寒抗涝能力强，养分含量较高，保肥供肥能力也强，水、肥、气、热协调，通常为各类旱作物的高产土壤（全国土壤普查办公室，1998）。

潮土区地下水位较高，变化幅度大，配套的水利工程和农田基本建设以及防风固沙、翻淤压沙、客沙治黏等改土措施，对于防治洪涝、干旱和盐碱化等不利自然因素十分必要。近年来，随着地下水开采量的日益增加，潮土区的地下水位不断降低，干旱问题是潮土区生产潜力的主要限制因素。对处于低洼地段的潮土，应进行排涝治渍或改种水稻，以发挥土壤生产潜力（全国土壤普查办公室，1998）。

三、潮土剖面特征

潮土剖面层次构型一般由耕作层、氧化还原特征层及母质层所构成。耕作层是在河流冲积母质基础上，受旱耕影响最深刻的土层，沉积特征消失，结构性状改善，养分含量增加，由于受机具耕作的挤压作用，其下可分化出亚耕层。氧化还原特征层是在周期性干湿交替条件下，形成有锈色斑纹或有细小铁锰结核的心土层。母质层仍保持河流沉积物沉积层特征，或有少量锈色斑纹及蓝灰色潜育特征。潮土因其特定的土层组合特征而区别于平原冲积土、草甸土、沼泽土及水稻土等，但受耕种及各种附加成土作用的影响，潮土的性状各异，因而在不同情况下潮土具盐化、碱化、沼泽化、脱潮及人工灌淤等特征。

第二节　潮土成土的环境条件

一、气候条件

潮土地区由于分布范围广阔，不同地区水、热条件及种植制度差异很大。黄淮海平原区处于半湿润暖温带，年降水量 500～800 mm，年均温 10～14 ℃，一年两熟或两年三熟；长江中下游区处于湿润北亚热带，年降水量 1 000 mm 以上，年均温在 14～18 ℃，一年两熟；珠江三角洲处于湿润南亚热带，年降水量 1 400～1 800 mm，年均温 20～22 ℃，一年三熟；河套平原属半干旱中温带，年降水量 200～400 mm，年均温 4～7 ℃，一年一熟；辽河平原属半湿润中温带，年降水量 600～800 mm，年均温 6～9 ℃，一年一熟；成都平原属湿润中亚热带，年降水量 1 000～1 200 mm，年均温 16～18 ℃，一年三熟。可见，随降水量和年均温的增高，耕地复种指数相应提高。

二、地形地貌

潮土大部分分布于东部半干旱、半湿润的黄淮海平原，海拔多不及百米，地势平缓倾斜。由山麓向滨海顺序出现洪积-倾斜平原、洪积-冲积扇平原、冲积平原、冲积-湖积平原、海积-冲积平原、海积平原等地貌类型。黄河、淮河、海河、滦河等河流所塑造的地貌构成了黄淮海平原的主体，即黄河冲积扇平原、淮河中下游平原、海河中下游平原、滦河下游冲积扇平原。

在湿润地区的长江与珠江冲积平原与三角洲地区，河谷地貌发育形成，潮土沿河道两侧呈条带状分布，由中游至下游及出海口，河谷平原面逐步开阔，潮土分布面积较为集中，中游地区的潮土常与水稻土组合，在相邻的岗丘与低山区则与红壤、黄褐土、黄棕壤等相接；下游地区除了潮土与水稻土组合分布外，常与滨海盐土构成组合，或与风沙土毗邻；在低洼圩区，由于人工开挖桑基稻田、桑基鱼塘，在桑基上的潮土与低部位的水稻土构成框（垛）式或条格式的复域分布。

此外，在山丘沟谷间，溪流弯曲，河床狭窄，潮土面积小，多呈枝状，与相邻的在各种基岩风化物上发育的区域性土壤呈组合分布。

三、植被条件

黄淮海平原大部分属暖温带落叶阔叶林带，原生植被早被农作物所取代，仅在太行山、燕山山麓边缘生长旱生、半旱生灌丛或灌草丛，局部沟谷或山麓丘陵阴坡出现小片落叶阔叶林；南部接近亚热带，散生马尾松、化香树等乔木。广大平原的田间路旁，以禾本科、菊科、蓼科、藜科等植物组成的草甸植被为主。

长江中下游平原植被多为人工植被及水稻田。天然植被多已破坏，残存的天然植被，长江以北主要是常绿阔叶和落叶阔叶混交林，以南主要是常绿阔叶林。平原内域分布的常见野生草本植物种类有土茯苓、益母草、明党参、葛根等，水生植物主要在湖泊内，从沿岸浅水向中心深水方向呈有规律的环状分布，依次为挺水植物带、浮水植物带和沉水植物带。

四、成土母质

黏粒矿物特征：潮土的黏粒矿物均以水云母为主，蒙脱石、蛭石、高岭石、绿泥石等次要矿物多少不一。黄河、海河、滦河、辽河沉积物中以水云母为主，伴蒙脱石、绿泥石等；长江沉积物中以水云母与蛭石为主，伴高岭石、蒙脱石等；淮河沉积物以水云母与蒙脱石为主，伴高岭石、绿泥石等。

不同河系沉积物中水云母含量多少，反映了土壤的脱钾程度，对土壤钾素含量具有决定意义。雅鲁藏布江河谷中的潮土，其沉积物来自高寒山地，风化较差，土壤的黏粒矿物以水云母、绿泥石为主，次为蛭石、蒙脱石，潮土中含丰富的钾素；珠江三角洲沉积物来自热带、亚热带地区高度风化的地面物质，土壤的黏粒矿物则以高岭石为主，伴水云母与蛭石，潮土中速效钾含量很低。大量分析资料表明，潮土黏粒的硅铝率一般>3，硅铁铝率>2；华北平原沉积物形成的潮土较高，分别为 4.4 及 3.4 左右；长江与淮河沉积物形成的潮土稍低，为 3.3 及 2.4 左右；珠江沉积物形成的潮土更低，为 2.5 及 1.9 左右，均与各水系沉积物中水云母、蒙脱石黏粒矿物含量多少相关。

潮土主要成土母质是近代河流沉积物，部分为古河流沉积物、洪积沉积物及浅海沉积物等。但由于各水系沉积物的成因和性质不同，在沉积过程中沉积物受水力分选作用支配，造成冲积平原区在水平面上有粗细颗粒之分，即沿河道或泛水主流两侧为粗粒质沉积物，远离河床或漫流区为细粒的沙质、壤质和黏质沉积物呈规律性分布。

五、水文条件

潮土主要分布于黄淮海平原和长江中下游平原，黄淮海平原河流众多，主要水文特征为径流量小，汛期短，汛期在夏季，径流的季节变化、年际变化大，有结冰期，含沙量大，主要为季节性雨水补给，流速较为缓慢。长江中下游河谷平原的水文特征是多支流，多曲流，径流年内分配不均，主要集中在夏季，水量大，水位季节变化大，汛期长，含沙量少，无结冰期。有少量的盐化潮土、碱化潮土分布于冲积平原地势相对低洼的地区或洼地边缘，此地区水流缓慢，以蒸发为主，地下水位较高。

少量灌淤潮土分布于河套平原，由于降水少、蒸发量大，此地区径流量很小。

第三节　潮土的发生与成土特点

一、潮土的发生过程

（一）有机质积累过程

有机质积累过程是生物因素在土壤形成过程中发展的结果，土壤有机质主要来源于动植物残体的分解。有机质积累过程普遍存在于各种土壤中，但因其环境条件不同，积累方式与速度有所不同。潮土的有机质积累过程主要是受旱耕熟化影响的腐殖质积累过程。

（二）潮化过程（潜育化与潴育化过程）

土壤潜育化指土壤长期滞水，严重缺氧，产生较多还原物质，使高价铁、锰化合物转化为低价状态，使土体变为蓝灰色或青灰色的现象。土壤处于长期地面积水或地下水位过高的情况下，土体呈嫌气还原状态，氧化还原电位一般在 250 mV 以下，Fe、Mn 等易变价元素多以低价化合物存在，如蓝铁矿 $[Fe_3(PO_4)_2]$、菱铁矿（$FeCO_3$）、硫化铁（FeS）等，多呈蓝色、青色、黑色；而低价锰化合物如方锰矿（MnO）、菱锰矿（$MnCO_3$）、羟基锰 $[Mn(OH)_2]$ 等，则常呈浅红棕色或稍带紫色。沙质土经过潜育化过程一般呈青灰色，不松散，板结性明显，不透气；而黏性土呈现出青绿色，黏糊状，塑性强，有很少裂隙与铁锰结核，耕时呈青泥条，垡面光滑。潜育化过程的强弱，可通过观察土壤剖面中潜育层的厚薄与深浅来判断。土壤发生潜育化表明土壤水分过多，这将会严重影响植物根系的发育。

土壤潴育化指当土壤处于间断性地下水升降频繁的情况下，土壤中氧化还原作用交替进行的现象。当积水时，Fe、Mn 等易变价元素变成低价而被还原，呈蓝灰色，产生淋溶移动；当土壤脱水后，土体中呈氧化状态，低价 Fe、Mn 被氧化而变成高价 Fe、Mn，呈黄棕色、红棕色或棕黑色，淀积成锈纹、锈斑、胶膜及结核等 Fe、Mn 新生体。

（三）钙化与脱钙过程

钙化过程即碳酸钙在土壤剖面中的淋溶淀积。在干湿季节分明的条件下，矿物风化所释放出来的易溶盐类，一般情况下多被淋失，土壤溶液、胶体表面、土壤水和地下水中几乎为钙、镁饱和状态，土壤表层残存的钙离子与植物残体分解时产生的碳酸结合，形成溶解度大的重碳酸钙，在雨季随水向下移动至一定深度，由于水分减少和二氧化碳分压降低，重新形成碳酸钙沉淀于剖面的中部或下部，土壤发生钙积现象。

与钙化过程相反，脱钙过程指在降水量＞蒸发量的生物气候条件下，土壤中的碳酸钙将转变为重碳酸钙溶于土壤水而从土体中淋失，使土壤变为盐基不饱和状态。对于有一部分已经脱钙的土壤，由于自然（如生物表层吸收积累或风带来的含钙尘土降落或含碳酸盐地下水上升）或人为施肥（如施用石灰、钙质土粪等），而使土壤含钙量增加的过程，通常称为复钙过程。

碳酸钙在土体中积聚形态有多种，如粉末、假菌丝等。

(四) 盐化与脱盐过程

盐化过程指土壤上层易溶性盐的聚积过程，危害作物生长。除滨海地区外，盐化过程多发生在干旱、半干旱的大陆。盐化过程发生的基本条件是气候干旱，地势低平，地下水位高且水流滞缓，并且地下水矿化度较高。在这些条件的综合作用下，一方面，易溶盐随地表水和地下水从高处往地势低平处汇集，在蒸发作用下，易溶盐析出而累积于土壤表层；另一方面，较高的地下水位，使地下水通过毛管上升作用携带易溶盐升至土壤表层，强烈的蒸发作用使易溶盐浓缩析出，富集于土壤表层。此外，干旱地区的农业土壤，由于不合理的引水灌溉，可能提高灌区地下水位，从而引起盐化过程发生，这种过程称为次生盐渍化。滨海低地则会因海水浸渍与溯河倒灌，引起盐化过程发生。

土壤积盐有以下特点：①表聚性强，表层盐分一般多在 2.0 g/kg 以上，多的可达 10 g/kg 以上，地表 20 cm 以下锐减，多在 1.0~2.0 g/kg；②盐分组成复杂，包括氯化物、硫酸盐、重碳酸盐与碳酸盐等；③与地形有关，河流两岸槽形洼地与封闭洼地积盐现象较重；④与母质颗粒粗细有关，河南省土壤积盐主要发生在壤质土，因为水分在壤质土中运行距离远而且运行速度快，所以盐分易积累；⑤与水文地质有关，一般地表积盐情况与地下水矿化度大小及其化学组成密切相关。

土壤表层盐分由于自然降水，或者在人为影响下，排除地面积水与地下水，从而使土壤表层盐分降至 2.0 g/kg 以下时，称为土壤脱盐过程。土壤脱盐过程普遍存在，近些年来由于大量机井灌溉，充分利用地下水源，同时由于大力疏浚河道，排除地面积水及降低地下水位，加速了土壤的脱盐过程。

(五) 碱化与脱碱过程

碱化过程是土壤胶体逐步吸附较多的代换性钠，形成碱土或碱化土壤的过程。交换性钠进入胶体的程度取决于土壤溶液的盐类组成：当土壤溶液中含有大量 Na_2CO_3 时，交换性钠进入土壤胶体的能力最强；碱化过程是土壤胶体逐步吸附较多的代换性钠，形成碱土或碱化土壤的过程，碱化过程往往与脱盐过程相伴发生。碱化过程使土壤 pH>9.0，呈强碱性反应，并引起土壤物理性质恶化，如土壤分散、干时坚硬、湿时泥泞、透水性差。

脱碱化指 Na^+ 和可溶性盐从碱化层（钠质层）淋失的过程。碱化土壤的碱化层水分通透性差，土壤水分不能进一步渗入土体而滞留在表土或碱化层上，滞水层次淋溶作用加强，发生水解作用，使土壤胶体吸附的交换性 Na^+ 被 H^+ 置换，铝硅酸盐晶格遭到破坏，加速分解。脱碱化为碱化土壤去钠、pH 降低的过程，表现为土色变白、硅铝酸盐矿物被破坏、出现 SiO_2 粉末。

(六) 人为灌淤过程

人为灌淤过程指长期引用富含泥沙的浑水灌溉，水中泥沙逐渐淤积，并同时进行人为施肥、耕种熟化等农业措施，在原来的自然土壤之上，可形成一个明显的<50 cm 的人为灌溉淤积土层，具有灌淤物质的人为扰动过程。

我国是一个古老的农业大国，农业开发利用的历史在四千年以上。河流汛期夹带大量泥沙，其中，尤以黄河中游支流泥沙含量高，且泥沙中含有一定量的养分，灌溉后即可耕种。灌淤不仅可满足作物对水分的需要，还可以填高土地、改良盐碱土和提高土壤肥力。

二、潮土的成土特点

潮土是我国重要的耕地土壤资源。河流泛滥堆积不同沉积物的层理性、土壤地下水周期性升降变化、旱作条件下的低腐殖质积累是潮土形成的共同特点。

（一）沉积物的层理性

潮土主要成土母质是近代河流沉积物，部分为古河流沉积物、洪积沉积物及浅海沉积物等。但由于各水系沉积物的成因和性质不同，在沉积过程中沉积物受水力分选作用支配，造成冲积平原区在水平面上有粗细颗粒之分，即沿河道或泛水主流两侧为粗粒质沉积物，远离河床或漫流区的细粒沙质、壤质和黏质沉积物呈规律性分布。同时，又因平原中地形起伏的影响，河流泛滥与决口溃堤的改道，各种沉积物交互堆叠，因而在同一水平沉积地段的下切剖面中，常有不同质地土层交互排列，构成了潮土质地土层排列的多样层理性，对潮土的剖面形态、土壤理化特性、水盐运行及农业生产性状带来重大影响。

黄淮海平原区的潮土，历史上受黄河以及淮河、海河的多次泛滥、决口与溃堤的影响，沙、壤、黏沉积物的区域分布及垂直剖面中的质地层理分异尤为明显。通常，在溃堤决口处及湍急水流的沿线为沙质与粉沙质沉积物，堆积成隆起的带状沙垄沙岗。决口远处及急流两侧，洪水呈扇形股流，沉积物颗粒逐渐变细，以粉沙质与壤质沉积物为主。至远离河床及主流的浅平洼地，水势减弱呈漫流状，或滞积于湖洼区，沉积物颗粒变细，属黏壤质或黏质沉积物。由于多次溃堤决口泛滥及河床改道，平原中不同地形部位上各类沉积物多次堆叠，因而剖面中各质地土层的性状对比差异明显。

长江、珠江冲积平原与三角洲的潮土，成土物质受河谷及河床下切的限制，以溢河槽漫流沉积为主，由上游携带来的泥沙在中下游地区沉积，沿水流两侧的水力分选作用相对较弱，也具有干流两侧沉积物由沙质至壤质、黏质的规律分布。但因常年漫流沉积，尽管沉积物多次覆盖，垂直土体中质地土层差异的对比性仍然不大，质地土层的界面过渡也不甚明显。在下游三角洲地区，多为河相、海相颗粒较细的黏质沉积物。

我国海岸线长，滨海沉积物也是潮土的重要成土母质类型，此类沉积物来自浅海及入海河流所带的泥沙堆积，因所处地形部位及海洋动力条件不同，滨海沉积物类型也有分异。在岛屿或半岛迎风强浪地段，多分选性好的粗沙与细沙沉积，其颗粒物质为纯净的石英砂，常夹有贝壳碎屑，堆积物具微向海面倾斜的平行层理。河口沙堤则多细沙及粉沙质沉积，在潮流较缓的海涂及岛屿平原，沉积物颗粒较细，大多为黏壤质或壤黏质，在海湾内的海涂及滨海平原上，则多黏质沉积物。

分布在山丘河谷平原中的潮土，成土母质主要为洪积物，沿河床呈宽狭不一的条状分布，在山口则呈扇形分布。由于阶地面狭小，径流不稳定，河床坡降大，沉积物的分选性差，沉积层较薄，且多砾石、粗沙与黏土混杂，常见有夹沙、砾的透镜体。此外，在一些古河道形成的洼地上，多黏质湖相沉积物，常见有埋藏生草表层与残留螺壳。在冲积平原的低平洼地边缘，有时也见古河流沉积物，沉积层理不及近代沉积物明显，土体中含大小不等的砂姜和铁锰结核。

潮土区的沉积物类型差异大，颗粒组成各不相同。如表 1-1 所示，黄河冲积平原区的沙土类沉积物，沙粒含量高达 90.37%；壤质类沉积物中，沙粒及粉沙粒含量高；黏土类沉积物中，黏粒含量较高，达 39.00%。而长江与淮河冲积平原，沙土类及黏土类沉积物中的各级沙粒与黏粒含量均不及黄泛区的同类质地高。不同河系积物中颗粒组成的差异，是导致潮土理化性状差异的重要原因。在黄河冲积平原区面土，常由于沙、壤、黏质沉积物相互堆叠，不同质地土层的性质直接影响着土壤的水分物理性状。黏土层质地黏重，结持紧，毛管作用力弱，阻滞土体中水分上下运行；沙土层毛管作用力更弱；壤土层因沙黏颗粒适中，毛管作用力强。不同质地土层排列的土壤性状各异，对土壤供水供肥、洗盐排盐及作物根系的生长有直接影响。

表 1-1　不同河系沉积物的颗粒组成

河系	质地	样品数（个）	颗粒组成（%）		
			0.02～2 mm	0.002～0.02 mm	<0.002 mm
黄河	沙土	10	90.37	3.79	4.90
	壤土	72	54.09	36.13	8.89
	黏壤土	22	43.03	36.42	20.03
	黏土	47	17.00	44.00	39.00
长江	壤土	11	66.33	19.97	13.70
	黏壤土	4	19.78	39.53	36.72
	黏土	12	34.09	32.13	33.64
淮河	沙土	2	65.79	22.93	11.28
	壤土	6	51.19	32.89	15.92
	黏壤土	6	28.40	50.97	20.63
	黏土	2	20.40	48.01	30.70

注：引自《中国土壤》，1998。

（二）地下水周期性升降的影响

土壤地下水直接参与潮土的形成过程，是潮土的重要成土特征。潮土分布区的地下水位较浅，一般 1～3 m。但由于年内降水不匀，地下水的季节性升降活动频繁，雨季地下水位较高，有时可接近地表，土壤毛管水上升可湿润地表，旱季地下水位下降，土壤毛管水不及地表。在干旱气候条件下，季节性灌溉也可使土壤地下水位上升。其他如山间谷地或盆地中，地下水位受侧渗水及河川汛期与枯水期影响而升降，滨海区受海水倒灌的影响，均可引起土壤地下水位的升降。在一年中地下水有规律的升降，土壤干湿交替，氧化还原作用交替进行，造成土体中铁锰等易溶性物质的迁移和淀积，在毛管水升降变幅土层中的孔隙与结构面上形成棕色锈纹斑、铁锰斑与雏形结核，这是潮土的重要特征土层。如表 1-2 所示，由地下水作用引起土体中氧化铁的分异，潮土中游离铁的含量 11～23 g/kg，并以结晶铁为主，心土层底土层的含量普遍高于耕作层，其氧化铁的结晶度可高达近 90%，显示了地下水位季节性升降与干湿交替作用的结果。

潮土地区沉积物的质地不同，影响着地下水的运行及氧化还原程度。沙质土壤毛管作用弱，黏质土壤通气孔隙少，地下水运行易受阻，壤质土壤的黏沙颗粒含量适中，土壤毛管孔隙多，地下水的升降运行最为活跃。同时，由于沙、壤、黏质的土体中，氧化铁含量不同，氧化还原作用形成锈纹斑的形态、密度及分布部位各异，通常是壤质土壤中的锈纹斑比沙质及黏质土壤更明显。

表 1-2　潮土结晶氧化铁的含量

亚类	地点	深度（cm）	pH	游离铁（g/kg）	活性铁（g/kg）	结晶铁（g/kg）	活化度（%）	结晶度（%）
潮土	河北石家庄	0～21	8.1	12.1	1.4	10.7	11.57	88.43
		21～61	8.3	13.4	1.5	11.9	11.19	88.81
		61～98	8.5	13.5	1.4	12.1	10.37	89.63
		98～118	8.5	11.3	2.3	8.9	20.35	78.76
	江苏赣榆	0～11	—	18.6	5.4	13.2	29.03	70.97
		11～21	—	19.3	3.9	15.4	20.21	82.90
		21～70	—	19.5	3.3	16.2	16.92	83.08
		70～100	—	19.7	3.2	16.5	16.24	83.76
灰潮土	安徽枞阳	0～20	8.4	16.0	5.5	10.5	34.38	65.63
		20～42	8.3	18.5	6.9	11.6	37.30	62.70
		42～100	8.4	19.7	5.0	14.7	25.38	74.62
		100 以上	—	23.2	7.3	15.9	31.47	68.53

注：引自《中国土壤》，1998。

冲积平原区土壤地下水位的高低，除一年中存在着季节变化外，还具有区域性差异。海河平原区，旱季地下水埋深 2.5 m 左右，雨季在 0.5～1 m，常年变幅为 1.5～2 m。滨海平原区，土壤地下水位普遍较高。广大华北平原区，因大面积发展井灌，地下水位有降低趋势；就在同一平原中，岗坡洼地地下水位也有高低，因而对潮土的发育性状带来影响。在冲积平原区内，相对稳定的地下水位在 2～3 m 时，为潮土分布区；地下水位在 1 m 以内，土体中还原作用增强，土壤具潜育化特征；地下水位深于 3 m 时，土体中氧化作用增强，潮土受区域自然气候的影响，常显现地带性土壤褐土化的特征。

平原区不同地形部位的土壤地下水水质有差异。沙垄沙岗自然堤及平原中的微高地，平缓坡地，地下水位埋深在 3 m 以下，水质好，矿化度<1 g/L，毛管水不及地表，土壤无盐碱化威胁。浅平洼地区，地下水位浅，水质差，矿化度一般>1 g/L，在半干旱及干旱气候条件下，由于地面蒸发，地下水中的易溶性盐随毛管水上升积累于地表，可形成盐化土壤。即使地下水矿化度低，当地下水位较高时，并在侧渗补给的条件下，盐分也易于积聚地表。当地下水中重碳酸盐含量高、土壤的 pH>9、总碱度 5% 以上时，如镁钠质重碳酸盐水或镁钠质氯化物重碳酸盐水，土壤向碱化方向发育。滨海平原区受海潮浸渍和顶托倒灌影响，土壤地下水位高，脱盐困难，延缓潮土发育，并进一步加剧土壤盐化。

（三）土壤表层低腐殖质积累

潮土在长期旱耕种植与农业管理过程中，土壤有机质等养分含量有所提高。如表 1-3 所示，以同源母质同一质地均质型剖面为例，耕作层的有机质、全氮含量明显高于底土层，显示出长期耕垦活动影响的结果。但由于沉积物原有的低腐殖质性状，潮土有机质等养分含量仍然较低。如黄河冲积平原区的潮土，有机质含量约 10 g/kg，全氮约 0.7 g/kg，长江下游冲积平原区分别为 15 g/kg 和 1 g/kg 左右，随质地由沙至黏，养分有逐步增高的趋势。磷、钾矿物质养分含量经耕垦后也有所增加，但不及生物积累养分明显，也有随质地由沙至黏而逐步增高的趋势。

表 1 - 3 耕种对不同质地土壤性状的影响

母质	采样部位	土层	有机质 (g/kg)	全氮 (g/kg)	全磷 (g/kg)	全钾 (g/kg)	有效磷 (mg/kg)	速效钾 (mg/kg)	样品数 (个)
黄河沉积物	耕作层	沙土	5.10	0.27	0.26	18.40	3.8	—	4
		壤土	7.22	0.50	0.63	18.84	4.3	79	28
		黏壤土	10.48	0.73	0.62	19.57	5.1	152	21
		黏土	11.14	0.86	0.85	18.20	5.7	210	28
	底土	沙土	1.30	0.04	0.24	18.35	1.5	37	10
		壤土	2.76	0.25	0.55	18.00	1.3	60	36
		黏壤土	4.00	0.36	0.57	18.45	1.7	89	11
		黏土	8.13	0.55	0.59	16.60	1.8	148	27
长江沉积物	耕作层	壤土	8.10	0.57	0.65	16.90	4.6	64	19
		黏壤土	14.75	1.09	0.70	19.10	4.6	76	31
		黏土	18.46	1.25	0.73	23.50	4.8	98	31
	底土	壤土	2.80	0.25	0.62	15.40	1.0	27	19
		黏壤土	8.40	0.47	0.57	18.70	1.0	57	25
		黏土	12.23	0.59	0.66	21.10	1.0	84	25

注：引自《中国土壤》，1998。

潮土因水热条件及种植利用程度的不同，土壤养分含量表现出明显的区域差异。黄淮海平原区处于半湿润暖温带，年降水量 500～800 mm，年均温 10～14 ℃，一年两熟或两年三熟，加之黄土性沉积物中生物积累养分含量低，潮土的有机质含量仅 5～11 g/kg；长江中下游区处于湿润北亚热带，年降水量 1 000 m 以上，年均温在 14～18 ℃，一年两熟，沉积物中生物积累养分含量稍高，潮土的有机质含量为 8～18 g/kg；珠江三角洲处于湿润南亚热带，年降水量 1 400～1 800 mm，年均温 20～22 ℃，一年三熟，潮土的有机质含量较高，为 17～27 g/kg。又如河套平原属半干旱中温带，年降水量 200～400 mm，年均温 4～7 ℃，一年一熟，潮土的有机质含量为 10～12 g/kg；辽河平原属半湿润中温带，年降水量在 600～800 mm，年均温 6～9 ℃，一年一熟，潮土的有机质含量为 11～14 g/kg；成都平原属湿润中亚热带，年降水量 1 000～1 200 mm，年均温 16～18 ℃，一年三熟，潮土的有机质含量为 18～26 g/kg。可见，随降水量和年均温的增高，耕地复种指数相应的提高，潮土的有机质含量也有相应的增高趋势。

第二章 潮土的分类、分布及其特征 >>>

潮土在 20 世纪 30 年代称为冲积土，当时根据石灰反应和盐分的积聚划分若干亚类；20 世纪 50 年代中期，被命名为浅色草甸土，根据附加成土过程划分亚类；1959 年，全国第一次土壤普查后定名为潮土，第二次土壤普查沿用了潮土名称。潮土可归属于国际土壤分类参比基础（WRB）中的雏形土（Cambisols）；大部分可归属于美国的土壤系统分类（ST）中的始成土（Inceptisols）；部分国家称此类土壤为冲积土或草甸土；中国土壤系统分类中大部分归属雏形土（Cambisols）中的淡色潮湿雏形土、底锈湿润雏形土。潮土集中分布于河流冲积平原、三角洲泛滥地和低阶地。

第一节　潮土的分类

土壤分类是土壤调查制图的工具，也是土壤科学和其他学科研究的重要基础；土壤分类还是合理利用土壤资源、发挥土壤生产潜力、进行土地评价和土地利用规划的重要依据；同时，土壤分类也是国内外土壤科学研究、进行土壤信息交流的重要媒介。地球表面风化壳上形成的土壤形态多样、千差万别，需要对土壤进行分类。土壤分类是根据土壤的形成条件、成土过程、发生演变关系与性态，按其异同找出其相似性与差异性，分门别类地归入不同的分类级别中，并且进行命名的过程。

1959 年全国第一次土壤普查期间，潮土曾称为淤黄土，后来根据土壤地下水位较浅，毛管水前锋能到达地表而具夜潮的现象，改称为潮土。1978 年，中国土壤学会土壤分类学术会议讨论通过发表的中国土壤分类系统（暂行草案）正式确认潮土为独立土类，并一直沿用至今。潮土的形成和发育受沉积物及耕种活动的双重影响。潮土的耕种历史相对较短，耕种活动首先改变表层沉积物特征而形成疏松的耕作层，或有亚耕层，其下部土体仍保持沉积层理明显的母质特征与地下水升降活动形成的氧化还原特征。潮土的耕作层厚度一般 10～25 cm，屑粒状、碎块状结构，与原沉积物相比，土壤孔隙度增加，容重值降低。亚耕层厚度约 10 cm，呈块状、棱块状结构，孔隙度降低，而容重值有所增高。耕作层与亚耕层普遍具有作物根系活动及耕作施肥等人为作用特征。

我国近代土壤分类历经美国马伯特分类、苏联土壤发生分类、全国第一次土壤普查分类、全国第二次土壤普查分类及土壤系统分类 5 个阶段，目前处于全国第二次土壤普查发生分类与中国土壤系统分类并存阶段。1958—1960 年，全国第一次土壤普查是以土壤农业性状为基础，并由此提出全国第一个农业土壤分类系统。1979—1985 年，以成土条件、成土过程及其属性为土壤分类依据，进行全国第二次土壤普查，调查工作一般以乡为单位，以村为基础进行，调查成果自下而上逐级汇总；编制了《中国土壤》《中国土种志》《中国土壤图》，以及各省（自治区、直辖市）、县土壤报告及图件等，各级成果有土壤图、土壤养分图、土壤改良利用分区图等。

一、潮土的分类原则

（一）以土壤发生学理论为基础

土壤发生学理论认为土壤是成土因素综合作用的产物，在自然因素与人为因素共同作用下形成的。母质是形成土壤的骨架，密切影响着土壤中颗粒组成、矿物与化学成分；生物气候条件决定着土体中各种物质的分解、淋溶淀积与积累状况，也决定着土壤的剖面形态特征，还决定着各种物理化学性质与黏土矿物组成；地形影响着土体中矿物颗粒、水分与化学成分的再分配。各种成土因素不仅共同作用于土壤，而且彼此间相互影响。成土因素不仅直接单独地影响着土壤，而且是在相互影响的条件下，共同地综合作用于土壤，随着环境条件的改变，土壤类型也随之发生变化。因此，不同的时间、空间有着不同的土壤类型的分布，土壤永远在发展变化。

（二）以土壤属性为主要依据

成土条件、成土过程、土壤属性三者是辩证统一的关系，成土条件决定成土过程，而成土过程的结果必然反映到土壤性态，即土壤属性。但经过漫长的年代，成土条件与成土过程必然是复杂的，有一定的推理成分，不可能是十分具体与真实的；而土壤属性是可测试的、定量的、具体的、实际的，因而是可依据的。如潮土主要是在河流沉积物上受地下水的影响使剖面下部具有铁锈斑纹的土壤类型，土壤质地、石灰性、盐分的数量与种类、碱化度、有机质含量等都是划分不同潮土类型的定量依据。而且在划分土壤类型时仅考虑单一指标是不切实际的，必须以几个主要特性的指标综合考虑才能确切地划分土壤类型。

（三）多级别谱系式分类体系

土壤分类是在分析单个土体的物质组成、结构、土壤剖面和土层形态特征及其定量化的基础上，根据土壤发生过程、成土环境、土壤属性之间的相同、相异的程度，使用不同等级特征，将土壤逐级分类。土壤分类的目标是按土壤发生学理论构建有严密逻辑、多等级、谱系式的分类系统，根据土壤个体相似性和差异性进行归纳与划分类别；并按土壤个体的相似程度逐级区分，形成土壤分类的等级体系。

第二次土壤普查时，土壤分类的基础是苏联地理发生分类和使用土壤分类结合确定的分类系统，确立了《中国土壤分类系统》（1992），拟定的分类体系为土纲、亚纲、土类、亚类、土属和土种，在不同的概括水平上认识土壤，调查制图各分类等级包括所有的土壤个体；各分类等级构成纵向的归属关系，同一分类等级上的各分类单元构成横向的对比关系。在高级分类等级上的土壤分类单元包括较多的土壤个体，个体之间的性质差异大；而在低层次分类等级上的分类单元则包括较少的土壤个体，并且个体之间的相似程度高。

土壤发生分类体系中，土纲、亚纲、土类、亚类为高级分类单元，主要反映的是土壤在发生学方面的差异，主要用来指导小比例尺土壤调查制图，反映土壤的发生分布规律；土属和土种为基层分类单元，主要考虑到土壤在其生产利用方面的不同，主要用来指导大、中比例尺土壤调查制图，为土壤资源的开发利用提供依据。土类是高级分类级别中的基本单元，土种是基层分类级别中的基本单元。

土壤命名采用连续命名与分段命名相结合的方法。土纲和亚纲为一段，以土纲名称为基本词根，加形容词或副词前缀构成亚纲名称，亚纲段名称是连续名，如淡半水成土，含土纲与亚纲名称；土纲和亚类为一段，以土类名称为基本词根，加形容词或副词前辍构成亚类名称，如典型潮土、脱潮土、湿潮土、盐化潮土等，可自成一段单用，但它是连续命名法；土属名称不能自成一段，多与土类、亚类连用，如潮壤土、石灰性潮壤土、脱潮壤土、湿潮壤土、氯化物潮壤土等，是典型的连续命名法；土种命名有些是俗称中提炼的，也有根据土壤特点新创造的，如蒙金土、涝黑泥土、底沙脱潮两合土、浅厚黏脱潮两合土、轻盐面沙土、厚淤潮黏土等。

（四）中心概念与边界定义相结合

一个事物所固有的最典型的属性、概念称为中心概念，而这个事物的边界往往比较模糊，与相邻事物之间存在着逐渐过渡的特点，即存在着边界定义问题。

中心概念指一个土壤类型中最具有代表性的典型模型，即在这个土类所特有的形成条件下，在特定的发生过程中形成的具有特定发生层的土壤，也最富有典型性特征。中心概念是土壤发生学派普遍采用的土壤分类方法，土壤典型性的概念，明确而突出，但对过渡型土壤类型的划分，常常产生很多难以解决的问题，可能给土壤分类带来很大困难。

边界定义则是一个土类与另一个土类在形成条件、形成过程和属性上的主要差异，但这些差异又有发生和特征上的联系，如一些土类间的过渡性亚类的区分。边界定义即是对土壤类型给出明确的边界范围，凡是在边界范围以内的土壤均属于同一类型，超出边界范围的土壤作为另一种土壤类型，这是以诊断层和诊断特征为主的美国土壤系统分类的土壤分类方法。这种分类方法，由于有明确的划分指标及范围，比较容易地能把各种类型的土壤按其主要性状指标归入适当的分类指标范围，很多过渡性的土壤类型分类问题即可迎刃而解，但各种土壤类型的概念不够明确典型。

我国土壤学家把二者结合起来，既可获得明确的典型概念，重视其典型性，又可根据某一性状的定量指标，重视其边界定义，区分不同的土壤类型。

二、潮土的分类依据

中国土壤分类系统的高级分类单元主要反映了土壤发生学方面的差异，而低级分类单元则主要考虑到土壤在其生产利用方面的不同。

（一）高级分类单元的划分依据

土壤分类中根据成土母质特性及时间因素所反映的成土过程及其属性，分别进行土纲、土类和亚类等高级分类单元的划分。

1. 土纲　土纲为最高级土壤分类级别，是土壤重大属性的差异和土类属性共性的归纳和概括，反映了土壤不同发育阶段中，土壤物质移动累积所引起的重大属性的差异。潮土属于半水成土纲，指在地下水位较高，地下水毛管前锋浸润地表，土体下层经常处于潮湿（或季节性水分过多）状态下形成的土壤。该土纲多形成于近代河湖相沉积物，受河流沉积规律支配，剖面具有腐殖质层和氧化还原交替形成的锈色斑纹层。

2. 亚纲　亚纲是在同一土纲中，根据土壤形成的水热条件、岩性及盐碱的重大差异来划分；一般地带性土纲可按水热条件来划分，而初育土纲可按其岩性特征进一步划分为土质初育土和石质初育土亚纲。潮土分布区域既有草原草本植物，又有草甸草本植物。草原草本植物旱生性强，为一年生，植物化学组成成分中氮与灰分含量较高，干物质中氮为 $5\sim8$ g/kg，灰分可达 $60\sim160$ g/kg，腐殖质以胡敏酸为主，土壤有机碳积累较少。草甸草本植物生长要求较湿润的气候条件，为多年生，植物化学组成成分中氮与灰分中的钙、钾、磷含量明显较草原草本植物多，而氯、钠等明显减少，腐殖质以胡敏酸为主，土壤有机碳积累较草原草本植物多。潮土形成和发育受沉积物及耕种活动的双重影响，耕作层有机质以草原有机碳积累过程为主，属于淡半水成土亚纲。

3. 土类 土类是高级分类的基本单元。它是在一定的自然或人为条件下产生独特的成土过程及其相适应的土壤属性的一群土壤。同一土类的土壤，成土条件、主导成土过程和主要土壤属性相同。每一个土类均要求：①具有一定的特征土层或其组合；②具有一定的生态条件和地理分布区域；③具有一定的成土过程和物质迁移的地球化学规律；④具有一定的理化属性和肥力特征及改良利用方向。潮土是发育于河流沉积物母质上的受周期性地下水升降变化的影响，经过耕作熟化，土壤腐殖积累过程较弱，具有明显沉积层理的一种半水成土壤。

4. 亚类 亚类是土类范围内的进一步续分，反映主导成土过程以外，还有其他附加的成土过程。一个土类中有代表其典型特性的典型亚类，即它是在定义土类的特定成土条件和主导成土过程作用下产生的；也有表示一个土类向另一个土类过渡的亚类，它是根据主导成土过程之外的附加成土来划分的。典型潮土、灰潮土、湿潮土和脱潮土主要依据母质的来源和地下水影响的程度进行划分；盐化潮土、碱化潮土和灌淤潮土主要根据附加成土过程进行划分。

（二）基层分类单元的划分依据

国内外多数学者的观点是根据土壤石灰及盐分的有无划分亚类，并着重从沉积物的分选特性、质地剖面层次排列及土壤肥力变化等方面对土壤基层分类单元作进一步划分。

1. 土属 土属是基层分类的土种与高级分类的土类之间的重要"接口"，是具有承上启下作用的分类单位。土属主要根据成土母质的成因、岩性及区域水分条件等地方性因素的差异进行划分的。对于不同的土类或亚类，所选择的土属划分的具体标准不一样。潮土主要根据成土母质的质地类型、石灰反应、盐分类型等来划分土属。

潮土是由河流沉积物发育而成的。沉积物的质地决定于不同水流的水力分选，沉积物随地势由高到低或由河床向外延伸，质地由沙至黏呈规律性的连续分布。沉积物的质地可概括为沙质、壤质及黏质 3 种。土属可根据影响作物生长最明显的上部上层的质地类型来划分。这里所说的沙、壤、黏只分别代表一定范围内的质地类型，而非一般的质地分级。

每种质地类型，其成因相同，其属性和分布地形部位也基本一致，水文地质条件也极相似。所以用质地类型来划分土属是适当的。质地对潮土的发育和肥力都有显著的影响。对均质剖面质地而言，沙质土壤多含石英颗粒，质地较粗，毛管作用力弱，易漏水，地下水升降所引起的氧化还原特征表现微弱。黏质土壤含细粒多，透水性差，降水易被滞留，土壤毛管水升降也不活跃。壤质土壤质地适中，毛管力强，水分上下运行活跃，土体中的氧化、还原作用周期性交替发生，锈纹、锈斑等潮化特征发育明显。

另外，沙质土壤养分含量很少，即使添加肥料也不易保蓄，其肥力偏"贫"；黏质土壤由于水分物理性状不佳，土壤养分储量虽高，但有效性较低，其肥力似"高"；壤质土壤的理化特性介于二者之间，水、养、气、热协调，肥力较高，多属潮土中高产基本农田。综合上述，按沉积母质的质地类型划分潮土土属，既反映了各类沉积物的形成特点，也反映了它们对土壤发育和农业生产性状上的一系列影响。

典型潮土被分为潮沙土、潮壤土、潮黏土、石灰性潮沙土、石灰性潮壤土、石灰性潮黏土；同理，灰潮土也区分了石灰性和非石灰性，被分为石灰性灰潮沙土、石灰性灰潮壤土、石灰性灰潮黏土、灰潮沙土、灰潮壤土、灰潮黏土；盐化潮土主要根据盐分类型划分为氯化物潮土、硫酸盐潮土、苏打潮土、镁盐潮土等。

2. 土种 土种是土壤基层分类的基本单元。它处于一定的景观部位，是具有相似土体构型的一群土壤。同一土种要求：①景观特征、地形部位、水热条件相同；②母质类型相同；③土体构型（包括厚度、层位、形态特征）一致；④生产性和生产潜力相似，而且具有一定的稳定性，在短期内不会改变。土种是相对稳定的客体，在剖面性态和发育程度上应有明确的区分。

土种主要反映了土属范围内量的差异，而不是质的差异。潮土的土体构型差异，对土壤生产特性的影响显著。潮土的土体构型，以 1 m 深度为准。因为地下水的季节性升降活动可在地表 1 m 土层内明显反映出来。另外，作物根系也大部分集中分布在 0～30 cm 土层内，少量根系可深及 60～80 cm。所以，1 m 厚度的土体及肥力状况基本可以反映潮土的剖面发育和农业生产特性。我国农业一般把 1 m 土体划分为表土、心土和底土，即上、中、下 3 个基本层位段。

土体构型不仅制约着土壤中水分、养分和盐分的运行，也影响着土壤的农业生产特性。因此，在冲积平原地区，可以通过土体构型判别土壤类型及其相应的农业生产特性。如从耕层的质地和结构等，可以判断土壤是疏松易耕还是僵硬难耕，是坚实板结还是漏风跑墒，这是土体构型上部质地土层的属性反映。但对改土培肥而言，不仅要考虑上部土层，还要重视土体构型对水、肥的保蓄和供应能力。灌溉、施肥以及耕作应根据不同的土体构型采取不同措施。另外，如果土体中存在着砂姜或沙砾等障碍土层，宜种作物也会受到限制。

土壤肥力是土壤从营养条件和环境条件方面供应和协调作物生长的能力。从这个概念出发，可从土体构型来判别潮土的肥力水平。如北方冲积平原上的蒙金土，是指上部（0～30 cm）土层为壤质或沙壤质土层，其下为夹黏或底黏的土体构型。由于上部土层耕性好，土性柔和，下部土层不仅托水保肥，而黏质土层本身养分含量较高，故土壤构型良好，其厚度往往超过 30 cm。此种土层的基本属性已不同于类似质地的耕层，属耕作熟化土层，也可作为潮土的一种特征土层。

划分土体构型时，全剖面均质土层或质地级差变化不大者，应掌握上部土层为主、下部土层为辅的原则，即以 30 cm 以上耕层质地及肥力状况为主要依据，30～60 cm 为次要依据，60 cm 以下为参考依据。但是，当有特殊土层或质地级差较大的土层参与土体构型时，则应当尤其重视剖面 30 cm 以下土层变化特点，并以此作为划分土种的依据。可根据土层厚度、质地层次变化、腐殖质厚度、盐分含量、淋溶深度、淀积程度等量或程度上的差别划分土种（表 2-1）。划分的主要依据指标如下。

表 2-1 盐化潮土土种划分标准（%）

区域类型	盐分类型	轻度	中度	重度
半湿润地区 地表 0～20 cm	以氯化物为主	0.2～0.4	0.4～0.6	0.6～1.0
	以硫酸盐为主	0.3～0.5	0.5～0.7	0.7～1.2
	以碳酸盐为主	0.1～0.3	0.3～0.5	0.5～0.7
干旱地区 地表 0～30 cm	以氯化物为主	0.7～1.0	1.0～1.5	1.5～2.0
	以硫酸盐为主	0.7～0.9	0.9～1.3	1.3～1.6
	以碳酸盐为主	0.35～0.50	0.50～0.65	0.65～0.85
滨海地区 1 m 土体		0.1～0.2	0.2～0.4	0.4～0.6

注：引自《中国土种志》。

（1）土壤质地及构型。按土体质地差异划分不同土种，土壤表层质地按国际制为沙土类、沙壤土类、壤土类、黏壤土类、黏土类等；1 m 土体质地层次排列可划分为均质型、夹层型、身型、底型 4 种构型，均质型指 1 m 土体为同一质地类型，夹层型指土体 30～100 cm 处夹有＞20 cm 厚的另一质地类型，身型指 30～100 cm 为另一质地类型，底型指 60 cm 以下为另一质地类型。

（2）特征土层位置。潮土一般以 1 m 土体为对象分 3 个层段，分别是浅位 0～30 cm、中位 30～60 cm、底位 60～100 cm；按砾石层、砂姜层、潜育土层等特征土层出现部位分浅位（＜20 cm）、中位（20～50 cm）、深位（＞50 cm），如底砾、表潜、浅位潜育、底潜等。夹层位置：剖面 60 cm 以上出现夹层为浅位夹层，剖面 60 cm 以下出现夹层为深位夹层。夹层厚度：20～40 cm 为中层夹层，＞40 cm 为厚层夹层。

（3）特征土层厚度或量。按灌淤土层的厚度分为薄层（＜20 cm）、厚层（20～50 cm），如厚淤潮黏土、薄淤潮黏土。潮土剖面含砾石层中的砾石含量 10％～30％为少砾，30％～50％为多砾。

（4）碱化度。按土壤交换性钠占阳离子交换量的百分数划分不同土种，弱碱化 5％～15％，中碱化 15％～30％，强碱化 30％～45％。碱土又按碱化层的部位划分为浅位 0～7 cm、中位 7～15 cm、深位 15 cm 以下。

（5）盐渍度。半湿润地区按地表 0～20 cm 的土壤含盐量，干旱地区按地表 0～30 cm 的土壤含盐量，滨海地区按 1 m 土体含盐量划分土种。

（三）潮土的中心概念与边界定义

1. 中心概念　潮土是发育于河流沉积物母质上的土壤，受周期性土壤地下水作用，经过耕作熟化而形成的一种半水成土壤，土壤腐殖积累过程较弱。具有腐殖质层（耕作层）、氧化还原层及母质层等剖面层次，沉积层理明显。

2. 边界定义　物质的变化都是由量变到质变的，土壤类型的变化亦然。因而，在时间上有其连续性，在空间上有其逐渐过渡性，故在发生上必然有其联系。潮土常与砂姜黑土、盐土、碱土及冲积土呈复区或相邻分布。

（1）潮土与盐土的区别。潮土以表土层（0～20 cm）可溶性盐含量＜6 g/kg 或＜8 g/kg（根据滨海与内陆区域及其盐分组成而定）而区别于盐土。

（2）潮土与砂姜黑土的区别。潮土一般在 1.5 m 的控制层段，不同时出现黏质黑土层与砂姜层。

（3）潮土与冲积土的区别。冲积土分布于河漫滩地，经常有现代河流沉积物覆盖，尚未脱离现代地质沉积过程，河流沉积物层明显，一般无腐殖质表聚特点。而潮土已经脱离了现代河流沉积物沉积的影响。

（4）潮土与草甸土的区别。潮土地处暖温带和亚热带，有机质含量低于草甸土，颜色较草甸土淡，从而区别于东北温带地区的草甸土。

在山前洪积扇的下缘与冲积平原的过渡地区分布着潮褐土，而潮褐土即是基本具备褐土特征但有潮化现象的褐土的一个亚类。从性质上看，它有碳酸钙的淋淀现象及轻微的黏化作用；而同时在剖面的下部也有潮化迹象，即铁锈斑纹的出现，说明它也受地下水的轻微影响，如果脱离了地下水的影响，即向普通褐土转变，但如果地下水作用加剧，则可进一步向潮土方向转变。在冲积平原的局部洼地及其边缘，潮土与盐渍化土壤往往插花分布，如果盐渍化作用加强，则潮土即转变为盐渍化土壤；但如果地下水位下降盐渍化作用减弱，则盐渍化土壤即可能转变为潮土。因此，各土类间随着成土条件的变化，土类间必然有其发生上的联系，经常在相互转化之中，边界定义具有过渡性。

三、潮土的分类

土壤分类是在深入研究土壤发生、土壤的个体发育、土壤系统发育与演替规律的基础上，根据土壤不同发育阶段所形成的性状和特征，对土壤圈中的各异的土壤个体所做的科学区分。

由中国农业科学院农业资源与农业区划研究所、全国农业技术推广服务中心等根据《中国土壤分类系统》（1992）起草的《中国土壤分类与代码》（GB/T 17296—2009）中，中国土壤分为 12 个土纲、30 个亚纲、60 个土类、229 个亚类、658 个土属和 2 624 个土种。

其中，土类是高级分类级别的基本单元，土类是土壤形成过程中一个独特的发育阶段，有其主要的形成过程，其所采用的指标比较明确，故容易掌握并便于区分。土类既不像土纲在性状与形成过程上的高度概括，失之过粗，也不像亚类差异较小，失之过细，而且土类作为高级分类的基本单元已沿用成习，同时划分的指标与依据比较具体，应用起来比较方便；而且在改良利用方向上，土类间有明显的差异性，故改良利用方向可作为区分土类的重要依据之一。

土种是基层分类级别的基本单元，我国第二次土壤普查时分析和积累了大量土壤实体数据和资料，土种的建立是在评土、比土基础上得到的，是根据典型剖面的描述、记载、分析化验结果确立的，在地理空间上代表一定的面积分布，这实际上也代表着土壤实体；并且根据统一部署和规范，所有的县都以土种为单元绘制了大比例尺的"土壤图"，编写了"土壤志"，逐个土种阐明了其所处景观部位、分布面积、特征土层性状、有效土层厚度、养分含量变幅、土壤障碍因素、利用方向、改良措施等土种特性。因此，最终汇总时所建立的土种，具有一定的微域景观条件、近似的水热条件、相同的母质及相同的植被与利用方式；同一土种的剖面发生层或其他土层的层序排列及厚度是相似的；同一土种的土壤特征、土层的发育程度相同，同一土种的生产性能及生产潜力相同。这些土种实际上已接近具有明确定量化边界指标的含义。

土纲代码以 1 位大写英文字母表示，亚纲代码以 1 位阿拉伯数字表示，土类代码以 1 位阿拉伯数字表示，亚类代码以 1 位阿拉伯数字表示，土属代码以 2 位阿拉伯数字表示，土种代码以 2 位阿拉伯数字表示。潮土土类（H21）在《中国土壤分类与代码》（GB/T 17296—2009）中归属为半水成土纲（H），淡半水成土亚纲（H2），潮土下细分为 7 个亚类，29 个土属，253 个土种。

潮土（H21）分为 7 个亚类，分别为典型潮土（H211）、灰潮土（H212）、脱潮土（H213）、湿潮土（H214）、盐化潮土（H215）、碱化潮土（H216）及灌淤潮土（H217）。

（一）典型潮土

典型潮土在早期的土壤著作中也被称为黄潮土，主要原因是发育于黄土和黄土性冲积、洪积母质，土壤颜色发黄。

典型潮土（H211）亚类分为 6 个土属，100 个土种，分别为潮沙土 H21111（下分 7 个土种）、潮壤土 H21112（下分 7 个土种）、潮黏土 H21113（下分 3 个土种）、石灰性潮沙土 H21114（下分 23 个土种）、石灰性潮壤土 H21115（下分 43 个土种）、石灰性潮黏土 H21116（下分 17 个土种）（表 2-2）。

表 2-2　典型潮土的分类及代码

土属	土种	
潮沙土 H21111	漏沙土	H2111111
	棕沙土	H2111112
	淡丘沙土	H2111113
	淡丘泥沙土	H2111114
	沙体淡丘泥沙土	H2111115
	砾质潮沙土	H2111116
	其他潮沙土	H2111199
潮壤土 H21112	漏沙泥土	H2111211
	绵潮夹沙土	H2111212
	淡丘泥土	H2111213
	黏底淡丘泥土	H2111214
	面沙淡丘泥土	H2111215
	沙质淡丘泥土	H2111216
	其他潮壤土	H2111299
潮黏土 H21113	黏泥土	H2111311
	底黑老黄土	H2111312
	其他潮黏土	H2111399
石灰性潮沙土 H21114	隆尧蒙金土	H2111411
	兴城潮沙土	H2111412
	底泥潮沙土	H2111413
	沙土	H2111414
	泡沙土	H2111415
	飞沙土	H2111416
	面沙土	H2111417
	沙冲淤土	H2111418
	蒙银沙轻白土	H2111419
	蒙金沙轻白土	H2111421
	蒙淤沙轻白土	H2111422
	炉渣菜园土	H2111423
	杞县潮沙土	H2111424
	底黏沙土	H2111425
	底黏青沙土	H2111426
	青沙土	H2111427
	小蒙金土	H2111428
	绵潮沙土	H2111429

（续）

土属	土种	
石灰性潮沙土 H21114	潮黄沙土	H2111431
	潮黑沙土	H2111432
	潮白沙土	H2111433
	阿勒泰潮灰沙土	H2111434
	其他石灰性潮沙土	H2111499
石灰性潮壤土 H21115	黏身两合土	H2111511
	交河底黏两合土	H2111512
	倒蒙金土	H2111513
	闻喜两合土	H2111514
	沙底黄沫土	H2111515
	大古城沙底黄沫土	H2111516
	黏心黄沫土	H2111517
	建平潮淤土	H2111518
	油潮淤土	H2111519
	底沙潮淤土	H2111521
	夹沙淤土	H2111522
	底沙淤土	H2111523
	腰沙潮淤土	H2111524
	丘泥土	H2111525
	沙质丘泥土	H2111526
	轻白土	H2111527
	蒙淤轻白土	H2111528
	睢宁两合土	H2111529
	黏底两合土	H2111531
	黏心两合土	H2111532
	沙底两合土	H2111533
	沙心两合土	H2111534
	苏王沙心两合土	H2111535
	沙身两合土	H2111536
	淤身两合土	H2111537
	白型两合土	H2111538
	开封两合土	H2111539
	腰沙两合土	H2111541
	腰沙小两合土	H2111542
	底沙两合土	H2111543

（续）

土属	土种	
	底黏两合土	H2111544
	底黏小两合土	H2111545
	大蒙金土	H2111546
	蒙金土	H2111547
	绵潮泥土	H2111548
	腰沙潮泥土	H2111549
石灰性潮壤土 H21115	潮壤黄土	H2111551
	潮白土	H2111552
	潮乌土	H2111553
	下潮黄土	H2111554
	石河子潮灰黏土	H2111555
	黏底二潮黄土	H2111556
	其他石灰性潮黄土	H2111599
	通州潮淤土	H2111611
	兴城潮黏土	H2111612
	涟水淤土	H2111613
	沙底淤土	H2111614
	沙心淤土	H2111615
	龙北沙心淤土	H2111616
	沙身淤土	H2111617
	黑身淤土	H2111618
石灰性潮黏土 H21116	古饶淤土	H2111619
	鹿邑淤土	H2111621
	火沙淤土	H2111622
	黑底淤土	H2111623
	腰沙淤土	H2111624
	底壤淤土	H2111625
	潮淤黏土	H2111626
	底沙潮黏土	H2111627
	其他石灰性潮黏土	H2111699

注：引自《中国土壤分类》（GB/T 17296—2009）。

（二）灰潮土

灰潮土表土颜色灰暗，群众称其高产土壤为灰土，并由此区别于黄潮土。母质分为含与不含碳酸盐的河流沉积物。

灰潮土（H212）亚类分为 6 个土属，59 个土种，分别为石灰性灰潮沙土 H21211（下分 9 个土种）、石灰性灰潮壤土 H21212（下分 15 个土种）、石灰性灰潮黏土 H21213（下分 11 个土种）、灰潮沙土 H21214（下分 12 个土种）、灰潮壤土 H21215（下分 10 个土种）、灰潮黏土 H21216（下分 2 个土种）（表 2-3）。

表 2-3　灰潮土的分类及代码

土属	土种	
石灰性灰潮沙土 H21211	小粉土	H2121111
	板而沙	H2121112
	壤心高沙土	H2121113
	江沙土	H2121114
	灰沙土	H2121115
	仙桃灰潮沙土	H2121116
	底沙土	H2121117
	金称河沙土	H2121118
	其他石灰性灰潮沙土	H2121199
石灰性灰潮壤土 H21212	夹沙土	H2121211
	沟干土	H2121212
	泥心夹沙土	H2121213
	沙码土	H2121214
	流沙板土	H2121215
	底咸沙	H2121216
	百华壤沙土	H2121217
	夹黏沙泥土	H2121218
	紫湖沙泥土	H2121219
	厚灰潮泥土	H2121221
	灰棕潮沙泥土	H2121222
	紫潮沙泥土	H2121223
	黄潮沙泥土	H2121224
	余庆潮沙泥土	H2121225
	其他石灰性灰潮壤土	H2121299
石灰性灰潮黏土 H21213	南汇黄泥土	H2121311
	燥田土	H2121312
	淤泥土	H2121313
	黄泥翅	H2121314
	淡涂黏	H2121315
	江涂泥	H2121316

20

（续）

土属	土种	
石灰性灰潮黏土 H21213	江泥土	H2121317
	江泥沙土	H2121318
	灰棕潮泥土	H2121321
	紫潮泥土	H2121322
	其他石灰性灰潮黏土	H2121399
灰潮沙土 H21214	培泥沙土	H2121411
	潮麻沙土	H2121412
	平川沙土	H2121413
	乌沙土	H2121414
	灰青沙土	H2121415
	泥底灰沙土	H2121416
	孝感潮沙土	H2121417
	淡沙土	H2121418
	汕头潮沙土	H2121419
	潮州淡沙土	H2121421
	灌阳潮沙土	H2121422
	其他灰潮沙土	H2121499
灰潮壤土 H21215	沙泥土	H2121511
	珠珊沙泥土	H2121512
	灰两合土	H2121513
	夹沙灰两合土	H2121514
	底沙灰两合土	H2121515
	卧龙底沙灰两合土	H2121516
	潮泥土	H2121517
	益阳潮泥土	H2121518
	浔江潮泥土	H2121522
	其他灰潮壤土	H2121599
灰潮黏土 H21216	灰淤土	H2121611
	其他灰潮黏土	H2121699

注：引自《中国土壤分类》（GB/T 17296—2009）。

（三）脱潮土

脱潮土是潮土土类向地带性土壤褐土土类过渡性亚类，故又称褐土化潮土。脱潮土（H213）亚类分为 3 个土属，21 个土种，分别为脱潮沙土 H21311（下分 6 个土种）、脱潮壤土 H21312（下分 12 个土种）、脱潮黏土 H21313（下分 3 个土种）（表 2-4）。

表 2-4　脱潮土的分类及代码

土属	土种	
脱潮沙土 H21311	岗面沙土	H2131111
	岗沫土	H2131112
	岗沙土	H2131113
	岗青沙土	H2131114
	民勤脱潮壤土	H2131115
	其他脱潮沙土	H2131199
脱潮壤土 H21312	漏沙岗两合土	H2131211
	干两合	H2131212
	黏体岗两合土	H2131213
	岗两合土	H2131214
	黏底岗两合土	H2131215
	鄢陵脱潮两合土	H2131216
	底沙脱潮两合土	H2131217
	底黏脱潮两合土	H2131218
	脱潮底黏小两合土	H2131219
	浅厚黏脱潮两合土	H2131221
	长安潮泥土	H2131222
	其他脱潮壤土	H2131299
脱潮黏土 H21313	通州岗淤土	H2131311
	脱潮淤土	H2131312
	其他脱潮黏土	H2131399

注：引自《中国土壤分类》（GB/T 17296—2009）。

（四）湿潮土

湿潮土是潮土土类与沼泽土之间的过渡性亚类。湿潮土（H214）亚类分为 3 个土属，13 个土种，分别为湿潮沙土 H21411（下分 4 个土种）、湿潮壤土 H21412（下分 4 个土种）、湿潮黏土 H21413（下分 5 个土种）（表 2-5）。

表 2-5　湿潮土的分类及代码

土属	土种	
湿潮沙土 H21411	湿面沙土	H2141111
	开封湿潮沙土	H2141112
	榆林湿潮沙土	H2141113
	其他湿潮沙土	H2141199

（续）

土属	土种	
湿潮壤土 H21412	湿黑泥土	H2141211
	涝黑泥土	H2141212
	湿潮泥	H2141213
	其他湿潮壤土	H2141299
湿潮黏土 H21413	湿黏土	H2141311
	汝州湿潮黏土	H2141312
	郑郭湿潮黏土	H2141313
	湿泥土	H2141314
	其他湿潮黏土	H2141399

注：引自《中国土壤分类》（GB/T 17296—2009）。

（五）盐化潮土

盐化潮土是潮土与盐土之间的过渡性亚类，具有附加的盐化过程，土壤表层具有盐积现象。盐化潮土（H215）亚类分为4个土属，35个土种，分别为氯化物潮土 H21511（下分17个土种）、硫酸盐潮土 H21512（下分13个土种）、苏打潮土 H21513（下分3个土种）、镁盐潮土 H21514（下分2个土种）（表2-6）。

表2-6　盐化潮土的分类及代码

土属	土种	
氯化物潮土 H21511	卤潮黏土	H2151111
	轻卤二合土	H2151112
	中卤二合土	H2151113
	黑咸潮泥土	H2151114
	盐潮淤土	H2151115
	轻咸两合土	H2151116
	黏身咸白土	H2151117
	中咸泥	H2151118
	中盐面沙土	H2151119
	轻盐面沙土	H2151121
	湿轻盐土	H2151122
	湿中盐土	H2151123
	湿重盐土	H2151124
	白盐潮沙土	H2151125
	松白盐潮泥土	H2151126
	灌淤盐黏土	H2151127
	其他氯化物潮土	H2151199

（续）

土属	土种	
	中硝二合土	H2151211
	轻咸潮泥土	H2151212
	白咸潮泥土	H2151213
	青盐潮淤土	H2151214
	轻咸白土	H2151215
	松盐潮沙泥土	H2151216
硫酸盐潮土 H21512	重松盐潮泥土	H2151217
	塔桥盐锈土	H2151218
	体泥盐沙土	H2151219
	平安盐锈土	H2151221
	盐锈土	H2151222
	轻盐锈土	H2151223
	其他硫酸盐潮土	H2151299
	苏打潮沙泥土	H2151311
苏打潮土 H21513	马尿潮沙泥土	H2151312
	其他苏打潮土	H2151399
镁盐潮土 H21514	镁盐锈土	H2151411
	其他镁盐潮土	H2151499

注：引自《中国土壤分类》（GB/T 17296—2009）。

（六）碱化潮土

碱化潮土是潮土与碱土之间过渡性亚类。碱化潮土（H216）亚类分为 3 个土属，14 个土种，分别为碱化沙土 H21611（下分 3 个土种）、碱潮壤土 H21612（下分 9 个土种）、碱潮黏土 H21613（下分 2 个土种）（表 2-7）。

表 2-7　碱化潮土的分类及代码

土属	土种	
	重碱面沙土	H2161111
碱化沙土 H21611	碱白土	H2161112
	其他碱潮沙土	H2161199
	硝碱潮土	H2161211
	轻碱潮土	H2161212
碱潮壤土 H21612	重碱潮土	H2161213
	湿碱潮泥土	H2161214

（续）

土属	土种	
	商丘湿碱潮泥土	H2161215
	臭碱潮泥土	H2161216
碱潮壤土 H21612	瓦碱潮泥土	H2161217
	重瓦碱潮泥土	H2161218
	其他碱潮壤土	H2161299
碱潮黏土 H21613	中碱淤土	H2161311
	其他碱潮黏土	H2161399

注：引自《中国土壤分类》（GB/T 17296—2009）。

（七）灌淤潮土

灌淤潮土为潮土与灌淤土之间的过渡性亚类。灌淤潮土（H217）亚类分为 4 个土属，11 个土种，分别为灌淤沙土 H21711（下分 2 个土种）、淤潮壤土 H21712（下分 3 个土种）、淤潮黏土 H21713（下分 4 个土种）、表锈淤潮沙土 H21714（下分 2 个土种）（表 2-8）。

表 2-8　灌淤潮土的分类及代码

土属	土种	
灌淤沙土 H21711	淤沫土	H2171111
	其他淤潮沙土	H2171199
淤潮壤土 H21712	淤潮泥土	H2171211
	厚淤潮泥土	H2171212
	其他淤潮壤土	H2171299
淤潮黏土 H21713	淤红泥	H2171311
	厚淤潮黏土	H2171312
	薄淤潮黏土	H2171313
	其他淤潮黏土	H2171399
表锈淤潮沙土 H21714	表锈沙土	H2171411
	其他表锈淤潮沙土	H2171499

注：引自《中国土壤分类》（GB/T 17296—2009）。

第二节　潮土的剖面特征

一、潮土的剖面形态特征

（一）潮土常用土层及符号

目前，我国常用的土层及符号说明有《中国土壤普查技术》（全国土壤普查办公室，1992）、中国土壤系统分类（CST，1999、2015）、FAO（2006）、美国土壤系统分类（UST，1983、2004）等，都拟定了相应的土层及土层特性符号。结合国际通用土层符号，潮土的土层及发生学特征符号遵循如下表示。

1. 土层符号 潮土剖面的土层组合为耕作层由上而下呈有序排列。土壤普查中旱耕潮土常用土层以大写字母表示：

A_{11}：旱耕层；

A_{12}：亚耕层；

C_1：心土层；

C_2：底土层。

或者采用：

A：腐殖质表层或受耕作影响的表层；

B：风化层或受成土作用的心土层；

C：受成土作用影响小的母质层。

2. 发生学特征符号 以小写字母后缀于土层符号大写字母表示土层发生学从属特征，后缀小写字母一般不超过 2 个。一般从属特征小写字母主要有：

b：埋藏或重叠，如灌淤土的 Cb，灌淤土层覆盖了原来的母土层；

c：物质以结核状累积，常与表明结核化学性质的字母结合使用，如 Bck 表示碳酸盐结核的淀积层，是钙积过程的结果；

g：地下水引起的强还原作用产生了蓝色的潜育层，如 Bg；

h：矿物质土层积累有机质，如 Ah，对 A 层来说，只有当 A 层未被耕作，或没有受人类的其他扰动时，才能用 h 修饰，与 p 彼此排斥；

k：碳酸盐（碳酸钙结核、假菌丝体、碳酸钙粉末）的聚积，如 Bk；

n：钠的积累，如 Bn 表示碱积层（Na_2CO_3）；

p：经耕翻或其他耕作措施引起的扰动，如 Ap 耕作层可细分为 Ap1 上耕层、Ap2 下耕层；

r：反映氧化还原过程，所形成的具有锈纹、锈斑或铁锰结核的土层，如 Br；

t：黏粒聚积过程，形成具有黏化过程的土层，如 Bt 表示黏化层；

u：反映人为堆积、灌淤过程，常发生在表层，如 Apu；

w：指 B 层中就地风化发生了结构、颜色、黏粒含量变化等形成的显色、有结构层，但淀积特征不明显，用 Bw 表示；

z：易溶解的盐分（NaCl、$NaNO_3$ 等）的累积，如 Bz 表示盐积层。

潮土中有许多过渡亚类，往往具有发生学现象，达不到发生层的特征，如盐化潮土、碱化潮土、灌淤潮土，在表层常分别有积盐现象、碱化现象、灌淤现象，但往往不能达到盐积层、碱积层、灌淤层等，不能用 Apz、Apn、Apu 表示；脱潮土有黏粒积累现象，不能达到黏化层 Bt，湿潮土有潜育现象，不能达到潜育层 Bg。因此，潮土中为表示土层有从属特征现象出现，而未能达到土层规定标准，潮土剖面构型中多用小写字母加括号表示有发生现象，如 Ap（z）、Ap（n）、Ap（u）；B（t）、B（g）分别表示脱潮土和湿潮土的黏化现象与潜育现象的部分土层。

3. 其他土层的表示 潮土中比较常见的是过渡土层与不连续土层。

过渡土层：以某一土层的性质为主（兼具另外土层的特性）的过渡层，代表上下两发生层的大写字母连写，具主要特征的土层字母在前面，如 AB、BC。

不连续土层（异元母质）：用阿拉伯数字置于发生层符号前表示，亚层连续表示 Ap－AB－Bw1－2Bw2－2Bw3－2BC。

（二）潮土剖面野外观测要素

潮土在野外观察土壤剖面时，要调查或观测地下水出现深度及静止深度，分层描述和采集土壤标本，其观测项目主要包括土壤颜色、质地、结构、紧实度、孔隙状况、干湿度、土壤新生体、土壤侵入体等。

1. 土壤颜色 可以反映土壤的化学成分和矿物组成，是土壤最重要的形态之一，也是土壤分类命名不可缺少的依据。世界上许多土类都是用颜色来命名的，如红壤、黄壤、棕壤、黑土和栗钙土等。

土壤颜色是比较复杂的，一般情况下采用肉眼观察，如需精确判断，必需使用门赛尔土壤比色卡（Musell color charts）。门赛尔颜色标记的排列顺序是色调（Hue）—明度（Value）—彩度（Chroma）。门赛尔颜色的完整表示方法，应是颜色名称＋门赛尔颜色标记。例如，亮红棕（5YR 5/6）。色调值后空一印刷字符，后接写明度，在明度与彩度之间用斜线分隔号分开。土壤颜色与土壤水分含量有直接的联系。因此，应记载土壤干湿状况下所表现出的颜色。

2. 土壤质地 以在野外用手捻搓的感觉来判断，一般根据干燥时压块的硬度或搓面的粗糙程度、湿时用手搓片或搓条的粗细及弯曲时断裂程度进行分类。一般可分为沙土、沙壤土、轻壤土、中壤土、重壤土、黏土等（图 2－1）。

质地名称	判别特征					示意图
	成球	成条	成环	成片	光泽	
1. 沙土	√	×	×	×	×	
2. 沙壤土	√	易断	×	×	×	
3. 轻壤土	√	裂纹	×	鳞状	×	
4. 中壤土	√	√	×	√刮痕	×	
5. 重壤土	√	√	√压裂	√	√光亮	
6. 黏土	√	√	√不裂	√	√光亮	

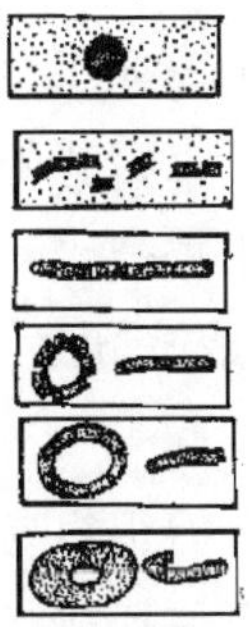

图 2－1　土壤质地野外判别特征

土壤质地野外简易判别一般规则如下。

沙土：能见到或感觉到单个沙粒。干时抓在手中，稍松开后即散落；湿时可捏成团，但一碰即散。

沙壤土：干时手握成团，但极易散落；润时握成团后，用手小心拿不会散开。

轻壤土：干时手握成团，用手小心拿不会散开；润时手握成团后，一般性触动不至散开。

中壤土：干时成块，但易弄碎；湿时成团或为塑性胶泥，以拇指与食指撮捻不成条，呈断裂状。

重壤土：湿土可用拇指与食指撮捻成条，但往往受不住自身重量。

黏土：干时常为坚硬的土块；润时极可塑，通常有黏着性，可以捻搓成长的可塑土条。

3. 土壤结构 土壤颗粒很少呈单粒存在，它们经常是相互作用而聚积形成大小不同、形状各异的团聚体，这些团聚体的组合排列称为土壤结构。土壤结构是成土过程的产物，故不同的土壤及其发生层都具有一定的土壤结构。

按结构品质可分为：①弱结构，可观看出结构体，但一触即碎；②中结构，结构体可从中分出，分别观其结构形状；③强结构，结构体坚固，手中观察不碎。

土壤结构体形状在田间鉴别时，通常指那些不同形态和大小，且能彼此分开的结构体。结构体形状可分为单粒结构、团粒结构、片状结构、块状结构、柱状结构、棱柱状结构（图2-2）。

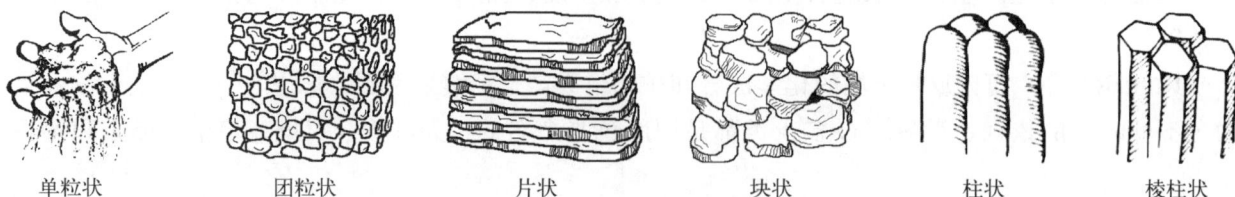

| 单粒状 | 团粒状 | 片状 | 块状 | 柱状 | 棱柱状 |

图2-2　土壤结构判别特征

4. 土壤紧实度　指土壤疏松紧实状况，也称坚实度或硬度。在野外没有仪器的情况下，可用采土工具（剖面刀、取土铲等）测定土壤的松紧度。常分为极紧实、紧实、稍紧实、疏松、松散等级别。

极紧实：用土钻或土铲等工具很难楔入土体，加较大的力也难将其压缩，用力更大立即破碎或铅笔、树枝不能入土。干结时结成坚硬的块状，很难用手弄碎，块状外表呈光滑面，质地为黏土，往往形成棱块状、柱状等结构，多出现于土层中部，有时成硬盘层；湿时泥泞，可塑性强，泥团用力切割会留下光滑面，黏性强。

紧实：土钻或土铲不易压入土体，加较大的力才能楔入，但不能楔入很深或用手指插入土中感到困难，用铅笔、树枝可插入土中。干时也很紧实甚至坚硬，用手很难捏碎，加压力也难缩小其体积；湿时可塑性强，属黏土或黏壤质地。

稍紧实：用土钻、土铲或削土刀较易楔入土体，但楔入深度仍不大或手指可以插入土中。干时较紧，但不坚硬，可以用手捏碎，并形成一定形态的结构体，如团块结构。质地属壤土，湿时可塑性较差，用力切割形不成光滑面，加压力会使体积缩小，但缩小程度不太大，用土钻取土能带出土壤。

疏松：土钻、削土刀很容易楔入，楔入深度大，土钻拔起时，很难带取土壤，易散碎，加压力土体缩小较显著，湿时也呈松散状态。若含大量腐殖质，则形成团粒结构，土体易散碎，缺乏可塑性，透水性强。

5. 土壤孔隙状况　一般常在土壤剖面上和较大的结构体表面上观察土壤孔隙的大小与数量。按孔隙大小常分为小孔隙、中孔隙、大孔隙等；按数量可分为少量、中量、多量；孔隙形状也可形象地说明，如海绵状、穴管状、蜂窝状等。观察孔隙的同时，还需看有无裂隙。

土壤孔隙的大小分级标准：小孔隙，孔隙直径<1 mm；中孔隙，孔隙直径1~2 mm；大孔隙，孔隙直径2~3 mm。

土壤孔隙的多少，用孔隙间距的疏密或单位面积上孔隙的数量来划分，一般分为：少量孔隙，孔隙间距1.5~2 cm，10 cm² 有1~50个孔隙或2.5 cm² 内有1~3个孔隙；中量孔隙，孔隙间距约1 cm，10 cm² 内有50~200个孔隙或2.5 cm² 内有4~14孔隙；多量孔隙，孔隙间距约0.5 cm，10 cm² 内有200个以上的孔隙或2.5 cm² 内有14个以上孔隙。

土壤孔隙形状有海绵状，直径3~5 mm，呈网纹状分布；穴管孔，直径5~10 mm，为动物活动或植物根系穿插而形成的孔洞；蜂窝状，孔径＞10 mm，系昆虫等动物活动造成的孔隙，呈现网眼状分布。

在观察孔隙时，对土壤中裂隙也应加以描述。裂隙指结构体之间的裂缝，按其大小可划分为三类：小裂缝，裂缝宽度＜3 mm，多见于结构体较小的土层中；中裂缝，裂缝宽 3～10 mm，主要存在于柱状、棱柱状结构体的土层中；大裂缝，裂缝宽度＞10 mm，多见于柱状、棱柱状结构的土层内；寒冷地区的冰冻裂缝也＞10 mm。

6. 土壤干湿状况　可了解土壤的水分状况和墒情，而且有利于判断土壤颜色、松紧度、结构、物理机械性等。在野外，土壤干湿度通过手感的凉湿程度及用手挤压土壤是否渍水的状况加以判断。常分为干、稍润、润、潮、湿五级。

干：土样放在手中，感觉不到有凉意，无湿润感，捏之则散成面，吹时有尘土扬起。

稍润：土样放在手中，有凉润感，但无湿印，吹气无尘土飞扬，手捏不成团，含水量8%～12%。

润：土样放在手中，有明显湿润感觉，手捏成团，扔之散碎。放在纸上，很快使纸变湿。

潮：土样放在手中，有明显湿痕，能捏成团，扔之不碎，手压无水流出，并可能黏在手上，土壤孔隙50%以上充水。

湿：土壤水分过饱和，手压能挤出水，可以看出水分从土粒中流出而土体平滑、反光。

7. 植物根系　植物根系的种类、数量和在土层中的分布状况，对成土过程和土壤性质有重要作用。因此，在土壤剖面的形态描述中，须观察描述植物根系。植物根系的观察、描述，主要应分清根系的粗细和含量的多少。此外，应说明是木本还是草本，用以判断扎根的难易。其标准划分如下。

按植物根系的粗细分为4类：极细根，直径＜1 mm，如禾本科植物的毛根；细根，直径1～2 mm，如禾本科植物的须根；中根，直径2～5 mm，如木本植物的细根；粗根，直径＞5 mm，如木本植物的粗根。

按植物根系的含量多少分为3类：少量根，土层内有少量根，每平方厘米有1～2条根；中量根，土层内有较多根，每平方厘米有3～10条根；多量根，土层内根交织密布，每平方厘米根在10条以上。此外，若某土层无根系，也应加以记载。

8. 动物活动　调查土壤中动物活动，可以作为判断肥力的间接指标，如蚯蚓、蚂蚁等昆虫及其幼虫等。还可以结合特定的病虫害防治而配合进行特殊的土壤调查。

描述土壤动物时，应记述动物的种类、数量、活动情况，以及动物在土层中的分布、动物洞穴、动物填充分物特征等。土壤剖面层次中，往往有土壤动物活动形成的洞穴和填充物，它反映土壤形成特性，尤其是土壤松紧度和有机质含量状况，因而动物活动状态在一定意义上反映土壤肥力状况。例如，蚯蚓及其他土壤动物的排泄物多少、腐根痕的有无与多少等、多啮齿类动物的洞穴和填充物。

9. 土壤新生体　土壤新生体是成土过程中土壤物质经淋移、转化和聚积形成的新的产物，是土壤重要的形态特征，也是某些土壤类型的标志。土壤新生体形态千姿百态，化学组成也很复杂。描述新生体时，要指明是什么物质，存在形态、数量、分布状态及颜色等特征。

主要的新生体有5种：①易溶性盐类。表现为盐霜、盐结皮等，多见于盐渍土。②碳酸钙和硫酸钙。可呈盐霜、盐斑、假菌丝体、结核等各种形状。常出现于干旱、半干旱地区的栗钙土、棕钙土等土类的心、底土层。③铁、锰氧化物。常呈棕色的锈纹、锈斑及各种形状的结核，出现于草甸土、水稻土、沼泽土等土类中，在红壤区还有以铁为主的铁盘。④二氧化硅。在结构体表面形成白色粉末状物。常见于白浆土、碱土等土类中。⑤腐殖质。在结构表面呈黑色或深棕色的斑点或胶膜存在。

10. 土壤侵入体　指侵入土壤的物体，而不是土壤形成过程中所产生的特殊物质。如动物的骨骼、贝壳、砖瓦块、灰烬、炭屑、煤渣等。它可以反映土壤形成与利用状况和人类活动对土壤的影响程度。

11. 石灰反应　在野外观察土壤剖面时，应该用 1∶3 的稀盐酸约测土壤碳酸数滴，根据滴加盐酸后所发生的泡沫反应强弱，判断碳酸钙含量的多少，一般分为无、弱、中、强 4 个等级。

无，无泡沫产生；弱，缓缓放出小气泡或难看出气泡，可听到声，含量约在 1% 以下；中，明显地放出气泡，但很快消失，含量在 1%～5%；强，气泡急剧，历时很久，含量在 5% 以上。

（三）潮土一般剖面形态构型

潮土是我国的主要耕作土壤，在农业利用上一般可分为 4 层，即耕作层、犁底层、心土层及底土层（图 2-3）；在我国许多土壤资料中，土层一般按照发生层及相应符号描述，一般分为表土层、亚表层、发生层、母质层等；其土层排列顺序与农业利用上多有一致性，一般耕作层对应表土层，犁底层对应亚表层，发生层多对应心土层，母质层多对应底土层。为便于使用与交流，本书在一般农业利用分层的基础上，补充土层及通用说明符号，便于说明其发生过程及发生特征。

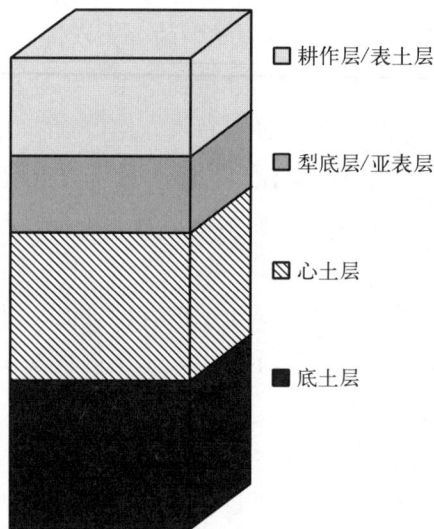

图 2-3　潮土剖面土层划分

1. 耕作层/表土层 Ap　又称耕作层或熟化层，是受人类耕作生产活动影响最深的层次，是耕作土壤的重要发生层之一。厚 15～25 cm 不等，土壤颜色比其他土层稍暗，浅灰棕色至暗灰棕色，干态亮度多≥6，彩度≤4，湿态彩度 2.5～3.5；呈屑粒状、碎块状及团块状结构；根系分布多，占总根量的 50% 以上；疏松，多孔隙，常见蜂窝状孔隙，常含砖瓦屑、煤渣和蚯蚓粪；因质地类型不同及其有机质含量多寡，其形态有异。沙质土色泽浅淡，以单粒状为主；黏质土色泽趋暗，以块状结构为主；盐化土壤地表可见灰白色盐结皮，碱化土壤地表可见薄层蜂窝状结壳。

2. 犁底层/亚表层 Ap2　位于耕作层之下，与耕作层有明显的界线，是人类长期耕作栽培活动的产物，它是在不同的自然土壤剖面上发育而来的，因此也是比较复杂的。由于长期受农机具压力的影响，土层紧实，呈片状或层状结构，厚度 15～40 cm 不等；有机质含量显著降低，颜色较耕层土壤浅；此层有托水托肥作用，但会妨碍根系伸展和土体的通透性，影响耕层与心土层间的物质能量的交换传递，对作物的正常生长发育不利。

3. 心土层 Bw/Br/BC　一般在犁底层之下，又称锈色斑纹层，在由土壤毛管水频繁升降引起的土体中氧化与还原作用交替进行下所形成。在土块结构面及裂隙、孔隙间具有棕色锈纹斑、铁锰斑，有时尚可见雏形砂姜及铁锰结核。多出现于地表下 50～100 cm，厚 30～60 cm，潮润，以块状结构为主，其湿态亮度、彩度≥4；也有与之相间分布呈还原态的灰色斑纹，其湿态亮度≥6，彩度≤2，该层下部时有软质铁锰结核或有雏形砂姜；可根据具体情况，细分为 Bw1/Br1、Bw2/Br2……有时表土层之下即是心土层，而不存在过渡层（图 2-4）。

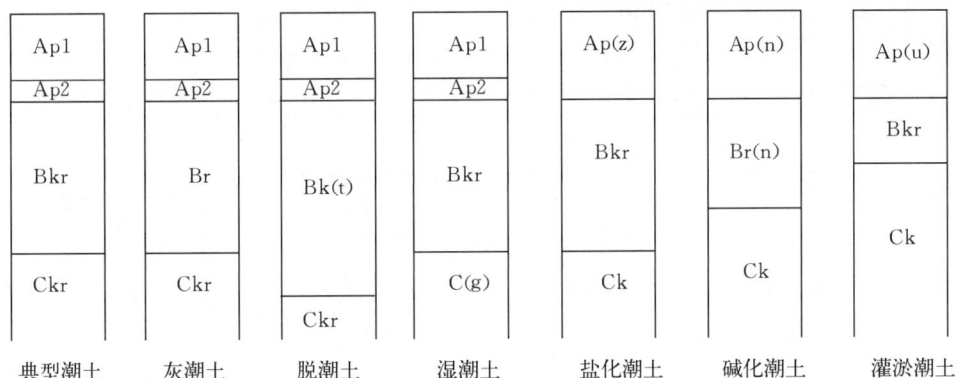

图 2-4　潮土各亚类剖面形态构型

4. 底土层 C　主要为沉积层理明显的沉积物，显示沉积物基质色调、具明显沉积层理的土层，基本上无生物活动等成土特征，因位于土体底部，受地下水浸润影响大，具有明显的潴育化特征或氧化还原特征，甚至有潜育化现象，有时也见蓝灰色潜育层或埋藏生物特征。

二、潮土的剖面理化特征

潮土的剖面理化特征主要包括剖面质地特征、黏粒矿物特征、物理性质特征、化学性质特征及养分性质特征。

（一）剖面质地特征

潮土颗粒组成因河流冲沉积物的来源及沉积相而异，一般母质来源于花岗岩山地丘陵区的土壤质地较粗，来源于黄土高原的黄河沉积物多为沙壤及粉沙质，长江与淮河沉积物质较细，且质地层次分异不明显。地形上，近河床沉积者，土壤质地较粗；牛轭湖相沉积者，土壤质地较细。根据不同土壤质地土层中各粒级组成及在农业生产上影响的相似性，可把多级制的土壤质地归纳为 4 类或 5 类质地类型。

由于沙、壤、黏等土壤颗粒相互叠置，构成了潮土剖面质地土层排列的多样性。不同质地土层构成的剖面形态构型是潮土的重要特征之一。由于这种不同质地的沉积层理及其组合（土体质地构型）明显地影响土壤的水分物理性状及肥力状况，尤其是沙质土层及黏质土层（重壤土、黏土）在剖面中相间出现的部位及厚度影响显著，故潮土的土体质地构型突出沙土层及黏土层的出现部位与厚度，如可按出现的部位分为浅位（20～60 cm）、中位（60～100 cm）、深位（100～150 cm）；可按土层厚度分为极薄层（5～10 cm）、薄层（10～30 cm）、中层（30～60 cm）、厚层（>60 cm），<5 cm 者不予表示。进而规定在潮土剖面中各质地类型土层出现的部位与厚度差异概括为均质型、厚体型、夹层

型、垫底型及三段型等质地剖面构型（图 2-5）。

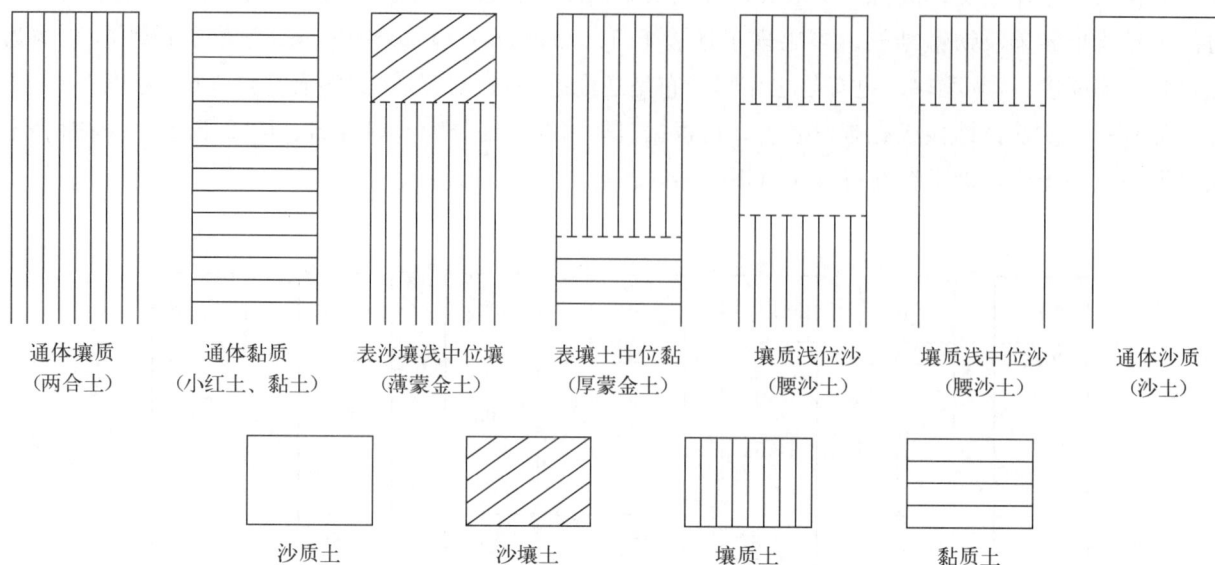

图 2-5　潮土质地剖面特征（括号内为俗称）

　　由于剖面中各质地类型的土层厚薄和排列层位不一，剖面性态各异。如黄淮海平原区的蒙金土，指上部耕作层为壤质土层，其下为中层或厚层黏质土层的剖面构型，此类土壤是托水保肥与耕性良好的高产土壤；沙土指耕作层以下即出现中层或厚层沙土层的剖面构型，此类土壤是漏水漏肥的低产土壤。

　　受区域水文地质条件影响，潮土的形态也各异。在半干旱半湿润地区地下水长期下降，土体中可形成假菌丝状等新生体；而土体若长期滞水可形成潜育特征；在碟形洼地边缘的潮土，地表具薄层盐结皮而具盐化特征等。

（二）黏粒矿物特征

　　潮土的黏粒矿物均以水云母为主，蒙脱石、蛭石、高岭石、绿泥石等次要矿物多少不一。

　　黄河、海河、滦河、辽河沉积物以水云母为主，伴蒙脱石、绿泥石等；长江沉积物以水云母与蛭石为主，伴高岭石、蒙脱石等；淮河沉积物以水云母与蒙脱石为主，伴高岭石、绿泥石等。

　　不同河系沉积物中水云母的含量，反映了土壤的脱钾程度，对土壤钾素含量具有决定意义。雅鲁藏布江河谷中的潮土，其沉积物来自高寒山地，风化较差，土壤的黏粒矿物以水云母、绿泥石为主，次为蛭石、蒙脱石，潮土中含丰富的钾素；珠江三角洲沉积物来自热带、亚热带地区高度风化的地面物质，土壤的黏粒矿物则以高岭石为主，伴水云母与蛭石，潮土中速效钾含量很低。大量分析资料表明，潮土黏粒的硅铝率一般>3，硅铁铝率>2；华北平原沉积物形成的潮土较高，硅铝率为 4.4，硅铁铝率 3.4 左右；长江与淮河沉积物形成的潮土稍低，硅铝率为 3.3，硅铁铝率 2.4 左右；珠江沉积物形成的潮土更低，硅铝率为 2.5，硅铁铝率 1.9 左右。均与各水系沉积物中水云母、蒙脱石黏粒矿物含量的多少相关。

（三）物理性质特征

　　潮土深受沉积物质地类型及耕种利用的影响，结构、孔隙度及透水性等物理性状很不一致。质地类型在水平分布与垂直下切面上的变化尤为频繁，常常沙、壤、黏土层相间，构成不同质地剖面的土壤，其水分物理性状与农业生产性状显著不同。不同河系沉积物使土壤质地类型也表现有区域性特点。

黄淮海平原区潮土的质地交错复杂，类型差异对比性强，主要为壤土，次为黏壤土。沙质壤土、沙土和黏土，沉积物中粉沙粒与黏粒含量较高，分别为25%～45%与30%～50%，长江、淮河、珠江沉积物以黏壤土为主，粉沙粒与黏粒含量较高；滦河沉积物以沙质壤土为主；雅鲁藏布江河谷中的潮土含有10%～30%的沙砾，并常见多量砾石。

潮土耕作层大多为屑粒状、碎块状、团块状结构，沙土者为单粒状，黏土者为小块状。亚耕层为块状或核块状，高寒地区在冻融作用下可形成鳞片状。心土层与底土层大多为块状结构或显层状与隐层状沉积层理，在沿淮河洼地区，常见有1～3 mm厚粉沙与黏壤土相间的干层状沉积层理。

潮土水稳性团聚体含量较低，一般为2%～16%，结构系数65%～85%，随质地由沙至黏，团聚体和结构系数相应增高。水稳性团聚体中，直径>0.25 mm的团聚体为7%～41%，黏质土高于壤质土和沙质土。潮土的孔隙度与土壤质地明显相关。总孔隙度一般为47%～53%，毛管孔隙度为39%～43%，质地由沙至黏，其数值递增。通气孔隙度一般为8%～14%，以壤土、黏壤土为高，沙土、黏土为低。潮土的最大吸湿量为2.0%～6.5%，凋萎含水量为3.5%～9.5%，田间持水量为20%～28%，饱和持水量为32%～42%，黏土高于壤质土与沙质土。土壤渗透速度以沙质土与壤质土为快，当土体中夹有厚10 cm以上黏土层时，透水性明显减弱。

（四）化学性质特征

潮土剖面化学组成中，以氧化硅为主要成分，含量在500 g/kg以上，氧化铝、氧化铁、氧化钙、氧化镁也较多，氧化锰与五氧化二磷为少。随沉积物质地由沙至黏，铝、铁、钙、镁等氧化物含量增加，二氧化硅与氧化钠的含量降低，氧化钾的含量则比较稳定。不同河系沉积物的土体化学组成差异：黄河沉积物中钙、镁氧化物含量较高，长江沉积物中氧化硅含量较低，而铁、铝、钙、锰、磷氧化物含量较高；淮河沉积物中氧化硅含量在700 g/kg以上，铁、铝、钙、镁、磷氧化物含量均少。黄河沉积物的氧化钙铝比值（氧化钙/三氧化二铝）>0.5，长江沉积物为0.2～0.4，淮河沉积物为0.1～0.2，表明三类河系沉积物发育的潮土具有富钙、弱钙、微钙程度上的差异。

潮土的一般化学性状受不同河流沉积物属性影响，同时又受沙、壤、黏质地差异及耕种活动的影响。发育在黄河沉积母质上的潮土碳酸钙含量高，含量变化多在5%～15%，沙质土偏低，黏质土偏高，土壤呈中性到微碱性反应，pH 7.2～8.5，碱化潮土pH高达9.0或更高。长江中下游钙质沉积母质发育的潮土，碳酸钙含量较低，为2%～9%，pH为7.0～8.0；发育在酸性岩山区河流沉积母质上的潮土，不含碳酸钙，土壤呈微酸性反应，pH 5.8～6.5（表2-9）。

表2-9　潮土剖面全量化学组成

母质	地点	深度(cm)	烧失量(g/kg)	SiO$_2$(g/kg)	Al$_2$O$_3$(g/kg)	Fe$_2$O$_3$(g/kg)	CaO(g/kg)	MgO(g/kg)	TiO$_2$(g/kg)	MnO(g/kg)	K$_2$O(g/kg)	Na$_2$O(g/kg)	P$_2$O$_5$(g/kg)
黄河沉积物	山东省禹城市梁庄乡	0～20	84.2	667.9	133.0	51.5	73.8	24.7	5.0	0.96	24.7	16.8	1.54
		20～28	85.2	659.4	134.4	55.2	72.7	26.9	5.4	1.02	24.1	15.9	1.52
		28～63	116.7	588.2	158.6	69.8	104.4	32.0	5.9	1.23	26.9	13.5	1.47
		63～96	90.9	638.5	138.4	52.6	90.0	27.5	5.3	0.87	24.1	17.3	1.38
		96～105	90.6	638.7	133.0	54.3	94.4	27.4	5.8	0.92	23.8	17.4	1.50

（续）

母质	地点	深度 (cm)	烧失量 (g/kg)	SiO₂ (g/kg)	Al₂O₃ (g/kg)	Fe₂O₃ (g/kg)	CaO (g/kg)	MgO (g/kg)	TiO₂ (g/kg)	MnO (g/kg)	K₂O (g/kg)	Na₂O (g/kg)	P₂O₅ (g/kg)
长江沉积物	安徽省东至县新度乡	0~18	65.9	650.2	132.5	53.3	23.8	19.7	9.1	1.00	23.4	14.0	2.24
		18~26	75.3	601.0	151.9	64.9	30.8	24.7	11.3	1.26	25.3	11.6	2.01
		26~101	78.7	590.8	151.2	67.2	35.2	24.7	10.7	1.34	25.5	10.8	2.03
淮河沉积物	河南省罗山县东铺乡	0~25	34.7	781.7	111.4	32.4	12.9	8.3	7.1	0.76	22.1	16.8	0.87
		25~33	36.4	761.4	132.0	41.7	9.8	9.5	6.7	0.62	18.9	12.8	0.44
		33~87	48.7	720.3	162.2	52.2	9.1	12.3	6.7	0.83	20.3	10.9	0.59
		87~110	42.4	720.0	158.9	52.8	8.9	12.5	6.5	1.08	24.1	11.8	0.65

注：引自《中国土壤》，1998。

（五）养分性质特征

不同河系沉积物形成的潮土，有机质、全氮、全磷、全钾等养分含量也有较明显差异。其中，以黄河沉积物形成的潮土为低，珠江沉积物形成的潮土为高，长江及淮河沉积物形成的潮土居中，尤以生物积累养分含量差异明显。从半干旱半湿润暖温带至湿润南亚热带，潮土养分含量由低至高，呈现有规律的变化，这些特点除沉积物属性影响外，区域性生物积累以及耕种强度差异均起着决定性的作用；而潮土中速效钾含量呈现相反的趋势，这与沉积物中含钾矿物的分解及土壤淋溶强度呈正相关。此外，同一区域内，由于不同起源物质的性质不同，潮土的性状也有差异。

长江沿岸的内河与湖相沉积物发育的潮土，无石灰反应，呈酸性或微酸性，有机质、全氮等养分含量相对较高；黄淮海平原中由古河流黄土性沉积物发育的潮土，无石灰反应，呈中性；在地下水位高及矿化度高，以及滨海地区，土壤含盐量较高；在地势低洼的滨湖滩地与局部洼地，土壤有机质含量丰富，可达 30 g/kg 以上。

分布于黄河中下游的潮土（典型潮土），腐殖质含量低，多<10 g/kg，普遍缺磷，钾元素丰富，但近期高产地块普遍出现缺钾现象，微量元素中锌含量偏低。分布于长江中下游的潮土（灰潮土）养分含量高于典型潮土。潮土养分含量除与人为施肥管理水平有关外，与质地有明显相关性（图 2-6、表 2-10）。

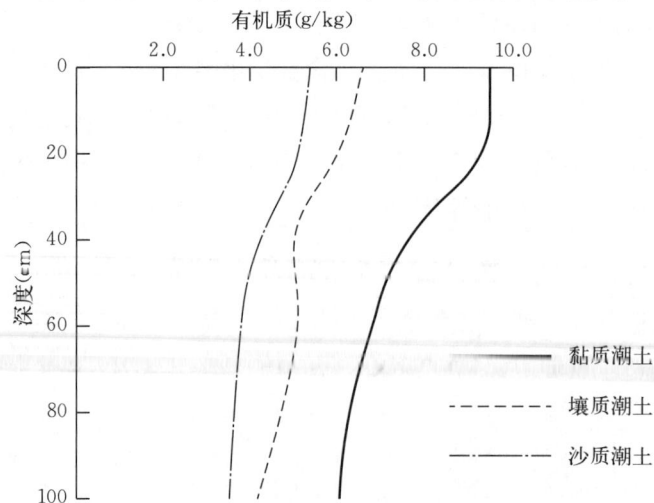

图 2-6　不同质地潮土有机质剖面分布

（山东菏泽）

表 2 - 10　潮土亚类耕层养分状况

潮土亚类	pH	有机质 (g/kg)	全氮 (g/kg)	全磷 (g/kg)	碱解氮 (mg/kg)	有效磷 (mg/kg)	速效钾 (mg/kg)	阳离子交换量 (cmol/kg)
典型潮土	7.3	9.0	0.62	0.58	56	5.9	107	10.64
脱潮土	7.7	8.7	0.60	0.63	52	6.7	115	9.47
湿潮土	7.4	10.7	0.77	0.49	55	4.9	103	11.38
盐化潮土	8.1	9.0	0.60	0.60	53	5.8	126	5.25
碱化潮土	9.0	4.3	0.31	0.40	28	6.8	79	4.05

注：引自《山东土壤》，1990。

　　潮土的有机质积累量不高，但土壤矿物质养分含量较丰富，一般土体深厚，结持较松，易于耕作管理，适种性广。潮土分布区域广，类型变化多样，生产性状差别很大。黏质沉积物发育的潮土，质地黏重，通透性和耕性差，湿时上层滞水，干时通风跑墒，适耕期短，养分含量虽较高，但物理性状差，生产潜力难以发挥。沙质沉积物发育的潮土，沙性重，漏水漏肥，养分含量低，保肥共肥能力弱，多属低产土壤。壤质沉积物发育的潮土，质地适中，水分物理性状好，抗旱抗涝力强，养分含量较高，保肥供肥能力也强，水、肥、气、热协调，通常为各类旱作物的高产土壤。

第三节　潮土亚类的分布及其特征

一、典型潮土

（一）典型潮土的分布

　　典型潮土也称黄潮土，是潮土面积最大的一个亚类，占潮土土类面积的60.93%，已经有87%以上开垦为耕地，是我国北方主要的农业土壤之一和重要的粮棉生产基地；主要分布于暖温带半干旱、半湿润地区的冲积平原、河谷平原和盆地，在干旱区、高寒山区的河谷及湖盆边缘也有分布。典型潮土主要分布在黄淮海平原，其他分布在内蒙古河套平原、山西汾河谷地、陕西汉江与渭河冲积平原、甘肃河西走廊等地。

　　受地形地貌与气候和水文地质条件的控制，潮土与相邻土壤组合或相间分布各异。在黄淮海平原区，潮土与东部滨海盐土、盐化潮土相邻或相间，西部与褐土、潮褐土相邻，南部常与砂姜黑土组合分布，在平原中部则常与局部盐化、碱化潮土相组合。

　　近年来，地下水超采区主要分布在黄淮海平原、山西六大盆地、关中平原、松嫩平原、下辽河平原、西北内陆盆地石羊河流域等地区。华北平原太行山前及中部的浅层地下水已经部分枯竭，深层地下水开采已形成了跨京、津、冀、鲁的区域地下水降落漏斗群。因此，典型潮土脱离地下水的影响这一控制隐域土的区域成土因素发生变化，将逐渐发育成脱潮土。经过一定时期，有可能会逐渐发育成地带性土壤。

（二）典型潮土的特征

　　1. 形态特征　典型潮土亚类具有潮土土类的典型形态特征，由于不同河系沉积物成因与属性差异，沉积层理明显，沙、壤、黏土层排列形态不一。

2. 理化性状 其理化性状与沉积物类型及属性密切相关。由黄河沉积物形成的潮土，土壤质地分异性强，有潮沙土、两合土、潮黏土及不同质地剖面构型的土壤类型，但均不含砾石，而多粉沙粒，古河流沉积物发育的潮土，黏粒与粉沙粒含量高，以壤质黏土为主。一般河谷平原的潮土，沉积物源于山丘各类基岩风化物，土体中沙粒多、黏粒少，常含少量砾石或底部具砾石层。

潮土碳酸钙含量在 40～140 g/kg，以沙质土为低，黏质土为高。土壤 pH 7.5～8.5，阳离子交换量 4～20 cmol/kg。古河流沉积物发育的潮土，pH 7.7～7.9，一般不具石灰反应，阳离子交换量高。非石灰性河流沉积物发育的潮土，pH 7 左右，土壤不具石灰反应，阳离子交换量较低。潮土的生物积累养分量普遍偏低，有机质 3～14 g/kg、全氮 0.2～1.0 g/kg，随质地由沙至黏，全磷、全钾的含量递增。

3. 农业生产性状 潮土的农业生产性状因其质地不同而有很大的差异。

沙质沉积物发育的潮土，粗沙、细沙含量占优势，保水保肥性能差，有机质及各类矿物质养分含量也低，土壤供肥能力弱。但土壤毛管水不能上升到地表，不易引起土壤反盐，故缺水缺肥是土壤改良的重点。

黏质沉积物发育的潮土，粉沙粒、黏粒含量占优势，土体紧实，保水保肥及持续供肥能力强。但土壤耕性和通透性差，外排水又不良，作物易受涝害，旱时地表蒸发快，下层毛管水供应不及，作物又易受旱害。土壤改良的重点是改善土壤水分物理性状，发挥土壤潜在肥力的增产效益。

壤质沉积物发育的潮土，沙黏性与结持适宜，土壤毛管作用力强，养分含量及有效性均较高，水分物理性状与供水供肥性能良好，耕性也好，作物一般不受涝盐危害，属潮土中的高产类型。

潮土由于沙、壤、黏土层频繁相间，或土体中夹有如砂姜结核等特殊异质土层，土壤的农业生产性状差异很大。如潮沙土在耕作层以下夹有壤质或黏质土层时，土体具有一定的脱水保肥作用；在两合土的心土部位夹有中层或厚层沙土时，作物生长后期也因漏水漏肥而早衰减产；在潮黏土土体中夹有厚层沙时，也有漏水漏肥现象；若土体中高部位出现砂姜结核层，则不利于作物根系生长；地下水位高及土壤 pH 高，则可降低土壤养分的有效性。

4. 代表性单个土体剖面特征 代表性单个土体位于河南省周口市鹿邑县生铁冢乡范楼村（编号 41-185，2012 年 3 月 2 日），33°48′49″N，115°22′58″E，黄泛平原的低洼地带，海拔约为 39 m，暖温带大陆性季风气候，年均气温 14.4 ℃；降水量约为 739 mm，集中在夏季；小麦-玉米轮作，一年两熟，母质为河流冲积黏质沉积物，属于石灰性潮黏土土属，鹿邑淤土土种（H2111621）。

5. 剖面特征 表层有机质积累，雏形层有氧化还原特征，表层质地多为黏壤土，下部土层多为粉沙质黏土，剖面通体为块状结构；90 cm 以下明显棕灰色铁锰胶膜，与上层颜色分异明显；pH 为 8.1～8.3，全剖面中至强石灰反应（图 2-7）。

Ap：0～8 cm，棕色（10YR 4/6，润），黏壤土，团块结构；有石灰反应，pH 8.1；向下层清晰平滑过渡。

AB：8～30 cm，浊棕色（7.5YR 5/4，润），粉沙质黏土，团块结构；有石灰反应，pH 8.1；向下层清晰平滑过渡。

Br1：30～57 cm，棕色（7.5YR 4/4，润），黏壤土，团块结构；可见铁锰斑纹，有石灰反应，pH 8.1；向下层清晰平滑过渡。

Br2：57～90 cm，棕色（7.5YR 4/6，润），粉沙质黏土，块状结构；有石灰反应，pH 8.1；向下层清晰平滑过渡。

Cr1：90～120 cm，棕色（7.5YR 4/3，润），粉沙质黏土，块状结构；明显棕灰色铁锰胶膜；有石灰反应，pH 8.3；向下层清晰平滑过渡。

图 2-7　典型潮土（鹿邑淤土 H2111621）景观和单个土体剖面

Cr2：120～145 cm，暗棕色（10YR 3/4，润），黏壤土，块状结构；明显棕灰色铁锰胶膜；有石灰反应，pH 8.3（表 2-11、表 2-12）。

表 2-11　典型潮土代表性剖面物理性质

| 土层 | 厚度（cm） | 细土颗粒组成（g/kg） | | | 质地 | 容重（g/cm³） |
		沙粒（0.05～2 mm）	粉粒（0.002～0.05 mm）	黏粒（＜0.002 mm）		
Ap	0～8	191	496	313	黏壤土	1.30
AB	8～30	33	562	405	粉沙质黏土	1.56
Br1	30～57	79	628	293	黏壤土	1.63
Br2	57～90	26	540	444	粉沙质黏土	1.46
Cr1	90～120	12	565	423	粉沙质黏土	1.53
Cr2	120～145	255	542	203	黏壤土	—

注：引自《中国土系志　河南卷》，2019。

表 2-12　典型潮土代表性剖面养分状况与化学性质

土层	pH	有机碳（g/kg）	全氮（g/kg）	全磷（g/kg）	全钾（g/kg）	有效磷（mg/kg）	速效钾（mg/kg）	阳离子交换量（cmol/kg）
Ap	8.1	12.41	1.60	0.79	21.0	13.9	218	5.8
AB	8.1	8.35	1.13	0.75	21.1	4.2	158	6.2
Br1	8.1	4.21	0.60	0.26	21.3	1.2	109	5.4
Br2	8.1	4.68	0.71	0.46	22.7	1.6	146	5.4
Cr1	8.3	5.70	0.72	0.41	22.4	1.7	148	5.0
Cr2	8.3	2.49	0.28	0.27	17.2	1.5	82	14.0

注：引自《中国土系志　河南卷》，2019。

6. 利用性能　土体黏重，耕性差，适耕期短；土壤保水保肥能力强，但是水肥气热不协调，一般属中高产土壤类型。改良利用上主要为增施有机肥，逐年深耕以改善土壤结构。

二、灰潮土

（一）灰潮土的分布

灰潮土主要分布在湿润亚热带地区，包括淮河以南的长江中下游河谷平原及赣江、珠江及其支流沿岸冲积平原，河湖平原和三角洲等，占潮土土类面积的 8.72%，是我国南方集约农业生产的重要耕地土壤。长江中下游平原地区是灰潮土集中连片分布区，占灰潮土亚类面积的 70%左右。自江汉平原至江苏入海地段，沿长江及其支流呈条带状分布。此类土壤自北亚热带至南亚热带均有分布，常与黄棕壤、黄褐土、红壤等相接，在平原河谷区则与水稻土成组合相间分布。

（二）灰潮土的特征

1. 形态特征　灰潮土具有潮土的一般形态特征，但大多由漫流沉积物发育，部分为静水沉积物发育，剖面质地土层层间级差小，多以均质土体构型为主。剖面深处常见有埋藏生草沼泽老表层、潜育层、卵石层等，土体色泽较匀，受长期集约耕种的影响，有机胶体下淋，使土体颜色普遍具较低的亮度、彩度，除有黄棕色锈纹斑外，还具灰斑和少数含铁锰结核特征。灰潮土因成土年限、地形部位及水分等状况不同，其形态特征各有差异。分布在江心洲、沿岸滩地与古老沉积沙岗部位的灰潮土，质地偏轻，不见或少见锈纹斑，当上部土体脱钙时，在心底土层中还可见砂姜和铁锰结核。

2. 理化性状　灰潮土沉积物的颗粒普遍较细。近河道及古沙洲上的灰潮土，以沙质壤土为主，或间有粉沙质壤土；在远河道及低河漫滩上的灰潮土，以黏壤土为主，也有壤质黏土及黏土。其总特点是土体中无质地级差大及粗沙质或黏土质间隔土层；粉沙粒含量均较高，为 20%～60%。

灰潮土成土母质大多具石灰反应，但由于气候原因和成土时间原因，土体中石灰含量减少，均有不同程度淋失和淀积。长江新沉积物上形成的灰潮土成土期短，全剖面的碳酸钙含量基本一致，无脱钙作用（表 2-13）。长江老沉积物上的灰潮土，受长期耕种与土壤淋溶作用，碳酸钙含量（70 g/kg），若经长期耕种，碳酸钙含量可降至 10 g/kg 以下；发育于我国南方红壤、赤红壤地区河流沉积物上的灰潮土，则不含碳酸钙，pH 也较低。

灰潮土中易溶性盐类淋失作用强，地下水矿化度低，一般土壤无盐化渍化威胁；同时，耕种熟制多，耕作施肥频繁，土壤养分普遍为高。沙壤质灰潮土的有机质含量大多在 10 g/kg 以上，全氮含量 0.8 g/kg 左右，黏壤及壤黏质灰潮土的有机质含量可达 15 g/kg 以上，全氮 1 g/kg 以上。随耕种管理水平提高，有机质与氮素含量增加。全磷含量为 0.5～0.7 g/kg，受耕种施肥影响，土体上部略高于下部。土壤的全钾含量以新近沉积物与江海沉积物发育的灰潮土为高，为 20～30 g/kg，老沉积物与红黄壤区酸性沉积物发育的灰潮土，全钾量有所降低，速效钾含量变化尤为明显，与长期淋失有关。

大部分灰潮土呈微碱性反应，pH 7.5～8.3，阳离子交换量 10～15 cmol/kg，盐基饱和；部分灰潮土受沉积物本身属性影响，呈酸性或微酸性反应，pH 4.5～5.0，交换性酸 1 cmol/kg 以上。其中，以交换性铝为主，有效阳离子交换量 10 cmol/kg 以下，盐基不饱和。

表 2 - 13 不同地区灰潮土的性质比较

母质	地点	深度 (cm)	pH	有机质 (g/kg)	全氮 (g/kg)	全磷 (g/kg)	全钾 (g/kg)	CaCO₃ (g/kg)	阳离子交换量 (cmol/kg)
长江新 沉积物	江西 九江	0～15	8.0	17.7	0.82	0.68	24.6	11.4	14.71
		15～40	8.1	16.1	0.80	0.64	20.9	10.9	16.87
		40～100	8.1	13.8	0.73	0.60	29.3	9.5	22.05
长江老 沉积物	江苏 海安	0～8	7.9	11.9	0.86	0.71	17.3	20.8	10.6
		8～23	8.1	8.2	0.57	0.49	18.4	23.1	9.4
		23～45	8.2	4.0	0.30	0.71	17.1	47.1	7.5
		45～100	8.2	4.0	0.23	0.74	—	70.0	—
江海 沉积物	上海 崇明	0～11	8.1	15.9	0.81	0.64	24.8	70.0	15.0
		11～80	8.3	8.5	0.66	0.55	22.2	51.0	13.8
		80～100	8.3	6.3	0.43	0.53	20.4	60.0	13.0

注：引自《中国土壤》，1998。

灰潮土的腐殖酸含量与土壤颗粒组成和肥力水平有关。黏质与高肥灰潮土含腐殖酸量高，沙质和壤质灰潮土则低。江苏长江北岸的高沙土，板而沙，其腐殖酸总量（C）仅 1.7～1.9 g/kg，质地稍黏的夹沙土，腐殖酸含量高达 3.7～4.6 g/kg，腐殖酸中胡敏酸与富里酸含量也相应有异，肥力高的潮土，富里酸积累快，胡富比值下降为 0.5 左右；低肥者，富里酸难以积累，胡富比值上升在 0.7 左右，甚至高达 0.9。

灰潮土的微量元素缺乏，锌、硼、锰、铜、硒的含量普遍低于有效含量的临界值，尤其是锌缺乏严重，不少土壤中有效态锌含量低于临界值 0.5 mg/kg。大部分土壤也缺硼。由于缺素，导致玉米、大豆、棉花等作物减产。

3. 农业生产性状 灰潮土区气候条件优越，农业耕种历史悠久，熟制较高，在农田管理中普遍重视土壤培肥，加之土壤地下水位适中，一般无干旱和盐碱威胁，适宜种植多种作物，并可推行间作、套种等多熟制措施。灰潮土大部分土壤质地不沙不黏，通透性良好，耕性优良，宜于发展经济作物、果木及特种药材种植。在江汉平原及长江沿岸地区，历来为我国棉花、蚕桑种植区，亩*产居全国之冠。但因复种指数高达 250%，用地多、养地少，特别是有机肥与无机肥配施不当，磷、钾肥补充不足，微量元素硼、锌也缺乏，影响农产品的产量与质量。因此，开辟有机肥源，推行有机、无机结合平衡施肥，协调土壤养分供应能力是提高作物产量的重要措施。

4. 代表性单个土体剖面特征 代表性单个土体位于安徽省安庆市桐城市双港镇天城村大塘组（编号 34 - 054，2012 年 4 月 17 日），30°50′2″N，116°56′18″E，分布于长江支流上游的河漫滩、近河决口处及易泛滥稍高地段，海拔约为 59 m，暖温带半湿润气候，年均气温 15.5～16.0 ℃，年均降水量 1 200～1 400 mm。耕地油菜（小麦）-棉花轮作；成土母质为河流沉积物；属于灰潮沙土土属，潮麻沙土土种（H2121412）。

---

* 亩为非法定计量单位，1 亩≈667 m²。

5. 剖面特征 表层有机质积累，含量较高；雏形层黄灰色，有氧化还原特征；土体深厚，一般在1m以上，通体无石灰反应，pH 4.9～5.9，壤质沙土至沙土，雏形层多呈块状结构，2%～15%的锈纹锈斑，5%左右片状云母（图2-8）。

图2-8 灰潮土（潮麻沙土 H2121412）景观和单个土体剖面

Ap：0～20 cm，亮黄棕色（10YR 6/6，干），棕色（10YR 4/4，润），壤质沙土，发育弱的直径1～3 mm粒状结构，松散；孔隙度>40%，具1～3条蚯蚓通道，内含蚯蚓粪便；清晰平滑过渡。

AB：20～38 cm，亮黄棕色（10YR 6/6，干），棕色（10YR 4/4，润），壤质沙土，发育弱的直径10～20 mm块状结构，疏松；棉花根系丰度5～8条/dm²；孔隙度>40%；2%～5%锈纹锈斑，5%左右片状云母；清晰平滑过渡。

Br1：38～58 cm，亮黄棕色（10YR 6/6，干），棕色（10YR 4/4，润），沙土，发育弱的直径10～20 mm块状结构，疏松；孔隙度>40%；2%～5%锈纹锈斑，5%左右片状云母；渐变波状过渡。

Br2：58～80 cm，亮黄棕色（10YR 7/6，干），浊黄棕色（10YR 5/4，润）；沙土，发育弱的直径10～20 mm块状结构，疏松；孔隙度>40%；10%～15%锈纹锈斑，5%左右片状云母；渐变波状过渡。

Br3：80～120 cm，亮黄棕色（10YR 6/6，干），棕色（10YR 4/4，润），沙土，发育弱的直径10～20 mm块状结构，疏松；10%～15%锈纹锈斑，5%左右片状云母（表2-14、表2-15）。

表2-14 灰潮土代表性剖面物理性状

| 土层 | 厚度 (cm) | 细土颗粒组成（g/kg） | | | 质地 | 容重 (g/cm³) |
		沙粒 (0.05～2 cm)	粉粒 (0.002～0.05 cm)	黏粒 (<0.002 cm)		
Ap	0～20	793	162	45	壤质沙土	1.28
AB	20～38	875	46	79	壤质沙土	1.38

（续）

土层	厚度 (cm)	细土颗粒组成（g/kg）			质地	容重 (g/cm³)
		沙粒 (0.05～2 cm)	粉粒 (0.002～0.05 cm)	黏粒 (＜0.002 cm)		
Br1	38～58	878	71	51	沙土	1.32
Br2	58～80	901	29	70	沙土	1.32
Br3	80～120	935	44	21	沙土	1.32

注：引自《中国土系志　安徽卷》，2017。

表 2-15　灰潮土代表性剖面养分状况与化学性状

土层	pH	有机质（g/kg）	全氮（g/kg）	全磷（g/kg）	全钾（g/kg）	阳离子交换量（cmol/kg）
Ap	4.9	12.1	0.90	1.24	4.3	6.3
AB	4.9	5.8	0.51	0.79	4.3	2.4
Br1	5.4	5.3	0.39	0.63	4.4	2.6
Br2	5.7	4.2	0.44	0.66	4.0	3.1
Br3	5.9	2.3	0.31	0.26	4.3	1.3

注：引自《中国土系志　安徽卷》，2017。

6. 利用性能　土体深厚，质地粗，耕性好，漏水漏肥，有机质、氮含量低，钾含量严重不足，磷含量较高。应考虑种植瓜果，改善排灌条件，增施有机肥和实行秸秆还田，种植绿肥，增施钾肥。

三、脱潮土

（一）脱潮土的分布

脱潮土是潮土向相邻非水成、半水成土演变的潮土亚类，占潮土土类面积的 8.17%，分布地区与典型潮土亚类相伴，处于平原地势相对高起部位，在地下水位大幅度下降的潮土区，也有脱潮上的存在。

黄淮海平原是脱潮土主要分布区，占脱潮土亚类面积约 68%，与潮土亚类相间分布于平原中的地势相对高起的缓岗、古河道自然堤、高阶地。另在汾河谷地，因地下水位下降、河流改道或下切，土体中氧化还原特征层位下降，典型潮土也逐渐向脱潮土方向发育。

（二）脱潮土的特征

1. 形态特征　脱潮土除有潮土的耕作层、氧化还原特征层外，在心土层尚表现褐土化发育的特征。脱潮土剖面上部色泽较鲜艳，浅棕色及黄棕色为主，亮度与彩度均≥4，底土层仍为灰棕色。土体上部黏粒及可溶盐类有向下迁移、在心土层淀积的迹象，使心土层色泽较鲜艳并显轻度黏化特征，有时在结构面和细孔隙间有碳酸钙呈假菌丝状淀积，微形态显微切片鉴定为碳酸盐凝块和针状碳酸盐结晶。底土层受地下水活动影响，土体潮湿，仍具锈纹斑特征。

2. 理化性状　脱潮土的质地大部分为壤质土和沙质土，剖面质地土层较匀，一般无沙、黏间层。

因其分布部位较高，土壤自然含水量较少。由于上部土层的黏粒和碳酸钙开始下移，其含量略有减少，而心土层略为升高，土壤阳离子交换量也相应有所增高。脱潮土的有机质、全氮量较低，耕作层分别在 10 g/kg 及 0.8 g/kg 左右，心、底土层中明显降低，显示土壤生物积累养分的矿化作用较强，但随土壤质地的变化其含量也有所增减。

3. 农业生产性状　脱潮土在平原中所处地势相对较高，地下水位比一般潮土低，土壤质地适中，内外排水条件良好，无盐渍化威胁，是农业生产性状良好的土壤类型。但因质地类型不同，农业生产性状也有差异。沙质脱潮土土性热，发小苗，有机质及各种养分含量低，往往地力后劲不足，同时也易受旱。壤质脱潮土适耕期长，适种性广，供肥性能好，是潮土土类中的高产土壤类型。黏质脱潮土的耕性差、通透性也差，但有机质及其他养分含量较高，地力后劲足，发老苗，仍是高产土壤类型。

4. 代表性单个土体剖面特征　代表性单个土体位于河南省开封市八里湾镇（编号 41-166，2011年 8 月 19 日），34°44′37″N，114°34′23″，海拔 64 m，黄河冲积平原及河流两岸一、二级阶地，暖温带大陆性季风气候，年均气温为 14.1 ℃，年均降水量约为 723 mm，小麦-玉米轮作，一年两熟，母质为近现代河流冲积沉积物，属于脱潮壤土土属，脱潮底黏小两合土土种（H2131219）。

5. 剖面特征　表层有机质积累，耕作层 Ap 与雏形层 Bw1 质地为粉沙壤土，黏粒含量在 162～182 g/kg，随深度增加而增加，雏形层 B（t）质地为黏壤土，黏粒含量为 227 g/kg；Bw2 虽同为粉沙壤土，黏粒含量明显较低，为 146 g/kg；BC 为黏壤土层，出现于剖面底部 107～150 cm 处；pH 8.3～8.8，通体较强石灰反应（图 2-9）。

图 2-9　脱潮土（脱潮底黏小两合土 H2131219）景观和单个土体剖面

Ap：0～17 cm，棕色（10YR 4/4，润），粉沙壤土，团粒状结构，干时松软，润时疏松，湿时稍黏着，稍塑；大量根系；较强石灰反应，pH 8.3；向下层清晰平滑过渡。

Bw1：17～37 cm，棕色（10YR 4/6，润），粉沙壤土，块状结构，干时稍硬，润时稍坚实，湿时稍黏着，稍塑；强石灰反应，pH 8.4；向下层模糊渐变过渡。

B（t）：37～60 cm，棕色（7.5YR 4/6，润），黏壤土，块状结构，干时硬，润时坚实，湿时黏着，中塑；有强石灰反应，pH 8.4；与下层清晰平滑过渡。

Bw2：60～107 cm，黄棕色（10YR 5/6，润），粉沙壤土，块状结构，干时松软，润时疏松，湿时稍黏着，稍塑；有强石灰反应，pH 8.8；向下层突变平滑过渡。

BC：107～140 cm，棕色（7.5YR 4/6，润），黏壤土，块状结构，干时硬，润时坚实，湿时黏着，中塑；有较强石灰反应，pH 8.4（表 2-16、表 2-17）。

表 2-16　脱潮土代表性剖面物理性状

| 土层 | 厚度（cm） | 颗粒组成（g/kg） | | | 质地 | 容重（g/cm³） |
		沙粒（0.05～2 mm）	粉粒（0.002～0.05 mm）	黏粒（<0.002 mm）		
Ap	0～17	296	542	161	粉沙壤土	1.38
Bw1	17～37	244	573	182	粉沙壤土	1.55
B（t）	37～60	175	596	227	黏壤土	1.54
Bw2	60～107	246	607	146	粉沙壤土	1.36
BC	107～150	218	509	272	黏壤土	1.38

表 2-17　脱潮土代表性剖面养分状况与化学性状

土层	pH（H₂O）	有机质（g/kg）	全氮（g/kg）	全磷（g/kg）	全钾（g/kg）	有效磷（mg/kg）	速效钾（mg/kg）	阳离子交换量（cmol/kg）
Ap	8.3	11.95	1.26	0.61	21.6	16.8	136	6.8
Bw1	8.4	5.92	0.68	0.64	21.0	2.1	54	6.0
B（t）	8.4	3.35	0.50	0.48	21.3	1.4	56	4.9
Bw2	8.8	1.93	0.24	0.30	20.2	1.0	27	5.0
BC	8.4	3.54	0.5	0.31	21.9	1.2	76	5.0

注：引自《中国土系志　河南卷》，2019。

6. 利用性能　土体深厚，耕作层质地适中，耕性良好，适耕期较长，适种作物多样，通气透水性能好；底部土质黏重，但中部有较厚的粉沙层，保水保肥性能一般；应注意提高灌溉保证率，改善灌溉模式，改进施肥方式，提高肥料效率。

四、湿潮土

（一）湿潮土的分布

湿潮土是潮土向沼泽土或潜育土发育的一类过渡土壤类型，仅占潮土土类面积的 2.13%。该亚类主要分布在黄淮海平原中地势低平的封闭洼地、交接洼地、湖沼洼地边缘以及浅平碟形低地，占湿潮土亚类面积的 63%，或与盐化潮土呈组合分布。在南方各省份，湿潮土所占面积小，主要分布在沿河低地、滨湖洼地，常与水稻土及沼泽土相间分布。

（二）湿潮土的特征

1. 形态特征 湿潮土除具有潮土的剖面形态特征外，主要在土体下部有长期滞水条件下形成的潜育化特征层。因土壤所处地势低，地下水位在1m以内，土体长期受水渍作用，含水量高，色泽灰暗。上部呈暗棕色或棕灰色，彩度2～4；心土层呈暗棕灰色，彩度2～3，有多量暗棕色或黄棕色锈纹斑；底土层通常呈蓝灰色、暗灰色，具多量锈纹斑，并有少量铁锰结核，含水量高，呈软块状或糊状。土体中可见淡水螺壳，根系及腐根多。由沙质河流沉积物发育的湿潮土，土色亮度与彩度较高，植物根系也较少，下部矿物质潜育化特征明显。

2. 理化性状 湿潮土以静水沉积物的黏质土为主，土壤自然含水量高；洪积物母质碳酸钙含量一般低于黄河沉积物，一般pH为7.9～8.5，黏土沉积物及洪积物母质发育的湿潮土有机质含量较高，土壤有效磷仍属低水平，多在5mg/kg以下，速效钾较丰富。

3. 农业生产性状 土体潮湿，土性冷凉，若潜育层出现部位过高时，还可产生毒害物质抑制作物根系对养分的吸收，甚至出现烂根现象；局部洼地边缘地下水矿化度＞1g/L，旱季土壤易返盐，雨季则易受涝害。此类土壤需重视排水，种植耐涝耐盐的旱作物或改种水稻，并补施速效肥才能促发早苗。

4. 代表性单个土体剖面特征 代表性单个土体位于河南省郑州市惠济区花园口镇湿地保护区（编号41-002，2010年6月9日），34°55′32″N，113°36′44″E，海拔93m，冲积平原洼地，暖温带大陆性季风气候，年均气温14.4℃，年均降水量640mm，地下水位1～3m；湿地，自然植被有芦苇、扁草、蒲草等草本植物，母质为河流冲积沉积物。属于湿潮沙土土属，开封湿潮沙土土种（H2141112）（图2-10）。

图2-10 湿潮土（开封湿潮沙土 H2141112）景观和单个土体剖面

5. 剖面特征　表层有机质积累，雏形层（50 cm 以上）有氧化还原特征，Ah 层淡灰棕色，质地为壤土，多为粒状结构；雏形层淡黄橙色，质地多为壤土，弱发育团粒状结构，发育有 15％～40％的黄橙色锈斑，系地下水位季节性变化导致的铁淀积现象；140 cm 以下是地下水位活跃的层次，有 15％～40％的亮黄棕色（10YR 7/6，润）锈斑。全剖面呈碱性，通体强烈的石灰反应。

Ah：0～9 cm，橙白色（10Y 8/2，干），浊黄橙色（10YR6/3，润），壤土，弱发育碎块状结构；大量根系；强烈石灰反应，pH 7.9；向下层清晰过渡。

Br1：9～46 cm，淡黄橙色（10YR 8/3，干），浊黄橙色至浊黄棕色（10YR 5.5/4，润），壤土，弱发育粒状结构；少量亮棕色（7.5YR 5/8）锈斑；强烈石灰反应；pH 8.4；向下层清晰过渡。

Br2：46～76 cm，橙白色（10YR 8/2，干），棕色（7.5YR 6/4，润），粉壤土，中度发育块状结构；有亮棕色（7.5YR 5/8）锈斑等；强烈石灰反应；pH 8.3，向下层波状模糊过渡。

Br3：76～109 cm，黄棕色（2.5Y 8/2，干），浊黄棕色（10YR 5/4，润）；粉壤土，中度发育块状结构；15％～40％的黄橙色（10YR 7/8，干）锈斑；强烈石灰反应；pH 8.3，向下层波状模糊过渡。

Cr1：109～125 cm，淡黄橙色（10YR 7/2，干），浊红棕色（10YR 5/4，润）；壤土，单粒，可见冲积层理；少量斑纹，强烈石灰反应；pH 8.5，向下层波状清晰过渡。

Cr2：125～140 cm，淡黄橙色（10YR 7/2，干），浊红棕色（10YR 5/3.5，润）；沙壤土，单粒，可见冲积层理；少量斑纹，强烈石灰反应，pH 8.5，向下层波状清晰过渡。

C（g）：140 cm 以下，橙白色（10YR8/1，干），浊红棕色（10YR 6/2，润）；粉壤土，单粒，可见冲积层理；有≥40％的亮黄棕色（10YR 7/6，润）锈斑；强烈石灰反应，pH 7.9（表 2-18、表 2-19）。

表 2-18　湿潮土代表性剖面物理性状

土层	厚度 （cm）	细土颗粒组成（g/kg）			质地	容重 （g/cm³）
		沙粒 （0.05～2 mm）	粉粒 （0.002～0.05 mm）	黏粒 （＜0.002 mm）		
Ah	0～9	512	400	88	壤土	1.24
Br1	9～46	512	411	77	壤土	1.28
Br2	46～76	237	666	97	粉壤土	1.49
Br3	76～109	377	545	78	粉壤土	1.37
Cr1	109～125	434	497	69	壤土	1.46
Cr2	125～140	661	276	63	沙壤土	1.40
C（g）	＞140	349	567	84	粉壤土	1.33

表 2-19　湿潮土代表性剖面养分状况与化学性状

土层	pH	有机质 （g/kg）	全氮 （g/kg）	全磷 （g/kg）	全钾 （g/kg）	有效磷 （g/kg）	速效钾 （g/kg）	阳离子交换量 （cmol/kg）	CaCO₃ （g/kg）
Ah	7.9	6.44	0.51	0.77	14.6	5.0	118	4.8	72
Br1	8.4	3.49	0.31	0.80	14.3	3.5	95	9.1	70
Br2	8.3	5.52	0.38	0.76	13.8	4.1	140	6.7	101

（续）

土层	pH	有机质 （g/kg）	全氮 （g/kg）	全磷 （g/kg）	全钾 （g/kg）	有效磷 （g/kg）	速效钾 （g/kg）	阳离子交换量 （cmol/kg）	CaCO₃ （g/kg）
Br3	8.3	5.58	0.57	0.71	16.1	5.4	203	5.7	84
Cr1	8.5	4.01	0.63	0.56	14.5	5.0	87	3.9	84
Cr2	8.5	3.31	0.30	0.61	15.0	4.4	113	4.7	67
C（g）	7.9	6.45	0.85	0.75	15.6	6.9	173	7.1	90

注：引自《中国土系志　河南卷》，2019。

6. 利用性能　该土系耕层质地为壤土，通透性好。地表多生长芦苇、蒲草等湿生植物，洼地较高处有的种植一些高粱、谷子等小杂粮。

五、盐化潮土

（一）盐化潮土的分布

盐化潮土是潮土与盐土之间的过渡性亚类，具有附加的盐化过程，土壤表层具有盐积现象，占潮土土类总面积的18.22%，已经有73%以上开垦为耕地，主要分布在平原地区中的微斜平地（或缓平坡地）及洼地边缘，微地貌中的高处也常有分布。与盐土呈复区。地下水埋深1～2 m，矿化度变幅较大，一般在1～5 g/L，排水条件较差。黄淮海平原中的盐化潮土面积较大，占本亚类面积的73%，常与湿潮土、盐土及碱土等呈斑点或斑块状相嵌复区分布；在河套平原盐化潮土则与灌淤土或风沙土等呈组合分布；在汾渭河谷平原和华东、华南沿海平原也有小面积盐化潮土分布。

（二）盐化潮土的特征

1. 形态特征　盐化潮土同样具有潮土的耕作层、氧化还原特征土层。但由于所处地区地下水矿化度较高，旱季土壤盐分明显表聚，表土层以下盐分含量急剧降低。每年春、秋旱季土壤表层积盐，雨季脱盐。由于盐类的溶解度与温度的关系，一般春季积盐以氯化物为主（因春季土温低），秋季以硫酸盐为主（因秋季土温高）。

2. 理化性状　盐化潮土的质地以沙质壤土至黏壤土为多；土壤除钾素外，其他养分含量较低；微量元素中除有效铜较高外，其他均低于或接近临界值。

盐化潮土按盐分组成可分为不同的土属：氯化物潮土以氯化钾钠盐为主体，大多分布在沿海一带，地下水矿化度高，氯盐可占全盐量的50%～70%（表2-20）；硫酸盐潮土以硫酸盐占优势，一般占全盐量的40%～60%；苏打盐化潮土的可溶盐含量不高，但碳酸盐和重碳酸盐含量相对较高；另外河西走廊还分布有小面积镁盐潮土，镁盐含量明显高于钙盐，在上部约50 cm的土体中，镁离子占钙镁离子毫克当量之和的比例在40%以上。

3. 农业生产性状　盐化潮土因土壤含盐，养分含量低，属潮土中的低产土壤。含盐量轻者作物生长受抑，重者地表形成盐结皮与大片光板地，耐盐作物严重受抑制。需采取农业生物措施及水利措施进行综合改良。

表 2-20　盐化潮土剖面的盐分组成

土属	地点	深度 (cm)	全盐 (g/kg)	阴离子组成 (me/100 g)				阳离子组成 (me/100 g)		
				CO_3^{2-}	HCO_3^-	SO_4^{2-}	Cl^-	Ca^{2+}	Mg^{2+}	$K^+ + Na^+$
氯化物潮土	江苏泗阳	0～5	5.42	0.13	0.35	1.87	6.51	0.26	0.65	7.99
		5～10	1.51	0.02	0.55	0.70	0.91	0.18	0.14	1.87
		10～20	1.00	0.13	0.40	0.40	0.59	0.14	0.20	1.17
		20～50	0.69	0.04	0.40	0.30	0.26	0.16	0.20	0.64
		50～100	0.25	0.03	0.25	0.06	0.01	0.16	0.08	0.10
硫酸盐潮土	山东德州	0～5	6.0	0	1.55	6.07	1.57	2.95	3.69	2.55
		5～20	3.6	0	1.36	2.89	0.75	0.69	1.54	2.76
		20～45	3.8	0	1.18	3.43	0.78	0.67	1.85	7.87
		45～100	2.7	0	0.78	2.18	1.04	0.91	1.54	1.55
苏打潮土	内蒙古包头	0～5	2.0	0.11	1.46	0.64	0.39	0.78	0.23	2.20
		5～20	1.1	—	1.25	0.04	0.15	0.43	0.35	0.66
		20～50	2.7	0.31	2.33	0.50	0.31	0.23	0.33	2.95
		50～100	8.2	—	1.46	9.76	0.20	0.38	0.48	10.62

注：引自《中国土壤》，1998。

4. 代表性单个土体剖面特征　代表性单个土体位于天津市武清区河西务镇扶头后街村（编号 12-079，2011 年 9 月 30 日），39°36′17″N，116°54′17″E，海拔−6.2 m，滨海平原，暖温带半湿润大陆季风性气候，年均温 11.6 ℃，年降水量 606.8 mm，降水主要集中在 6—9 月，种植香菜，母质为海河水系沉积物。属于氯化物潮土土属，中卤二合土土种（H2151113）。

5. 剖面特征　表层盐分集聚，表土层以下盐分含量降低，雏形层有氧化还原特征，沉积层理清晰，形成粉沙壤土与粉沙质黏壤土交替的多层不连续界面，但不同土壤质地的土层厚度有些不同；土壤质地较轻的土层无石灰反应，黏重土层均有石灰反应。60～100 cm 裂隙内有少量小沙砾（图 2-11）。

Ap（z）：0～12 cm，浊黄棕色（10YR 5/4，干），灰黄棕色（10YR 4/2，润）；粉沙壤土；发育弱的细粒状结构；疏松；有中量中根系；无石灰反应；向下平滑逐渐过渡。

AB：12～30 cm，浊黄棕色（10YR 5/4，干），浊棕色（7.5YR 6/3，润）；粉沙壤土；粒状结构；疏松；稍少量细根系；弱石灰反应；向下平滑突然过渡。

Br1：30～60 cm，浊黄橙色（10YR 6/3，干），浊橙色（7.5YR 6/4，润）；粉沙质黏壤土；发育弱的中等片状结构；疏松；稍少量细根系；有少量铁锰结核；中度石灰反应；向下平滑突然过渡。

Br2：60～65 cm，浊黄橙色（10YR 7/3，干），浊橙色（7.5YR 6/4，润）；粉沙壤土；粒状结构；疏松；在裂隙内有少量小沙砾；有少量铁锰结核；无石灰反应；向下平滑突然过渡。

图 2-11　盐化潮土（中卤二合土 H2151113）景观和单个土体剖面

Br3：65～100 cm，浊黄橙色（10YR 6/4，干），浊橙色（7.5YR 6/4，润）；粉沙质黏壤土，发育弱的细片状结构；疏松；无根系；在裂隙内有少量小沙砾；有少量铁锰结核；中度石灰反应；向下平滑逐渐过渡。

Brk：100～125 cm，浊黄棕色（10YR 5/4，干），棕色（10YR 4/6，润）；粉沙壤土；粒状结构；疏松；中量球形褐色软小铁锰结核；少量砂姜；无石灰反应（表 2-21、表 2-22）。

表 2-21　盐化潮土代表性剖面物理性状

| 土层 | 厚度（cm） | 砾石（体积,%） | 细土颗粒组成（g/kg） | | | 质地 | 容重（g/cm³） |
			沙粒（0.05～2 mm）	粉粒（0.002～0.05 mm）	黏粒（<0.002 mm）		
Ap（z）	0～12	0	338	541	121	粉沙壤土	1.99
AB	12～30	0	347	531	122	粉沙壤土	1.74
Br1	30～60	<2	25	661	314	粉沙质黏壤土	1.84
Br2	60～65	<2	248	710	42	粉沙壤土	1.71
Br3	65～100	<2	58	656	286	粉沙质黏壤土	1.75
Brk	100～125	15～40	277	651	72	粉沙壤土	1.84

表 2 - 22　盐化潮土代表性剖面养分状况与化学性状

土层	pH	有机质 (g/kg)	有效磷 (g/kg)	含盐量 (g/kg)	交换性钠 (cmol/kg)	阳离子交换量 (cmol/kg)
Ap（z）	8.1	13.11	12.4	3.30	0.24	21.21
AB	8.3	6.70	2.3	2.25	0.24	26.97
Br1	8.2	13.80	1.4	3.05	—	—
Br2	8.6	3.24	2.1	1.30	—	—
Br3	8.2	9.74	2.8	3.90	—	—
Brk	8.4	4.10	3.4	1.00	—	—

注：引自《中国土系志　北京天津卷》，2017。

6. 利用性能　具有良好的灌溉排水系统，表层土壤质地粉沙壤土，耕性较好；心土层粉沙质黏壤土，保水保肥；很好的土体结构，为优质农田。但土壤含少量盐分，注意维护排水系统，防止土壤次生盐渍化。

六、碱化潮土

（一）碱化潮土的分布

碱化潮土是潮土与瓦碱土之间过渡性亚类，分布的面积最小，占潮土土类总面积的 0.97%，已经有 82% 以上开垦为耕地，零星分布于浅平洼地或槽状洼地的边缘。多为脱盐或碱质水灌溉所引起。黄淮海平原中的碱化潮土面积较大，占本亚类面积的 91%，常与湿潮土、盐土及碱土等呈斑点或斑块状相嵌复区分布；在河套平原碱化潮土则与灌淤土或风沙土等呈组合分布。

（二）碱化潮土的特征

1. 形态特征　碱化潮土穿插分布于盐化潮土中，地下水矿化度虽不太高（1～2 g/L），但含有相当量的苏打，在土壤积盐与脱盐过程中，部分钠离子进入土壤胶体，使耕作层土粒分散，雨后易形成薄片状结皮。表土有碱化特征，土表有 0.5～3 cm 厚的片状结壳，结壳表面有 1 mm 厚的红棕色结皮，结壳下有蜂窝状孔隙，含有游离苏打；亚表土层有碱化层或碱化的块状结构。因土壤碱化，结构性差，养分含量也低，作物苗期受害严重，往往形成块状光板地。

2. 理化性状　碱化潮土矿物质颗粒高度分散，质地以壤土及粉沙质壤土为主，土壤物理性质不良；盐分化学组成以碳酸氢钠为主，呈碱性反应，pH 高达 9.0 以上，碱化度在 5%～40%。以苏打占优势的碱化潮土（表 2-23），碳酸和重碳酸之和与阴离子总和之比值高达 40%～70%，碱化度 5%～40%，但耕作层的全盐量低，仅 1～2 g/kg；以氯盐占优势的碱化潮土，氯离子占阴离子总和高达 50%～80%，交换性钠 1 me/100 g 以上，碱化度普遍稍高，耕作层全盐量也较高，为 4～8 g/kg；以硫酸盐占优势的碱化潮土，硫酸根离子占阴离子总和为 40%～60%，土壤 pH、交换性钠含量及碱化度均稍低。

表 2 - 23　碱化潮土表土层（0～20 cm）的盐碱含量

土壤	地点	pH	全盐 (g/kg)	交换性钠 (me/100 g)	阳离子交换量 (me/100 g)	碱化度 (%)
以苏打为主的 碱化潮土	河南虞城	9.6	1.04	0.61	4.10	14.88
	河南夏邑	9.6	2.10	0.83	4.98	16.67
	河南永城	9.3	1.51	1.04	4.64	22.41
以氯化物为主的 碱化潮土	河南商丘	9.6	7.9	1.22	3.51	34.76
	河南永城	9.4	4.07	1.20	4.15	38.92
以硫酸盐为主的 碱化潮土	河南商丘	9.0	3.04	0.65	4.84	13.43
		9.0	3.71	1.10	5.47	20.11

注：引自《河南土壤》，2004。

3. 农业生产性状　碱化潮土养分除钾素含量较高外，余者均属低量水平；有效磷为极低，多为<3 mg/kg，有机质含量一般<5 g/kg；土壤养分含量比盐化潮土低，微量元素中除有效铜、锰的平均含量在临界值以上，其他均低于或接近于临界值；并含较多的交换性钠，pH 高，对作物生长的危害更为严重；碱化潮土有时需采取化学改良措施后，结合农业生物措施及水利措施进行综合改良，方可为农业利用。

4. 代表性单个土体剖面特征　代表性单个土体位于天津市西青区王稳庄镇小年庄村（编号 12 - 061，2011 年 9 月 25 日），38°54′18″N，117°14′55″E，海拔−4.0 m，海积冲积低平原，母质为海河水系沉积物，暖温带半湿润大陆季风性气候，年均温 11.6 ℃，年降水量 584.6 mm，主要集中在 7—9 月，耕地种植棉花。属于碱潮壤土 H21612 土属，轻碱潮土 H2161212 土种。

5. 剖面特征　土体含盐较均一，土体交换性钠饱和度低于 15%，pH 较高，土体质地较均一，构型为上部 75 cm 厚的沙质黏壤土层，下面 35 cm 的沙质壤土层；通体都具有石灰反应（图 2 - 12）。

图 2 - 12　碱化潮土（轻碱潮土 H2161212）景观和单个土体剖面

Ap（n）：0～32 cm，灰黄棕色（10YR 5/2，干），浊黄棕色（10YR 4/3，润）；沙质黏壤土；粒状结构；疏松；多量粗根系；中度石灰反应；向下平滑明显过渡。

Br（n）：32～55 cm，浊黄橙色（10YR 6/3，干），亮黄橙色（10YR 6/6，润）；沙质黏壤土；粒状结构；疏松；中量粗根系；5%左右的锈纹锈斑；极强石灰反应；向下不规则逐渐过渡。

Br1：55～75 cm，浊黄棕色（10YR 5/3，干），灰黄棕色（10YR 4/2，润）；沙质黏壤土；粒状结构；坚实；很少量细根系；5%左右的锈纹锈斑；极强石灰反应；向下不规则逐渐过渡。

Br2：75～110 cm，灰黄棕色（10YR 6/2，干），棕灰色（10YR 6/1，润）；沙质壤土；块状结构；坚实；5%左右的锈纹锈斑；强石灰反应；以下见地下水（表2-24、表2-25）。

表 2-24　碱化潮土代表性剖面物理性状

| 土层 | 厚度（cm） | 细土颗粒组成（g/kg） | | | 质地 | 容重（g/cm³） |
		沙粒（0.05～2 mm）	粉粒（0.002～0.05 mm）	黏粒（<0.002 mm）		
Ap（n）	0～32	569	219	212	沙质黏壤土	1.97
Br（n）	32～55	693	95	212	沙质黏壤土	1.94
Br1	55～75	542	216	242	沙质黏壤土	1.98
Br2	75～110	668	159	173	沙质壤土	2.06

表 2-25　碱化潮土代表性剖面养分状况与化学性状

土层	pH	有机质（g/kg）	速效钾（g/kg）	有效磷（mg/kg）	交换性钠（cmol/kg）	阳离子交换量（cmol/kg）	交换性钠饱和度（%）	含盐量（g/kg）
Ap（n）	8.8	12.8	215	5.8	1.5	12.0	12.6	5.3
Br（n）	9.0	6.6	92	1.2	1.8	14.3	12.9	3.8
Br1	9.0	6.0	146	1.8	—	—	—	3.1
Br2	9.1	3.2	119	1.8	—	—	—	3.7

注：引自《中国土系志　北京天津卷》，2017。

6. 利用性能　土壤耕作层质地适中，表聚盐分，影响作物生长，可通过灌溉洗盐的方式，把盐分淋洗到土体深处，改善根系的生长环境，提高作物产量。

七、灌淤潮土

（一）灌淤潮土的分布

灌淤潮土为潮土与灌淤土之间的过渡性亚类，主要分布于干旱、半干旱地区，是在潮土基础上引含泥沙水灌溉并与耕种活动交替进行，在原潮土上覆盖<30 cm灌淤层的旱耕土壤，仅占潮土土类面积的0.86%，100%是耕地。灌淤潮土主要分布在宁夏、内蒙古的河套平原以及黄淮海平原的沿黄淤灌区。在河套平原灌淤潮土与灌淤土、盐化潮土及风沙土呈组合分布，在黄淮海平原区主要与潮土、盐化潮土呈组合分布。

（二）灌淤潮土的特征

1. 形态特征　上部的灌淤层，呈棕黄色、灰棕色或红棕色，质地为壤土至粉沙质黏土，碎块状或块状结构，有锈斑，强石灰反应。灌淤层之下仍保持原潮土剖面形态特征，其理化性质、肥力状况与黏质潮土相近。

2. 理化性状　灌淤层的物质主要来自黄河水所含的泥沙，质地偏黏，粉沙粒含量高达 $30\%\sim$ 60%，黏粒含量 $10\%\sim30\%$，沙粒含量<10%。由于灌淤水的补充，碳酸钙含量在 100 g/kg 以上。因搬积时间短，生物积累养分含量低，据统计，有机质含量 $8\sim16$ g/kg，全氮 $0.6\sim1$ g/kg，有效磷含量均低，速效钾含量均高，反映了黄河淤灌物质的一致属性（表 2 - 26）；部分灌淤潮土因受区域环境条件的影响，土体中含少量可溶性盐。

表 2 - 26　灌淤潮土耕作层养分含量

地点	有机质 （g/kg）	全氮 （g/kg）	全磷 （g/kg）	全钾 （g/kg）	碱解氮 （mg/kg）	有效磷 （mg/kg）	速效钾 （mg/kg）	全盐 （g/kg）	阳离子交换量 （cmol/kg）
宁夏	8.6	0.6	0.7	17.7	40.5	7.6	140	1.6	8.25
河南	8.9	0.62	0.58	18.8	—	5.9	147	—	16.39
内蒙古	15.7	0.96	—	—	—	9.0	188	—	—

注：引自《中国土壤》，1998。

3. 农业生产性状　灌淤潮土的耕作层物理性状良好，易耕作，耐旱涝，适种性广；有的原为盐碱地、沙荒地，经灌淤后，一改过去的生产面貌而成为高产农田。但应增施有机肥，推广秸秆还田及小麦留高茬等措施，提高土壤有机质含量，改善土壤保肥供肥性能。部分灌淤潮土应适当控制灌水，及时排水，防止土壤盐分上升。有灌排条件地区，可灌淤种稻，既压盐洗盐，又可提高粮食亩产。

4. 代表性单个土体剖面特征　代表性单个土体位于塔克拉玛干沙漠边缘新疆生产建设兵团农二师 24 团 8 连（编号 XJ - 15 - 06，2015 年 8 月 13 日），42°16′43″N，86°41′21″E，海拔 1 055.4 m，母质为沉积物，典型的大陆性气候，气候干燥，降水稀少，蒸发量大，日照时间长，年均气温为 7.9 ℃，年均降水量为 64.7 mm；土地利用类型为水浇地，主要是小麦-番茄轮作。属于淤潮壤土 H21712 土属，其他淤潮壤土 H2171299 土种。

5. 剖面特征　土体上部有灌淤层，质地以粉壤为主，孔隙度高，Bk1 和 Bk2 层有少量很小的不规则结核，通体有石灰反应（图 2 - 13）。

Ap（u）1：0～13 cm，灰白色（2.5Y 8/2，干），暗灰黄色（2.5Y 5/2，润），沙土，中度发育块状结构，湿时疏松，中量细根系和很少量中根系，多量细蜂窝状孔隙，孔隙度高，很少量薄膜，中度石灰反应，清晰平滑过渡。

Ap（u）2：13～47 cm，灰白色（2.5Y 8/2，干），暗灰黄色（2.5Y 5/2，润），粉壤土，中度发育块状结构，湿时坚实，少量细根系和很少量中根系，中量细蜂窝状孔隙，孔隙度高，强石灰反应，清晰平滑过渡。

Bk1：47～68 cm，灰白色（2.5Y 8/2，干），浊黄色（2.5Y 6/3，润），粉壤土，弱发育结构，湿时疏松，很少量极细根系，中量细蜂窝状孔隙，孔隙度中，很少的小扁平结核，中度石灰反应，模

图 2-13　灌淤潮土（其他淤潮壤土 H2171299）景观和单个土体剖面

糊波状过渡。

Bk2：68～130 cm，浅淡黄色（2.5Y 8/3，干），黄棕色（2.5Y 5/3，润），粉壤土，弱发育块状结构，湿时疏松，很少量极细根系，多量细蜂窝状孔隙，孔隙度高，中量的小块不规则结核，强石灰反应（表 2-27、表 2-28）。

表 2-27　灌淤潮土代表性剖面土体物理性状

土层	厚度 （cm）	细土颗粒组成（g/kg）			质地	砾石 （体积，%）	容重 （g/cm³）
		沙粒 （0.05～2 mm）	粉粒 （0.002～0.05 mm）	黏粒 （<0.002 mm）			
Ap（u）1	0～13	888.80	41.70	69.50	沙土	40.91	1.31
Ap（u）2	13～47	53.70	683.40	262.90	粉壤土	0	1.40
Bk1	47～68	42.20	802.50	155.30	粉壤土	0	1.32
Bk2	68～130	128.80	731.20	140.00	粉壤土	0	1.40

表 2-28　灌淤潮土代表性剖面养分状况与化学性状

土层	pH	有机质 （g/kg）	全磷 （g/kg）	全钾 （g/kg）	碱解氮 （mg/kg）	有效磷 （mg/kg）	速效钾 （mg/kg）	CaCO₃ （g/kg）
Ap（u）1	8.00	16.78	1.01	17.08	64.32	57.17	176.56	323.82
Ap（u）2	8.23	14.83	1.08	16.26	36.52	57.42	140.93	436.61
Bk1	8.07	9.67	0.69	12.46	36.41	10.92	195.47	210.76

（续）

土层	pH	有机质 (g/kg)	全磷 (g/kg)	全钾 (g/kg)	碱解氮 (mg/kg)	有效磷 (mg/kg)	速效钾 (mg/kg)	CaCO₃ (g/kg)
Bk2	8.20	12.21	0.63	12.25	22.32	13.41	196.29	127.35
—	8.74	5.69	0.61	3.45	16.78	8.71	92.84	—

注：引自《中国土系志　新疆卷》，2021。

6. 利用性能　该土系土层深厚，质地适中，适种范围广，加之热能、光能资源优越，水源有保证，但要注意合理灌溉，严格控制灌水定额，防止地下水位上升。

第三章 潮土区土壤肥力和作物产量的演变特征 >>>

潮土地区地势平坦，土层深厚，生产性状良好，适种性广（沈善敏，1998）。国家级潮土长期监测点主要分布在北京（8 个）、天津（8 个）、河北（5 个）、山西（2 个）、内蒙古（2 个）、江苏（6 个）、安徽（3 个）、山东（2 个）、河南（11 个）、湖北（5 个）、湖南（2 个）、新疆（3 个）12 个省份。监测点中大部分于 1988 年建点，后期在 1997 年和 2004 年分别新增了一些监测点位。至 2016 年，监测时间最长的点已经有 29 年的历史。潮土监测区种植的作物主要为小麦和玉米，种植制度为一年两熟制，主要以小麦-玉米轮作方式为主。每个监测点设置对照（不施肥）和常规施肥（农民习惯施肥）2 个处理，依照当地农民习惯进行水肥管理等农事活动，并定位记载施肥量、肥料种类、作物产量以及管理措施等信息。

潮土区土壤养分含量的变化在一些地区和时间段的研究已有一些报道。如钦绳武等（1998）分析了河南省封丘县潮土区 1988—1992 年来土壤肥力的变化特征，发现土壤有机质、全氮、全磷、全钾、速效氮、有效磷含量均有所上升，速效钾含量有所下降。全国潮土区 1987—2006 年土壤有机质和全氮含量有所增加，土壤 pH 降低 0.28 个单位（张金涛等，2010）。山东省禹城市的土壤有机质含量研究结果表明，禹城市 2003 年土壤有机质含量比 1980 年增加了 8.68 g/kg，年均提高 0.38 g/kg（杨玉建等，2005）。虽然这些研究为潮土肥力的演变提供了有价值的参考，但研究点位分散，且时间较短，不足以为国家层面的决策提供依据。所以本书在分析 29 年来潮土养分现状和定量演变趋势的基础上，进一步分析了土壤肥力演变的影响因素及其演变过程的贡献因子，为潮土区耕地质量管理和肥料施用提供科学依据。

第一节　潮土养分的演变特征

图 3-1～图 3-5 为土壤有机质、全氮、有效磷、速效钾含量、pH 在监测初期（1988—1997）、中期（1998—2003）和后期（2004—2016）的含量变化，以及 3 个时期平均值的比较。

一、土壤养分变化特征

（一）土壤有机质

潮土区土壤有机质含量总体呈上升趋势，土壤有机质含量范围在 3.70～37.80 g/kg（图 3-1）。监测初期和监测后期土壤有机质含量呈上升趋势，监测中期略有下降。监测初期土壤有机质平均含量为 11.5 g/kg，监测中期为 16.88 g/kg，监测后期为 17.2 g/kg。监测初期到监测中期呈显著上升趋势（$P<0.05$），从监测中期到监测后期，虽然也呈升高趋势，但未达到显著水平。

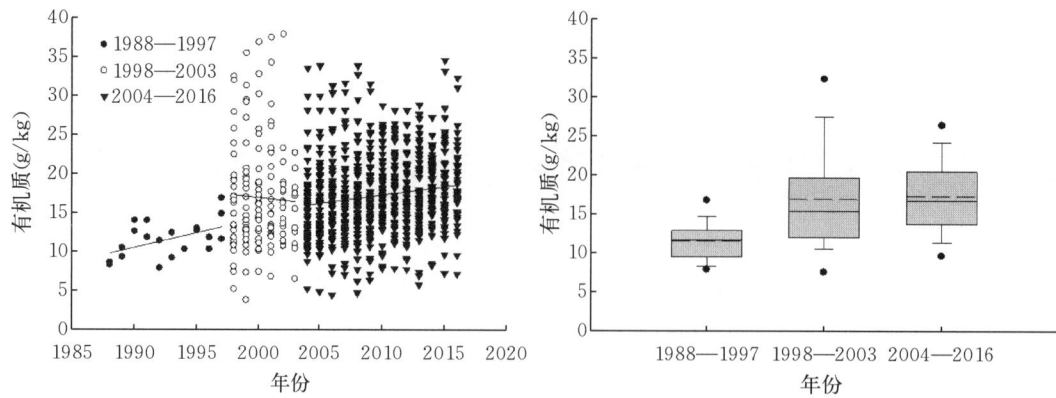

图 3-1　潮土有机质的变化趋势

（矩形盒中下边缘线和上边缘线分别代表全部数据的 5% 和 95%，上下实心点为异常值。矩形盒上、下边缘分别代表上四分位数和下四分位数，分别代表全部数据的 75% 和 25%，实线代表中值，虚线代表平均值；不同字母表示不同监测时期的结果在 5% 水平上差异显著）

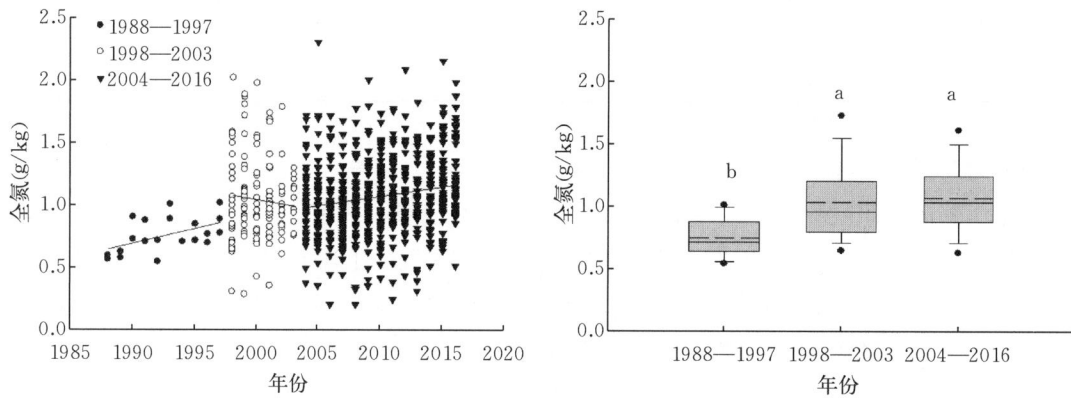

图 3-2　潮土全氮的变化趋势

（矩形盒中下边缘线和上边缘线分别代表全部数据的 5% 和 95%，上下实心点为异常值。矩形盒上、下边缘分别代表上四分位数和下四分位数，分别代表全部数据的 75% 和 25%，实线代表中值，虚线代表平均值；不同字母表示不同监测时期的结果在 5% 水平上差异显著）

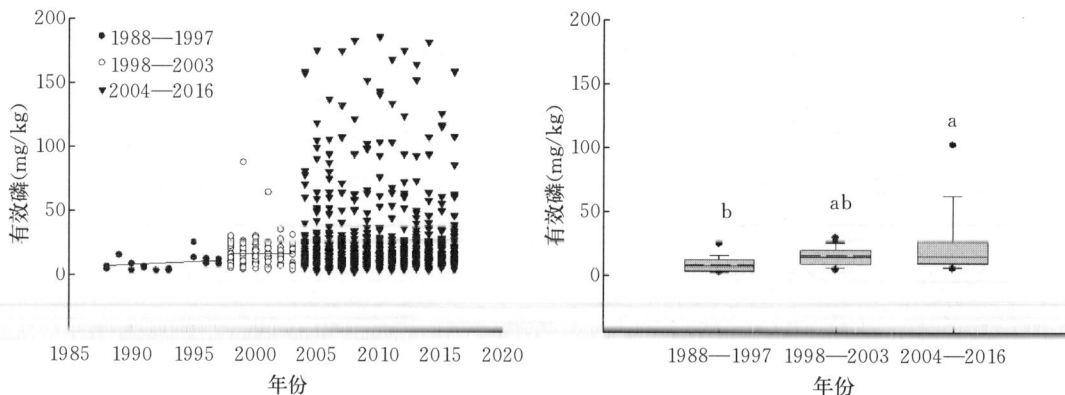

图 3-3　潮土有效磷的变化趋势

（矩形盒中下边缘线和上边缘线分别代表全部数据的 5% 和 95%，上下实心点为异常值。矩形盒上、下边缘分别代表上四分位数和下四分位数，分别代表全部数据的 75% 和 25%，实线代表中值，虚线代表平均值；不同字母表示不同监测时期的结果在 5% 水平上差异显著）

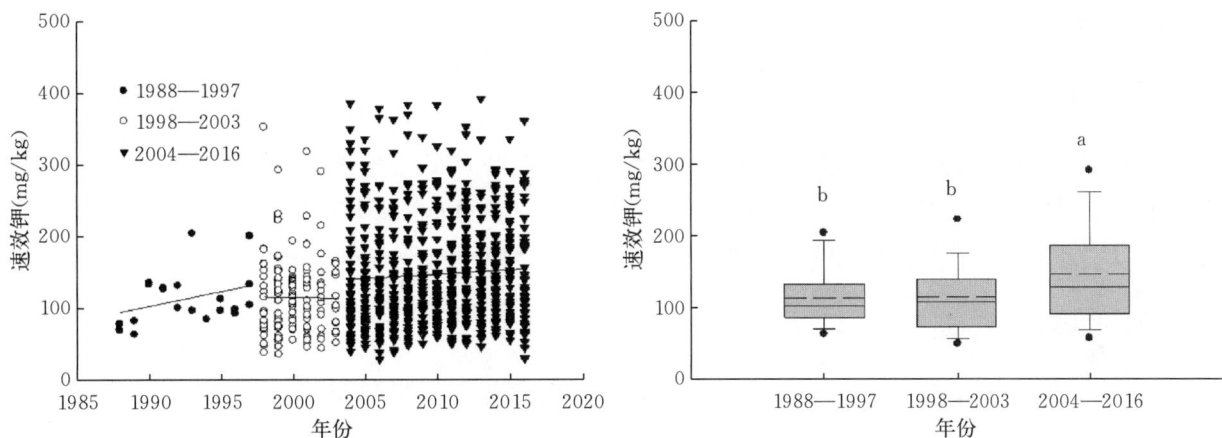

图 3-4 潮土速效钾的变化趋势

（矩形盒中下边缘线和上边缘线分别代表全部数据的 5% 和 95%，上下实心点为异常值。矩形盒上、下
边缘分别代表上四分位数和下四分位数，分别代表全部数据的 75% 和 25%，实线代表中值，虚线代表平均
值；不同字母表示不同监测时期的结果在 5% 水平上差异显著）

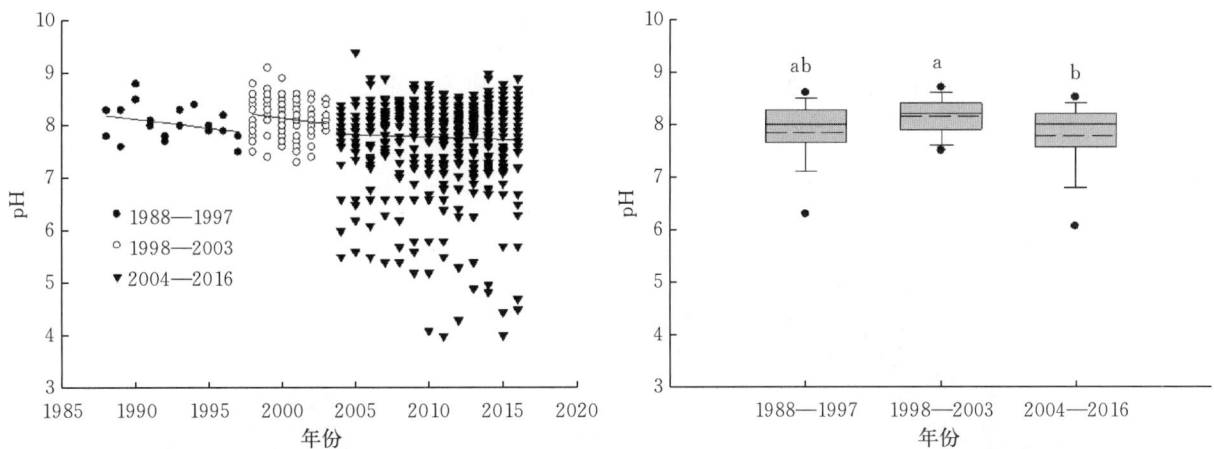

图 3-5 潮土 pH 演变趋势

（矩形盒中下边缘线和上边缘线分别代表全部数据的 5% 和 95%，上下实心点为异常值。矩形盒上、下
边缘分别代表上四分位数和下四分位数，分别代表全部数据的 75% 和 25%，实线代表中值，虚线代表平均
值；不同字母表示不同监测时期的结果在 5% 水平上差异显著）

（二）土壤全氮

土壤全氮含量变化与有机质变化相似，整体呈现上升的趋势。监测初期、监测中期和监测后期土壤全氮含量分别为 0.75 g/kg、1.03 g/kg 和 1.06 g/kg，从监测初期到监测中期土壤全氮平均含量呈显著上升趋势（$P<0.05$）。而从监测中期到监测后期增加未达到显著水平。

（三）土壤有效磷

监测区土壤有效磷含量范围为 1.99~185.80 mg/kg。3 个监测阶段土壤有效磷含量均呈上升趋势，监测初期土壤有效磷含量为 8.67 mg/kg，监测中期虽略有升高，但增加不显著。从监测中期到监测后期土壤有效磷继续增加，虽然监测后期与中期有效磷含量差异未达到显著水平，但比监测初期有了显著增加（$P<0.05$）。

（四）土壤速效钾

土壤速效钾含量监测前期和监测后期各试验点呈上升趋势，在监测中期各监测点变异较大。监测初期到监测中期土壤速效钾含量平均值略有升高，但未达到显著水平。从监测中期到监测后期显著上升趋势（$P<0.05$），监测后期土壤速效钾的平均含量比监测中期上升了30.4%。

（五）土壤 pH

土壤 pH 水平在 $4.0\sim9.4$，各监测期间都有下降的趋势，监测初期与中期接近，从监测中期（8.14）到监测后期（7.78），土壤 pH 呈显著下降趋势（$P<0.05$）。

二、有机质和氮磷养分的相互关系及影响因素

氮磷作为作物生长必需营养元素，是限制作物高产的重要元素之一。耕作措施或者施肥等影响有机质含量。结合我国潮土地区长期定位试验站点土壤有机质与全氮和有效磷的关系来看（图3-6），潮土有机质与氮磷之间具有一定的线性关系。其中，有机质含量与全氮含量呈现较强的相关性，$R^2=0.5839$；而有机质与有效磷之间的相互关系明显弱于有机质与全氮之间的关系。

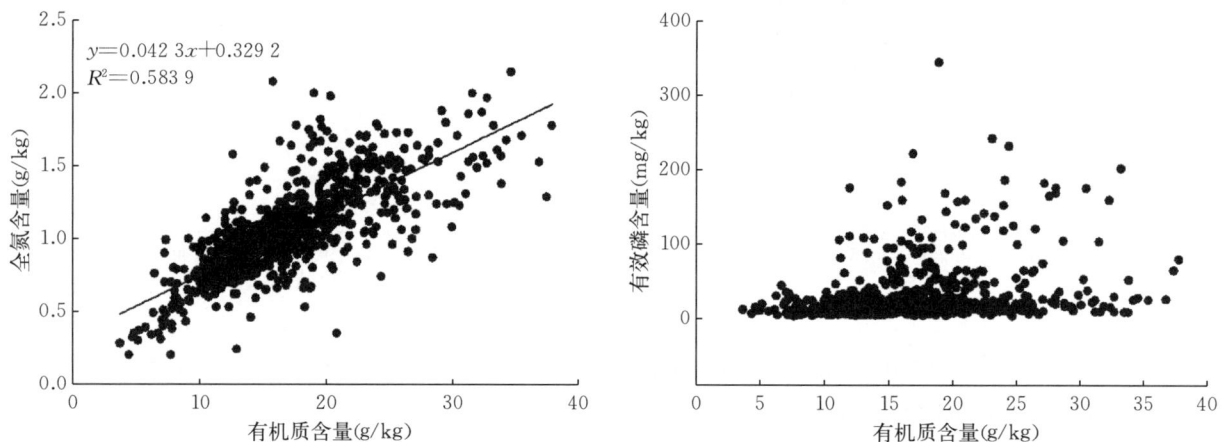

图3-6　潮土有机质含量与全氮和有效磷之间的关系

三、有机质与微量元素之间的相互关系

微量元素是指土壤中含量很低的化学元素，一般而言，土壤中微量元素的形态可以分为4种：存在于土壤溶液中的水溶态、吸附在土壤固体表面的交换态、与土壤有机质相结合的螯合态以及存在于次生和原生矿物的矿物态。其中，水溶态、交换态和螯合态对植物有效，尤其以交换态和螯合态最为重要。微量元素的缺乏有时会成为作物产量的限制因素。因此，土壤中微量元素的供应不仅有供应不足的问题，也有供应过多造成毒害的问题。

通过潮土区长期定位试验站点在我国的分布省份和地区来看，我国潮土铁含量最高的是湖北，其

铁含量达到 180.50 mg/kg，其次为江苏和宁夏，分别达到 102.90 mg/kg 和 102.00 mg/kg；锰含量最高的为江苏，达到 39.60 mg/kg，其次为上海和湖北，分别达到 31.80 mg/kg 和 30.00 mg/kg；铜含量最高的为上海和宁夏，分别达到 6.67 mg/kg 和 6.45 mg/kg，其次为江苏，达到 4.73 mg/kg；锌含量最高的为上海和新疆，分别达到 7.71 和 7.43 mg/kg，其次为北京，达到 6.59 mg/kg；硼含量最高的新疆和山东，分别达到 2.75 mg/kg 和 2.59 mg/kg，其次为甘肃，达到 2.20 mg/kg；钼含量最高的为新疆，达到 1.97 mg/kg，其次为湖北，达到 0.37 mg/kg（表 3-1）。潮土微量元素的含量可能还受到气候、作物以及施肥等多种因素共同控制。

表 3-1　我国主要潮土省份土壤微量元素含量（农业部监测点，2016 年）

省份	铁 (mg/kg)	锰 (mg/kg)	铜 (mg/kg)	锌 (mg/kg)	硼 (mg/kg)	钼 (mg/kg)
北京	20.89	9.20	2.74	6.59	0.51	0.08
河北	33.60	28.70	1.38	3.00	0.73	0.18
山西	8.35	8.45	1.41	1.30	0.53	0.13
内蒙古	5.60	3.50	1.92	0.66	0.24	0.29
上海	33.50	31.80	6.67	7.71	1.60	0.12
江苏	102.90	39.60	4.73	1.65	0.44	0.12
安徽	19.57	10.48	3.06	1.14	0.39	0.16
山东	3.60	4.10	0.90	3.60	2.59	0.01
河南	5.40	2.40	0.59	1.14	1.78	0.03
湖北	180.50	30.00	2.30	0.99	0.24	0.37
甘肃	68.90	7.50	1.30	0.62	2.20	0.12
宁夏	102.00	11.10	6.45	2.12	1.76	0.11
新疆	21.00	13.85	1.68	7.43	2.75	1.97

通过分析微量元素与土壤有机质含量之间的关系可以知道（图 3-7），土壤有机质含量与微量元素铁、锰、铜、锌、硼和钼含量之间存在一定的线性关系。其中，有机质含量与铁之间的线性关系 $R^2=0.065$（$P=0.010$）、与锰间的关系 $R^2=0.117$（$P=0.001$），以及与锌之间的关系 $R^2=0.052$（$P=0.023$）。结果说明，在我国潮土区通过农田管理措施提高土壤有机质含量的同时也能有效提高土壤微量元素的含量及供给能力。

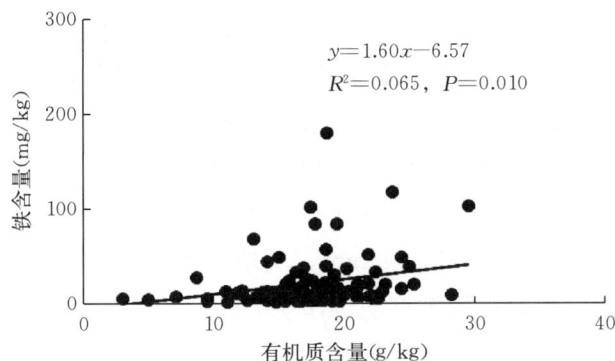

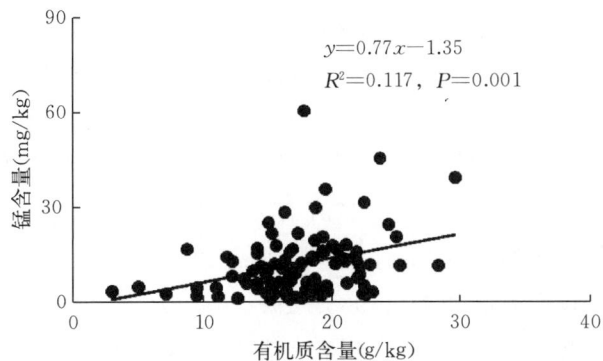

$$y=1.60x-6.57$$
$$R^2=0.065，P=0.010$$

$$y=0.77x-1.35$$
$$R^2=0.117，P=0.001$$

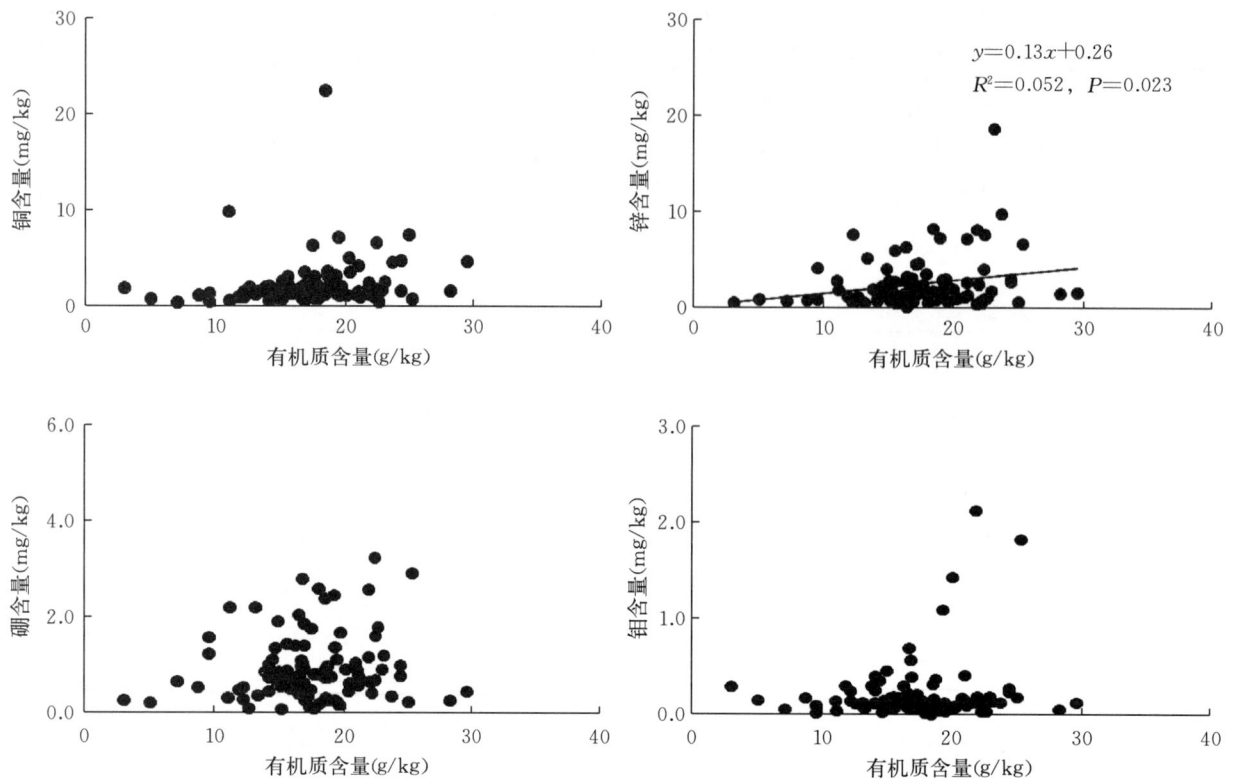

图 3-7　我国主要地区潮土有机质含量与微量元素含量之间的关系

(农业部监测点，2016 年)

第二节　作物产量的演变特征

常规施肥下，小麦与玉米的产量均高于不施肥处理，而且变化趋势与不施肥处理也不同（图 3-8），与监测初期相比，潮土常规施肥条件下小麦和玉米产量呈显著增加趋势，无肥区小麦产量平均值为 1 773 kg/hm²，常规施肥区的平均产量为 6 008 kg/hm²。小麦常规施肥区产量较无肥区增加 239%。无肥区玉米平均产量为 2 393 kg/hm²，常规施肥区平均产量为 7 281 kg/hm²。常规施肥区玉米平均产量较无肥区增产 204%，潮土区施肥措施具有显著的增产作用。

分别统计 3 个监测阶段施肥条件下的作物产量（图 3-9、图 3-10），小麦产量监测初期（1988—1997）平均为 2 902 kg/hm²，监测中期（1998—2003）和监测后期（2004—2016）小麦产量平均值与监测初期相比，显著上升（$P<0.05$），分别上升了 87.6% 和 114%。而从监测中期到监测后期呈上升趋势，但未达到显著水平。玉米产量的变化与小麦一样，从监测初期到监测中期，上升趋势明显（$P<0.05$），显著提升了 111%。从监测中期到监测后期增加不显著。

常规施肥与不施肥处理相比，小麦和玉米的增产量随种植年限的增加都呈升高的趋势。小麦增产量监测初期（1988—1997 年）为 1 971 kg/hm²，之后逐渐升高，监测中期（2004—2016 年）的增产量为 3 342 kg/hm²，监测后期（2004—2016 年）达到最高值 4 514 kg/hm²，其增产率最高。玉米增产量在监测初期（1988—1997 年）为 1 143 kg/hm²，监测中期增产量为 2 937 kg/hm²，监测后期（2004—2016 年）达到最高值 4 246 kg/hm²。

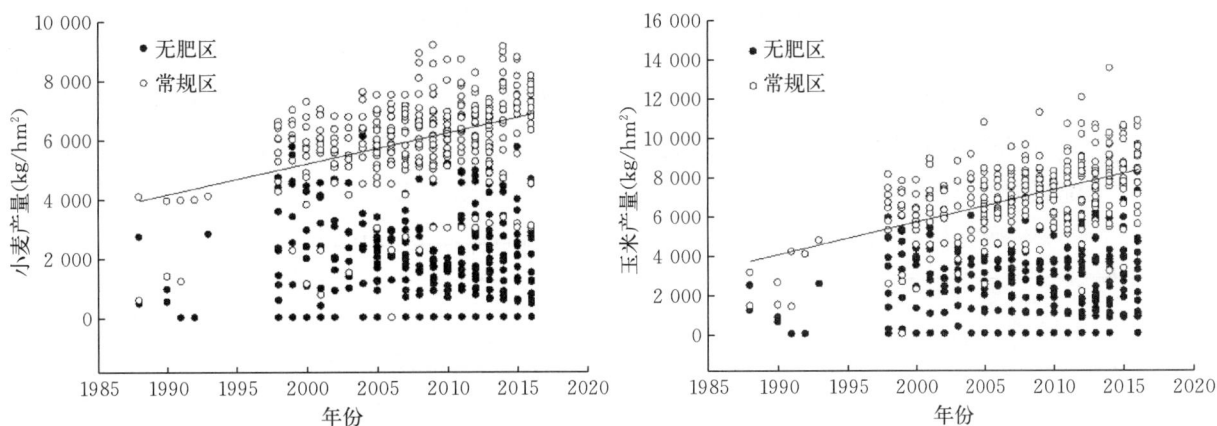

图 3-8　监测区施肥与不施肥处理的小麦、玉米产量变化

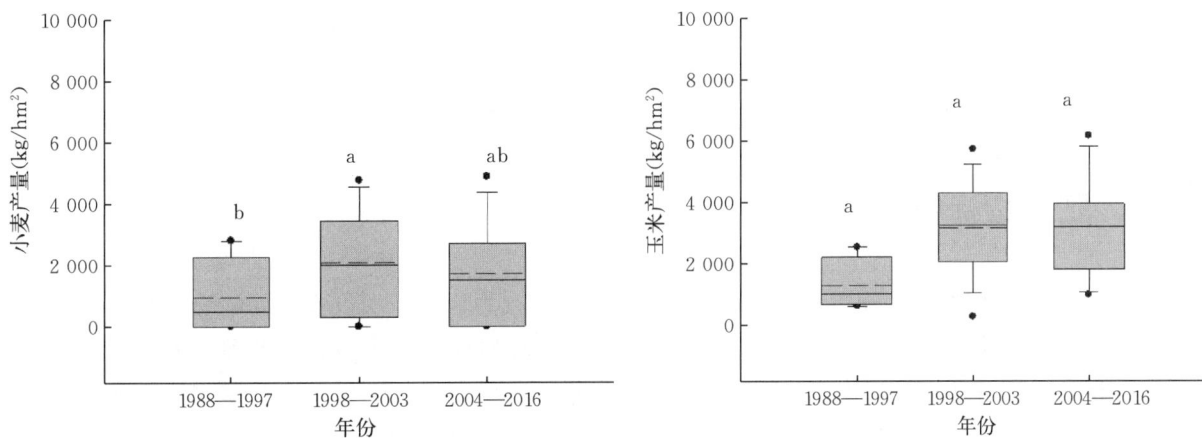

图 3-9　不施肥处理下小麦和玉米产量的阶段性变化趋势

（矩形盒下边缘线和上边缘线分别代表全部数据的 5% 和 95%，上下实心点为异常值。矩形盒上、下边缘分别代表上四分位数和下四分位数，分别代表全部数据的 75% 和 25%，盒中实线代表中值，虚线代表平均值；不同字母表示不同监测时期的结果在 5% 水平上差异显著）

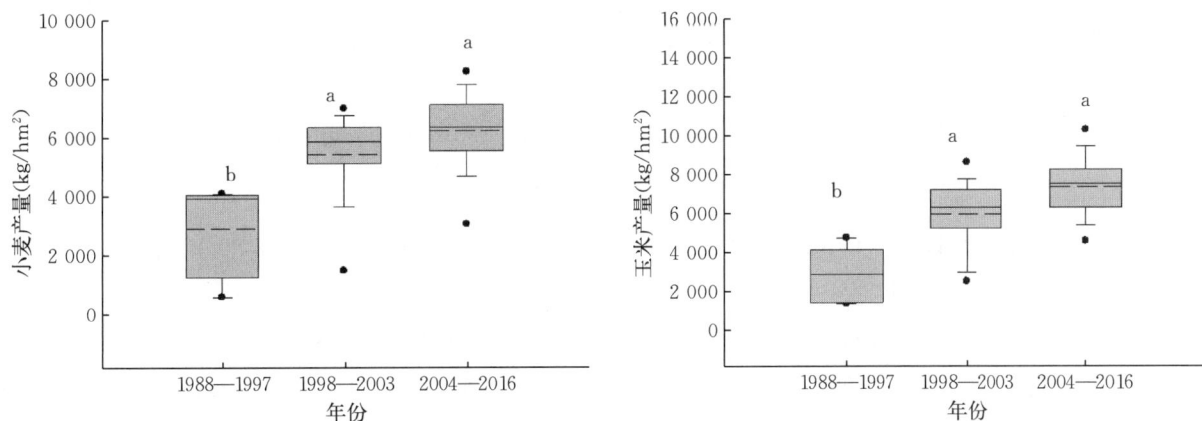

图 3-10　常规施肥处理下小麦和玉米产量的阶段性变化趋势

（矩形盒下边缘线和上边缘线分别代表全部数据的 5% 和 95%，上下实心点为异常值。矩形盒上、下边缘分别代表上四分位数和下四分位数，分别代表全部数据的 75% 和 25%，盒中实线代表中值，虚线代表平均值；不同字母表示不同监测时期的结果在 5% 水平上差异显著）

第三节 潮土肥力因素对肥力变化的贡献

为保证各因素间有可比性，首先对土壤 pH、有机质（SOM）、全氮（TN）、有效磷（AP）和速效钾（AK）5 个土壤肥力指标原始数据矩阵进行了标准化处理。然后，运用主成分分析法计算了 5 个指标对土壤肥力变化的贡献（表 3-2）。

表 3-2 主成分特征值及其在总变异方差中的占比

主成分	指标	主成分特征值	方差占比（％）
1	全氮	2.50	50.01
2	有机质	1.01	20.24
4	有效磷	0.60	12.02
3	速效钾	0.66	13.17
5	pH	0.23	4.53

一、肥力指标得分

主成分贡献率按照 5 个肥力指标得分系数从大到小排列为：TN＞SOM＞AK＞AP＞pH，指标权重也以全氮最大，速效钾最小，第 1 和第 2 主成分（全氮和有机质含量）的特征值分别为 2.50 和 1.01，对总方差的贡献率分别为 50.0％和 20.2％，两者之和达到 70.2％。换句话说，排在前面的 2 个主成分影响了土壤肥力全部变化的 70.2％，是影响土壤肥力属性的关键因素。

二、土壤属性综合得分

主成分是原各指标的线性组合，各指标的权数为特征向量；它表示各单项指标对于主成分的重要程度并决定了该主成分的实际意义。根据主成分计算公式，可得到 2 个主成分与原 5 项指标的线性组合如下。

$$F_1 = 0.56TN + 0.53SOM + 0.39AK + 0.30AP - 0.40pH \tag{1}$$

$$F_2 = -0.22TN - 0.10SOM + 0.41AK + 0.41AP + 0.51pH \tag{2}$$

综合属性得分是把标准化后的数据带入函数表达式中，计算出每个主成分的得分，然后与其对应的贡献率相乘再相加，$F = F_1 \times 49.31\% + F_2 \times 20.85\%$。各阶段的综合肥力属性得分见图 3-11。由计算结果可以看出，1988—1997 年和 1998—2003 年的综合属性得分分别为 -0.8 和 -0.35，而 2004—2016 年的综合属性得分就增加到了 0.09，说明土壤肥力在监测后期得到了改善。

三、潮土区土壤养分与肥力因子的关系

综合监测期间土壤养分的变化趋势来看，土壤肥力整体呈上升的趋势。除了土壤 pH 外，土壤有

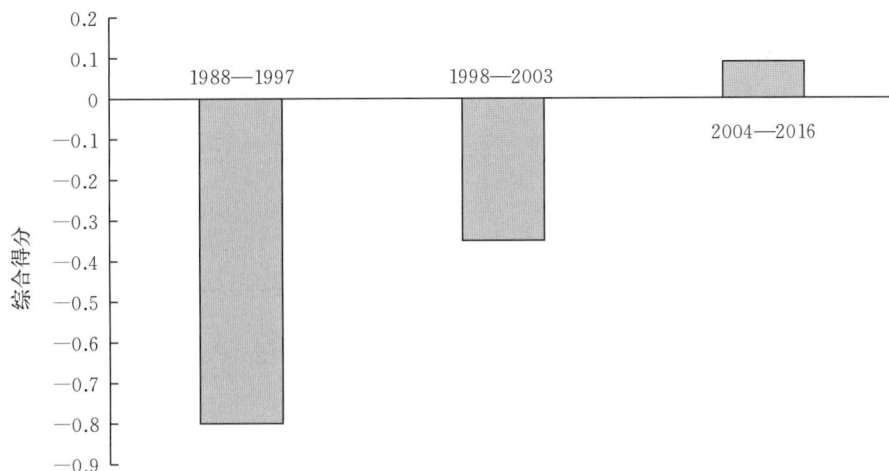

图 3-11　不同监测阶段土壤综合肥力得分

机质、全氮、有效磷和速效钾含量基本呈上升趋势。

　　然而，监测的几个肥力指标的阶段性变化规律不完全一致。监测中期土壤有机质和全氮含量较监测初期有显著增加，而监测后期与监测中期没有显著变化；土壤有效磷含量则随着监测年限的延长不断增加，在监测中期，与监测初期的差异上未达到显著水平，而到了监测后期，则显著高于初期；土壤速效钾含量在监测初期和中期变化不大，但监测后期迅速增加，与监测中期有了显著差异；土壤 pH 与速效钾一样，在近 10 年下降显著。与此相对应的是，小麦、玉米产量也与土壤有机质和全氮含量的阶段性变化出现了一致的规律性。从一个角度也证明了土壤有机质和全氮作为土壤肥力主要影响因素的作用。

　　监测潮土区土壤肥力因素的阶段性变化与其间施肥量、肥料种类和比例的变化相关。在本书研究的潮土区中肥料的种类主要是有机肥和化肥。与监测初期相比，中期和后期无机养分和总养分投入的量显著增加，特别是化肥投入量增加是影响土壤养分和土壤有机质的重要原因。在监测中期有机养分的施用量从监测初期的 523 kg/hm² 下降到 270 kg/hm²，导致土壤有机质和全氮在监测中期有所下降。长期施用有机肥能明显提高土壤中有机质含量，且有机质的增加量和年限之间具有良好的正相关性。土壤有机质含量的变化及变化量的大小与肥料类型、施用量和土壤性质有关。研究中有机质含量增加了 10.02 g/kg。1988—2016 年，监测点总养分的施用量呈上升的趋势，特别是化肥。3 个监测阶段总养分的施用量分别为 690 kg/hm²、813 kg/hm² 和 865 kg/hm²。1998—2003 年，土壤有机质略有下降，可能与有机肥的施用量下降有关。

　　此外，潮土 pH 呈现下降的趋势，经过 29 年长期常规施肥，潮土的 pH 下降了 3.99%。结果显示，过量施用氮肥是华北平原潮土 pH 下降的重要原因（张瑜等，2011）。本书研究结果表明，潮土的 pH 随着时间呈下降的趋势，土壤化学氮随时间的增长呈增加的趋势，可能是由于化学氮肥在土壤中转化为铵态氮，铵态氮的硝化作用引起的（Zhang Y et al.，2011；Gong F et al.，2013）。因此，潮土培肥应该注意合理平衡增施有机肥，重视秸秆还田，适当减少氮和磷肥的施用。

四、作物产量变化

　　作物产量受土壤条件、气候因素、施肥措施、作物品种与管理等多种因素的影响。本书研究表明作物产量主要受土壤肥力和施肥的影响。长期常规施肥条件下，潮土小麦和玉米产量呈增加的趋势，通过对土壤养分含量与作物产量之间的相关性进行分析，结果表明作物产量与土壤养分含量呈显著的线性相关。施肥是作物获得高产的重要措施之一，也是影响土壤肥力因素变化很重要的因素。年投入总养分、有机养分、无机养分量分别为 851 kg/hm²、192 kg/hm² 和 659 kg/hm²，N∶P₂O₅∶K₂O＝1∶0.23∶0.77。磷、钾的投入偏低，但土壤有效磷呈明显的上升趋势，这可能与小麦和玉米带走磷量较少有关。

从玉米和小麦产量年度变化可以看出，小麦产量的增产幅度明显高于玉米。这可能是大部分肥料都在小麦播种时施入，小麦季养分供应充足，而在玉米季有部分监测点只施入化学氮肥，不施磷、钾肥。3 个监测阶段 N∶P₂O₅∶K₂O 分别为 1∶0.6∶0.56、1∶0.58∶0.36 和 1∶0.43∶0.33。磷和钾的量远低于氮的量。磷、钾的缺乏可能是影响其产量的主要原因，对于小麦和玉米，肥料中的磷对产量的影响均较大，所以需要适当提高磷肥的用量，降低氮的用量。

29 年来化肥用量的增加，潮土区土壤有机质、有效磷、全氮和速效钾含量都呈上升趋势，监测初期与监测中期氮肥用量的大幅增加，导致土壤有机质和全氮的显著增加，中期、后期磷肥和钾肥投入量的增加，导致后期土壤有效磷和速效钾含量的显著增加。总的来讲，土壤肥力在 29 年来已获得显著的提高。但由于长期大量氮肥的投入，导致土壤 pH 在监测后期的显著下降，有可能在今后成为影响作物产量的因素。

潮土区土壤全氮和有机质是土壤肥力的主要贡献因子，所以潮土培肥的主要目标是全氮和土壤有机质。

第四节　潮土培肥建议

潮土区目前存在的主要问题有：土壤基础肥力仍然相对较低；近年来，有机肥用量较低，但土壤有机质含量近 20 年来仍然基本保持稳定，也希望结合各地有机肥的资源，尽量增加有机物料的投入；氮、磷、钾养分配比也存在着不平衡的情况，钾肥的投入相对较少，建议适当增加钾肥的投入，根据土壤养分的现状和作物的需肥要求，更好地落实测土配方的应用。

一、秸秆还田与化肥配施是改土培肥的有效措施，是发展可持续农业的有效技术

秸秆直接还田对改善土壤的理化性状有明显效果。秸秆还田通过增加土壤有机质积累，提高土壤速效氮的含量，促进脲酶活性，降低容重，从而可协调土壤水肥气热等生态条件，为根系生长创造良好的土壤环境（劳秀荣等，2002）。在化肥用量相同条件下，化肥与有机肥长期配合施用，在明显提高土壤有机质和氮磷钾养分含量的同时，改善了土壤的通气状况，促进微生物的代谢和繁育，增加土壤微生物的数量，加速土壤中氮、磷等养分的转化，这种施肥方式可以为作物稳产高产创造良好的土壤生态化学环境（孙瑞莲等，2004）。

二、扩大绿肥等有机肥源，发展畜牧业

潮土区有机肥的主要形式是秸秆，结合目前农业农村部大力推广的土壤有机质提升项目，在提高秸秆快速腐解的同时，如何提高潮土区土壤有机质含量和改善土壤的基础肥力，成为目前需要解决的一个重要课题。除大力推广秸秆还田外，需适当扩大绿肥种植面积，也可发展畜牧业，增加畜禽有机

肥源。潮土区 C/N 适中的猪粪比 C/N 高的玉米秸秆能更好地培肥地力，创造有利于土壤微生物生长繁育的土壤环境（孙瑞莲等，2004）。潮土区需要种植高产豆科绿肥和饲料作物，既可作为绿肥养地，又可发展养殖业，同时家畜粪便还可返还农田，培肥地力。在绿肥种植品种上，要扩大推广苜蓿、紫穗槐及沙打旺等牧草的面积，达到牧草绿肥相结合，促进农业牧业共同发展。

三、建立合理的肥料结构，推广应用配方施肥成果

潮土区土壤有机质含量平均为 17.3 g/kg，为了维持与提高土壤有机质等基础肥力的水平，有机肥和无机肥的配合施用显得尤为重要。潮土区肥料的农学效率玉米为 18.8，小麦为 6.4，如果结合测土配方施肥或平衡施肥等技术，肥料的农学效率仍有较大的提升空间。借鉴国内外业已取得的配方施肥研究成果，结合当地的土壤养分监测资料，搞好区域推荐施肥。实践中，可建设一批集研究、示范、培训、推广于一体的综合示范样板，全面做好测土、配方、供肥、施肥、指导"一条龙"服务，提高配方施肥水平（周宏美等，2006）。

四、完善小麦-玉米轮作制施肥技术体系

小麦季的氮、磷、钾肥料（化肥＋有机肥）用量占全年的 71％、80％和 84％，化肥和有机肥主要施于小麦季，玉米季用量相对较低。玉米季的肥效明显好于小麦季，说明可适当增加玉米季的肥料用量，可以获得更大的肥料增产效益；要适当改变潮土区多年形成的小麦季肥料重施、玉米季肥料少施的施肥现状，以保证全年均衡增产，应继续研究该轮作制施肥技术的科学性，并提出小麦-玉米轮作体系的科学施肥制度。另外，建议适当进行与大豆和其他作物的轮作等。

第四章 潮土有机质演变特征与提升技术 >>>

土壤有机质是土壤固相部分的重要组成成分，是土壤中细小非生命体形式的天然有机物的总称。潮土多发育于石灰性沉积物，受地下潜水作用，经过耕作熟化而形成的一种半水成土壤。受限于其本身的发育过程和特性，自然潮土腐殖质积累过程较弱，大部分属中低产土壤，土壤有机质平均为 10～15 g/kg，低于全国平均水平 17 g/kg。另外，潮土多系富含碳酸钙的无机沉积物，土壤中游离的碳酸钙对于土壤结构稳定性、微生物活性、土壤 pH 以及有机质的分解速率均具有重要影响，部分地区由于次生盐渍化导致无机碳积累，使得部分潮土区作物产量低而不稳。因此，了解我国潮土有机质分布状况及主要影响因素，对于合理有效利用潮土、提高潮土肥力水平具有重要的指导作用。

第一节 潮土有机质演变特征及影响因素

一、潮土有机质演变特征

农业农村部耕地质量监测点的监测结果显示，潮土有机质含量主要分布在 15～20 g/kg，分布频率 20.5%～40.4%，如山东、河南、安徽等（图 4-1），部分省份如山西、内蒙古潮土监测点有机质含量则主要分布在 10～15 g/kg，分布频率为 31.1%～43.5%，处于较低水平。但也有少部分潮土区的有机质水平主要分布在 20～25 g/kg，甚至更高水平，如湖南，这可能与当地的气候、质地等因素密不可分。

有机质含量的差异预示着各地区潮土有机碳储量的不同。江苏、河北和河南等省份潮土有机碳存储量最高（表 4-1），耕层有机碳储量分别达到 87～726 Mt。随着土层厚度的增大，土壤有机碳储量

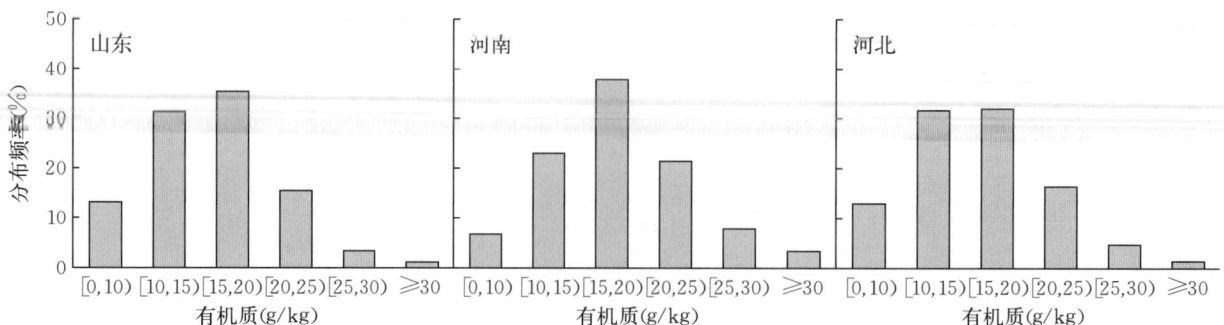

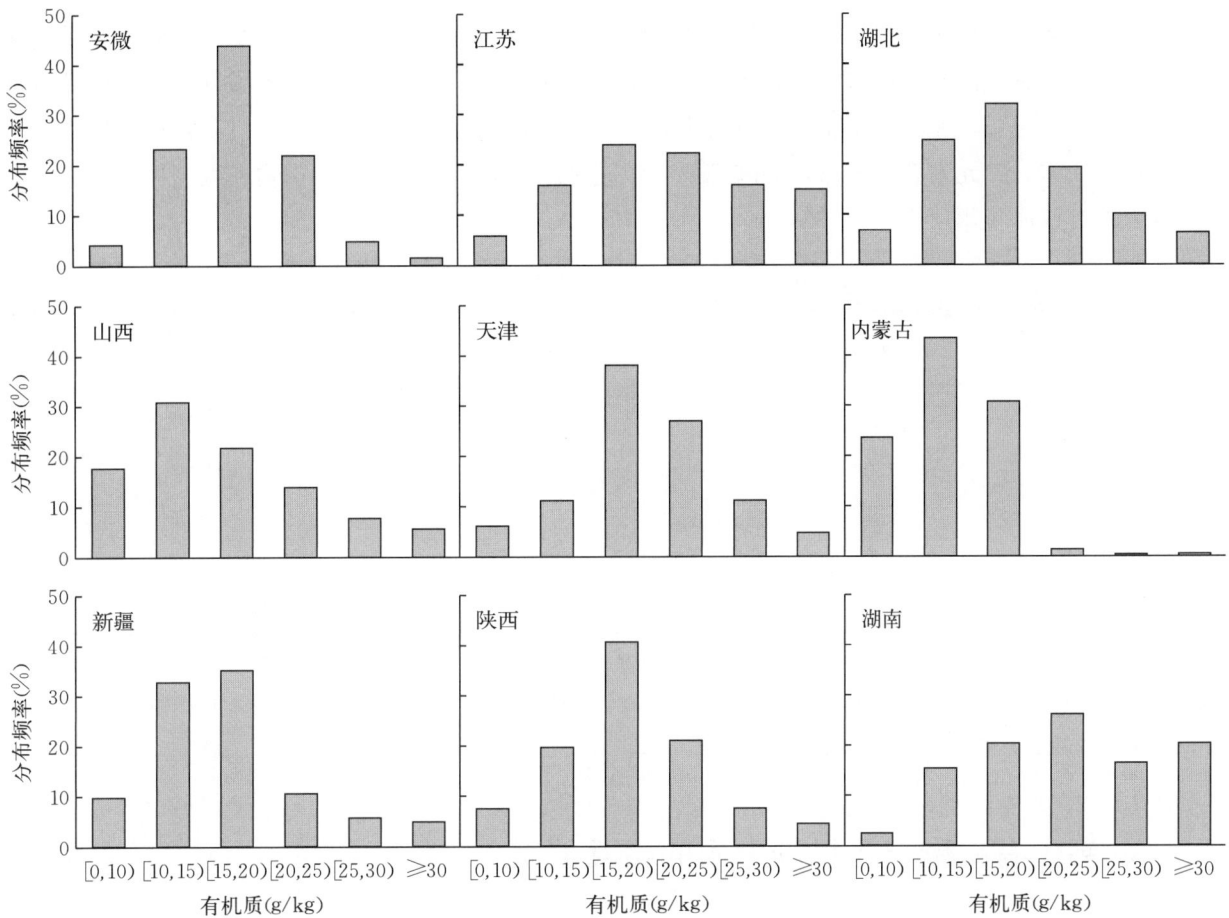

图 4-1　农业农村部长期监测点潮土有机质频率分布（2017 年）

显著增多，江苏和河北土层厚度 0～1.8 m 的土壤有机碳储量分别达到 389～521 Mt，约是耕层的 5 倍。有机碳密度也呈现地域和土层厚度的双重差异，耕层土壤平均有机碳密度为 2 142～3 580 t/km²，随着土层厚度的加深，土壤平均有机碳密度增加了 218%～528%。

表 4-1　部分地区潮土有机碳储量（2010 年）

调查地区	调查面积 （km²）	0～0.2 m		0～1.0 m		0～1.8 m	
		有机碳储量 （Mt）	平均碳密度 （t/km²）	有机碳储量 （Mt）	平均碳密度 （t/km²）	有机碳储量 （Mt）	平均碳密度 （t/km²）
成都平原区	452	1.62	3 580	6.56	14 507	9.25	20 473
湖南洞庭湖区	4 476	13.72	3 064	53.64	11 984	86.13	19 243
江苏	31 880	87.25	2 737	277.64	8 709	389.14	12 207
河北华北平原	50 236	107.62	2 142	358.74	7 141	520.66	10 364
陕西渭河平原	988	2.13	2 153	7.52	7 609	10.82	10 947
河南	32 504	725.59	2 220	—	—	—	—

资料来源：奚小环等（2010）；靳熙（2014）。

　　长期定位试验结果显示，施肥 20 年显著改变了郑州潮土有机质的剖面分布特征（表 4-2）。无机肥配施有机粪肥及作物秸秆显著提高了土层厚度 0～20 cm 和 20～40 cm 的土壤有机质含量，与不施肥的 CK 处理相比分别提高了 44.70%～83.24% 和 56.52%～89.47%。由于肥料的施用常通过翻耕等措施施入土壤，涉及的土壤深度较浅，所以施肥对深层次（40～100 cm）土壤有机质含量没有显著影响。而单施化肥，尤其是不施磷肥对潮土有机质的贡献较小或仅维持潮土有机质含量，这主要是潮土中普遍缺磷，钾元素含量丰富，偏施肥易导致土壤中养分不平衡，影响作物和微生物的生长，进而影响土壤有机质积累。

表 4-2   郑州潮土施肥 20 年后剖面土壤有机质含量（g/kg）

土层（cm）	CK	N	NK	NP	PK	NPK	NPKS	NPKM	NPKM2
0～20	12.09	12.31	11.92	14.90	11.81	14.95	17.49	18.31	22.15
20～40	7.57	7.88	8.64	8.05	8.71	8.92	12.35	14.34	11.85
40～60	4.09	4.45	4.36	4.28	4.68	4.21	5.07	4.28	4.56
60～80	3.45	3.59	3.64	3.60	3.81	3.85	5.02	4.56	4.43
80～100	3.65	3.65	3.38	3.79	2.79	3.64	3.90	3.05	3.57

注：CK 表示不施肥；N 表示施用矿物质氮肥；NK 表示施用矿物质氮肥和钾肥；NP 表示施用矿物质氮肥和磷肥；PK 表示施用矿物质磷肥和钾肥；NPK 表示施用矿物质氮磷钾肥；NPKS 表示矿物质氮磷钾肥和秸秆配施；NPKM 表示矿物质氮磷钾肥和有机粪肥配施；NPKM2 表示矿物质氮磷钾肥和高量有机粪肥配施。

二、潮土有机碳与无机碳之间的相互关系

土壤碳库由有机碳库和无机碳库两大部分组成。土壤无机碳库受气候变化与人类活动的影响，无机碳库参与碳循环，无机碳库变化影响全球温室效应，土壤无机碳库研究对于土壤碳库计算及碳循环研究是必不可少的。尤其对潮土而言，其成土母质多为石灰性沉积物，是发育于富含碳酸盐或不含碳酸盐的河流沉积物土，受地下潜水作用，经过耕作熟化而形成的一种半水成土壤，土壤腐殖积累过程较弱，具有腐殖质层（耕作层）、氧化还原层及母质层等剖面层次，沉积层理明显。因此，在潮土中无机碳所占的比重不可忽略。以河北平原区为例，潮土面积占该区域总面积的 65.71%，其无机碳储量为 104.93 Mt，有机碳储量为 115.27 Mt，有机无机碳储量基本持平，且该地区无机碳密度为 2.16 kg/m²，是该地区无机碳密度最高的土壤类型（宋泽峰等，2014）。同样的，长江三角洲地区潮土面积占全区面积的 14.29%，无机碳库储量占全区土壤无机碳库储量的 24.92%。

施肥、灌溉以及耕作等农田措施都可能有利于形成碳酸盐沉淀而增加土壤无机碳库。河南郑州潮土长期试验结果显示，长期施肥改变了土壤无机碳含量和分布特征（表 4-3），与不施肥相比，有机无机肥配施使耕层土壤无机碳降低了 1.68%～10.54%，但是却提高了非耕层（20～100 cm）土壤无机碳的含量，最大提高量达 19.66%。随着施肥年限的延长，土壤无机碳含量在表层和亚表层均呈上升趋势，而施肥对土壤无机碳中稳定碳同位素丰度（$\delta^{13}C_{SIC}$）的影响较小（-0.53%～-0.41%），亚表层的 $\delta^{13}C_{SIC}$ 比表层偏低。除了施肥对无机碳含量有影响，石小霞等（2017）发现不同耕作措施对华北平原潮土无机碳含量及分布也会产生显著的影响，与撂荒相比，清茬翻耕、秸秆还田免耕和秸秆还田翻耕后，土壤耕层（0～20 cm）有机碳储量分别降低了 21.6%、12.3% 和 3.4%，土壤无机碳储量变化不显著；在 20～40 cm 土层，土壤有机碳储量变化不显著，而 3 种不同耕作处理的土壤无机碳

储量较撂荒增加了 4.1%～7.3%，且主要是次生碳酸盐的贡献。这表明不同的耕作扰动可显著促进无机碳在下层土壤的积累，阻断了无机碳在表层的聚集，改善土壤的盐渍化问题。

表 4-3　2002 年和 2009 年郑州地区土壤剖面无机碳及其稳定碳同位素丰度分布特征

项目	土壤厚度 (cm)	CK		NPK		NPKS		NPKM	
		2002 年	2009 年	2002 年	2009 年	2002 年	2009 年	2002 年	2009 年
土壤无机碳 (g/kg)	0～20	8.35	8.71	7.25	8.02	8.21	8.29	7.47	8.32
	20～40	6.8	7.47	7.63	8.18	5.65	7.71	7.02	7.49
	40～60	6.14	6.56	5.84	6.58	6.36	6.58	7.02	7.85
	60～80	5.23	5.76	5.43	5.81	5.4	6.39	5.62	6.42
	80～100	4.55	4.99	4.33	4.49	4.46	4.68	5.07	4.74
无机碳同位素丰度 (%)	0～20	−0.472	−0.497	−0.506	−0.497	−0.493	−0.504	−0.541	−0.493
	20～40	−0.484	−0.453	−0.49	−0.464	−0.472	−0.484	−0.477	−0.512
	40～60	−0.451	−0.413	−0.468	−0.438	−0.451	−0.46	−0.455	−0.458
	60～80	−0.462	−0.429	−0.451	−0.443	−0.45	−0.449	−0.455	−0.455
	80～100	−0.497	−0.46	−0.461	−0.46	−0.464	−0.462	−0.462	−0.464

注：CK 表示不施肥；NPK 表示施用矿物质氮磷钾肥；NPKS 表示矿物质氮磷钾肥和秸秆配施；NPKM 表示矿物质氮磷钾肥和粪肥配施。

土壤有机碳和无机碳之间存在一定的相关关系。土壤无机碳含量和分布的变化，一方面是由于表层碳酸盐的淋溶作用使部分土壤无机碳迁移到土壤的较深层，或在土壤水分状况和 CO_2 分压变化的情况下发生溶解的逆过程而重新沉淀，或随水的运动转移出土体；另一方面是由于土壤有机碳-二氧化碳-土壤无机碳（SOC-CO_2-SIC）之间存在微循环系统，土壤有机碳分解时一部分碳会转化为无机碳，形成土壤的次生碳酸盐。潘根兴（1999）通过第二次土壤普查资料收集干旱区土壤有机碳和无机碳数据，研究了土壤有机碳与无机碳的迁移转化，得出干旱性土层中有机碳与无机碳往往存在负相关关系，这种关系支持了在表层岩溶研究中所发现的碳酸盐溶蚀受有机碳的驱动作用。郑州潮土长期试验结果显示，有机肥作用下表层土壤有机碳累积速率 [64 g/(m² · 年)] 远高于施化肥处理 [20 g/(m² · 年)]（图 4-2），而一般来讲，表层土壤无机碳的积累低于土壤有机碳，但在 0～100 cm 土层厚度土壤无机碳积累速率远高于表层有机碳的积累速率，尤其是连续多年施用有机肥，使得土壤无机碳以 76 g/(m² · 年) 的速率积累，这意味着有机碳向碳酸盐的转化，促进了次生碳酸盐的形成。碳酸盐的增多表明土壤中 CO_2 的大量产生和游离态 Ca^{2+} 和 Mg^{2+} 的增多，前者主要是由于土壤有机碳的降解和根系呼吸产生，后者主要是由于磷酸肥的施用或者用富含钙的水灌溉农田产生的，或者是化学风化硅酸盐引入的。黄斌等利用 20 年的长期定位试验也证明在长期施肥条件下，潮土的土壤有机碳与土壤无机碳具有负相关关系，即耕层土壤无机碳含量随有机碳含量升高而降低，而深层土壤存在有机碳含量较低无机碳含量较高的现象，这种互补表现反映了两者之间存在转化关系。但是，潮土区域表土有机碳与无机碳含量也可能受人类活动影响呈现非负相关。例如，工业发达的城市周边，非常容易形成无机碳和有机碳的双重显著高值区，表现出人类活动对土壤碳输入的强烈影响（宋泽峰等，2014）。总之，无机碳尤其是次生碳酸盐形成和转化是影响大气 CO_2 含量乃至全球碳循环的重要因子，对无机碳组成、有机碳向无机碳转移方面的研究，不仅可以揭示"遗漏"的一部分碳汇，更有利于揭开"碳失汇"之谜。

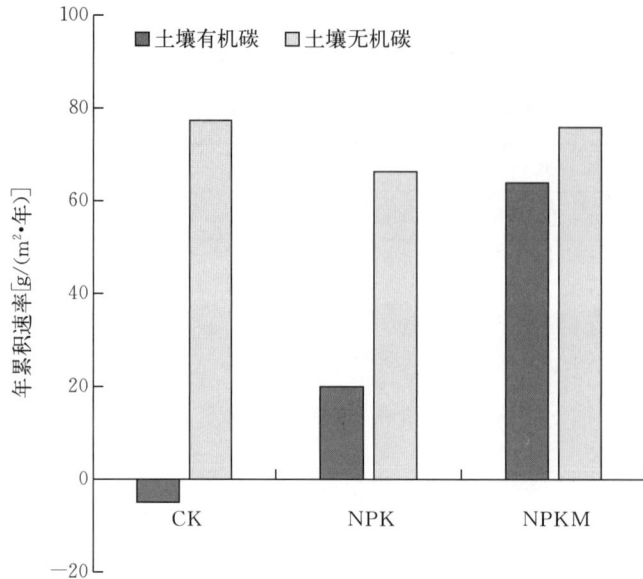

图 4-2　郑州不同施肥措施土壤有机碳（0～20 cm）和无机碳（0～100 cm）累积速率特征

（CK 表示不施肥；NPK 表示施用矿物质氮磷钾肥；NPKM 表示矿物质氮磷钾肥和粪肥配施）

第二节　潮土有机质组成及稳定性

一、潮土活性有机质组分及其特征

土壤有机质（碳）不仅是土壤结构的骨架，也是土壤养分的重要载体，对保蓄养分、调节物质循环有着重要的作用，可作为反映土壤肥力的重要指标。土壤有机碳根据其分解难易程度，可分为易分解的活性组分和难分解的惰性组分。其中，活性有机碳对环境因子的变化反应比惰性有机碳更敏感，且在土壤中周转较快，易被微生物利用，其含量高低直接影响土壤微生物的活性和对土壤养分的调节转化。土壤活性有机碳主要包括易氧化有机碳（LOC）、可溶性有机碳（DOC）、轻组有机碳（LFOC）、颗粒有机碳（POC）等。这些活性有机碳组分主要是分离技术及含量有所差异，但均可作为土壤活性有机碳的指标，评估土壤质量情况。

潮土活性有机碳组分和演变特征受施肥影响显著。河南郑州潮土长期定位试验结果显示，施肥10年后，与初始值相比，化肥有机肥配施不仅提高了土壤总有机碳含量，还使得土壤中活性有机碳组分提高 8.8%～22.5%（表 4-4），而不施肥或单施化肥虽未显著改变总有机碳含量，但土壤活性有机碳却降低了 0.08～0.37 g/kg。施肥17年后各处理活性有机碳组分较施肥10年均有所提升。其中，碳库管理指数提升了 3%～58%，说明长期施肥有助于活性有机碳组分的积累。此外，撂荒可显著提高潮土中活性有机碳组分和碳库管理指数，并随着撂荒年限的延长而增加。

土地利用方式的改变也会显著影响土壤活性有机碳组分。王芸等（2020）基于褐潮土研究发现，不同土地利用类型对土壤活性有机碳中的颗粒有机碳和轻组有机碳影响较为明显，颗粒有机碳变化范围为 3.2～5.7 g/kg，轻组有机碳含量为 4.2～6.2 g/kg，其大小均表现为次生林＞人工林＞灌木＞农田＞果园，林地显著高于农田和果园。因此，潮土活性有机碳组分受田间管理措施（施肥、土地利用方式等）影响显著。偏施肥不利于潮土活性有机碳的形成，而有机肥、无机肥配施是提升潮土活性有机碳含量的关键培肥措施，并随着培肥年限的增加而增长。

表 4-4　施肥 10 年和施肥 17 年后潮土活性有机碳及碳库管理指数

处理	施肥 10 年			施肥 17 年		
	总有机碳 （g/kg）	易氧化有机碳 （g/kg）	碳库管理指数 CMI	总有机碳 （g/kg）	易氧化有机碳 （g/kg）	碳库管理指数 CMI
初始值	6.6	1.02	100	6.6	1.02	100
撂荒	7.9	1.11	107	10.57	1.95	107
CK	6.6	0.65	60	7.44	0.79	69
N	6.9	0.7	64	8.33	0.96	87
NPK	7.05	0.94	90	9.14	1.18	110
NPKS	8.90	1.25	121	11.25	1.36	125
NPKM	9.25	1.11	105	12.31	1.73	165

二、不同培肥模式下潮土有机碳化学组成特征

土壤有机碳的化学性质主要包括土壤有机碳的基本性质、化学结构以及化学成分，涉及土壤有机碳的结构、官能团和组成、化学成分等研究。土壤有机碳的化学性质不仅对有机碳的固存和转换具有重要影响，且在一定程度上影响着土壤有机碳的稳定性和土壤肥力状况。土壤有机碳化学结构自身抵御微生物分解的结构特性更被认为是土壤固碳的主要影响机制之一。

长期施肥显著影响潮土有机碳的化学结构。基于河南郑州潮土长期定位试验研究发现，不同施肥处理下，潮土各类型有机碳含量的平均值由高到低为烷氧碳＞烷基碳＞芳香碳＞羟基碳（表 4-5）。其中，烷氧碳是土壤有机碳主要的碳形式，占总有机碳的 45.8%～46.4%，其次为烷基碳，为总有机碳的 20.7%～29.8%，芳香碳含量为 18.6%～20.5%，羟基碳含量为 4.8%～12.4%。与初始年份（1990 年）相比，施肥 22 年后潮土烷氧碳增加了 8.3%～9.7%，烷基碳增加了 7.3%～26.9%，而芳香碳降低了 17.7%～25.3%，羟基碳降低了 8.1%～20.7%。烷基碳/烷氧碳值在潮土不同施肥处理间大小依次排序为：CK＞NPK＞NPKM＞NPKS，表明施肥后，尤其是配施有机物料，潮土有机碳的化学结构更为复杂稳定，难于被分解。

表 4-5　不同施肥处理下潮土有机碳化学结构官能团碳含量

地点	施肥时间	处理	烷基碳（%）	烷氧碳（%）	芳香碳（%）	羟基碳（%）	烷基碳/烷氧碳
郑州	1990—2012 年	初始	19.3	42.3	24.9	13.5	0.46
		CK	29.8	46.2	19.3	4.8	0.65
		NPK	24.5	45.8	19.0	10.7	0.53
		NPKM	23.3	46.2	18.6	11.9	0.50
		NPKS	20.7	46.4	20.5	12.4	0.45
封丘	1989—2008 年	CK	16.1	43.7	26.4	13.8	0.37
		NPK	17.7	47.3	22.0	13.0	0.38
		NPKM	17.2	47.2	21.6	14.0	0.36
		M	13.1	45.2	26.5	15.2	0.29

注：封丘点位数据来源：郭素春（2013）。

河南封丘沙壤质潮土长期监测结果表明，潮土以烷氧碳为主，占 $44\%\sim47\%$，其次是芳香碳、烷基碳和羟基碳（表 4-4）。通过磁共振技术发现，施肥 19 年后，不同施肥措施显著改变了各功能基团的相对含量，与不施肥相比，长期施用有机肥提高了烷氧碳和羟基碳含量，降低了芳香碳含量以及烷基碳/烷氧碳，进一步证实长期施用有机肥可降低潮土有机碳的分解程度。

根据各组分化学性质的差异，有机质可分为易分解的碳水化合物、稳定成分木质素以及难分解的腐殖质。进一步用化学提取方法研究发现，长期施肥能够增加潮土有机质中碳水化合物含量；同时，施肥显著增加了潮土中木质素含量，且木质素在有机质中比例提高，表明施肥能够增加潮土稳定性有机质的积累。吴其聪（2015）基于潮土研究指出，施用有机物料能显著增加胡敏酸、富里酸及胡敏素含量，说明有机物料施用能显著提高潮土有机质各组分含量，促进有机质积累，并提高稳定性。也有研究通过热解气相-色谱/质谱联用技术来测定土壤有机质化学组成，可以检测出土壤中木质素来源的化合物、芳香化合物、多糖类化合物、脂肪族化合物、含氮化合物以及固醇类物质。赵玉皓（2018）通过使用该技术研究发现，有机肥无机肥配施处理潮土有机碳木质素含量较高，可能的原因是有机肥投入，使得木质素单体重新分配，展现出较高的木质素含量。综上，与不施肥相比，施肥显著改变了潮土有机碳化学组成结构，尤其是施用有机肥降低了烷基碳/烷氧碳，说明有机肥投入能够降低潮土有机碳的分解程度。同时，施肥能够增加木质素含量，促进稳定性有机质的积累。

三、盐分离子对潮土有机质的稳定作用

土壤有机质往往能通过化学作用与土壤中的矿物或金属离子结合而增加其稳定性。Ca^{2+} 和 Mg^{2+} 是中性和碱性土壤中主要的二价盐基金属阳离子，其与土壤有机质之间的相互作用被认为是土壤有机质稳定性的重要机制。在中性或碱性潮土中，土壤有机质与 Ca^{2+} 结合后，其分子尺寸、电荷和空间结构的变化会形成"钙桥"，从而限制土壤酶与有机质接触，减少酶对土壤有机质的分解，同时 Ca^{2+} 通过与其他矿物质的胶结作用加速形成稳定团聚体，进一步说明土壤有机质的稳定可能主要是受有机质-矿物-微生物之间复杂的相互作用控制（Schmidt et al.，2011）。有研究发现，土壤交换态 Ca^{2+} 与土壤有机碳之间存在显著的正相关关系，且 Ca^{2+} 可以与土壤中有机碳形成 Ca 结合态有机碳（Gaiffe et al.，1984）。

施肥一方面通过直接带入影响土壤中盐基阳离子含量，另一方面通过改变土壤理化性质来影响土壤盐分离子，进而影响土壤有机碳。研究发现，长期施用化肥显著降低了沙质潮土中总 Ca^{2+}、交换态 Ca^{2+}、Ca^{2+} 结合态有机碳含量以及其占总有机碳的比例（图 4-3），可能是由于长期单施化肥使得土壤 pH 降低，有机质表面负电荷减少，抑制了土壤有机碳与 Ca^{2+} 结合。长期单施有机肥显著增加潮土交换性 Ca^{2+}、Ca^{2+} 结合态有机碳含量及其占总有机碳的比例，主要是有机肥除自身带入一定量的 Ca^{2+} 外，还可以改变土壤胶体吸附阳离子的组成，增加土壤中 Ca^{2+} 含量。但 Guo 等（2019）基于黄淮海潮土长期定位试验发现，单施化肥对土壤的盐基离子含量没有产生显著影响，但由于无机肥施用带入的 NH_4^+ 属于分散离子，因此，不利于土壤团聚体结构稳定；配施有机肥后，潮土可交换性盐基离子（K^+、Na^+、Ca^{2+}、Mg^{2+}）含量均显著增加，而土壤团聚体稳定性与可交换 Na^+ 显著负相关，研究认为，大量粪肥的投入会引入大量分散剂（Na^+），不利于潮土结构的稳定性，前期研究指出，动物粪肥含有大量的盐分，也进一步佐证了这一结果（Yao et al.，2007）。而秸秆还田处理在带入生物胶结剂的同时，并未带入分散剂。因此，秸秆还田可作为提升潮土肥力和稳定性的一项举措。但同时，秸秆中的碳主要为较难分解的纤维素，不利于碳的快速供应。因此，在潮土上施有机肥用以

提升土壤肥力的同时，需要综合考虑有机肥带入的胶结剂和分散剂的两方面作用。

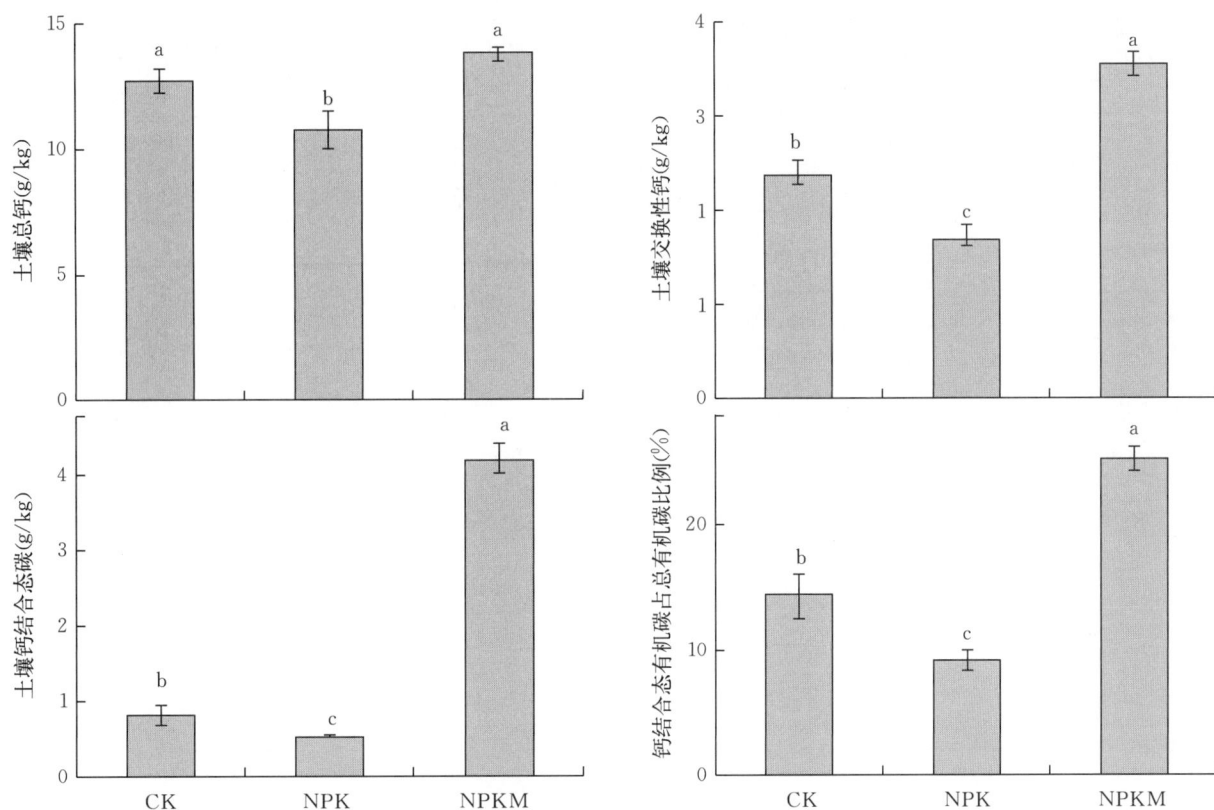

图 4-3　不同培肥模式下土壤钙含量特征（万丹，2019）

四、潮土有机质提升与土壤团聚体组成

土壤团聚体作为土壤结构的基本单元，对土壤通气性、养分固定有重要意义。土壤团聚体的形成是物理、化学和生物作用相互结合的结果。一般认为直径在 0.25～10 mm 的近似球形且较疏松多孔的称为大团聚体，直径＜0.25 mm 的称为微团聚体。土壤团聚体对有机碳的物理保护是目前公认的土壤碳固存的重要机制之一，土壤中可能先形成大团聚体，这些大团聚体结合有机质与多糖，随后在内部再形成小团聚体结构（Six et al.，1998）。不同大小团聚体的组合、团聚体表面积、内部有机碳含量、微生物群落特性及外界环境变化都可能对土壤有机碳的转化和去向产生影响。

在常规的农田管理中，耕作制度会通过物理破碎作用而影响团聚体的形成。一些保护性耕作措施，如免耕和秸秆还田措施能显著提高土壤水稳性团聚体的比例和稳定性。针对黄淮海平原潮土区保护性耕作体系下土壤团聚体组成与有机质含量的研究中，张先凤等（2015）指出土壤团聚体粒径质量比例以及有机碳含量受不同耕作措施以及土壤深度影响，相比于免耕、免耕＋秸秆还田提高了土层厚度 0～5 cm 土壤 0.25～2 mm 团聚体的比例，降低了黏粉粒团聚体（＜0.053 mm）的比例，同时增加了各粒径团聚体中有机质的含量，尤其是对土层厚度 0～5 cm 土壤中各粒径团聚体有机质的提升比例达 5.5%～23.4%（表 4-6）。这说明免耕和秸秆还田可促进微团聚体和黏粉粒团聚体胶结向小团聚体或大团聚体转变，并促进团聚体中有机质的积累。在同种耕作方式下，土层厚度 5～10 cm 土壤中大团聚体比 0～5 cm 土壤中大团聚体提高了 62.7%～99.9%，但耕作方式（免耕或免耕＋秸秆还田）对有机质的提升在 0～5 cm 土壤中效果更显著。

表 4-6　河南封丘不同耕作方式 8 年后不同粒径团聚体质量占比和有机质含量

耕作方式	土壤深度 (cm)	团聚体粒径 (mm)	团聚体的质量占比 (%)	团聚体的有机质含量 (g/kg)
免耕	0～5	>2	25.83	11.74
		0.25～2	50.35	13.14
		0.053～0.25	17.02	8.91
		<0.053	2.81	16.19
	5～10	>2	42.03	9.62
		0.25～2	41.94	9.67
		0.053～0.25	13.68	6.53
		<0.053	1.88	12.27
免耕+秸秆还田	0～5	>2	20.46	12.48
		0.25～2	66.62	16.21
		0.053～0.25	12.14	9.40
		<0.053	0.95	17.58
	5～10	>2	40.90	10.91
		0.25～2	42.27	8.96
		0.053～0.25	10.71	6.67
		<0.053	2.57	13.27

数据来源：张先凤等（2015）。

　　除了农田耕作制度，施肥是影响土壤团聚体结构和土壤有机质含量的重要因素。施肥的影响主要表现在优势组分粒径、平均粒径和有机碳含量在团聚体中的分布。基于山东禹城长期试验平台研究发现，潮土中粒径<0.053 mm 优势团聚体占比为 47.17%～64.51%，其次是>2 mm 团聚体，占比为4.51%～20.73%，0.25～2 mm 占比为 17.05%～22.75%，0.053～0.25 mm 占比为 9.36%～13.94%（表 4-7）。施用化肥不利于大粒径团聚体的形成，>2 mm 以及 0.25～2 mm 团聚体分别降低了49.96%～65.81%、4.55%～11.75%；而长期施用有机肥显著增加>2 mm 团聚体数量。其中，常量有机肥较常量化肥增加了 2.63 倍，0.25～2 mm 团聚体数量比对照增加了 1.15 倍。研究结果表明，长期施用有机物料可增加潮土大团聚体，降低微团聚体比例，而长期施用化肥结果相反，主要是由于有机物料投入后促进土壤中较小团聚体胶结形成较大粒径团聚体，有利于潮土良好物理结构的形成。

表 4-7　不同施肥制度下连续施肥 26 年后潮土水稳性团聚体组成（%）

处理	水稳性团聚体粒径			
	>2 mm	0.25～2 mm	0.053～0.25 mm	<0.053 mm
对照	13.19ab	19.32a	12.21ab	55.27ab
常量化肥	6.66b	17.05a	13.18a	63.11a

（续）

处理	水稳性团聚体粒径			
	>2 mm	0.25~2 mm	0.053~0.25 mm	<0.053 mm
常量有机肥	17.49a	22.17a	12.77a	52.87ab
常量配施	6.83b	17.06a	13.94a	62.16a
高量化肥	4.51b	18.44a	12.54ab	64.51a
高量有机肥	20.73a	22.75a	9.36b	47.17b

注：不同小写英文字母表示同一粒径不同施肥制度的差异显著性（$P<0.05$）。

对不同团聚体粒径中有机质含量的研究表明，长期施肥显著增加潮土>0.25 mm 粒径团聚体有机质的比例，且以有机肥无机肥配施处理提升幅度最高（表4-8）。与 CK 相比，化肥配施有机肥处理（NPKM 和 1.5NPKM）使>0.25 mm 粒径团聚体有机质含量分别增加了 1.70 g/kg 和 2.39 g/kg，其次，秸秆还田增加了 1.36 g/kg，施用化肥增加了 0.72~0.96 g/kg。对于 0.053~0.25 mm 粒径团聚体，与不施肥相比，有机物料配施下有机质含量增加了 1.62~2.60 倍，施用化肥增加幅度为 14.78%~48.77%。对于<0.053 mm 粒径团聚体，有机肥无机肥配施有机质含量达 14.67~17.36 g/kg，是不施肥的 1.45~1.47 倍，秸秆还田处理也提高了 24.42%，说明有机物料施用对增加<0.053 mm 粒径团聚体有机碳效果最显著。因此，单施化学肥料对潮土团聚体结构无影响或不利于团聚体结构的形成，长期施用有机物料能够促进土壤中微团聚体或黏粉粒团聚体胶结形成较大粒径团聚体。赵金花（2015）研究指出，潮土中黏粉粒团聚体有机碳含量显著高于其他粒径，主要的原因是土壤有机碳易被细小的矿物质颗粒吸附，与之结合形成有机无机复合体，颗粒直径越小，比表面积越大，吸附的有机物质越多，土壤有机碳含量越高。

表4-8　郑州潮土施肥 17 年后团聚体有机质含量（g/kg）

施肥处理	团聚体有机质含量		
	>0.25 mm	0.053~0.25 mm	<0.053 mm
CK	0.90	2.03	11.79
N	1.86	2.33	11.40
NP	1.62	2.83	11.83
NPK	1.86	3.02	13.69
NPKS	2.26	3.41	14.67
NPKM	2.60	3.28	17.21
1.5NPKM	3.29	5.28	17.36

河南郑州的长期定位试验表明，施肥 16 年后，潮土中粗自由颗粒有机碳和细自由颗粒有机碳分别占到总有机碳的 6.0%~13.0% 和 6.2%~7.6%。单施氮肥物理保护颗粒有机碳含量与 CK 差异未达显著水平；对于矿物结合有机碳，与 CK 相比 NPKM 和 1.5 NPKM 处理土壤矿物结合有机碳增幅最高，提高了 44.4%~46.1%，且与其他施肥处理间差异达到显著水平，说明配施有机肥对增加矿物结合有机碳效果最显著（表4-9）。因此，单施化学肥料不利于潮土团聚体结构的形成，而长期施用有机肥促进土壤较大粒径比例而降低较小粒径的比例，对促进有机碳的形成起到了十分重要的作用。

表 4 - 9　不同施肥处理 16 年后土壤中各组分有机碳含量（g/kg）

处理	粗自由颗粒有机碳	细自由颗粒有机碳	物理保护颗粒有机碳	矿物结合有机碳	总有机碳
CK	0.55	0.55	0.82	6.88	7.65
N	1.15	0.76	0.76	6.55	8.46
NP	0.98	0.76	1.04	6.88	9.50
NPK	1.20	0.60	1.09	8.03	9.23
NPKS	1.37	0.76	1.47	8.52	11.41
NPKM	1.69	0.82	1.53	9.88	12.40
1.5NPKM	2.02	1.20	1.97	10.05	14.36

　　除了耕作方式和施肥会影响土壤团聚体和结构，土地利用方式转变对土壤团聚体和有机质含量也有差异。针对华北潮土表层土壤不同土地利用类型的研究指出，林地土壤有机碳含量远高于农田及果园（表 4 - 10），其原因一方面与有机物的输入有关，另一方面与大团聚体的数量和比例下降也有一定的关系。其中，次生林和人工林以＞0.25 mm 的大团聚体为主，灌木以中间团聚体和黏粉粒团聚体为主，农田和果园则以黏粉粒团聚体为主；林地的开垦会导致大团聚体的破碎化，降低灌木及农田大团聚体含量，而农田转为果园后，则会促使黏粉粒团聚体向微团聚体及中间团聚体转化，使土壤结构趋于改善（王芸等，2020）。

表 4 - 10　不同土地利用方式下土壤团聚体所占比例（％）

土地利用类型	＞2 mm	0.25～2 mm	0.053～0.25 mm	＜0.053 mm
次生林	31.22	38.94	18.86	10.98
人工林	29.77	39.47	19.04	11.74
灌木	14.87	23.25	26.15	35.73
农田	9.19	22.40	23.79	44.61
果园	9.84	23.74	23.50	42.93

　　数据来源：王芸等（2020）。

第三节　潮土有机质提升对作物增产稳产的贡献

　　潮土区覆盖了河南、河北、山东、内蒙古、湖南、湖北、江苏、安徽等我国粮食生产大省，是我国主要粮食的主产区，在增加农作物产量的同时保持土壤肥力成为潮土区农业可持续发展的一大挑战。土壤肥力是影响作物产量高低的最主要因子，土壤有机质在提升土壤肥力方面具有不可替代的作用，是作物高产、稳产的重要保证。但是量化有机质对维持和稳定作物产量的贡献是一个难题，因为土壤、根系和植株之间具有复杂的相互作用，有机质对产量的贡献可能被其他因素所掩盖导致难以量化。有大量的学者研究证实耕层土壤有机碳储量与作物产量和稳定性之间确实存在一定的线性关系（Lal，2010；Smith，2004）。同时，也有学者称作物相对产量与耕层土壤有机碳之间存在显著的非线性关系（Lal，2009），表明耕层土壤有机碳储量达到饱和之后，作物产量不再随有机碳含量的增加而增加（Loveland et al.，2003；Krull et al.，2004）。例如，当加拿大某省的旱地耕层土壤有机碳含量超过总有机碳含量的 2% 时，作物产量并没有随之继续增加（Krull et al.，2004）。

一、潮土有机质提升对产量及其构成要素的影响

我国在全国多个省份建立了国家级潮土长期监测点，种植制度为一年两熟制，主要以冬小麦-夏玉米、春小麦-夏玉米等轮作方式为主。30 年来的观测结果显示，潮土区土壤有机质含量总体呈上升趋势，土壤有机质含量范围在 3.70～37.8 g/kg。监测初期和监测后期土壤有机质含量呈上升趋势。统计 3 个监测阶段施肥条件下的作物产量与有机质演变趋势一致（图 4 - 4），小麦产量监测初期（1988—1997 年）平均为 2 902 kg/hm²，监测中期（1998—2003 年）和监测后期（2004—2016 年）小麦产量平均值与监测初期相比显著上升（$P<0.05$），分别上升了 87.6% 和 114%。从监测中期到监测后期虽然呈上升趋势，但未达到显著水平。玉米产量的变化与小麦一样，从监测初期到监测中期，上升趋势明显（$P<0.05$），显著提升了 111%。从监测中期到监测后期增加不显著。常规施肥与不施肥处理相比，小麦和玉米的增产量随种植年限的增加都呈升高的趋势。小麦增产量监测初期（1988—1997 年）为 1 971 kg/hm²，之后逐渐升高，监测中期（1998—2003 年）的增产量为 3 342 kg/hm²，监测后期（2004—2016 年）达到最高值 4 514 kg/hm²，其增产率最高，达到了 261%。玉米增产量在监测初期（1988—1997 年）为 1 143 kg/hm²，监测中期增产量为 2 937 kg/hm²，监测后期（2004—2016 年）达到最高值 4 246 kg/hm²，其增产率为 123%，可见小麦产量的增产幅度明显高于玉米，这可能是由于小麦季养分供应充足。综上，小麦、玉米的产量与土壤有机质含量的阶段性变化出现了一致的规律，表明有机质是影响作物产量的重要因素。同时，分析有机质含量与产量的相关性可知（图 4 - 5），作物产量呈现随有机质含量的增加而增加的趋势，但当有机质含量超过一定值时，产量的增加趋势随之放缓。

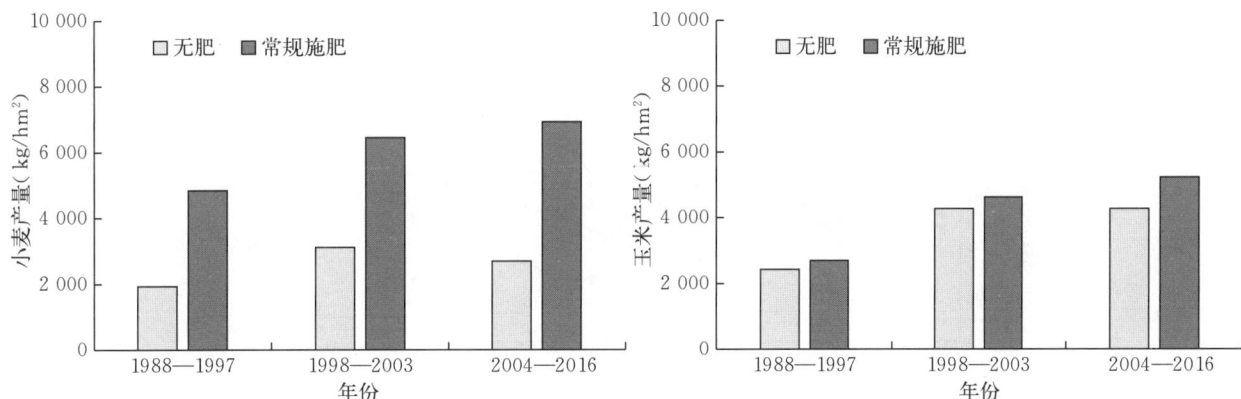

图 4 - 4　潮土区小麦和玉米产量的阶段性变化（基于农业农村部长期定位监测）

作物产量主要由群体穗数、穗粒数、千粒重三要素构成，产量随三者之间的协调和平衡水平的提高而提高。群体穗数在三要素中的贡献最大，但其遗传力较低，易受土壤养分含量和肥力高低等外界条件的影响。郑州长期监测试验结果显示，常规施肥的 3 个处理的小麦群体穗数均高于不施肥处理，且随施肥年份的累积呈现波动增长（图 4 - 6）。千粒重的高低受遗传影响较大，因此，施肥与不施肥处理千粒重差异不显著。穗粒数是小麦产量构成因素中活跃的因素，具有较大的可调节性，与产量关系非常密切。1993—2002 年施肥与不施肥处理穗粒数无显著差异，在连续施肥 10 年以后，

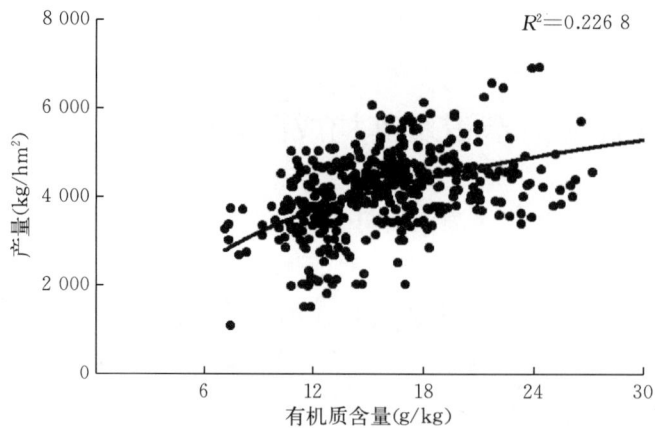

图 4-5 潮土区土壤有机质含量与产量关系（基于农业农村部长期定位监测）

2003 年开始不施肥处理的小麦穗粒数显著低于施肥处理，各施肥处理间没有明显差异，原因可能是连续施肥对土壤理化性质造成一定的调节作用，但总体上施肥与否都没有改变穗粒数波动下降的趋势。由此可见，在小麦产量达到较高水平时，穗粒数成为小麦产量进一步提高的主要限制因子。因此，在产量三要素中，增加穗粒数对于提高产量具有重要的作用。高产是主要目标，产量构成三要素之间的相互制约关系错综复杂，往往表现为相互作用、相互影响，对产量的作用大小各不相同，而产量最终是由群体穗数、穗粒数、千粒重这 3 个产量因子共同作用的结果，只有让群体穗数、穗粒数和千粒重这三者协调发展，乘积达到最大值才能获得高产。

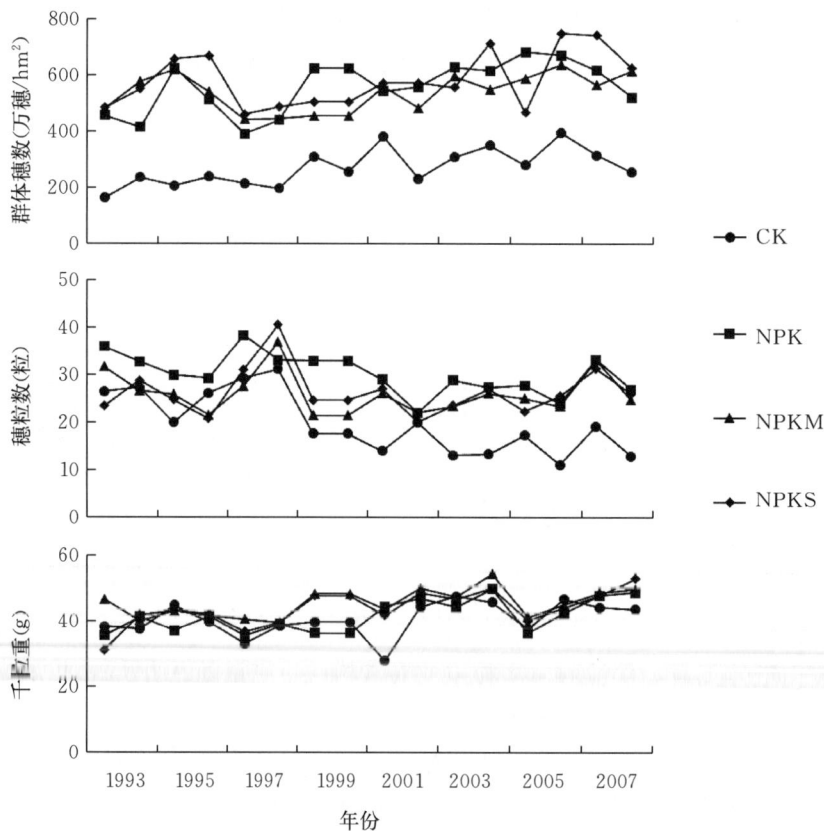

图 4-6 常规施肥条件下典型潮土区 1993—2008 年小麦产量构成要素的变化

二、潮土有机质与基础地力贡献

基础地力指在特定的立地条件、土壤剖面理化性状、农田基础设施建设水平下，经过多年水肥培育后，当季旱地无水投入、水田在无养分投入时的土壤生产能力。基础地力好，作物生长得好，产量高；基础地力差，作物生长不好，产量低。农田基础地力的表征方法不尽相同，有些学者用基础地力产量表征基础地力，这是最基础、直接的表征方法；也有学者利用产量的相对值，即基础地力贡献率来表征基础地力。基础地力贡献率指农田基础地力（土壤自身）对作物生产的贡献程度。

作为一个适用性更为广泛的反映农田基础地力的综合性指标，潮土区农田基础地力贡献率已有诸多前人对其研究。我国潮土长期监测点的数据表明，潮土区小麦、玉米的基础地力贡献率均值为51%～54.0%。1988—2018 年的潮土区长期定位试验数据显示（图 4-7），有 60%左右的潮土监测点土壤基础地力贡献率在 40%～80%，小麦和玉米较为相似，基础地力贡献率为 40%～60%的频率为 30%左右，20 世纪 90 年代以后的地力贡献率与 80 年代相比显著提高，20 世纪 90 年代及以后的地力贡献率总体略有增加，但变化不显著（图 4-8）。潮土地力贡献率随着有机质含量的增加呈现先大幅增加后趋于平缓或略有下降的趋势（图 4-9）。

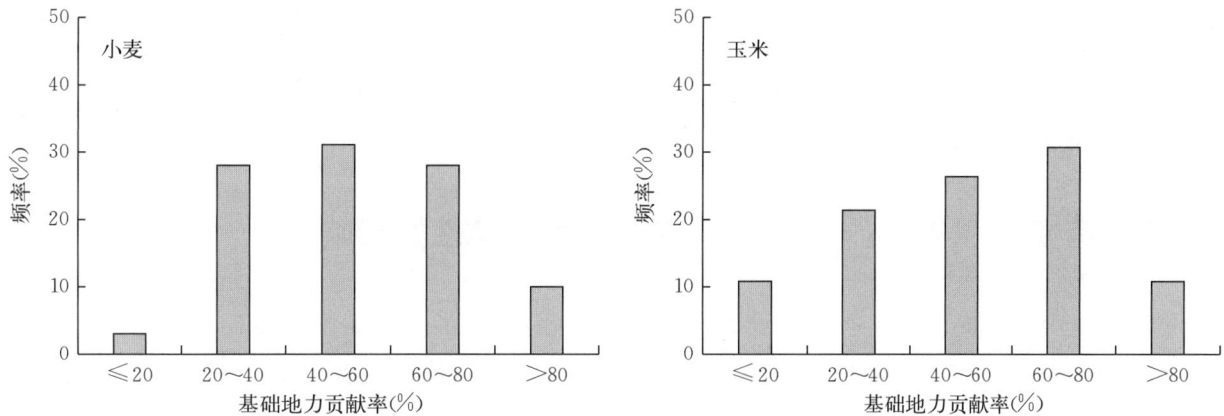

图 4-7 典型潮土区土壤基础地力贡献率频率分布（基于农业农村部长期定位监测）

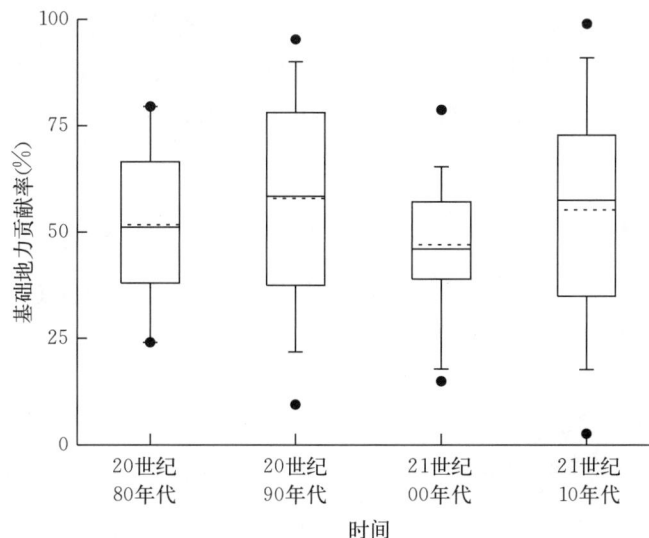

图 4-8 不同级别有机质的潮土地力贡献率（基于农业农村部长期定位监测）

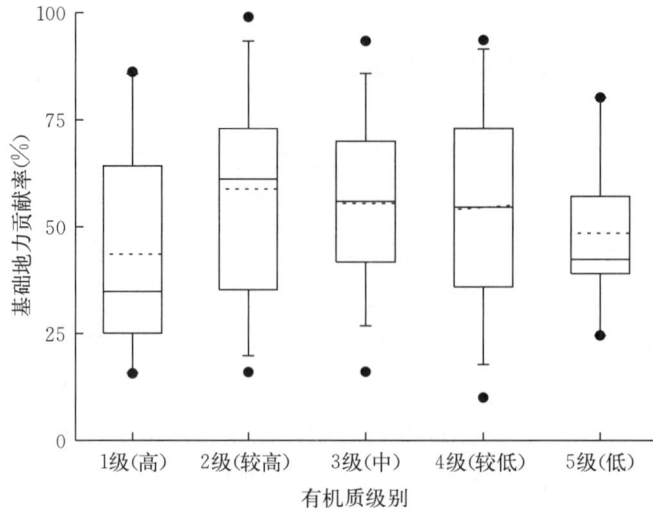

图 4-9　典型潮土地力贡献率的阶段性变化（基于农业农村部长期定位监测）

农田基础地力水平的高低取决于补偿与消耗的动态平衡。高强度种植农田地力水平普遍不高，表明地力处于低水平平衡。然而，不同土壤性状和管理模式的农田地力存在明显差异，这就暗示即使在高强度种植条件下，地力也会向不同方面演变。河南典型潮土区的研究结果表明，2012 年和 2013 年小麦、玉米两季，土壤基础地力贡献率分别为 74.5% 和 75.1%。这一数字高于中国平均基础地力贡献率（50%），主要原因可能是目前河南农民注重科学施肥，前一季的肥料残留对后一季作物生长仍能起到一定的支撑作用，若长时间不施肥土壤基础地力必将呈下降趋势。

三、有机质积累对作物产量稳定性和可持续性的影响

产量稳定性可判断农田生态系统质量的好坏，以统计学上的变异系数（coefficient of variation，CV）表示，也可衡量年际产量的变异程度，CV 越大则说明产量稳定性越低。产量可持续性程度借助产量可持续性指数（sustainable yield index，SYI）进行研究，是衡量农田生态系统的重要指标。SYI 越大系统的可持续性越好。

作物产量稳定性和可持续性指数主要受施肥影响，同时与有机质含量有着直接的关系。整理农业农村部近三十年来的长期监测数据见图 4-10，随着有机质含量的增加，作物产量稳定性呈现降低趋势，产量可持续性则相反，说明有机质可以在一定程度上提高作物产量稳定性，同时对产量的可持续性也具有促进作用。

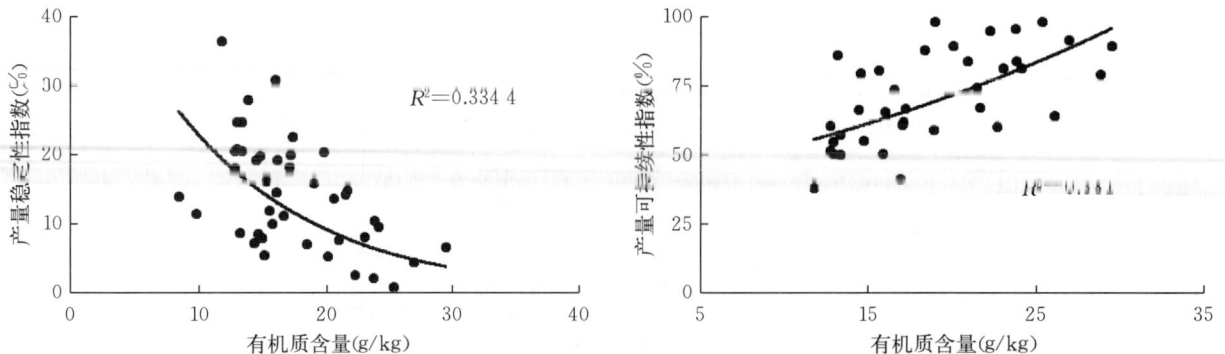

图 4-10　潮土有机质含量与产量稳定性和可持续性指数的相关关系（基于农业农村部长期定位监测）

第四节　潮土有机质提升技术

提高耕地质量，土壤有机质是关键。在我国集约化种植模式下，土壤有机质的提升是实施国家"藏粮于地、藏粮于技"战略的重要措施，也是实现农业废弃物资源化利用的有效措施。增加土壤有机质含量，可改善土壤质量，提高土壤有益微生物的数量和土壤酶的活性。在农田生态系统中，土壤有机质提升是一项长期的、复杂的系统工程。土壤有机质提升技术的应用主要是各种有机物料如秸秆、粪肥、绿肥和沼肥等的资源化利用，其中秸秆和粪肥的应用最为广泛。

一、潮土区的有机废弃物资源状况

我国集中连片的潮土主要分布在黄淮海地区，包括河南、山东、河北、安徽、江苏、北京、天津等省份。根据各省份统计年鉴数据，分析发现黄淮海 2009—2018 年主要作物播种面积达 428.7 万 hm²。其中，河南秸秆年均产量最高，为 0.7 亿 t，且呈现逐年递增的趋势（图 4 - 11），山东次之，为 0.6 亿 t，河北秸秆年均产量 0.4 亿 t，3 个省份秸秆年均产量占黄淮海地区秸秆年均产量的 75%；安徽和江苏秸秆年均产量所占比例分别为 13.3% 和 10.7%，总体上呈现由北向南逐渐减少的趋势；北京、天津耕地资源少，秸秆年均产量最低，仅为 296.4 万 t，且北京市的作物秸秆产量逐年递减。作为黄淮海地区主要的种植作物，小麦和玉米年播种面积约 27.7 万 hm²，占作物总播种面积的 64.7%。小麦和玉米秸秆产量占总产量的 82.1%（图 4 - 12），其他作物秸秆总的产量占秸秆总产量的 17.9%。其中，稻谷秸秆产量增加趋势明显，花生、豆类、薯类、棉花、油菜籽以及芝麻的秸秆年产量均不同程度减少。

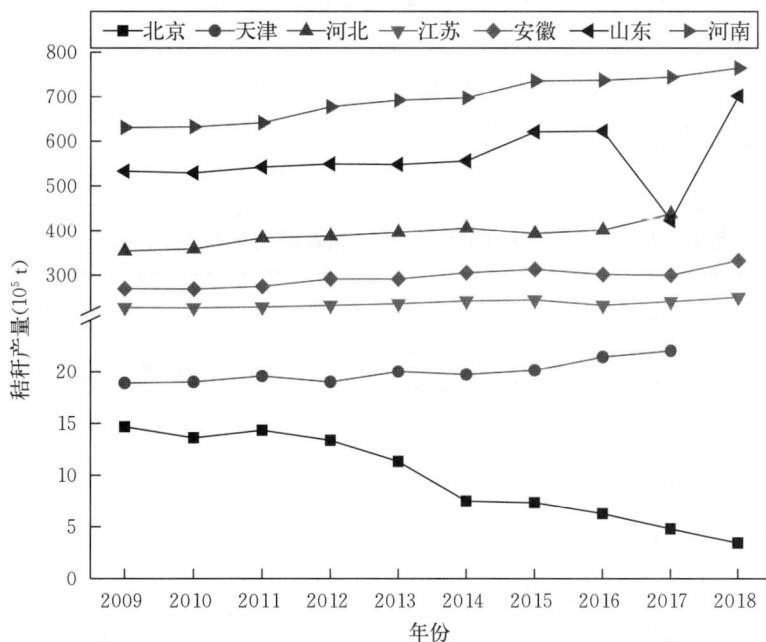

图 4 - 11　黄淮海各省份秸秆年产量变化（2009—2018 年）

畜禽类粪便含有丰富的养分和有机物质，是资源化利用的理想原料。伴随着我国养殖业的发展，畜禽类粪便的产量不断增加，并且远高于作物秸秆产量。参照朱建春（2014）关于畜禽粪便量的估算

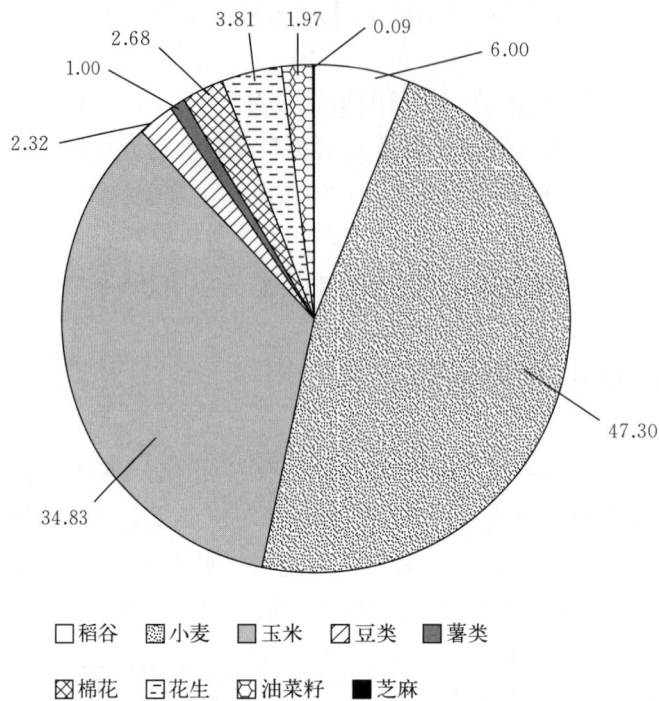

图 4-12 黄淮海地区不同种类秸秆年产量占比（％）

方法，黄淮海地区近 10 年的畜禽粪便年均总产量为 62.2 亿 t（表 4-11）。其中，家禽粪便产生量最大，达 29.3 亿 t，占总量的 47.1%，牛、猪、羊的粪便量分别占总量的量 28.4%、20.8%、3.4%，驴、马和骡的养殖规模小，粪便产量低，不及总量的 0.5%。不同省份畜禽养殖结构以及饲养数量不同，导致各畜种粪便产量不同。山东、河南与河北 3 个省份是畜禽粪便资源大省，畜禽粪便年均产量约占总量的 72.6%。其中，山东畜禽粪便年均产量最高，约 19.1 亿 t，以禽类粪便为主，牛、猪粪便产量次之；河南和河北畜禽粪便年均产量分别为 15.4 亿 t 和 10.6 亿 t，河南牛粪便年均产量最高，其次为猪和禽类，河北牛粪便年均产量最高，禽类粪便年均产量高于猪；北京、天津地区人口密集，土地资源有限，畜禽粪便年均产量最低。

表 4-11 黄淮海地区 2009—2018 年畜禽粪便年均产量（×10⁶ t）

地区	猪	牛	羊	马	驴	骡	禽类	总量
北京	20.0	27.8	1.8	0.0	0.1	0.0	41.5	91.2
天津	23.9	35.8	1.3	0.0	0.1	0.0	36.6	97.7
河北	214.0	424.6	46.1	3.5	8.9	3.3	363.3	1 063.7
江苏	170.7	41.5	13.0	0.1	0.6	0.2	526.9	753
安徽	167.7	120.3	19.1	0.0	0.1	0.0	455.7	762.9
山东	269.7	466.1	67.4	0.6	2.0	0.3	1 105.9	1 912.0
河南	425.4	653.1	59.7	2.1	2.5	0.7	400.6	1 544.1
总量	1 291.5	1 769.1	208.4	6.3	14.3	4.5	2 930.5	6 224.6

二、潮土有机质提升技术原理

施用到土壤中的有机肥或秸秆无法全部转化为土壤有机碳，有机碳的积累取决于土壤原有有机物质的输出以及新有机物质输入的平衡。农田土壤有机质的增加与有机物料的投入呈显著的正相关关系，我国农田有机物料的平均利用效率为 16.3%。并且农田有机质的提升与作物的增产存在极显著的正相关。可以根据作物产量和土壤有机质的定量关系，确定土壤有机质的阈值和适宜值，作为培肥目标；再根据土壤有机质和有机物料的定量关系，计算出有机质提升所需有机物料的投入量。

以郑州和徐州 2 个长期定位试验点为例，根据土壤有机质与有机碳投入之间的线性相关关系（图 4-13），郑州与徐州农田有机物料的净转化利用效率分别为 6.9% 和 7.4%，即每投入 100 t 碳，分别有 6.9 t 和 7.4 t 可截留在土壤中。维持初始土壤有机碳水平不下降，每年需投入玉米秸秆 5.23 t/hm² 和 4.51 t/hm² 或者投入牛粪 11.22 t/hm² 和 10.41 t/hm²（表 4-12）。由图 4-13 的线性关系，可以获得有机质提升所需的投入量。假设 10 年内郑州点土壤有机碳含量提升 10%，每年需要额外投入秸秆 2.5 t/hm² 或 5.37 t/hm² 牛粪（表 4-12）。

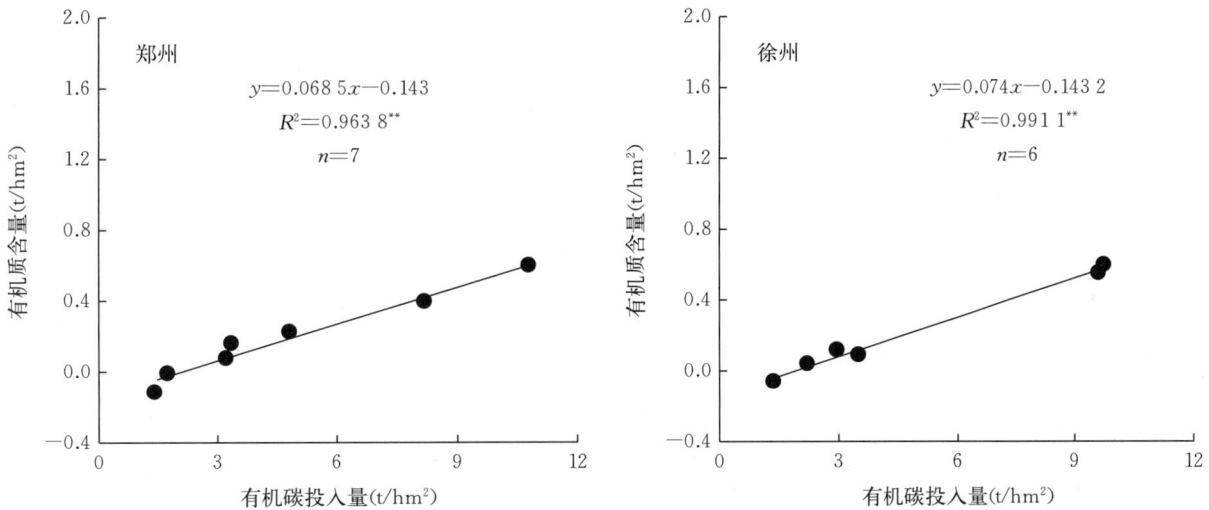

图 4-13 有机碳投入量与土壤有机质含量变化关系

表 4-12 农田有机碳提升或维持每年所需外源有机物料投入量

定位试验点	起始有机碳（g/kg）	维持最低碳投入（t/hm²）	维持投入所需有机物料（t/hm²）		有机碳提升 10% 需投入有机肥量（t/hm²）	
			玉米秸秆	牛粪肥	玉米秸秆	牛粪肥
郑州	6.67	2.09	5.23	11.22	7.73	16.59
徐州	6.26	1.94	4.51	10.41	6.97	14.95

三、秸秆还田技术

黄淮海地区是我国的粮食主产区，秸秆年产量巨大。通过秸秆直接还田既可以缓解因秸秆废弃、焚烧而带来的环境污染，也能实现养分的再循环，是最省时、最简单的一种有机废弃物资源化利用途径。

　　黄淮海地区的秸秆直接还田方式有多种，主要以秸秆翻压还田和粉碎还田为主。秸秆翻压还田是把整株秸秆或粉碎后用翻耕机翻压到土壤中，秸秆的腐解速度取决于秸秆及土壤的含水量，以及翻压深度，第二年连续还田时，没有完全分解的秸秆有被翻出的可能，黄淮海地区小麦-玉米连作的模式下，这种还田方式难以进行连续还田操作。秸秆粉碎还田是把地上部秸秆粉碎的同时进行旋耕灭茬，采用机械一次性作业，提高效率。粉碎后的秸秆在土壤中的降解速率加快，但粉碎的秸秆使土壤孔隙变大，容易造成漏风跑墒。秸秆覆盖还田是把整株秸秆或粉碎后覆盖到土壤表面，覆盖面积在 30% 以上，可以有效地减少表层土壤的水分蒸发，但要注意防范病虫害发生风险。秸秆条带还田可以实现还田带与种植带分离，能有效解决上述问题。值得注意的是，黄淮海的小麦-玉米连作农田，深耕与秸秆还田相结合也是一种高效的培肥综合技术，不仅有利于增加土壤微生物数量、提高酶活性及增加作物产量，还可以有效改善土壤深层微生物的生长环境，活化并释放土壤矿物质养分，从而保障作物高产。此外，秸秆还田还应注意养分配比均衡，尽可能在保障作物高产稳产的同时减少氮素的投入，特别是秸秆直接还田初期，腐解缓慢，秸秆中的养分释放速度难以满足作物正常生长需要。因此，秸秆还田替代化肥应考虑秸秆还田后的当季有效性，避免因土壤养分供应不足使作物生长和产量受到影响。

第五章 | 潮土氮素 >>>

第一节　潮土氮素含量特征与形态

氮素作为作物必需的大量营养元素之一，在农业高产优质生产中发挥着重要作用。土壤是作物氮素营养的主要来源。潮土作为我国黄淮海平原典型的地带性土壤，地势平坦，土层深厚，有利于深根系作物的生长，加之光热充足，热量条件好，水资源丰富，又有雨热同季的条件。因此，农业生产条件良好，孕育了我国重要的粮棉生产基地。但农田土壤肥力，特别是氮素肥力状况受气候、地形、作物轮作管理、土壤性质、施肥措施等多方面因素的影响，导致不同区域、不同类型土壤的氮素肥力表现出了不同的特征。了解潮土的氮素含量和形态组成对于合理施用和高效管理氮肥及有效培育土壤氮素肥力具有重要意义。

一、潮土氮素含量特征

（一）潮土全氮含量

潮土全氮是潮土氮素肥力的重要反映指标，是供植物吸收氮素的库和源。全氮包括潮土中的所有有机形态和无机形态氮素。潮土全氮含量随着耕作措施和自然条件改变而变化。

一般而言，有机质含量的高低决定着土壤全氮含量的高低，土壤中的氮素主要以有机氮形态存在。土壤有机质和氮素之间的消长受微生物积累和分解作用的强弱、气候、降水、植被、耕作制度等因素影响，特别是水热条件，直接影响微生物活动，间接导致土壤中有机质和氮素含量的变化。土壤中有机营养型微生物在转化时，需要碳作为能源，氮素作为营养供应，实现细胞体内碳氮比例平衡。一般认为 C/N＞30，微生物在有机质矿化过程中就会出现氮素营养不足现象，会使土壤中原有的矿物质态氮和有效氮为微生物吸收同化，植物较难获得氮素营养；碳氮比＜15 时反之；碳氮比在 15～30 时，土壤内氮素矿化释放的氮素与同化固定的氮素相当。

潮土是我国黄淮海平原分布面积最大的土壤类型，土壤结构差，耕层浅薄，有机质含量低，严重制约了作物高产与资源高效利用。潮土是河南省粮食主产区的主要土壤类型，潮土全氮含量偏低，通常仅为 0.6 g/kg 左右，严重制约了粮食生产（张水清等，2017）。增施氮肥和有机肥明显提升表土层和犁底层土壤全氮含量，添加牛粪显著提高了长期不同施肥潮土的全氮、可溶性有机氮、颗粒有机氮含量，却显著降低了土壤微生物量和氮含量（戚瑞敏等，2019）。在黄淮平原小麦-玉米轮作区，减氮处理降低了土壤微生物量和全氮含量（石柯等，2019）。

（二）不同亚类潮土的全氮含量

我国潮土分为典型潮土、湿潮土、脱潮土、盐化潮土、碱化潮土、灰潮土及灌淤潮土 7 个亚类，不同潮土全氮含量不同，自然状态下全氮含量变幅为 0.22～1.79 g/kg。

典型潮土，是潮土土类中面积最大的亚类。主要分布在黄淮海平原及汾河、渭河河谷平原，是中国北方主要的农业土壤之一和重要的粮棉生产基地。典型潮土母质起源于西北黄土高原，多系富含碳酸钙的黄土性沉积物。地下水位旱季多在 1.5～2 m 或更深，雨季在 1.5 m 以上。典型潮土全氮含量变幅为 0.49～0.95 g/kg，氮素含量受地下水和沉积物成因的影响。

湿潮土是潮土与沼泽土之间的过渡性亚类，主要分布在平原洼地，排水不良，地下水深 1.0～1.5 m，雨季接近地表，暂时有地表积水现象。母质为河湖相静水黏质沉积物，一般无盐化或碱化威胁。湿潮土全氮含量变幅为 0.30～1.79 g/kg。氮素含量受土壤水汽比例的影响。

脱潮土俗称白毛土，主要是潮土土类向地带性土壤褐土过渡的亚类，故又称褐土化潮土。多分布在平原区各种高地土。地下水埋深在 2.5～3.0 m，深者达 5 m，逐渐脱离地下水影响，排水条件好，一般无盐化威胁，熟化程度高，是平原地区高产稳产型土壤类型。脱潮土全氮含量变幅为 0.22～0.90 g/kg。

盐化潮土是潮土与盐土之间的过渡性亚类。具有附加的盐化过程，土壤表层具有积盐现象。主要分布在平原地区中的微斜平地（或缓平坡地）及洼地边缘，微地貌中的高处也常有分布。与盐土呈复区。地下水埋深 1～2 m，矿化度变幅较大，排水条件较差。盐化潮土全氮含量为 0.31～0.90 g/kg。

碱化潮土是潮土与瓦碱土之间过渡性亚类，碱化潮土面积小，零星分布于浅平洼地或槽状洼地的边缘。多为脱盐或碱质水灌溉所引起。碱化潮土全氮含量变幅为 0.42～1.15 g/kg。

灰潮土主要分布在北亚热带长江中下游平原，是江南的主要旱作土壤，表土颜色灰暗，其高产土壤又称为灰土。灰潮土全氮含量变幅为 0.40～1.40 g/kg。

灌淤潮土主要分布于干旱、半干旱地区，人为引水淤灌而成，为潮土与灌淤土之间的过渡亚类。灌淤潮土表层灌淤层厚 20～30 cm，灌淤层之下仍保持原潮土剖面形态特征，其理化性质、肥力状况与黏质潮土相近。灌淤潮土全氮含量变幅为 0.50～1.09 g/kg，氮素含量随淤灌水变化而波动。

（三）不同省份潮土的全氮含量

潮土主要分布在河北、河南、山东、山西、陕西、广东、广西、湖北、湖南、江苏、安徽、浙江等省份（图 5-1）。由于各省份的自然条件及土壤管理利用方式不同，各省份的潮土全氮含量不同。

潮土全氮含量在不同省份的统计特征［数据年限：2006—2018 年（除 2013 年）］见图 5-1，潮土全氮含量范围为 0.32～2.74 g/kg，各省份分别为河北 0.77～1.83 g/kg、河南 0.64～1.96 g/kg、山东 0.55～1.74 g/kg、山西 0.32～1.99 g/kg、陕西 0.53～1.89 g/kg、广东 0.72～1.65 g/kg、广西 0.72～2.52 g/kg、湖北 0.55～2.22 g/kg、湖南 0.61～2.74 g/kg、江苏 0.89～2.36 g/kg、安徽 0.63～1.79 g/kg 和浙江 0.50～2.28 g/kg。

潮土全氮含量均值范围为 0.99～1.57 g/kg，最高的是江苏 1.57 g/kg，最低的是山西 0.99 g/kg。

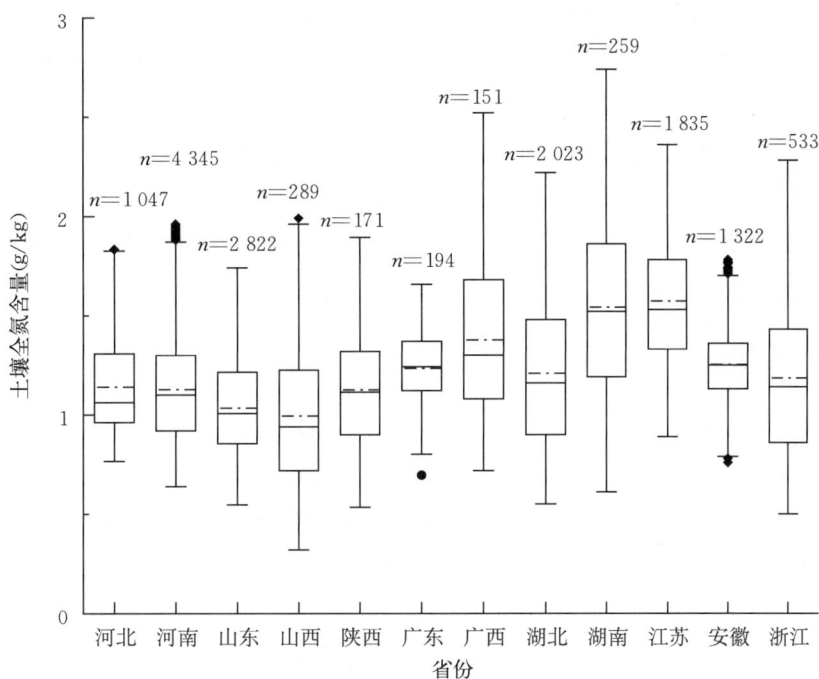

图 5-1　我国潮土分布区域土壤全氮含量

[实心圆圈（•）为异常值；箱式图的横线从下至上依次为除异常值外的最小值、下四分位
数、中位数、上四分位数和最大值；虚线为各项的平均值。箱式图上的 n 表示样本数]

其余各省份全氮含量均值依次为湖南 1.54 g/kg、广西 1.38 g/kg、安徽 1.25 g/kg、广东 1.23 g/kg、湖北 1.20 g/kg、浙江 1.18 g/kg、河北 1.14 g/kg、河南 1.13 g/kg、陕西 1.13 g/kg 和山东 1.03 g/kg。南方潮土土壤全氮含量均值高于北方。

　　湖南的全氮含量最大值和上四分位数最高，分别为 2.74 g/kg 和 1.86 g/kg，表明湖南潮土有一定面积的高氮土壤。山西的全氮含量最小值和下四分位数最低，分别为 0.32 g/kg 和 0.72 g/kg，表明山西潮土有一定面积的低氮土壤。

二、潮土氮素形态

　　潮土氮素的形态组成直接影响土壤氮素的保存与供应能力。土壤氮素形态包括有机氮和无机氮。无机氮则主要包括硝态氮和铵态氮两种。除此之外，土壤中还有少量亚硝态氮。

（一）潮土有机氮含量

　　有机氮是指未分解和半分解的动植物残体和有机质中的氮，主要来源于有机质分解的中间产物、施入的有机肥料、微生物和根系的代谢产物及分泌物等。土壤有机氮是土壤氮素的主要组成成分，是土壤矿物质氮的源和汇，一般占土壤全氮量的 90% 以上，受植被、施肥和气候等多因素的影响。有机氮的化学形态是影响土壤氮素有效性的重要因子，决定着土壤的氮肥力高低。

　　从潮土土壤有机氮组分看，酸解氨基酸态氮、酸解氨态氮和未知态氮为潮土有机氮的主要组分。在河南封丘潮土上，施有机肥利于氨基酸态氮和非酸解有机氮的形成。施有机肥或有机肥与化肥配施显著提高了土壤酸解有机氮、酸解铵态氮、氨基酸态氮和非酸解有机氮含量（肖伟伟等，2009）。添加牛粪可增加潮土可溶性有机氮和颗粒有机氮含量（戚瑞敏等，2019）。河南省小麦-玉米轮作制度下，施用污泥堆肥显著提高了沙质潮土有机氮和颗粒有机氮含量，显著提高了耕层团聚体中有机氮含量，＞2 mm、0.25～2 mm、＜0.25 mm 团聚体中酸解有机氮含量分别为 776.4 mg/kg、837.7 mg/kg、625.3 mg/kg，各团聚体中有机氮以酸解铵态氮为主，氨基糖态氮最少（李娇等，2018）。秸秆还田对 0～10 cm 土层土壤溶解性有机氮含量有提升作用。长期施肥提高了土壤有机氮含量，酸解氨基酸态氮、酸解氨态氮和氨基糖态氮均随秸秆用量的增加而增加，而施肥对酸解未知态氮和非酸解氮没有明显影响（舒馨，2014）。

（二）潮土硝态氮含量

植物可以利用的氮素形态主要是硝态氮和铵态氮，也能少量吸收一些简单的有机氮化合物如氨基酸、酰胺态氮（如尿素）等。硝态氮是作物根系吸收氮素营养的一种主要氮素形态。近年来氮肥施用量不断增加，许多地方出现氮肥施用相对过多的现象。由于 NO_3^- 不能被土壤胶体吸附，若没有被作物及时吸收利用，很容易随土壤水下渗进入地下水，造成 NO_3^- 持续污染地下水的潜在危险。

对潮土硝态氮的研究很多，不同管理措施下硝态氮含量不同。潮土施氮量 150 kg/hm^2 时，在 150 cm 深层土壤水溶液硝态氮浓度均低于 10 μg/mL，对土壤环境和地下水质无影响。施氮量＜225 kg/hm^2 时，1 m 土层中硝态氮含量变化不大，施氮量＞225 kg/hm^2 硝态氮急剧增加，并对地下水产生污染。当施氮量增加到 375 kg/hm^2 时，1 m 土层的硝态氮含量增加 1.5～7.4 倍（黄绍敏等，2000）。小麦-玉米轮作体系 3 年不施氮肥的潮土土壤仍有 6～16 kg/hm^2 的硝态氮，随施氮量的增加以及时间的延长，40～60 cm 上层硝态氮浓度呈上升趋势（黄绍敏等，1999）。北方典型潮土过量施肥导致土壤中硝态氮大量累积，使得硝态氮极易随土壤渗漏水下移淋失。施用有机肥或化学氮肥的土壤 0～100 cm 土层中硝态氮的垂直迁移趋势不同，与化肥相比，施用有机肥可滞缓硝态氮向土壤深层淋溶（赵竟英等，1996）。

长期施用有机肥和氮肥对硝态氮积累量的影响均达到极显著水平，且两者对土壤硝态氮积累量存在极显著的交互效应。合理的有机肥无机肥配施可以降低土壤硝态氮淋溶及其积累，从而有利于提高作物产量，维持农田土壤生态系统的稳定性，促进农业可持续发展并保护地下水源（南镇武等，2016）。常规施肥、有机无机复合肥、控释肥和改变基追比均能增加冬小麦-夏玉米季 0～180 cm 土层硝态氮的含量与累积量，但随土层逐渐下降（王小明，2011）。控释肥料对养分释放存在控制作用，能有效控制茄果类作物生育期间氮素随水淋失的数量，进而减少收获后土壤剖面硝态氮的大量累积（杨俊刚等，2012）。

（三）潮土铵态氮含量及其影响因素

铵态氮易溶于水，能被作物直接吸收利用。由于是速效性养分，所以作追肥时肥效快。铵态氮能被土壤胶体吸附，在通气良好的土壤中，铵态氮在土壤微生物的作用下，可进行硝化作用，转化成硝态氮。

潮土中铵态氮可分为 3 种，即黏土矿物固定态铵、交换性铵和液相铵。铵的固定过程是由 2∶1 型黏土矿物结构中的层间负电荷引起的。层间负电荷与进入层间的铵离子所产生的吸引力可使晶层间距收缩，导致铵离子被"固定"，这一过程也被称为专性吸附固定。

研究表明，高肥力潮土土壤上硝化作用较强，铵态氮很容易被硝化成为硝态氮（王萍萍等，2019）。秋深松和夏深松均可以增加土壤中铵态氮和硝态氮的含量，并促进速效养分向深层土壤的分布，施用生物炭土壤铵态氮含量总体变化不明显（张凯等，2018）。潮土上施用铵态氮肥后，土壤中会出现亚硝态氮累积，而且随着铵态氮施用量的增加而增加（冉炜等，2000）。潮土铵态氮的变化主要由外源氮转化而来，无机肥、有机肥和有机无机肥配施处理分别有 27％、8％和 5％的土壤铵态氮来自外源化肥氮的转化（李树山等，2013）。栽培条件下，通过利用季节温差进行施肥管理，可以起到调控铵态氮固定的作用，进而影响到肥料氮的去向。低温环境下施肥可以增加铵态氮的暂时固定，使氮素损失率明显降低，被固定的铵离子在生长季节内基本能够全部得到释放，因而有利于氮素利用率的提高（贾树龙等，2000）。山东省主要土壤对 $NH_4^+ - N$ 的吸持能力以潮土较差，主要受质地的影响。即使是质地较轻的潮土对 $NH_4^+ - N$ 的吸持能力也足以使施入的铵态氮肥保持在土壤中，不会因降水或灌溉而淋失（于淑芳，1998）。

（四）潮土长期不同施肥后不同形态氮含量

长期不同施肥后（2016 年）土壤各养分含量存在显著差异（$P < 0.05$），呈明显的肥力梯度。与不施肥 CK 处理相比，不同施肥处理土壤全氮含量在施肥处理下增加了 9.7％～75.8％（表 5 - 1）。其中，在化肥与有机肥配合施用处理（1.5NPKM 和 NPKM）下最高，化肥 NPK 肥和 NP 肥处理次之，PK 肥处理较不施肥处理仅增加了 9.6％。土壤铵态氮含量在各处理之间无显著差异，硝态氮含量和固定态铵含量在 NPKM 肥、NPK 肥和不施肥处理下依次递减。

表 5 - 1　不同肥力梯度土壤的基本理化性状（王萍萍等，2019）

施肥处理	全氮 （g/kg）	铵态氮 （mg/kg）	硝态氮 （mg/kg）	固定态铵 （mg/kg）
CK	0.62±0.01e	2.06±0.30a	7.13±0.18b	151.7±0.49c
PK	0.68±0.01d	2.00±0.11a	5.81±0.28c	160.0±0.68b
NP	0.77±0.01c	1.99±0.04a	12.93±0.06a	157.1±1.23b
NPK	0.77±0.01c	1.93±0.12a	7.30±0.04b	160.2±0.78b
NPKM	0.97±0.01b	2.21±0.18a	12.52±0.19a	172.6±0.42a
1.5NPKM	1.09±0.00a	1.97±0.09a	12.87±0.57a	172.0±3.66a

注：同列数据后不同字母表示处理间差异显著（$P < 0.05$）。

第二节　潮土氮素转化及影响因素

土壤氮转化是指土壤中各种形态氮相互转化的过程，包括有机氮矿化、生物固持、氨挥发、硝化作用和反硝化作用等主要过程，同时伴随着气态损失和淋溶、径流损失。氮素转化过程受土壤类型、土壤氮素含量、温度、湿度、pH 等多种因素的影响，转化过程和结果直接决定了土壤氮素的生物有效性和环境效应。了解潮土氮素转化过程，对认识氮素生物地球化学循环的时空差异、合理施用氮肥及制定氮污染控制对策等均具有重要意义。

土壤氮通常以有机氮和无机氮两种形态存在，有机氮占土壤全氮的比例高达 93%～99%（王敬国，1995）。虽然有研究发现植物可直接利用土壤有机氮（如氨基酸等），但植物吸收利用的氮素仍以无机氮为主（如 NH_4^+ 和 NO_3^-）（Schimel and Bennett，2004；Gioseffi et al.，2012）。土壤无机氮的供应主要取决于土壤有机氮的有效化和氮肥施用，土壤中的有机氮首先在氨化细菌作用下转化为铵态氮和氨气，铵态氮经过硝化和反硝化作用，又逐渐氧化为亚硝酸盐和硝酸盐，硝酸盐一部分随降水或灌溉水淋溶或径流损失，一部分在环境条件适宜时被还原为 N_2O、NO、N_2 等返回到大气中（巨晓棠等，1993）（图 5-2）。

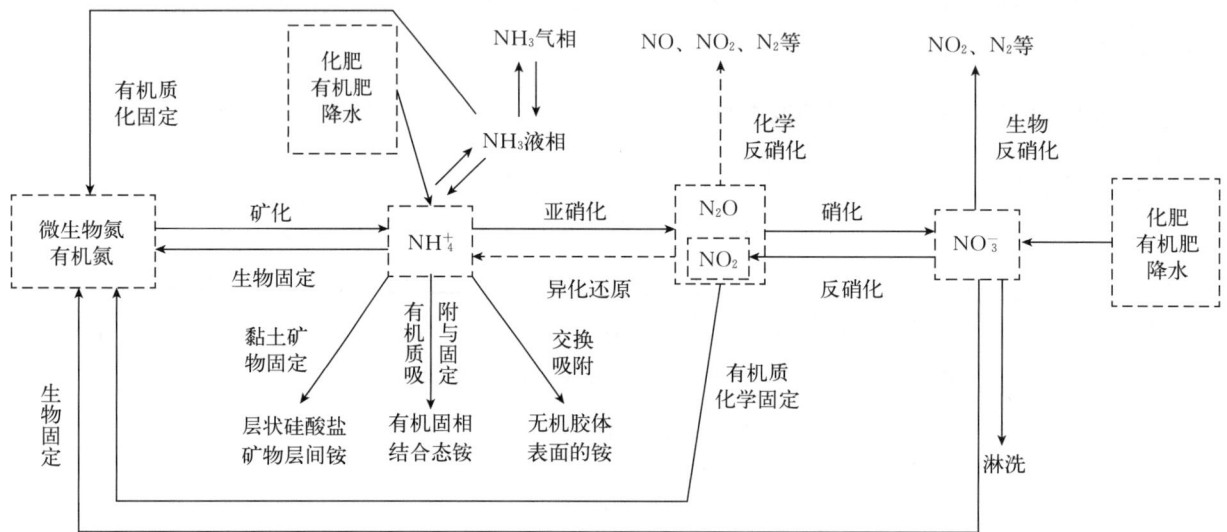

图 5-2　潮土氮素的转化过程

注：图中实线代表作用方向和途径，虚线代表可能性较小或产生量较小的作用方向和途径。

一、有机氮的矿化过程及其影响因素

（一）有机氮矿化过程

土壤有机氮矿化是指土壤中的含氮有机化合物，在微生物作用下分解并释放 NH_4^+ 的过程。有机氮的年矿化率一般为 1%～3%，潮土小麦-玉米轮作田周年有机氮的矿化率分别为 0.03～0.04 g/kg（小麦季）和 0.03～0.06 g/kg（玉米季）（Akabar，2019）。有机氮的矿化过程受土壤 pH、C/N、土壤质地、土壤团聚体结构、土壤温度、水分含量、施肥管理措施等多种因素的影响，并在很大程度上影响着土壤的供氮潜力。

（二）有机氮矿化过程影响因素

1. 土壤 C/N　有机氮的矿化是在多种微生物作用下的氮素转化过程，其中分解作用较强、效率最高的主要是细菌，包括假单胞菌属、梭菌属、芽孢杆菌属、沙雷氏菌属及微球菌属等（赵彤等，2014）。这些微生物适应性很强，且分布广泛，以土壤有机质中的碳作为能量来源，以 N 作为营养物质。因此，土壤C/N通过直接影响微生物的活性和数量而间接影响土壤有机氮的矿化过程。对潮土而言，C/N<25，土壤氮素转化过程表现为净矿化（高焕平，2018），但矿化氮的数量取决于全氮和有机质中的可矿化部分，而不是其总量（李菊梅等，2003）。

2. 土壤温度 土壤有机氮的矿化受温度的显著影响，有研究表明，在-4～40℃时，土壤有机氮的矿化数量和矿化速率一般随温度的提高而提高（Stanford et al.，1974）。潮土黄瓜温室大棚2005—2007年的土壤有机氮累积表观矿化量为43 kg/hm²，但因为冬春季黄瓜生育期内积温高于秋冬季。因此，冬春季土壤氮素表观矿化速率和表观矿化量均高于秋冬季（王秀群，2008）。但潮土农田土壤有机氮矿化速率在35℃条件下平均为0.46%～1.31%，而在20℃条件下的平均矿化速率却上升为0.79%～3.28%（巨晓棠等，2000）。

3. 土壤水分 土壤水分对有机氮矿化的影响具有明显的季节性。在春秋季，土壤含水量适宜条件下，微生物活性高，土壤有机氮矿化速率高，矿化数量也较高；在夏季，较高的土壤含水量则会降低土壤氮的净矿化率（杨路华等，2003）。高温和相对干燥均有利于氮的矿化，并且2个因子对土壤氮素的矿化速率、矿化数量有明显的正交互作用，且交互作用对氮素矿化的影响大于温度、水分的影响之和（巨晓棠等，1998）。

4. 施肥方式 不同施肥方式主要通过影响潮土养分含量以及改变微生物群落结构和胞外酶的活性来影响土壤有机碳、氮的矿化过程。研究表明，增施有机物料在改善土壤养分状况的同时，可以使富营养菌增加、贫营养菌减少、水解酶活性增加、氧化酶活性降低，从而在一定程度上降低微生物呼吸熵，增加土壤有机碳周转和有机氮矿化潜势（保琼莉，2011）。因此，潮土区应注重增施有机肥料以改善土壤物理、化学和生物学性状，培肥土壤。

5. 其他 土壤pH是反映土壤性质的重要指标，较高的土壤pH有利于提高土壤可溶性有机质的含量，为微生物生长提供大量可利用的碳、氮源，因而更有利于有机氮的矿化。特别是在pH较高的潮土上，施入尿素、碳酸氢铵和磷酸氢二铵时，会引起土壤局部pH迅速升高，这也会一定程度上促进土壤有机氮的矿化。此外，土壤质地、土壤团聚体结构、土壤矿物质氮含量等土壤理化性质也均会影响土壤氮素的矿化特征。

二、铵态氮的生物固持过程及影响因素

（一）铵态氮的生物固持过程

氮的固持通常分为无机氮的生物固持和非生物固定。无机氮的生物固持和有机氮的矿化过程是方向截然相反的2个过程，即已矿化的氮被土壤中微生物同化而形成有机氮（微生物体氮）的过程，其强弱受多种因素调控，尤其是有机质的质量和数量（鲁彩艳等，2003）。当易分解的有机质过量存在时，无机氮的生物固持作用占主导，即表现为无机氮的生物同化作用，反之有机氮的矿化作用占主导。

非生物固定在土壤无机氮固持中也发挥着重要作用。非生物固定是土壤中的NH_4^+与苯酚类化合物发生聚合反应或被2:1黏土矿物固定（Johnson et al.，2000）的过程。因此，土壤中的黏粒含量、高分子有机化合物以及黏土矿物类型等直接影响着土壤的非生物固定程度。

（二）铵态氮生物固持过程的影响因素

铵态氮的生物固持与有机氮矿化过程一样，受到土壤C/N、土壤温度、含水量、pH等土壤理化

性质、肥料施用等多方面因素的影响。与矿化作用相反，这些因素促进微生物活动时，则会提高铵态氮的生物固持。土壤中氮矿化-固持过程受土壤碳/氮和碳源性质的影响，施用高碳源有机肥能有效提高矿物质氮的固持作用（鲁彩艳等，2003）。以难分解的小麦秸秆为碳源时，培养期间土壤微生物对施入的不同形态外源氮的固持率较低，且微生物对铵态氮的固持率高于硝态氮；而以易降解的葡萄糖为碳源时，土壤微生物对施入的不同形态外源氮的固持率较高，且对这 2 种形态氮素的固定能力几乎相当（艾娜，2008）。

氮肥种类对及施肥方式对氮的固持也存在显著影响。增施硝态氮肥对长期施肥地和撂荒土壤的氮固持没有明显影响；施入铵态氮肥后，在培养第 3 天微生物对外源铵态氮的固持已相当明显，培养结束后平均约有 41%的铵态氮被土壤微生物固持，23%的铵态氮被非生物因素固持或发生挥发损失（艾娜等，2008）。施氮量和水氮交互效应对表层土壤（0～30 cm）全氮、生物固氮量也存在明显的正效应（吴汉卿，2018）。

三、氨挥发过程及其影响因素

（一）氨挥发过程

氮肥施入土壤后，会通过水解作用或者直接解离进入土壤溶液形成游离态 NH_4^+。其中一部分游离态 NH_4^+ 可以被土壤颗粒吸附成为交换态 NH_4^+，而交换态 NH_4^+ 还会通过解吸过程，再次成为游离态 NH_4^+。游离态 NH_4^+ 一部分会转化为液相 NH_3，液相 NH_3 又会进一步转化为气相 NH_3，当土壤条件适宜的时候，气相 NH_3 就会通过土壤空隙挥发扩散到大气中（朱兆良等，1992）。华北地区典型的石灰性潮土 pH 较高，且尿素施入农田的水解过程又会使得土壤 pH 在短期内迅速升高 1～2 个单位，加上夏季高温多雨，良好的土壤条件和环境更有利于水解生成的 NH_4^+ 以氨气的形式挥发进入大气中。因此，氨挥发成为该区域氮素损失的主要途径之一（朱兆良等，2010）。

（二）氨挥发过程影响因素

影响氨挥发的因素很多，包括土壤性质（含水量、pH、阳离子交换量等），气象条件（风速、温度、降水和湿度等）和施肥技术（施氮量、氮肥种类、施氮方式等）等。

1. 土壤性质　土壤含水量对氨挥发的影响主要是影响无机氮在土壤中的转化过程。在石灰性潮土上，在土壤含水量<饱和含水量的条件下，土壤含水量与尿素施入土壤后氨挥发量呈正相关关系；当土壤含水量>饱和含水量时，随着含水量的增加，氨挥发的损失量则表现出下降的趋势（曲清秀，1980）。

我国潮土分布区域广泛，从弱酸性至弱碱性，甚至碱性的土壤均有分布（pH 一般在 5.8～8.5，但碱化潮土可高达 9.0）（张凤荣，2002）。土壤 pH 越高，施入土壤的尿素水解速率就越快，也就越容易形成高 NH_4^+ 浓度，氨挥发比例、速率和强度也会随之明显增强（赵自超，2017）。土壤 pH 与 NH_3 挥发损失率呈指数相关（图 5-3）。

土壤阳离子交换量（CEC）的大小直接影响土壤对 NH_4^+ 的吸附，CEC 较高时会降低土壤溶液中的氨浓度，从而减少氨的挥发。土壤有机质和黏粒含量也有相似的作用。在石灰性潮土上，氨挥发速率与土壤黏粒含量表现出指数相关关系，当黏粒含量低于 30%时，两者关系符合线性负相关（图 5-4），主

要是由于黏粒对 NH_4^+ 的吸附以及较强的硝化作用，降低了氨的挥发损失量（曲清秀，1980）。

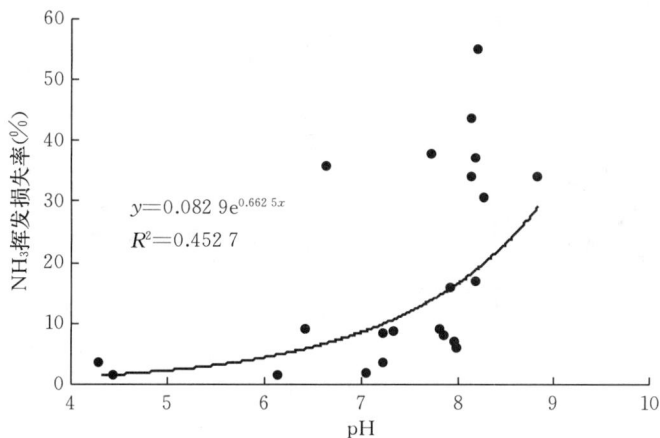

$y=0.082\ 9e^{0.662\ 5x}$
$R^2=0.452\ 7$

图 5-3　土壤 NH_3 挥发损失率与 pH 的关系

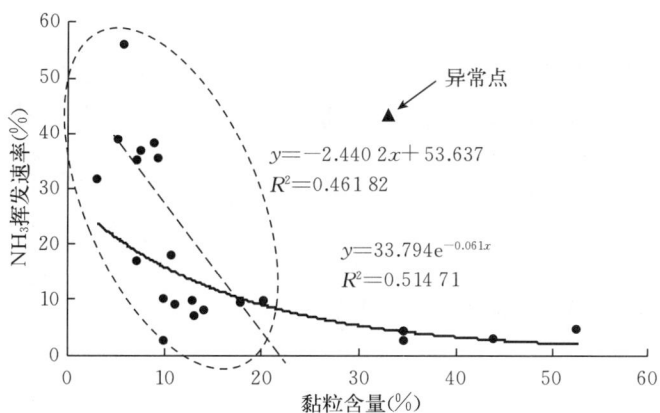

异常点

$y=-2.440\ 2x+53.637$
$R^2=0.461\ 82$

$y=33.794e^{-0.061x}$
$R^2=0.514\ 71$

图 5-4　土壤氨挥发速率与黏粒含量的关系

（段争虎等，1990）

2. 气象条件　同一 pH 条件下，在 5～35 ℃时，温度每上升 10 ℃，氨挥发量增加 100%（朱兆良等，1992）。在华北平原潮土农田上，NH_3 排放受温度影响呈现出明显的季节性变化，夏玉米季 NH_3 挥发损失率为 0.28%～1.95%（冯丽媛，2019），排放量占到了全年排放总量的 59%～76%（Su 等，2006），冬小麦季 NH_3 挥发损失率则仅为 0.11%～0.33%，主要原因就是玉米季平均气温显著高于小麦季。华北平原潮土农田上的夏玉米季氮肥深施后，频繁降水会把尿素带进更深层的土壤，同时缓解尿素水解造成的局部土壤 pH 的迅速升高，从而有利于降低氨的挥发（冯丽媛，2019；San Francisco et al.，2001）。在田间实际生产条件下，作物不同的生长发育时期内氨挥发损失率也存在一定差异，这是由于植株本身体积以及形态方面的差异对风速产生不同的减缓力度，从而导致田间风速的差异

3. 施肥技术　氨挥发量与施氮量的关系一般表现为显著线性相关关系（图 5-5），同时受氮肥种类、施氮方式等的显著影响。冬小麦季土壤氨挥发总量占到了全部施氮量的 1.23%～1.97%，其中 80%以上来自追肥（肖娇等，2016）。夏玉米整个生育期间，当地常规施肥的氨挥发量达到了

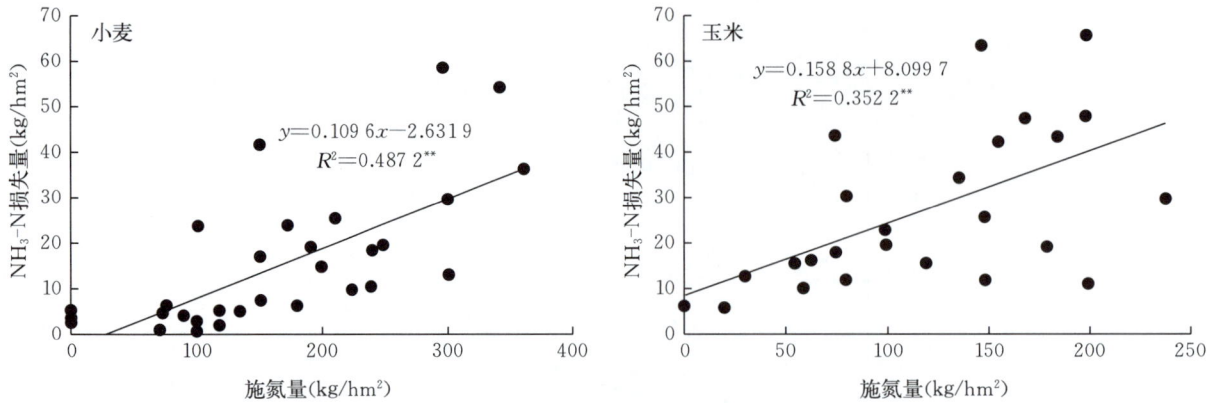

图 5-5　施氮量与氨挥发量的关系
(改自 Chen et al.，2014)

23.8 kg/hm²，占到了施氮量的 11.9%，而改变氮肥基追比和施用控释复合肥的氨挥发量分别降到了 19.5 kg/hm² 和 16.0 kg/hm²，占施氮量的比例分别降到了 9.7% 和 8.0%（谢迎新等，2015）。硝酸铵钙、硝酸铵、硫酸铵在相同施氮量条件下的氨挥发损失分别比尿素减少 3.2%、22.5% 和 8.3%（苏芳等，2006），硝酸铵的氨挥发损失比例最低，而消耗量最大的尿素和碳酸铵的氨挥发损失比例高达 15%～30%（李欠欠，2014）。添加膨润土、生物炭和腐殖酸后 NH_3 的排放较农民习惯施肥可分别降低 56.0%、41.2%、49.0%（武岩等，2017）。可见，施肥技术的优化可以明显降低氨挥发损失。

四、铵态氮的硝化作用及其影响因素

(一)硝化作用过程

硝化作用是硝化微生物把 NH_4^+ 氧化为 NO_2^- 和 NO_3^-，并从中获得生活能量的过程。硝化作用分为化能自养硝化作用、异养硝化作用及甲烷营养型硝化作用 3 种，但以化能自养型硝化作用为主。通过硝化作用，可使土壤中内、外源有机氮的矿化产物或以肥料形式施入的 NH_4^+ 转化为易于被作物吸收利用的硝态氮，从而促进作物的生长发育。但同时还有利于硝化产物进行反方向的还原（或反硝化）过程，并伴随着氮的气态挥发损失和硝酸盐、亚硝酸盐淋溶损失。

硝化作用分为 2 个阶段，第一阶段是氨氧化细菌（亚硝酸细菌）把 NH_4^+ 氧化成亚硝酸（NO_2^-）的过程，称为亚硝化作用过程。该过程分两步进行，第一步是 NH_3 在氨氧化细菌的作用下氧化成 NH_2OH，该过程由与膜连接的氨单加氧酶（ammonia monooxygenase，AMO）催化，需要 O_2 和电子的参加；第二步是 NH_2OH 在亚硝酸细菌作用下氧化为 NO_2^-，该过程在 H_2O 的参与下，由羟胺氧化还原酶（hydroxylamine oxidoreductase，HAO）催化产生电子，供给第一步（图 5-6）。第二阶段是 NO_2^- 在硝酸细菌的参与下被氧化成 NO_3^- 的过程，该过程由膜结合的亚硝氧化还原酶催化，需要 H_2O 的参与，O_2 在此过程中只作为电子受体，该过程称为亚硝酸盐氧化过程（图 5-7；Parton et al.，1996）。

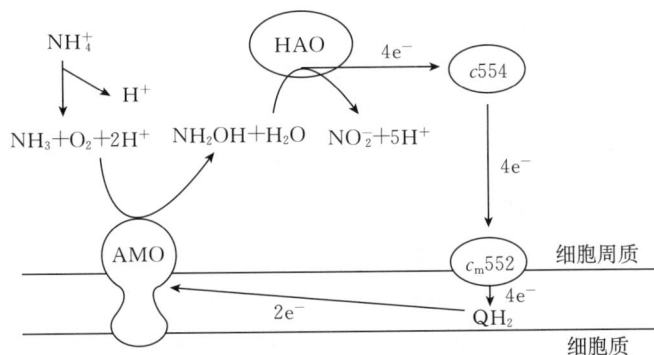

图 5-6　NH_4^+ 在氨氧化细菌作用下氧化成 NO_2^- 的酶排列

(AMO：氨单加氧酶；HAO：羟胺氧化还原酶；$c554$ 和 c_m552：
细胞色素；QH_2：对苯二酚。Kool et al.，2007)

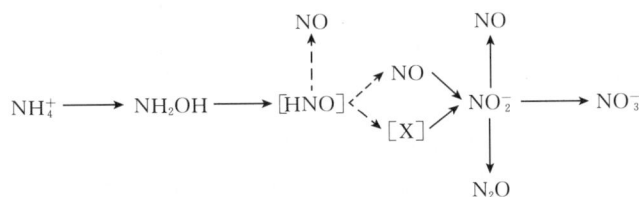

图 5-7　硝化过程

一般来说，土壤中存在硝态氮并且土壤通气条件有所保证的条件下，硝化作用在所有旱地土壤上均可发生（巨晓棠等，2000）。其中，最大硝化速率的温度范围为 20～40 ℃，pH 范围为 6～8（Schmidt，1982）。因此，潮土中的硝化作用是包括亚硝化过程和亚硝酸盐氧化过程的自养硝化过程。我国华北平原以石灰性低碳碱性潮土为主，其 pH 较高，矿化能力及硝化能力较强，氮固持及反硝化能力较弱。因此，华北平原集约化管理碱性潮土 N_2O 的产生主要来自氨氧化，在低碳（1.0%～1.5%）、缺水（田间持水量的 40%～60%）的石灰性潮土（pH 7.7～8.5）中，硝化作用会成为土壤 N_2O 产生的主要动力（Wan et al.，2009；Ju et al.，2011；Gao et al.，2014）。

（二）硝化作用过程影响因素

1. 土壤 NH_4^+-N 含量　当土壤中施入氮肥以后，随着 NH_4^+-N 含量的增加，硝化菌数量迅速增加，硝化活性也相应提高，但 NH_4^+-N 含量过高时对土壤硝化菌的毒性效应会造成对土壤硝化作用的抑制（Shi et al.，2000；Avrahami et al.，2002）。不同浓度的硫酸铵施入土壤后，土壤硝化活性存在极显著差异，就是因为土壤中高浓度铵的累积抑制了硝化细菌的生长繁殖，降低了硝化细菌活性的缘故（殷永娴等，1996）。高铵含量只是影响到了氨氧化菌的群落结构，而不会影响到其硝化活性（Princic et al.，1998）。另外，在硝化微生物把 NH_4^+ 氧化为 NO_2^- 之前，NH_4^+ 首先要转化为 NH_3。但 NH_3 既是氨单加氧酶的底物，又是亚硝酸盐氧化细菌的抑制剂。在有较大量游离 NH_3 存在的情况下，亚硝酸氧化细菌的活性会受到强烈的抑制（Smith et al.，1997），这就是高 NH_4^+ 含量导致 NO_2^- 在土壤中快速累积的主要原因。

2. 土壤 NO_2^--N 含量　土壤中 NO_2^- 的累积对铵氧化的抑制作用是很显著的，且对催化铵（氨）氧化的氨单加氧酶活性（AMO）具有不可逆转的灭活作用（Stein et al.，1998）。在亚硝态氮浓度为

95

$6 \sim 200 \ mg/kg$ 时，对微生物的繁殖和同化不会产生抑制效应，亚硝态氮会很快转化为硝态氮，但当亚硝态氮浓度低于 $6 \ mg/kg$ 时，亚硝态氮的氧化就会产生一个明显的滞后阶段，需要较长时间才能被完全氧化。而当亚硝态氮浓度超过 $200 \ mg/kg$ 时，特别是在 $800 \ mg/kg$ 以上时，不管亚硝化菌群落的大小，亚硝酸氧化细菌的活性和亚硝态氮的氧化过程均会明显受到抑制（Harada et al.，1968）。

3. 土壤 pH　土壤 pH 影响硝化作用的原因：一是硝化作用速率与 NH_4^+ 的有效性及含量密切相关，高 NH_3 含量（而不是高 NH_4^+ 含量）会抑制铵氧化菌的活性，从而抑制铵的氧化（Princic et al.，1998；Stein et al.，1998），而 NH_3 和 NH_4^+ 之间的转化取决于土壤 pH。二是自养氨氧化菌本身对土壤 pH 反应敏感（Pedersen et al.，1999），其群落分布受土壤 pH 影响很大，不同的氨氧化菌具有截然不同的生理特征（Mendum et al.，2002）。因此，导致不同 pH 土壤中硝化活性的不同，土壤 pH 高低也会同时影响 NO_2^- 向 NO_3^- 的转化。

4. 土壤湿度　土壤水分含量的高低不仅直接影响硝化细菌的活性，而且还会通过影响土壤的通气性或者土壤中 O_2 的含量间接影响硝化作用速率。低于田间持水量40%和高于田间持水量80%的水分含量均会对土壤硝化作用产生不同程度的抑制效应（张树兰等，2002）。潮土土壤硝化过程中的土壤水分含量以田间持水量的 $60\% \sim 90\%$ 较为适宜，低于田间持水量的60%引起土壤硝化力降低（左余宝等，2004）。

5. 土壤温度　土壤硝化作用进行的最适温度为 $20 \sim 35 \ ℃$（Barnard et al.，2005）。随着培养温度的升高，潮土土壤硝化率升高，硝态氮累积量和培养积温之间的关系可用单参数指数模型表示（王帘里等，2011）。$20 \ ℃$时土壤硝化作用进行缓慢，硝化率和硝化作用最大速率较低，硝化作用迟缓期较长；$30 \ ℃$为硝化作用进行的最适合温度，此时硝化率最高，而硝化作用迟缓期最短；$40 \ ℃$时土壤硝化作用则非常微弱。高温对硝化作用的抑制可能是因为高温降低了 O_2 的溶解度，并增加了异养微生物对 O_2 的消耗，硝化微生物在缺氧条件下活性较低的缘故（张树兰等，2002）。

6. 土壤基础肥力　土壤基础肥力对潮土硝化潜势具有明显影响，高肥力土壤硝化作用潜势最高，为 $1.0 \sim 1.1 \ mg/(kg \cdot h)$；其次为中肥力土壤，为 $1.0 \ mg/(kg \cdot h)$；低肥力土壤最低，为 $0.3 \sim 0.4 \ mg/(kg \cdot h)$（王萍萍等，2019）。这是因为高肥力土壤相对低肥力土壤，其显著增加了土壤中氨氧化细菌的数量（杨柳青，2017）。$NO_3^- - N$ 与硝化潜势之间存在显著正相关关系。因此，硝化作用增强造成高肥力土壤中 $NO_3^- - N$ 含量也高于低肥力土壤。硝化作用随着 NH_4^+ 有效性的增加而增强（Barnard et al.，2005），对潮土硝化作用的研究中并未发现铵态氮底物对硝态氮转化的明显影响（王萍萍等，2019）。

五、氮素的反硝化作用及其影响因素

（一）氮素的反硝化过程

土壤反硝化作用包括化学反硝化和生物反硝化。由于亚硝酸盐氧化为硝酸盐的速率＞铵态氮氧化成亚硝酸的速率，所以土壤反硝化作用以生物反硝化为主。生物反硝化是指在厌氧或微量氧供应的土壤中，反硝化微生物利用 NO_3^- 代替 O_2 作为呼吸过程的末端电子受体，把 NO_3^- 依次还原生成 NO_2^-、NO、N_2O 及终产物 N_2 过程（Wrage et al.，2001）。总的来说，具有代谢能力的微生物、适宜的电子供体（如有机碳化合物）和电子受体（主要是 N 的氧化物）以及嫌气条件或 O_2 的有效性受到抑制是反硝化作用发生的基本要求（图5-8）。

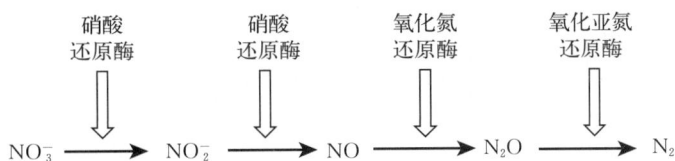

图 5-8　反硝化过程

（二）反硝化作用过程影响因素

反硝化作用的影响因素包括土壤含水量、温度、pH 等。土壤水分含量的变化可以通过影响土壤通气条件，进而影响反硝化速率。尤其是当土壤含水量高于田间持水量时，反硝化潜势显著提高（Saggar et al.，2009），所以强降水和灌溉也会加剧土壤的反硝化作用过程（Phillips et al.，2007）。土壤水分高于 60% 田间持水量时，土壤逐渐进入厌氧状态，反硝化菌活性增强。土壤含水量还影响硝化反硝化作用的产物比例，土壤水分为 30%～60% 田间持水量时，硝化作用最为活跃，产物主要是 NO；土壤水分达到 50%～80% 田间持水量时，硝化和反硝化反应能同时发生并生成大量 N_2O；土壤水分高于 80% 田间持水量时，反硝化的主要产物是 N_2（Bouwman，1998）。

许多研究表明，在一定温度范围内，反硝化作用与温度存在正相关关系（Dobbie et al.，2001），温度可以通过间接影响 C、N 底物的有效性和土壤 O_2 浓度影响反硝化作用过程（Holtan-Hartwig et al.，2002）。在温度较低的冬闲季节，土壤的反硝化作用和氮损失均较小（Aulakh et al.，1984）。

pH 是影响不同类型土壤反硝化势差异的关键因素，反硝化的最适 pH 为 7～8（朱兆良等，1992），pH 较高的潮土反硝化势比黑土和红壤的反硝化势平均高 213.34 $\mu g/(kg \cdot h)$（邢肖毅等，2019）。此外，pH 还能影响反硝化作用的产物，pH<7 时，产生的气体以 N_2O 为主；pH>7 时，则更有利于 N_2 的产生（Wijler et al.，1954）。

此外，土壤的反硝化作用程度还受不同氮肥品种的影响。施用硝酸铵的反硝化损失最高，而硝酸钙最低（丁洪等，2004）。

六、氮的异化还原过程及其影响因素

（一）异化还原过程

硝态氮异化还原过程是指 NO_3^- 在硝酸还原酶作用下还原成 NO_2^-，并且在亚硝酸还原酶的催化下进一步把 NO_2^- 还原成 NH_4^+ 的过程，而不是继续还原成气态氮化物（图 5-9）（Cole et al.，1980）。与反硝化作用一样，硝酸还原酶和亚硝酸还原酶参与了硝态氮异化还原成铵（Dissimilatory Nitrate Reduction to Ammonium，DNRA）途径，在异化还原过程中也常会产生 NO_2^- 和 N_2O（Smith et al.，1981）。硝态氮异化还原过程根据最终产物的种类分为 2 种，一是前述所讲的反硝化，以气态氮化物为主要终产物；二是再把反硝化过程中产生的 NO_2^-，通过 DNRA，终产物为 NH_4^+（Nijburg and Laanbroek，1997）。与反硝化作用相比，DNRA 重现了生态系统氮素（NH_4^+）的生物有效性，是对生态系统潜在的正反馈（Scott et al.，2008）。但 NH_4^+ 的产生也能为硝化作用提供底物。可见，DNRA 也可能仅是硝化反硝化协同作用下气态氮氧化合物形成的一个媒介作用（Jenkins et al.，1984）。

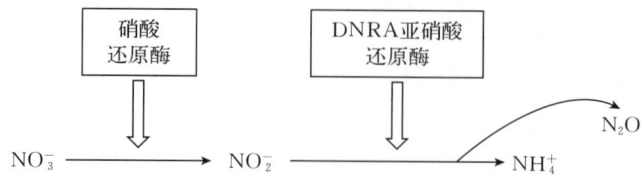

图 5-9 硝态氮异化还原成铵态氮的过程

（二）异化还原作用过程影响因素

厌氧条件、低土壤氧化还原电位 Eh、有效 NO_3^- 和碳源都是 DNRA 和反硝化过程所必需的条件。土壤 Eh 通过氧分压来调控硝态氮异化还原过程。DNRA 和反硝化作用发生的土壤 Eh 为 $220\sim300$ mV（Reddy 等，1994）。在厌氧状态下，反硝化和 DNRA 过程可能同时发生在同一土壤中，共同以 NO_3^- 为基质（Stevens et al.，1998）。通过往土壤中连续 2 年施入 $71\sim132$ μmol/L 的 NO_3^- 来增加 NO_3^- 基质浓度，土壤硝态氮的异化还原过程得到了明显促进（Koop-Jakobsen et al.，2010）。与不添加额外碳源的情况相比，添加少量易被微生物利用的葡萄糖可以提高土壤硝态氮异化还原过程的强度达 $17\%\sim50.2\%$（Lu et al.，2013）。因此，秸秆覆盖和施用有机肥等一系列土壤管理措施，可能会由于增加有效碳源从而促进反硝化和 DNRA 过程的发生。温度对 DNRA 和反硝化作用影响也不同，NO_3^- 还原过程在低温条件下以反硝化作用为主，而在高温条件下则以 DNRA 为主（>20 ℃）（Ogilvie et al.，1997）。

第三节　潮土氮素损失与防控

当前农业生产中氮肥的当季利用率普遍较低，利用率低的结果，除了一部分残留在土壤中不能被当季作物吸收利用之外，还有一部分损失进入了环境，成为环境污染物。潮土区氮素损失途径主要有 2 种，一种是以氨、N_2O、NO 等各种含氮气体形式挥发的气态损失；另一种是以亚硝酸盐或硝酸盐形式随水进行的淋溶或径流损失。

一、潮土氮素损失

（一）潮土氨挥发损失

1. NH_3 的危害　农业作为最大的人为氨排放源，约占氨排放总量的 88%，其中农田排放占 37%（Zhang et al.，2017）。氨气是颗粒悬浮物（particulate matter，PM）形成的主要前驱体，对大气中 $PM_{2.5}$ 和 PM_{10} 的贡献率分别达到了 30% 和 50%（Xu et al.，2016）。氨气也是大气痕量气体中含量较高的碱性气体，是大气活性氮的重要组分，能被催化反应生成二次颗粒物以大气干湿沉降方式输入陆地生态系统，导致土壤和水体的酸化、水体的富营养化、物种多样性降低、大气能见度差等多种环境问题。

2. 氨挥发损失特征　氨挥发（NH_3）主要是通过土壤-大气交换过程挥发到空气中，其损失量受到氮肥施用、土壤质地、土壤 pH、温度、风速、灌溉和降水等多种因素的显著影响。在以潮土为主要土壤类型的华北地区，氮肥施用量及施用方式是导致土壤氨挥发的直接因素，其氨挥发损失量占到了氮肥施用总量的 7.5%～30%（谢迎新等，2015）。华北地区的氨挥发排放量（以 NH_3 计）为每年 500 mg/hm²，其中 33% 来自化肥（Huang et al.，2012）。农民常规施肥措施下，华北地区小麦季和玉米季的氨挥发量分别占到了施氮量的 19.4% 和 24.7%，氨挥发损失率分别为 11%（$P < 0.01$）和 16%（$P < 0.01$）（Ju et al.，2009）。

(二) 潮土 N_2O、NO 损失

1. N_2O、NO 的危害 N_2O 在大气化学反应过程中扮演着重要角色，主要表现为吸收地表长波辐射并导致地表温度升高，形成温室效应。N_2O 的排放量不如 CO_2 高，但相同数量的 N_2O 增温潜势（Global Warming Potential，GWP）约为 CO_2 的 298 倍；NO 能在对流层中参与光化学反应形成光氧化剂，并进一步与平流层的 O_3 发生反应，降低平流层 O_3 含量，导致臭氧空洞的发生。

2. N_2O、NO 的损失特征   氮素转化过程中，N_2O 主要来自硝化过程（铵氧化为羟胺过程）、硝化细菌参与的反硝化过程（亚硝酸根的还原过程）和反硝化细菌参与的反硝化过程（硝酸根的还原过程）。诸多研究已经证明反硝化过程主要发生在土壤呈酸性且厌氧的条件下。当 pH>7 及土壤有机碳含量较低时 N_2O 则主要来自硝化过程和硝化细菌参与的反硝化过程，这 2 个过程对 N_2O 排放量的贡献率分别为 35%～53% 和 44%～58%（Huang et al.，2014）；NO 则主要来自硝化过程（Yan et al.，2013）。华北地区作为典型的集约化农业生产区，农业源 N_2O 和 NO 排放量约占全国的 39%（Zhang et al.，2014）。土壤氮素盈余量（施氮量－作物吸氮量）是影响土壤 N_2O 和 NO 产生量的主要因素之一，以 N_2O 为例，小麦季和玉米季氮盈余量和土壤 N_2O 排放量之间呈指数相关（图 5-10，y 为 N_2O 排放量，x 为土壤氮盈余量）。华北平原小麦季和玉米季的 N_2O 损失量占施氮量的比例（简称排放系数）分别为 0.37% 和 0.90%（Xu et al.，2017）。玉米季的 N_2O 和 NO 产生量分别占全年的 62%～68% 和 69%～75%（Yao et al.，2017），均高于小麦季，而这种排放特征的差异主要是温度差异所造成，25～35 ℃ 是硝化作用微生物活动的最适温度范围。

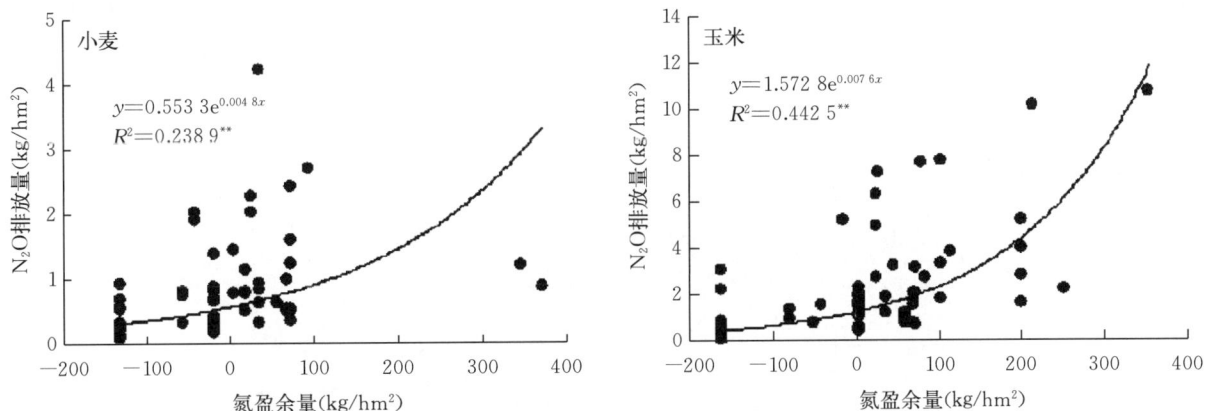

图 5-10   施氮量与 N_2O 排放量的关系

（改自 Chen et al.，2014）

(三) 潮土硝酸盐损失

硝酸盐是土壤中最丰富的速效氮，是供应作物营养的主要氮素形态。硝酸盐带负电荷，不易被带负电荷的土壤胶体吸附。因此，在土壤中具有很强的动态性和移动性（Gu et al.，2013）。通常认为，

累积在根区的硝态氮具有一定的生物有效性，但根区以外的硝态氮则很难被作物利用。底土硝酸盐可在根系接触不到的地方渗出，最终渗入地下水，造成水体硝酸盐污染（Zhou et al.，2016）。

硝酸盐的损失主要是随降水或灌溉水在土壤垂直方向的淋溶损失以及随水流在地表进行的径流损失。我国潮土主要分布在黄淮海平原、长江中下游平原以及上述地区的山间盆地、河谷平原（张凤荣，2002），地形地貌特征决定了潮土区硝酸盐的损失主要是随降水或灌溉水进行的垂直方向的淋溶损失（Ju et al.，2009），而通过径流损失的比例较小。因此，本文主要讨论潮土氮素的淋溶损失与防控。

1. 土壤硝酸盐的累积特征　潮土一般肥力水平较低，一定程度上限制了作物的产量（宋永林等，2010）。因此，生产中农民通常通过施用大量化肥和大水灌溉，以获得高产。这些做法虽然保障了粮食的产量，但同时也导致了土壤剖面中硝酸盐的累积，增加了淋失风险（Wang et al.，2017）。在华北平原69个调查点中，约52%的地下水样本硝酸盐含量超过了饮用水中硝酸盐的允许限值（Zhang et al.，1996）。刘宏斌等（2004b）采用全球定位系统（GPS）定位，深层取样的方法，对北京市254个深层土壤剖面硝态氮的空间分布特征与累积状况进行研究，发现0～400 cm土壤剖面硝态氮累积总量达69～1 230 kg/hm^2。其中，保护地菜田最高，达1 230 kg/hm^2，水稻田最低仅为69 kg/hm^2，冬小麦-夏玉米轮作地块平均为459 kg/hm^2，可见土壤氮素的累积状况相当严重。一般情况下，随着施氮量增加，各土层中累积的硝态氮含量增加，土壤中硝态氮的淋失量也随之增加（图5-11）。刘宏斌等（2004）基于3个不同氮肥用量（375 kg/hm^2、750 kg/hm^{2}和1 125 kg/hm^2）处理的试验发现，随氮肥用量增加土壤剖面硝态氮残留量呈线性递增。栾城站长期肥料定位试验结果表明，11年后，不同施肥处理（0 kg/hm^2、200 kg/hm^2、400 kg/hm^{2}和600 kg/hm^2）累积于0～4 m土体的硝态氮量依次为63 kg/hm^2、304 kg/hm^2、1 411 kg/hm^{2}和2 102 kg/hm^2（李晓欣等，2011），分别占到了施氮量的11.0%、30.6%和30.9%。长期过量施肥（600 kg/hm^2）甚至造成大量硝态氮在4 m和10 m深处的明显累积，这部分累积的硝态氮无法再被作物吸收利用，直接造成地下水硝酸盐污染（胡春胜等，2018）。1994—2015年，小麦、玉米、露地蔬菜、温室大棚以及果园4 m深的土壤中累积的硝态氮分别达（453±39）kg/hm^2、（749±75）kg/hm^2、（1 191±89）kg/hm^2、（1 269±114）kg/hm^{2}和（2 155±330）kg/hm^2，并且还发现了4 m以下包气带中硝态氮的累积峰（Zhou et al.，2016）。

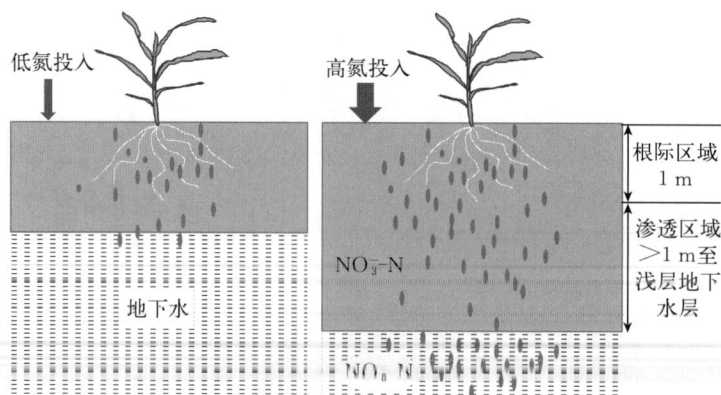

图5-11　低氮与高氮投入下土壤硝态氮累积与淋失特征

（改自Zhou et al.，2016）

现有研究还证明，不同土壤剖面中硝酸盐的来源不同，Jia等（2018）通过硝酸盐的氮、氧同位素分析发现，灌溉农区0～12 m和12～30 m剖面的硝酸盐分别主要来源于粪肥、土壤有机氮的矿化-

硝化作用；雨养农区 0～3 m、3～7 m 和 7～10 m 土层中的硝酸盐分别主要来自铵态氮肥的硝化、硝态氮肥和土壤有机氮的矿化-硝化作用。不同深度的土壤剖面中硝态氮的迁移能力也有所不同，0～5 m 土壤剖面中的硝态氮含量随深度的增加而降低，并显示出明显的养分消耗模式，这可能与根系吸收和硝酸盐的生命周期缩短有关。

2. 土壤硝酸盐的淋失特征　长期过量施肥造成大量硝态氮累积于深层土体中，这部分累积的硝态氮就无法再被作物吸收利用，必然会在一定条件下迁移出土层，成为地下水的污染物。施氮量的 2.7%～12.1% 会在小麦-玉米轮作体系中淋失（Ju et al.，2009）。土壤中硝态氮的淋失与施肥量呈线性正相关关系（Li et al.，2018a），当有机肥施用量>15 t/hm² 时，排水中 40 cm 深度的 $NO_3^- - N$ 浓度超过饮用水标准（10 mg/L）15%（Masaka et al.，2013）。华北平原冬小麦-夏玉米轮作的长期定位试验表明，优化氮肥管理氮素淋失量较常规施肥减少了 32%～71%（Huang et al.，2017）。土壤氮素的流失不仅与氮素投入有关，更与氮素投入的盈余水平（投入与作物利用的差值）直接相关。投入量存在差异的 3 种作物（大蒜分别为油菜和蚕豆的 2 倍和 4 倍）氮素盈余水平、土壤氮的残留及潜在流失存在显著差异，即随着盈余水平的增加，化肥氮素的潜在流失风险成倍增加。大蒜化肥氮素盈余量分别是油菜和蚕豆的 1.6 倍和 3 倍，而流失风险分别是油菜和蚕豆的 3.5 倍和 5.7 倍（Li et al.，2018）。

土壤硝酸盐的淋失除与施氮量及其盈余量有关外，还与氮肥的供应形态有关。虽然有机肥和无机肥都会引起土壤氮素淋失，但研究表明，与单施化肥相比，有机肥无机肥配施可以显著减少 $NO_3^- - N$ 的淋失（习斌等，2015；Zhang et al.，2018；Zhao et al.，2016）。李俊改（2019）研究发现，与施用化肥相比，施用有机肥对淋溶水量影响不大，但显著降低了淋溶水中氮的浓度，进而导致氮的淋失量显著降低。Yang 等（2018）基于一个 5 年的田间试验结果发现，与不施用秸秆相比，施用秸秆可减少土壤 $NO_3^- - N$ 淋失 12.7%～12.8%。施用有机肥降低土壤硝态氮淋失的原因可能有几个方面：①影响到了参与土壤氮素形态转化的细菌（如硝化细菌）的活性，从而减缓了硝态氮的产生；②通过增加反硝化过程中气态氮的损失，增强异养微生物与氨氧化古菌（AOB）竞争氨的能力等途径，降低氮矿化过程（Beaudoin et al.，2005），从而减少土壤中 $NO_3^- - N$ 的积累和淋失（Kramer et al.，2006）；③促进了前期化肥氮向有机氮的转化，后期又缓慢释放为无机氮，由此减缓了集中的水肥供应过程造成的硝态氮淋失（胡春胜等，2018）；④与施用的有机肥 C/N 有关。在施用沼液时，低 DOC/N 的沼液土壤的硝化细菌活性增强，而沼液 DOC/N 高时会抑制土壤中硝化细菌的活性。因此，沼液的 DOC/N 越高，土壤硝态氮的淋失量越少（Cheng et al.，2017）。

此外，降水年型和灌溉也会造成同一施肥措施的硝态氮淋失量产生明显的年际和季节性差异。通常高温多雨的玉米生长季节硝态氮淋失偏多，暴雨会导致土壤中残留的 $NO_3^- - N$ 很容易向下淋溶到更深的土层（Wang et al.，2010）。基于长期监测试验发现，2001—2005 年的丰水年，施氮量为 200 kg/hm²、400 kg/hm² 和 800 kg/hm² 的氮淋失量依次为 2～11 kg/hm²、38～90 kg/hm² 和 145～160 kg/hm²，平均分别占施入肥料氮的 3%、5% 和 19%；然而在 2006—2007 枯水年，淋失作用显著减弱，各施肥处理均未引起明显的硝态氮淋失（李晓欣等，2011）。胡春胜等（2018）长期灌溉定位试验结果显示，控制灌溉（小麦季不灌水，玉米季灌 1 次水）、非充分灌溉（小麦季灌 2～3 次水，玉米季按需灌溉）、充分灌溉（小麦季灌 4～5 次水，玉米季按需灌溉）处理土壤累积硝态氮量分别为 1 698 kg/hm²、1 148 kg/hm² 和 961 kg/hm²，0～4 m 土体硝态氮累积量随着灌溉量的增加而降低。Li 等（2018a）基于多年的监测试验结果也发现，硝态氮的淋失量随灌溉水量增加而显著增加，并发现硝态氮淋失存在明显的年际差异，可能与作物长势、灌溉、降水量等因素有关。未来极端气候条件也可能会导致土壤硝态氮向地下水的淋失增加（Zhou et al.，2016）。

3. 土壤硝酸盐的淋失机制 一般而言，累积在土壤中的硝酸盐主要通过以下 2 个途径发生淋失：①累积-土壤固定-再矿化-淋失；②肥料氮素的直接淋失。Sebilo 等（2013）通过连续追踪[15]N 标记氮肥 30 年的去向，揭示了残留肥料氮先被土壤固定再经过缓慢矿化、硝化过程而流失的机制。肥料氮经过土壤固持、再矿化和硝化而流失的过程，仅是供氮量较低条件下外源氮素的主要流失机制。而在过量供氮的条件下，施入的肥料氮有部分直接进入渗漏水，而不经过土壤固持与矿化过程。其还指出，土壤内源氮和外源氮对氮素流失的贡献受制于当季外源投入与当季作物利用的平衡关系，当作物利用高于外源投入（无机氮）时，遗存在土壤中的有机氮的矿化过程产生的无机氮将是土壤中易流失氮的主要来源；而当外源投入高于作物利用时，外源投入对氮素流失的贡献明显增加（Ju，2014）。

二、潮土氮素损失防控技术

（一）潮土气态氮损失的防控技术及措施

土壤中的气态氮损失既受土壤无机氮（NO_3^- 和 NH_4^+）含量、含水量、土壤通透性（含氧量）、有机质、土壤质地、pH 等诸多土壤基本理化性质的影响，也受氮肥种类及施氮量、气候条件（包括气温、土壤温度以及降水等）、作物种植体系以及农田管理措施等诸多因素的影响。因此，土壤气态氮素损失的阻控措施主要包括以下几个方面。

1. 氮肥的科学施用 氮肥施用是土壤 NH_3、N_2O 和 NO 排放最主要的促进和激发因素。前人研究发现，潮土施肥后 NH_3、N_2O 和 NO 的排放系数分别达 7.5%～30%、0.57%～1.94%、0.11%～0.32%（Yan et al.，2015；Zhang et al.，2016）。

（1）优化施氮量。相关研究表明，在当前农民常规施肥量的基础上减氮 30%～60%，不仅能保证作物氮素需求和作物高产，同时还能降低氮素损失和环境污染风险，其中，氨挥发损失量可减少 35%～66.2%（巨晓棠等，2002），N_2O 损失量可减少 27%～65%（Ju et al.，2009；Xu et al.，2017）。当减氮 30%～33%后，NO 损失量能减少 20%～21%（Yan et al.，2015）。华北地区小麦-玉米轮作体系中的最佳施氮量分别为 154～159 kg/hm² 和 164～171 kg/hm²，且产量能分别达到 6 000 kg/hm² 和 9 000 kg/hm²（Cui et al.，2013）。但目前华北平原地区小麦-玉米轮作体系中全年施氮量维持在 500～600 kg/hm²，较推荐最佳施氮量超出了 54%～85%，并导致小麦-玉米轮作体系中 0～90 cm 土层土壤氮素盈余量高达 221～275 kg/hm²（Ju et al.，2006）。因此，减氮施肥和优化施肥对于气态氮素损失减排的潜力巨大。

（2）选择合适的氮肥种类。在相同施氮量下，硝酸铵、硝酸铵钙和硫酸铵的氨挥发量较尿素分别降低了 22.5%、3.2%和 8.3%。硝态氮肥的施用对 NO 和 N_2O 的产生和排放的影响较铵态氮肥更加显著（苏芳等，2006）。在同等施氮量下，施用硝态氮肥比施用铵态氮肥的农田土壤 N_2O 排放量降低 54%～70%，NO 的排放量能减少一半（Zhang et al.，2016）。有机肥的施用也是土壤氮素的重要来源之一。生产有机肥的原料多种多样，如作物秸秆、畜禽粪便、以植物源为原料的工业废弃物等。然而，研究表明施用有机肥后反而会增加土壤氨挥发量，主要原因是有机肥干物质含量较高以及有机肥中的有机物能阻碍 NH_4^+-N 进入黏土而增加 NH_4^+ 的有效性从而促进氨挥发（肖娇等，2016）。然而对 N_2O 和 NO 排放的影响恰好相反。Xu 等（2017）通过对华北地区农田土壤施用有机肥后对 N_2O

排放影响的分析结果发现，有机肥配施化肥后较单施化肥会显著减少 16％的 N_2O 产生量。Yan 等（2015）的研究也发现，在化肥中配施粪肥后，N_2O 和 NO 排放量较单施化肥能分别显著降低 22％和 41％。

（3）采用合适的施肥方法。把肥料以什么方式施入土壤以及作物生育期间氮肥的运筹也是影响土壤 NH_3、N_2O 和 NO 损失的重要因素。通过华北地区不同施肥方式下土壤氨挥发损失量的比较得出氮肥表施＞混施＞深施（张云舒等，2007），另外，深施和表施结合灌溉能有效抑制氨挥发速率，较表施能分别降低 86％和 92％的氨挥发量（曹兵等，2001）；而与撒施肥料后灌水相比，撒施后翻耕和条施后覆土土壤氨挥发可分别降低 2％和 27％（李鑫等，2008），N_2O 排放量分别降低 57.9％和 54.4％。氮肥穴施较表施能减少 14％的 N_2O 损失（丁洪等，2011）。此外，在夏玉米季把肥料在拔节期全部追施改为拔节期和大喇叭口期分别追施（改变氮肥基追比），也可以降低氨挥发损失量达 18％（谢迎新等，2015）。可见，氮肥深施可以使肥料集中在土壤中，从而有效减缓表层土壤及田间表层水中氮素浓度，达到抑制 NH_3、N_2O 和 NO 挥发损失的目的。综上所述，目前潮土农作区，科学的氮肥管理是减少氮肥挥发损失的重要措施。

2. 秸秆还田　秸秆还田配施化肥较单施化肥不仅能显著降低夏玉米田间土壤氨挥发量达 7％～23％（李宗新等，2008），还有利于土壤的培肥和作物增产。秸秆还田较不还田土壤能减少 31％～69％的 N_2O 产生量和约 30％的 NO 产生量（Yao et al.，2017）。但也有学者提出了不同的观点，原因可能与秸秆还田可以增加土壤异养微生物对土壤氧气的消耗，并有利于土壤厌氧环境的形成；同时，还会增加 NH_4^+、NO_3^- 和有机碳的含量，从而有利于反硝化过程的发生有关。但从另一个角度考虑，长期秸秆还田有助于土壤有机质含量的提高，而土壤有机质的矿化过程会产生大量有机酸，降低土壤 pH 并提高土壤的吸附能力，从而降低 NH_4^+ 活性，一定程度上又会抑制氨挥发损失和硝化过程的产生；此外，秸秆还田还会增加土壤 C/N，在促进土壤微生物对秸秆分解的同时加速了对土壤氮素的固持，导致土壤无机氮被固定（刘建涛，2014）。虽然秸秆还田对土壤 NH_3、N_2O 和 NO 排放影响的结果存在差异，但秸秆还田会减少农业资源浪费，促进养分循环，减少农田氮素投入，增加土壤有机碳含量并提高土壤固碳潜力（Chen et al.，2016）。

3. 土壤调理剂的施用

（1）合理配施生物炭。施用生物炭有利于改善土壤结构和持水能力，并快速提升土壤稳定性及碳库储量，改善干旱半干旱地区作物生长期的水分胁迫，并认为是土壤增汇减排的一种有效技术措施。生物炭能有效增加 NH_4^+ 和 NH_3 在土壤中的生物有效性，并通过提高土壤阳离子交换能力增强对土壤 NH_4^+ 的吸附和固持能力，从而降低 NH_3 挥发，并对旱地土壤 N_2O 和 NO 的降低量分别达 20.2％和 77％（Sun et al.，2014；李露等，2015）。因此，生物炭的使用在中性至弱碱性的潮土区已逐渐成为一种趋势，尤其是秸秆生物炭的使用，还有利于该地区对秸秆资源的回收处理并减少对环境所造成的污染。

（2）合理添加抑制剂。抑制剂的使用也是当前农业生产过程中减少氮素损失的重要措施。现阶段农业中尿素的施用仍然占很大部分，而脲酶抑制剂（Urease Inhibitor，UI）是抑制脲酶活性并延缓尿素水解的一类化合物，其使用能很大程度减缓尿素的水解速率，从而有效缓解短时间内高 NH_4^+ 累积造成的 NH_3 挥发损失的增加。基于华北地区的研究发现，化肥配施脲酶抑制剂后较单施化肥能减少 38％～41.9％的氨挥发损失量（张艺磊等，2019）。硝化抑制剂主要是通过抑制土壤亚硝化细菌和硝化细菌活性，从而延缓 NH_4^+ 向 NO_2^- 和 NO_3^- 的转化过程，减少 N_2O 和 NO 的产生，并降低 NO_3^- - N 的淋溶损失及以 NO_2^- 为底物的硝化细菌参与的反硝化过程和以 NO_3^- 为底物的反硝化细菌参与的反

硝化过程所产生的 N_2O 量。通过对比试验发现，配施硝化抑制剂 DMPP 和 DCD 后，N_2O 和 NO 排放量较单施化肥分别减少 $74\%\sim99.2\%$ 和约 93% （Zhang et al.，2016）。

因此，在农业生产过程中，化肥施用的同时配施生物炭以及脲酶/硝化抑制剂等添加剂可以有效控制土壤 NH_3、N_2O 和 NO 损失。

4. 优化灌溉 农业生产过程中，灌溉会直接影响土壤含水量以及通透性，过量灌溉（漫灌）会使得尿素随水分淋溶到深层土壤，抑制氨挥发向大气中的扩散，从而降低氨挥发速率和损失量；同时，过量灌溉还会因为土壤含水量的急剧增加，使得土壤通透性降低从而减少土壤气相氨向大气的挥发和扩散。施用尿素后，当土壤含水量为 20% 左右时，其氨挥发率为 $0.84\%\sim1.08\%$；当含水量> 25% 时，氨挥发率下降为 $0.73\%\sim0.77\%$。但灌溉后 $7\sim15$ d，还会出现土壤 N_2O 和 NO 排放的峰值，而后逐渐降低并趋于稳定，这种现象被称为"水文脉冲效应"（张承先等，2008）。灌溉和降水对土壤含水量的影响通常情况下以土壤充水孔隙度（water-filled pore space，WFPS，$\%$）来表示。在华北地区，偏碱性潮土土壤 N_2O 和 NO 主要来自硝化过程（NH_4^+ 氧化为 NH_2OH 的过程）和硝化细菌参与的反硝化过程（NO_2^- 的还原过程）。研究表明，当 WFPS> 70% 时会抑制硝化过程而促进硝化细菌的反硝化过程（孟磊等，2008）；而当 WFPS< 70% 时主要以硝化过程为主，并有利于 N_2O 被进一步氧化为 NO。土壤的干湿交替条件在一定程度上会抑制反硝化过程中氮素的深度还原，使得 N_2O 和 NO 的产生量增加。不同的灌溉方式对土壤硝化反硝化过程中 N_2O 和 NO 的产生和排放也能产生相应的影响。当土壤含水量为 $151.2\sim203.3$ g/kg 时，土壤含水量与土壤 N_2O 的排放呈正相关关系（武岩等，2017）。滴灌较漫灌不仅能显著减少对灌溉水的需求，还能减少 $30\%\sim75\%$ 的 N_2O 排放（李志国等，2012），但 NO 产生量会增加 $11.0\%\sim21.7\%$（Tian et al.，2016；Zhang et al.，2019），原因可能是滴灌较漫灌会降低土壤湿度，抑制反硝化过程的产生，从而促进了硝化过程中 N_2O 被进一步氧化为 NO。因此，优化灌溉既能减少水资源浪费，还可以在一定程度上能降低氮素的气态挥发损失。

5. 其他栽培管理措施 除了上述不可忽视的氮气态挥发减排措施外，提高农业生产中的机械化程度、合理耕作等也都是减少农田土壤气态氮素损失，提高氮肥利用效率不可忽视的重要手段。

（1）提高机械化程度。目前农业生产中劳动力短缺、作业面积大等因素，导致农业生产中化肥的施用，特别是作物生育期间的追肥，主要以撒施（表施）为主，这就大大增加了土壤 NH_3、N_2O 及 NO 的损失速率和损失量。因此，今后应大力研发、引进并积极推广有利于氮肥深施的各种机械设施。一方面，可降低农业生产的人工投入成本；另一方面，还可提高作业效率和氮肥利用效率。而以潮土为主要土壤类型的华北地区是中国典型的集约化农业生产区，机械化程度的提高和农业机械的引进对农业生产活动的影响更大。

（2）合理的耕作措施。翻耕、旋耕和免耕是现阶段主要的农田耕作措施。其中，免耕作为主要的保护性耕作措施，在华北乃至全国都得到了大面积的推广。与翻耕和旋耕相比，免耕小麦-玉米全生育期的氨挥发损失量分别提高了 81% 和 55%，这主要与免耕会提高表层土壤（$0\sim5$ cm）脲酶活性从而加速了表施尿素水解产生 NH_4^+ 有关（董文旭等，2013）。而对土壤 N_2O 及 NO 排放方面的研究，普遍认为免耕是减少 N_2O、NO 排放的有效措施。在华北地区的潮土农田管理措施中，以免耕为主的保护性耕作措施在一定程度上有利于有机碳的积累和对氮素的固定，并降低 N_2O 及 NO 的排放（戴晓琴等，2009；Chen et al.，2016）。免耕较常规耕作措施（翻耕/旋耕等）能在小麦季显著减少约 30% 的 N_2O 产生量，然而在玉米季却能增加约 10% 的 N_2O 产生量（Xu et al.，2017）。免耕能降低土壤温度，从而限制硝化反硝化微生物的活性，并最终表现为抑制或总体不影响 N_2O 及 NO 的排放。

因此，合理地耕作方式也是有效降低土壤氮素气态损失的重要途径。

（二）潮土硝酸盐淋失阻控技术

氮肥用量、肥料类型、灌溉/降水条件、土壤质地等均会影响硝酸盐的淋溶损失，其中，过量施用化肥及不合理灌溉是造成硝酸盐淋失的重要原因。因此，农业生产中减肥控水是阻控硝态氮淋失的重要举措，应综合采用优化施氮量、优化施肥方式、优化灌溉等措施防控潮土氮素淋失。

1. 优化施氮量　作物对氮素的需求是有限的，超过作物需求的施氮量不仅无法提高作物产量，还将加剧硝酸盐的淋失（Li et al.，2018b）。因此，应依据作物的养分需求和土壤供应能力制定合理的施氮量，从源头上控制氮肥的过量投入。相关研究表明，减量施氮可有效减少氮素淋洗量和土体硝态氮累积量（吴得峰等，2016；Zhou et al.，2016）。从降低氮素淋洗的角度出发，推荐施肥是优化施氮量的重要措施之一，但其受到作物品种、气候、灌溉、土体含氮量和土壤质地等共同作用，很难通过一次简单的田间试验得出适合当地的施氮量。可以借助土壤-作物模型，探究在各个因素综合作用下的氮素淋失结果，更科学、更具有普遍意义地给出优化施氮的建议。例如，基于DNDC模型结果，提出了保证小麦、玉米产量的农学阈值和不危害地下水的环境阈值施氮量（Zhang et al.，2015）。

2. 优化施肥方式　综合采用控释肥、配施有机肥、秸秆还田等优化施肥措施，防控硝酸盐的淋失。众多研究已经证明，缓控释肥在防控硝酸盐淋失方面效果显著。施用缓控释肥可有效减少土壤中硝酸盐氮的累积，减缓硝酸盐向深层土壤的迁移速率（Shi et al.，2018；Gai et al.，2019；Du et al.，2019）。化肥有机肥配施处理土壤氮素淋失量明显低于单施化肥处理（Duan et al.，2014）。施用有机肥和秸秆还田可增加土壤有机质含量、改善土壤理化性状、增加土壤粒径及团聚体含量，提高阳离子交换量，增加对硝态氮的固持，从而减缓硝态氮向下迁移（Li et al.，2016）。高 C/N 的秸秆还田还可通过促进土壤对氮的生物固持作用把更多的无机氮转化为有机氮（Hartmann et al.，2014），并降低土壤净氮矿化量等减少硝酸盐的淋失（Beaudoin et al.，2005）。

3. 优化灌溉　优化灌溉也是防控潮土氮素淋失的有效手段。水分是氮素迁移的载体，水分渗漏是氮素淋失的主要驱动因素，优化水分管理方案，降低水分渗漏，能够有效地降低硝态氮淋失。有研究指出，不同灌溉制度不仅造成土壤中硝态氮累积量出现差异，更重要的是影响了硝态氮在土壤剖面中的迁移分布特征。长期灌溉定位试验结果显示，控制灌溉措施下，约 75% 的硝态氮累积在 0～2 m 土体；非充分灌溉处理 1～2 m 土层累积硝态氮最多，48% 的硝态氮累积在 2 m 以上土层；充分灌溉时则 3～4 m 土层累积硝态氮最多，2～3 m 土层其次，0～1 m 土层最低（胡春胜等，2018）。在保持粮食产量的情况下，通过优化灌溉量和灌溉时期，华北平原高度集约化的高产粮区氮素淋失量可下降 60%，淋失率可下降 50% 左右（陈淑峰等，2011）。然而，氮素淋失过程不是由水分供应简单决定的，水分和氮素对作物生长及氮素淋洗具有交互效应。因此，借助机制模型（如 HYDRUS、DNDC、LEACHM、SWAT、RZWQM 等），通过研究土壤-作物系统水、氮运移过程，可以更加科学地优化灌溉措施（高薪等，2019）。

4. 使用硝化抑制剂等调控剂　硝化抑制剂的施用可以有效调控土壤氮素转化，显著降低土壤硝化作用速率和硝酸盐累积。尽管其施用效果受氮源、施氮量、施氮时间、灌溉水（或降水）量、作物种类等多种因素的影响，但众多研究结果表明，硝化抑制剂的施用对减少硝酸盐淋失作用显著，淋失量可降低 30% 以上（孙志梅等，2008；孙志梅等，2007；张英鹏等，2019；李晓兰等，2018）。

第四节　潮土氮肥合理施用技术

氮肥在现代农业生产发展中发挥了举足轻重的作用,但氮肥也是环境污染物的主要来源。氮肥施入土壤后的转化比较复杂,涉及化学、生物化学等许多过程。不同形态氮素之间的相互转化加之氮肥的不科学施用,是造成当前氮肥利用效率普遍较低的主要原因。其结果不仅造成了资源能源的巨大浪费和农业生产成本的增加,还对人类赖以生存的三大介质大气、水体和土壤造成了严重污染。因此,氮肥的合理分配与施用至关重要。如何充分发挥氮肥的增产作用,同时降低氮肥损失,以提高氮肥利用效率,最大限度降低环境风险,既是保障粮食安全生产的迫切需要,也是保护环境的必然选择。

氮肥施入农田后的去向主要有 3 个:一是被作物吸收,吸收量的高低可以用氮肥的当季利用率来表征;二是残留在土壤中,保持和增加土壤氮肥力;三是通过氨挥发损失、硝化-反硝化损失、淋洗和径流损失等途径进入环境。提高氮肥当季利用率是实现氮肥高效管理的主要目标。降低氮肥施用量可以明显提高氮肥利用率,但是,中国人多地少,粮食生产的压力大,而且降低氮肥用量在可能降低粮食产量的同时,还可能导致土壤氮肥力的降低(巨晓棠等,2003)。因此,必须从协调作物高产、土壤可持续生产以及环境保护的关系出发,以既能获得尽可能高的产量,又能最大限度地减轻对环境压力的氮素管理理念为出发点,确定氮肥的高效施用技术,达到真正提高氮肥利用率,减少氮肥损失和向环境扩散的目的。

氮肥的合理施用主要包括 4 个方面:适宜的肥料种类、合理的施肥量、科学的施肥时期和科学的施肥方法(Right type、Right amount、Right time、Right place,简称"4R"技术)。但这 4 个方面不是孤立的,而是相互联系、相互影响的。此外,氮肥的合理施用技术还应该考虑到与作物种类、耕作措施、水分管理等其他农艺措施的结合以及施肥机械的改进等。

一、选择适宜的氮肥种类

氮肥的种类很多,如尿素、碳酸氢铵、硫酸铵、氯化铵、硝酸钙、硝酸钠、硝酸铵(硝酸铵钙)、氨水、液氨、脲甲醛等。从氮素形态上来分,可分为铵态氮肥、硝态氮肥、硝铵态氮肥以及酰胺态氮肥四大类;从氮肥的肥效长短来分可分为速效氮肥和缓释长效氮肥。不同的氮肥施入土壤后的生物化学转化过程不同,同一种氮肥的转化过程也受气候条件、土壤条件以及作物种植体系等多方面的影响,表现的土壤反应及其肥效也不同。

(一)根据气候条件合理选择

氮肥的肥效受降水量、温度等气候条件影响很大,水分适宜的条件下,才能最大限度发挥氮肥肥效。南方气候湿润,年降水量大,尤其是水田,反硝化损失和淋溶损失严重,故肥料选择时提倡以尿素或铵态氮肥为宜。在干旱半干旱区域,土壤墒情差,作物生长期间氮素淋溶损失的概率不大,故在氮肥分配上,各种形态的氮肥均可。

(二)根据土壤条件合理选择

1. 土壤酸碱性　土壤条件是进行肥料选择和分配的重要前提,土壤酸碱性、土壤质地等土壤性质是影响氮肥利用效率的重要因素。潮土分布区域广，因成土母质、成土过程等差异，不同区域的潮土酸碱性不同。发育在酸性岩山区河流沉积母质上的潮土，不含碳酸钙，土壤呈微酸性反应，pH 5.8～6.5；长江中下游钙质沉积母质发育的潮土，碳酸钙含量较低，一般 20～90 g/kg，pH 7.0～8.0；发育在黄河沉积母质上的潮土碳酸钙含量高，含量变化多在 50～150 g/kg，土壤 pH 变化范围为 7.2～8.5，呈中性至弱碱性反应；而碱化潮土的 pH 高达 9.0 甚至以上（张凤荣，2002）。对于呈现中性至碱性反应的潮土，施用氮肥时可选用尿素或者硫酸铵、氯化铵等生理酸性肥料；呈现酸性反应的土壤则宜选用尿素或者硝态氮肥等生理碱性肥料；对于碱化潮土以及盐碱地，建议不施或少施氯化铵和硝酸钠。

2. 土壤质地 土壤质地直接影响着土壤的保水保肥性能，且不同质地的土壤其基础肥力水平一般也不同，直接影响着氮肥肥效的发挥。潮土的颗粒组成因河流沉积物的来源以及沉积相而异。因此，不同区域土壤质地差异也比较大（张凤荣，2002）。以石灰性沉积物为成土母质发育而成的沙壤质和粉沙壤质潮土，因其保水保肥性能差，一次性过量施用氮肥，在灌溉水量比较大或降水量比较大的情况下，容易造成硝酸盐往土壤深层的淋溶损失。潮土分布地区地形平坦，地下水埋深较浅，特别是雨季，氮肥的一次性大量施用甚至容易造成对地下水的污染。因此，在沙壤质和粉沙壤质潮土上氮肥施用应遵循总量控制，少量多次的原则进行分配施用，氮肥以尿素或铵态氮肥为宜，或选用各种缓释长效肥料，而不宜施用硝态氮肥。长江水系的潮土主要为中性黏壤或黏土沉积物，此类土壤保水保肥性能好，在氮肥管理上可以根据作物的生长发育特性及对养分的需求特性适时适量施肥。

（三）根据作物对养分的需求特性合理选择

农业栽培的作物种类很多，铵态氮和硝态氮都是作物良好的氮源，但不同的作物对氮素形态的喜好不同。即使同一类型作物的不同品种，其耐肥能力及各生育时期的施氮效果也不同。因此，必须根据不同作物的营养需求特性科学选用适宜的氮肥种类。适宜于生长在酸性潮土上的嫌钙植物和适应低氧化还原势环境下的植物如水稻，喜好铵态氮（李春俭，2008）。以硝态氮为水稻唯一氮源时，会由于根际 pH 上升导致水稻根表有大量的铁锰氧化物沉积，从而使水稻根系显褐色，并由此导致缺铁特异诱导基因的表达，表现出水稻叶片缺铁黄化现象（Chen et al.，2018）。也有研究表明，水稻幼苗根内缺少硝酸还原酶，因而不能很好地利用 $NO_3^- - N$（陆景陵，2003）。因此，对水稻而言，一般认为单一供应 $NH_4^+ - N$ 的效果比单一供应 $NO_3^- - N$ 好。但在水分正常供应的情况下，与单一供应某种氮源相比，铵硝混合营养还是最佳的（周毅等，2006）。特别是对于根系泌氧能力强的水稻品种，其根表（根际）土壤硝化活性高，对硝酸盐的响应强。因此，也会表现出显著的"增硝营养"效应（朱兆良等，2010）。对甘薯、马铃薯等薯类作物而言，因含碳水化合物较多，有利于与 $NH_4^+ - N$ 合成有机含氮化合物，因此表现为对 $NH_4^+ - N$ 有较强的忍耐力。

喜钙植物和适宜于高 pH 土壤生长的植物，优先利用硝态氮（李春俭，2008）。如玉米，在等氮量供应条件下，硝态氮的增产效果突出。蔬菜作物阳离子交换量比禾本科作物高，大多在 40～60 cmol/kg 干根，所以蔬菜作物对钙素营养的需求水平也较高，吸钙量平均比小麦高 5 倍多。如果施用铵态氮肥过多，会导致钙和镁的吸收量显著降低，从而导致缺钙、镁的生理病害发生。因此，蔬菜尽管是一类很容易累积硝酸盐的作物，但也是喜硝作物。

烟草供应 $NO_3^- - N$ 营养不仅有利于烟草产量的提高，还有利于体内形成大量的有机酸，特别是促进苹果酸和柠檬酸的积累，从而增强烟叶的燃烧性；而 $NH_4^+ - N$ 能促进烟叶内芳香族挥发油的形成，增进烟草的香味。因此，这 2 种形态配合施用，更有利于烟草优良品质的形成。所以 NH_4NO_3、硝酸铵钙等硝铵态氮肥是烟草较好的氮源。甜菜是喜钠作物，因此施用硝酸钠的效果较好。

氯是作物必需的植物营养元素，但不同作物或同一作物不同的生育时期对氯的敏感程度不同。小麦、玉米、菠菜和番茄耐氯能力较强，而烟草、菜豆、马铃薯、柑橘、莴苣和一些豆科作物的耐氯能力则比较弱，易遭受氯的毒害，即使不出现可见症状，也仍会抑制生长，影响产量和品质，如降低烟草的燃烧性，减少薯类作物的淀粉含量等（陆景陵，2003）。因此，对氯敏感型作物在施用氮肥时应尽量少用或不用氯化铵。

二、确定适宜的氮肥用量

氮素是合成生物体的基本生命物质蛋白质、核酸、核蛋白、酶等的基本元素，是一切有机体正常生长发育不可缺少的"生命元素"。因此，作物生育期间充足的氮素营养对作物产量和品质的形成至关重要。但是氮也是环境污染元素，施肥量超过作物的最佳需求量，不但不利于产量的形成和品质的改善，还会带来严重的环境污染（图 5-12）。因此，生产中氮肥用量的科学把控对于获得较高的目标产量，维持较高的土壤肥力以及降低氮肥施用引起的环境污染具有重要意义。

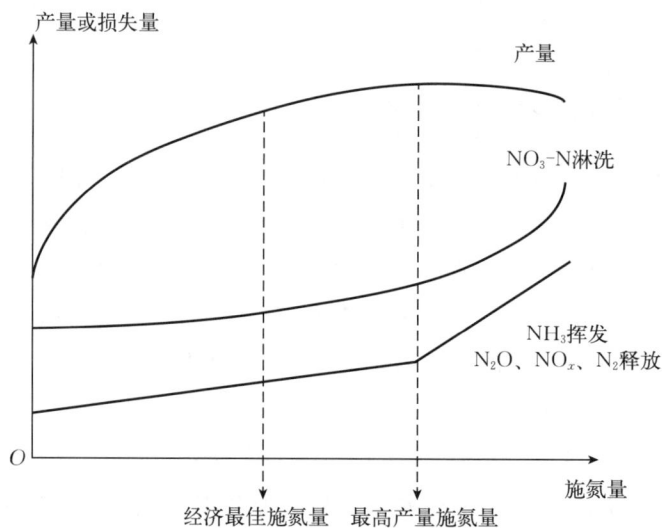

图 5-12 施氮量与作物产量和氮素损失量的关系（巨晓棠等，2003）

影响施氮量确定的因素很多，如作物种类和品种、作物不同的生育时期、产量水平、土壤肥力状况、气候条件、管理措施、肥料的种类和施用方法等，当前国内外氮肥适宜用量的推荐方法常用的有以下几种。

（一）基于田间试验的肥料效应函数估算法

肥料效应函数估算法是建立在田间试验和生物统计基础上的计算施氮量的方法。该法是在不同肥力等级的地块上先按一定的试验设计布置多点分散的肥力试验，然后采用生物统计方法建立作物产量与肥料用量之间的效应函数模型。该法不需要用化学或物理手段去揭示农田土壤的养分供应量、农作物的养分需求量以及肥料利用参数等，而是借助于产量对不同施氮量的反应，根据建立的效应函数模型计算出某种作物获得最高产量的施氮量（Maximum Yield N Rate，MYNR）或经济最佳施氮量（Economic Optimum N Rate，EONR）。多年的研究表明，施氮量与作物产量之间的效应函数模型依据产量对施氮量的反应不同，一般有一元二次抛物线模型、线性加平台模型、二次加平台模型和平方根模型等（图 5-13）。

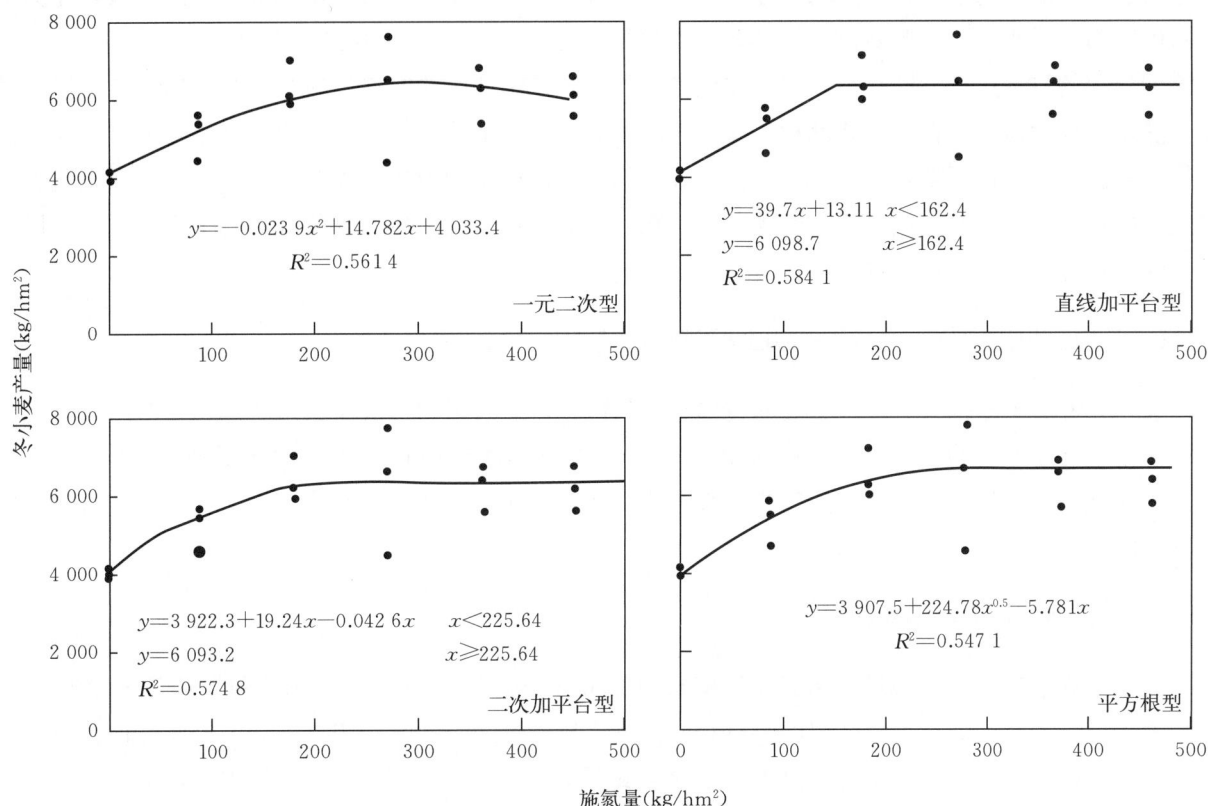

图 5-13 施氮量与作物产量关系的效应函数模型

（二）目标产量法

目标产量法又称养分平衡法，是基于土壤-作物体系氮素的输入与输出平衡关系，利用计划目标产量、达到目标产量的农作物需氮量、土壤养分供应量、肥料有效养分含量以及肥料利用率 5 个指标作为基础参数，按下式计算施氮量。

推荐施氮量＝（目标产量需氮量－土壤供应氮量）/肥料中氮含量/氮肥当季利用率

或可写成：

推荐施氮量＝（目标产量－无肥区产量）×形成 100 kg 产量所需氮量/氮料中氮含量/氮肥当季利用率

目标产量需氮量＝目标产量×施肥区单位产量的吸氮量

土壤当季供氮量＝无氮区植株地上部氮累积量

＝无氮区产量×无氮区单位产量的吸氮量

或：

土壤当季供氮量＝土壤养分测定值×0.15×土壤养分矫正系数

由计算公式可见，目标产量法施氮量确定的准确与否主要取决于目标产量的确定是否科学、土壤养分测试值是否准确，以及肥料当季利用率是否合理。

目标产量是种植者期望从某一具体田块所获得的作物产量，取决于土壤肥力水平、管理技术水平、气候因素以及品种产量潜力等，是综合反映各个田块土壤生产能力和管理水平差异的重要指标，是定量施肥的重要技术参数。目标产量的确定不能单纯依照经验估计，或者把其他地区已达到的绝对高产作为本地区的目标产量。一般通过地力调查，在土壤适宜性和生产潜能评价的基础上，把当地某一作物前三年的平均产量，或前三年中产量最高而气候等自然条件比较正常的那一年的产量，作为土壤基础肥力产量水平，在此基础上提高10%左右（粮食作物），最多不超过15%（蔬菜可达30%），拟定为当年的目标产量。针对小农户，在生产条件相对稳定的某段时期，农户对自己田块的目标产量最为熟悉，成为氮肥推荐容易获得和相对可靠的参数。张月平等（2011）提出了采用耕地自然要素进行耕地生产潜力评价所得到的生产潜力指数确定作物目标产量的方法，克服了平均产量法和土壤肥力指数法所存在的不足，避免了人为的经验性影响，为大面积、以田块为单位开展测土配方施肥时目标产量的确定提供了一个定量方法。

（三）以土壤肥力化学为基础的测土配方施肥法

又称为养分丰缺指标法。该法是通过多点田间试验，按照田间试验所获得的作物相对产量（无肥区产量占全肥区产量的比例），应用相应的土壤养分的化学测定值将土壤肥力水平划分为3～5个等级，作为土壤养分的丰缺指标。然后按等级布置田间试验，求得在某一类型土壤上作物产量与施氮量的关系曲线，作为建议施氮量的依据。

（四）区域平均适宜施氮量法

区域平均适宜施氮量法量（Regional Mean Optimal N，RMON）是以田间氮肥施用量试验为基础的推荐施肥方法，即在一个区域内针对某一作物进行大量的田间氮肥用量试验，以此计得各田块的氮肥适宜施用量，并取其平均值得出该作物的区域平均适宜施氮量。对整个区域来说，虽然这一方法也只能达到半定量的推荐水平，但是这一方法可以获得最大的产量效益，且具有简便易行的优点。为了使推荐的施用量更准确一些，可再根据田块的具体情况（如肥瘦、前茬、品种和种植早迟等）和或必要的测试（如旱作土壤中的硝态氮）进行适度的调整，以尽量避免个别田块上产量和经济效益的损失。这是"宏观控制与微观调整相结合"的推荐路线。这一技术路线符合当前农村田块小而多、茬口紧、缺乏测试设备和测试人员等实际情况，省工省钱、不误农时，农技人员也易于掌握，因而便于推广（朱兆良，2006）。

（五）作物理论施氮量法

作物理论施氮量法（Theoretical N Rate，TNR）是基于作物根区氮、土壤氮和作物吸收氮三者的数量关系确定施氮量，综合考虑输入和输出平衡，结合农田秸秆还用的生产实际情况，推导出推荐施氮量（巨晓棠，2015）。计算公式如下。

$$N_{fert} = N_{uptake} - N_{straw} - N_{others} + N_{fert1}$$

式中，N_{fert} 为理论施氮量，N_{uptake} 为作物地上部氮吸收量，N_{straw} 为秸秆氮累积量，N_{others} 为通过干湿沉降、灌溉水、种子、非共生固氮等获得的其他来源的氮量，N_{fert1} 为肥料氮的损失量。

由于我国的施肥技术还较粗放，施肥过程和施肥后的氮素损失还比较高，在目前的施肥方法和农艺管理的情况下，肥料氮损失量（N_{fert1}）大致相当于秸秆归还氮量（N_{straw}）和其他来源的氮量（N_{others}）之和，所以就有：

$$N_{\text{fert}} \backsimeq N_{\text{uptake}}$$

由此可见，我国目前施肥技术条件下，理论施氮量可以近似等于作物获得目标产量时的地上部吸氮量或作物地上部氮素携出量。在未来实行大面积机械化深施氮肥的先进施肥技术以后，会降低氮肥损失量，氮肥施用量也可以降低为籽粒移出氮量。由此引入百千克收获物需氮量（N_{100}）参数，推导出根据目标产量确定推荐施氮量的计算公式如下。

$$N_{\text{fert}} \approx Y/100 \times N_{100}$$

式中，N_{fert} 为理论推荐施氮量（kg/hm²），Y 为目标产量（kg/hm²）。

可以看出，在确定了百千克收获物需氮量后，推荐施氮量就是目标产量的唯一函数。

但此处考虑的是在长期秸秆还田的情况下，秸秆氮对土壤氮素消耗的补充作用。当某一田块由秸秆不还田改成秸秆还田后，前3～5年需要适当增加氮肥投入，以避免高碳氮比秸秆引起的微生物对有效氮的固持作用而降低对作物的有效氮供给量。当连续进行秸秆还田措施，土壤系统在3～5年达到稳定后，由于新系统的土壤供氮（净矿化量）能力增强，就可以适当减少氮肥投入量。因此，秸秆氮主要对维持和培育土壤有机碳氮库有利，但对推荐施氮量的影响不大。生产上应根据当地的土壤-气候条件、轮作体系和农艺管理措施确定出合理的秸秆还田模式，从长远考虑，达到培肥土壤和实现目标产量的目的。

如果某一田块偶尔有有机肥的氮素投入，则应该从推荐施氮量中减去当季能够提供给作物的有效氮量，用这部分有效氮来替代部分化肥氮。如果某些田块长期有有机肥的氮素投入，则应该从推荐施氮量中减去有机肥的总氮素投入量。主要是因为有机肥的当季氮素有效性和前几季投入有机肥的残效基本相当于当季投入的总氮量。

如果由于过去的高量施氮，土壤氮肥力较高，土壤根区中累积了大量的无机氮，可以将计算的理论施氮量下调20～30 kg/hm²，暂时消耗这部分累积氮来降低环境风险。如果因为过去施氮不足，土壤有效氮库被大量消耗或者土壤本身氮肥力很低，则可以将计算的理论施氮量上调20～30 kg/hm²，用于提高土壤氮肥力和作物产量。不过，这些施肥措施需要与秸秆还田、土壤耕作、农艺管理等措施综合考虑，不然会增加氮素损失。

理论施氮量给出了长期获得较高目标产量和维持土壤氮素平衡的推荐施氮量，不需要估计土壤有效氮供应量，避免因为测试土壤有效氮的高低，在某些季给出低的推荐量，其他季给出高的推荐量。由于目标产量已反映了目标田块的综合生产条件和肥力水平，理论施氮量可以给出不同目标产量水平下的氮肥推荐量。既不会因为施氮过多而浪费肥料，增加环境风险，也不会因为施氮不足而损失应有的产量。巨晓棠等（2015）通过华北平原冬小麦-夏玉米轮作中大量田间试验和¹⁵N示踪肥料试验，也证实了此理论推荐施氮量的可行性。

（六）其他推荐施氮量方法

长期以来，国内外学者对施氮量的推荐方法进行了很多研究探讨，如以作物生育期根层无机氮调控为主要目标，以同步作物氮素营养需求和土壤、肥料、环境氮素供应为核心的基于土壤硝态氮测试的氮素实时监控技术（张福锁等，2010a、2010b），以作物叶片光谱特征或SPAD等营养化学为基础的作物营养诊断施肥法（Huang et al.，2008；Mayfield et al.，2009），综合考虑土壤质地性状、作物产量水平、养分管理措施及气候条件等因素，基于作物产量和农学效率，应用计算机软件技术发展而来的养分专家推荐施肥系统（何萍等，2012；王宜伦等，2012、2014；苏瑞光等，2014），均为农业生产中氮素的定量化管理提供了重要的技术方法。

但每种推荐方法各有其优缺点。如肥料效应函数法综合考虑了作物营养机制及其逻辑关系，是直接"问询"于农作物而得，具有直观、简便易行和利于宏观调控等优点。其计量准确性和真实性非其他方法所能比拟。但在施肥实践中，经验肥效模型存在多重共线性、异方差以及专业假设不合理等问题，严重制约了该法的计量精确性和应用价值（章明清等，2016）；肥料效应函数法和目标产量法基于"投入-产出"关系，视土壤为"黑箱"，推荐量来源于前些年的试验结果，且不可能每块地上去做田间试验，没有解决"时间和空间变异"问题（巨晓棠等，2014）；养分丰缺指标法很难找到可靠的土壤有效氮测试指标，尽管旱地根层储存硝态氮可以反映土壤的供氮能力，但也存在诸多局限性，如硝态氮易移动、空间和时间变异大，从采样到分析结果可引起 N 30 kg/hm² 以上的误差，该误差足以掩盖田块之间施氮量的差异。将测试值转换为推荐量需要大量参数，有时计算的结果不符合实际（巨晓棠，2015）；基于土壤测试和植株养分测试的施氮量推荐方法，如目标产量法和养分丰缺指标法，其共同局限性还在于，需要花费大量资金和时间进行田间试验和土壤与植物样品测试，但我国田块小数量大，复种指数高，茬口紧，测试工作量大，因此测试工作难以做到不误农时（朱兆良，2006）。

三、采用科学的氮肥施用方法

在明确氮肥合理用量基础上，氮肥在作物整个生育期的运筹以及采用什么施用方法也是影响氮肥当季利用效率的关键因素。

（一）因氮肥本身的性质不同而异

1. 铵态及产铵态氮肥（尿素）　此类氮肥具有如下特点。

①易溶于水，易被作物吸收利用，肥效快；②易被土壤胶体吸附固定，肥效相对较长；③在碱性潮土中易挥发损失；④铵态氮易氧化变为硝酸盐；⑤高浓度铵态氮对作物容易产生毒害；⑥作物吸铵过量时对钙、镁、钾的吸收有一定抑制作用；⑦尿素易在土壤脲酶的作用下水解为铵态氮，施肥点附近铵态氮的高量累积会导致土壤 pH 的迅速增加，造成氨挥发损失或硝化反硝化损失。

针对上述特点，铵态或产铵态氮肥（尿素）的科学施用应注意以下几个方面：

①可作基肥和追肥，尿素因含缩二脲不宜做种肥，碳酸铵和氨水易挥发跑氨和烧种，因此不宜作种肥和秧田施肥，并注意深施覆土。②硫酸铵不宜用在水田，以防在缺氧状态下形成 FeS 沉淀包被在水稻根系外表面，影响根系对养分和水分的吸收。③氯化铵可作基肥和追肥，但不宜作种肥。因含有 65%～66% 的氯，所以不宜用在盐渍土上；对烟草、甜菜、甘薯、马铃薯、甘蔗、葡萄、柑橘等对氯敏感型作物应尽量少施，特别是在淀粉或糖分累积形成期。④氯化铵和硫酸铵均为生理酸性肥料，长期施用时，应注意配合施用有机肥料，以防止土壤酸化和板结。

2. 硝态氮肥

（1）硝态氮肥的特点。①易溶于水，在土壤中移动快；②易被作物吸收，肥效快；③不能被土壤胶体吸附，易随水流失；④硝酸盐易被还原成气态而损失；⑤硝态氮肥吸湿性强，易结块，易燃易爆。

（2）硝态氮肥科学施用应注意的方面。①宜作旱地追肥，但不宜做基肥和雨季追肥，掌握少量多次的施用原则；②因硝态氮肥为生理碱性肥料，所以不宜在碱性潮土上大量施用；③硝酸根离子易随水淋溶损失或反硝化损失，因此不宜施用在水田；④作物对 $NO_3^- - N$ 的吸收为主动吸收，过量无毒害。但容易造成硝酸盐累积，以及营养生长和生殖生长的失衡，影响农产品产量和品质。因此，对于容易累积硝酸盐的作物，如叶菜类蔬菜，要特别注意控制硝态氮肥的用量，特别是在收获前 10 d 左右，不宜再施用硝态氮肥。

（二）因作物种类而异

不同作物、同一作物不同品种、同一品种不同的生长发育期需氮特性都存在差异，氮的营养临界期和最大效率期也都不同。因此，要根据作物生长发育特性在氮肥总量控制的前提下进行全生育期的统筹分配。水稻、玉米、小麦等禾谷类作物需氮多，蔬菜、棉花、禾本科牧草等需氮也比较多，供应不足，就会严重影响产量。因此，生产中要注意满足全生育期对氮素的总量需求以及营养临界期和最大效率期的氮素供应；大豆、花生等具有固氮作用的豆科作物应适当控制氮肥的施用，通过适当增施磷肥，发挥豆科作物以磷促氮的效果；甘薯、甜菜等淀粉和糖类作物在发育初期需氮较多，但后期氮素过多反而不利于糖分的累积，因此，应把氮肥重点施在前期。

（三）因土壤肥力特点而异

土壤肥力是影响氮肥肥效的重要因素。施肥时首先需将氮肥重点分配在中、低等肥力地区，高氮肥力土壤视种植作物的生育期长短和产量水平，当季可以适量少施甚至不施。"早发田"要掌握前轻后重、少量多次的原则，以防作物后期脱肥，"晚发田"既要注意前期提早发苗，又要防止后期氮肥过多，造成植株贪青晚熟，甚至倒伏。

（四）推广使用水肥一体化技术

水肥一体化技术就是利用管道灌溉系统，将肥料溶解在水中，同时进行灌溉与施肥，适时、适量地满足农作物对水分和养分的需求，实现水肥同步管理和高效利用的农业新技术。大量研究表明，与传统的水肥管理模式相比，水肥一体化技术具有节水、节肥、节本、增效、省工、省力等诸多优点，对于肥效快但肥效时间短的氮肥而言，由于各种氮肥品种均易溶于水，采用水肥一体化技术就更能显示出其优越性。大量研究表明，根据作物长势适时适量的补充氮素营养，氮肥利用率可提高 20%～60%，而且可明显缓解氮肥对环境的污染。

四、选用缓/控释长效肥料

传统氮肥施入土壤后转化快，特别是在旱作土壤上，转化过程的中间产物和终产物极易以氨挥发、N_2O、NO 等氮氧化物挥发以及硝酸盐淋溶等方式损失，降低氮肥利用效率（孙志梅等，2006）。从肥料工艺学角度入手，通过物理途径（如包膜、增大颗粒粒径、高分子材料作控释基质载体等）、化学合成途径（如合成氮素转化释放缓慢的有机氮肥）以及通过生物化学途径（如脲酶/硝化抑制剂的施用）来调控氮肥施入土壤后的转化过程，从而实现氮素释放与作物对氮素需求的基本同步，是实现氮肥高效利用、减轻氮肥污染的有效措施。性能良好的缓控释肥料的施用，不仅可以有效延长氮素供应期，避免一次性施肥过多易造成损失增加，而适量或少量施肥则又容易造成后期氮素营养不足，影响作物产量和品质的问题；又可以减少施肥次数，减轻劳动强度，降低施肥成本。因此，能够有效调控氮肥转化释放的缓/控释肥料的研发、示范和推广应用是提高氮肥利用效率的关键措施之一。

五、与其他肥料配合施用

作物正常生长必需17种营养元素,根据最小养分律(木桶学说)、营养元素的同等重要和不可替代律等植物营养基本原理,虽然作物对17种必需营养元素需要的量有大有小,但对作物产量和品质的形成却是同等重要、不可替代的,一种营养元素的缺乏只能依靠补充该元素来缓解和消除。而且作物产量的高低受土壤最低养分含量的限制,其他营养元素最大限度地发挥作用必须依靠这17种必需营养元素的均衡供应。基于此,实现作物的高产、丰产、稳产以及高效生产必须做到氮肥与磷肥、钾肥及其他中、微量营养元素肥料的均衡施用。因此,根据土壤养分状况因缺补缺,做到氮肥与其他营养元素肥料的配合施用也是生产中发挥氮肥最大效能至关重要的技术措施。

其次要做到氮肥与有机肥料、生物有机肥料等的配合施用。氮肥肥效受土壤肥力的显著影响,而有机肥料、生物有机肥料的长期科学施用是培肥地力不可忽视的重要技术措施。化学氮肥与有机肥料、生物有机肥料的配合施用,可取长补短,缓急相济,互相促进,既能及时满足作物营养关键时期对氮素的需要,提高氮肥肥效,同时还可发挥有机肥培肥改土的作用,做到用地养地的结合。

六、加强水分管理

水分管理技术和水平是影响氮肥肥效的又一关键因素。作物根系对水分和养分的吸收虽然是2个相对独立的过程,但水分和养分对于作物生长的作用却是相互制约的,无论是水分盈亏还是养分盈亏,对作物生长都是不利的。在田间轻度干旱时,养分能显著促进作物的根系和冠层生长发育,其结果不仅可以增强根系对水分和养分的吸收能力,而且有助于提高叶片的净光合速率,降低气孔导度,维持较高的渗透调节功能,改善植株的水分状况,从而促进光合产物的形成,最终表现为产量和养分利用效率的提高。但当田间水分严重不足时,氮素的促进作用随水分胁迫的加剧慢慢减弱,在土壤严重缺水时甚至表现为副作用。因此,随干旱胁迫的加重应适当减少氮肥的用量。而在氮素养分供应不足时,植株地上部与地下部比率下降,导致非光合组织相对增加,因而也不利于水分利用效率的提高。施肥可使作物叶水势下降,从而增加深层土壤水分上移的动力,使下层暂时处于束缚状态的水分活化,扩大土壤水库的容量,提高土壤水的利用率,实现"以肥调水"的效果。但养分过量供应条件下,会由于对根系的不利影响而影响作物对深层水分的利用。反之,当水分供应过量时,比如大水漫灌,特别是在供水强度较高、供水量较大的情况下,又极易造成硝酸盐的淋溶损失,以及由于影响了土壤的通气状况造成反硝化损失的增加,对氮素的高效利用也是不利的。

因此,将灌水与施肥技术有机地结合,调控水分和养分的时空分布,从而达到"以水促肥,以肥调水,肥水协调"的目的,对于提高水分和养分的利用效率,实现农业高效生产具有重要意义。但不同区域水分条件、热量状况、土壤肥力、作物种植方式等条件不同,其肥水激励机制也存在明显差异。因此,使用水肥耦合技术时应视具体情况科学把握。

七、其他农艺措施的改进

影响氮肥肥效的原因是多方面的，氮肥的合理施用技术途径除了以上主要方面外，还应注意改进耕作措施、推进农机农艺的结合等。如针对氮肥深施覆土是至关重要的措施，但实际生产中由于各方面原因又很难做到深施覆土的现实情况，应大力推进农机和施肥专家的联合攻关，设计出能大面积推广使用的、符合不同作物田间实际情况的氮肥追施机具，在生产上真正实现氮肥的均匀深施技术，这样就会使氮肥利用率大幅度提高，对环境的污染也必将大幅度减少。

第六章 | 潮土磷素 >>>

磷是作物生长、生理活动的重要营养元素，土壤中磷含量是影响作物产量和品质的重要因素，也是评价潮土养分的重要指标之一。我国潮土分布面积广，是主要的耕作土壤。潮土呈碱性，含较多的碳酸钙，极易发生磷的固定。因此，潮土磷素的利用率低。全国第二次土壤普查结果显示我国75%的土壤缺磷，20世纪80年代初土壤磷的缺乏成为限制作物高产的主要因子，土壤磷素收支表观平衡多为亏缺。为了保证作物高产稳产，近年来，磷肥得到大量应用，土壤磷素由亏缺转为盈余，而且中国农田土壤的磷余量以11%的速度不断增加。潮土有效磷含量1988—2016年升高了226%（王乐，2018）。随着土壤磷素的大量累积，磷肥的产量效应逐渐降低，农田土壤磷养分的环境风险随之增大。

因此，研究潮土磷素的演变特征、有效磷对磷盈亏的响应、农学阈值、磷素利用率、形态特征及磷素的高效利用，对合理管理潮土磷素、提高作物产量和保护生态环境均具有重要作用。本章数据来源为农业农村部测土配方数据、国家（潮土）长期定位试验等资料数据。

第一节 潮土有效磷和全磷的现状及演变趋势

一、潮土有效磷现状及区域特征

（一）潮土有效磷的现状

农业农村部测土配方施肥试验2017—2018年数据主要来自23个省份（安徽、福建、甘肃、广东、广西、贵州、河北、河南、湖北、湖南、江苏、江西、内蒙古、青海、山东、山西、陕西、上海、四川、天津、西藏、浙江、重庆）。熟制以一年一熟和一年两熟为主，一年三熟和三年两熟也有少量。种植作物以小麦、玉米为主，还有水稻、马铃薯、蔬菜（番茄、黄瓜、白菜、豆角等）、油料作物（花生、蓖麻等）、果树（桃、树莓等）等。

有效磷含量的数据22 995个，均值为31.27 mg/kg。潮土区有效磷含量在10~20 mg/kg的比例最高，占34.46%，其次是20~30 mg/kg区域和<10 mg/kg区域，分别占19.49%和19.27%。由此可见，73.21%的点位分布在<30 mg/kg区域，50 mg/kg以上的区域点位数占12.84%（图6-1）。

（二）潮土有效磷的区域特征

农业农村部测土配方施肥试验2017—2018年数据涵盖了23个省份，分布在7个区域，分别是内

第六章

潮土磷素

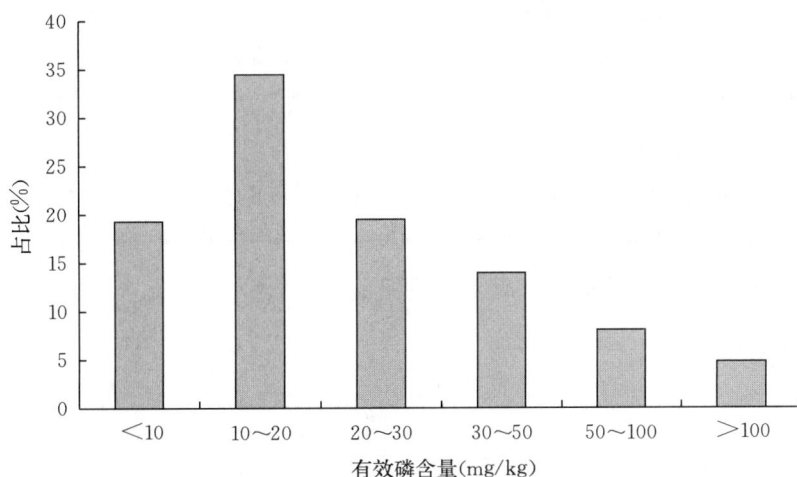

图 6-1　有效磷含量的频率分布

蒙古及长城沿线区（内蒙古、山西）、黄淮海区（河北、山东、天津、河南）、黄土高原区（陕西、甘肃）、长江中下游区（上海、江苏、浙江、安徽、湖北、湖南、江西）、西南区（四川、贵州、重庆、广西）、华南区（广东、福建）和青藏区（青海、西藏）。

　　我国不同区域间有效磷含量差异显著。华南区最高，达到 45.31 mg/kg，其次是黄淮海区，35.66 mg/kg，其余几个区域的数值为西南区＞黄土高原区＞长江中下游区＞青藏区＞内蒙古及长城沿线区（表 6-1）。潮土有效磷存在区域差异可能与区域的经济水平和种养结构有关（曹宁，2012），华南和黄淮海区域经济比较发达，养殖业较为集中，种植作物中蔬菜和果树的比例较高，所以磷肥投入量相对较大。

表 6-1　有效磷含量的区域差异

区域	有效磷含量 (mg/kg)	样本数	标准误	最小值 (mg/kg)	最大值 (mg/kg)	卡方值
内蒙古及长城沿线区	16.72	968	0.44	0.50	116.59	521.77
黄淮海区	35.66	14 194	0.43	0.54	424.00	—
黄土高原区	28.73	222	1.82	2.76	244.00	—
长江中下游区	24.45	7 189	0.32	0.20	412.00	—
西南区	32.06	319	2.01	0.70	183.80	—
华南区	45.31	87	4.50	3.70	173.00	—
青藏区	20.25	16	2.91	7.74	50.35	—

二、长期施肥对潮土有效磷及全磷的影响

　　选取潮土区长期定位试验 6 个点，分别位于河北省辛集市马兰农场（N 37°59′，E 115°11′），山东省农业科学院试验农场（N 36°40′，E 117°00′），天津市农业科学院试验基地新区（N 39°25′，E

$116°57'$），河南省现代农业试验基地（原阳）（N $34°47'$，E $113°40'$），江苏徐淮地区徐州农业科学研究所（N $34°16'$，E $117°17'$），山东省莱阳市青岛农业大学莱阳试验站（N $36°54'$，E $120°42'$）。监测时间为 1991—2011 年，监测区种植的作物为小麦和玉米，种植方式为冬小麦-夏玉米轮作。潮土区 6 个点位的土壤 pH 为 6.8～8.3，有机质 4.1～18.9 g/kg，全氮 0.50～1.06 g/kg，全磷 0.46～1.59 g/kg，有效磷 6.5～16.6 mg/kg，速效钾 38.0～173.3 mg/kg。

各监测点由于试验目的不同，设计的处理不同，各监测点的处理可划分为 4 类：不施磷肥（CK）处理、单施化学磷肥（CF）处理、单施有机磷肥（M）处理、有机-无机磷肥配施（CF＋M）处理。本节数据以及第二节至第四节的数据均来源于上述潮土区的 6 个监测点。

（一）潮土有效磷的变化

长期不同施肥条件下潮土区有效磷含量的变化见图 6-2，长期不施磷肥（CK）处理，土壤有效磷（Olsen-P）显著下降（$P<0.01$），土壤 Olsen-P 含量从 1991 年的 4.84 mg/kg 下降到 2011 年的 2.71 mg/kg，降幅为 44.01%。可见，在长期没有磷素投入的情况下，作物主要吸收土壤中的磷，因此，有效磷被长期消耗。其他 3 个处理下土壤有效磷含量均随试验年限的增加而显著增加（$P<0.05$），但不同处理的有效磷含量增速不同，M 处理 1.86 mg/(kg·年)＞CF＋M 处理 1.20 mg/(kg·年)＞CF 处理 0.37 mg/(kg·年)。而且不同处理在监测期内（1991—2011 年）的增幅也不同，M 处理由 32.12 mg/kg 上升至 66.50 mg/kg，增幅 107.04%；CF＋M 处理，由 11.29 mg/kg 到 37.86 mg/kg，增幅 235.29%。

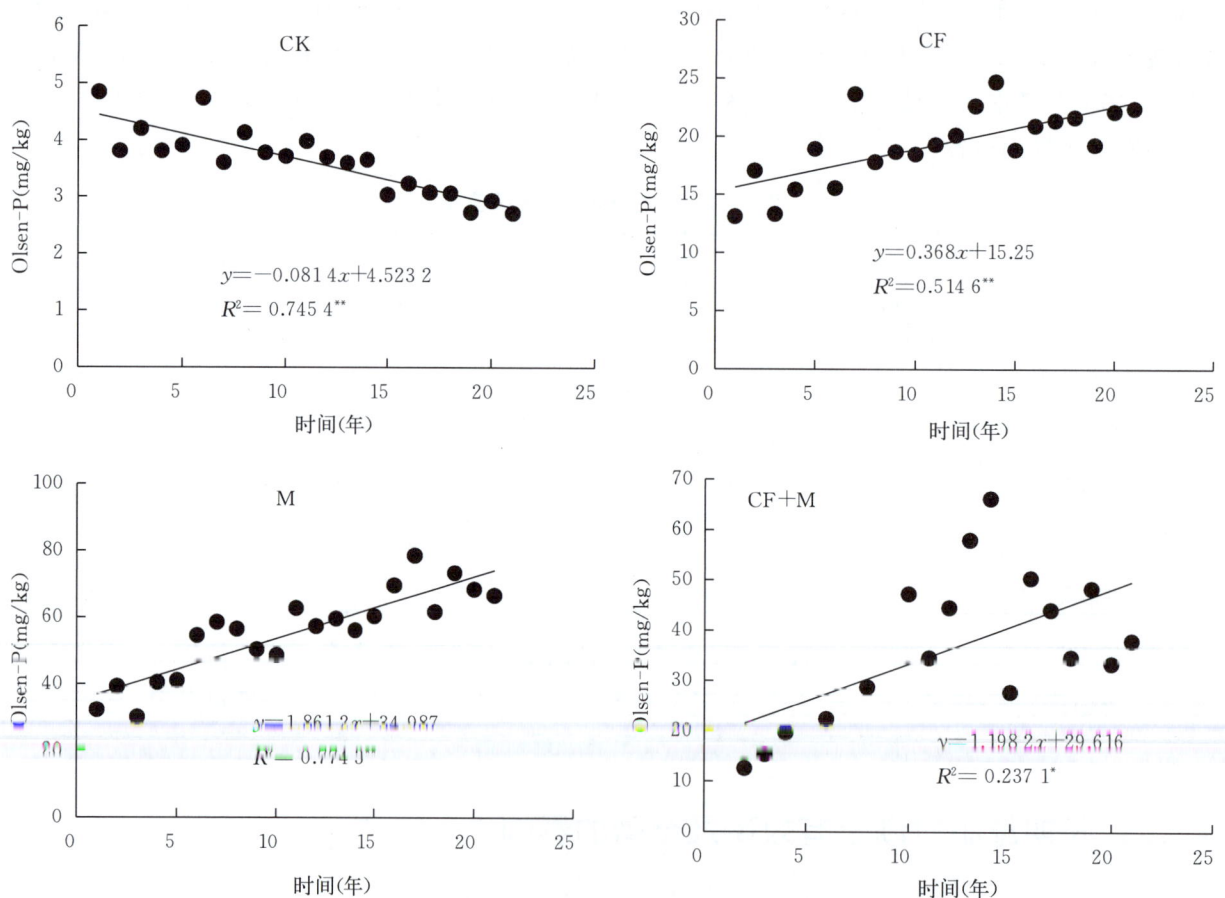

图 6-2　长期施肥对潮土有效磷含量的影响

由此可见，CF+M 处理是减少磷的固定和提高磷肥利用率的有效措施，在农学阈值与环境阈值范围
内，可通过 CF+M 处理维持并逐步提高土壤有效磷含量，有利于恢复与建立较大容量的土壤有效
磷库。

（二）潮土全磷的演变

长期不同施肥条件下潮土区全磷变化见图 6-3，除 CK 处理耕层土壤全磷维持在同一水平，未出
现显著变化外；其余各施磷处理耕层土壤全磷含量均随试验年限增加而增加（$P<0.05$），因为这些处
理的施磷量均高于作物磷携出量，随种植年限增加磷累积量也在增加。CF 处理监测期内由 0.74 g/kg 到
0.86 g/kg，增幅 16.22%；M 处理增加速率为 0.007 g/(kg·年)；CF+M 处理，由 0.74 g/kg 到
1.50 g/kg，增幅为 101.46%，增速为 0.021 g/(kg·年)。

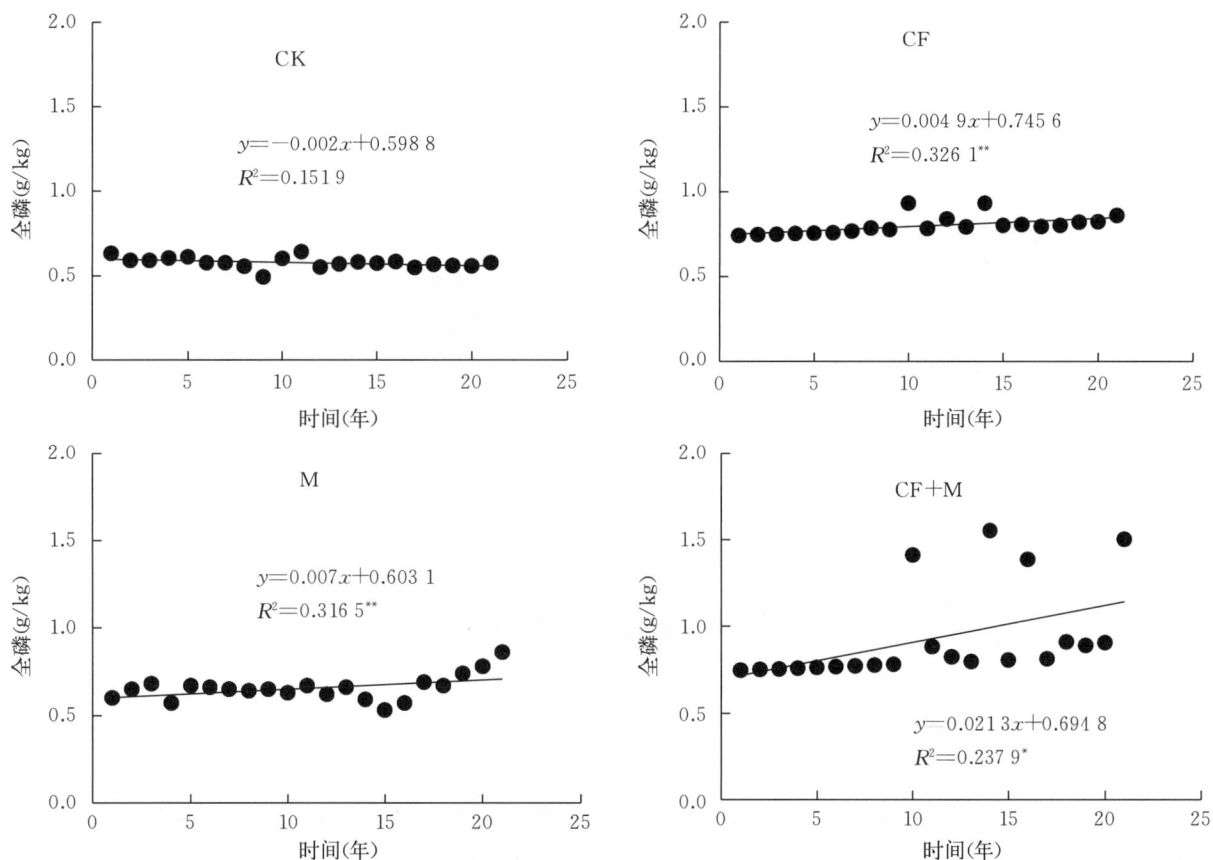

图 6-3　长期施肥对潮土全磷含量的影响

（三）长期施肥下土壤全磷与有效磷的关系

土壤有效磷是全磷中活性最高的部分，有效磷与全磷之比被定义为磷素活化系数（以下简称
PAC），用以表征土壤磷活化能力和磷素有效性。长期施肥下潮土区磷活化系数随时间的演变规律见
图 6-4，CK 处理土壤 PAC 随试验时间延长显著降低（$P<0.01$），由 1991 年的 0.77% 下降到 2011
年的 0.47%，年均下降 0.01%；数值均低于 2%，表明不施磷肥情况下，全磷很难转化为有效磷
（贾兴永等，2011）。CF 处理，土壤 PAC 均随种植年限的延长而显著上升（$P<0.01$），由 1991 年的
1.77% 上升到 2011 年的 2.61%，增幅 47.54%，年均上升 0.03%。M 处理和 CF+M 处理均随年数

显著增加（$P<0.05$），年增加速率分别为0.23%和0.14%，均高于CF处理。由此可见，M处理活化系数最高，其次是CF+M处理，两者均高于CF处理。

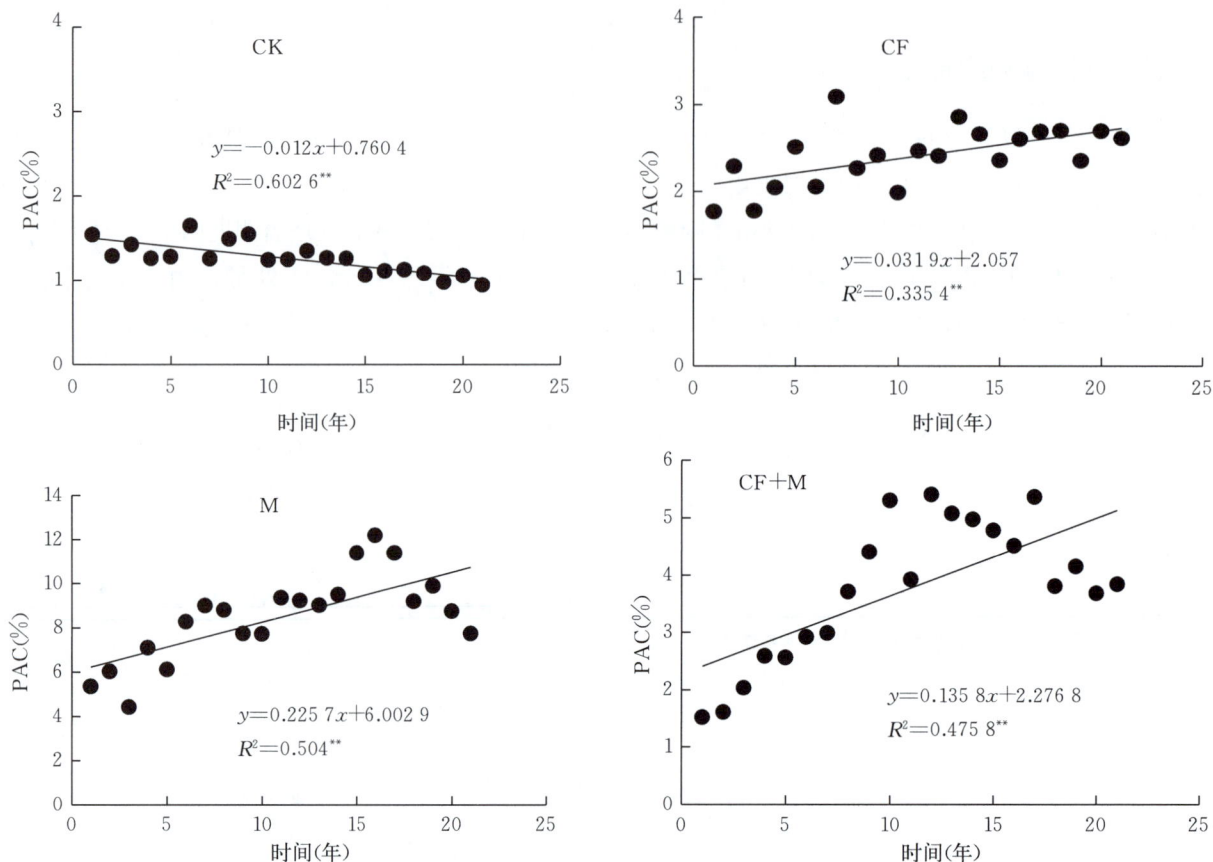

图6-4　长期施肥对潮土PAC的影响

第二节　潮土有效磷与磷盈亏的关系

一、潮土磷素盈亏平衡

长期施肥下各处理的土壤磷素年均表现盈亏量。不施磷肥的处理（CK）的表观磷盈亏一直呈现亏缺状态，土壤磷亏缺量的均值为19.14 kg/hm²，主要是土壤磷随作物收获物移出而被带走所致。由于磷素缺乏会影响作物的品质和产量，当季作物磷亏缺量会随种植时间延长而减少。而施磷肥的3个处理（CF、M、CF+M）当季土壤表观磷盈亏呈盈余状态。CF处理当季土壤磷盈余值的平均值为29.43 kg/hm²，随种植时间延长年盈余量波动较小。M处理和CF+M处理土壤当季土壤磷盈余值均高于CF处理，年均盈余量分别为41.97 kg/hm²和90.36 kg/hm²（图6-5）。

CK处理土壤磷一直处于亏缺状态（图6-6），且亏缺值随种植年限增加而增加。CF处理，土壤磷一直处于盈余状态，且土壤磷累积盈余值随施磷时间延长而增加，2011年土壤磷累积盈余量为469.06 kg/hm²。M处理和CF+M处理土壤磷累积盈余值均较高，截至2011年，M处理和CF+M处理土壤累积磷盈余量已经分别达到866.71 kg/hm²和1 940.89 kg/hm²，磷素肥力提高主要依赖于磷素盈余量，说明在潮土上M处理或者CF+M处理能有效地提高土壤磷平衡值。

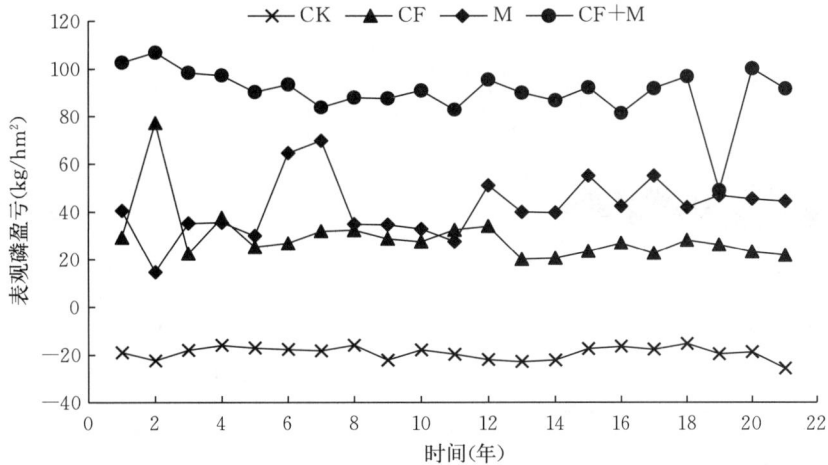

图 6-5　各处理当季土壤磷表观盈亏

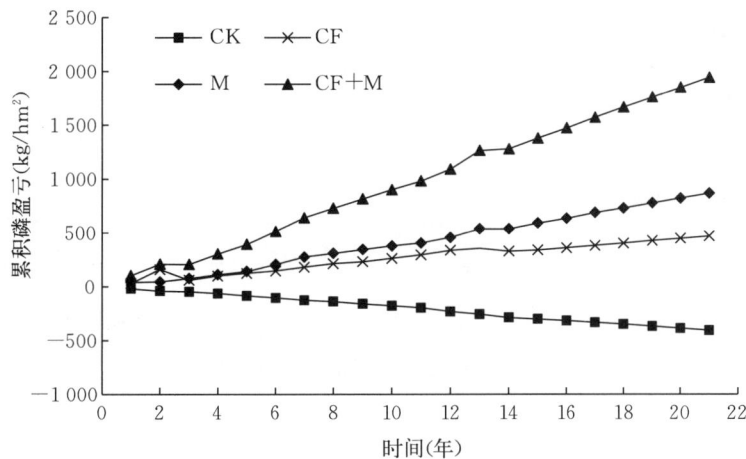

图 6-6　各处理土壤磷累积盈亏

二、长期施肥下土壤有效磷变化对土壤磷素盈亏的响应

长期不同施肥模式下潮土区 Olsen-P 有效磷变化量与土壤耕层磷（P）盈亏的响应关系见图 6-7。不施磷肥的处理（CK）土壤耕层磷每亏缺 100 kg/hm²，Olsen-P 下降 0.07 mg/kg。施用化学磷肥，单施有机肥和有机肥无机肥配施的 3 个处理（CF、M、CF+M），土壤 Olsen-P 增量与土壤累积磷盈余均表现为极显著正相关（$P<0.01$）。土壤耕层磷每积累 100 kg P/hm²，3 个处理 Olsen-P 分别上升 2.43 mg/kg、4.55 mg/kg 和 1.63 mg/kg。总体上，有机物料配施化学磷肥可显著提高单位磷投入所增加的土壤有效磷含量。

从图 6-8 可以看出，各处理耕层土壤 Olsen-P 变量与土壤磷累积盈亏量也呈极显著正相关关系（$P<0.01$），潮土耕层磷平均每盈余 100 kg/hm²，Olsen-P 浓度上升 2.86 mg/kg。国际上多数研究认为约 10% 的累积磷盈余转变为有效磷（Johnston，2000）。曹宁等（2012）对中国 7 个长期试验地点 Olsen-P 与土壤累积磷盈亏的关系进行研究，发现土壤 Olsen-P 含量与土壤磷盈亏呈现极显著线性相关（$P<0.01$），中国 7 个样点土壤耕层磷每盈余 100 kg/hm²，Olsen-P 上升范围为 1.44～5.74 mg/kg，试验结果的差异可能是连续施肥的时间、环境、种植制度和土壤理化性质不同引起的。

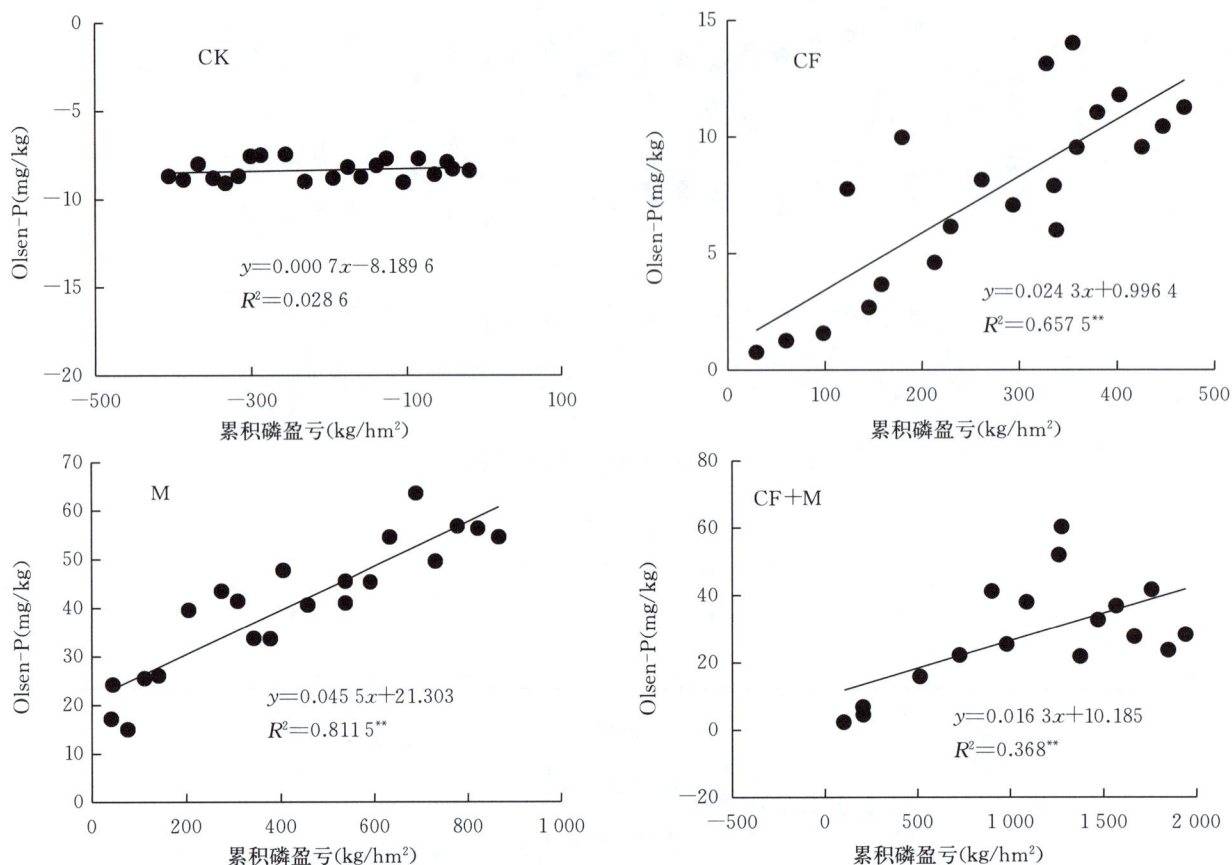

图 6-7　有效磷对土壤累积磷盈亏的响应

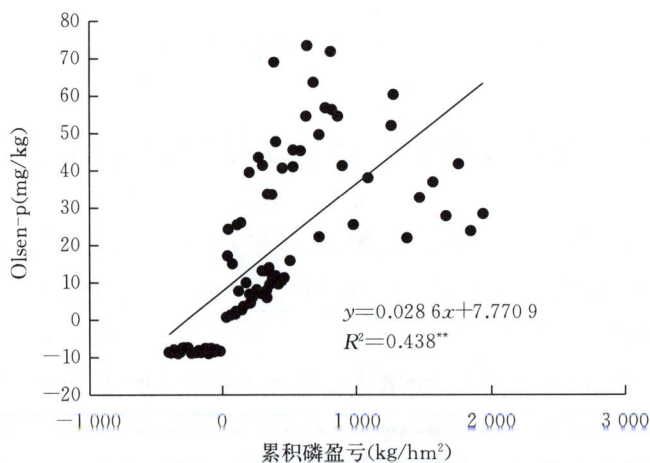

图 6-8　有效磷与土壤累积磷盈亏的关系

第三节　潮土有效磷农学阈值

土壤 Olsen-P 可很好地反映土壤的供磷能力，当土壤 Olsen-P 含量较低时，不能满足作物的生长需求，造成作物明显减产；但当土壤 Olsen-P 含量过高时，则对作物的增产效果不明显，甚至可能由于淋溶或者地表径流造成环境污染，因而确定土壤 Olsen - P 含量的适宜水平对作物产量与环境保护具有重要意义。

磷农学阈值是指当土壤 Olsen - P 含量达到某个值后，作物产量不随磷肥的继续施用而增加，即作物产量对磷肥的施用响应降低。是通过拟合土壤 Olsen - P 含量与作物产量的关系得到的，拟合方法中应用比较广泛的有线性模型和米切里西方程 2 种（Mallarino and Blackmer，1992）。

基于潮土不同施肥处理 Olsen - P 含量水平与作物产量长期定位数据，通过米切里西方程模型，得到小麦和玉米的农学阈值（图 6 - 9）分别为 14.99 mg/kg 和 9.18 mg/kg。祁阳红壤长期定位试验站的小麦、玉米的有效磷农学阈值分别为 12.7 mg/kg、28.2 mg/kg（Bai et al.，2013）。Tang 等（2009）对昌平、郑州和杨凌玉米的有效磷农学阈值的研究发现，玉米的有效磷农学阈值 15.3 mg/kg 略低于小麦的 16.3 mg/kg，可能与玉米植株可利用有效磷量较大、玉米季的土壤供磷能力较强有关。

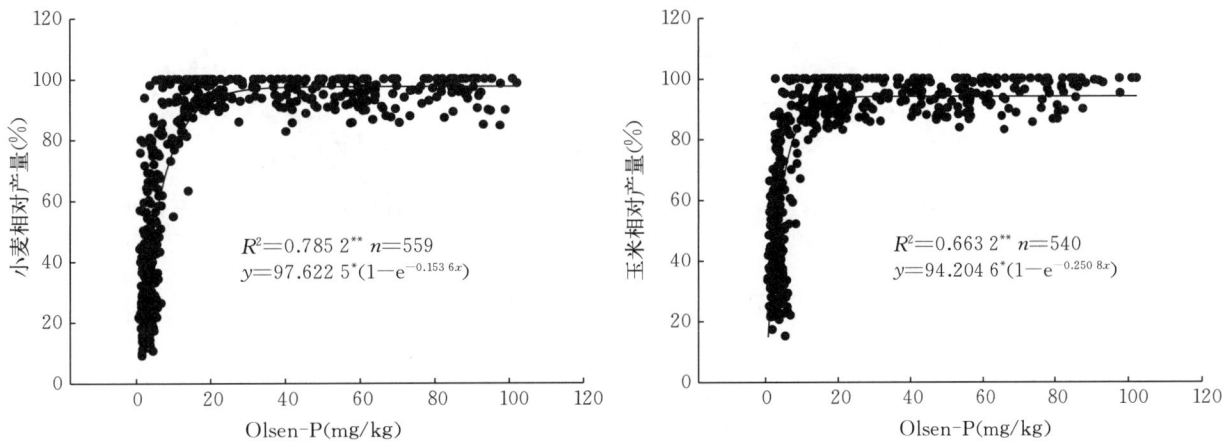

图 6 - 9　小麦和玉米的产量与土壤有效磷的响应关系

小麦图内：
$R^2 = 0.785\ 2^{**}\quad n = 559$
$y = 97.622\ 5^*(1 - e^{-0.153\ 6x})$

玉米图内：
$R^2 = 0.663\ 2^{**}\quad n = 540$
$y = 94.204\ 6^*(1 - e^{-0.250\ 8x})$

第四节　潮土磷素利用率

一、不同处理磷素吸收特征

长期不同施肥下，小麦、玉米吸磷量在不同时间段有较大差异（表 6 - 2）。CK 处理作物吸磷量显著低于施用磷肥的处理，具体表现为 CK<CF<M<CF＋M。CF 处理，小麦、玉米吸磷量有前期逐渐升高，后期略有降低的趋势。CF＋M 处理，整体上小麦吸磷量高于玉米吸磷量。21 年内，小麦平均吸磷量除 CK 处理外均高于玉米吸磷量。

表 6 - 2　长期不同施肥对作物秸秆和籽粒磷素吸收的影响（kg/hm²）

处理	1991—1995 年		1996—2000 年		2001—2005 年		2006—2011 年		1991—2011 年（21 年平均）	
	小麦	玉米	小麦	玉米	小麦	玉米	小麦	玉米	小麦	玉米
CK	9.0	10.7	7.0	11.4	8.0	11.3	4.6	13.2	7.1	11.6
CF	19.9	17.1	19.5	16.8	20.7	21.4	21.3	21.2	20.4	19.1

（续）

处理	1991—1995 年		1996—2000 年		2001—2005 年		2006—2011 年		1991—2011 年（21 年平均）	
	小麦	玉米	小麦	玉米	小麦	玉米	小麦	玉米	小麦	玉米
M	28.2	29.5	23.4	28.4	33.6	30.2	19.8	32.4	26.2	30.1
CF+M	32.6	27.2	32.0	28.9	31.5	28.1	37.8	35.4	33.5	29.9

小麦和玉米 2 种作物的产量与吸磷量呈极显著正相关关系（图 6 - 10）。小麦拟合方程为 $y=175.51x+906.5$（$R^2=0.858$，$n=288$，$P<0.01$），玉米的拟合方程为 $y=184.35x+1692.1$（$R^2=0.8145$，$n=235$，$P<0.01$）。根据拟合方程得出在潮土上，作物每吸收 1 kg 磷，小麦和玉米产量分别提高 175.51 kg/hm² 和 184.35 kg/hm²。

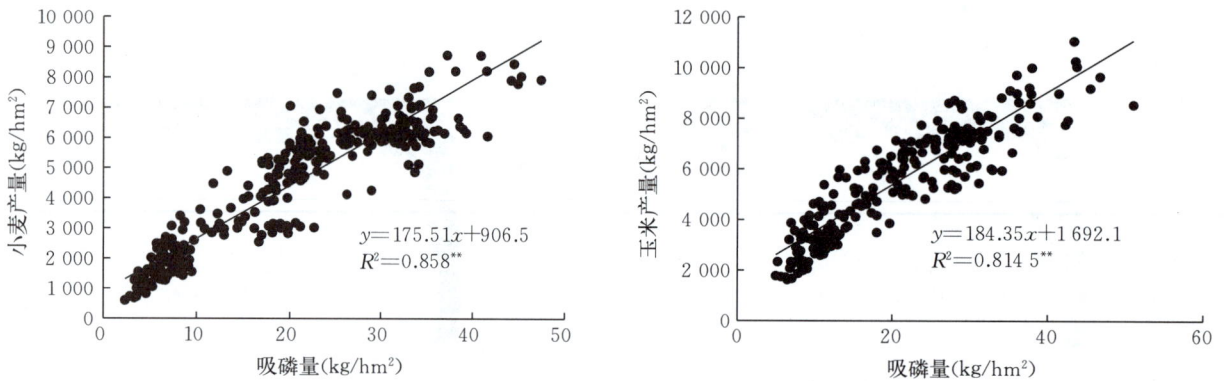

图 6 - 10 小麦、玉米产量与作物磷素吸收的关系

二、不同处理磷肥回收率

总体来看，玉米季各处理磷肥回收率高于小麦季，其中小麦磷肥回收率的变化趋势各不相同（图 6 - 11）。施用磷肥的处理（CF）磷肥回收率逐渐上升，施肥 21 年后磷肥回收率从初始的 15% 左右，上升到 49% 左右。M 处理，小麦磷肥表观利用率最初为 23% 左右，随后缓慢上升，稳定在 30% 左右。CF+M 处理，施肥 21 年后磷肥回收率从初始的 23% 左右，提升到 42% 左右。高量化学磷肥和有机肥配施对提高作物磷肥回收率具有明显的效果，多年均保持在 25%～35%。

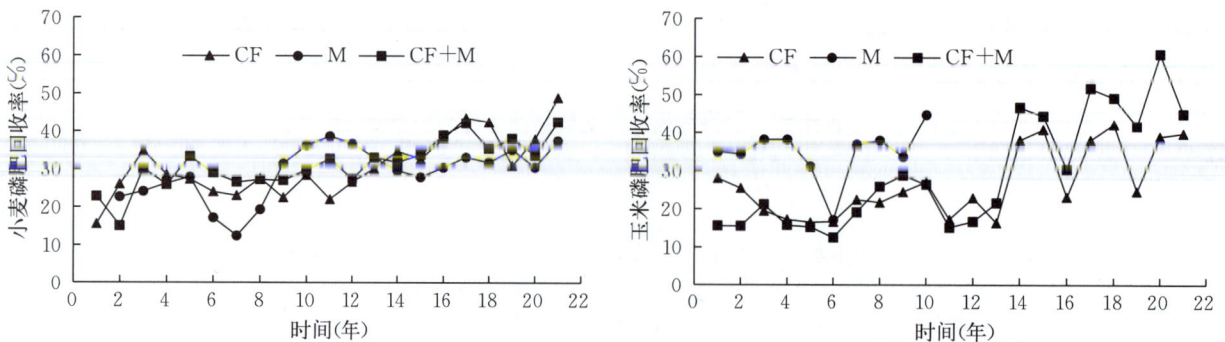

图 6 - 11 小麦、玉米磷肥回收率的变化（1991—2011 年）

玉米磷肥回收率的变化趋势和小麦基本一致（图 6 - 11），CF 处理施肥 21 年后磷肥回收率从初始的 27％左右，上升到 39％左右。M 处理在 10 年内保持增长趋势，从 1991 年的 35％左右上升到 2000 年的 45％左右。

长期不同施肥下，不同作物磷肥回收率对磷肥施用时间的响应关系不同（表 6 - 3）。总体上，3 个处理（CF、M、CF＋M）小麦季磷表观回收率均随时间显著升高，年均上升速率分别为 0.72％、0.84％和 0.97％，玉米的磷肥回收率除 M 处理外也随时间呈现显著上升趋势，CF、CF＋M 处理年均上升速率分别为 0.94％和 2％，CF＋M 处理磷肥回收利用率年均提升速率最高。

表 6 - 3　磷肥回收率随种植时间的变化关系

处理	小麦	玉米
CF	$y = 0.970\ 9x + 20.089$	$y = 0.935\ 3x + 16.407$
	$R^2 = 0.549\ 3^{**}$	$R^2 = 0.408\ 2^{**}$
M	$y = 0.715\ 3x + 20.873$	$y = 0.387x + 32.566$
	$R^2 = 0.359\ 1^{**}$	$R^2 = 0.026\ 6$
CF＋M	$y = 0.842\ 9x + 21.987$	$y = 2.009\ 8x + 7.357\ 6$
	$R^2 = 0.658\ 1^{**}$	$R^2 = 0.695\ 7^{**}$

第五节　潮土磷素形态

一、潮土矿物以及分区特征

土壤中黏粒矿物绝大部分为次生矿物，也有少量由原生矿物演变而来的碎屑矿物。潮土的黏土矿物组成以水云母为主，蒙脱石、蛭石、高岭石次之。蒙脱石含量与潮土区域河流上游携带的物质来源有关，黄河流域沉积物蒙脱石明显较高。潮土中含游离的碳酸钙，其含量也受河流的沉积物影响，在黄河及其支流区域周边潮土，其碳酸钙含量高，pH 也相对高，长江及其支流区域周边潮土中碳酸钙含量少，土壤 pH 偏低，接近于中性土。

潮土母质中含有丰富的碳酸钙，在长期发展过程中土体容易出现碳酸钙淀积，导致潮土土壤钙化。土壤钙化的过程包括碳酸钙在土体的淋溶过程中由不溶性变成可溶性，随水下淋；在干湿季节变化时，土体中的重碳酸钙变成碳酸钙淀积在土体中；受人为耕作、生物活动等的影响，土壤上层石灰含量增加。

成土母质对潮土黏土矿物组成有较大影响，质地是一个重要因素。SiO$_2$ 的比例，壤质潮土和黏质潮土中分别占 70％和 62％左右，由此可见，质地越沙，SiO$_2$ 含量越高，而 Al$_2$O$_3$ 含量则越低。黏质潮土 CaO 含量高于壤质潮土，说明黏质潮土风化淋溶作用较弱（表 6 - 4）。

表 6 - 4　不同类型潮土化学组成的地区性差异

地点	土壤类型	化学组成（％）				
		SiO$_2$	Al$_2$O$_3$	Fe$_2$O$_3$	K$_2$O	CaO
河南民权	壤质潮土	69.50	12.76	1.27	1.94	5.10
河南濮阳		69.40	12.62	3.48	2.74	7.49
河南民权	黏质潮土	62.40	14.29	3.71	3.02	9.00

资料来源：《河南土壤地理》，1993。

二、潮土磷素形态特征

（一）潮土磷素的形态类型

潮土中碳酸钙含量高，磷酸多与钙结合形成钙磷酸盐，所以潮土的固磷效果较强。土壤磷主要分为无机磷和有机磷，无机磷形态主要包括 Ca_2-P、Ca_8-P、$Al-P$、$Fe-P$、$O-P$、$Ca_{10}-P$，有机磷形态包括活性有机磷、中等活性有机磷、中稳性有机磷、高稳性有机磷。其中，无机磷占土壤磷总量的 60%～80%，作物利用的磷主要来源于无机磷。

土壤磷组分分级方法是采用不同的化学浸提剂，得到土壤中磷素的不同存在形态。最早提出土壤磷分级方法的是 Fisher 和 Dean，到 1957 年张守敬-Jackson 提出了比较全面的土壤无机磷分级体系，该体系根据不同阳离子与磷酸根离子的结合，将土壤磷形态分为 NH_4Cl-P、$Al-P$、$Fe-P$、$Ca-P$ 等，并首次提出了闭蓄态磷的概念，但此分级方法比较适合南方的酸性土壤磷的分级。对北方的石灰性土壤来说，碳酸钙含量高，磷素多形成与钙结合的磷酸盐（$Ca-P$），且 $Ca-P$ 形态多样，用张守敬-Jackson 无机磷分级体系不能将 $Ca-P$ 的多种形态区分开，直到 1989 年顾益初和蒋柏藩根据石灰性土壤的特点，提出石灰性土壤无机磷分级体系，将与钙结合的磷形态细分为 Ca_2-P、Ca_8-P 和 $Ca_{10}-P$，通过连续浸提的方法使 $Fe-P$ 和 $O-P$ 得到了很好的分离。1982 年 Hedley 等提出的新的分级方法中，将土壤磷分为树脂-Pi、$NaHCO_3-P$、微生物磷、$NaOH-P$、超声波 $NaOH-P$、$HCl-P$ 和残余-P。

石灰性土壤的无机磷以 $Ca-P$ 为主，占无机磷总量的 80% 以上，$Al-P$、$Fe-P$ 均占无机磷总量的 4%～5%，$O-P$ 占 10% 左右。在土壤各形态无机磷组分中，以 Ca_2-P 有效性最高，最容易被作物吸收利用，是第一有效的磷源；其次是 Ca_8-P，是土壤第二有效的磷源；$Al-P$、$Fe-P$ 的有效性低于 Ca_2-P 和 Ca_8-P，$Ca_{10}-P$ 和 $O-P$ 有效性最低。长期大量的磷素施入土壤后，首先被土壤吸附形成有效性最高的 Ca_2-P，随时间的延长转化为 Ca_8-P，最后被固定转化为稳定的 $Ca_{10}-P$。

（二）施肥对潮土磷形态的影响

已有研究表明，施用无机磷肥与有机复混磷肥能显著提高潮土的 Ca_2-P、Ca_8-P、$Al-P$ 含量，对 $Fe-P$、$Ca_{10}-P$、$O-P$ 含量影响不大（杜伟，2011）。施用猪粪可以显著提高石灰性土壤 Ca_2-P、Ca_8-P 含量，$Al-P$ 和 $Fe-P$ 也有一定的增加，粪肥可以提高土壤有效磷及有效磷占全磷的比例（Xue et al.，2013）。

河南省国家潮土肥力与肥料效益长期定位试验基地观测数据表明，潮土无机磷组分中 $Ca_{10}-P$ 比例最高（>40%），其次为 $O-P$ 和 Ca_8-P；长期单施化肥、秸秆还田、有机肥与无机肥配施模式均能提高潮土土壤各形态无机磷含量，以有机肥与无机肥配施提高程度最大，各形态无机磷以 Ca_2-P 和 Ca_8-P 提高程度最大，增强了潮土土壤的供磷能力。连续施磷肥 28 年土壤无机磷总量随施肥年限呈增加趋势，其中 Ca_2-P、Ca_8-P、$Al-P$、$Fe-P$ 占无机磷总量的相对含量均升高，$Ca_{10}-P$ 和 $O-P$ 的相对含量均降低，有机肥无机肥配施效果最显著（图 6-12）。

长期施肥对土壤磷形态及有效性的影响。长期施肥土壤各形态无机磷与有效磷呈显著相关关系（表 6-5），相关性表现为：$Ca_2-P>Ca_8-P>Al-P>Fe-P>O-P>Ca_{10}-P$，有效磷与 Ca_2-P 的相关系数最大，说明 Ca_2-P 是对土壤有效磷贡献最大的无机磷组分，是最有效的磷源，其次是 Ca_8-P、

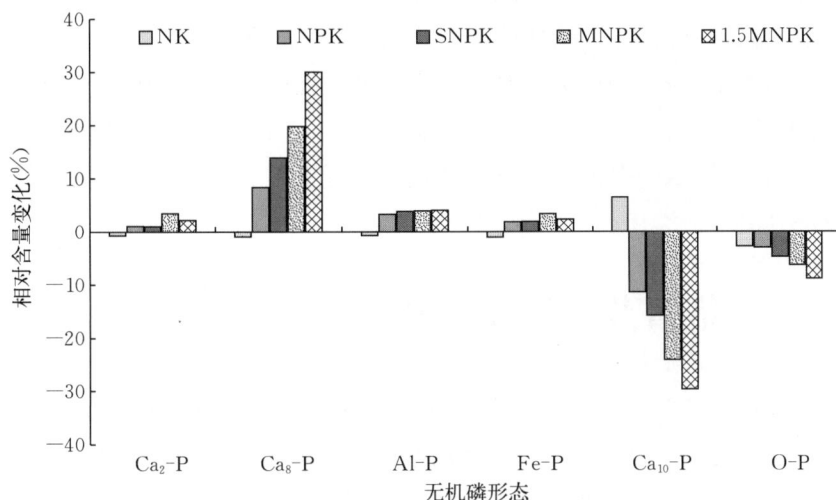

图 6-12 长期不同施肥模式土壤无机磷组分相对含量变化

Al-P 和 Fe-P，它们通过磷素动态平衡转化为能被作物吸收利用的磷形态。

表 6-5 土壤各形态无机磷与有效磷的相关性分析

组分	无机磷形态					
	Ca_2-P	Ca_8-P	$Al-P$	$Fe-P$	$Ca_{10}-P$	$O-P$
Olsen-P	0.963**	0.524**	0.467**	0.454**	0.156	0.326*

注：*表示 $P<0.05$，**表示 $P<0.01$。

潮土有机磷中，中等活性有机磷是有机磷最主要的组成部分，占有机磷总量的 67.0%～92.9%。施用化肥能使潮土耕层土壤活性和中等活性有机磷增加，中稳性和高稳性有机磷下降，说明化肥促使稳性、中稳性有机磷向活性、中等活性有机磷转化。在石灰性土壤上施用猪粪和磷肥，显著增加了活性、中等活性和中稳性有机磷的含量。其中，以中稳性有机磷的增幅最大，而高稳性有机磷的变化没有明显规律（尹金来，2001）。

除施肥措施外，潮土磷形态还受其他多种因素的影响，如施肥制度、作物类型、土壤深度、土壤改良剂（磷活化剂）等。

施肥能明显提高土壤 Ca_2-P、Ca_8-P、$Al-P$、$Fe-P$ 质量分数。其中，菌肥可以提高 Ca_8-P、$Al-P$、$Ca_{10}-P$、$O-P$ 的活化效果，各施肥处理对提高土壤无机磷养分效果的顺序为化肥+有机肥+菌肥＞化肥+有机肥＞化肥＞有机肥＞CK（杨毅，2015）。秸秆还田可以提高土壤磷含量，随秸秆用量的增加土壤全磷、Olsen-P 和无机磷中的 Ca_2-P、Ca_8-P、$Al-P$ 均显著增加，无机磷中以 Ca_2-P 增幅最大，其次为 Ca_8-P 和 $Al-P$（黄欣欣，2016）。

对比菜田和粮田，石灰性菜园中土壤耕层全磷、有效磷、无机磷与有机磷均比粮田富集强烈，各形态无机磷含量的垂直分布，Ca_2-P、Ca_8-P、$Fe-P$ 含量为表层强烈富集，向下骤减的垂直分布特征，Ca_2-P、Ca_8-P 与 $CaCO_3$ 含量和 pH 的降低呈显著的负相关（宋付朋，2005）。长期施肥研究表明，有机磷组分在 0～60 cm 土壤中的迁移性较大，施肥显著提高 0～60 cm 土层的中稳定性有机磷含量；施无机肥显著提高 40～60 cm 土层的活性有机磷含量；施用有机肥和有机无机肥配施显著提高 40～60 cm 土层的中等活性有机磷含量（陈军平，2015）。0～20 cm 土壤有机磷含量比 20～40 cm 高，主要是因为中等活性有机磷含量的不同。随着土层加深，活性和中等活性有机磷占有机磷的比重呈减小趋势，而中稳性、高稳性有机磷则呈增加趋势（化党领，2008）。

磷活化剂可以提高潮土的 Ca-P、Al-P 和 Fe-P 等无机磷含量，抑制 O-P 的生成。解磷细菌能使石灰性土壤中可利用有效磷含量增加。而增值磷肥腐殖酸、海藻酸和谷氨酸可以提高土壤 Ca_2-P、Ca_8-P 和 Al-P 含量，减缓 Al-P 向 Fe-P 的转化，降低土壤对磷的固定，其降低程度表现为谷氨酸＞腐殖酸＞海藻酸（潘虹，2015；李志坚，2013）。

第六节　潮土磷肥高效利用技术

潮土为石灰性土壤，$CaCO_3$ 含量高，磷肥易与 Ca^{2+} 形成沉淀，从而降低肥料的有效性和当季利用率。因此，如何减少磷的固定、提高磷肥的利用率一直是磷素研究领域的热点和难点。潮土区是我国的粮食主产区，最普遍的种植制度为冬小麦-夏玉米一年两熟制，这种高复种指数、高利用强度的种植制度对潮土的养分消耗很大。因此，研究潮土区磷肥的高效利用对该地区的农业生产至关重要，对保障我国的粮食安全具有举足轻重的作用。

一、磷肥施用现状

145 个潮土监测点 2018 年的磷肥用量的均值为 230.21 kg/hm²。其中，有机磷肥用量的均值为 36.98 kg/hm²（n＝145，其中 59 个点位的施用量为 0），化学磷肥用量的均值为 193.23 kg/hm²。

按区域划分，145 个监测点属于 6 个区域，黄淮海区、长江中下游、黄土高原区、甘新区、内蒙古及长城沿线区和西南区（表 6-6）。由于内蒙古及长城沿线区（2 个）和西南区（1 个）两个区域的点位数偏少，代表性不强，所以只对其余 4 个区域进行比较。有机磷肥用量均值以黄淮海区和黄土高原区为高，分别为 41 kg/hm² 和 37 kg/hm²，其次是长江中下游区，甘新区最低。化学磷肥用量与磷肥总量的区域特点相似，均为黄淮海区最高，显著高于长江中下游区和黄土高原区（P＜0.05），甘新区与其他 3 个区域均无显著性差异。对于黄淮海区域，磷肥总量达到 257 kg/hm²，而且有机磷肥和化学磷肥的用量均最高，该区域的有效磷均值达到 35.66 mg/kg（表 6-6），超过了多种作物的农学阈值，而且部分点位已经超过了环境阈值。因此，黄淮海区域磷肥大量投入引起的水体富营养化风险较高，该区域磷肥的施用需要重点关注。

表 6-6　潮土不同区域磷肥投入量

区域	有机磷肥用量（kg/hm²）			化学磷肥用量（kg/hm²）			磷肥总量（kg/hm²）			样本数
	均值	最小值	最大值	均值	最小值	最大值	均值	最小值	最大值	
黄淮海区	41	0	396	216a	96	897	257a	96	898	91
长江中下游区	28	0	510	165b	45	480	193b	45	618	38
黄土高原区	37	4	127	109b	74	165	146b	78	251	8
甘新区	15	0	37.5	191ab	104	272	206ab	138	272	5
内蒙古及长城沿线区	68	0	135	114	41	186	182	41	321	2
西南区	0	—	—	56	—	—	56	—	—	1

注：表中不同字母表示不同区域在 5% 水平上差异显著。

二、磷肥利用率的影响因素

磷肥的利用率受多种因素的影响，如作物种类、土壤特性、磷肥的溶解性等（李青军，2018）。磷肥在农业生产中通常被用作基肥，农民选择磷肥多以价格优惠、高养分含量作为标准，而很少考虑作物的需求、土壤特性及磷肥的溶解度等。

1. 作物种类　马铃薯种植体系当季磷肥利用率仅为 11.2%（陈杨等，2012），远低于小麦 15.3%～31.2%（高静等，2009）、玉米 16.1%～28.4%（范秀艳等，2013）、水稻 15.22%～21.44%（易均等，2016）三大粮食作物。

2. 土壤的特性　酸性土壤应施用碱性肥料，中性和石灰性土壤应施用酸性肥料（陆景陵，2003）。对于 pH>7 的潮土，相同施磷量下，磷酸一铵的磷肥利用率显著高于磷酸二铵。相同施磷量条件下，土壤 pH 为 7.8 的潮褐土上，对小麦的产量、植株磷含量均表现为重过磷酸钙＞钙镁磷肥＞磷矿粉（王庆仁等，2000）。

3. 磷肥的溶解度　不同肥料的溶解度不同，过磷酸钙＜磷酸一铵＜磷酸二铵，最终磷酸一铵的磷肥利用率显著高于过磷酸钙（pH 2.38），过磷酸钙与磷酸二铵的磷肥利用率无显著差异。

三、磷肥施用技术

（一）磷肥减量施用

我国有效磷含量全国均值达到 31.27 mg/kg，已经超过了玉米（15.3 mg/kg）、小麦（16.3 mg/kg）及其他多种作物的农学阈值（Tang，2009）。因此，磷肥减量施用技术在重点区域（如黄淮海区域）和重点作物（果树和蔬菜）上尤其适用，是减肥增效的重要手段（信秀丽，2015）。目前，黄淮海区域施肥量和土壤有效磷含量在全国处于最高水平，磷肥减量施用的空间最大。有研究表明，磷肥过量在山东寿光、河北等设施栽培中均普遍存在，对有效磷含量中等（40 mg/kg）的壤质石灰性潮土，连续 3 年与农民常规施肥（675 kg/hm²）相比减磷 60% 或不施磷并未降低番茄产量，且未影响番茄对磷素的吸收（李若楠等，2017；赵伟，2019）。

有效磷的农学阈值和环境阈值是指导磷肥施用的重要依据。小麦和玉米土壤有效磷的农学阈值分别为 7.5～23.5 mg/kg 和 5.7～15.2 mg/kg（柴泽宇，2019），当土壤有效磷含量高于农学阈值时，作物的产量不再增加。黄绍敏（2006）探讨了不同施肥方式下 Olsen-P 的累积规律，提出了潮土 Olsen-P 发生淋溶的阈值为 40 mg/kg。因此，对于潮土区，有效磷含量<40 mg/kg 时，对于多数大田作物既能保证高产，又不会造成淋溶风险。潮土区蔬菜和果树土壤有效磷的农学阈值和环境阈值的研究相对较少，有待于进一步研究。

在磷肥的施肥推荐策略中，考虑磷养分的周年统筹（综合考虑土壤养分的周年释放规律与轮作制度的结合），也是磷肥减量施用的重要技术。以华北地区典型冬小麦-夏玉米轮作系统为研究对象，在高磷土壤上，减量统筹施磷措施的周年磷肥利用率可从 7% 提高到 16.6%，周年磷养分偏生产力从 66 kg/kg 提高到 130 kg/kg，磷肥农学效率从 5.5 kg/kg 提高到 8.9 kg/kg；在中磷土壤上，周年磷肥利用率从 11.4% 提高到 23.8%，周年磷养分偏生产力从 57 kg/kg 提高到 112 kg/kg，磷肥农学效率从 10.8 kg/kg 提高到 20 kg/kg。可见潮土区当前土壤普遍磷盈余情况下，减量统筹施磷可大幅提高磷肥利用效率，且保障冬小麦、夏玉米两茬作物不减产（李楠，2019）。

（二）有机无机肥配施技术

有机无机肥配施是潮土区重要的磷肥施用方式。在低肥力土壤上，有很好的培肥效果，增产效果良好；但是对于高肥力土壤，建议有机肥限量使用，且结合秸秆还田，保证小麦、玉米高产稳产，同时减少养分损失、节约资源（黄绍敏，2006）。

秸秆和有机肥对增加潮土 $0.25 \sim 5$ mm 级的团聚体含量效果明显，潮土中无机磷主要存在于 $0.25 \sim 5$ mm 级的团聚体中。说明有机肥无机配施的情况下，有助于无机磷从大团聚体向小等团聚体中转移，而小团聚体中的磷素更容易被植物利用，证实了有机无机肥配施能够增加磷素有效性（梁涛，2010）。因此，提高有机肥用量，同时降低磷肥总量的方式可能对潮土区减肥增效有重要意义（信秀丽，2015）。

（三）新型磷肥的应用

多年来我国农业的发展以磷肥的大量施用为基础，不仅引发了磷资源的危机（Sattari，2012），而且提高了环境风险。因此，研发新型磷肥及施用技术，提高磷肥在土壤中的移动性以维持其生物有效性，是实现按需施磷进而保障农业可持续发展、粮食安全和环境健康的必经之路。

1. 聚磷酸磷肥 作为一种高养分浓度的缓释磷肥，近年来受到广泛关注，其可显著提高石灰性土壤磷的有效性。与磷酸铵相比，聚磷酸磷肥提高土壤水溶性磷和有效磷分别为 19.0% 和 25.4%，并且提高 Resin - P（树脂磷）、$NaHCO_3$ - P（高活性磷）和 NaOH - P（中活性磷）分别为 22.8%、43.3% 和 33.8%（王雪薇，2018）。有研究表明，聚磷酸磷肥在土壤中的移动距离平均为 $45 \sim 60$ cm。聚磷酸磷肥的施用效果不仅取决于其本身的性状，也与土壤类型、酸碱度、离子组成、温度和土壤生物学性状等因子紧密相关。

2. 超微细活化磷肥 将磷矿粉的粒径研磨至 <100 μm 称为磷矿粉的超微细化，通过超微细化处理磷矿粉，能够提高土壤的有效磷含量，并且随着所施磷矿粉颗粒细度的增加，土壤 Olsen - P 含量随之增加。将过磷酸钙、硫酸钾、腐殖酸、沸石粉、硅藻土等按不同比例制成的超微细肥料颗粒（<30 μm），在棕壤上应用，显著提高了小白菜的产量（$0.44\% \sim 12.82\%$）、维生素 C 含量（5.37%），提高了土壤有效磷含量（$17.20\% \sim 24.87\%$）和磷肥利用率（$3.28\% \sim 8.47\%$）（王桂伟，2019）。超微细活化磷肥在潮土上的应用效果，有待于开展试验验证。

3. 增值磷肥 增值肥料是在基本不改变肥料生产工艺的基础上，通过增加简单设备向肥料中添加增效剂如腐殖酸类、氨基酸、多元素矿物质类、高分子聚合物以及无机酸、海藻素、多肽等生产的一种肥料。与普通磷肥相比，增值磷肥明显提高土壤的有效磷含量和磷的有效性，减少土壤对磷的固定，从而提高土壤供磷水平。培养 180 d 后，腐殖酸、海藻酸和谷氨酸增值磷肥处理的土壤有效磷分别为 44.48 mg/kg、44.31 mg/kg 和 47.19 mg/kg，分别比对照增加 35.57 mg/kg、37.40 mg/kg 和 40.28 mg/kg，其中谷氨酸增值磷肥增加土壤有效磷含量的幅度最大（李志坚，2013）。

4. 腐殖酸磷肥及磺化腐殖酸磷肥 腐殖酸磷肥中腐殖酸的添加比例在 $1\% \sim 20\%$ 范围内均具有显著的增效作用，可提高玉米产量、磷素吸收量、磷肥利用率及土壤有效磷含量，且腐殖酸添加量越大效果越好；腐殖酸磷肥在降低磷肥用量 20% 左右时仍能保证玉米不减产（李军，2017）。腐殖酸磷肥通过减少磷素在土壤中的固定与吸附，提高土壤中有效磷的含量（马明坤，2019）。

磺化腐殖酸磷肥比普通腐殖酸磷肥可以更有效地提高土壤中磷肥的有效性（提高 $0 \sim 20$ cm 土层

的有效磷含量 16.2%~17.5%），提高冬小麦对磷素的吸收利用（提高小麦地上部磷吸收量 9.2%~
12.3%，提高小麦磷肥农学效率 7.1%~23.6%），进而提高冬小麦籽粒产量（6.3%~17.8%）（马明坤，2019）。

5. 包膜磷肥 包膜磷肥能够降低磷素的释放速率，提高磷肥的有效性。包膜重钙磷肥的施用能提高土壤中有效性磷占总磷的比例，Resin - P 占无机磷比例达到 13.43%，NaHCO$_3$ - P 占无机磷的 16.88%，有效性磷占总磷比例为 25.94%。主要是因为包膜处理的磷肥与土壤直接接触的机会减少，减少了土壤对磷的固定，促进了根系对有效磷的吸收。包膜重钙磷肥施用量为 120 kg/hm^2，可在北方一季水稻栽培中长期施用（韩梅，2018）。

（四）磷肥深施技术

传统的磷肥施用深度一般为 4~8 cm。范秀艳（2013）在春玉米区研究发现分层施磷处理优于传统施磷方式，并且在低施磷量情况下效果更为显著。对于潮土区的夏玉米，有研究发现磷肥集中施在 15 cm 土层效果最好，优于磷肥平均分层施用和浅施（赵亚丽，2010；陈晓影，2019），也有研究表明 24 cm 是最佳磷肥施用深度（杨云马，2018）。磷肥深施能够增加夏玉米深层土壤根系的分布比例（20 cm 以下土层干重提高 19.0%，根长比重提高 39.8%），提高植株对磷肥的吸收、利用效率，显著提高夏玉米产量（23.1%）。

磷肥及对应的施用技术有多种，不同地区因土壤有效磷含量不同、种植作物不同、气候和管理等条件也不同，需要进行多种磷肥及技术的综合应用。例如，磷肥减量技术在土壤有效磷含量偏高的潮土区域和经济作物上亟须开展；磷肥深施肥和有机肥无机肥配合施用技术在多数地区适合；发展新型磷肥是解决潮土区磷肥利用率低的有效手段。

第七章 | 潮土钾素 >>>

土壤钾库是植物所需钾素的主要来源。Sparks（1987）根据钾对植物的有效性，将土壤钾分为结构钾、固定态钾、交换性钾和水溶性钾。而目前我国应用较为广泛的仍是根据化学形态和植物有效性进行的划分，并常常将两者混合使用（谢建昌，2000；张会民等，2007）。即从化学形态上将土壤钾分为水溶性钾、交换性钾、非交换性钾和结构钾；从植物有效性角度将土壤钾分为速效钾（水溶性钾＋交换性钾）、缓效性钾（非交换性钾）和相对无效钾（矿物钾）（金继运，1993；黄绍文、金继运，1995）。土壤钾素形态的划分是人为规定的，它们之间的关系密切，并处于一定的动态平衡。在研究提高土壤钾素肥力水平、促进植物体对钾素的吸收利用的同时，深入探究如何提高土壤钾素的有效性就显得十分重要。

长期以来，较多学者认为我国北方的潮土极少出现钾素缺乏的现象，因此农民往往忽略钾肥的施用（朱安宁等，2005）。随着土地复种指数的提高和高产作物新品种的大力推广，近年来，作物产量呈现明显的增长趋势，进而致使土壤钾素的不断耗竭（张玉铭等，2003；俞海等，2003），最终导致土壤缺钾已经成为限制农业发展的主要因素之一（谢建昌、周健民，1999）。近年来，国内一些研究结果表明，钾肥在我国北方石灰性土壤上的增产效果逐渐凸显，钾肥显效的耕地面积也在不断扩大，特别是在夏玉米生产中适当增施钾肥带来增产效果的研究结果越来越多（沈善敏，1998）。刘荣乐等（2000）和谭德水等（2007）研究了我国北方农区主要种植制度下土壤作物系统内钾素循环特征和土壤钾素平衡状况，详细分析了秸秆还田与施钾肥对土壤作物系统内钾素循环的影响。许多研究者通过长期定位施肥研究得出，施钾肥和秸秆还田均能提高作物产量、增加土壤交换性钾含量，有利于土壤钾素的收支平衡（谢佳贵等，2014；陈防等；2000；谭德水等，2008；胡诚等，2012；解文艳等，2015；孙丽敏等，2012；He et al.，2015）。温延臣等（2015）研究发现，土壤全钾与其他肥力因子间存在负相关，并且由于华北地区的潮土中钾素丰富，长期施有机肥或者化肥对土壤钾库无明显影响，但是均能提高交换性钾含量。王宜伦等（2010）研究了不同施钾量对潮土区冬小麦的影响，发现冬小麦施钾肥量以 150 kg/hm² 左右为宜，小麦在返青期到灌浆期对钾的吸收较大，所以在这一时期应尽量满足植株对钾的需求；而张水清等（2014）研究了潮土区夏玉米钾素吸收规律及生育期内土壤钾素动态变化，发现夏玉米对钾素的吸收主要集中在灌浆期之前，在灌浆期达到最大值，之后会出现钾素回流现象。然而目前有关针对潮土区域钾素肥力的时空演变特征以及相应的钾肥管理措施等研究或总结较少。因此，开展潮土上钾素肥力演变和钾肥合理施用技术就显得十分必要。

本章以农业农村部设置在潮土区的耕地质量监测试验和位于河南郑州的潮土长期施肥定位施肥试

验为基础，从区域尺度和典型点位 2 个角度深入分析了潮土土壤钾素的时空演变规律，并以小麦玉米轮作为主要模式，系统分析了不同施肥对小麦和玉米的钾素吸收和利用率以及钾素表观平衡的影响，从而客观回答潮土区的钾肥施用效果，全面总结了潮土区的钾肥高效施用技术模式和秸秆还田对土壤钾素库容的提升作用，以期为该区域的钾肥合理施用提供技术参考。

第一节　潮土全钾

钾是土壤中含量最高的大量营养元素。我国土壤全钾含量为 0.05%～2.50%，土壤的全钾含量主要受成土母质的影响，施肥等农艺措施对土壤全钾含量的影响较小（姚源喜等，2004；Zhang et al.，2009；贾良良等，2014）。在我国潮土区，由于成土母质主要为近代河流沉积物，水云母矿物含量丰富，并且蒙脱石或云母-蒙脱石混层层间矿物含量较丰富，因此土壤全钾含量较高。张会民等（2007a、2007b）研究表明，潮土的土壤全钾含量为 16.3～17.7 g/kg，且无论施钾与否，土壤全钾含量均无显著差异。

一、潮土监测点土壤全钾含量

根据农业农村部设置在潮土区的耕地监测试验数据（$n=52$）分析表明（图 7-1 和表 7-1），潮土的土壤全钾含量在 12.56～27.40 g/kg，平均值为 16.82 g/kg，变异系数为 16.88%。进一步分析发现，在 52 个点位中，高于平均值的点位和低于平均值的点位基本持平。

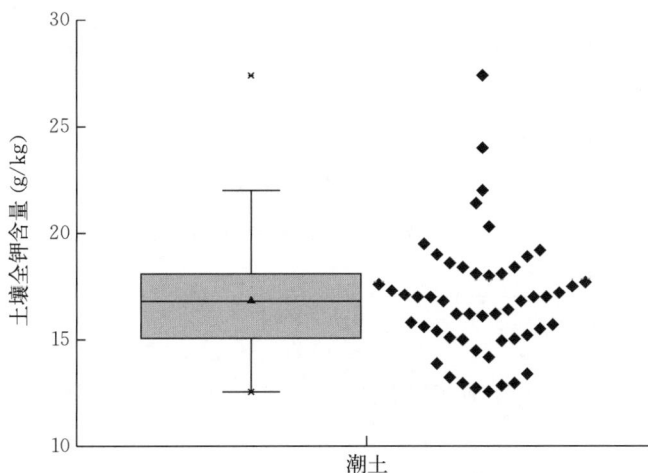

图 7-1　潮土区土壤全钾含量整体分布

（矩形盒下边缘线和上边缘线分别代表全部数据的 5% 和 95%，上下实心点为异常值。矩形盒上、下边缘分别代表上四分位数和下四分位数，分别代表全部数据的 75% 和 25%，盒中实线代表中值）

表 7-1　潮土区土壤全钾含量统计分析

区域	样本量（个）	平均值（g/kg）	标准差（g/kg）	变异系数（%）	最小值（g/kg）	最大值（g/kg）
整体	52	16.82	2.84	16.88	12.56	27.40

二、潮土长期定位施肥土壤全钾含量时间变化特征

以位于河南郑州的潮土长期定位施肥试验（小麦、玉米轮作）为基础，选取了其中6个施肥处理：CK（不施肥）、NP（氮磷肥）、NPK（氮磷钾肥）、MNPK（氮磷钾肥配施有机肥）、1.5MNPK（氮磷钾肥配施1.5倍有机肥）、SNPK（氮磷钾肥配施秸秆）。分析表明：在不同施肥条件下，土壤初期的全钾含量无显著差异，平均为18.7 g/kg，经过10年的不同施肥和种植后，所有处理全钾含量平均为15.6 g/kg，均比试验初期平均降低了16.6%，说明土壤全钾含量降低与施肥方式无明显关系（图7-2）。

长期不施钾肥的CK和NP处理在试验初期（试验前3年平均）土壤全钾含量分别为18.8 g/kg和20.3 g/kg，经过10年种植后这2个处理土壤全钾含量分别为15.7 g/kg和15.8 g/kg，分别比试验初期降低了16.3%和22.2%。长期施用化学钾肥的NPK处理在试验初期（前3年平均）土壤全钾含量为18.4 g/kg，经过10年的施肥种植土壤全钾含量为15.4 g/kg，比试验初期降低了16.5%。长期施有机肥和秸秆还田的处理（MNPK、1.5MNPK、SNPK）在试验初期（前3年平均）土壤全钾含量分别为18.4 g/kg、18.6 g/kg和18.7 g/kg，经过10年施肥种植后3个处理的土壤全钾含量分别为15.0 g/kg、15.6 g/kg和15.4 g/kg，比试验初期降低分别了18.5%、16.1%和17.6%，即全钾量均显著降低。

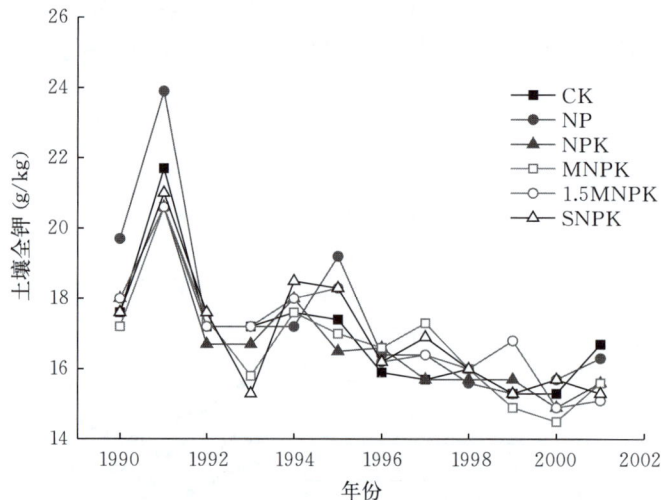

图7-2 长期不同施肥土壤全钾含量的变化（郑州）

第二节 潮土交换性钾和非交换钾

土壤交换性钾是土壤供钾能力的重要指标，且与作物吸钾量密切相关。在潮土区，由于含钾矿物丰富，土壤交换性钾含量明显高于红壤和水稻土等土壤类型（张会民等，2007a、2007b）。因此，该区域土壤的交换性钾含量一般能够满足作物钾素需求，然而，由于该区域高产作物品种的大力推广，再加上钾肥投入不足，致使该地区的土壤交换性钾含量可能存在持续降低的现象。近20年来，随着秸秆还田的大力推广，潮土区的土壤交换性和非交换性钾含量提升明显（谭德水等，2007；贾良良等，2014）。但是，由于不同区域的耕地管理措施不一，关于潮土区的交换性和非交换性钾的时空演

变规律还有待进一步分析。

一、土壤交换钾含量和储量时间分布特征

（一）潮土监测点土壤交换钾含量和储量时间分布特征

根据农业农村部耕地质量长期监测平台中2005—2017年数据库的结果分析（表7-2、图7-3），在全国潮土区，土壤交换性钾含量变异较大，在15~1 143 mg/kg，平均值为149.38 mg/kg。结合容重进一步计算了耕层土壤的交换性钾储量，全国范围内的交换性钾储量分布在0.04~46.51 kg/hm²，平均值为4.14 kg/hm²。

表7-2 土壤交换性钾含量（mg/kg）和储量（kg/hm²）统计分析

全国	时间段	样本量（个）	平均值	标准差	变异系数（%）	最小值	最大值
含量	2010年之前	2 500	168.90 mg/kg	86.75 mg/kg	51.36	15 mg/kg	916 mg/kg
	2017—2018年	22 649	164.33 mg/kg	94.10 mg/kg	57.26	15 mg/kg	1 424 mg/kg
	整体	26 296	164.08 mg/kg	92.46 mg/kg	56.35	15.00 mg/kg	1 424 mg/kg
储量	2010年之前	1 041	3.42 kg/hm²	2.33 kg/hm²	68.33	0.36 kg/hm²	25.28 kg/hm²
	2017—2018年	18 123	4.13 kg/hm²	2.55 kg/hm²	61.79	0.32 kg/hm²	44.31 kg/hm²
	整体	20 262	4.09 kg/hm²	2.54 kg/hm²	61.97	0.32 kg/hm²	44.31 kg/hm²

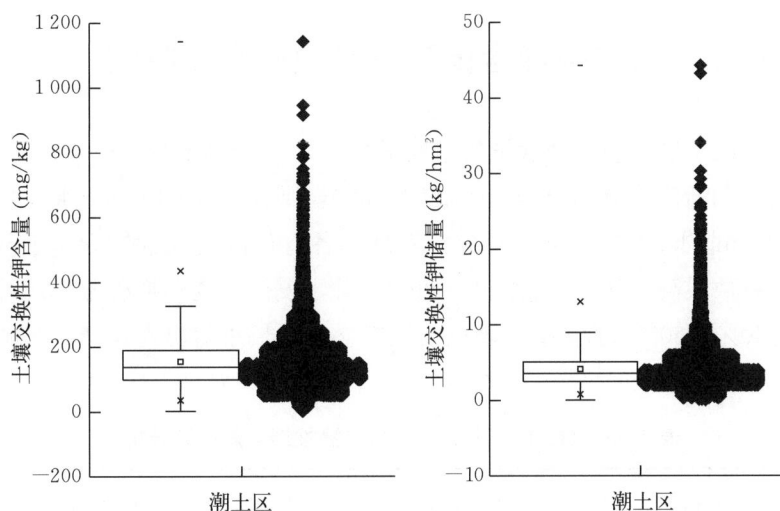

图7-3 潮土区土壤交换性钾含量和储量整体分布

（矩形盒下边缘线和上边缘线分别代表全部数据的5%和95%，上下实心点为异常值。矩形盒上、下边缘分别代表上四分位数和下四分位数，分别代表全部数据的75%和25%，盒中实线代表中值）

（二）潮土长期定位施肥土壤交换钾含量和储量时间分布特征

基于郑州长期定位试验的数据分析可知（图7-4），不施钾肥（CK、NP处理）土壤交换性钾含量由1990年的73.2 mg/kg迅速下降到1996年的40 mg/kg左右，之后略有回升，维持在53～60 mg/kg。长期施化学钾肥的处理土壤交换性钾呈不同程度的增长趋势，但增加较为缓慢，仅比试验初期增加了11%。1.5MNPK、MNPK、SNPK、NPK处理，到2011年土壤交换性钾含量分别比试验初增加了214.50 mg/kg、125.60 mg/kg、790 mg/kg和26.60 mg/kg，平均每年增加9.80 mg/kg、5.70 mg/kg、3.60 mg/kg和1.20 mg/kg。其中，化肥配施秸秆对土壤交换性钾提高的效果不如化肥配施有机肥明显，且年际变化较大。

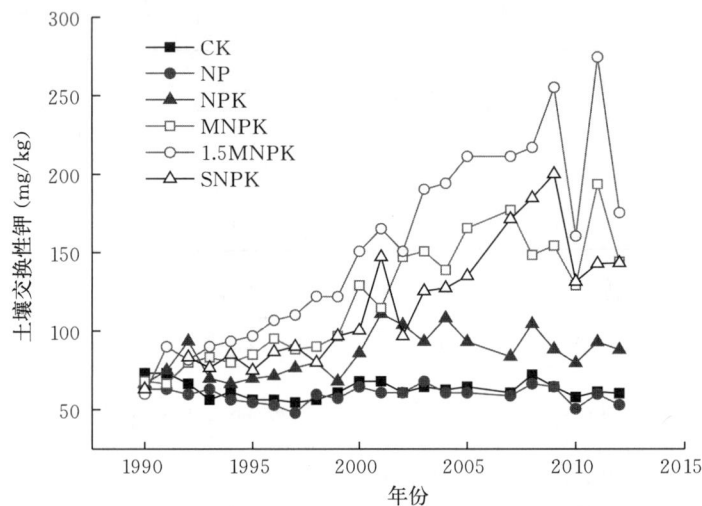

图7-4　长期不同施肥土壤交换性钾含量的变化（郑州）

二、潮土监测点土壤交换钾含量和储量空间分布特征

在潮土区，各区域的土壤交换性钾含量的平均值均＞100 mg/kg（表7-3、图7-5）。其中，山东、山西、河北、河南和浙江均＞150 mg/kg，江苏和安徽则在120～150 mg/kg，内蒙古、湖北和其他区域的平均值在120 mg/kg左右。进一步分析发现，各省份的交换性钾含量变异程度不一，其中以浙江和其他的变异系数最高（70.35%和66.91%），除了安徽（变异系数为29.87%）之外，而其余区域的变异系数也在40%～60%。此外，土壤交换性钾含量的最小值出现在其他区域（15 mg/kg），最大值则出现在山东（1 424 mg/kg）。

表7-3　潮土区不同省份土壤交换性钾含量统计分析

省份	样本量（个）	平均值（mg/kg）	标准差（mg/kg）	变异系数（%）	最小值（mg/kg）	最大值（mg/kg）
山东	5 562	184.95	110.28	59.63	24.00	1 424.00
河南	4 738	158.78	82.86	52.18	23.00	1 143.00

（续）

省份	样本量（个）	平均值（mg/kg）	标准差（mg/kg）	变异系数（%）	最小值（mg/kg）	最大值（mg/kg）
河北	3 760	163.92	84.62	51.62	23.99	823.00
内蒙古	97	121.07	52.96	43.74	22.00	290.00
山西	871	170.96	85.47	50.00	34.95	474.00
江苏	2 665	144.36	83.26	57.68	20.00	501.00
湖北	2 181	129.26	66.60	51.52	18.00	379.00
安徽	1 376	144.75	43.23	29.87	29.00	258.00
浙江	619	155.38	109.31	70.35	26.10	727.00
其他	1 202	120.46	80.61	66.91	15.00	727.00

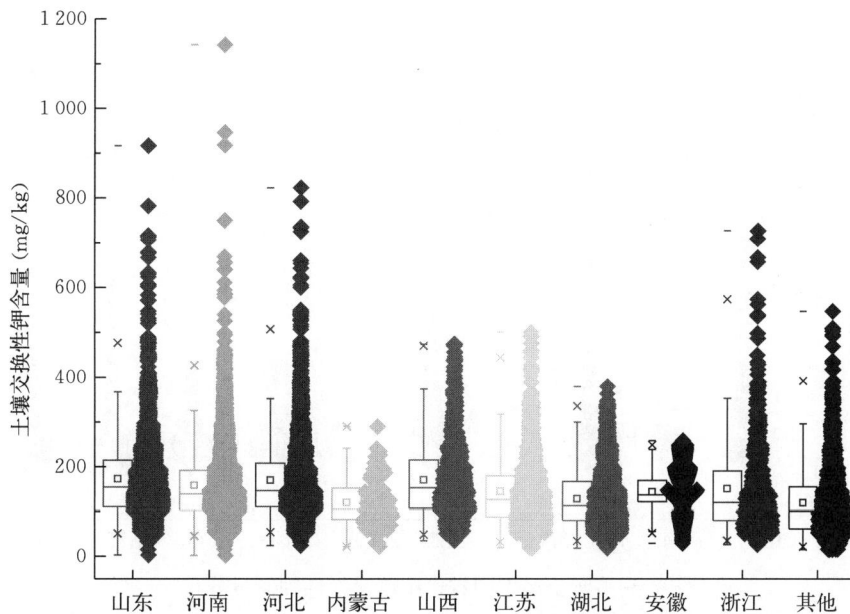

图 7-5 潮土区不同省份土壤交换性钾含量分布

（矩形盒下边缘线和上边缘线分别代表全部数据的 5% 和 95%，上下实心点为异常值。矩形盒上、下边缘分
别代表上四分位数和下四分位数，分别代表全部数据的 75% 和 25%，盒中实线代表中值）

　　潮土区的耕层交换性钾储量的结果见表 7-4 和图 7-6。不同区域间的交换性钾储量的平均值差异较大，其中以山西最高（5.35 kg/hm²），其次为山东、河北和河南（4~5 kg/hm²），而内蒙古、江苏、湖北、安徽、浙江和其他区域则为 2.2~3.68 kg/hm²。各区域的交换性钾储量变异程度也不同，在所有潮土区，变异系数最高为江苏（91.69%）和浙江（91.68%），其次为其他（80%~90%），而山东、河南、河北、内蒙古、山西、湖北和安徽则较低（40%~60%）。与含量不同，土壤交换性钾储量的最小值出现在河南（0.04 kg/hm²），最大值则出现在其他地区（44.31 kg/hm²）。

137

表7-4 潮土区不同省份土壤交换性钾储量统计分析

省份	样本量（个）	平均值（kg/hm²）	标准差（kg/hm²）	变异系数（%）	最小值（kg/hm²）	最大值（mg/kg）
山东	3 736	4.80	2.82	58.67	0.65	28.34
河南	4 738	4.25	2.53	59.45	0.04	30.30
河北	3 760	4.47	2.49	55.81	0.34	34.12
内蒙古	97	3.62	1.71	47.12	0.55	7.37
山西	871	5.35	2.89	54.01	0.91	17.74
江苏	2 665	2.20	2.02	91.69	0.33	12.73
湖北	2 181	3.54	2.18	61.51	0.40	13.33
安徽	1 376	3.68	1.46	39.66	0.50	11.78
浙江	619	3.23	2.97	91.68	0.34	22.04
其他	1 202	3.18	2.62	82.34	0.32	44.31

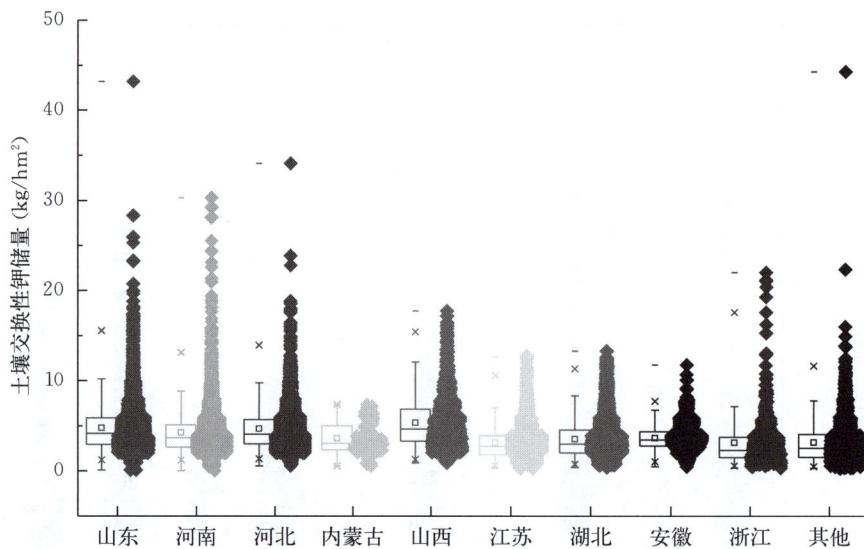

图7-6 潮土区不同省份土壤交换性钾储量分布
（矩形盒下边缘线和上边缘线分别代表全部数据的5%和95%，上下实心点为异常值。矩形盒上、下边
缘分别代表上四分位数和下四分位数，分别代表全部数据的75%和25%，盒中实线代表中值）

以河南省为例（表7-5），李少丛等（2014）研究表明，2012年不同地市的土壤交换性钾含量差异较大，其中最高的为周口（218 mg/kg），其次为开封和商丘（110～120 mg/kg），而鹤壁、新乡和安阳则较低（<110 mg/kg）。

表7-5 河南省不同地市潮土交换性钾含量（2012年）

地市	n	土壤交换性钾（mg/kg）
安阳	2	100
新乡	3	105

（续）

地市	n	土壤交换性钾（mg/kg）
鹤壁	1	107
商丘	2	112
开封	3	113
周口	1	218

资料来源：李少丛等，2014。

王倩姿等（2020）以河北省潮土区的菜田为例研究表明，设施菜田和露地菜田土壤速效钾平均含量分别为 415.78 mg/kg 和 202.70 mg/kg，是粮田土壤的 4.74 倍和 2.31 倍，分别达到了丰富和较丰富水平，设施菜田显著高于露地菜田；设施菜田和露地菜田速效钾含量最高值分别达 1 088.00 mg/kg 和 908.00 mg/kg，是粮田土壤平均含量的 12.39 倍和 10.34 倍，设施菜田土壤最低值也达到了粮田土壤的 2.3 倍。设施菜田土壤速效钾含量高于 300.00 mg/kg 的样本占总样本量的 56.45%。而露地菜田速效钾含量变异较大，高低并存，处于丰富水平的样本占总样本量的 19.11%，缺乏水平样本量也占到了 32.48%（图 7-7）。可见设施菜田土壤钾元素富集现象也比较突出。

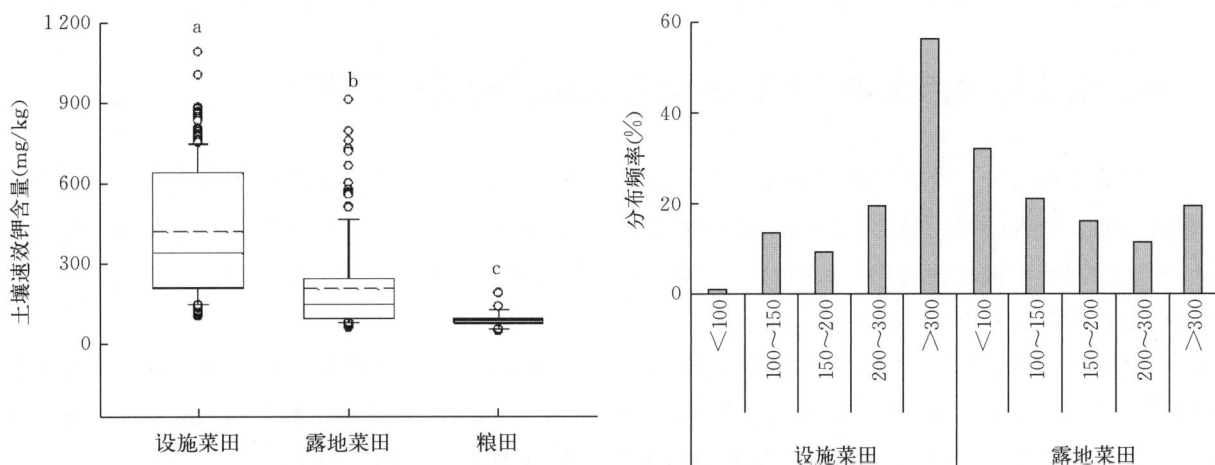

图 7-7 潮土区菜田土壤速效钾含量及其分布频率（王倩姿等，2020）

（矩形盒下边缘线和上边缘线分别代表全部数据的 5% 和 95%，上下实心点为异常值。矩形盒上、下边缘分别代表上四分位数和下四分位数，分别代表全部数据的 75% 和 25%，盒中实线代表中值，虚线代表平均值；不同字母表示不同监测时期的结果在 5% 水平上差异显著）

三、潮土监测点不同熟制下土壤交换钾含量和储量分布特征

潮土区不同熟制间的耕层交换性钾含量和储量的结果见表 7-6。对含量而言，一年一熟制土壤交换性钾含量的平均值（185.41 mg/kg）高于其他熟制，一年两熟制（157.93 mg/kg）和一年多熟制（157.36 mg/kg）土壤交换性钾含量差异不大，常年生土壤交换性钾含量最低（146.89 mg/kg）。一年多熟制土壤交换性钾含量的变异系数（84.48%）显著高于其他熟制，其次为常年生（71.72%）＞一年一熟制（58.41%）＞一年两熟制（54.04%）。对储量而言，常年生土壤交换性钾储量的平均值却显

著高于其他熟制，其储量为 5.17 kg/hm²，这与常年生土壤的耕层厚较深密切相关；其次，一年一熟制土壤交换性钾储量的平均值（4.34 kg/hm²）高于一年两熟制（4.05 kg/hm²）和一年多熟制（3.66 kg/hm²）。一年多熟制土壤交换性钾储量的变异系数（78.40%）高于其他熟制，其次为常年生（75.01%）＞一年一熟制（65.90%）＞一年两熟制（60.70%）。

表 7-6　潮土区不同熟制土壤交换性钾含量和储量统计分析

项目	熟制	样本量（个）	平均值	标准差	变异系数（%）	最小值	最大值
含量	一年一熟	5 955	185.41 mg/kg	108.30 mg/kg	58.41	15 mg/kg	1 424 mg/kg
	一年两熟	19 928	157.93 mg/kg	85.34 mg/kg	54.04	15 mg/kg	1 143 mg/kg
	一年多熟	268	157.36 mg/kg	132.93 mg/kg	84.48	23 mg/kg	920 mg/kg
	常年生	145	146.89 mg/kg	105.35 mg/kg	71.72	39 mg/kg	679 mg/kg
储量	一年一熟	2 871	4.34 kg/hm²	2.86 kg/hm²	65.90	0.32 kg/hm²	44.31 kg/hm²
	一年两熟	17 070	4.05 kg/hm²	2.46 kg/hm²	60.70	0.34 kg/hm²	34.12 kg/hm²
	一年多熟	226	3.66 kg/hm²	2.87 kg/hm²	78.40	0.58 kg/hm²	24.39 kg/hm²
	常年生	95	5.17 kg/hm²	3.88 kg/hm²	75.01	0.75 kg/hm²	18.34 kg/hm²

四、潮土监测点土壤非交换钾含量和储量时间分布特征

土壤非交换性钾与交换性钾存在动态平衡关系，当土壤交换性钾不足以满足植物吸收时，非交换性钾就会向交换性钾进行转化，从而满足植物钾素吸收。同时，当土壤交换性钾含量较高时，部分交换性钾也会向非交换性钾转化，从而有效保障土壤供钾能力。因此，土壤非交换性钾对于土壤的钾素肥力稳定和提升也具有重要意义。

在全国范围内，潮土的非交换性钾含量在 16～2 706 mg/kg，平均值为 738.87 mg/kg。非交换性钾储量在 0.42～158.51 kg/hm²，平均值为 19.82 kg/hm²。同时，非交换性钾含量和储量的变异系数分布为 42.26% 和 51.22%，略低于交换性钾的变异系数（表 7-7、图 7-8）。

表 7-7　潮土区土壤非交换性钾含量和储量统计分析

全国	时间段	样本量（个）	平均值	标准差	变异系数（%）	最小值	最大值
含量	2010 年之前	850	577.12 mg/kg	334.87 mg/kg	58.02	16 mg/kg	1 905 mg/kg
	2017—2018 年	17 811	753.29 mg/kg	304.58 mg/kg	40.43	31 mg/kg	2 706 mg/kg
	整体	19 200	744.91 mg/kg	300.08 mg/kg	41.30	16 mg/kg	2 706 mg/kg
储量	2010 年之前	728	15.27 kg/hm²	12.06 kg/hm²	78.98	0.42 kg/hm²	97.87 kg/hm²
	2017—2018 年	16 594	19.92 kg/hm²	9.83 kg/hm²	49.34	0.59 kg/hm²	148.31 kg/hm²
	整体	17 949	19.77 kg/hm²	10.08 kg/hm²	50.99	0.42 kg/hm²	148.31 kg/hm²

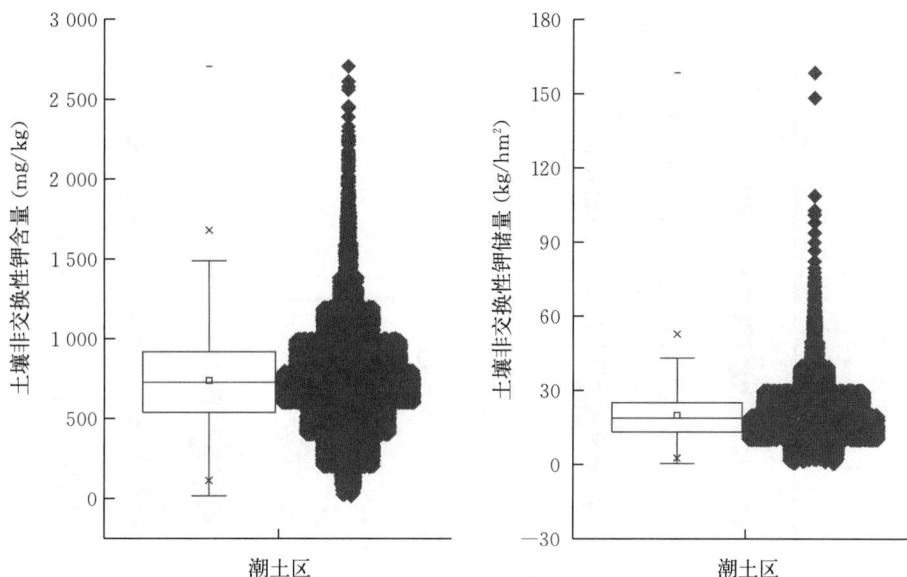

图 7-8　潮土区土壤非交换性钾含量和储量整体分布

（矩形盒下边缘线和上边缘线分别代表全部数据的 5% 和 95%，上下实心点为异常值。矩形盒上、下边
缘分别代表上四分位数和下四分位数，分别代表全部数据的 75% 和 25%，盒中实线代表中值）

五、潮土监测点土壤非交换钾含量和储量空间分布特征

在潮土区，各区域的土壤非交换性钾含量的平均值均 >400 mg/kg（表 7-8 和图 7-9），其中，山东、河南、河北、山西和浙江均 >700 mg/kg，内蒙古、江苏和湖北则在 600~700 mg/kg，安徽和其他区域的平均值在 400~500 mg/kg。进一步分析发现，各省份的非交换性钾含量变异程度不一，其中以湖北、浙江和其他的变异系数最高（>50%），而其余区域的变异系数也在 20%~50%。此外，土壤非交换性钾含量的最小值出现在其他区域（16 mg/kg），最大值则出现在河南（2 706 mg/kg）。这与交换性钾含量的最小值和最大值的分布规律一致。

表 7-8　潮土区不同省份土壤非交换性钾含量统计分析

省份	样本量（个）	平均值（mg/kg）	标准差（mg/kg）	变异系数（%）	最小值（mg/kg）	最大值（mg/kg）
山东	3 736	865.64	228.57	26.40	75.00	2 017.00
河南	4 738	755.43	218.57	28.93	105.00	2 706.00
河北	3 760	859.83	301.68	35.09	80.00	2 580.00
内蒙古	97	669.02	209.19	31.27	209.20	1 690.00
山西	871	840.44	213.40	25.39	213.40	1 408.00
江苏	2 665	657.59	237.80	36.16	99.00	1 500.00
湖北	2 181	692.64	348.48	50.31	68.00	1 982.00
安徽	1 376	485.45	217.11	44.72	106.00	1 377.00
浙江	619	857.47	575.29	67.09	80.00	2 580.00
其他	1 202	459.25	388.67	84.63	16.00	2 580.00

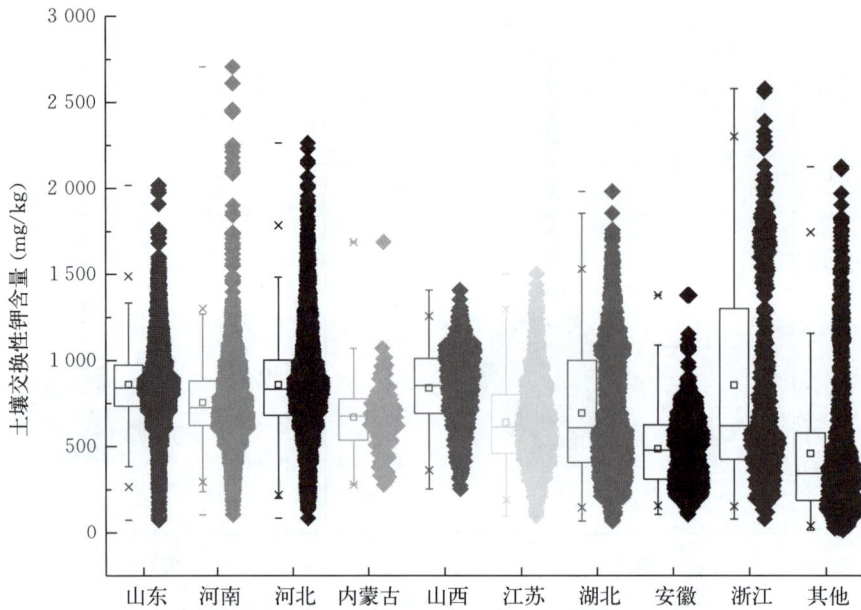

图7-9 潮土区不同省份土壤非交换性钾含量分布

(矩形盒下边缘线和上边缘线分别代表全部数据的5%和95%，上下实心点为异常值。矩形盒上、下边缘分别代表上四分位数和下四分位数，分别代表全部数据的75%和25%，盒中实线代表中值)

　　潮土区的耕层非交换性钾储量的结果见表7-9和图7-10。不同区域间的非交换性钾储量的平均值差异较大，其中以山西最高（26.45 kg/hm²），其次为河南、内蒙古和山东（20.05~23.41 kg/hm²），河北、湖北、安徽、浙江和其他区域则为10~20 kg/hm²，而江苏最低（6.72 kg/hm²）。各区域的非交换性钾储量变异程度也不同，在所有潮土区，江苏的变异系数为最高（119.26%），其次为其他（99.28%），而山东、河南、河北、内蒙古、山西、湖北、安徽和浙江则较低（30%~80%）。与含量不同，土壤交换性钾储量的最小值出现在其他区域（0.42 kg/hm²），最大值也出现在山东（160.00 kg/hm²）。

表7-9 潮土区不同省份土壤非交换性钾储量统计分析

省份	样本量（个）	平均值（kg/hm²）	标准差（kg/hm²）	变异系数（%）	最小值（kg/hm²）	最大值（kg/hm²）
山东	2 865	23.41	9.40	40.14	2.17	160.00
河南	4 738	20.07	6.82	33.98	2.67	71.98
河北	3 760	17.65	13.67	77.44	1.41	108.68
内蒙古	97	20.05	7.61	37.93	7.61	42.93
山西	871	26.45	8.90	33.66	5.57	53.11
江苏	2 665	6.72	8.01	119.26	1.08	37.89
湖北	2 181	19.27	12.32	63.91	1.09	77.69
安徽	1 376	12.71	7.54	59.34	1.85	42.93
浙江	619	14.62	10.21	69.82	1.41	79.40
其他	1 202	12.43	12.34	99.28	0.42	148.31

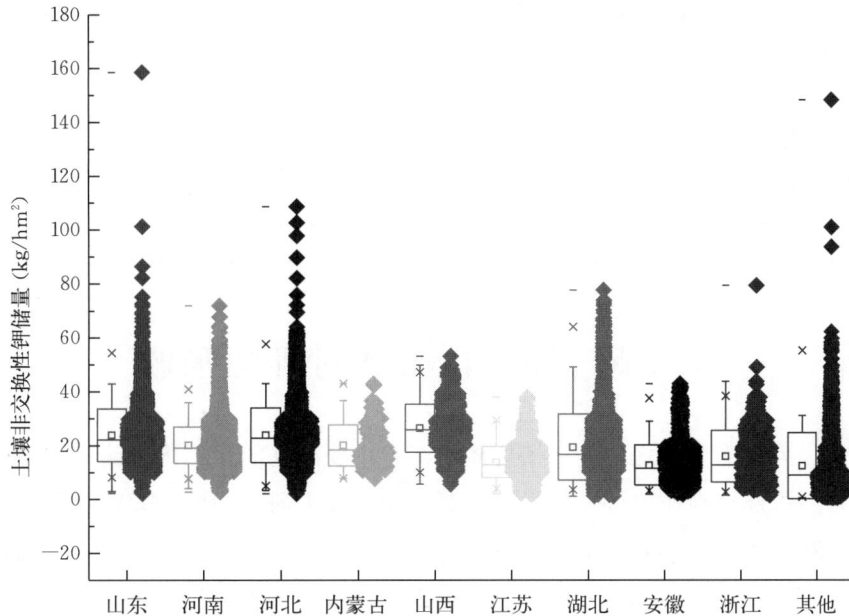

图 7 - 10　潮土区不同省份土壤非交换性钾储量分布

（矩形盒下边缘线和上边缘线分别代表全部数据的 5％和 95％，上下实心点为异常值。矩形盒上、下边缘分别代表上四分位数和下四分位数，分别代表全部数据的 75％和 25％，盒中实线代表中值）

六、潮土监测点不同熟制下土壤非交换钾含量和储量分布特征

潮土区不同熟制间的耕层非交换性钾含量和储量的结果见表 7 - 10。对含量而言，一年一熟制土壤非交换性钾含量的平均值（750.62 mg/kg）与一年两熟制（745.09 mg/kg）差异不大，但是均高于其他熟制；常年生土壤非交换性钾含量的平均值为 673.77 mg/kg，一年多熟制土壤非交换性钾含量最低（631.56 mg/kg）。常年生土壤交换性钾含量的变异系数（54.81％）高于其他熟制，其次为一年多熟制（50.00％）＞一年一熟制（48.27％）＞一年两熟制（39.83％）。对储量而言，一年一熟制土壤非交换性钾储量的平均值为 21.34 kg/hm²，高于其他熟制；其次为常年生（20.58 kg/hm²）和一年两熟制（19.53 kg/hm²）；一年多熟制土壤非交换性钾储量的平均值最低，为 16.38 kg/hm²。一年多熟制土壤交换性钾含量的变异系数（70.01％）显著高于其他熟制，其次为常年生（62.65％）＞一年一熟制（57.99％）＞一年两熟制（48.84％）。

表 7 - 10　不同熟制土壤非交换性钾含量和储量统计分析

项目	熟制	样本量（个）	平均值	标准差	变异系数（％）	最小值	最大值
含量	一年一熟	2 827	750.62 mg/kg	362.35 mg/kg	48.27	25 mg/kg	2 580 mg/kg
	一年两熟	16 166	745.09 mg/kg	296.78 mg/kg	39.83	16 mg/kg	2 706 mg/kg
	一年多熟	227	631.56 mg/kg	315.80 mg/kg	50.00	38 mg/kg	1 905 mg/kg
	常年生	68	673.77 mg/kg	369.30 mg/kg	54.81	77 mg/kg	1 679 mg/kg

(续)

项目	熟制	样本量（个）	平均值	标准差	变异系数（%）	最小值	最大值
	一年一熟	2 712	21.34 kg/hm²	12.37 kg/hm²	57.99	0.57 kg/hm²	148.31 kg/hm²
储量	一年两熟	14 966	19.53 kg/hm²	9.54 kg/hm²	48.84	0.42 kg/hm²	102.78 kg/hm²
	一年多熟	217	16.38 kg/hm²	11.47 kg/hm²	70.01	0.7 kg/hm²	65.21 kg/hm²
	常年生	54	20.58 kg/hm²	12.89 kg/hm²	62.65	2 kg/hm²	58.34 kg/hm²

第三节　潮土区植物对钾的吸收

钾是植物所需三大营养元素之一，在植物体中有着重要的功能，国内外研究表明，施用钾肥对提高作物产量、改善品质及提高作物抗逆性具有显著作用。前人研究中国主要粮食作物认为，钾肥当季回收率、农学效率和偏生产力小麦季平均值分别为 30.3%、5.3 kg/kg 和 72.2 kg/kg，玉米季平均值分别为 31.9%、5.6 kg/kg 和 64.7 kg/kg。2002—2005 年，IPNI 协作网在全国范围内的试验表明，小麦和玉米钾的当季回收率平均分别为 28.4% 和 30.5%（闫湘，2008）。李波等（2012）对高产夏玉米施钾研究表明，钾农学效率和钾当季回收率均随施钾量的递增呈先增加后下降趋势，钾偏生产力随施钾量的递增显著下降。钾肥的农学效益和单位面积增产率随时间推移一直呈明显的上升趋势，这与产量的提高和土壤钾素的不断耗竭有关。因此，本节针对潮土上主要的种植模式小麦-玉米轮作，结合长期定位试验系统分析了不同施肥模式下植物的钾素吸收和利用率以及表观平衡的演变规律，以期为该区域合理的钾肥施用提供技术参考。

一、潮土长期定位施肥不同处理下小麦和玉米钾素吸收量变化

作物钾素吸收量受作物生物产量影响较大，而受作物自身养分含量影响较小。产量较高的处理其钾素吸收量一般也较高。由图 7-11 可以看出，所有施肥模式下，2011 年作物累积钾素吸收量为

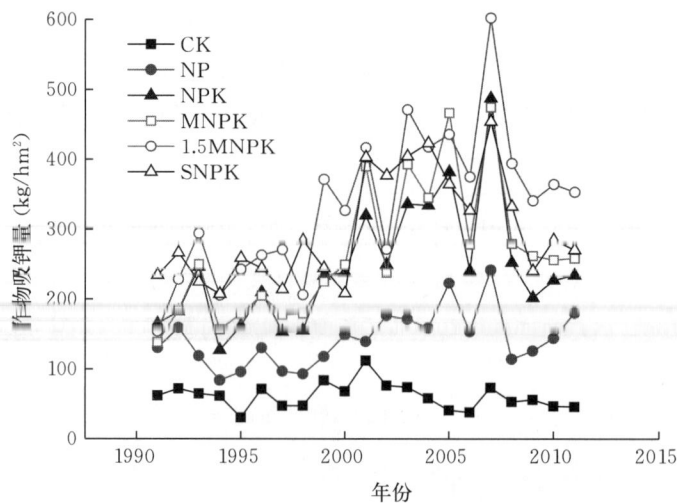

图 7-11　长期施肥下小麦＋玉米钾素吸收量变化（郑州）

1 292.7~7 008.9 kg/hm²。有机无机肥料配施处理的钾素吸收量最高，1.5MNPK、SNPK 和MNPK处理的钾素累积吸收量分别为 7 008.9、6 274.6 和 5 587.3 kg/hm²，分别比平衡施肥的 NPK 处理高36.3%、22.0%和8.6%；施用化学钾肥处理的 NPK 钾素累积吸收量为 5 142.9 kg/hm²；不施钾肥处理（CK，NP）钾素累积吸收量分别为 1 292.7 kg/hm² 和 3 005.6 kg/hm²，分别是平衡施肥（NPK 处理）25.1%和58.4%。

二、潮土长期定位施肥不同处理下小麦和玉米的钾肥利用率变化

小麦施肥处理间钾肥的当季利用率变化较大，年际变异也较大。NK 处理的小麦季钾素当季利用率从−26.9%~53.5%，第一季肥料利用率最高，而有些年份利用率出现负值，说明施用钾肥完全没有效果；而 NPK、MNPK 和 SNPK 处理，钾肥利用率的变化幅度分别为37.7%~200.0%、5.4%~177.6%和18.1%~53.6%，年际变化较大（图 7-12）。利用率>100%是钾素投入<吸收量，需要从土壤中吸收钾素满足生长和产量需求。

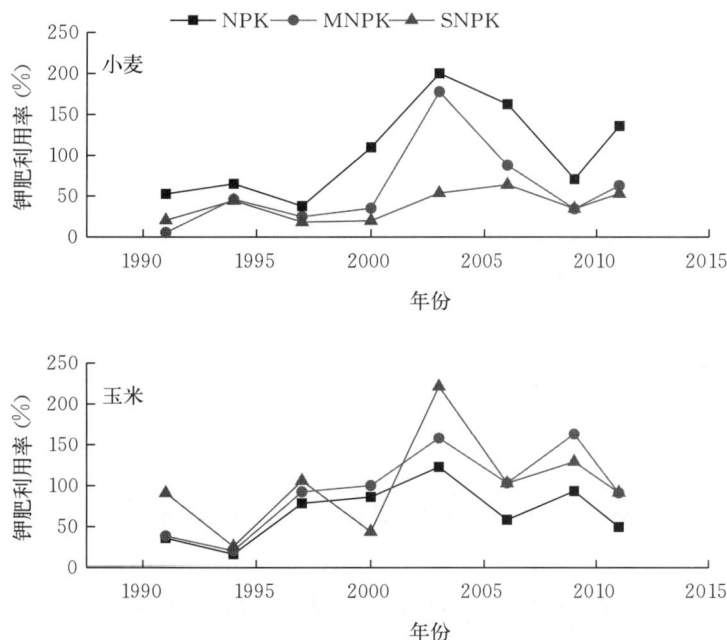

图 7-12　长期施肥小麦和玉米的钾肥利用率变化（郑州）

长期施肥下，玉米季的钾素利用率与小麦季差别较大（图 7-12）。所有处理的钾素当季利用率均为正值，说明钾素对于玉米有增产效果。NK 处理的玉米季钾素当季利用率从 17.2%~68.2%，均值为 32.5%。而 NPK、MNPK 和 SNPK 处理，钾肥利用率的变化幅度分别为 16.4%~122.7%、20.6%~163.1%和25.8%~221.5%，均值分别为 67.6%、95.9%和101.5%，年际变化较大。

三、潮土长期定位施肥不同处理下土壤钾素表观平衡

在不考虑钾的下渗损失条件下，用钾素投入量减去钾被作物带走量所得差，作为衡量不同施肥条

件下小麦-玉米轮作系统钾素表观平衡状况。有机无机肥料配施的 1.5MNPK、SNPK 的表观平衡为正值，说明土壤钾素盈余，其他处理土壤钾素均为亏缺（图 7-13）。1.5MNPK、SNPK 处理主要是 2003 年之前钾素投入量较大，每年的钾素投入量＞带走量，导致钾素在土壤中积累，而在 2003 年之后作物带走钾素量不断增加，而钾素投入量＜带走量，导致钾素表观累积平衡逐年下降。

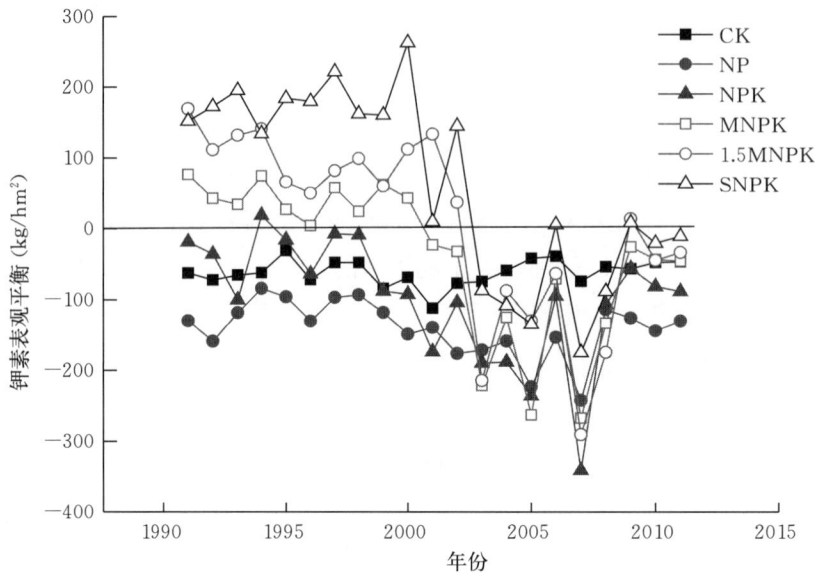

图 7-13　长期施肥下钾素表观平衡（郑州）

　　CK、NP 处理的钾素总亏缺量随着年份的增加而增加，由于没有施用钾肥而作物每年都带走土壤中大量钾素，导致土壤钾素亏缺严重，入不敷出。NPK 处理每年投入钾素量相同，低于钾素带走总量，导致钾素表观平衡为负值。而 MNPK 处理的钾素在 2001 年之前钾素一直是正平衡状态，而在 2001 年之后每年钾素都亏缺，1.5MNPK 处理和 SNPK 处理到 2005 年之后土壤钾素表观平衡变为负值。

第四节　潮土钾肥施用及高效利用技术

　　土壤是植物生育期中所需钾最重要、最直接的来源（邢素丽等，2007），土壤钾素的自然丰缺状况及其生物有效性对植物体的正常生长发育、产量形成及农产品营养品质等都具有决定性的意义（黄绍文等，1998）。我国当前农业普遍采用集约化高产模式，作物每年从土壤中携带出大量钾素。然而，鉴于生产中氮磷化肥大量施用，少施或不施钾肥，钾素的投入量远不能维持土壤钾素的收支平衡，土壤钾库逐渐消耗。我国农田土壤钾素多年来一直处于亏缺状态，有研究表明，我国农业土壤缺钾面积正由南向北、山东向西逐渐扩大（谢建昌、周建民，1999；刘荣乐等，2000；Liu et al.，2017）。

　　我国北方的潮土主要由富钾母质发育而来，由于土壤本身富含钾素和传统农业中常年施用农家肥，故相当长一段时间里土壤钾素并未成为粮食产量生成的限制性因素。但随着我国粮食生产集约化程度的不断提高，复种指数和氮磷肥料投入量居高不下，作物对农田土壤钾素的携出量也随着增加；然而，与此同时缺乏稳定的钾素补充途径，粮田土壤钾素长期处于入不敷出的状态，使得原本富钾的北方土壤区也陆续出现土壤缺钾减产和施钾后增产的现象（黄绍文等，1998；谭德水等，2008；Tan et al.，2012；Zhao et al.，2014）。因而，在农业生产中如何合理利用钾资源，提高土壤供钾能力、优化钾肥合理配置，强化其在农业系统中的循环，维持土壤钾素平衡，将是目前农田肥料管理中亟须解决的问题。

一、钾肥高效施用技术

钾是作物生长发育所必需的营养元素之一，参与作物体内一系列的新陈代谢，如促进光合作用和蛋白质的合成，加速同化产物流向储藏器官，以及增强作物抗旱、抗寒、抗病、抗倒伏能力。近年来，随着复种指数和单位面积产量的不断提高，氮、磷化肥用量的增加，导致不少地方的水稻、小麦、棉花、油菜、甘薯、麻类、果树、蔬菜等作物出现了不同程度的缺钾症。因此，施用钾肥已成为提高作物产量的一项重要措施。

（一）因土施用

对土壤而言，钾肥肥效与土壤交换性钾水平直接相关。研究表明，只有当交换性钾水平低于83 mg/kg时，施用钾肥才有一定肥效；而当土壤交换性钾水平高于150 mg/kg时，施用钾肥一般没有增产效果。因而对于有机质含量低的沙地，以及淋溶严重地区的土壤，如果不注意钾营养的供应，只盲目大量地施用氮肥、磷肥，则产量很难有明显的突破。

另外，还应考虑土壤非交换性钾含量、土壤质地和熟化程度等。土壤非交换性钾不能被作物直接吸收利用，是土壤交换性钾的供给源和后备，在土壤交换性钾含量相近的情况下，土壤非交换性钾含量越低，转化为交换性钾的速度越慢，施用钾肥的肥效往往会越好。指导当季施钾时，土壤交换性钾含量仍是主要依据。质地粗的沙性土，由于含钾水平低，加之土壤中的交换性钾又易淋溶损失，在这类土壤上施钾的效果往往比黏性土壤好，熟化程度高的土壤增施钾肥的肥效一般不如熟化程度低的土壤。因为前者钾较为丰富，并有良好的土壤理化性状，供钾能力强。我国南方土壤含钾量低，钾肥施用重点应在南方；但北方土壤缺钾面积正在逐渐扩大，特别是一些高产土壤，缺钾现象日益严重。

（二）因作物施用

对不同的种植管理制度而言，在钾元素携出严重的生产条件下，适当施用钾肥效果会比较明显。当作物成熟时，籽粒等会携出大量钾元素而不能归还，造成土壤钾迅速减少，从而影响下季作物生长。因此，适当施用钾肥会有明显的增产效果。此外，在复种指数大、目标产量高、氮磷肥用量多的生产条件下，若不注意钾营养的补充，则会因营养不均衡而造成产量难以提高。对作物而言，某些喜钾的经济作物种植中合理补充钾肥不但能增加产量，而且能明显地改善品质，如马铃薯、甘薯种植中施足钾肥可增加其淀粉的含量，口感好；糖用甜菜、甜瓜、西瓜用足钾肥可使其可溶糖含量增加，对于厚皮甜瓜还可使其瓜皮颜色更加鲜艳，从而在一定程度上提高产品价格；烟草种植中钾肥的施用可提高其燃烧性并能增强香味；钾素还能使冷色系花卉的冷色向更冷的颜色变化，如增加钾可使蓝色系花卉更蓝更鲜艳且不易褪色；另外，钾素也可使红色系花卉更红且不易褪色等。相对喜钾作物而言，禾谷类作物对钾的需要量较小，并且这些作物吸收钾的能力较强，所以在相同条件下，施用钾肥的效果较差。另外，对于同一种植物而言，矮秆品种比高秆品种对钾反应敏感。

我国目前的钾肥品种主要为硫酸钾和氯化钾。对于一些忌氯作物，如甘薯、马铃薯、甘蔗、甜菜、烟草等，一般不宜使用氯化钾，并且氯化钾不能用作种肥，但氯化钾用于棉麻类作物可以改善其纤维质量。硫酸钾适用于各种土壤和作物，可用作基肥、种肥和追肥，作种肥时，可施用硫酸钾 22.5 kg/hm² 。一些花卉或其他经济作物需要根外追肥时，可将硫酸钾配制成 2%～3% 的溶液进行喷施。如果作基肥施用，则无论是硫酸钾、氯化钾还是水泥工业的副产品窑灰钾肥，都按施用氧化钾 60～75 kg/hm² 即可，对于喜钾作物和供钾潜力差的土壤，可适当增加用量。

（三）钾肥高效施用技术

1. 施用量　钾肥的适宜用量应以土壤交换性钾含量高低、作物种类和各种营养元素相互平衡而定。在目前钾肥比较少的情况下，一般还做不到完全满足作物的需求，以钾肥（氧化钾）用量 45～90 kg/hm² 为宜。钾肥的当季利用率为 40%～50% 。土壤严重缺钾又喜钾的作物，如大豆、甘薯、烟草、甘蔗等钾肥用量可适当增加，土壤缺钾不严重和农家肥用量充足的地块，钾肥可以少施或不施。作物对钾素营养有奢侈吸收的特点，用量过多一般不会出现明显症状，但必然会增加成本。若能根据土壤交换性钾水平和目标产量进行配方施肥，则更有利于提高经济效益。

2. 施用期　钾肥可作基肥、种肥或追肥。钾肥与磷肥一样，以基肥或早期追肥效果较好，因为作物的苗期值往往是钾的临界期，对钾的反应十分敏感。虽然作物苗期吸钾不到全生育期的 1% ，但苗期个体小，相对数量较大。多年生和一些喜钾经济作物，要注意追施钾肥。

我国钾肥的品种以氯化钾为主，一般不宜作种肥，施足基肥或早期追肥，可以不施用种肥。在沙质较重的田里，钾肥易渗漏，分次施用为宜。还有一些土壤本身不一定缺钾，由于氮肥用量过多，致使水稻中后期叶色浓绿、植株柔软、通风透光差，这时补施少量钾肥，有利于作物生长。

3. 施用方法　主要有撒施后用犁翻压入土、播种时随种或在种子附近条状施肥、撒施后进行浅层耕作（耙地或耖田）、穴施、表面撒施、叶面喷施。在缺钾地区对作物喷施钾肥有明显的效果，喷施浓度为 0.5%～1.0% 。

（1）钾肥应深施、集中施。钾在土壤中易于被黏土矿物特别是 2:1 型黏土矿物所固定，将钾肥深施可减少因表层土壤干湿交替频繁所引起的这种晶格固定，提高钾肥的利用率。因此，将钾肥集中施用可减少钾与土壤的接触面积，提高钾的扩散速率，有利于作物对钾的吸收。

（2）钾肥应早施。通常钾肥作基肥、种肥的比例较大，若将钾肥用作追肥，应以早施为宜。因为多数作物的钾素营养临界期都在作物生育的早期，作物吸钾在中、前期猛烈，后期显著减少，甚至在成熟期部分钾从根部溢出。禾谷类作物在分蘖到拔节期需钾较大，棉花在现蕾到成铃阶段需钾量最大，蔬菜的茄果类在花蕾期、萝卜在肉质根膨大期需钾量最大。至于多年生果树，则应根据其特点，选择适宜的施肥时期，如梨在果实发育期、葡萄在浆果着色初期需钾量最大。沙质土壤上，钾肥不宜一次施用量过大，应分次施用，即应遵循少量多次的原则，以防钾的淋失。黏土上则可一次作基肥施用或每次的施用量大些。

4. 枸溶性钾肥的应用效果　目前，农业生产中普遍施用水溶性钾如氯化钾、硫酸钾等，水溶性钾的施用对农作物增产效果显著，增产率达 10%～18% （邹娟，2010；王伟妮等，2011）。但是我国水溶性钾素资源储量少，钾肥自给率从 2007 年的不到 30% （孙爱文等，2009），到 2012 年钾肥自给率达到 50% ，虽然自给率有所上升，但是我国仍然是世界钾肥进口大国，大量的钾肥需求仍要依靠进口解决（史云庆，2013；刘方斌，2012）。因此，在钾肥价格居高不下、水溶性钾素资源短缺的形势下，为了保证我国农业生产的正常进行，开发非水溶性钾矿资源，成为解决我国水溶性钾盐不足的一条有效途径。

我国非水溶性钾矿资源丰富、分布广泛、种类繁多，有钾长石、明矾石、伊利石、黑云母等（曲均峰等，2010）。20 世纪 50 年代，我国就开始探索对非水溶性钾矿石的开发利用（汪家铭，2011），现已出现不少以钾矿粉为钾肥资源施用的案例，王娜（2012）利用微晶化磷钾矿粉在多种农作物上应用研究发现，微晶化磷钾矿粉能促进作物生长、改善作物品质、提高经济效益。近年来，我国多家单位利用钾长石等非水溶性钾矿资源生产出硅钾肥、硅钙钾肥以及含钾复合肥等（汪家铭，2011；王万金等，1996；冯元琦，2011）。钾硅肥是以含有钾、硅及多种元素的天然矿石为原材料，生产出的一种新型矿物肥料（赵凤兰等，2006）。崔德杰等（2000）发现，硅钾肥可以提高冬小麦的抗旱性，增强根系活力。张艳红等（2011）通过花生施用硅钾肥研究得出结论，硅钾肥对花生的营养生长和生殖生长都有促进作用，增产率接近 10%。

5. 生物钾肥的施用效果　生物钾肥是指具有相对高钾低氮磷养分组成的绿色植物体、人畜粪便及由这些原料经堆制或发酵而成的富含钾素的有机肥料。我国有丰富的富钾绿肥资源，它们在富集或活化土壤难溶性钾方面有相对优势。富钾绿肥的合理种植和利用可使土壤钾得到充分利用，促进土壤钾素的良性循环。近年来，关于生物钾肥的研究越来越多，生物钾肥已成为应对我国钾源短缺的重要途径之一。胡笃敬等（1980）研究指出，如空心莲子草、金鱼藻、苦草等高钾植物中，尤以空心莲子草的含钾量最高，为 5.69%～11.9%。该研究为开发新的钾肥资源，培育新的高钾绿肥提供了启示。后来王先乐等研究证实小葵子属于高钾作物，对水稻、甘蔗等作物均有明显的增产效果（王先乐等，1986）。沈中泉等（1988）研究表明，生物钾肥不仅对农田作物有较好的增产作用，而且其钾素利用率也高，平均利用率达 83.5%。同时生物钾肥能补偿土壤钾的亏损，减少其淋溶损失，促进土壤钾的良性循环。

二、秸秆还田补充土壤钾素肥力

严格意义上说，作物秸秆也是生物钾肥中的一种，作物秸秆生物质炭还田也是秸秆还田的一种方式。但因作物秸秆直接取材于农田，属于农业固体废弃物，故其获取途径和直接还田方式都要比生物绿肥及秸秆生物炭还田方便。中国农业生产中年均秸秆资源量约为 8.1×10^8 t，以小麦、油菜、玉米和水稻秸秆为主。作物秸秆含有作物吸收的钾素 80% 以上，这些秸秆可折合纯钾约为 1.2×10^7 t（李书田、金继运，2011；李书田等，2017）。这些秸秆还田后，钾素可以快速释放出来，是一种速效性的钾肥资源，与传统钾肥作用相同（Yu et al.，2010）。可见，秸秆还田既可以缓解我国钾矿资源压力，又可以补充土壤钾库，促进土壤钾素的平衡，是农业可持续发展的重要措施。

第八章 | 潮土耕地测土配方施肥技术推广与应用 >>>

第一节　潮土测土配方施肥概况

一、背景

潮土主要分布于我国温带和暖温带地区的冲积平原和沟谷阶地上，这些地区是我国重要的粮棉油生产基地和蔬菜、水果主产区。潮土耕地大多土层深厚，土壤质地适中，土壤结构良好，有机质含量较高，各种养分较丰富，灌溉排水条件较好，农作物长势好、产量高、品质优，盛产名特优新农产品，对保障国家粮食安全、满足人们对各类农产品的需要发挥了重要作用。但长期以来，我国农业生产中肥料使用存在着一些突出问题，施用肥料品种之间、地区之间、作物之间不平衡，撒施、表施现象较为普遍，相当一部分地区过量施肥现象严重。这些问题不仅造成肥料利用率低下、生产成本增加、耕地地力下降，而且还会导致严重的环境污染，降低农产品品质。特别是 2004 年冬季开始，受经济环境影响，化肥价格持续上涨，并长期在高位运行，直接影响春耕生产和农民增收。2004 年，全国化肥使用量达到 4 636.6 万 t（折纯），而当时小麦、玉米、水稻三大粮食作物氮肥、磷肥和钾肥利用率只有 28%、12% 和 32%，化肥浪费严重。为解决上述突出问题，从 2005 年开始，中央财政安排专项资金，在全国开启了测土配方施肥补贴项目。

2005 年，《中共中央 国务院关于进一步加强农村工作提高农业综合生产能力若干政策的意见》（中发〔2005〕1 号）提出要"推广测土配方施肥，推行有机肥综合利用与无害化处理，引导农民多施农家肥，增加土壤有机质"。《国务院关于做好建设节约型社会近期重点工作的通知》（国发〔2005〕21 号）将"推广节肥、节药技术，提高化肥、农药利用率"作为加强资源综合利用的重要措施。2005 年，为了贯彻落实中央 1 号文件精神和中央领导同志的重要批示精神，农业部先后印发了《农业部关于开展测土配方施肥春季行动的紧急通知》（农农发〔2005〕8 号）与《农业部关于印发测土配方施肥秋季行动方案的通知》（农农发〔2005〕16 号），在全国启动了测土配方施肥行动。2005 年 7 月 25 日，农业部办公厅、财政部办公厅联合制定印发了《2005 年测土配方施肥试点补贴资金项目实施方案》，2005 年在全国选择 200 个县开展测土配方施肥试点工作，对测土配方施肥重要环节进行补贴，大力推进测土配方施肥技术入户，努力提高科学施肥水平。把测土配方施肥作为一项基础性、公益性、长期性的工作，按照每个县 100 万元的标准，重点对测土、配方、配肥等环节给予补贴。2007 年，《中共中央 国务院关于积极发展现代农业扎实推进社会主义新农村建设的若干意见》（中发〔2007〕1 号）中提出要扩大测土配方施肥的实施范围和补贴规模，进一步推广诊断施肥、精准施肥等先进施肥技术。2008 年，《中共中央 国务院关于切实加强农业基础建设进一步促进农业发展农民增收的若干意见》（中发〔2008〕1 号）中提出要加快沃土工程实施步伐，扩大测土配方施肥规模。2009 年，《中共中央 国务院关于 2009 年促进农业稳定发展农民持续增收的若干意见》（中发〔2009〕1 号）中提出要继续推进"沃土工程"，扩大测土配方施肥实施范围。2010 年，《中共中央 国务院关于加大统筹城乡发展力度进一步夯实农业农村发展基础的若干意见》（中发〔2010〕1 号）中提出要扩大测土配方施肥、土壤有机质提升补贴规模和范围。2012 年，《中共中央 国务院关于加快推进农业科技创新持续增强农产品供给保障能力的若干意见》（中发〔2012〕1 号）中提出要继续搞好农地质量调查和监测工作，深入推进测土配方施肥，扩大土壤有机质提升补贴规模。2012 年，《国务院关于印发全国现代农业发展规划（2011—2015 年）的通知》中提出大力推进农业节能减排，推广土壤有机质提升、测土配方施肥等培肥地力技术。2015 年，《中共中央 国务院关于加大改革创新力度加快农业现代化建设的若干意见》（中发〔2015〕1 号）中提出要加强农业面源污染治理，深入开展测土配方施肥，大力推广生物有机肥。《全国农业可持续发展规划（2015—2030 年）》中提出到 2020 年全国测土配方施肥技术推广覆盖率达到 90％以上，化肥利用率提高到 40％，努力实现化肥施用量零增长。农业部制定《到 2020 年化肥使用量零增长行动方案》，提出在更大规模和更高层次上推进测土配方施肥，拓展实施范围、强化农企对接、创新施肥社会化服务机制，加快施肥方式转变，推进新肥料新技术应用，集成推广高效施肥技术模式，以减少化肥用量，到 2020 年实现化肥使用量零增长。2017 年，《农业部关于推进农业供给侧结构性改革的实施意见》（农发〔2017〕1 号）中提到，深入推进测土配方施肥，集成推广化肥减量增效技术。中共中央办公厅、国务院办公厅印发的《关于创新体制机制推进农业绿色发展的意见》中提出要继续实施化肥农药使用量零增长行动，推广有机肥替代化肥和测土配方施肥。

二、测土配方施肥的内容

测土配方施肥是以土壤测试和肥料田间试验为基础，根据作物的需肥规律、土壤供肥性能和肥料效应，在合理施用有机肥料的基础上，提出氮、磷、钾及中量、微量元素等的施用品种、数量、施肥时期和施用方法。测土配方施肥主要围绕"测土、配方、配肥、供肥、施肥指导"5 个环节开展 9 项工作。

（一）土壤测试

测土是制定肥料配方的重要依据。按照《测土配方施肥技术规程》要求，开展土壤样品的采集与测试。

1. 样品采集 采样单元：根据土壤类型、土地利用方式和行政区划，将采样区域划分为若干个采样单元，每个采样单元的土壤性状要尽可能均匀一致。大田作物平均每个采样单元为 6.67～13.33 hm²（平原区每 6.67～33.33 hm² 采 1 个样，丘陵区每 2～5.33 hm² 采 1 个样），蔬菜平均每个采样单元为 0.67～1.33 hm²，温室大棚作物每 1～2 个棚室或 0.67～1 hm² 采 1 个样，果树平均每个采样单元为 1.33～2.67 hm²（地势平坦果园取高限，丘陵区果园取低限）。采样集中在位于每个采样单元相对中心位置的典型地块（同一农户的地块），采样地块面积为 0.07～0.67 hm²。采样点采用 GPS 定位，记录采样地块中心点的经纬度，精确到 0.1″。同时，对采样点地块农户信息进行调查，填写调查表。采样时间：大田作物一般在秋季作物收获后、整地施基肥前采集；蔬菜在收获后或播种施肥前采集，一般在秋后；设施蔬菜在凉棚期采集；果树在上一个生育期果实采摘后、下一个生育期开始之前，连续一个月未进行施肥后的任意时间采集土壤样品。采样周期：项目实施 3 年后，对照前 3 年取样点，进行周期性原位取样。采样深度：大田作物采样深度为 0～20 cm；蔬菜采样深度为 0～30 cm；果树采样深度为 0～60 cm，分为 0～30 cm、30～60 cm 采集基础土壤样品。在测土的基础上，根据需要开展植株、水样品分析，为制定配方提供基础数据。

2. 土壤测试　土壤测试根据大田作物、蔬菜、果树确定不同的测试项目，同时明确必测项目和选测项目，测土配方施肥土壤样品测试项目见表 8-1。测试方法采用农业行业标准规定的方法。

表 8-1　测土配方施肥土壤样品测试项目

序号	测试项目	大田作物测土施肥	蔬菜测土施肥	果树测土施肥
1	土壤质地指测法	必测		
2	土壤质地，比重计法	选测		
3	土壤容重	选测		
4	土壤含水量	选测		
5	土壤田间持水量	选测		
6	土壤 pH	必测	必测	必测
7	土壤交换酸	选测		
8	石灰需要量	pH<6 的样品必测	pH<6 的样品必测	pH<6 的样品必测
9	土壤阳离子交换量	选测		选测
10	土壤水溶性盐分	选测	必测	必测
11	土壤氧化还原电位	选测		
12	土壤有机质	必测	必测	必测
13	土壤全氮	选测		
14	土壤水解氮			必测
15	土壤铵态氮	至少测试 1 项	至少测试 1 项	
16	土壤硝态氮			
17	土壤有效磷	必测	必测	必测
18	土壤缓效钾	必测		
19	土壤速效钾	必测	必测	必测
20	土壤交换性钙镁	pH<6.5 的样品必测	选测	必测
21	土壤有效硫	必测		
22	土壤有效硅	选测		
23	土壤有效铁、锰、铜、锌、硼	必测	选测	选测
24	土壤有效钼	选测，豆科作物产区必测	选测	

（二）田间试验

按《测土配方施肥技术规程》要求，布置田间肥料效应小区试验，摸清土壤养分校正系数、土壤供肥能力、不同作物养分吸收量和肥料利用率等基本参数。建立不同施肥分区主要作物的氮、磷、钾肥料效应模型，确定作物合理施肥品种和数量，基肥、追肥分配比例，最佳施肥时期和施肥方法，建立施肥指标体系，为配方设计和施肥指导提供依据。肥料效应田间试验设计，一般大田作物施肥量研究，采用"3414"方案设计，在具体实施过程中可根据研究目的选用"3414"完全实施方案、部分实施方案或其他试验方案。

（三）配方设计

组织有关专家，汇总分析土壤测试和田间试验数据结果，根据气候、地貌、土壤类型、作物品种、耕作制度等差异性，合理划分施肥类型区。审核测土配方施肥参数，建立施肥模型，分区域、分作物制定肥料配方。肥料用量的确定方法主要包括土壤与植物测试推荐施肥方法、肥料效应函数法、土壤养分丰缺指标法和养分平衡法。

（四）校正试验

为保证肥料配方的准确性，减少配方肥大面积应用的风险，在每个施肥分区单元，以当地主要作物及其主栽品种为对象，设置测土配方施肥、农户习惯施肥、空白对照3个处理的校正试验，对比测土配方施肥的增产效果，验证和完善肥料配方，优化测土配方施肥技术参数。

（五）配肥加工

依据配方，以各种单质或复混肥料为原料，加工配制配方肥。主要有2种方式：一是农民根据测土配方施肥建议自行购买各种肥料，按比例配合施用；二是由配肥企业按配方加工成配方肥，农民购买施用。其中，最具活力的运作模式就是市场化运作、工厂化生产和网络化经营。

（六）示范推广

针对项目区农户地块和作物种植状况，在村设置测土配方施肥技术专栏，或制定测土配方施肥建议卡，由项目乡（镇）农技人员和村委会发放入户，并由户主签名确认。根据信息化建设情况，可以应用网络版或手机版测土配方施肥专家咨询系统，由农民直接查询施肥技术。建立测土配方施肥示范区，树立样板，展示测土配方施肥技术效果，引导农民应用测土配方施肥技术。

（七）宣传培训

加强对各级农技推广部门、肥料生产企业、经销商有关技术人员的培训，提高技术人员的服务能力和技术水平。通过广播、电视、网络、报刊、现场会等形式，加强宣传培训，提高广大农民的测土配方施肥意识，普及科学施肥技术知识。

（八）效果评价

通过对项目区施肥效益和土壤肥力进行动态监测，并及时获得农民反馈的信息，对测土配方施肥的实际效果进行评价，从而不断完善管理体系、技术体系和服务体系。

（九）技术研发

重点开展田间试验、土壤养分测试、肥料配方、数据处理、专家咨询系统等方面的技术研发工作，不断提升测土配方施肥技术水平。

三、测土配方施肥的模式

从2005年开始实施测土配方施肥项目以来，各地围绕"测、配、产、供、施"各环节，探索应用了一系列技术模式。

河北省在全省推广应用"五化"测土配方施肥模式：一是配方施肥个性化。针对不同服务对象采用4种服务模式，分别是对农业合作社、种植大户、家庭农场实行入户测土、送肥上门模式；对小散农户实行建立配方信息栏、直供配方肥模式；对购肥农民实行智能配肥、售后跟踪模式；对远程农户实行网络诊断、微信服务模式。以测土配方施肥信息服务网、智能配肥站、液体加肥站为平台构建"一网两站"。截至2018年，全省建立网络查询终端电脑版3 103台、手机版3 630台、触摸屏952台，智能配肥站、液体加肥站125个。所有的县均发布了县域施肥配方，80％以上的村设立肥料配方和施肥建议公告栏，为农民提供测土配方施肥个性化信息服务。二是机械施肥标准化。发挥农机施肥用工少、作业精度高等优势，推动农机农艺融合，完善了小麦、玉米、马铃薯机械施肥技术规范，推动机械施肥标准化、精量化。重点推广玉米缓释肥与种肥同播、小麦免耕一次性施肥播种和马铃薯一次性覆膜施肥播种，以及追肥深施和分层施肥等机械施肥新技术，减少肥料损失，降低肥料用量。三是统供统施专业化。全省建立各类专业化、社会化施肥组织2 259个，实现集中供肥、统一施肥、专业化服务，年作业面积超过2 600万亩。四是灌溉施肥一体化。制定小麦、玉米、蔬菜水肥一体化技术标准和实施规范，重点推广小麦玉米地埋伸缩式喷灌、蔬菜物联网滴渗灌、马铃薯膜下滴灌等水肥一体化技术，探索了微喷灌、固定式喷灌、指针式喷灌、桁架式淋灌等不同水肥一体化模式，实现了由浇水向浇营养液转变、浇地向浇农作物转变，亩均节肥20％～30％，化肥利用率提高到45％以上。五是肥料品种高效化。示范推广缓控释肥料、水溶肥料、液体肥料、生物肥料等高效新型肥料76.67万 hm^2，用量70.5万 t。推广应用配方肥354.07万 hm^2，用量142.3万 t。河北邯郸农业部门组织专家开发出"一村一站、一户一卡"测土配方施肥专家系统及查询终端，通过电脑专家为农民提供测土配方施肥技术服务，具体方法是：每村设一个查询站，每户发一张查询卡，农民只要到持卡到查询站查询，就可以得到具体配方和施肥技术，还可以在配肥站买到合适的肥料，如同请医生开方抓药一样，而且都是免费为农民服务。

河南省的每个项目县都选择3～5家大中型肥料企业进行合作，由土肥部门提供配方，肥料企业按配方生产，并联合肥料经营公司、经营大户建立乡村网点，把配方肥供应到农户，探索形成了"五佳融合""一测三配""四方三结合""私人定制"等多种配方肥推广应用模式，实现了"技术部门、肥料企业、肥料经营、农民"四结合，实现了技术推广覆盖面高、应用面积大、延伸了服务链条、拓展服务内容。据统计，潮土区配方肥施用量（折纯量）从2005年的5.3万 t，递增到2019年的84.7万 t，使肥料生产和经销的品种结构更加符合农民的需求，并对加快复混（合）肥料生产由通用型向专用型转变起到了积极推进作用。一是"五佳融合"模式。"五佳融合"模式指的是"农技推广部门＋肥料定点生产企业＋农机制造企业＋种子企业＋农民合作社"有机融合。农技推广部门提供配方，并牵头组织肥料企业、农机制造企业和种子企业间的有效融合，充分发挥各自优势，肥料定点企业按方生产与机械配套的配方肥，农机制造企业生产出与肥料、种子相协调的机具，种子企业培养或销售与机具一致的种子，农民合作社整合各方资源，以托管的模式将一流的化肥、一流的种子，通过一流的种肥同播机械，帮助农户直接播种到农田。这种"五佳融合"模式有效整合了社会各方资源，极大地提高了配方肥的入户率和生产力，有效解决了农技推广"最后一公里"、技术转化"最后一道坎"的问题。二是"一测三配"模式。"一测"指的是农技推广部门提供技术，免费进行土壤取样、化验测试和制定配方；"三配"分别指的是肥料生产企业拿到配方进行配肥生产、邮政物流进行配方肥的配送到家、政府对配方肥的配补。这种模式解决了配方肥生产成本高的问题，同时也兼顾了肥料的安全性、针对性和有效性，让农户以较低的成本获得了较高的收益，提高了减肥增效技术和配方肥料的入户率、到位率，极大地加快了配方肥的推广应用力度。三是"四方三结合"模式。"四方"即"土肥部门＋专业媒体＋生产企业＋科技示范带头人"；"三结合"即土肥部门与专业媒体相结合、土肥部门与定点生产企业结合、土肥部门与农村带头人结合。这种模式建立了农民与农业专家双向交流的平台，保障了肥料的安全性、针对性和有效性，提高了测土配方施肥技术和配方肥料的入户率、到位率。河南省开封市是这种模式的代表，通过开展"四方三结合"和"配方肥料进万家"活动，培养了一支科技意识强、有文化、懂技术、甘于奉献的测土配方施肥科技示范带头人队伍，解决了"最后一公里"农技推广人员短缺的问题，形成了一个实用的农技服务推广体系，加快了配方肥推广应用步伐。四是"私人订制"模式。"私人订制"模式主要包括农技推广部门、肥料生产企业和新型农业经营主体（农民专业合作组织、种植大户、家庭农场）。该模式是农技推广部门为大面积示范推广，选择具有一定规模的新型农业经营主体进行技术服务，发挥其示范带动作用。其优点是做到了3个精准：一是精准配方，由农技推广部门定向服务新型农业经营主体，确保了配方肥的精准性；二是精准企业供肥，由农技推广部门搭建肥料企业与新型农业经营主体对接的平台，实现按订单生产供应配方肥；三是精准施用，农技专家在新型农业经营主体田块内进行"田间会诊"，开出田块施肥建议卡，在施用配方肥上达到私人定制，实现肥料精准施用。该种模式运行方式是农技部门免费测土、免费配方、免费技术服务，定时施肥指导；企业定点配肥、定向供肥。针对新型农业经营主体，统一测土、统一配方、委托企业统一生产、统一配送及技术指导服务。鼓励新型经营主体主动参与减肥增效技术推广应用，并发挥示范带动作用，让周围农户深刻认识和切实感受科学施肥的效果。

天津市实行"三统、三定"和"四结合"的测土配方施肥技术推广模式，提高测土配方施肥的技术入户率。三统：一是统一测土，由区县土肥部门根据本区县的耕地和作物分布情况，确定取土单元，采集土样，免费为农民测试；二是统一配方，由市、区县土肥部门组织有关专家、配方师、种植大户集中会商，根据本区域土壤、气候、作物分布等因素，结合田间试验，农户调查数据，分作物、分区域制定主要作物施肥配方；三是统一发放施肥建议卡，由区县土肥部门分析整理土壤测试数据，制定作物施肥配方，以施肥建议卡的形式发放到农户手中。三定：一是定点配肥，由区县土肥部门按照公正、公平、公开的原则在天津市土肥站认定的测土配方施肥定点生产企业中进行招标，中标的生产企业按照区县土肥部门提供的配方，分作物、分区域加工生产配方肥，建立配方肥质量追溯制度。市级和县级农业行政部门采取不定期抽查的形式进行监管。二是定向供肥，肥料生产企业依据区县土肥部门提供的肥料配方生产肥料，定向供应，区县土肥部门和肥料生产企业利用原有的肥料供应网络，科学布局，择优选点，保证每个村街都有配方肥供应网点，区县土肥技术部门对供应网点的经销人员开展技术培训。三是指定技术人员进行技术跟踪服务和指导，配方肥施入田间后，县级土肥部门采取指派专人的技术服务形式进行技术跟踪，并对乡镇技术人员和种田大户进行技术指导。四结合：一是测土配方施肥与科技入户工程和农民素质提升工程相结合，把测土配方施肥技术培训与科技入户和农民培训结合起来，作为一项实用技术成为培训中的重中之重，通过科技示范户的引领、种田大户的示范、农技人员的讲解和指导、示范样板的展示，使测土配方施肥技术走进千家万户；二是测土配方施肥技术与其他重大技术相结合，提高技术示范效果，测土配方施肥技术与高产创建技术、化促化控、病虫草绿色防控技术相结合，建立综合技术示范区，充分发挥示范样板作用，扩大技术影响力，提高社会认知度，提高粮棉生产能力和水平，实现农产品安全生产和供给，让农户得到实惠，让市民安全享用优质的农产品；三是测土配方施肥与社会主义新农村建设相结合，随着新农村和小城镇建设、生态居住区和工业小区建设的加快，许多地方实施了建新拆旧工程，启动了许多土地整理复垦项目，大部分复垦土地出现统一流转经营的新情况，种植作物品种由原来的小麦、玉米向设施蔬菜、花卉、果树等高效益作物转变，为了提高农民的科学施肥水平，项目区县加强了地力培肥和测土配方施肥的推广力度，推进测土配方施肥技术转向高效益作物；四是测土配方施肥与地方特色产业发展相结合，项目区县从县域、县情出发，把测土配方施肥技术推广与当地产业布局相结合，与当地特色高效农产品生产相结合，使农产品向精品化、绿色无公害发展。

江苏省主要推行"四个一"的模式：县有一系统（耕地资源管理信息系统）、乡有一幅图（施肥分区图）、村有一张表（施肥推荐表）、户有一张卡（施肥建议卡），把测土配方施肥技术送到千家万户。

四、测土配方施肥的效果

（一）提高产量品质，保障粮食安全

通过实施测土配方施肥，农民的施肥观念发生了改变，经济施肥、环保施肥、绿色施肥理念深入人心。从重视化肥转变为化肥有机肥的配合施用，从偏施氮肥转变为氮、磷、钾肥并重，从过量施肥转变为科学适量施肥。基本做到了土壤缺什么养分施什么养分，缺多少养分施多少养分，既避免了化肥施用量不足，导致农作物产量不高，也防止了过量施用化肥，造成环境污染，农产品质量下降，促进了增产施肥、经济施肥、环保施肥相结合，确保了农作物持续稳定增产、农产品质量提升，保障了国家粮食安全。农业农村部测土配方施肥技术专家组在全国开展的效果评价显示，测土配方施肥示范区与农民常规施肥习惯相比，小麦每公顷平均增产 439.5 kg、玉米每公顷平均增产 673.5 kg、水稻每公顷平均增产 507 kg。中国农业科学院多年试验示范结果表明，通过测土配方施肥小麦平均增产 12.6%、玉米 11.4%、水稻 15.0%、大豆 11.2%、蔬菜 15.3%、水果 16.2%。河北通过测土配方施肥，潮土耕地小麦平均每公顷增产 380.4 kg，玉米每公顷增产 526.2 kg。

（二）降低农业成本，增加经济效益

肥料在农业生产资料投入中约占 50%，化肥过量、不合理施用，造成肥料浪费损失严重，也增加了农业生产成本。测土配方施肥，提高了化肥利用率和施用效率，促进了化肥减量增效，在减少化肥施用量的情况下，实现了农作物产量不降低或稳定提高，促进了农业节本增效和农民增收，经济效益非常显著。农业农村部全国农户抽样调查显示，采用测土配方施肥技术后，小麦亩均增产 14.5 kg，增产率 3.7%，亩均节本增收 62.8 元；玉米亩均增产 28.9 kg，增产率 5.9%，亩均节本增收 61.9 元；水稻亩均增产 18.0 kg，增产率 3.8%，亩均节本增收 70.1 元。

（三）减少面源污染，保护生态环境

通过测土配方施肥，推广应用化肥减量增效技术，提高了化肥利用率，减少了化肥施用量，不仅能减少氮氧化物、二氧化碳排放量，并且能降低地下水硝酸盐的含量，减轻了化肥对农田环境的污染，也为改善土壤、水、大气生态环境作出了贡献。据调查统计，测土配方施肥示范区与农民习惯施肥相比，一般每公顷减少不合理施肥 15~30 kg（折纯）。其中，小麦每公顷平均节约氮肥 25.5 kg、节磷 7.5 kg，玉米每公顷平均节约氮 16.5 kg，水稻每公顷平均节约氮 15 kg、节磷 3 kg。据测算，仅 2005—2009 年，全国实施测土配方施肥项目累计减少不合理施肥 580 万 t，相当于节约燃煤 1 500 多万 t，减少二氧化碳排放量约 4 000 万 t。据农业面源污染调查统计，通过测土配方施肥可减少氮磷流失 6%~30%。据调查，实施测土配方施肥的农田，农作物长势旺盛，植株抗病、抗虫能力显著增强，可减少农药使用 1~2 次，有效减轻了面源污染。

第二节 潮土区域分布与理化性质

一、区域分布

我国潮土多分布于黄河中、下游的冲积平原及其以南江苏、安徽的平原地区和长江中下游流域的河、湖平原和三角洲地区。全国第二次土壤普查资料表明，潮土土类面积约 0.26 亿 hm²，占全国土地面积 2.67%。潮土分为典型潮土、湿潮土、脱潮土、盐化潮土、碱化潮土、灰潮土及灌淤潮土 7 个亚类（全国土壤普查办公室，1996）。

耕作型潮土面积约 0.22 亿 hm²，是山东、河南、河北、江苏、新疆、安徽、内蒙古、湖北、山西、天津、辽宁、北京、浙江、陕西、湖南、甘肃、江西、广东、宁夏、四川、重庆、广西、西藏、上海、青海、福建、贵州 27 个省份主要农田土壤类型之一（全国土壤普查办公室，1996）。7 个耕地型潮土亚类面积与区域分布见表 8-2。

表 8-2 耕地型潮土亚类面积与区域分布

亚类	耕作土壤面积（万 hm²）	分布区域
典型潮土	1 364.1	河南、山东、河北、江苏、安徽、新疆、宁夏、山西、内蒙古、天津、北京、湖南、陕西、湖北、江西、浙江、甘肃、广东、广西、西藏、青海、宁夏、贵州
灰潮土	215.3	湖北、江苏、河南、安徽、浙江、四川、上海、江西、福建、广西
脱潮土	196.9	山东、河南、河北、江苏、山西、北京、新疆、广东、内蒙古、甘肃、陕西、西藏
湿潮土	30.5	山东、天津、广东、新疆、河南、宁夏、陕西、西藏、山西、甘肃、河北、北京
盐化潮土	339.6	新疆、山东、河北、内蒙古、山西、天津、江苏、辽宁、河南、甘肃、陕西、安徽、宁夏、北京、青海、西藏
碱化潮土	20.3	河南、安徽、山西、河北、山东、辽宁
灌淤潮土	22.2	新疆、河南、内蒙古、宁夏
合计	2 188.9	

二、理化性质

基于 2017 年全国 25 个省（自治区、直辖市）潮土区 25 899 个测土配方施肥监测点的测定结果（表8-3），参考《全国九大农区耕地质量监测指标分级标准》中的《黄淮海区耕地质量监测指标分级标准》（表 8-4），分析潮土物理和化学肥力指标的 5 个等级水平，从"高"的 1 级至"低"的 5 级，分别为高（1 级）、较高（2 级）、中等（3 级）、较低（4 级）、低（5 级）。土壤重金属污染状况的判定，参考《土壤环境质量　农用地土壤污染风险管控标准（试行）》（GB 15618—2018）。

表 8-3　2017 年潮土监测点分布

省份	样点数（个）	省份	样点数（个）
山东	5 499	陕西	188
河南	4 212	广西	186
河北	3 750	重庆	160
江苏	2 999	甘肃	115
湖北	2 181	宁夏	103
安徽	1 426	四川	94
新疆	1 337	福建	62
内蒙古	1 065	江西	53
山西	871	青海	31
浙江	619	上海	29
天津	408	贵州	23
湖南	263	西藏	14
广东	211	合计	25 899

表 8-4　黄淮海区耕地质量监测指标分级标准（试行，2019）

指标	单位	分级标准				
		1 级（高）	2 级（较高）	3 级（中）	4 级（较低）	5 级（低）
耕层厚度	cm	>25.0	20.0~25.0	15.0~20.0	10.0~15.0	<10.0
容重	g/cm³	1.00~1.25	1.25~1.35，≤1.00	1.35~1.45	1.45~1.55	>1.55
紧实度	MPa	<1.0	1.0~1.5	1.5~2.0	2.0~3.0	>3.0
水稳性大团聚体（>0.25 mm）	%	>40.0	30.0~40.0	20.0~30.0	10.0~20.0	<10.0
阳离子交换量	cmol/kg	>20.0	15.0~20.0	10.0~15.0	5.0~10.0	<5.0
有机质	g/kg	>25.0	20.0~25.0	15.0~20.0	10.0~15.0	<10.0

（续）

指标	单位	分级标准				
		1级（高）	2级（较高）	3级（中）	4级（较低）	5级（低）
pH	—	6.5～7.5	7.5～8.0，6.0～6.5	8.0～8.5，5.5～6.0	8.5～9.0，5.0～5.5	＞9.0，＜5.0
全氮	g/kg	＞1.50	1.25～1.50	1.00～1.25	0.75～1.00	＜0.75
有效磷	mg/kg	＞40.0	30.0～40.0	20.0～30.0	10.0～20.0	＜10.0
速效钾	mg/kg	＞200	150～200	100～150	50～100	＜50
缓效钾	mg/kg	＞1 000	800～1 000	600～800	400～600	＜400
交换性钙	mg/kg	＞1 000	700～1 000	500～700	300～500	＜300
交换性镁	mg/kg	＞300	200～300	100～200	50～100	＜50
有效硫	mg/kg	＞50.0	40.0～50.0	30.0～40.0	20.0～30.0	＜20.0
有效铁	mg/kg	＞20.0	15.0～20.0	10.0～15.0	5.0～10.0	＜5.0
有效锰	mg/kg	＞30.0	15.0～30.0	10.0～15.0	5.0～10.0	＜5.0
有效铜	mg/kg	＞1.80	1.00～1.80	0.50～1.00	0.20～0.50	＜0.20
有效锌	mg/kg	＞3.00	2.00～3.00	1.00～2.00	0.50～1.00	＜0.50
有效硼	mg/kg	＞2.00	1.00～2.00	0.50～1.00	0.20～0.50	＜0.20
有效钼	mg/kg	＞0.20	0.15～0.20	0.10～0.15	0.05～0.10	＜0.05
有效硅	mg/kg	＞200	150～200	100～150	50～100	＜50
全磷	g/kg	＞1.00	0.80～1.00	0.60～0.80	0.40～0.60	＜0.40
全钾	g/kg	＞25.0	20.0～25.0	15.0～20.0	10.0～15.0	＜10.0
土壤盐渍化程度（含盐量）	g/kg	＜1.0	1.0～3.0	3.0～4.0	4.0～6.0	＞6.0
铬	mg/kg					
镉	mg/kg					
铅	mg/kg		参考生态环境部门出台的相关标准，不再单独制定分级标准			
砷	mg/kg					
汞	mg/kg					

（一）土壤物理性状

1. 土壤有效土层厚度 潮土有效土层厚度的平均值为 98.7 cm（实际有效土层平均厚度大于这个平均值），中位数为 100.0 cm（图 8-1）。＞100 cm 监测点位数占 77.07%；≤60 cm 监测点位数占比 14.70%。总体来说，潮土的有效土层深厚，为构建潮土深厚肥沃耕作层提供了良好的物质基础。

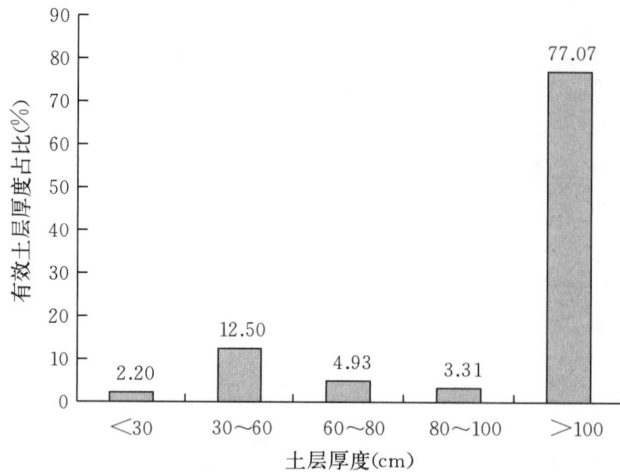

图 8-1　潮土有效土层厚度各分级监测点位数占比

2. 耕层厚度　潮土耕层厚度的平均值与中位数均为 20.0 cm，分布在耕层厚度 15～20 cm 的点位占监测点总数的 70.42%，约 1/8 点位的耕层厚度≤15 cm，>25 cm 深厚耕层的监测点位数占 6.5%（图 8-2）。因此，潮土耕层厚度属于中等至较差水平的点位数较多，占到监测点位总数的 83%，培育深厚耕作层是未来潮土区保育的重点问题之一。

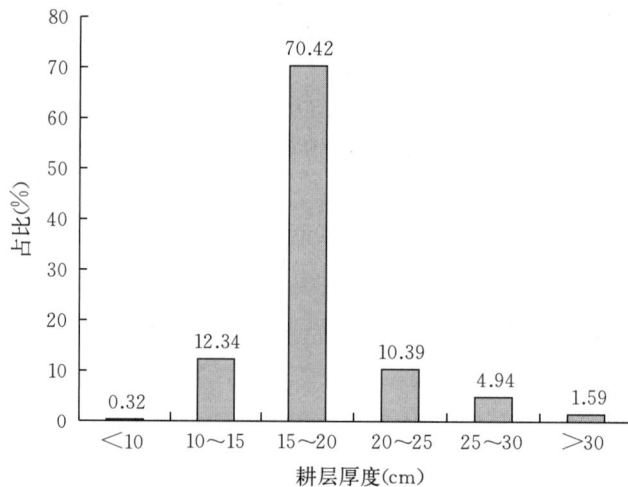

图 8-2　潮土耕层厚度各分级监测点位数占比

3. 土壤容重　耕层潮土容重的平均值与中位数均为 1.33 g/cm³，主要分布在 1.00～1.45 g/cm³（图 8-3）。其中，1.25～1.35 g/cm³ 的监测点位占比最大，达到 33.13%；1.0～1.25 g/cm³ 的监测点位数与 1.35～1.45 g/cm³ 的监测点位数分别占到 22.77%、23.57%；≤1.0 g/cm³ 的监测点占 1.82%，≥1.45 g/cm³ 的占 18.71%。潮土多发育于河流沉积物，土壤中沙粒或粉沙粒含量相对较高，且土壤有机质含量总体水平不高（蔬菜地除外），使得土壤容重总体偏高。

4. 土壤质地　潮土的质地类型中，壤土占 91.70%，沙土与黏土占比分别为 2.66%、5.64%。壤质土中，轻壤土占比超过了一半，达到 52.82%；中壤土和重壤土占比分别为 30.72%、16.46%。沙质土多分布于华北与西北地区，黏土类主要分布长江一带及其以南的地区。综合来说，潮土的质地还是偏沙性，轻壤土与沙土占比较大，肥料种类、土壤培肥改良与作物类型等选择需要有对应的措施。

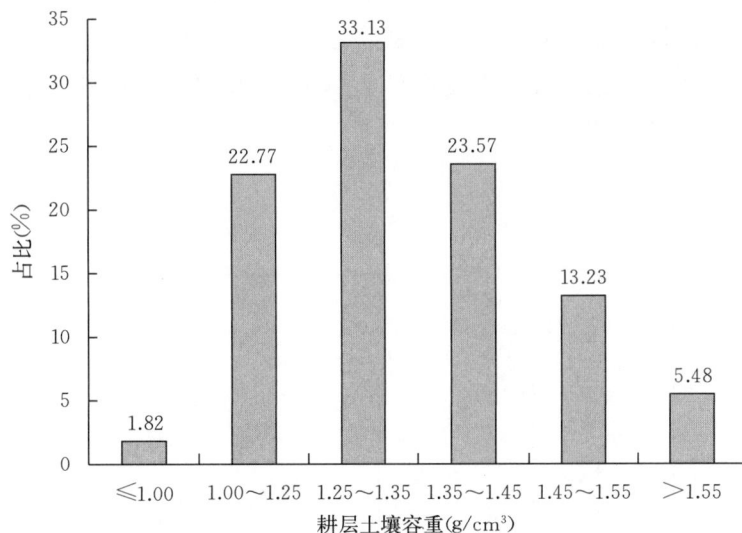

图 8-3 潮土耕层土壤容重各分级监测点位数占比

（二）土壤化学性状

1. 土壤有机质 潮土有机质平均含量为 17.60 g/kg（中位值为 17.80 g/kg）（图 8-4），较全国第二次土壤普查的潮土有机质平均值 11.16 g/kg[①]高出了 57.7%（全国土壤普查办公室，1996）。潮土有机质含量主要在 10~25 g/kg，其中≤15.0 g/kg 的监测点占 37.78%，≤10.0 g/kg 的监测点占 10.55%。潮土土壤有机质含量高于 25.0 g/kg 的监测点占比较低，占监测点总数的 12.36%，主要分布于蔬菜产区。与全国其他的主要耕作土壤类型相比，潮土的有机质含量水平总体偏低，尤其是粮食产区的土壤有机质还有待于进一步提高。

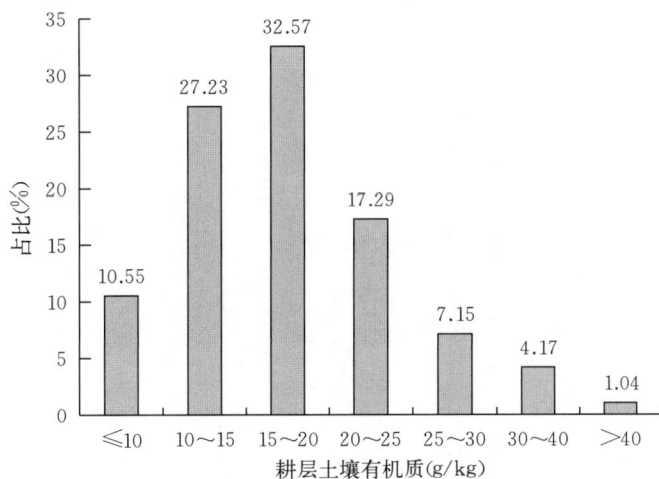

图 8-4 潮土耕层土壤有机质各分级监测点位数占比

2. 土壤全氮 潮土全氮平均含量为 1.15 g/kg（中位值为 1.11 g/kg）（图 8-5），较全国第二次土壤普查的潮土全氮平均值 0.745 g/kg 高出 54.4%。潮土全氮含量主要位于 0.75~1.25 g/kg，约占

---

① 潮土土类有机质平均值＝7 个潮土亚类的耕地面积×亚类有机质平均值/7 个亚类耕地面积之和。用同样的方法计算潮土土类的全氮、有效磷、速效钾含量平均值。

潮土监测点的一半；土壤全氮含量≤0.75 g/kg的监测点占13.58%，属于较低的土壤全氮含量水平；潮土全氮含量高于1.25 g/kg的监测点占监测点总数的38.13%，其中，全氮含量高于1.5 g/kg的监测点占监测点总数的20.44%，主要分布于蔬菜产区。潮土的全氮含量水平总体偏低，尤其是粮食产区的土壤全氮含量还有待于进一步提高。

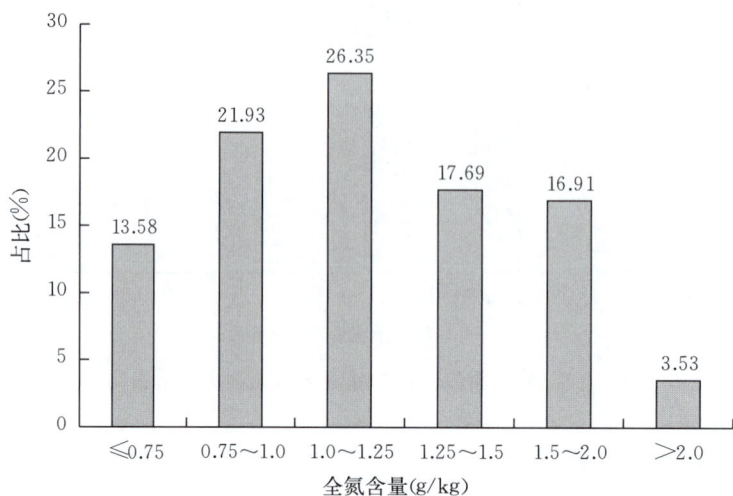

图8-5　潮土全氮含量各分级监测点位数占比

3. 土壤有效磷　潮土监测点土壤有效磷含量差别比较大、分布比较分散（图8-6），平均含量为27.08 mg/kg（中位值为17.80 mg/kg），较全国第二次土壤普查的潮土有效磷平均值6.47 mg/kg高出318%。潮土有效磷含量10～20 mg/kg的监测点占比最大，达到总监测点数的35.47%；≤10 mg/kg的监测点占21.36%，属于较低的土壤有效磷含量水平；潮土有效磷含量高于40 mg/kg的监测点占监测点总数的15.42%，主要分布于蔬菜产区。潮土有效磷含量过高，存在一定的环境风险，尤其是沙壤质或沙土质地区的环境风险更高。

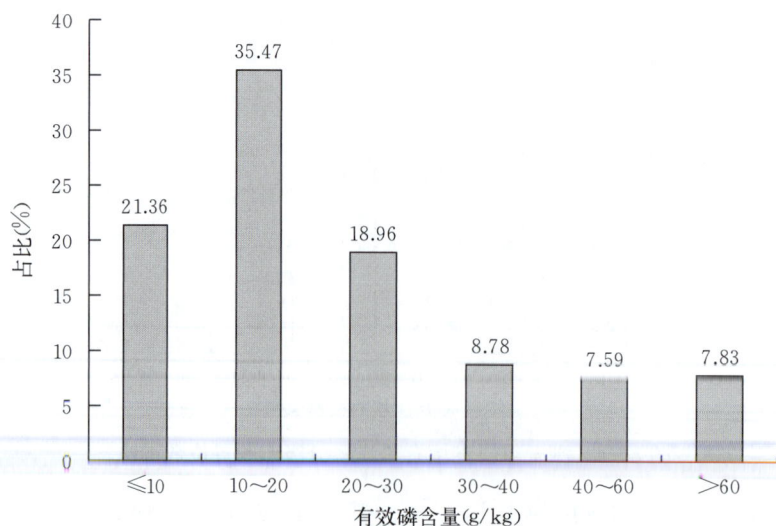

图8-6　潮土有效磷各分级监测点位数占比

4. 土壤速效钾　潮土监测点土壤速效钾含量差别也分布比较分散（图8-7），平均含量为164.9 mg/kg（中位值为144.0 mg/kg），较全国第二次土壤普查的潮土速效钾平均值150.0 mg/kg，高出 10.0%。潮土速效钾含量 100～150 mg/kg 的监测点占比最大，达到总监测点数的 29.93%；≤50 mg/kg 的监测点占比较小，仅占到了 3.10%，属于较低的土壤速效钾含量水平；潮土速效钾含量高于 200 mg/kg 的监测点占监测点总数的 25.75%，主要分布于蔬菜产区。钾肥施用与秸秆还田，是 20 余年来维持或提升土壤钾素水平的主要因素。

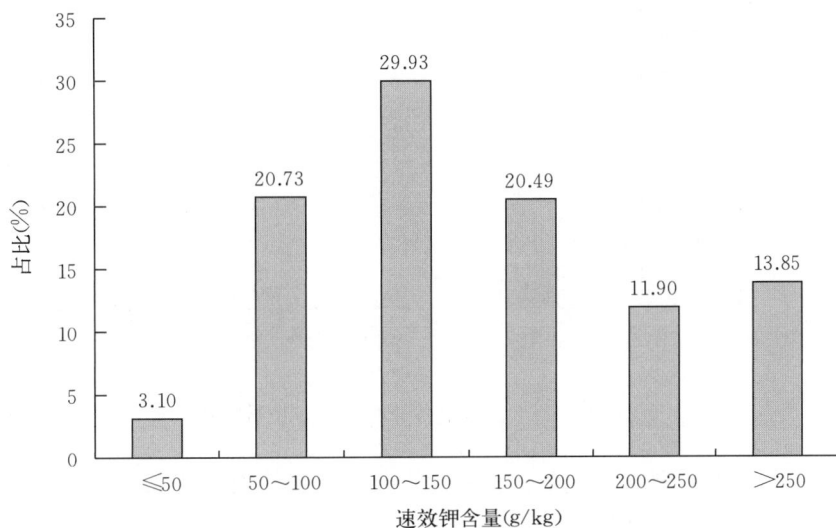

图 8-7　潮土速效钾各分级监测点位数占比

5. 土壤 pH　潮土监测点土壤 pH 介于 3.5～10.4，平均值为 7.80（中位值为 8.06，图 8-8）。监测点土壤 pH 主要集中在 8.0～8.5，占到监测点总数的一半以上；土壤酸碱性最适区间 6.5～7.5 的监测点占比为 13.5%；较适区间 6.0～6.5 与 7.5～8.0 的监测点占比 14.24%；土壤 pH≤5.0 强酸性和土壤 pH >9.0 强碱性监测点占比分别为 2.32%、0.55%。潮土区除了少数分布于长江以南的呈现强酸性、少数分布于西北与华北地区的呈现强碱性外，总体来说土壤的酸碱性较为适中。

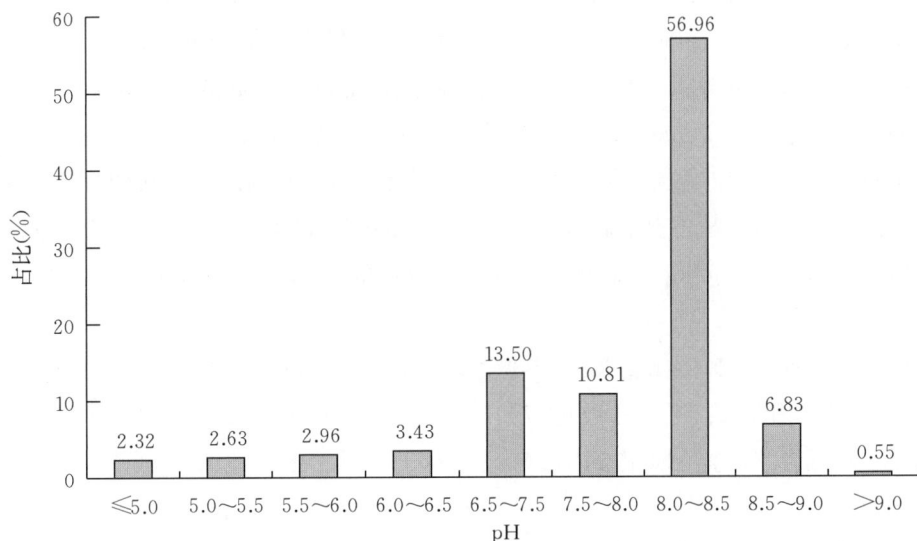

图 8-8　潮土 pH 各分级监测点位数占比

6. 土壤含盐量　潮土 87.33% 的监测点表现为无盐碱化；轻度盐碱化的监测点占比为 10.95%；重度与极重度盐碱化的监测点占比分别为 0.09%、1.13%（图 8-9），主要分布于甘肃、新疆、河北、山东等地。

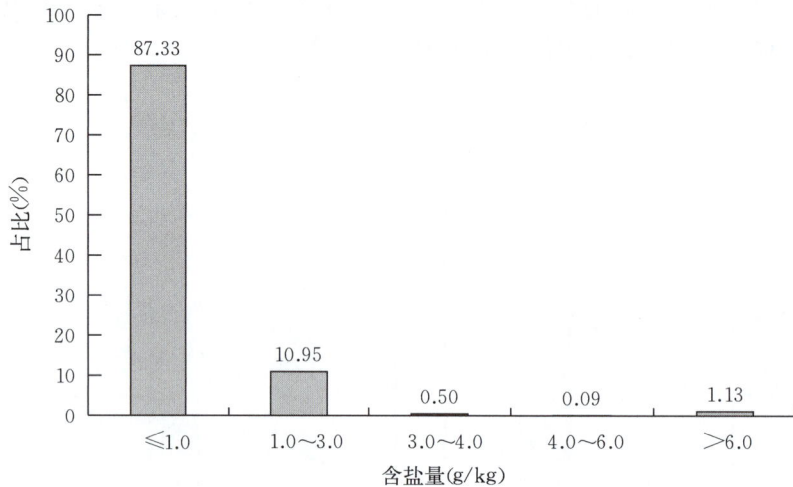

图 8-9　潮土含盐量各分级监测点位数占比

盐碱化耕地类型中，主要为硫酸盐类、氯化物盐类、碳酸盐类及其混合物。其中，硫酸盐类占比为 24.65%，氯化物盐类占比为 21.54%，碳酸盐类占比为 20.30%，硫酸盐-氯化物盐类占比为 20.39%，碳酸盐-氯化物盐类占比为 13.12%。

7. 土壤中微量元素含量　潮土区多为旱地，主要作物有小麦、玉米、油菜、花生、蔬菜瓜果、水果等；此外，石灰性土壤占比高，土壤有效钙镁较为充足，结合潮土区作物中微量元素养分的需求特点，重点分析潮土有效锌、有效硼、有效钼、有效硫的中微量元素含量水平（图 8-10）。

潮土有效锌平均含量为 2.89 mg/kg（中位值为 1.31 mg/kg），位于 0.5~2.0 mg/kg 的较低-中等含量等级区间的监测点，约占潮土监测点的 2/3，对于缺锌较为敏感的作物，如玉米或甘蓝、芹菜、桃、苹果、梨等蔬菜水果类作物可能存在缺锌的问题，需要土施或叶面施用锌肥。土壤有效锌含量≤0.5 mg/kg 的监测点占 6.05%，属于极缺的含量水平；较高含量等级>2.0 mg/kg 的监测点占监测点总数的 13.24%；高含量等级>3.0 mg/kg 的监测点占监测点总数的 13.53%。

潮土有效硼平均含量为 1.03 mg/kg（中位值为 0.48 mg/kg），主要位于 0.2~1.0 mg/kg 的较低-中等含量等级区间的监测点，约占潮土监测点的 78%，这些区域种植缺硼较为敏感的十字花科作物、部分蔬菜果树等可能存在缺硼的问题。土壤有效硼含量≤0.2 mg/kg 的监测点占 10.44%，属于低的含量水平；较高含量等级 1.0~2.0 mg/kg 的监测点占监测点总数的 9.77%；高含量等级>2.0 mg/kg 的监测点占监测点总数的 1.75%。

潮土有效钼平均含量为 0.34 mg/kg（中位值为 0.16 mg/kg），分布在中等至高等含量 0.1~0.2 mg/kg 的监测点，占到监测点总数的 79.57%；<0.05 mg/kg 低含量的监测点占 6.83%，0.05~0.1 mg/kg 较低含量的监测点占到 13.60%，对于豆科、十字花科植物和柑橘等作物的生长存在一定的影响。

潮土有效硫平均含量为 48.3 mg/kg（中位值为 34.3 mg/kg），<20 mg/kg 低含量等级的监测点与>50.0 mg/kg 高含量等级的监测点占比较大，分别达到了 22.96%、26.94%；其他含量等级的监测点占比，依次为较低>中等>较高。总体来说，土壤低硫水平的潮土区，对葱蒜类蔬菜、十字花科、豆科等作物会产生一定的影响。

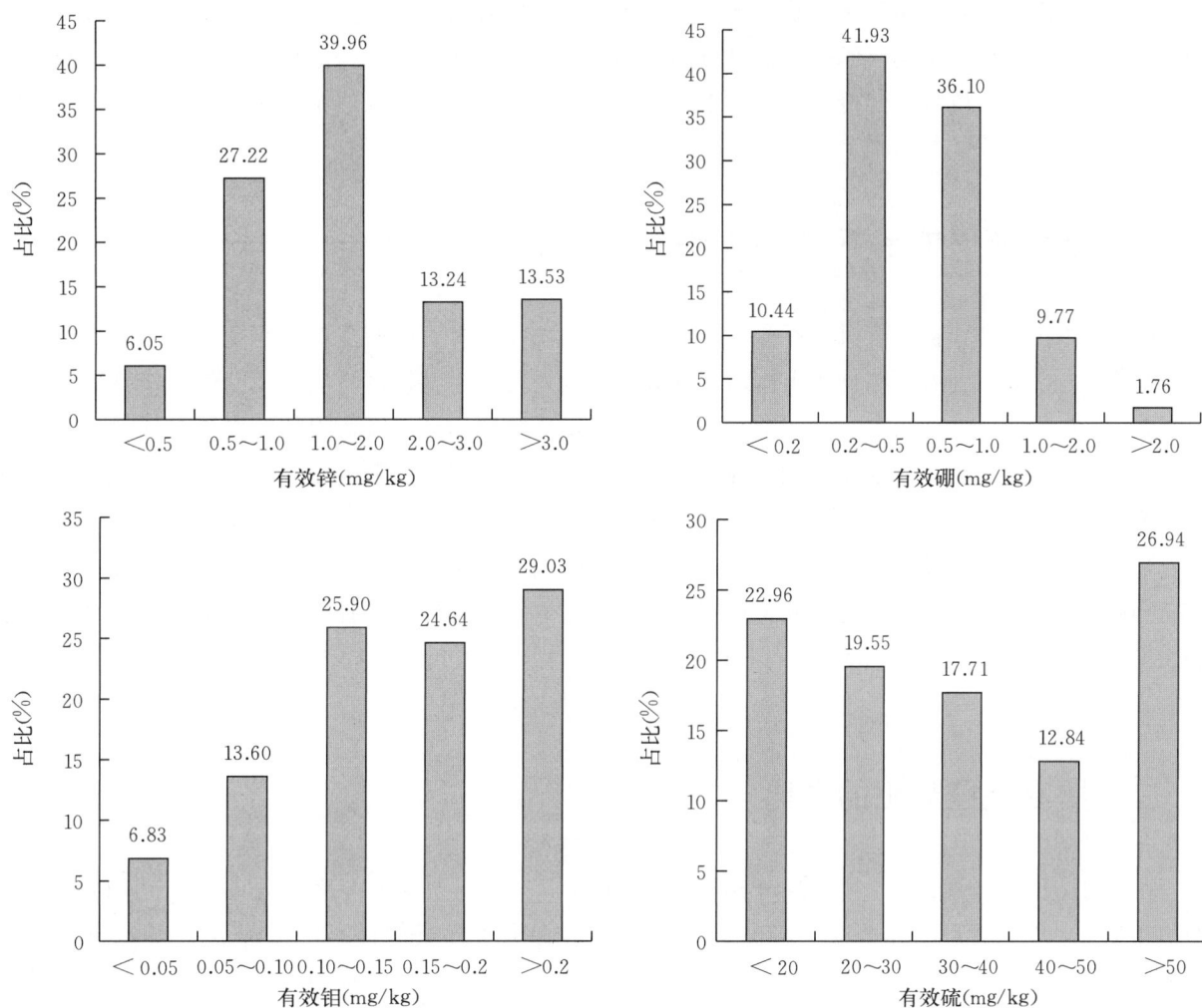

图 8-10　潮土有效锌、有效硼、有效钼、有效硫各分级占比

第三节　潮土区域施肥建议

潮土分布区多地势平坦、土层深厚，水热资源较丰富，盛产粮、棉、蔬菜与水果。潮土分布面积最广的黄淮海平原，大部分属中低产土壤，旱涝灾害时有发生，作物产量低而不稳，需结合潮土的物理与化学特性开展潮土区土壤培肥与提高肥料利用率双重目标的区域施肥工作。

一、深厚耕作层培育的施肥

潮土的有效土层深厚，但耕作层厚度主要分布在 15～20 cm，轻壤质、沙质土占比大，且潮土分布区的温度较高，决定了潮土区是一个有机碳矿化速率较快的地区，需要补充大量的有机碳来维持土壤碳库和氮库的平衡，否则土壤有机质和全氮含量就会有所降低。通过深松等耕作措施，增加耕作层的厚度，构建深厚的物理耕层；针对土壤沙质含量较高的问题，有条件的情况下通过客土或放淤改土（中国农业科学院农田灌溉研究所盐改室引黄渠系泥沙研究组，1977）等方式，增加沙质土区耕层的黏粒含量。潮土区的化学培肥，增加种植业秸秆与养殖业有机废弃物的肥料化循环利用，通过有机无机肥配施，提高土壤有机质等化学肥力水平。潮土区果蔬的种植面积较大，尤其温室大棚，多年有机肥和化肥的大量施用，土壤化学养分含量过高，易造成土壤酸化、次生盐渍化等退化问题，可通过增加秸秆或难分解类有机物料的投入，改善土壤生物生长的条件；也可开展粮菜轮作等方式，提高土壤微生物的活性。

二、秸秆还田体系下的氮磷钾平衡施肥

潮土区作物秸秆和畜禽有机肥资源量均较为丰富，由于畜禽有机肥多施用于蔬菜、果树等经济价值较高的作物，如何开展好秸秆还田体系下的养分管理，是潮土粮田区土壤培肥与保证作物稳产高产的关键。潮土两熟区（如小麦-玉米轮作区），秸秆还田后短期内会出现还田秸秆腐解过程中固持氮素与作物生长争氮的问题，在维持氮肥总用量的前提下，适当增加基施氮肥的比例，如华北潮土区小麦-玉米轮作系统下，小麦季传统习惯的氮肥基追比为1∶2，需调整为1∶1左右。潮土的有效磷含量较高，且过去30年间潮土有效磷含量水平的提升速度较快（马常宝等，2019），说明部分潮土地区存在土壤有效磷过量的问题，适当减少磷肥的用量。尽管秸秆还田可以补充一定量的土壤钾素，但是潮土速效钾总体来说处于下降趋势，且土壤速效钾含量<100 mg/kg约占1/4，需适当提高钾肥的施用。

三、提高缓控释肥的占比

潮土的质地多数偏沙性，沙质与轻壤土占比超过了一半，中壤土占比接近1/3，土壤的保水保肥性能较差，养分管理中需要减少养分的流失。土壤有机质含量的提高，可提高土壤养分的固持能力，减少养分的损失；同时化肥的配比中，需适当增加缓控释氮肥的比例，提高氮肥的利用效率。

四、提高土壤养分管理水平

潮土养分周转速率较快，且复种指数多较高，需结合作物的养分需求特征，平衡有机肥-无机肥、大量元素-中量元素-微量元素肥料、速效氮肥-缓效氮肥的用量与比例，提高肥料利用率，这就需要市场上提供相应类型的肥料品种，同时有指导农户、农村合作社等的施肥技术及服务队伍。为提高潮土养分管理水平，科研人员可与大型肥料公司一起，联合研制出适合区域的作物专用肥，通过基层农技推广体系或肥料公司推广相应的施用技术，也可以通过农业合作社、家庭农场等种植能手的技术辐射作用，依托土地托管、代管等方式，加强绿色施肥技术的推广。

第四节　潮土县域测土配方施肥应用技术

为加快推广测土配方施肥技术，创新测土配方施肥信息服务方式，提高配方肥推广服务能力，2005年测土配方施肥项目实施以来，我国土肥推广部门、科研单位、农业院校和农业企业开发应用了多种多样的测土配方施肥专家系统，指导农民选肥、用肥，为农民提供测土配方施肥信息服务。农

业农村部种植业管理司、全国农业技术推广服务中心联合发布了县域测土配方施肥专家系统基础平台，利用该平台，可以开发符合本地测土配方施肥规范的县域测土配方施肥专家系统数据，并上传到国家测土配方施肥数据管理中心，可以实现测土配方施肥"触屏查询、手机 App 查询、微信查询、短信查询"等应用，通过配置相应的信息化设备还可以应用于"自动配肥、自动施肥"。测土配方施肥专家系统是测土配方施肥的信息化应用，可以有效促进测土配方施肥技术的广泛应用。现以河南省滑县开发的县域测土配方施肥专家系统为例介绍其开发与应用。

为进一步加快测土配方施肥技术的推广应用步伐，2007 年滑县农业技术推广部门联合有关单位开发了"滑县测土配方施肥专家咨询系统"，2008 年安装在触摸屏查询一体机上供农户查询，2009 年又结合网络信息技术，开发了互联网查询，在河南省率先实现了测土配方施肥网络化，2009 年以后不断进行更新、完善、升级，逐步实现了触摸屏、电脑、手机全方位的查询功能，更方便、快捷、全面地服务于农民。

一、系统开发

（一）构成

滑县测土配方施肥专家系统是由软件、硬件、数据和用户构成的计算机应用系统。软件包括扬州开发的"县域测土配方施肥专家系统 PC 版"（开发软件）和"县域测土配方施肥专家系统触摸屏版"（应用软件）；硬件包括计算机、触摸屏一体机、网络、手机、打印机等；数据包括土壤养分测试数据、田间肥效试验数据、作物施肥指标体系、耕地地力指数模式，以及空间管理单元图等数据库；用户是指土肥专业技术人员、种粮大户、农民种植专业合作社、普通农户。

（二）数据来源

一是测土配方施肥数据库，即将田间试验示范数据、土壤与植物测试数据、田间基本情况及农户调查数据以及第二次土壤普查数据，经过细心整理、加工、编码、规范化处理，形成完整的数据群。二是空间数据库，即将测土配方施肥项目所取土样 GPS 定位的信息与土壤图、土地利用图、行政区划图、采样点位图等纸质图进行数字化处理建立的不同类型和区域范围管理单元图。三是耕地地力指数模型，即根据滑县的地形地貌，成土母质、土壤理化性状，农田基础设施等耕地自然属性，以及专家直接评估求得的属性对耕地地力的贡献率，建立滑县耕地地力评价所得的指数模型。四是作物施肥模型库，即根据作物田间肥效试验分析所得到土壤养分校正系数、土壤供肥能力、不同作物养分吸收量和肥料利用率等基本参数建立的不同作物施肥模型库。

（三）技术流程

为规范测土配方施肥数据管理和开发应用，农业农村部委托江苏省扬州市土壤肥料站，按照"统一技术规程、统一数据标准、统一数据管理平台、统一配方肥追溯体系"的要求，研发了"县域测土配方施肥专家系统"工具软件，滑县依托该软件，输入测土配方施肥相关数据或模型参数，最后生成适宜滑县地区的测土配方施肥方案，并发布到触摸屏上或上传到国家测土配方施肥数据中心实现互联网、微信或短信查询（图 8 - 11）。

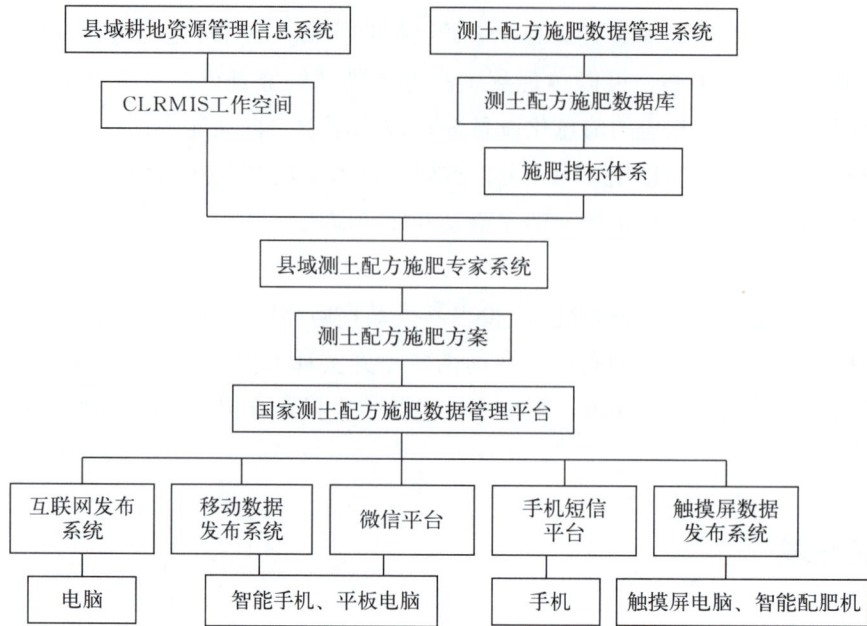

图 8-11 滑县测土配方施肥专家系统

二、系统的应用

滑县测土配方施肥专家系统可通过触摸屏一体机、电脑网络、平板电脑、普通或智能手机等查询。技术人员可以精准查询定位地块的施肥配方、施肥量，科学指导农户田间管理。农民可以足不出户，随时随地查询自家地块种植不同作物各个生育时期的施肥配方和施肥量，按方购肥，科学施肥。

（一）触摸屏查询

滑县测土配方施肥专家系统开发出来以后，为方便农民查询，2008 年滑县在县科技服务大厅、乡镇农业科技服务站和村文化大院等科技入户"三级阵地"建立了农民科学施肥技术指导站，配备了触摸屏电脑和打印机，将"县域测土配方施肥决策系统"安装在触摸屏电脑上，农民朋友通过触摸屏电脑查询自家地块的施肥配方和施肥数量，并可随时将施肥方案打印出来。

（二）互联网查询

2009 年，滑县将网络信息技术与开发的"滑县测土配方施肥专家系统"相结合，又开发出了"滑县小麦精准施肥决策系统"，农户可以通过互联网进入滑县农业技术推广中心网站，点击"滑县测土配方施肥"，进入"滑县小麦精准施肥决策系统"，足不出户就可查询自家地块的土壤养分含量和施肥建议，在河南省率先实现测土配方施肥网络化。

（三）掌上查询系统

掌上查询就是将"县域测土配方施肥专家系统"软件安装到智能手机、平板电脑或掌上电脑上，然后注册，连接网络就可查询。主要方便农技人员在田间地头随时随地了解某个地块的施肥情况，也可随时解答农户的施肥需求。

（四）手机查询

手机查询包括微信查询和短信查询。微信查询就是在微信上关注"测土配方施肥服务平台"公众号，进入定位查询或绑定地块查询。短信查询就是在手机短信上编辑"单元图代码＋地块编码"发送到指定电话号码就可收到该地块的施肥方案。手机查询是最方便、使用率最高的一种查询方式，深受农民欢迎。

第九章 潮土耕地质量评价 >>>

我国潮土分布区地势平坦、土层深厚，水热资源较丰富，适种性广，是我国主要的旱作耕地分布区。但是该区域也是旱涝灾害时有发生，土壤渍涝、沙化、盐碱、多种土壤障碍层次等障碍因素分布相对较多的区域，加之不少区域土壤养分偏低或缺乏，是我国中、低产田耕地分布较多的区域。为提高我国粮食安全保障能力和农业可持续发展，有必要重视潮土耕地的质量保护与建设，而摸清该类型区耕地质量状况则是亟须开展的基础性工作。本章基于 2017 年农业部推动开展的全国耕地质量等级调查与评价工作，通过建立耕地质量信息数据库，依据统一规范的评价标准，开展了潮土区耕地质量分等评价，细致掌握了该区域耕地质量基本状况和主要指标性状特征，为该区耕地质量管护、培肥改良、耕地资源可持续利用等提供了必要的基础信息支撑。

第一节　潮土耕地质量评价因素筛选

耕地质量评价的对象是耕地，耕地一般是指种植农作物的土地，《土地利用现状分类》（GB/T 21010—2017）详细界定：耕地是指种植农作物的土地，包括熟地，新开发、复垦、整理地，休闲地（含轮歇地、休耕地）；以种植农作物（含蔬菜）为主，间有零星果树、桑树或其他树木的土地；平均每年能保证收获一季的已垦滩地和海涂。耕地中包括南方宽度<1.0 m，北方宽度<2.0 m 固定的沟、渠、路和地坎（埂）；临时种植药材、草皮、花卉、苗木等的土地，临时种植果树、茶树和林木且耕作层未破坏的土地，以及其他临时改变用途的土地。耕地进一步细分为水田、水浇地和旱地三大类，本章所涉及的耕地对象与此保持一致。本节重点围绕耕地质量概念与内涵，着重介绍了影响耕地质量的主要因素、评价指标体系的构建原则、评价指标的筛选方法和本次评价的指标体系等。

一、耕地质量概念与内涵

耕地质量概念来源于土壤质量的概念。土壤质量是 20 世纪 80 年代发达国家将全球粮食单产下降归结为环境质量的下降，特别是土壤质量的下降而提出的概念。因此，最初土壤质量概念指的是农业土壤的质量，其实也就是耕地质量，后来土壤质量的概念逐步扩展到了森林土壤、草地土壤，以及其他类型的土壤对象，也就是将土壤扩展到了覆盖全球的土壤圈范围作为质量研究的对象。

国际上没有专门的耕地质量的概念，要了解耕地质量的概念，可以参照土壤质量的概念。土壤质量的概念目前没有统一的界定，有很多种不同的理解，但国际上比较通用的定义是将其看作为一种土壤实现各种功能的能力（Karlen，1997），具体可以将其理解为土壤在生态系统中保持生物的生产力、维持环境质量、促进动植物健康的能力（Doran & Parkin，1994），即土壤质量是指土壤肥力质量、土壤环境质量及土壤健康质量三方面的综合量度。

国内学者不断尝试对耕地质量概念作出科学的定义。付国珍等梳理了国内学者对耕地质量概念界定的发展演化。20世纪90年代，学者们主要从生产力的角度界定耕地质量的概念，如有学者将其定义为耕地的生产率水平，或者耕地肥力及空间位置。21世纪初期，耕地质量概念逐步考虑生态环境、承载力、可持续等内容，如认为耕地质量包括适宜性、生产潜力和现实生产力3个方面，有学者认为耕地质量包含生产、生态、承载力。随后，有学者开始进行综合性的界定，提出耕地质量是自然、社会、经济与技术进步综合影响的结果（付国珍等，2015）。陈印军等在综合国内外概念基础上将"耕地质量"相对系统全面地概括为耕地土壤质量、耕地环境质量、耕地管理质量和耕地经济质量的总和。其中，耕地土壤质量是指耕作土壤本身的优劣状态，包括土壤肥力质量、土壤环境质量及土壤健康质量；耕地环境质量是指耕地所处位置的环境状况，包括地形地貌、地质、气候、水文等环境状况；耕地管理质量是指人类对耕地的影响程度，一般用耕地的平整化、水利化和机械化水平来反映；耕地经济质量是指耕地的综合生产能力和产出效率，随着绿色GDP的引入，耕地的生态价值也应作为衡量耕地经济质量水平的指标之一（吕贻忠等，2006）。

综合国内外学者的研究成果，结合耕地保护与建设的实际需要，农业行业标准《耕地地力调查与质量评价技术规程》（NY/T 1634—2008）将耕地质量定义为耕地满足作物生长和清洁生产的程度，包括耕地地力和土壤环境质量。《耕地质量等级》（GB/T 33469—2016）中虽未明确定义，但明显进行了内涵扩展，标准概述中提出耕地质量是"指由耕地地力、土壤健康状况和田间基础设施构成的满足农产品持续产出和质量安全的能力"。这一概念在以往耕地地力基础上将土壤健康、食品安全、可持续性等更宽泛的内涵纳入其中。本章提及的耕地质量遵照了这一最新的国家标准，并依照这一标准开展耕地质量等级评价。

二、影响耕地质量的因素

要对耕地质量进行评价，首先需要明确影响耕地质量的关键因素，而关键因素的确定则需要围绕耕地质量概念与内涵来进行。耕地质量具有丰富的内涵，影响耕地质量的因素非常多，吕贻忠等将其总结为包括土壤特性、社会经济、生态系统等综合因素，这些因素相互作用、相互影响土壤质量。一般认为，土壤的内在质量相对比较稳定，它主要是母质、气候、生物、地形、时间等相互作用的结果，对土壤的理化性质、生物学特性影响较大。人为因素是影响土壤质量的重要因素，无论是在范围还是在程度上均比自然因素的影响严重得多。合理的人类活动可以使土壤质量向好的方向变化，如定期施用有机肥料、采用保护性耕作、种植豆科作物等可以保持或提高土壤质量。相反，不合理的人类活动可以使土壤质量向坏的方向变化，如减少有机肥料投入、过量施用化肥等不合理土地利用和耕作管理，将会造成土壤污染、水土流失、土壤肥力下降而导致的土壤退化，从而加速土壤质量降低。在农田生态系统中影响耕地土壤质量的主要途径包括土壤耕作、灌溉、施肥、农药以及地膜等（吕贻忠等，2006）。

基于陈印军概括的耕地质量概念，则可以将影响耕地质量的因素界定为耕地土壤肥力、土壤环境清洁度、耕地所处的地形地貌、气候、水文环境条件、基础管理条件、作物产出与产出效率，以及生态价值等。由于没有统一的定义，不同的学者站在不同的尺度上来理解耕地质量内涵时往往侧重点不同，界定的范围也不同，有些狭义一些，有些广义一些。因此，要准确把握影响耕地质量的因素，必须明确评价的目标定位和实际需要，给予耕地质量内涵确切的界定。

前文提到《耕地质量等级》（GB/T 33469—2016）给出的耕地质量概念，也是在充分借鉴和吸收国内外研究成果基础上提出的。这一概念首先明确耕地地力，即耕地的潜在生产能力；其次，考虑到耕地的生态功能和食品安全保障功能，将土壤健康作为重要内容；同时，考虑到人为管理因素将田间基础设施管理作为关键内容明确界定在内。这一概念与我国当前基本国情以及农业发展需要相吻合。我国是一个人口大国，保障粮食安全是首要战略目标，在此基础上，还要兼顾食品安全和生态安全的社会发展目标。当前乃至今后一段时期，我国农业生产发展和可持续发展迫切要求加强耕地质量保护与质量提升工作，需要积极实施"藏粮于地、藏粮于技"，以及"耕地质量红线"管理战略。因此，基于这一现实背景，在考虑耕地质量影响因素时，耕地生产能力、环境健康保持、生态功能的自然属性和人为管理条件等方面都是必须考虑的因素。

（一）影响耕地地力的主要因素

气候条件：水分状况和光热条件对种植作物熟制以及品种选择起决定作用，一定程度上决定着耕地的生产能力，是重要的影响因子。

立地条件：地形在中小范围内对耕地水热状况的再分配和物质的迁移起着重要作用，在很大程度上决定着耕地地力、农业措施实施和改良利用方向。表征地形因素的指标包括地貌、地形部位、海拔、坡度及坡向等。地表岩石露头度、成土母岩或母质、土壤侵蚀和地下水位等也构成了耕地生产能力的基础状况条件。

土壤剖面性状：土壤剖面是指从地面垂直向下的土壤纵剖面，是土壤成土过程中物质发生淋溶、淀积、迁移和转化形成的。不同类型的土壤，具有不同形态的土壤剖面。土壤剖面可以表示土壤的外部特征，如不同层次土壤的颜色、质地、结构等，也能反映土壤的形成过程及土壤性质（吕贻忠等，2006）。土壤剖面的一些性状特征是决定耕地生产能力以及生态环境功能的重要方面，如影响作物根系活动范围的有效土层厚度、耕层厚度，影响空气、水分、养分运移的质地构型，对作物根系生长有明显阻碍作用，对水分、养分向作物的供给有障碍的特殊层等。

土壤自身特性：土壤是植物根系活动的场所，具有提供和调节植物生长发育所需的水分、养分、空气、热量等其他生长条件的能力。土壤因子是耕地质量的最重要组成部分之一，也是耕地质量评价的最基本因子。根据不同评价目的，在评价中着重考虑土壤类型、质地、土壤容重等基础物理性状，土壤有机质含量、土壤养分（氮、磷、钾等速效营养元素的含量）、酸碱条件等化学性状因子被较多的耕地质量评价方案确定为评价因子。

土壤障碍因素：耕地土壤的一些特定因子会成为影响作物生产的关键性因素。这些因素可能是特定土壤或特定区域土壤所共有的，也可能是由气候条件、成土母质，或者是由人为耕作活动所引起，如施肥、灌水、连作、设施栽培等，再比如土壤瘠薄、土壤酸化、盐渍（碱）化、沙化、黏化、潜育化、干旱、渍涝、漏肥及连作障碍等。另外，存在剖面夹层障碍层次等也会对作物生长产生较大影响。不少耕地土壤障碍因子的存在是导致作物生长不良、产量较正常土壤偏低的重要原因，是不少中低产田的主要特征。

土壤管理：除了土壤自身特性会影响耕地的质量，生产管理的外部措施对耕地质量也有十分重要的影响。如灌溉条件、排水设施、农田林网、田间道路状况等。不同作物的生长需要不同的水分，灌溉条件的好坏以及灌溉方法是否科学对耕地质量有很大的影响。俗语说"收多收少在于肥，有收无收在于水",灌溉条件不足遇到干旱会导致作物严重减产甚至绝收。同时,不合理的灌溉,如大水漫灌则会破坏土壤团粒结构,使其分裂成细小的无结构土壤,在土壤表面形成板结层,减少土壤空隙,也会影响根系生长。另外,排水设施也必须配套,如遇到暴雨内涝,大量的雨水聚集在农田会使土壤的孔隙减少,气体交换量下降,使土壤空气不足、土壤温度降低、有毒物质积累,也会造成根系腐烂,从而影响作物的生长发育,最终影响耕地产出能力。

(二)影响耕地环境质量的因素

耕地是个开放的系统,水、气、生物等外部环境要素均可以污染土壤的健康环境,农业生产自身的肥料和农药投入品也会污染耕地,影响耕地的清洁程度。重金属污染、有机物污染、塑料制品污染都会严重影响耕地的环境质量,并最终通过食物链影响到动物和人类自身的健康。因此,耕地可持续利用的一个很重要的因素就是需要保持耕地的环境质量,避免遭受污染物的威胁。

(三)影响耕地生态功能的因素

耕地的生态功能首先基于土壤的生态功能,土壤是具有生命力的多孔介质,对动、植物生长和粮食供应至关重要,它具有净化、储存水分功能、养分循环和有机废弃物处理功能。此外,它还是环境中巨大的自然缓冲介质、陆地与大气界面上气体与能量的调节器和地球生物多样性的基础。土壤所具有的生态功能以及所产生的复杂物理、化学、生物学过程,包括地球物质能量循环均离不开土壤生物的作用。在土壤质量的评价指标中,生物学指标越来越受到人们重视,被认为是最好的快速评价土壤质量变化的方法。多数研究认为,土壤生物多样性、土壤微生物(包括微生物生物量、土壤呼吸等)是土壤质量变化敏感指标。土壤动物是土壤环境质量和健康质量的重要指示特征,特别是无脊椎动物如蚯蚓等能够敏感地反映土壤中有毒物质含量。以植物作为土壤质量评价指标时,主要是考察植物的生长状况,进而评价土壤的肥力质量、环境质量、健康质量。但生物指标在不同时空条件下变异较大。

三、耕地质量评价指标的筛选原则与筛选方法

耕地质量是耕地多种功能的综合体现,对耕地质量的评价必须建立在对耕地实现其功能的能力评价基础上。因此,选择合适的耕地质量指标是评价土壤质量的基础和关键,直接关系到其评价结果的客观性和可应用性。

(一)筛选原则

耕地质量评价指标的筛选一般应遵循以下原则:

主导性原则:选择对耕地质量水平起主导作用的因素作为评价因素,避免指标体系的复杂化。

差异性原则:选择的指标反映出耕地质量不同等级之间的差异性和等级内部的相对一致性。

综合性原则:综合考虑影响耕地质量的各种因素,包括地形地貌、土壤养分、土壤管理等。

稳定性与敏感性相结合原则:选取的指标在时间序列上对耕地质量的影响具有相对的稳定性,但同时也要考虑选取的指标能兼顾对管理措施、土壤质量变化等有相对敏感的反应。

定量和定性相结合原则:选择的指标应易于量化,对于难以量化的指标,应能给予分级定性描述。

可操作性原则：建立的评价指标体系尽可能简明，选取的指标充分考虑了各指标资料获取的可行性与实用性，既要保证评价成果的质量又要保证可操作性强。另外，要考虑到经济成本，如测定费用廉价并且易于测定。

统一性原则：尽可能选取统一的评价指标，以保证它们具有可比性。需要注意的是，评价尺度不同，指标选择的考虑也会不同。区域性耕地质量评价指标的确定，需要根据区域特点，结合主导性原则和敏感性原则，选取能够真实反映区域耕地质量变化的评价指标，而不一定拘泥于统一的评价指标和权重，目的是能够反映区域内部耕地质量之间的细微差别（沈荣芳，2012），便于评价成果的理解和应用。

总之，在国家层面，大尺度的耕地质量评价耗费较大，影响耕地质量的因素也较为复杂多变。因此，在选择耕地质量评价指标时，需要做到简单、合理和实用。

（二）筛选方法

指标筛选的方法有很多，有些是相对客观的方法，有些是相对主观的方法，具体应根据数据和实际需要确定合适的筛选方法。

1. 最小均方差法　其指导思想是如果 n 个被评价对象关于某项评价指标的取值都差不多，那么尽管这个评价指标是非常重要的，但对于这 n 个被评价对象的评价结果来说，它并不起什么作用。因此，为了减少该指标与其他指标之间的相关性就可以排除这个指标。

2. 聚类分析法　是一种将研究对象分为相对同质群组的统计分析技术。聚类是将数据分类到不同的类或者簇的一个过程，所以同一个簇中的对象有很大的相似性，而不同簇间的对象有很大的相异性。采用聚类分析筛选评价指标，可以将各类指标进行归类，然后根据一定的选择标准，可以是指标类数又或是指标相关性阈值确定出相应的分类数，从每一类中选择一个或若干个代表性指标，最后构成一个指标体系。

3. 主成分分析法　主成分分析是要在力保数据信息丢失最少的原则下，对高维变量空间进行降维处理，即通过研究指标体系的内在结构关系，把多指标转化成少数几个相互独立而且包含原有指标大部分信息的综合指标的多元统计方法，其优点是它确定的权数是基于数据分析而得到的指标之间的内在结构关系，不受主观因素的影响，而得到的综合指标（主成分）之间彼此独立，减少信息的交叉，使得分析评价结果具有客观性和准确性。大量实践表明，主成分分析法在简化数据结构、消除指标间的相关性方面能起到明显的作用，可以反复利用主成分分析法剔除相关性高及不重要的指标。

4. 德尔斐法　也称专家调查法，是 1946 年由美国兰德公司创立的方法，其本质上是一种反馈匿名函征询法，其大致流程是在对所要预测的问题征得专家的意见之后，进行整理、归纳、统计，匿名反馈给专家求意见，再集中，再反馈，直至得到一致的意见。在筛选评价指标时，可以将一系列评价指标设计在调查表中，分别征询专家的意见，然后进行反馈意见统计，并向专家再反馈结果，经过几轮咨询后，专家的意见趋于一致，从而确定出具体的评价指标体系。

综合以上，最小均方差法、聚类分析法、主成分分析法等虽然相对客观，但需要统计很多数据，操作起来也较为麻烦，影响了其实用性。德尔斐法能客观地综合多数专家经验与主观判断的技巧，且其结果是建立在统计分析的基础上的，具有一定的稳定性。实践证明，它是一种有效的方法，不过应注意选取专家的权威性和均衡性（田有国，2003）。

四、耕地质量评价指标体系的确定

本次评价，采用《耕地质量等级》（GB/T 33469—2016）规定的"$N+X$"指标体系进行。该体系基于耕地质量评价指标的筛选原则，考虑到我国耕地区域分布特点以及评价结果的实际应用，采用德尔斐法先构建基础性评价指标体系，再依据各区域耕地特点，选择构建各区域补充指标，最终形成各农业大区评价指标体系。潮土耕地的评价则在各大区评价基础上，进行结果汇总直接获得等级结果。

（一）划分区域

根据全国综合农业区划，结合不同区域耕地特点、土壤类型分布特征，将全国耕地划分为东北区、内蒙古及长城沿线区、黄淮海区、黄土高原区、长江中下游区、西南区、华南区、甘新区、青藏区九大区域，各大区域下面又细分 37 个亚区。划分主要依据原则：①发展农业的自然条件和社会经济条件的相对一致性；②农业生产基本特征与进一步发展方向的相对一致性；③农业生产关键问题与建设途径的相对一致性；④基本保持县级行政区界的完整性。

（二）基础指标

评价的基础性指标为地形部位、有效土层厚度、有机质含量、耕层质地、土壤容重、质地构型、土壤养分状况、生物多样性、清洁程度、障碍因素、灌溉能力、排水能力和农田林网化程度 13 个指标。

（三）区域补充指标

耕层变浅是东北区、黄淮海区耕地退化的重要因素之一，这两个区增加耕层厚度指标；考虑到内蒙古及长城沿线区、黄土高原区耕地分布地形特点，增加田面坡度为这两区的补充指标；盐碱危害在黄淮海区、甘新区、青藏区影响较为突出，故这些区增加盐渍化程度指标；在黄淮海区、黄土高原区、甘新区存在次生盐渍化风险，增加地下水埋深指标；在西南区、青藏区耕地分布零散，海拔差异较大，对耕地质量与产出能力有较大影响，故这两个区增加海拔指标。

第二节　潮土耕地质量评价方法

耕地质量的评价方法有很多，本节在介绍耕地质量评价方法国内外研究基础上，进一步介绍了本次评价的主要流程、评价的主要技术与方法，主要包括资料搜集与整理、调查与采样分析、数据库建设与质量控制、评价指标隶属度与权重确定、综合指数计算及等级划分，以及成果验证等核心技术环节。

一、评价方法研究进展

耕地质量评价的方法有很多，目前尚没有统一的标准，一般会根据评价目的和评价尺度的需要，综合考虑生态系统的类型、土壤的功能、土地利用方式等进行方法的选择。评价方法可以概括为定性评价和定量评价。定性描述土壤质量的方法较为直观，如土壤看起来如何、摸起来如何、闻起来如何等描述，这也是农民经常采用的方法（张桃林等，1999），直观、易于理解、使用方便，但缺点是该方法受人的主观影响大，不同的地区之间比较困难。而定量化评价的方法就是利用各种数学方法根据量化的土壤属性计算出土壤质量的分数，通常最好的土壤得分最高（张华等，2001），这种方法比较客观，适合于各种尺度下的评价。

其实，土壤评价在我国有悠久的历史，我国是历史悠久的农业大国，土壤评价最初是为获取土地赋税依据而开展的。早在夏商时期，由于税赋的需要，就开始对耕地地力进行分等和评价，对农垦条件提出了要求。距今2 000多年的《管子·地员篇》，除了重视土壤与植被的关系外，还非常重视水文条件，在按地形把全国土地分成"渎田"、"丘陵"和"山地"三大类的基础上，以先平原、后丘陵、再山地的顺序，根据地形、地势、地貌、地下水状况的特点，鉴定类别。该分类注重区别土壤肥力、地表植被、土壤颜色、土壤质地、土壤水文及地形等，特别注重土壤肥力，结合农林生产及特殊土壤的作用，把全国（九州）土壤分为三等十八类九十种（王利军，2003），即所谓"九州之土凡九十物"。这是我国也是世界上较早提出系统全面的土壤质量评价。古代土壤评价显然属于经验的、直观的和描述性的朴素耕地质量评价，也是定性的评价方法。直到现代农业，土壤定性评价也是重要的质量评估方法，美国农业部土壤质量协会开发的一种土壤质量卡片评估法，就是一种被农民们广泛使用的，表示土壤健康特性、描述性的定性评估方法。

当然，随着科学和技术的发展，科研人员和专业技术人员则希望借助现代技术方法对耕地质量进行定量化研究与评价。目前，定量化评价的方法已经得到很大发展，常用的主要有多变量指标克立格法、土壤质量动力学方法、土壤相对质量评价法以及土壤质量综合评分法等（张心昱等，2006）。其中，多变量指标克立格法是将无数量限制的单个土壤质量指标综合成一个总体的土壤质量指数，通过多变量指标转换数据估计未采样地区的数值，然后测定不同地区土壤质量达到优良的概率，最后利用GIS（地理信息系统）技术绘出建立在景观基础上的土壤质量达标概率图。土壤质量动力学方法是利用土壤系统的动态性在全过程测定土壤质量的指标，并据此评估其可持续性，可以用土壤的动态变化去跟踪评估土壤质量是进化还是退化。土壤相对质量评价法首先是假设研究区有一种理想的土壤，其各项评价指标均能完全满足植物生长的需要，以这种土壤的质量指数为标准，其他土壤的质量指数与之相比得出相应的土壤质量指数（RsQI）。该方法方便、合理、针对性强，评价结果较符合实际，适合于对土壤的长期管理，但理想土壤的选择很关键，需要根据研究区域的不同土壤选定不同的理想土壤。土壤质量综合指数法是采用计算机编程的方法，建立评价土壤质量的土壤管理框架，该框架将土壤质量评价分成三步：首先，选择对关键的土壤功能敏感的评价指标组成最小数据集；然后，解释这些指标，采用适当的模型（如线性或非线性、最优、越多越好和越少越好）对各个指标进行赋值，获得无量纲的数值；最后，采用一定的数学模型对各指标的值进行综合，获得一个被认为可以综合反映土壤质量的系数值（Index Value）。该方法可以针对不同的土壤类型、土地利用类型和土地管理实践，在不同的研究区域选择不同的土壤指标对不同的土壤功能进行质量评价。这一方法是目前采用较为广泛的一种耕地质量评价方法，适宜不同尺度依据实际选择针对性的指标，评价结果更符合实际应用，有利于指导不同区域长期开展耕地质量保护与建设。尽管该方法部分依靠评价者的主观判断，但是在专业人员的支持下可以提高其科学性，同时，该方法提供了一个相对科学、易操作的系统方法，可以被更多的人群使用。此外，该方法可以把管理措施、经济和环境限制因子引入分析过程，尤其是评估管理措施对土壤质量的影响很有效，适合于土壤可持续管理，可以为评价者判断管理措施对土壤的可持续发展存在积极影响还是消极影响提供早期的预测，而且该方法适宜从农场到区域等不同尺度层面的评价开展（黄勇，2009）。

在国家层面，农业部门主要从关注耕地质量的生产能力，同时兼顾耕地质量管理角度，推进耕地质量评价、产能评估与退化防控。如农业部于 1996 年开展了《全国耕地类型区耕地地力等级划分》，是利用单位面积粮食产量和耕地地力要素（土壤理化性质、地形坡度、耕层状况等）指标，把全国划分为 7 个耕地类型区和 10 个耕地地力等级。此后，于 2008 年制定了《全国耕地地力调查与质量评价技术规程》，选取了气象、立地条件、剖面性状、土壤理化性状、障碍因素、土壤管理等评价因素，结合自然和人为投入的耕地地力评价方法，可以综合体现耕地的自然和经济的再生产能力。在此基础上，2016 年又增加了生物多样性、环境清洁度等因素，对全国耕地进行了农业区再调整划分，针对全国九大区域分别构建评价指标体系（前文第一节所述），采用综合指数法进行耕地质量评价分等，并制定发布了《耕地质量等级》（GB/T 33469—2016），本次评价即依照该国家标准进行。

二、评价主要流程

根据各农业区评价需要，搜集各区基础图件、文本与数据信息资料；通过数字化处理与图件叠加形成区域评价单元，在此基础上规划布点、野外调查采样分析、数据处理为评价单元赋值，构建评价单元数据库；确定各评价指标权重与评价评语；在 GIS 软件支持下计算各评价单元耕地质量综合指数；采用等距法确定质量等级；专家研讨和实地调研验证等级；依据潮土耕地分布，汇总各区评价结果，形成全国潮土区耕地质量等级成果。图 9-1 为本次评价的主要技术流程。

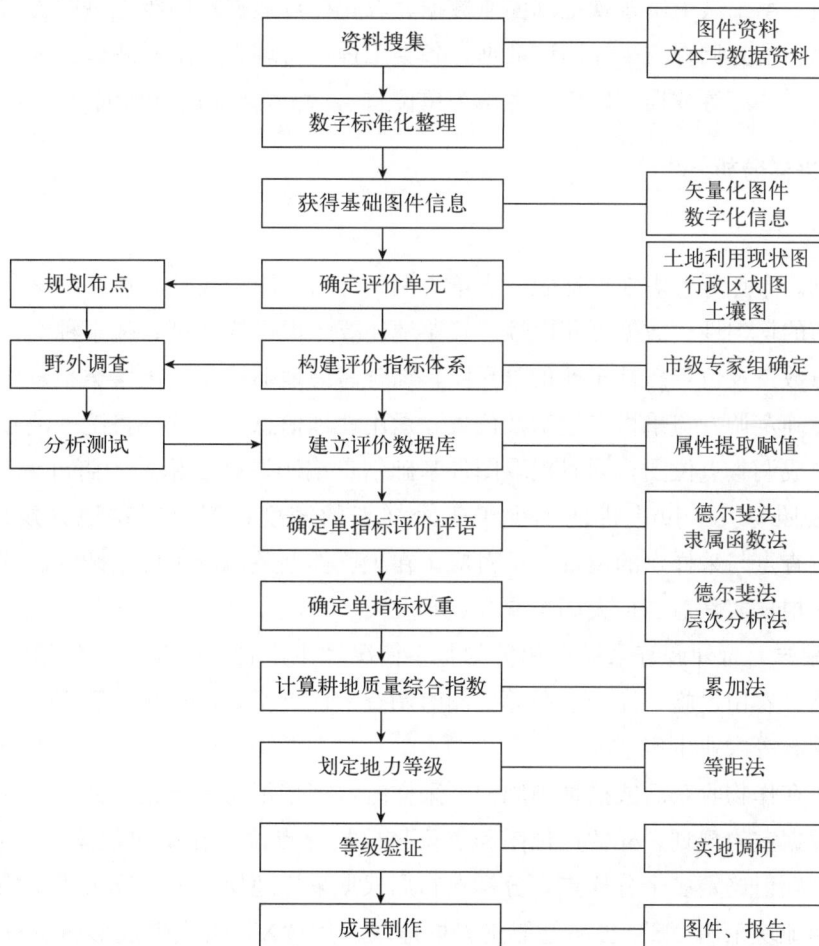

图 9-1 评价主要技术流程

三、评价主要技术与方法

（一）资料搜集整理

1. 图件资料的搜集整理　耕地质量评价需要基于基础图件进行布点规划、野外采样、评价分析等工作。需搜集整理的核心图件包括第二次土壤普查成果图（省级 1：50 万或 1：100 万土壤图、调查点位图、土壤养分图等）、最新土地利用现状图、地形图、农田水利分区图、行政区划图。

2. 文本与数据资料搜集整理　搜集整理各类文本及数据资料主要用于各种报告的编写与分析。

（1）文本资料。第二次土壤普查资料包括普查基础资料、土壤志、土种志、土壤普查专题报告；土地利用资料包括土地利用现状调查报告，基本农田保护区划定报告；主要农作物（含菜田）种植布局资料等；监测统计资料近 3 年经济社会状况、资源及利用、农业统计年鉴等有关种植面积、粮食单产与总产、肥料使用等农业生产统计文本资料；农业部门掌握的土壤监测，田间试验，各乡镇历年肥料、农药、除草剂等农用物资使用情况；工程项目资料包括耕地保护、耕地质量提升、农业基础设施建设等相关工程项目技术报告、专题报告等资料；污染调查资料包括农业污染源普查（地点、污染类型、方式、排污量等）、生态环境监测报告等资料；其他土壤改良、生态环境建设、水利区划等相关资料。

（2）数据资料。第二次土壤普查主剖面点数据、农化样点数据；历年土壤肥力监测点调查及样品测试数据；历年测土配方调查与采样测试数据；各类工程项目调查与采样测试数据；近 3 年主要农作物播种面积、单产、总产等数据（以村、乡镇为单位）；各类污染调查与测试数据等。

（二）调查与采样分析

1. 样点布设

（1）布设原则。布点应考虑地形地貌、土壤类型与分布、肥力高低、作物种类和管理水平等，同时要兼顾空间分布的均匀性、数据可获取性。蔬菜地还要考虑设施类型、蔬菜种类、种植年限等。

（2）确定样点数量及位置。基于评价单元图，综合考虑地形地貌、土壤类型、作物种植类型等因素，根据调查精度确定调查与采样点数量及位置。运用地理信息系统软件将统一编号的采样点标绘在评价单元图上，形成调查点位图，同时提取图件基础信息编制调查表格，为野外调查提供信息支持。布设密度原则上按照每 667 hm² 耕地不少于 1 个样点的密度，潮土区耕地共规划布设调查样点29 500 个。野外调查点与采样点的位置一一对应，在土壤类型及地形条件复杂的区域，在优势农作物或经济作物种植区根据实际适当加大调查取样点密度。

2. 野外调查采样　野外调查采样点相关的基本情况和生产管理措施等，包括定位信息、立地条件、土壤剖面性状、农田设施、灌溉水源等，同时调查采样点所属农户耕作管理、施肥水平、产量水平、种植制度、灌溉等农业生产情况。

野外采样安排在作物收获后或播种施肥前。采样时，携带不锈钢土钻、铁锨、木铲或竹铲、GPS仪等采样工具，根据室内规划采样的点位图和点位坐标找寻点位所在田块位置。然后以 GPS 仪定位点为中心，向四周辐射确定多个分样点，分样点布局根据采样地块的形状和大小，确定适当的分样点布点方法，长方形地块采用"S"法，近似正方形地块采用"X"法或棋盘形布点法。每个混合土壤样不少于 15 个以上分样点，每个分样点的采土部位、深度、重量保持一致，采样深度设定为 0～

20 cm。本次潮土区耕地调查共获得有效调查样点 26 591 个。

采集的各点土样要用手掰碎，挑出根系、秸秆、石块、虫体等杂物，充分混匀后，四分法留取 1.5 kg 装入样品袋。用铅笔填写两张标签，土袋内外各一张。标签主要内容为野外编号（要与调查表编号相一致）、采样深度、采样地点、采样时间、采样人等。

3. 样品测试分析 本次评价涉及检测的指标为土壤有机质、有效磷、速效钾、土壤容重、土壤质地、酸碱度、土壤水溶性盐总量、重金属等，理化性状指标的测试分析按照《耕地质量等级》（GB/T 33469—2016）和《土壤检测》（所有部分）（NY/T 1121）等国家及行业标准进行。委托有资质的专门机构负责测试，并对检测机构进行检测质量的抽查考核，确保检测结果科学有效。本次评价相关检测数据 27 万余项次。

四、评价数据库建设

为了实现数据库的标准化和规范化，使其具有较强的可操作性和完整的容错性，便于和其他常用格式转换进行数据共享，数据库设计按照《县域耕地土壤资源管理信息系统数据字典》《中国土壤分类与代码》（GB/T 17296—2000），并结合实际情况进行适当扩展，从而确保数据库的标准化。

第一类是关于地理信息的空间数据，数据库建设主要包括第二次土壤普查时期土壤系列图（土壤类型图、母质类型图、质地类型图等）、主剖面物理观测点、主剖面化学观测点、农化样点等；行政区划图、地形图（DEM）、主要地理要素图（交通和水系等）、土地利用现状图等。空间数据采用比较通用的 Esri 的 Shapefile 文件格式进行存储，以便于根据不同需求转换为其他文件格式。空间数据库的建立流程见图 9-2。

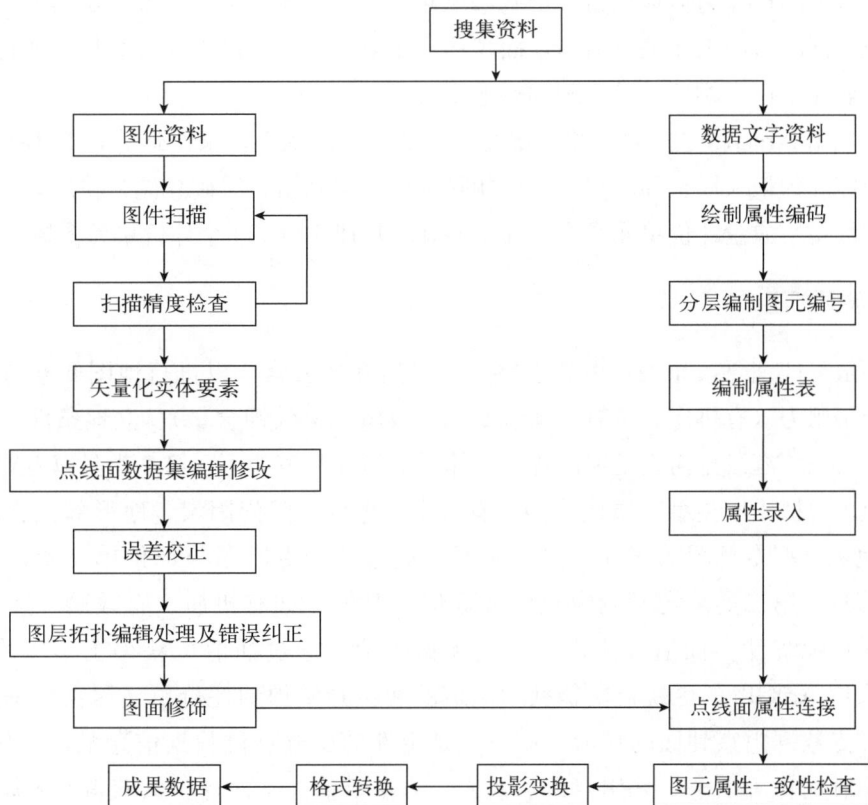

图 9-2 数据库建立流程

第二类是与地理信息相关的属性数据，通过共有的索引字段与地图要素进行匹配，本数据库主要包括土壤（土壤有机质、全氮、碱解氮、有效磷、速效钾含量、有效态微量元素含量、重金属含量、pH、容重、质地、剖面构型、障碍层等数据）、农田基本信息（地块编号、地块面积、高程、坡度、权属、土地利用类型、水利配套设施等资料）、作物生长状况等。属性数据采用关系型数据库进行存储。

第三类是与地理坐标没有直接关系的数据，如社会经济数据、作物种类、产量、生长季节、模型运算的参数以及运行结果等数据，也参照《县域耕地土壤资源管理信息系统数据字典》进行规范。

数据库建设首先对搜集整理到的纸质图件资料和属性数据资料进行数字化，主要包括第二次土壤普查土壤图分幅图件、样品记录表数据资料、调查测试数据记录；经过扫描矢量化和拼接处理得到完整的数字土壤图，同时数字化定位了原始采样点位，并挂接了相应的属性数据，通过科学赋值处理得到土壤历史背景属性，形成了与土壤基本属性挂接的数字土壤图。

在此基础上，通过数字土壤图、土地利用现状图、行政区划图等矢量图件的叠加处理形成耕地质量评价单元，再通过评价单元属性赋值操作就可形成完整的耕地质量评价单元数据库。

（一）评价单元确定

评价单元是耕地质量评价的基本单元，同一单元应具有基本相同的耕地综合属性特征。确定评价单元的方法很多，有以单独的乡村行政区划图、土壤图或者土地利用现状图为评价单元的，但是这种采用单一图件方式确定的评价单元总存在同一单元其他属性特征比较一致的情况，虽然处理简单但存在明显缺陷。例如，土壤图斑作为评价单元，会由于长期的利用方式、耕作管理差异在同一土壤类型图斑地块上产生较大的质量差异。鉴于此，把较新的土地利用现状图与对应区域土壤图叠加、归并较小图斑处理后形成的图斑作为耕地地力评价基本单元，这样的评价单元一般土壤类型一致、利用和耕作方式基本一致，同时行政隶属关系清晰，面积等也相对准确，这使得评价结果更加精确，也使评价成果方便应用于农业生产、耕地质量管理和耕地质量建设。

图件的叠加利用ArcGIS叠置功能将土壤图和土地利用现状进行求交运算，对小图斑进行合并或把小图斑合并至相邻的最大周长和面积区，再扣除水库、建制镇、工矿仓储公路用地、铁路用地等建设用地，以此作为耕地质量评价单元，本次评价共处理形成180 493个评价单元图斑。

（二）属性数据赋值

该类数据一般与地理要素相关，由索引字段记录所在的要素，以进行地图要素与属性数据的匹配，主要包括土壤肥力（有机质、全氮、碱解氮、有效磷、速效钾含量）、立地条件（高程、坡度）、土壤类型、剖面特征、灌溉排涝设施情况等。具体各类指标赋值如下：第一类是以专题图件形式存储的属性信息赋值。包括土壤类型、质地构型、有效土层厚度、障碍因素、地形部位、海拔等存储在数字土壤图或地貌类型专题图的属性信息，主要是通过叠加专题图与评价单元图，依据空间位置提取相应属性信息。第二类是定量测定点位数据信息赋值。如有机质、有效磷、速效钾等土壤养分信息，主要采用地统计学插值方法进行最优无偏插值，通过插值可获得土壤属性的栅格数据，并在此基础上采用ArcGIS的区统计功能获取图斑的属性并添加到评价单元属性数据库中，从而更精确地完成采样点数据由点到面的扩展。第三类是定性的调查点位数据信息赋值。如灌溉保证率、灌排能力、农田林网化等因子，采用"以点代面"方法赋值。本次评价共获得有效属性记录约650万项次。

（三）数据库质量控制

1. 属性数据质量控制 录入数据库信息，审核数值型信息的量纲、上下限，文本型数据，如地名数据，审核多音字、繁简体、简全称等问题，土壤类型、灌排能力、农田林网化、质地构型、质地等按照《耕地质量等级》（GB/T 33469—2016）、《中国土壤分类与代码》（GB/T 17296—2000）和《县域耕地土壤资源管理信息系统数据字典》等相关标准规范进行一致性审核把关，对于不一致的数据需要组织专家进行权威的界定规范，形成规范对照和数据修订。同时，对数据准确性进行审核，对发现的异常数据，组织了各省市县参与核对订正或删除，确保进入数据库的信息科学、准确、规范，也保证了评价模型的顺利准确地计算，以及不同区域间的统计汇总与分析比较，确保评价结果的科学可靠。另外，耕地面积数据以当地政府公布的数据（土地详查面积）为控制面积进行图件面积的平差修正。

2. 空间数据质量控制 扫描影像能够区分图中各要素，若有线条不清晰现象，需重新扫描。审核矢量化图件各要素的采集无错漏现象，图层分类和命名符合《县域耕地土壤资源管理信息系统数据字典》统一的规范，各要素的采集与扫描数据相吻合。审核 GPS 点位数据的空间位置与调查获取的行政区划位置一致性，对存在偏移、错误等问题进行纠偏和删除等。

3. 潮土质量数据库构建 依据以上基本流程和统一标准，由全国农业综合区划的九个大区分别进行耕地质量数据库建设，再统一整合形成完整的潮土区耕地质量评价数据。

五、评价指标权重与评分

（一）指标权重确定

评价指标的权重确定有很多方法，如专家访谈法、德尔菲法、层次分析法、主成分分析法、灰色关联分析、因子分析法、回归分析法等。根据计算权重时原始数据的来源不同，可以将这些方法分为三类：主观赋权法、客观赋权法和组合赋权法。主观赋权法是根据决策者（专家）主观上对各属性的重视程度来确定属性权重的方法，常用的主观赋权法包括专家咨询法（德尔菲法）、层次分析法等。专家咨询法是由多位专家讨论共同决定各指标的权重值情况，而层次分析法（AHP）也是利用专家打分，并且使用数据计算过程最终生成各指标权重值。客观赋权法是根据原始数据之间的关系通过一定的数学方法来确定权重，其判断结果不依赖于人的主观判断，有较强的数学理论依据。常用的客观赋权法包括因子分析法、熵值法等，直接使用收集数据进行数据计算，最终生成指标权重值。组合赋权法是针对主、客观赋权法各自的优缺点，综合使用 2 种方法，同时基于指标数据之间的内在规律和专家经验对决策指标进行赋权。

本次评价指标的权重采用了德尔斐法与层次分析法相结合的方法确定各参评指标的权重。

层次分析法是美国运筹学家萨蒂教授于 20 世纪 70 年代初提出的一种层次权重决策分析方法，该方法将与决策总是有关的元素分解成目标、准则、方案等层次，在此基础之上进行定性和定量分析的一种决策方法。该方法基本步骤为将问题分解为不同的组成因素，按照因素间的相互关系或者隶属关系将因素按不同类型聚集集合，形成一个多层次的结构分析模型，并由此构建判断（或成对比较）矩阵，依据判断矩阵对层次进行单排序并检验是否通过一致性检验，最后计算某一层次所有因素对于最高层（总目标）相对重要性的权值，称为层次总排序。

　　本次评价首先对确定的评价指标体系按照层次分析法构建层次结构模型，再采用德尔斐法，由专家对评价指标重要性进行比对赋值，构建形成各层次判断矩阵，然后计算各矩阵的最大特征根及对应的特征向量，从而计算出某一层次元素相对于上一层次元素的相对重要性权值。在计算出某一层次相对于上一层次各个因素的单排序权值后，用上一层次因素本身的权值加权综合，即可计算出某层因素相对于上一层整个层次的相对重要性权值，即层次总排序权值。这样，依次由上而下即可计算出最低层因素相对于最高层的相对重要性权值或相对优劣次序的排序值，最终确定各评价指标的权重。

　　1. 构建层次模型　结合评价区域耕地质量特征，根据由来自本区域各省份的资深专家研讨的结果，将影响本区域耕地质量的因素划分为如目标层、准则层、指标层 3 个层次。以黄淮海农业区黄淮平原农业亚区为例，该区耕地质量评价指标体系包含 18 个指标（表 9-1），其他各农业区及亚区评价指标层次分析结构构建方法类似。

表 9-1　耕地质量评价指标体系层次分析结构

A（目标层）	B（准则层）	C（指标层）
		灌溉能力 C1
		地形部位 C2
	立地条件 B1	盐渍化 C3
		排水能力 C4
		土层厚度 C5
		耕层质地 C6
		质地构型 C7
	物理性状 B2	土壤容重 C8
		障碍因素 C9
耕地质量		耕层厚度 C10
		有机质 C11
		有效磷 C12
	化学性状 B3	速效钾 C13
		酸碱度 C14
		地下水埋深 C15
		农田林网 C16
	环境条件 B4	生物多样性 C17
		清洁程度 C18

2. 构造判断矩阵 根据专家经验，采用 1～9 及其倒数的标度方法，两两比较确定准则层（B层）对目标层（A层），指标层（C层）对准则层（B层）的相对重要程度，从而构建了相关判断矩阵，并通过一致性检验，表 9-2 至表 9-6 为黄淮平原农业区评价目标层和准则层判断矩阵，其他各区均采用相同方法构建层次分析判断矩阵。

表 9-2 耕地质量评价目标层判断矩阵

耕地质量	立地条件 B1	物理性状 B2	化学性状 B3	环境条件 B4
立地条件 B1	1.000 0	1.270 2	1.618 9	7.898 9
物理性状 B2	0.787 3	1.000 0	1.274 5	6.218 9
化学性状 B3	0.617 7	0.784 6	1.000 0	4.880 4
环境条件 B4	0.126 6	0.160 8	0.204 9	1.000 0

注：特征向量：[0.395 0 0.311 0 0.244 0 0.050 0]，$CR=0<0.1$，一致性检验通过表明，此判断矩阵权重分配合理。

表 9-3 立地条件准则层判断矩阵

立地条件 B1	灌溉能力 C1	地形部位 C2	盐渍化 C3	排水能力 C4	土层厚度 C5
灌溉能力 C1	1.000 0	2.012 9	2.039 6	2.719 6	5.168 0
地形部位 C2	0.496 8	1.000 0	1.013 2	1.350 8	2.566 7
盐渍化 C3	0.490 3	0.987 0	1.000 0	1.333 3	2.533 6
排水能力 C4	0.367 7	0.740 3	0.750 0	1.000 0	1.900 1
土层厚度 C5	0.193 5	0.389 6	0.394 7	0.526 3	1.000 0

注：特征向量：[0.392 4 0.194 9 0.192 4 0.144 3 0.075 9]，$CR=0<0.1$，一致性检验通过表明，此判断矩阵权重分配合理。

表 9-4 物理性状准则层判断矩阵

物理性状 B2	耕层质地 C6	质地构型 C7	土壤容重 C8	障碍因素 C9	耕层厚度 C10
耕层质地 C6	1.000 0	1.171 2	4.332 8	6.502 0	6.502 0
质地构型 C7	0.853 8	1.000 0	3.699 6	5.549 4	5.549 4
土壤容重 C8	0.230 8	0.270 3	1.000 0	1.499 9	1.499 9
障碍因素 C9	0.153 8	0.180 2	0.666 7	1.000 0	1.000 0
耕层厚度 C10	0.153 8	0.180 2	0.666 7	1.000 0	1.000 0

注：特征向量：[0.418 0 0.356 9 0.096 5 0.064 3 0.064 3]，$CR=0<0.1$，一致性检验通过表明，此判断矩阵权重分配合理。

183

表9-5　化学性状准则层判断矩阵

化学性状 B3	有机质 C11	有效磷 C12	速效钾 C13	酸碱度 C14
有机质 C11	1.000 0	1.857 0	2.166 8	2.888 5
有效磷 C12	0.538 5	1.000 0	1.166 7	1.555 5
速效钾 C13	0.461 5	0.857 1	1.000 0	1.333 3
酸碱度 C14	0.346 2	0.642 9	0.750 0	1.000 0

注：特征向量：[0.426 2　0.229 5　0.196 7　0.147 5]，$CR=0<0.1$，一致性检验通过表明，此判断矩阵权重分配合理。

表9-6　环境条件准则层判断矩阵

环境条件 B4	地下水埋深 C15	农田林网 C16	生物多样性 C17	清洁程度 C18
地下水埋深 C15	1.000 0	2.000 0	2.000 0	2.000 0
农田林网 C16	0.500 0	1.000 0	1.000 0	1.000 0
生物多样性 C17	0.500 0	1.000 0	1.000 0	1.000 0
清洁程度 C18	0.500 0	1.000 0	1.000 0	1.000 0

注：特征向量：[0.400 0　0.200 0　0.200 0　0.200 0]，$CR=0<0.1$，一致性检验通过表明，此判断矩阵权重分配合理。

3. 各指标权重的确定　由以上层次分析法确定的各指标层次单排序权值和准则层权重值，计算获得各指标相对于耕地质量目标的最终权重，以黄淮海农业区黄淮平原亚区为例（表9-7），其他各区均采用相同方法获得评价指标权重。

表9-7　耕地质量评价各指标权重（黄淮海农业区、黄淮平原亚区）

指标层 C	立地条件 B1 0.395 0	物理性状 B2 0.311 0	化学性状 B3 0.244 0	环境条件 B4 0.050 0	组合权重 $\sum C_i B_i$
灌溉能力 C1	0.392 4				0.155
地形部位 C2	0.194 9				0.077
盐渍化 C3	0.192 4				0.076
排水能力 C4	0.144 3				0.057
土层厚度 C5	0.075 9				0.030
耕层质地 C6		0.418 0			0.130
质地构型 C7		0.356 9			0.111
土壤容重 C8		0.096 5			0.030
障碍因素 C9		0.064 3			0.020

指标层 C	立地条件 B1 0.395 0	物理性状 B2 0.311 0	化学性状 B3 0.244 0	环境条件 B4 0.050 0	组合权重 $\sum C_i B_i$
耕层厚度 C10		0.064 3			0.020
有机质 C11			0.426 2		0.104
有效磷 C12			0.229 5		0.056
速效钾 C13			0.196 7		0.048
酸碱度 C14			0.147 5		0.036
地下水埋深 C15				0.400 0	0.020
农田林网 C16				0.200 0	0.010
生物多样性 C17				0.200 0	0.010
清洁程度 C18				0.200 0	0.010

（二）指标隶属度确定

综合指数法评价耕地质量等级需要确定各单项指标的评价隶属度，才能计算耕地质量综合分值。隶属度属于模糊评价函数里的概念，很多时候耕地质量指标的好与坏没有截然界限，这时需要用模糊评价法来计算其单项指标的评语。一个模糊性概念就是一个模糊子集，模糊子集的取值一般在 0～1，包括 0 和 1，隶属度是元素符合模糊概念的程度，完全符合为 1，完全不符合为 0，部分符合为 0～1 的值。本次评价中涉及的指标，有些属于概念型的定性指标，要对其进行量化，可以采用德尔斐法（专家经验法），将其直接赋予评分和隶属度；有些指标属于数值型的，则需要采用德尔斐法先由专家对指标一系列的实测值进行评估获得一组隶属度，再根据这两组数据拟合出隶属函数，从而形成指标的隶属函数，这些指标所有实测值均可以根据隶属函数计算获得对应的隶属度值。

1. 概念指标隶属度确定 本次评价涉及指标多数是定性概念指标，如地形部位、质地、质地构型、灌排能力、农田林网、盐渍化程度等，各农业区组织专家采用德尔斐法确定了各农业区这类指标的评分和隶属度，以黄淮海农业区为例（表 9-8）。需要说明的是该区在对土壤容重、有效土层厚度、地下水埋深等指标进行隶属度确定时，区域专家考虑到这些指标具体测试值获取困难的实际，进行了概念化处理，即将指标进行了分段概念化，然后由专家根据经验直接评分确定隶属度。其他各农业区在这几个指标隶属度确定上采用构建隶属函数方法进行。

表 9-8　指标评分与隶属度（黄淮海农业区）

项目	土层厚度（cm）			
	≥100	60～100	30～60	<30
分值	100	80	60	40
隶属度	1	0.8	0.6	0.4

（续）

项目	耕层质地									
	中壤	轻壤	重壤	黏土	沙壤	砾质壤土	沙土	砾质沙土	壤质砾石土	沙质砾石土
分值	100	94	92	88	80	55	50	45	45	40
隶属度	1	0.94	0.92	0.88	0.8	0.55	0.5	0.45	0.45	0.40

项目	土壤容重		
	适中	偏轻	偏重
分值	100	80	80
隶属度	1	0.8	0.8

项目	质地构型										
	夹黏型	上松下紧型	通体壤	紧实型	夹层型	海绵型	上紧下松型	松散型	通体沙	薄层型	裸露岩石
分值	95	93	90	85	80	75	75	65	60	40	20
隶属度	0.95	0.93	0.9	0.85	0.8	0.75	0.75	0.65	0.6	0.4	0.2

项目	生物多样性		
	丰富	一般	不丰富
分值	100	80	60
隶属度	1	0.8	0.6

项目	清洁程度	
	清洁	尚清洁
分值	100	80
隶属度	1	0.8

项目	障碍因素			
	无	夹沙层	砂姜层	砾质层
分值	100	80	70	50
隶属度	1	0.8	0.7	0.5

项目	灌溉能力			
	充分满足	满足	基本满足	不满足
分值	100	85	70	50
隶属度	1	0.85	0.7	0.5

（续）

项目	排水能力			
	充分满足	满足	基本满足	不满足
分值	100	85	70	50
隶属度	1	0.85	0.7	0.5

项目	农田林网化		
	高	中	低
分值	100	80	60
隶属度	1	0.8	0.6

项目	pH							
	≥8.5	8～8.5	7.5～8	6.5～7.5	6～6.5	5.5～6	4.5～5.5	＜4.5
分值	50	80	90	100	90	85	75	50
隶属度	0.5	0.8	0.9	1	0.9	0.85	0.75	0.5

项目	耕层厚度（cm）		
	≥20	15～20	＜15
分值	100	80	60
隶属度	1	0.8	0.6

项目	盐渍化程度			
	无	轻度	中度	重度
分值	100	80	60	35
隶属度	1	0.8	0.6	0.35

项目	地下水埋深（m）		
	≥3	2～3	＜2
分值	100	80	60
隶属度	1	0.8	0.6

2. 数值指标隶属函数构建　土壤养分指标（有机质、有效磷、速效钾）采用德尔斐法确定专家评分与隶属度（表9-9）。同时通过对各养分指标的实测值和隶属度建立拟合函数，最后形成各养分指标的隶属函数（表9-10）。

表9-9　数值型指标专家评分与隶属度

项目	有机质（g/kg）							
	20	18	16	14	12	10	8	6
分值	100	98	95	90	84	78	65	50
隶属度	1	0.98	0.95	0.9	0.84	0.78	0.65	0.5

(续)

项目	有效磷（mg/kg）								
	110	80	60	40	30	20	15	10	5
分值	100	100	100	92	90	85	80	60	40
隶属度	1	1	1	0.92	0.9	0.85	0.8	0.6	0.4

项目	速效钾（mg/kg）							
	350	320	240	160	120	100	80	60
分值	100	100	100	95	87	78	70	60
隶属度	1	1	1	0.95	0.87	0.78	0.7	0.6

表 9-10　数值型指标隶属度函数

指标名称	函数类型	函数公式	a 值	c 值	u 的下限值	u 的上限值	备注
有机质	戒上型	$y=1/[1+a\,(u-c)^2]$	0.005 431	18.219 012	0	18.2	
速效钾	戒上型	$y=1/[1+a\,(u-c)^2]$	0.000 01	277.304 96	0	277	
有效磷	戒上型	$y=1/[1+a\,(u-c)^2]$	0.000 102	79.043 468	0	79.0	有效磷<110 mg/kg
	戒下型	$y=1/[1+a\,(u-c)^2]$	0.000 007	148.611 679	148.6	500.0	有效磷≥110 mg/kg

注：y 为隶属度；a 为系数；u 为实测值；c 为标准指标。当函数类型为戒上型，$u \leqslant$ 下限值时，y 为 0；$u \geqslant$ 上限值时，y 为 1。当函数类型为戒下型，$u \leqslant$ 下限值时，y 为 1；$u \geqslant$ 上限值时，y 为 0。

（三）综合分值计算与等级划分

1. 计算综合指数　采用累加法计算每个评价单元的综合质量指数。计算结果四舍五入取整数。

$$IFI = \sum (F_i \times C_i)$$

式中，IFI 为耕地地力综合指数（Integrated Fertility Index）；F_i 为第 i 个评价指标的评分；C_i 为第 i 个评价指标的权重。

2. 等级划定　依据计算获得的耕地质量综合指数进行耕地质量等级的划定，一般采用累积曲线法或者等距法 2 种方法。累积曲线法就是用评价单元数与评价单元的综合指数制作累积频率曲线图，然后将累积曲线的拐点作为每一等级的起始分值，进行等级的划分确定。等距法则是将评价单元综合指数累积频率曲线按照确定的等级数量，以相同的间隔分段划分等级。根据《耕地质量等级》（GB/T 33469—2016），潮土区耕地质量等级的划定采用等距法，将各农业区耕地质量划分为 10 个等级。以黄淮海区为例（表 9-11），其他各农业区均采用同样方法，根据评价单元的综合分值累积曲线等距离分段划定 10 个等级，等级数越大耕地质量越低，等级数越小耕地质量越高。

表 9-11 黄淮海农业区耕地质量综合指数等级划分

耕地质量等级	综合指数范围	耕地质量等级	综合指数范围
一等	＞0.964 0	六等	0.809 0～0.840 0
二等	0.933 0～0.964 0	七等	0.778 0～0.809 0
三等	0.902 0～0.933 0	八等	0.747 0～0.778 0
四等	0.871 0～0.902 0	九等	0.716 0～0.747 0
五等	0.840 0～0.871 0	十等	＜0.716 0

（四）等级验证

对评价得到的质量等级，需要进行验证确定区域等级是否符合实际情况，便于评价结果面向领导决策和实际生产服务应用。针对本次评价的结果，由各农业区分别组建本区各省份熟悉情况的专家组成专家组，通过产量验证、对比验证、专家验证与实地验证相结合方式对本区域评价成果进行验证，最终结果基本符合各地实际情况。

第三节 潮土耕地质量等级分布特征

本节基于评价数据库，根据综合指数法评价形成的全国九大农业区耕地质量等级结果，按照潮土土壤类型进行了统计汇总，获得全国潮土耕地质量等级结果。潮土在全国分布较广，面积数据以2017年全国各省份统计部门发布的数据为准。

一、潮土耕地质量总体特征

全国潮土区耕地质量评价总耕地面积 1 969.94 万 hm² （表 9-12）。其中，一等地面积为 84.03 万 hm²，占潮土总耕地面积的 4.27%；二等地面积 245.85 万 hm²，占潮土总耕地面积的 12.48%；三等地面积 415.67 万 hm²，占潮土总耕地面积的 21.10%；四等地面积 507.20 万 hm²，占潮土总耕地面积的 25.75%；五等地面积 369.06 万 hm²，占潮土总耕地面积的 18.73%；六等地面积 188.66 万 hm²，占潮土总耕地面积的 9.58%；七等地面积 82.51 万 hm²，占潮土总耕地面积的 4.19%；八等地面积 38.86 万 hm²，占潮土总耕地面积的 1.97%；九等地面积 19.27 万 hm²，占潮土总耕地面积的 0.98%；十等地面积 18.83 万 hm²，占潮土总耕地面积的 0.95%。

表 9-12 潮土区各等级耕地面积及占比

等级	面积（万 hm²）	占比（%）
一等	84.03	4.27
二等	245.85	12.48

（续）

等级	面积（万 hm²）	占比（%）
三等	415.67	21.10
四等	507.20	25.75
五等	369.06	18.73
六等	188.66	9.58
七等	82.51	4.19
八等	38.86	1.97
九等	19.27	0.98
十等	18.83	0.95
合计	1 969.94	100.00

二、潮土耕地质量各等级地分布特征

通过开展耕地质量等级评价，潮土区耕地分为 10 个等级，各等级地分布特征如下。

（一）一等地分布特征

一等地的耕地面积为 84.03 万 hm²，占潮土总耕地面积的 4.27%，主要分布在东北区、黄淮海区、内蒙古及长城沿线区、长江中下游区等地。其中，东北区一等地面积为 30.98 万 hm²，占一等地总面积的 36.87%，主要分布在辽宁平原丘陵农林区；黄淮海区一等地面积为 25.37 万 hm²，占一等地总面积的 30.19%，主要分布在山东丘陵农业区；内蒙古及长城沿线区一等地面积为 11.52 万 hm²，占一等地总面积的 13.71%，主要分布在内蒙古中南部牧农区；长江中下游区一等地面积为 7.09 万 hm²，占一等地总面积的 8.44%，主要分布在长江下游平原丘陵农畜区（图 9-3）。

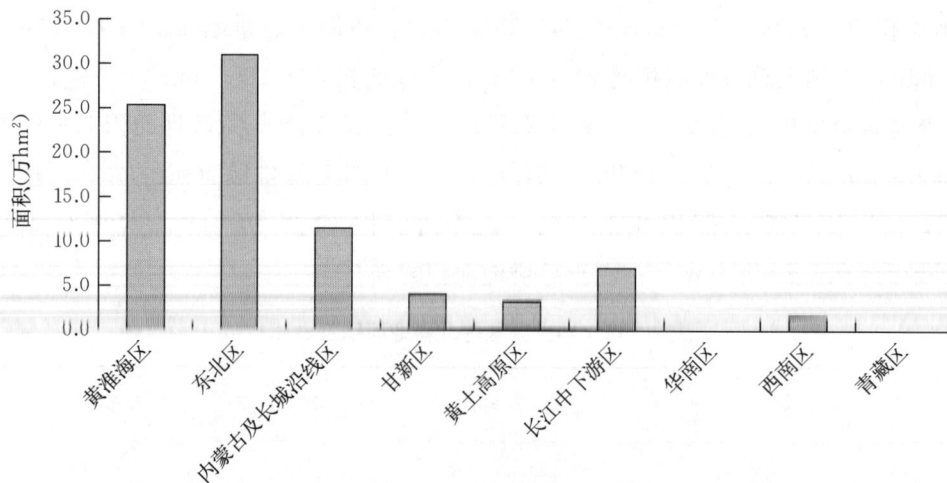

图 9-3 一等地空间分布特征

潮土一等地肥力水平较高，土壤有机质平均含量为 19.7 g/kg，有效磷平均含量为 43.9 mg/kg，速效钾平均含量为 191 mg/kg；耕层土壤质地以轻壤和中壤为主，土壤质地构型一般为上松下紧型或海绵型，属于良好剖面特性，利于作物根系发育和水肥资源的存储供给；灌排水设施齐全，保障能力一般为充分满足或满足；无明显障碍因素。

（二）二等地分布特征

二等地的耕地面积为 245.85 万 hm²，占潮土总耕地面积的 12.48％，主要分布在黄淮海区、东北区、长江中下游区和内蒙古及长城沿线区。其中，黄淮海区二等地面积为 163.26 万 hm²，占二等地总面积的 66.41％，主要分布在冀鲁豫低洼平原农业区、黄淮平原农业区和山东丘陵农业区；东北区二等地面积为 29.67 万 hm²，占二等地总面积的 12.07％，主要分布在辽宁平原丘陵农林区；长江中下游区二等地面积为 18.57 万 hm²，占二等地总面积的 7.55％，主要分布在长江下游平原丘陵农畜区和长江中游平原农业水产区；内蒙古及长城沿线区二等地面积为 17.05 万 hm²，占二等地总面积的 6.93％，主要分布在内蒙古中南部牧农区（图 9-4）。

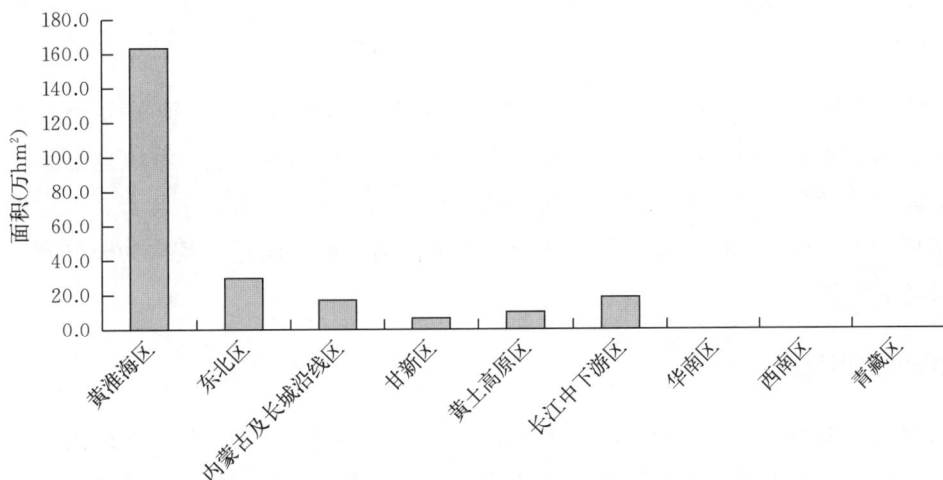

图 9-4　二等地空间分布特征

潮土二等地肥力水平较高，土壤有机质平均含量为 18.6 g/kg，有效磷平均含量为 34.1 mg/kg，速效钾平均含量为 189 mg/kg。耕层土壤质地以轻壤和中壤为主，土壤质地构型多为上松下紧型或者海绵型，属于良好剖面特性，利于作物根系发育和水肥资源的存储供给，也有少部分为紧实型；灌排水设施齐全，保障能力一般为充分满足或满足；该类型耕地基本无明显障碍因素。

（三）三等地分布特征

三等地的耕地面积为 415.67 万 hm²，占潮土总耕地面积的 21.10％，主要分布在黄淮海区、长江中下游区、东北区、内蒙古及长城沿线区、黄土高原区和甘新区等地。其中，黄淮海区三等地面积为 290.34 万 hm²，占三等地总面积的 69.85％，主要分布在黄淮平原农业区、冀鲁豫低洼平原农业区和燕山太行山麓平原农业区；长江中下游区三等地面积为 42.71 万 hm²，占三等地总面积的 10.27％，主要分布在长江下游平原丘陵农畜区和长江中游平原农业水产区；东北区三等地面积为 25.89 万 hm²，占三等地总面积的 6.23％，主要分布在辽宁平原丘陵农林区；内蒙古及长城沿线区三等地面积为 23.01 万 hm²，占三等地总面积的 5.54％，在内蒙古中南部牧农区和长城沿线农牧区均有分布；黄土高原区三等地面积为 17.76 万 hm²，占三等地总面积的 4.27％，主要分布在汾渭谷地农业区；甘新区三等地面积为 14.66 万 hm²，占三等地总面积的 3.53％，主要分布在南疆农牧林区和北疆农牧林区（图 9-5）。

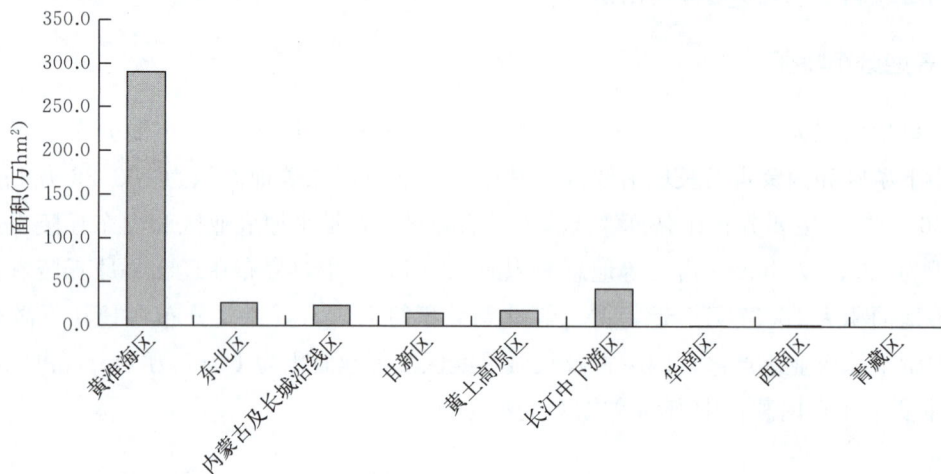

图 9-5　三等地空间分布特征

潮土三等地土壤肥力水平相对较高，有机质平均含量为 18.3 g/kg，有效磷平均含量为 26.7 mg/kg，速效钾平均含量为 174 mg/kg；耕层土壤质地以壤性为主，有少部分耕地土壤质地偏黏；土壤质地构型多为上松下紧型或者海绵型，属于良好剖面特性，利于作物根系发育和水肥资源的存储供给，也有少部分为紧实型和夹层型；灌排水设施相对齐全，保障能力一般为满足，其次为充分满足；该类型耕地基本无明显障碍因素。

（四）四等地分布特征

四等地的耕地面积为 507.2 万 hm²，占潮土总耕地面积的 25.75％，主要分布在黄淮海区、长江中下游区、东北区、内蒙古及长城沿线区、甘新区和黄土高原区等地。其中，黄淮海区四等地面积为 336.41 万 hm²，占四等地总面积的 66.33％，主要分布在冀鲁豫低洼平原农业区、黄淮平原农业区和燕山太行山山麓平原农业区；长江中下游区四等地面积为 73.88 万 hm²，占四等地总面积的 14.57％，主要分布在长江下游平原丘陵农畜区和长江中游平原农业水产区；东北区四等地面积为 31.22 万 hm²，占四等地总面积的 6.15％，主要分布在辽宁平原丘陵农林区；内蒙古及长城沿线区四等地面积为 28.20 万 hm²，占四等地总面积的 5.56％，在内蒙古中南部牧农区和长城沿线农牧区均有分布；甘新区四等地面积为 21.89 万 hm²，占四等地总面积的 4.32％，主要分布在南疆农牧林区和北疆农牧林区；黄土高原区四等地面积为 13.80 万 hm²，占四等地总面积的 2.72％，主要分布在汾渭谷地农业区（图 9-6）。

潮土四等地土壤肥力水平中等偏高，有机质平均含量为 17.2 g/kg，有效磷平均含量为 24.6 mg/kg，速效钾平均含量为 162 mg/kg。耕层土壤质地以壤性为主，部分耕地土壤质地偏重、偏黏；土壤质地构型多为上松下紧型或者海绵型，属于良好剖面特性，利于作物根系发育和水肥资源的存储供给，但紧实型、夹层型和上紧下松型耕地占比明显增高；灌排水设施相对较好，保障能力为满足，其次为基本满足，充分满足的耕地占比相对较低；该类型耕地一般无明显障碍因素，少量存在盐碱障碍的只占较小比例。

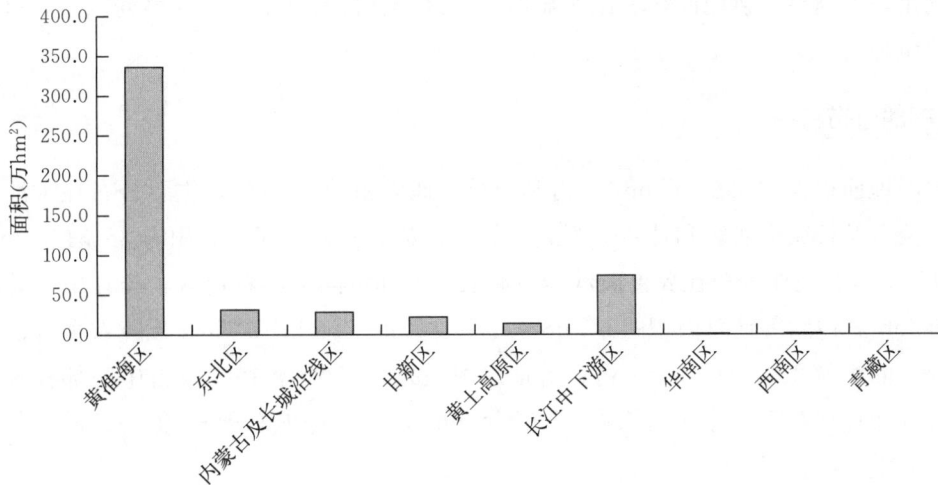

图 9-6　四等地空间分布特征

（五）五等地分布特征

五等地的耕地面积为 369.06 万 hm²，占潮土总耕地面积的 18.73%，主要分布在黄淮海区、长江中下游区、内蒙古及长城沿线区、东北区和甘新区等地。其中，黄淮海区五等地面积为 217.97 万 hm²，占五等地总面积的 59.06%，主要分布在冀鲁豫低洼平原农业区和黄淮平原农业区；长江中下游区五等地面积为 79.89 万 hm²，占五等地总面积的 21.65%，主要分布在长江下游平原丘陵农畜区和长江中游平原农业水产区；内蒙古及长城沿线区五等地面积为 24.44 万 hm²，占五等地总面积的 6.62%，在内蒙古中南部牧农区和长城沿线农牧区均有分布；东北区五等地面积为 21.16 万 hm²，占五等地总面积的 5.73%，主要分布在辽宁平原丘陵农林区；甘新区五等地面积为 17.88 万 hm²，占五等地总面积的 4.85%，主要分布在南疆农牧林区（图 9-7）。

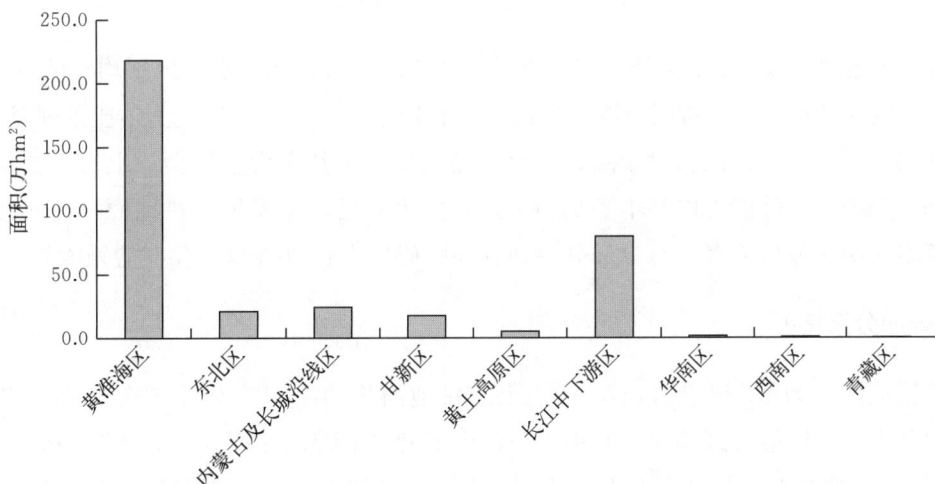

图 9-7　五等地空间分布特征

潮土五等地土壤肥力水平中等，有机质平均含量为 16.6 g/kg，有效磷平均含量为 23.9 mg/kg，速效钾平均含量为 147 mg/kg。耕层土壤质地以壤性为主，但质地偏沙和偏重的耕地占比不低，黏性质地的耕地占比明显增多；土壤质地构型以海绵型占比相对较高，但上松下紧型占比较低，紧实型、夹层型和上紧下松型以及松散型等类型耕地占比较高；灌排水设施基本保障，保障能力以基本满足为主，其次为满足，不满足的耕地面积占比明显增高。该类型耕地基本无明显障碍因素，有少部分耕地瘠薄、存在盐碱障碍。

（六）六等地分布特征

六等地的耕地面积为 188.66 万 hm²，占潮土总耕地面积的 9.58%，主要分布在黄淮海区、长江中下游区、内蒙古及长城沿线区和甘新区等地。其中，黄淮海区六等地面积为 85.31 万 hm²，占六等地总面积的 45.22%，主要分布在冀鲁豫低洼平原农业区和黄淮平原农业区；长江中下游区六等地面积为 57.89 万 hm²，占六等地总面积的 30.68%，主要分布在长江下游平原丘陵农畜区；内蒙古及长城沿线区六等地面积为 20.19 万 hm²，占六等地总面积的 10.70%，在内蒙古中南部牧农区和长城沿线农牧区均有分布；甘新区六等地面积为 11.69 万 hm²，占六等地总面积的 6.20%，主要分布在南疆农牧林区和北疆农牧林区（图 9-8）。

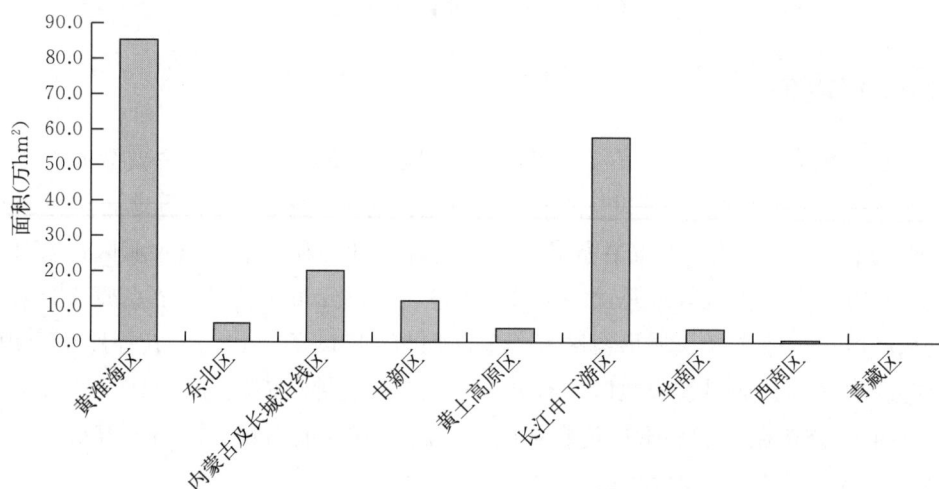

图 9-8　六等地空间分布特征

潮土六等地土壤肥力水平中等偏低，有机质平均含量为 15.4 g/kg，有效磷平均含量为 22.5 mg/kg，速效钾平均含量为 142 mg/kg。耕层土壤质地以沙壤和轻壤为主，土壤质地为沙土的耕地占比明显增高；土壤质地构型以海绵型占比相对较高，其次为松散型，再其次为紧实型，上松下紧型占比偏低；灌排水设施基本保障，保障能力以基本满足为主，其次为满足，不满足的耕地面积占比接近满足的。该类型耕地基本无明显障碍因素，有少部分耕地存在障碍层次，或瘠薄、存在盐碱障碍。

（七）七等地分布特征

七等地的耕地面积为 82.51 万 hm²，占潮土总耕地面积的 4.19%，主要分布在长江中下游区、黄淮海区和内蒙古及长城沿线区等地。其中，长江中下游区七等地面积为 26.27 万 hm²，占七等地总面积的 31.84%，主要分布在长江下游平原丘陵农畜区；黄淮海区七等地面积为 25.91 万 hm²，占七等地总面积的 31.40%，主要分布在冀鲁豫低洼平原农业区和山东丘陵农业区；内蒙古及长城沿线区七等地面积为 15.61 万 hm²，占七等地总面积的 18.92%，在内蒙古中南部牧农区和长城沿线农牧区均有分布（图 9-9）。

潮土七等地土壤肥力水平中等偏低，土壤有机质平均含量为 15.0 g/kg，有效磷平均含量为 20.7 mg/kg，速效钾平均含量 127 mg/kg。耕层土壤质地以沙壤和轻壤为主，土壤质地为沙土的耕地占比较高；土

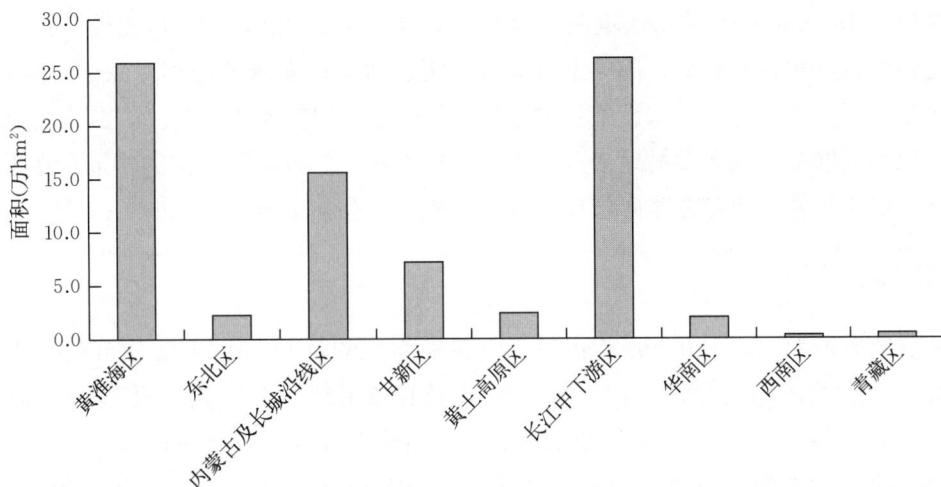

图 9-9　七等地空间分布特征

壤质地构型以海绵型占比为最高，其次为松散型，再其次为紧实型，上松下紧型占比偏低，薄层型耕地占比增高；灌溉设施相对缺乏，以不满足为主，其次为基本满足，再次为满足，排水设施基本保障，保障能力以基本满足为主，其次为满足，不满足的耕地面积占比较高。该类型耕地多数无明显障碍因素，但有一定比例的耕地存在障碍层次，或存在土壤瘠薄障碍。

（八）八等地分布特征

八等地的耕地面积为 38.86 万 hm²，占潮土总耕地面积的 1.97％，主要分布在内蒙古及长城沿线区、黄淮海区、长江中下游区等地。其中，内蒙古及长城沿线区八等地面积为 14.37 万 hm²，占八等地总面积的 36.98％，在长城沿线农牧区和内蒙古中南部牧农区均有分布；黄淮海区八等地面积为 8.90 万 hm²，占八等地总面积的 22.9％，主要分布在山东丘陵农业区和冀鲁豫低洼平原农业区；长江中下游区八等地面积为 8.87 万 hm²，占八等地总面积的 22.83％，主要分布在长江下游平原丘陵农畜区和长江中游平原农业水产区（图 9-10）。

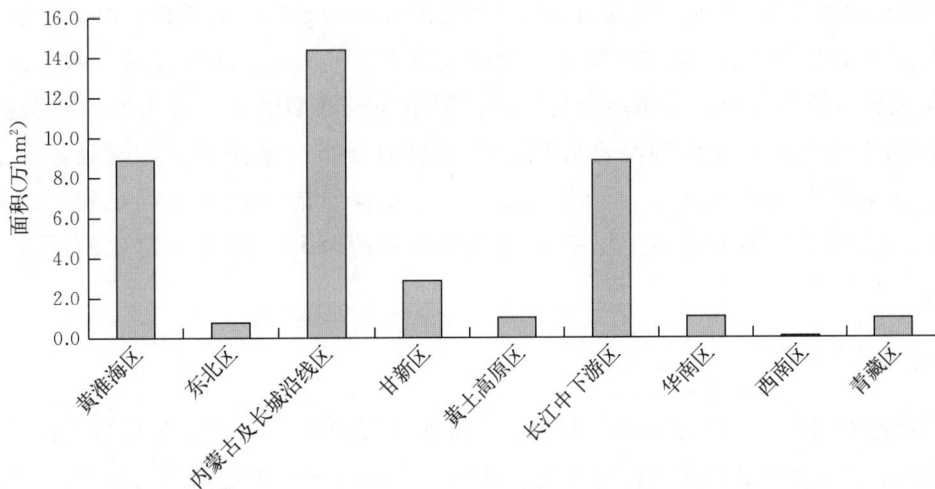

图 9-10　八等地空间分布特征

潮土八等地土壤肥力水平较低，土壤有机质平均含量为13.9 g/kg，有效磷平均含量为21.5 mg/kg，速效钾平均含量为135 mg/kg。耕层土壤质地以沙壤最多，轻壤次之，沙土占比较高；土壤质地构型以松散型占比最多，其次为紧实型，薄层型耕地占比明显增加；灌溉设施相对缺乏，以不满足为主，其次为基本满足，再次为满足，排水设施基本保障，保障能力以基本满足为主，其次为满足，不满足的耕地面积占比明显增多。该类型耕地多数无明显障碍因素，但有较高比例的耕地存在土壤盐渍化障碍因子，还有一定比例的耕地存在障碍层次，或土壤瘠薄、存在土壤酸化障碍。

（九）九等地分布特征

九等地的耕地面积为19.27万 hm²，占潮土总耕地面积的0.98%，主要分布在内蒙古及长城沿线区、黄淮海区和长江中下游区等地。其中，内蒙古及长城沿线区九等地面积为8.34万 hm²，占九等地总面积的43.28%，在内蒙古中南部牧农区和长城沿线农牧区均有分布；黄淮海区九等地面积为5.63万 hm²，占九等地总面积的29.22%，主要分布在山东丘陵农业区；长江中下游区九等地面积为3.35万 hm²，占九等地总面积的17.38%，主要分布在长江下游平原丘陵农畜区（图9-11）。

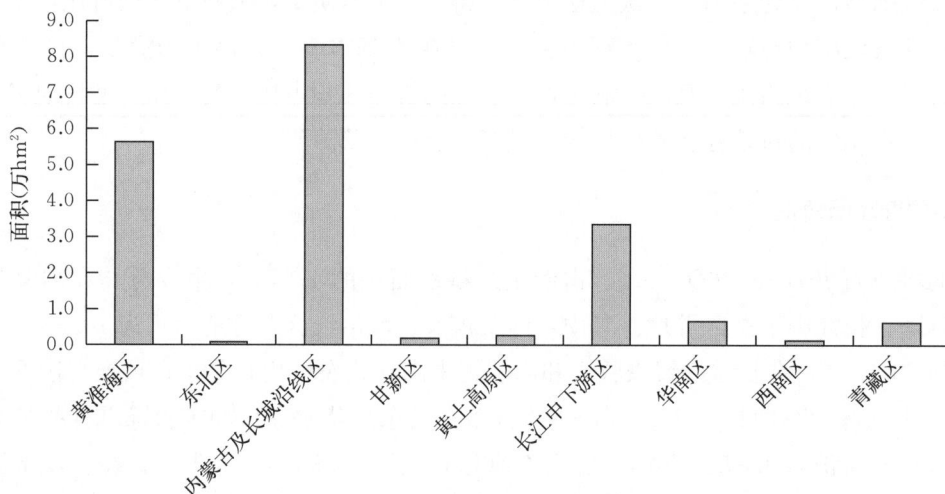

图9-11　九等地空间分布特征

潮土九等地土壤肥力水平较低，土壤有机质平均含量为14.0 g/kg，有效磷平均含量为26.6 mg/kg，速效钾平均含量为118 mg/kg。耕层土壤质地以沙壤最多，其次为沙土与轻壤，两者占比相当，质地为黏土的耕地也有较多分布；土壤质地构型以薄层型和松散型居多，紧实型和夹层型占比较高，也有一定比例的上松下紧型和海绵型良好质地构型耕地分布；灌排设施相对缺乏，灌溉保障能力以不满足为主，其次为基本满足，再次为满足，排水保障能力以基本满足和不满足为主，其次为满足。该类型耕地有不少耕地土壤盐渍化或存在瘠薄障碍，还有一定比例的耕地存在障碍层次。

（十）十等地分布特征

十等地的耕地面积为18.83万 hm²，占潮土总耕地面积的0.95%，主要分布在黄淮海区、内蒙古及长城沿线区、青藏区和长江中下游区等地。其中，黄淮海区十等地面积为9.62万 hm²，占十等地总面积的51.09%，主要分布在山东丘陵农业区；内蒙古及长城沿线区十等地面积为5.48万 hm²，占十等地总面积的29.10%，主要分布在长城沿线农牧区；青藏区十等地面积为1.49万 hm²，占十等地总面积的 7.91%，分布在藏南农牧区。长江中下游区十等地面积为 1.34 万 hm²，占十等地总面积的 7.12%，主要分布在长江下游平原丘陵农畜区。

潮土十等地土壤肥力水平很低，土壤有机质平均含量为 12.9 g/kg，有效磷平均含量为 36.9 mg/kg，速效钾平均含量为 115 mg/kg。耕层土壤质地以沙壤面积占比最高，其次为沙土，高于轻壤质占比，黏土质耕地也多有分布；土壤质地构型以薄层型为主，其次为松散型，以及紧实型，其他各类型也有一定占比；灌排设施比较缺乏，灌排保障能力以不满足为主，其次为基本满足，再次为满足。该类型耕地较大面积比例土壤盐渍化或存在瘠薄障碍，还有一定比例的耕地存在土壤障碍层次（图 9 - 12）。

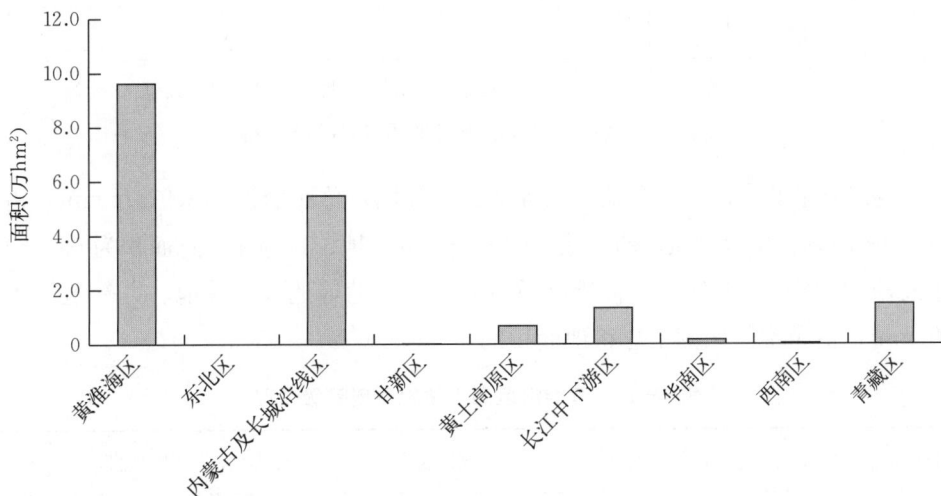

图 9 - 12 十等地空间分布特征

面积加权统计十个等级，全国潮土区耕地平均质量等级为 4.10。其中，评价为高等级质量的耕地（一等地、二等地、三等地）总面积为 745.55 万 hm²，占潮土总耕地面积的 37.85%；评价为中等级质量的耕地（四等地、五等地、六等地）总面积为 1 064.92 万 hm²，占潮土总耕地面积的 54.06%；评价为低等级质量的耕地（七等地、八等地、九等地、十等地）总面积为 159.47 万 hm²，占潮土总耕地面积的 8.09%。由此可见，潮土区耕地质量等级的总体特征是中等质量的耕地面积最多，高等级质量的耕地面积次之，低等级质量的耕地面积最少。

三、不同地域潮土耕地质量状况

(一) 黄淮海区潮土耕地质量特征及分布

黄淮海区潮土耕地面积为 1 168.72 万 hm²，主要集中在黄淮平原农业区和冀鲁豫低洼平原农业区，在山东丘陵农业区和燕山太行山麓平原农业区也有分布。本区潮土耕地平均质量等级为 3.91，十个等级面积统计显示，以三等地、四等地和五等地为主。其中，四等地面积最多，为 336.41 万 hm²，占本区潮土总耕地面积的 28.78%；其次为三等地，面积为 290.34 万 hm²，占本区潮土总耕地面积的 24.85%；五等地面积 217.97 hm²，占本区潮土总耕地面积的 18.65%，位列第三（图 9 - 13）。

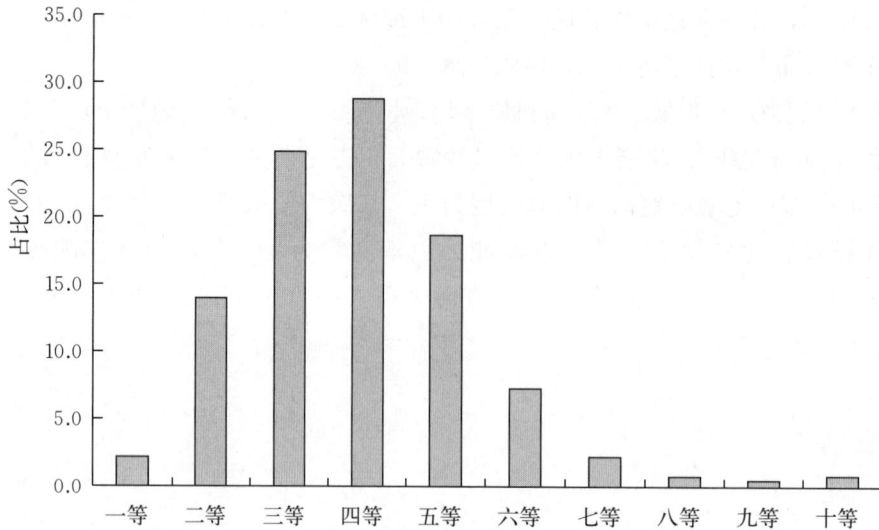

图 9-13 黄淮海区潮土耕地质量各等级分布

黄淮海区高等级质量的耕地（一等地、二等地、三等地）总面积为 478.97 万 hm²，占黄淮海区潮土总耕地面积的 40.98%；中等级质量的耕地（四等地、五等地、六等地）总面积为 639.69 万 hm²，占黄淮海区潮土总耕地面积的 54.74%；低等级质量的耕地（七等地、八等地、九等地、十等地）总面积为 50.06 万 hm²，占黄淮海区潮土总耕地面积的 4.28%（表 9-13）。

表 9-13 黄淮海区潮土耕地质量等级情况

等级	冀鲁豫低洼平原农业区		黄淮平原农业区		山东丘陵农业区		燕山太行山麓平原农业区		合计	
	面积（万 hm²）	占比（%）	面积（万 hm²）	占比（%）	面积（万 hm²）	占比（%）	面积（万 hm²）	占比（%）	面积（万 hm²）	占比（%）
一等	3.49	0.64	0.41	0.11	20.32	16.51	1.15	0.99	25.37	2.17
二等	77.10	14.20	38.11	9.86	31.08	25.25	16.97	14.61	163.26	13.97
三等	101.78	18.75	127.98	33.11	13.12	10.66	47.46	40.86	290.34	24.84
四等	168.70	31.07	127.38	32.95	8.57	6.96	31.76	27.35	336.41	28.79
五等	112.62	20.74	77.84	20.14	13.19	10.72	14.32	12.33	217.97	18.65
六等	61.06	11.25	11.81	3.06	8.58	6.97	3.86	3.32	85.31	7.30
七等	14.39	2.65	2.71	0.70	8.51	6.91	0.30	0.26	25.91	2.22
八等	3.68	0.68	0.31	0.07	4.72	3.84	0.19	0.16	8.90	0.76
九等	0.13	0.02	0.00	0.00	5.46	4.44	0.04	0.04	5.63	0.48
十等	0.00	0.00	0.00	0.00	9.53	7.74	0.09	0.08	9.62	0.82
合计	542.95	100.00	386.55	100.00	123.08	100.00	116.14	100.00	1 168.72	100.00
平均等级	4.05		3.76		4.19		3.48		3.91	

（二）长江中下游区潮土耕地质量特征及分布

长江中下游区潮土耕地面积 319.86 万 hm²，主要集中在长江下游平原丘陵农畜区和长江中游平原农业水产区。本区潮土平均耕地质量等级为 4.73，以四等地、五等地和六等地为主。其中，五等地面积最多，为 79.89 万 hm²，占本区潮土总耕地面积的 24.98%；其次为四等地，面积为 73.88 万 hm²，占本区潮土总耕地面积的 23.10%；六等地面积 57.89 万 hm²，占本区潮土总耕地面积的 18.10%，位列第三（图 9-14）。

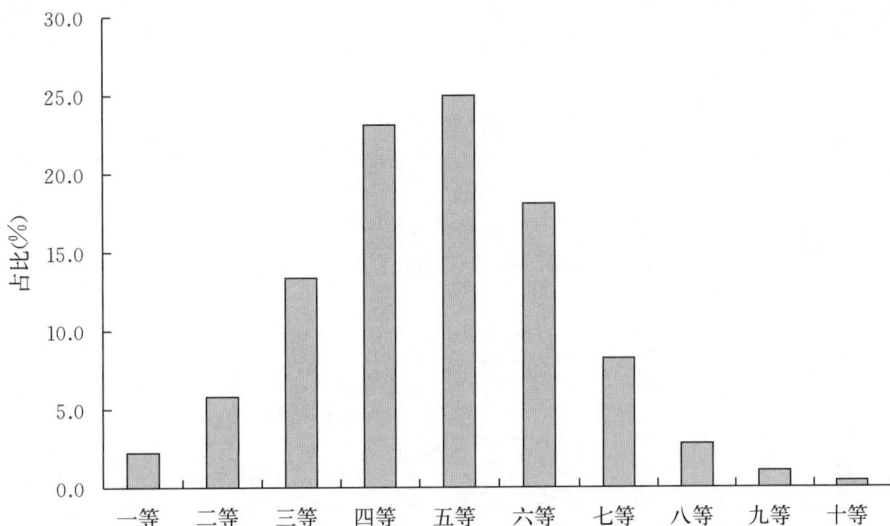

图 9-14 长江中下游区潮土耕地质量各等级分布

高等级质量的耕地（一等地、二等地、三等地）总面积为 68.37 万 hm²，占长江中下游区潮土总耕地面积的 21.38%；中等级质量的耕地（四等地、五等地、六等地）总面积为 211.66 万 hm²，占长江中下游区潮土总耕地面积的 66.18%；低等级质量的耕地（七等地、八等地、九等地、十等地）总面积为 39.83 万 hm²，占长江中下游区潮土总耕地面积的 12.45%（表 9-14）。

（三）内蒙古及长城沿线区潮土耕地质量特征及分布

内蒙古及长城沿线区潮土耕地面积为 168.21 万 hm²，在内蒙古中南部牧农区和长城沿线农牧区均有分布。本区潮土平均耕地质量等级为 4.90，各等级均有分布，以三等、四等、五等和六等面积居多。其中，四等地面积最多，为 28.20 万 hm²，占本区潮土总耕地面积的 16.76%；其次为五等地，面积为 24.44 万 hm²，占本区潮土总耕地面积的 14.53%；三等地面积 23.01 万 hm²，占本区潮土总耕地面积的 13.68%；六等地面积 20.19 万 hm²，占本区潮土总耕地面积的 12.0%（图 9-15）。

该区高等级质量的耕地（一等地、二等地、三等地）总面积为 51.58 万 hm²，占内蒙古及长城沿线区潮土总耕地面积的 30.67%；中等级质量的耕地（四等地、五等地、六等地）总面积为 72.83 万 hm²，占内蒙古及长城沿线区潮土总耕地面积的 43.29%；低等级质量的耕地（七等地、八等地、九等地、十等地）总面积为 43.80 万 hm²，占内蒙古及长城沿线区潮土总耕地面积的 26.04%（表 9-15）。

表 9 – 14　长江中下游区潮土耕地质量等级情况

等级	鄂豫皖平原山地农林区 面积（万 hm²）	占比（%）	江南丘陵山地农林区 面积（万 hm²）	占比（%）	南岭丘陵山地林农区 面积（万 hm²）	占比（%）	长江下游平原丘陵农畜水产区 面积（万 hm²）	占比（%）	长江中游平原农业水产区 面积（万 hm²）	占比（%）	浙闽丘陵山地林农区 面积（万 hm²）	占比（%）	合计 面积（万 hm²）	占比（%）
一等	1.31	8.08	0.30	4.72	0.00	0.00	3.53	1.73	1.31	1.48	0.64	24.52	7.09	2.22
二等	2.18	13.45	0.60	9.43	0.01	0.63	10.21	5.00	5.14	5.79	0.43	16.48	18.57	5.81
三等	2.99	18.45	1.93	30.35	0.05	3.16	18.43	9.02	18.74	21.12	0.57	21.84	42.71	13.35
四等	3.17	19.56	1.38	21.70	0.08	5.06	35.18	17.22	33.63	37.89	0.44	16.86	73.88	23.10
五等	2.80	17.27	0.92	14.47	0.25	15.82	58.45	28.60	17.16	19.34	0.31	11.88	79.89	24.97
六等	2.06	12.71	0.51	8.02	0.17	10.76	46.84	22.92	8.14	9.17	0.17	6.51	57.89	18.10
七等	1.07	6.60	0.62	9.75	0.50	31.65	21.23	10.39	2.82	3.18	0.03	1.15	26.27	8.21
八等	0.45	2.78	0.07	1.10	0.38	24.05	6.42	3.14	1.53	1.72	0.02	0.77	8.87	2.77
九等	0.17	1.05	0.00	0.00	0.14	8.86	2.80	1.37	0.24	0.27	0.00	0.00	3.35	1.05
十等	0.01	0.06	0.03	0.47	0.00	0.00	1.26	0.62	0.04	0.05	0.00	0.00	1.34	0.42
合计	16.21	100.00	6.36	100.00	1.58	100.00	204.35	100.00	88.75	100.00	2.61	100.00	319.86	100.00
平均等级	4.10		4.05		6.73		5.05		4.19		3.03		4.73	

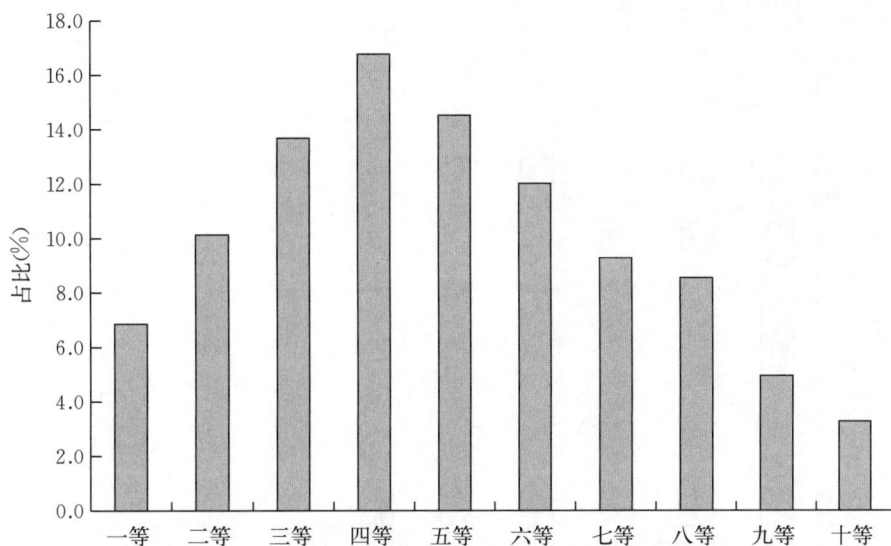

图 9-15 内蒙古及长城沿线区潮土耕地质量各等级分布

表 9-15 内蒙古及长城沿线区所辖二级农业区耕地质量等级情况

区域/等级	内蒙古中南部牧农区		长城沿线农牧区		合计	
	面积（万 hm²）	占比（%）	面积（万 hm²）	占比（%）	面积（万 hm²）	占比（%）
一等	9.61	10.71	1.91	2.43	11.52	6.85
二等	12.98	14.46	4.07	5.19	17.05	10.14
三等	13.72	15.28	9.29	11.84	23.01	13.68
四等	15.29	17.03	12.91	16.46	28.20	16.76
五等	11.68	13.01	12.76	16.27	24.44	14.53
六等	10.75	11.98	9.44	12.03	20.19	12.00
七等	7.03	7.83	8.58	10.94	15.61	9.28
八等	4.78	5.32	9.59	12.23	14.37	8.54
九等	3.20	3.57	5.14	6.55	8.34	4.96
十等	0.73	0.81	4.75	6.06	5.48	3.26
合计	89.77	100.00	78.44	100.00	168.21	100.00
平均等级	4.28		5.62		4.90	

（四）东北区潮土耕地质量特征及分布

东北区潮土耕地面积为 147.29 万 hm²，主要分布在辽宁平原丘陵农林区。该区耕地质量等级主要集中在一至五等地，占全区潮土耕地总面积的 94.3%。因此，该区潮土耕地多为中高等级质量的耕地，平均耕地质量等级为 3.07。其中，四等地面积最多，为 31.22 万 hm²，占本区潮土总耕地面积的 21.20%，其次为一等地，面积为 30.98 万 hm²，占本区潮土总耕地面积的 21.03%，二等地面积 29.67 万 hm²，占本区潮土总耕地面积的 20.14%，位列第三（图 9-16）。

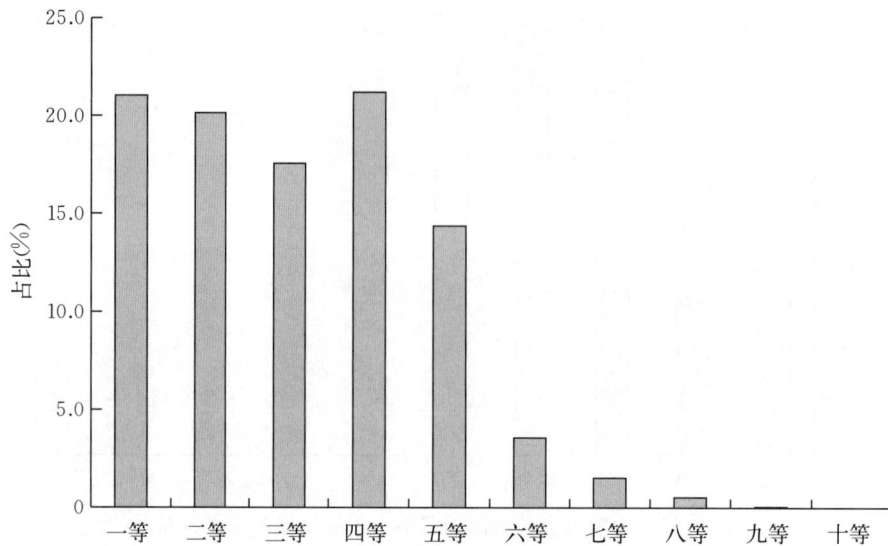

图 9-16 东北区潮土耕地质量各等级分布

该区高等级质量的耕地（一等地、二等地、三等地）总面积为 86.54 万 hm²，占东北区区潮土总耕地面积的 58.75%；中等级质量的耕地（六等地、六等地、六等地）总面积为 57.65 万 hm²，占东北区潮土总耕地面积的 39.15%；低等级质量的耕地（七等地、八等地、九等地、十等地）总面积为 3.10 万 hm²，占东北区潮土总耕地面积的 2.10%（表 9-16）。

表 9-16 东北区潮土耕地质量等级情况

等级	辽宁平原丘陵农林区		松嫩-三江平原农业区		合计	
	面积（万 hm²）	占比（%）	面积（万 hm²）	占比（%）	面积（万 hm²）	占比（%）
一等	30.17	22.09	0.81	7.54	30.98	21.03
二等	28.31	20.73	1.36	12.66	29.67	20.14
三等	24.39	17.86	1.50	13.97	25.89	17.58
四等	29.53	21.63	1.69	15.74	31.22	21.20
五等	18.58	13.61	2.58	24.02	21.16	14.37
六等	3.56	2.61	1.71	15.92	5.27	3.58
七等	1.46	1.07	0.80	7.45	2.26	1.53
八等	0.55	0.40	0.22	2.05	0.77	0.52
九等	0.00	0.00	0.07	0.65	0.07	0.05
十等	0.00	0.00	0.00	0.00	0.00	0.00
合计	136.55	100.00	10.74	100.00	147.29	100.00
平均等级	2.98		4.28		3.07	

（五）甘新区潮土耕地质量特征及分布

甘新区潮土耕地面积为 87.02 万 hm²，主要分布在南疆农牧区和北疆农牧区。本区潮土平均耕地质量等级为 4.40。其中，四等地面积最多，为 21.89 万 hm²，占本区潮土总耕地面积的 25.15%，其次为五等地，面积为 17.88 万 hm²，占本区潮土总耕地面积的 20.55%，三等地面积 14.66 万 hm²，占本区潮土总耕地面积的 16.85%，位列第三（图9-17）。

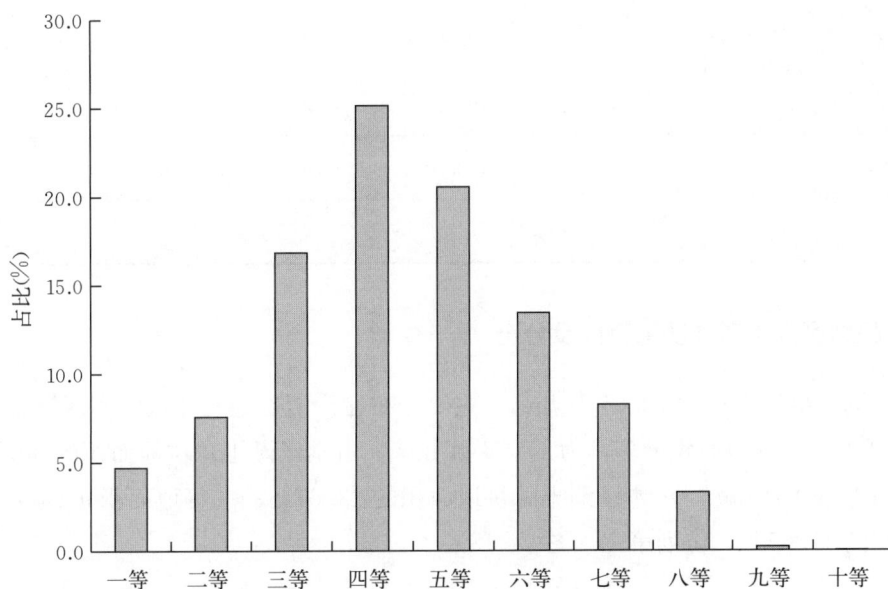

图 9-17 甘新区潮土耕地质量各等级分布

该区高等级质量的耕地（一等地、二等地、三等地）总面积为 25.34 万 hm²，占甘新区潮土总耕地面积的 29.12%；中等级质量的耕地（四等地、五等地、六等地）总面积为 51.46 万 hm²，占甘新区潮土总耕地面积的 59.13%；低等级质量的耕地（七等地、八等地、九等地、十等地）总面积为 10.22 万 hm²，占甘新区潮土总耕地面积的 11.75%（表 9-17）。

表 9-17 甘新区潮土耕地质量等级情况

等级	北疆农牧林区		蒙宁甘农牧区		南疆农牧林区		合计	
	面积（万 hm²）	占比（%）	面积（万 hm²）	占比（%）	面积（万 hm²）	占比（%）	面积（万 hm²）	占比（%）
一等	0.25	0.94	1.09	10.03	2.76	5.58	4.10	4.71
二等	2.33	8.74	1.32	12.14	2.93	5.92	6.58	7.56
三等	6.17	23.13	2.05	18.86	6.44	13.01	14.66	16.85
四等	5.69	21.33	2.01	18.49	14.19	28.68	21.89	25.15
五等	4.68	17.55	1.53	14.07	11.67	23.59	17.88	20.55
六等	4.52	16.95	1.59	14.63	5.58	11.28	11.69	13.43

(续)

等级	北疆农牧林区 面积（万 hm²）	北疆农牧林区 占比（%）	蒙宁甘农牧区 面积（万 hm²）	蒙宁甘农牧区 占比（%）	南疆农牧林区 面积（万 hm²）	南疆农牧林区 占比（%）	合计 面积（万 hm²）	合计 占比（%）
七等	2.50	9.37	0.85	7.82	3.82	7.72	7.17	8.24
八等	0.45	1.69	0.38	3.50	2.02	4.08	2.85	3.28
九等	0.08	0.30	0.03	0.28	0.07	0.14	0.18	0.21
十等	0.00	0.00	0.02	0.18	0.00	0.00	0.02	0.02
合计	26.67	100.00	10.87	100.00	49.48	100.00	87.02	100.00
平均等级	4.44		4.10		4.45		4.40	

（六）黄土高原区潮土耕地质量特征及分布

黄土高原区潮土耕地面积为 58.31 万 hm²，主要分布在汾渭谷地农业区。本区潮土平均耕地质量等级为 3.70。其中，三等地面积最多，为 17.76 万 hm²，占本区潮土总耕地面积的 30.46%；其次为四等地，面积为 13.80 万 hm²，占本区潮土总耕地面积的 23.67%；二等地面积 9.94 万 hm²，占本区潮土总耕地面积的 17.05%，位列第三（图 9-18）。

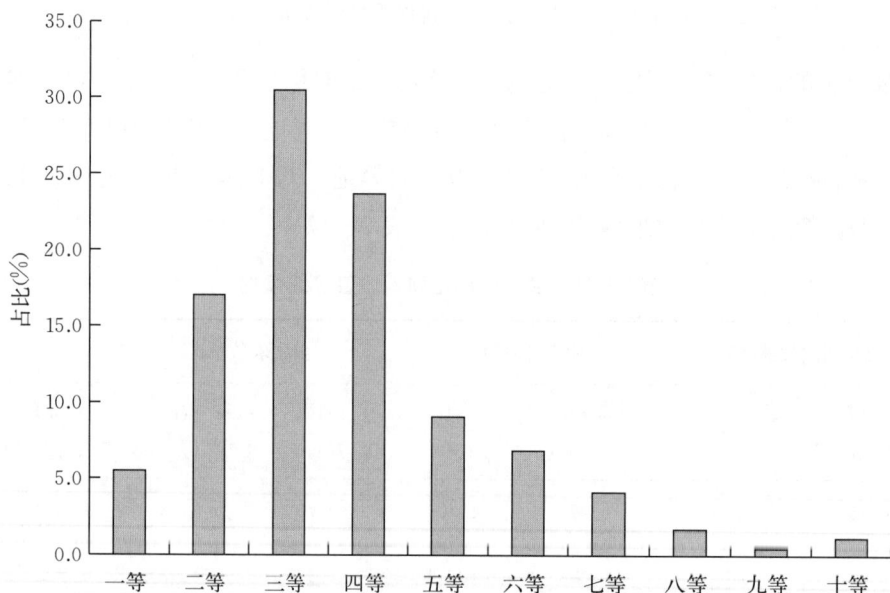

图 9-18　黄土高原区潮土耕地质量各等级分布

黄土高原区高等级质量的耕地（一等地、二等地、三等地）总面积为 30.90 万 hm²，占黄土高原区潮土总耕地面积的 53.00%；中等级质量的耕地（四等地、五等地、六等地）总面积为 23.07 万 hm²，占黄土高原区潮土总耕地面积的 39.56%；低等级质量的耕地（七等地、八等地、九等地、十等地）总面积为 4.34 万 hm²，占黄土高原区潮土总耕地面积的 7.44%（表 9-18）。

表 9 - 18　黄土高原区潮土耕地质量等级情况

等级	汾渭谷地农业区		晋东豫西丘陵山地农林区		晋陕甘黄土丘陵沟壑牧林农区		合计	
	面积（万 hm²）	占比（%）	面积（万 hm²）	占比（%）	面积（万 hm²）	占比（%）	面积（万 hm²）	占比（%）
一等	2.60	6.05	0.60	4.60	0.00	0.00	3.20	5.49
二等	8.17	19.01	1.78	13.64	0.00	0.00	9.94	17.05
三等	14.01	32.61	3.69	28.28	0.07	3.03	17.76	30.46
四等	11.41	26.55	2.26	17.32	0.13	5.63	13.80	23.67
五等	2.94	6.84	2.13	16.32	0.22	9.52	5.29	9.07
六等	2.25	5.24	1.44	11.03	0.29	12.55	3.98	6.82
七等	1.12	2.61	0.91	6.97	0.38	16.45	2.41	4.13
八等	0.46	1.07	0.19	1.46	0.35	15.15	1.00	1.71
九等	0.01	0.02	0.05	0.38	0.20	8.66	0.26	0.45
十等	0.00	0.00	0.00	0.00	0.67	29.01	0.67	1.15
合计	42.97	100.00	13.05	100.00	2.31	100.00	58.31	100.00
平均等级	3.41		3.98		7.59		3.70	

（七）华南区潮土耕地质量特征及分布

华南区潮土耕地面积为 10.12 万 hm²，在闽南粤中农林水产区和粤西桂南农林区均有分布。本区潮土平均耕地质量等级为 6.32，以五等、六等和七等为主，其中，六等地面积最多，为 3.73 万 hm²，占本区潮土总耕地面积的 36.86%；其次为七等地，面积为 2.01 万 hm²，占本区潮土总耕地面积的 19.86%；五等地面积 1.55 万 hm²，占本区潮土总耕地面积的 15.32%，位列第三（图 9-19）。

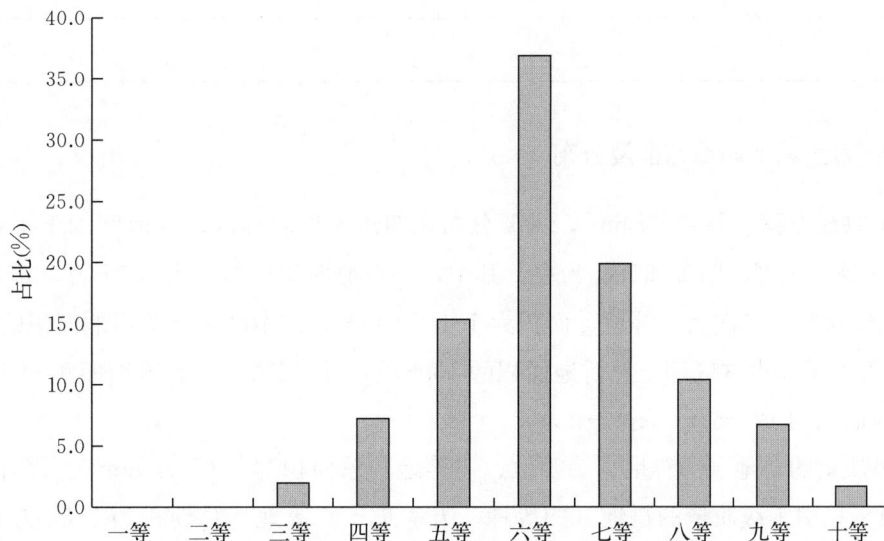

图 9-19　华南区潮土耕地质量各等级分布

该区高等级质量的耕地（一等地、二等地、三等地）总面积为 0.20 万 hm²，占华南区潮土总耕地面积的 1.98%；中等级质量的耕地（四等地、五等地、六等地）总面积为 6.01 万 hm²，占华南区潮土总耕地面积的 59.39%；低等级质量的耕地（七等地、八等地、九等地、十等地）总面积为 3.91 万 hm²，占华南区潮土总耕地面积的 38.63%（表 9 - 19）。

表 9 - 19　华南区潮土耕地质量等级情况

等级	闽南粤中农林水产区		粤西桂南农林区		合计	
	面积（万 hm²）	占比（%）	面积（万 hm²）	占比（%）	面积（万 hm²）	占比（%）
一等	0.00	0.00	0.00	0.00	0.00	0.00
二等	0.00	0.00	0.00	0.00	0.00	0.00
三等	0.18	3.16	0.02	0.45	0.20	1.98
四等	0.49	8.60	0.24	5.43	0.73	7.21
五等	0.85	14.91	0.70	15.84	1.55	15.32
六等	1.90	33.33	1.83	41.40	3.73	36.86
七等	1.08	18.95	0.93	21.04	2.01	19.86
八等	0.59	10.35	0.46	10.41	1.05	10.37
九等	0.45	7.89	0.23	5.20	0.68	6.72
十等	0.16	2.81	0.01	0.23	0.17	1.68
合计	5.70	100.00	4.42	100.00	10.12	100.00
平均等级	6.33		6.30		6.32	

（八）西南区潮土耕地质量特征及分布

西南区潮土耕地面积为 6.77 万 hm²，主要分布在四川盆地农林区。西南区潮土平均耕地质量等级为 3.45，以一等、三等、四等和五等为主。其中，一等地面积最多，为 1.77 万 hm²，占本区潮土总耕地面积的 26.14%；其次为三等地，面积为 1.10 万 hm²，占本区潮土总耕地面积的 16.25%；四等地面积 1.07 万 hm²，占本区潮土总耕地面积的 15.81%，位列第三；五等地面积 0.87 万 hm²，占本区潮土总耕地面积的 12.85%（图 9 - 20）。

该区高等级质量的耕地（一等地、二等地、三等地）总面积为 3.65 万 hm²，占西南区潮土总耕地面积的 53.91%；中等级质量的耕地（四等地、五等地、六等地）总面积为 2.53 万 hm²，占西南区潮土总耕地面积的 37.38%；低等级质量的耕地（七等地、八等地、九等地、十等地）总面积为 0.59 万 hm²，占西南区潮土总耕地面积的 8.71%（表 9 - 20）。

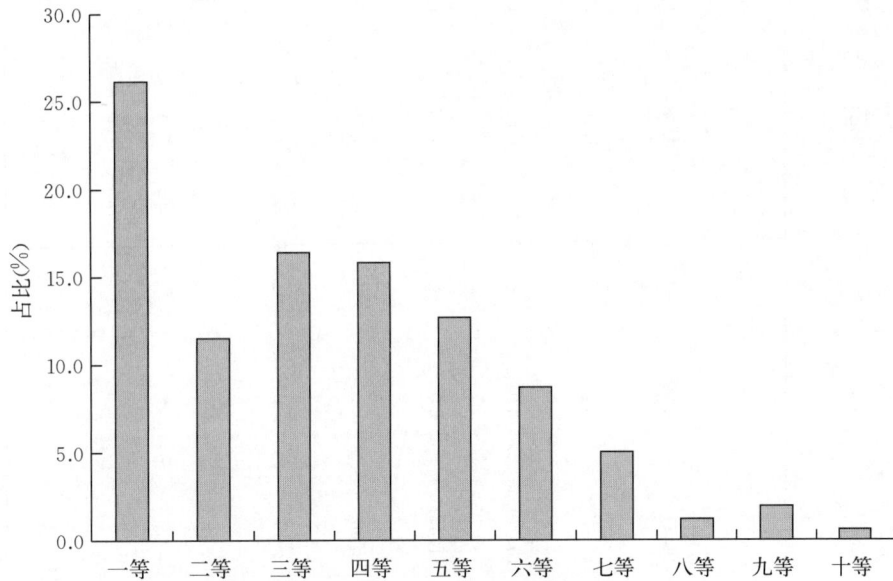

图 9-20　西南区潮土耕地质量各等级分布

(九) 青藏区潮土耕地质量特征及分布

青藏区潮土耕地面积为 3.64 万 hm^2，主要在藏南农牧区，主要为低等级耕地，平均耕地质量等级为 8.84，质量较差。其中，中等级质量的耕地（四等地、五等地、六等地）总面积为 0.02 万 hm^2，占青藏区潮土总耕地面积的 0.54%；低等级质量的耕地（七等地、八等地、九等地、十等地）总面积为 3.62 万 hm^2，占青藏区潮土总耕地面积的 99.46%。没有高等级（一等地、二等地、三等地）质量的耕地（图 9-21、表 9-21）。

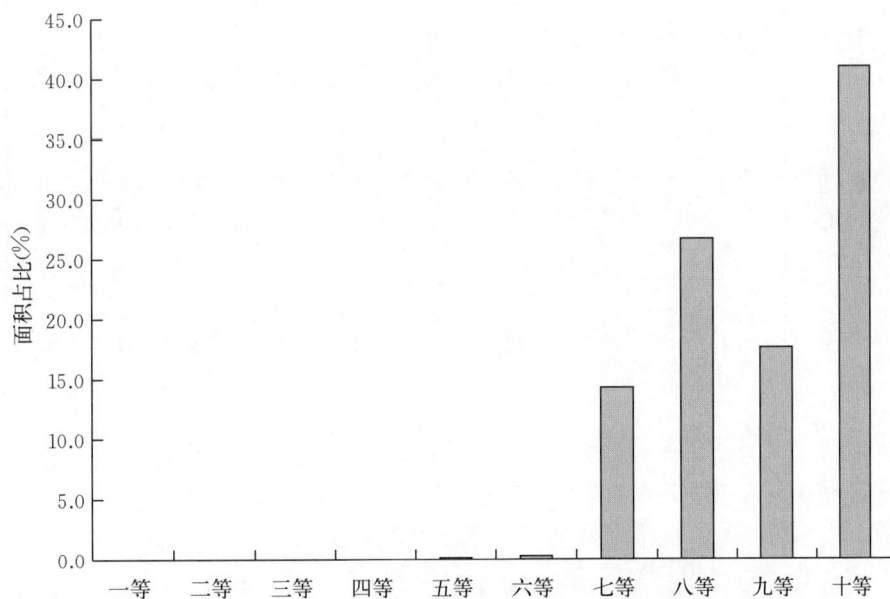

图 9-21　青藏区潮土耕地质量各等级分布

表 9 - 20 西南区潮土耕地质量等级情况

等级	川滇高原山地林农牧区 面积(万hm²)	占比(%)	黔桂高原山地林农牧区 面积(万hm²)	占比(%)	秦岭大巴山林农区 面积(万hm²)	占比(%)	四川盆地农林区 面积(万hm²)	占比(%)	渝鄂湘黔边境山地林农牧区 面积(万hm²)	占比(%)	合计 面积(万hm²)	占比(%)
一等	0.00	0.00	0.00	0.00	0.12	6.78	1.65	40.15	0.00	0.00	1.77	26.14
二等	0.00	0.00	0.00	0.00	0.20	11.30	0.58	14.11	0.00	0.00	0.78	11.52
三等	0.00	0.00	0.00	0.00	0.29	16.38	0.72	17.52	0.09	31.03	1.10	16.25
四等	0.25	55.56	0.05	33.33	0.29	16.38	0.44	10.70	0.04	13.79	1.07	15.81
五等	0.00	0.00	0.06	40.00	0.27	15.26	0.47	11.43	0.07	24.14	0.87	12.85
六等	0.05	11.11	0.03	20.00	0.39	22.03	0.11	2.68	0.01	3.45	0.59	8.72
七等	0.14	31.11	0.00	0.00	0.08	4.52	0.09	2.19	0.04	13.79	0.35	5.17
八等	0.01	2.22	0.01	6.67	0.02	1.13	0.02	0.49	0.02	6.90	0.08	1.18
九等	0.00	0.00	0.00	0.00	0.08	4.52	0.02	0.49	0.02	6.90	0.12	1.77
十等	0.00	0.00	0.00	0.00	0.03	1.70	0.01	0.24	0.00	0.00	0.04	0.59
合计	0.45	100.00	0.15	100.00	1.77	100.00	4.11	100.00	0.29	100.00	6.77	100.00
平均等级	5.2~		5.07		4.51		2.63		5.03		3.45	

表 9 – 21 青藏区潮土耕地质量等级情况

等级	藏南农牧区		川藏林农牧区		合计	
	面积（万 hm²）	占比（%）	面积（万 hm²）	占比（%）	面积（万 hm²）	占比（%）
一等	0.00	0.00	0.00	0.00	0.00	0.00
二等	0.00	0.00	0.00	0.00	0.00	0.00
三等	0.00	0.00	0.00	0.00	0.00	0.00
四等	0.00	0.00	0.00	0.00	0.00	0.00
五等	0.01	0.27	0.00	0.00	0.01	0.27
六等	0.01	0.27	0.00	0.00	0.01	0.27
七等	0.52	14.33	0.00	0.00	0.52	14.29
八等	0.96	26.45	0.01	100.00	0.97	26.65
九等	0.64	17.63	0.00	0.00	0.64	17.58
十等	1.49	41.05	0.00	0.00	1.49	40.94
合计	3.63	100.00	0.01	100.00	3.64	100.00
平均等级	8.84		8.00		8.84	

四、不同潮土亚类耕地质量状况

全国潮土耕地土壤亚类包含典型潮土、盐化潮土、灰潮土、脱潮土、湿潮土和淤灌潮土七类。面积最大的为典型潮土，其次为盐化潮土和灰潮土（表 9 – 22）。

表 9 – 22 不同潮土亚类耕地质量等级情况

潮土亚类	平均等级	项目	一等	二等	三等	四等	五等	六等	七等	八等	九等	十等	合计
典型潮土	4.13	面积（万 hm²）	52.67	143.01	271.48	327.19	229.39	114.42	53.14	24.81	14.50	15.02	1245.63
		占比（%）	4.23	11.48	21.79	26.27	18.42	9.18	4.27	1.99	1.16	1.21	100.00
灌淤潮土	4.19	面积（万 hm²）	0.48	0.83	1.14	3.40	1.87	1.05	0.39	0.12	0.04	0.03	9.35
		占比（%）	5.13	8.88	12.19	36.37	20.00	11.23	4.17	1.28	0.43	0.32	100.00
灰潮土	4.42	面积（万 hm²）	6.23	14.72	33.78	52.53	58.16	27.99	11.23	3.86	1.20	0.24	209.94
		占比（%）	2.97	7.01	16.09	25.02	27.70	13.33	5.35	1.84	0.57	0.12	100.00
碱化潮土	3.63	面积（万 hm²）	1.62	1.23	6.88	4.99	3.15	1.52	0.19	0.05	0.01	0.00	19.64
		占比（%）	8.25	6.26	35.03	25.41	16.04	7.74	0.97	0.25	0.05	0.00	100.00
湿潮土	3.28	面积（万 hm²）	8.59	9.88	11.25	12.38	6.92	2.84	0.76	0.53	0.11	0.13	53.39
		占比（%）	16.09	18.51	21.07	23.19	12.96	5.32	1.42	0.99	0.21	0.24	100.00

（续）

潮土亚类	平均等级	项目	一等	二等	三等	四等	五等	六等	七等	八等	九等	十等	合计
脱潮土	3.74	面积（万 hm²）	2.46	26.30	33.10	26.89	24.90	11.72	1.59	0.44	0.33	0.57	128.30
		占比（%）	1.92	20.50	25.80	20.96	19.41	9.13	1.24	0.34	0.26	0.44	100.00
盐化潮土	4.08	面积（万 hm²）	11.98	49.88	58.04	79.82	44.67	29.12	15.21	9.05	3.08	2.84	303.69
		占比（%）	3.94	16.43	19.11	26.28	14.71	9.59	5.01	2.98	1.01	0.94	100.00

（一）典型潮土耕地质量特征及分布

典型潮土是潮土土类中面积最大的亚类，主要分布在黄淮海平原及汾河、渭河河谷平原。这些区域是中国北方主要的农业土壤之一和重要的粮棉生产基地。该亚类耕地面积为 1 245.63 万 hm²，占潮土总耕地面积的 63.23%，平均质量等级为 4.13。其中，评价为高等级质量的耕地（一等地、二等地、三等地）总面积为 467.16 万 hm²，占典型潮土区总耕地面积的 37.50%；中等级质量的耕地（四等地、五等地、六等地）总面积为 671.00 万 hm²，占典型潮土区总耕地面积的 53.87%；低等级质量的耕地（七等地、八等地、九等地、十等地）总面积为 107.47 万 hm²，占典型潮土区总耕地面积的 8.63%。

（二）盐化潮土耕地质量特征及分布

盐化潮土是潮土与盐土之间的过渡性亚类，具有附加的盐化过程，土壤表层具有盐积现象，主要分布在平原地区中的微斜平地（或缓平坡地）及洼地边缘，微地貌中的高处也常有分布。该类耕地面积为 303.69 万 hm²，占潮土总耕地面积的 15.42%，平均质量等级为 4.08。其中，评价为高等级质量的耕地（一等地、二等地、三等地）总面积为 119.90 万 hm²，占盐化潮土区总耕地面积的 39.48%；中等级质量的耕地（四等地、五等地、六等地）总面积为 153.61 万 hm²，占典型潮土区总耕地面积的 50.58%；低等级质量的耕地（七等地、八等地、九等地、十等地）总面积为 30.18 万 hm²，占典型潮土区总耕地面积的 9.94%。

（三）灰潮土耕地质量特征及分布

灰潮土主要分布在长江中下游平原，是江南的主要旱作土壤，表土颜色灰暗。该类型耕地面积为 209.94 万 hm²，占潮土总耕地面积的 10.66%，平均质量等级为 4.42。其中，评价为高等级质量的耕地（一等地、二等地、三等地）总面积为 54.73 万 hm²，占灰潮土区总耕地面积的 26.07%；中等级质量的耕地（四等地、五等地、六等地）总面积为 138.68 万 hm²，占典型潮土区总耕地面积的 66.05%；低等级质量的耕地（七等地、八等地、九等地、十等地）总面积为 16.53 万 hm²，占典型潮土区总耕地面积的 7.88%。

（四）脱潮土耕地质量特征及分布

脱潮土俗称白毛土，主要是潮土土类向地带性土壤褐土过渡的亚类，故又称褐土化潮土，多分布在平原区各种高地，一般无盐化威胁，熟化程度高，是平原地区高产稳产土壤类型。该类型耕地面积为 128.30 万 hm²，占潮土总耕地面积的 6.51%。平均质量等级为 3.74。其中，评价为高等级质量的耕地（一等地、二等地、三等地）总面积为 61.86 万 hm²，占脱潮土区总耕地面积的 48.22%；中等级质量的耕地（四等地、五等地、六等地）总面积为 63.51 万 hm²，占脱潮土区总耕地面积的 49.50%；低等级质量的耕地（七等地、八等地、九等地、十等地）总面积为 2.93 万 hm²，占脱潮土区总耕地面积的 2.28%。

（五）湿潮土耕地质量特征及分布

湿潮土是潮土土类与沼泽土之间的过渡性亚类，主要分布在平原洼地，多排水不良。湿潮土耕地面积为 53.39 万 hm²，占潮土总耕地面积的 2.71%，平均质量等级为 3.28。其中，评价为高等级质量的耕地（一等地、二等地、三等地）总面积为 29.72 万 hm²，占湿潮土区总耕地面积的 55.67%；中等级质量的耕地（四等地、五等地、六等地）总面积为 22.14 万 hm²，占湿潮土区总耕地面积的 41.47%；低等级质量的耕地（七等地、八等地、九等地、十等地）总面积为 1.53 万 hm²，占湿潮土区总耕地面积的 2.86%。

（六）碱化潮土耕地质量特征及分布

碱化潮土是潮土与碱土之间过渡性亚类，多零星分布于浅平洼地或槽状洼地的边缘，多为脱盐或碱质水灌溉所引起。该类耕地面积为 19.64 万 hm²，占潮土总耕地面积的 1.00%，平均质量等级为 3.63。其中，评价为高等级质量的耕地（一等地、二等地、三等地）总面积为 9.73 万 hm²，占碱化潮土区总耕地面积的 49.54%；中等级质量的耕地（四等地、五等地、六等地）总面积为 9.66 万 hm²，占碱化潮土区总耕地面积的 49.19%；低等级质量的耕地（七等地、八等地、九等地、十等地）总面积为 0.25 万 hm²，占碱化潮土区总耕地面积的 1.27%。

（七）灌淤潮土耕地质量特征及分布

灌淤潮土主要分布于干旱、半干旱地区，人为引水淤灌而成，为潮土与灌淤土之间的过渡亚类。耕地面积为 9.35 万 hm²，占潮土总耕地面积的 0.47%，平均质量等级为 4.19。其中，评价为高等级质量的耕地（一等地、二等地、三等地）总面积为 2.45 万 hm²，占灌淤潮土区总耕地面积的 26.20%；中等级质量的耕地（四等地、五等地、六等地）总面积为 6.32 万 hm²，占灌淤潮土区总耕地面积的 67.60%；低等级质量的耕地（七等地、八等地、九等地、十等地）总面积为 0.58 万 hm²，占灌淤潮土区总耕地面积的 6.20%。

第四节 潮土耕地质量评价指标的性状特征

潮土耕地质量评价主要指标包括土壤主要理化性状（耕层质地、耕层土壤肥力）、剖面性状（质地构型、有效土层厚度、耕层厚度）、田间主要基础设施条件（灌溉能力、排水能力）和盐渍化障碍等。主要评价指标的性状特征分析如下。

一、潮土耕地土壤主要理化性状

（一）耕层质地

全国潮土区耕地土壤质地类型包括沙土、沙壤、轻壤、中壤、重壤、黏土 6 种，以壤性质地为主。其中，面积最大的是轻壤，为686.86万hm²，占比34.87%；中壤和沙壤面积相差不大，中壤为393.13万hm²，占比19.95%，沙壤为379.35万hm²，占比19.26%；重壤面积为267.37万hm²，占比13.57%；质地较差的沙土和黏土也有一定面积分布，面别为60.48万hm²和182.75万hm²，占比3.07%和9.28%（图9-22）。

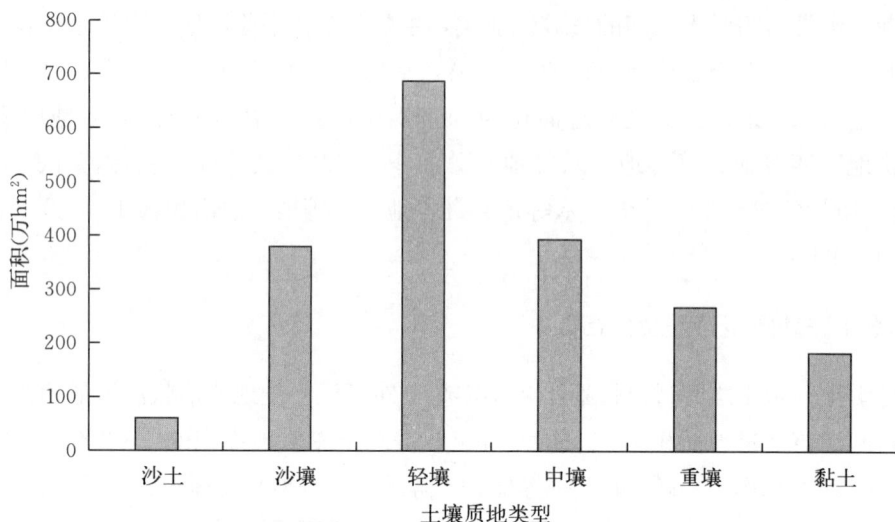

图9-22　潮土耕地土壤不同质地类型面积

黄淮海区潮土耕地土壤质地主要类型为轻壤和重壤。面积分别为455.40万hm²和257.63万hm²。长江中下游区潮土耕地土壤质地主要类型为轻壤、重壤和沙壤，轻壤面积为106.14万hm²，重壤面积为81.19万hm²，沙壤面积为75.58万hm²。内蒙古及长城沿线区潮土耕地土壤质地主要类型为轻壤和沙壤，面积分别为47.32万hm²和40.48万hm²。东北区潮土耕地土壤质地主要为中壤和轻壤，面积分别为44.86万hm²和32.19万hm²。甘新区潮土耕地土壤质地主要类型为沙壤和中壤，面积分别为39.82万hm²和39.31万hm²。黄土高原区潮土耕地土壤质地主要类型为轻壤和沙壤，面积分别为38.79万hm²和19.42万hm²。华南区潮土耕地土壤质地主要为沙壤，面积分别为7.01万hm²。西南区潮土耕地土壤质地主要为中壤，面积为3.08万hm²。青藏区潮土耕地土壤质地主要为沙壤，面积为1.85万hm²（表9-23）。

表9-23　不同区域潮土耕地土壤质地情况

区域		土壤质地						总计
		沙土	沙壤	轻壤	中壤	重壤	黏土	
东北区	面积（万hm²）	3.97	27.63	32.19	44.86	29.33	9.31	147.29
	占比（%）	2.7	18.76	21.85	30.46	19.91	6.32	100.00
甘新区	面积（万hm²）	1.2	39.82	4.77	39.31	0.2	1.72	87.02
	占比（%）	1.38	45.76	5.48	45.17	0.23	1.98	100.00
华南区	面积（万hm²）	0	7.01	1.33	0.21	1.57	0	10.12
	占比（%）	0	69.27	13.14	2.08	15.51	0	100.00

（续）

区域		土壤质地						总计
		沙土	沙壤	轻壤	中壤	重壤	黏土	
黄淮海区	面积（万 hm²）	18.16	166.47	455.40	257.63	147.69	123.37	1 168.72
	占比（%）	1.55	14.24	38.97	22.04	12.64	10.56	100.00
黄土高原区	面积（万 hm²）	0	19.42	38.79	0.1	0	0	58.31
	占比（%）	0	33.31	66.52	0.17	0	0	100.00
内蒙古及长城沿线区	面积（万 hm²）	32.88	40.48	47.32	31.32	6.11	10.1	168.21
	占比（%）	19.55	24.07	28.13	18.62	3.63	6	100.00
青藏区	面积（万 hm²）	0.69	1.85	0.43	0	0	0.67	3.64
	占比（%）	18.96	50.82	11.81	0	0	18.41	100.00
西南区	面积（万 hm²）	0.35	1.09	0.49	3.08	1.28	0.48	6.77
	占比（%）	5.17	16.1	7.24	45.49	18.91	7.09	100.00
长江中下游区	面积（万 hm²）	3.23	75.58	106.14	16.62	81.19	37.1	319.86
	占比（%）	1.01	23.63	33.18	5.2	25.38	11.6	100.00
总计	面积（万 hm²）	60.48	379.35	686.86	393.13	267.37	182.75	1 969.94
	占比（%）	3.07	19.26	34.87	19.95	13.57	9.28	100.00

（二）耕层土壤肥力

1. 土壤有机质　参照第二次土壤普查分级和全国潮土耕地土壤养分状况，对潮土耕地土壤有机质进行分级统计，结果显示：全国潮土耕地土壤有机质平均含量为 17.2 g/kg，主要集中在 15～20 g/kg、10～15 g/kg 和 20～30 g/kg，面积占比分别为 46.32%、28.76% 和 20.18%（图 9 - 23）。

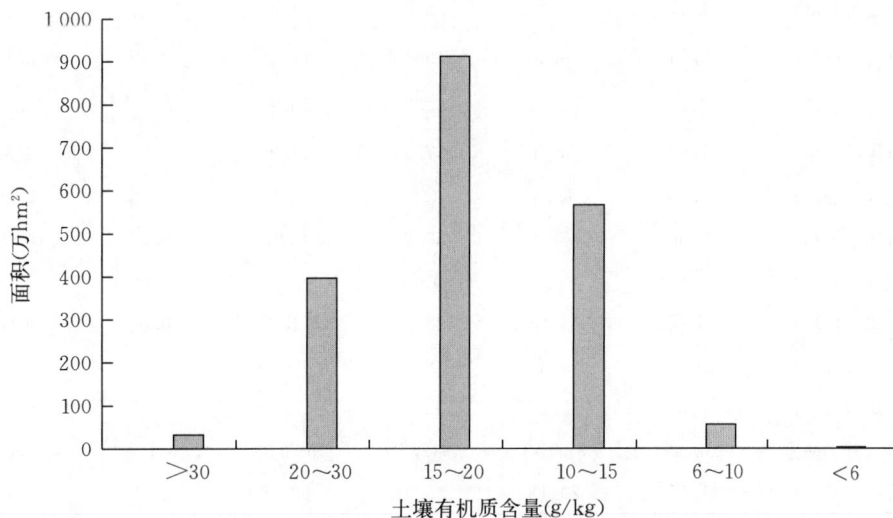

图 9 - 23　潮土耕地土壤有机质含量区间分布情况

从全国农业区划来看，黄淮海区潮土耕地土壤有机质平均含量为 16.5 g/kg，主要集中在 15～20 g/kg、10～15 g/kg 和 20～30 g/kg，面积占比分别为 51.84%、30.40% 和 14.54%。长江中下游区潮土耕地土壤有机质平均含量为 20.6 g/kg，主要集中在 20～30 g/kg 和 15～20 g/kg，面积占比分别为 45.27% 和 33.07%。内蒙古及长城沿线区潮土耕地土壤有机质平均含量为 15.2 g/kg，主要集中在 10～15 g/kg 和 15～20 g/kg，面积占比分别为 44.85% 和 37.44%。东北区潮土耕地土壤有机质平均含量为 17.2 g/kg，主要集中在 15～20 g/kg、10～15 g/kg 和 20～30 g/kg，面积占比分别为 38.01%、35.18% 和 23.34%。

甘新区潮土耕地土壤有机质平均含量为 16.2 g/kg，主要集中在 15～20 g/kg 和 10～15 g/kg，面积占比分别为 56.08% 和 32.73%。黄土高原区潮土耕地土壤有机质平均含量为 18.3 g/kg，主要集中在 15～20 g/kg 和 20～30 g/kg，面积占比分别为 49.43% 和 26.26%。华南区潮土耕地土壤有机质平均含量为 24.1 g/kg，主要集中在 20～30 g/kg，面积占比为 85.87%。西南区潮土耕地土壤有机质平均含量为 25.2 g/kg，主要集中在 20～30 g/kg 和 >30 g/kg，面积占比分别为 33.83% 和 31.02%。青藏区潮土耕地土壤有机质平均含量为 19.9 g/kg，主要集中在 10～15 g/kg 和 20～30 g/kg，面积占比分别为 50.28% 和 48.90%（表 9-24）。

表 9-24　不同区域潮土耕地土壤有机质含量分级情况

区域		>30g/kg	20～30 g/kg	15～20 g/kg	10～15 g/kg	6～10 g/kg	<6 g/kg	总计
东北区	面积（万 hm²）	1.49	34.38	55.99	51.81	2.83	0.79	147.29
	占比（%）	1.01	23.34	38.01	35.18	1.92	0.54	100.00
甘新区	面积（万 hm²）	0.06	8.88	48.80	28.48	0.76	0.04	87.02
	占比（%）	0.07	10.20	56.08	32.73	0.87	0.05	100.00
华南区	面积（万 hm²）	0.49	8.69	0.84	0.10	0.00	0.00	10.12
	占比（%）	4.84	85.87	8.30	0.99	0.00	0.00	100.00
黄淮海区	面积（万 hm²）	2.63	169.98	605.92	355.27	32.73	2.19	1 168.72
	占比（%）	0.23	14.54	51.84	30.40	2.80	0.19	100.00
黄土高原区	面积（万 hm²）	1.17	15.31	28.82	11.44	1.49	0.08	58.31
	占比（%）	2.01	26.26	49.43	19.62	2.56	0.14	100.00
内蒙古及长城沿线区	面积（万 hm²）	3.26	11.32	62.97	75.44	14.70	0.52	168.21
	占比（%）	1.94	6.73	37.44	44.85	8.74	0.31	100.00
青藏区	面积（万 hm²）	0.00	1.78	1.83	0.03	0.00	0.00	3.64
	占比（%）	0.00	48.90	50.28	0.82	0.00	0.00	100.00
西南区	面积（万 hm²）	2.10	2.29	1.57	0.81	0.00	0.00	6.77
	占比（%）	31.02	33.83	23.19	11.97	0.00	0.00	100.00
长江中下游区	面积（万 hm²）	21.29	144.80	105.78	43.25	4.69	0.05	319.86
	占比（%）	6.66	45.27	33.07	13.52	1.47	0.02	100.00
总计	面积（万 hm²）	32.49	397.43	912.52	566.63	57.20	3.67	1 969.94
	占比（%）	1.65	20.18	46.32	28.76	2.90	0.19	100.00

2. 有效磷　参照第二次土壤普查分级和全国潮土耕地土壤养分状况，对潮土耕地土壤有效磷进

214

行分级统计，结果显示：全国潮土耕地土壤有效磷平均含量为 26.7 mg/kg，主要集中在 15～20 mg/kg、25～40 mg/kg 和 10～15 mg/kg，面积占比分别为 21.76％、21.15％和 19.28％（图 9 - 24）。

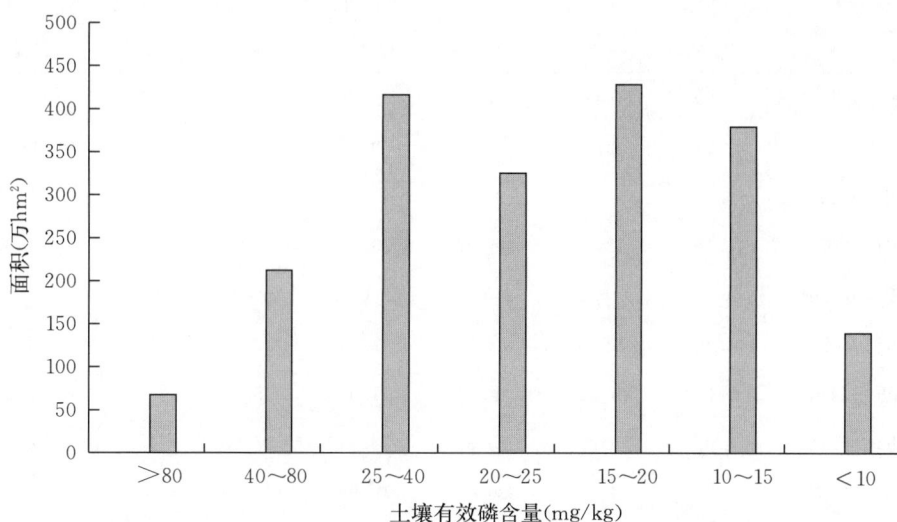

图 9 - 24　潮土耕地土壤有效磷含量区间分布情况

从全国农业区划来看，黄淮海区潮土耕地土壤有效磷平均含量为 29.5 mg/kg，主要集中在 25～40 mg/kg、15～20 mg/kg 和 20～25 mg/kg，面积占比分别为 22.75％、23.41％和 17.83％。长江中下游区潮土耕地土壤有效磷平均含量为 22.1 mg/kg，主要集中在 15～20 mg/kg、10～15 mg/kg、25～40 mg/kg 和 20～25 mg/kg，面积占比分别为 24.37％、20.54％、19.26％和 19.11％。内蒙古及长城沿线区潮土耕地土壤有效磷平均含量为 15.1 mg/kg，主要集中在 10～15 mg/kg、15～20 mg/kg和＜10 mg/kg，面积占比分别为 40.08％、24.99％和 21.62％。东北区潮土耕地土壤有效磷平均含量为 36.8 mg/kg，主要集中在 25～40 mg/kg 和 40～80 mg/kg，面积占比分别为 40.43％和25.13％。

甘新区潮土耕地土壤有效磷平均含量为 12.1 mg/kg，主要集中在 10～15 mg/kg，面积占比为 72.91％。黄土高原区潮土耕地土壤有效磷平均含量为 23.8 mg/kg，主要集中在 15～20 mg/kg、25～40 mg/kg 和 20～25 mg/kg，面积占比分别为 25.95％、25.67％和 20.41％。华南区潮土耕地土壤有效磷平均含量为 31.0 mg/kg，主要集中在 25～40 mg/kg 和 20～25 mg/kg，面积占比分别为 44.07％和 23.02％。西南区潮土耕地土壤有效磷平均含量为 24.2 mg/kg，主要集中在 10～15 mg/kg、25～40 mg/kg 和 15～20 mg/kg，面积占比分别为 26.44％、23.63％和 20.38％。青藏区潮土耕地土壤有效磷平均含量为 14.4 mg/kg，主要集中在 10～15 mg/kg 和 15～20 mg/kg，面积占比分别为 57.15％和 42.31％（表 9 - 25）。

表 9 - 25　不同区域潮土耕地土壤有效磷含量分级情况

区域		有效磷含量							总计
		＞80 mg/kg	40～80 mg/kg	25～40 mg/kg	20～25 mg/kg	15～20 mg/kg	10～15 mg/kg	＜10 mg/kg	
东北区	面积（万 hm²）	6.78	37.01	59.55	24.60	13.28	5.17	0.90	147.29
	占比（％）	4.60	25.13	40.43	16.70	9.02	3.51	0.61	100.00

(续)

区域		有效磷含量							总计
		>80 mg/kg	40～80 mg/kg	25～40 mg/kg	20～25 mg/kg	15～20 mg/kg	10～15 mg/kg	<10 mg/kg	
甘新区	面积（万 hm²）	0.00	0.00	2.75	2.39	2.96	63.45	15.47	87.02
	占比（%）	0.00	0.00	3.16	2.75	3.40	72.91	17.78	100.00
华南区	面积（万 hm²）	0.12	1.90	4.46	2.33	0.93	0.19	0.19	10.12
	占比（%）	1.19	18.77	44.07	23.02	9.19	1.88	1.88	100.00
黄淮海区	面积（万 hm²）	56.77	146.33	265.94	208.34	273.57	164.22	53.55	1 168.72
	占比（%）	4.86	12.52	22.75	17.83	23.41	14.05	4.58	100.00
黄土高原区	面积（万 hm²）	0.61	3.62	14.97	11.90	15.13	9.72	2.36	58.31
	占比（%）	1.05	6.21	25.67	20.41	25.95	16.67	4.05	100.01
内蒙古及长城沿线区	面积（万 hm²）	0.59	2.45	5.67	13.69	42.03	67.42	36.36	168.21
	占比（%）	0.35	1.46	3.37	8.14	24.99	40.08	21.61	100.00
青藏区	面积（万 hm²）	0.00	0.00	0.01	0.01	1.54	2.08	0.00	3.64
	占比（%）	0.00	0.00	0.27	0.27	42.31	57.15	0.00	100.00
西南区	面积（万 hm²）	0.00	0.81	1.60	0.97	1.38	1.79	0.22	6.77
	占比（%）	0.00	11.97	23.63	14.33	20.38	26.44	3.25	100.00
长江中下游区	面积（万 hm²）	2.76	20.56	61.61	61.13	77.93	65.70	30.17	319.86
	占比（%）	0.86	6.43	19.26	19.11	24.37	20.54	9.43	100.00
总计	面积（万 hm²）	67.63	212.68	416.56	325.36	428.75	379.74	139.22	1 969.94
	占比（%）	3.43	10.80	21.15	16.51	21.76	19.28	7.07	100.00

3. 速效钾　参照第二次土壤普查分级和全国潮土耕地土壤养分状况，对潮土耕地土壤速效钾进行分级统计，结果显示：全国潮土耕地土壤速效钾平均含量为 162 mg/kg，主要集中在 150～200 mg/kg、120～150 mg/kg 和>200 mg/kg，面积占比分别为 31.29%、23.07% 和 21.72%（图 9-25）。

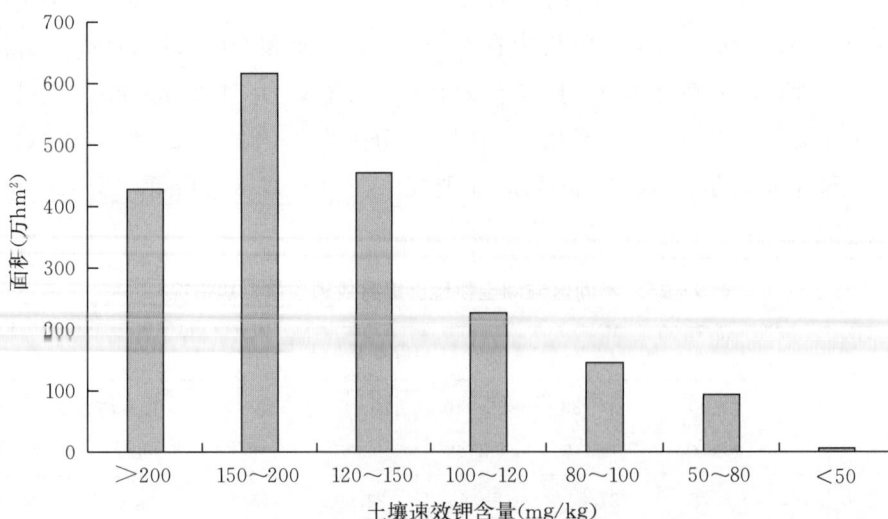

图 9-25　潮土耕地土壤速效钾含量区间分布情况

从全国农业区划来看，黄淮海区潮土耕地土壤速效钾平均含量为 172 mg/kg，主要集中在 150～200 mg/kg、＞200 mg/kg 和 120～150 mg/kg，面积占比分别为 35.47％、25.61％和 23.29％。长江中下游区潮土耕地土壤速效钾平均含量为 128 mg/kg，＜50 mg/kg 的占比较少，其余区间分级较为均匀。内蒙古及长城沿线区潮土耕地土壤速效钾平均含量为 134 mg/kg，主要集中在 120～150 mg/kg 和 150～200 mg/kg，面积占比分别为 39.71％和 24.15％。东北区潮土耕地土壤速效钾平均含量为 164 mg/kg，主要集中在 120～150 mg/kg、150～200 mg/kg 和 ≥200 mg/kg，面积占比分别为 26.07％、24.78％和 22.44％。

甘新区潮土耕地土壤速效钾平均含量为 185 mg/kg，主要集中在 150～200 mg/kg 和＞200 mg/kg，面积占比分别为 60.15％和 28.15％。黄土高原区潮土耕地土壤速效钾平均含量为 204 mg/kg，主要集中在＞200 mg/kg 和 150～200 mg/kg，面积占比分别为 49.12％和 32.46％。华南区潮土耕地土壤速效钾平均含量为 80 mg/kg，主要集中在 50～80 mg/kg 和 80～100 mg/kg，面积占比分别为 55.63％和 19.96％。西南区潮土耕地土壤速效钾平均含量为 105 mg/kg，几乎没有耕地速效钾含量在＞200 mg/kg 和＜50 mg/kg。青藏区潮土耕地土壤速效钾平均含量为 97 mg/kg，主要集中在 80～100 mg/kg和100～120 mg/kg，面积占比分别为 63.46％和 24.18％（表 9 - 26）。

表 9 - 26　不同区域潮土耕地土壤速效钾含量分级情况

区域		速效钾含量							总计
		＞200 mg/kg	150～200 mg/kg	120～150 mg/kg	100～120 mg/kg	80～100 mg/kg	50～80 mg/kg	＜50 mg/kg	
东北区	面积（万 hm²）	33.05	36.49	38.40	24.44	8.66	5.63	0.62	147.29
	占比（%）	22.44	24.78	26.07	16.59	5.88	3.82	0.42	100.00
甘新区	面积（万 hm²）	24.50	52.34	9.58	0.45	0.15	0.00	0.00	87.02
	占比（%）	28.15	60.15	11.01	0.52	0.17	0.00	0.00	100.00
华南区	面积（万 hm²）	0.12	0.23	0.69	0.84	2.02	5.63	0.59	10.12
	占比（%）	1.19	2.27	6.82	8.30	19.96	55.63	5.83	100.00
黄淮海区	面积（万 hm²）	299.29	414.55	272.23	112.32	55.75	14.45	0.13	1 168.72
	占比（%）	25.61	35.47	23.29	9.61	4.77	1.24	0.01	100.00
黄土高原区	面积（万 hm²）	28.64	18.93	6.97	2.74	0.81	0.22		58.31
	占比（%）	49.12	32.46	11.95	4.70	1.39	0.38		100.00
内蒙古及长城沿线区	面积（万 hm²）	6.82	40.62	66.79	25.73	20.91	7.32	0.02	168.21
	占比（%）	4.05	24.15	39.71	15.30	12.43	4.35	0.01	100.00
青藏区	面积（万 hm²）	0.00	0.00	0.24	0.88	2.31	0.21	0.00	3.64
	占比（%）	0.00	0.00	6.59	24.18	63.46	5.77	0.00	100.00
西南区	面积（万 hm²）	0.00	0.91	1.19	1.09	1.98	1.44	0.16	6.77
	占比（%）	0.00	13.44	17.58	16.10	29.25	21.27	2.36	100.00
长江中下游区	面积（万 hm²）	35.53	52.26	58.37	57.58	52.79	58.85	4.48	319.86
	占比（%）	11.11	16.34	18.25	18.00	16.50	18.40	1.40	100.00
总计	面积（万 hm²）	427.95	616.33	454.46	226.07	145.38	93.75	6.00	1 969.94
	占比（%）	21.72	31.29	23.07	11.48	7.38	4.76	0.30	100.00

比较不同区域间差异，西南区、华南区和长江中下游区的潮土耕地土壤有机质含量水平较高，含量平均值>20 g/kg；青藏区、黄土高原区、东北区居中，含量平均值处于17～20 g/kg；黄淮海区、甘新区、内蒙古及长城沿线区潮土耕地土壤有机质含量水平则偏低，均值低于17 g/kg。比较不同区潮土耕地土壤有效磷含量水平，东北区、华南区相对偏高，含量均值>30 mg/kg，其中东北区均值最高，达36.8 mg/kg；黄淮海区、西南区、黄土高原区和长江中下游区居中，含量均值位于20～30 mg/kg；内蒙古及长城沿线区、青藏区和甘新区偏低，含量均值低于20 mg/kg，其中，甘新区最低，含量均值为12.1 mg/kg，主要位于新疆。不同区潮土耕地土壤速效钾含量水平差异明显，北方的黄土高原区、黄淮海区、甘新区、东北区含量均值较高，>150 mg/kg，最高的区域为黄土高原区，均值为204 mg/kg；内蒙古及长城沿线区和长江中下游区居中，含量均值位于120～150 mg/kg；其他区域则含量偏低，最低的为华南区，均值含量80 mg/kg（表9-27）。

表9-27　不同区域潮土耕地土壤有机质及磷、钾养分平均含量（面积加权）

区域	有机质（g/kg）	有效磷（mg/kg）	速效钾（mg/kg）
东北区	17.2	36.8	164
辽宁平原丘陵农林区	17.0	37.6	166
松嫩-三江平原农业区	19.2	26.8	132
甘新区	16.2	12.1	185
北疆农牧林区	15.0	11.0	179
蒙宁甘农牧区	14.8	19.7	161
南疆农牧林区	17.1	10.9	194
华南区	24.1	31.0	80
闽南粤中农林水产区	23.3	30.3	81
粤西桂南农林区	25.1	31.7	78
黄淮海区	16.5	29.5	172
黄淮平原农业区	16.5	22.0	161
冀鲁豫低洼平原农业区	16.2	25.7	180
山东丘陵农业区	16.3	63.1	171
燕山太行山麓平原农业区	17.7	37.3	174
黄土高原区	18.3	23.8	204
汾渭谷地农业区	18.6	25.3	211
晋东豫西丘陵山地农林牧区	19.0	20.4	199
晋陕甘黄土丘陵沟壑牧林农区	9.2	14.9	113
内蒙古及长城沿线区	15.2	15.1	134
内蒙古中南部牧农区	15.5	13.9	138
长城沿线农牧区	14.8	16.6	130
青藏区	19.9	14.4	97
藏南农牧区	19.9	14.4	96
川藏林农牧区	21.6	27.7	110

（续）

区域	有机质（g/kg）	有效磷（mg/kg）	速效钾（mg/kg）
西南区	25.2	24.2	105
川滇高原山地林农牧区	35.3	17.0	109
黔桂高原山地林农牧区	36.8	18.8	108
秦岭大巴山林农区	18.6	20.7	130
四川盆地农林区	26.5	26.6	94
渝鄂湘黔边境山地林农牧区	26.0	25.7	94
长江中下游区	20.6	22.1	128
鄂豫皖平原山地农林区	17.3	20.6	114
江南丘陵山地农林区	25.2	25.6	103
南岭丘陵山地林农区	28.8	30.4	72
长江下游平原丘陵农畜水产区	20.0	23.2	132
长江中游平原农业水产区	22.1	18.2	123
浙闽丘陵山地林农区	26.2	62.6	209

（三）土壤酸碱度

全国潮土耕地土壤 pH 主要集中在 7.5~8.5。其中，pH 位于 8~8.5 的面积最多，共 849.97 万 hm²，占比 43.15%（图 9-26）。

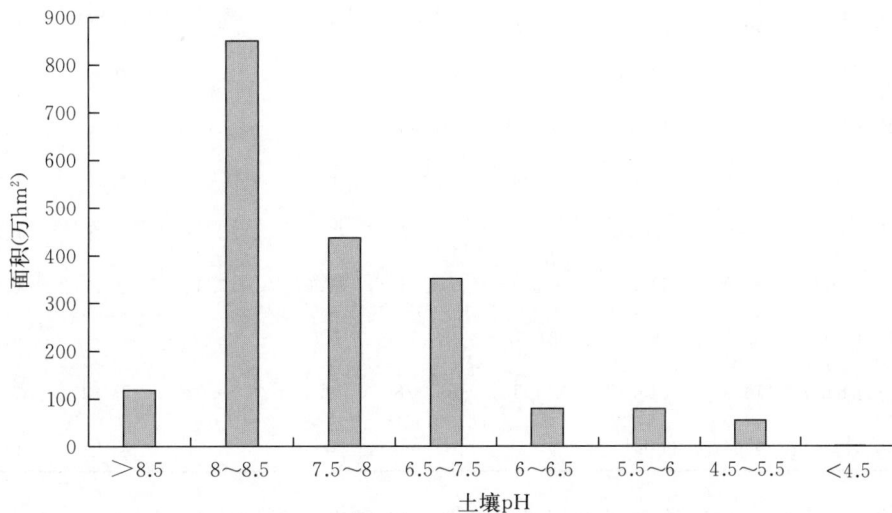

图 9-26　潮土耕地土壤 pH 区间分布情况

黄淮海区潮土耕地土壤 pH 大部分分布在 6.5~8.5，面积占比为 89.05%。其中，pH 8.0~8.5 的耕地面积最多，为 554.31 万 hm²。长江中下游区潮土耕地土壤 pH 大部分位于 7.5~8.5，面积为 213.90 万 hm²，占比 66.87%。内蒙古及长城沿线区潮土耕地土壤呈碱性，pH 大部分分布在 8.0 以上，面积为 138.16 万 hm²，占比 82.13%。东北区潮土耕地土壤 pH 主要集中在 5.5~8.0，占东北区潮土耕地的 87.91%，其中，6.5~7.5 占比最多，为 54.76 万 hm²，占比 37.18%。甘新区潮土耕地土壤 pH 大部分在 7.5 以上，面积占比为 93.22%。黄土高原区潮土耕地土壤 pH 大部分分布在 8.0～8.5，面积为 44.85 万 hm²，占比为 76.92%。华南区潮土耕地土壤 pH 呈酸性，主要集中在 4.5～6.0，占比为 82.81%。西南区潮土耕地土壤 pH 大部分分布在 6.5～7.5，占比为 40.62%。青藏区潮土耕地土壤 pH 大部分分布在 7.5～8.5，占比为 76.37%（表 9-28）。

表 9-28　不同区域潮土耕地土壤 pH 情况

区域		pH								总计
		>8.5	8.0～8.5	7.5～8.0	6.5～7.5	6.0～6.5	5.5～6.0	4.5～5.5	<4.5	
东北区	面积（万 hm²）	0.06	3.64	23.55	54.76	27.16	24.01	14.01	0.10	147.29
	占比（%）	0.04	2.47	15.99	37.18	18.44	16.30	9.51	0.07	100.00
甘新区	面积（万 hm²）	16.77	50.30	14.05	5.90	0.00	0.00	0.00	0.00	87.02
	占比（%）	19.27	57.80	16.15	6.78	0.00	0.00	0.00	0.00	100.00
华南区	面积（万 hm²）	0.00	0.00	0.00	0.72	1.02	3.57	4.81	0.00	10.12
	占比（%）	0.00	0.00	0.00	7.11	10.08	35.28	47.53	0.00	100.00
黄淮海区	面积（万 hm²）	39.42	554.31	269.23	217.18	31.43	32.37	24.78	0.00	1 168.72
	占比（%）	3.37	47.43	23.04	18.58	2.69	2.77	2.12	0.00	100.00
黄土高原区	面积（万 hm²）	2.62	44.85	6.82	3.88	0.14	0.00	0.00	0.00	58.31
	占比（%）	4.49	76.92	11.70	6.65	0.24	0.00	0.00	0.00	100.00
内蒙古及长城沿线区	面积（万 hm²）	57.53	80.63	21.58	6.55	0.80	0.49	0.60	0.03	168.21
	占比（%）	34.20	47.93	12.83	3.89	0.48	0.29	0.36	0.02	100.00
青藏区	面积（万 hm²）	0.04	1.84	0.94	0.82	0.00	0.00	0.00	0.00	3.64
	占比（%）	1.10	50.55	25.82	22.53	0.00	0.00	0.00	0.00	100.00
西南区	面积（万 hm²）	0.00	0.85	0.64	2.75	1.21	1.22	0.10	0.00	6.77
	占比（%）	0.00	12.56	9.45	40.62	17.87	18.02	1.48	0.00	100.00
长江中下游区	面积（万 hm²）	2.19	113.55	100.35	59.22	17.64	17.37	9.51	0.03	319.86
	占比（%）	0.69	35.50	31.37	18.52	5.51	5.43	2.97	0.01	100.00
总计	面积（万 hm²）	118.63	849.97	437.16	351.78	79.40	79.03	53.81	0.16	1 969.94
	占比（%）	6.02	43.15	22.19	17.86	4.03	4.01	2.73	0.01	100.00

　　甘新区、黄土高原区、内蒙古及长城沿线区土壤 pH 最高，平均值分别为 8.2、8.2 和 8.3。黄淮海区、青藏区和长江中下游区土壤 pH 平均值分别为 7.7、7.8 和 7.5。东北区和西南区土壤平均值分别为 6.6 和 6.8。华南区土壤 pH 最低，为 5.6。

　　典型潮土、灌淤潮土、碱化潮土、脱潮土、盐化潮土土壤 pH 分别为 8.1、8.1、8.0、8.0 和 7.9，灰潮土和湿潮土土壤 pH 平均为 7.2。

　　典型潮土耕地土壤 pH 主要分布在 6.5～8.5，面积为 1 033.36 万 hm²。其中，pH 为 8.0～8.5 的耕地面积最多，为 537.22 万 hm²。灌淤潮土耕地土壤 pH 主要分布在 8.0～8.5，面积为 4.80 万 hm²。

灰潮土耕地土壤 pH 主要分布在 6.5～8.5，面积为 159.57 万 hm²。其中，pH 为 7.5～8.0 的耕地面积最多，为 65.53 万 hm²。碱化潮土耕地土壤 pH 主要分布在 8.0～8.5，面积为 13.28 万 hm²。湿潮土耕地土壤 pH 主要分布在 6.5～8.5，面积为 39.25 万 hm²。其中，pH 为 8.0～8.5、7.5～8.0、6.5～7.5 的耕地面积接近。脱潮土耕地土壤 pH 主要分布在 8.0～8.5，面积为 69.60 万 hm²。盐化潮土耕地土壤 pH 主要分布在 7.5～8.5，面积为 230.83 万 hm²。其中，pH 为 8.0～8.5 的耕地面积最多，为 167.48 万 hm²（表 9-29）。

表 9-29 不同潮土亚类耕地土壤 pH 情况

区域		pH								合计
		>8.5	8.0～8.5	7.5～8.0	6.5～7.5	6.0～6.5	5.5～6.0	4.5～5.5	<4.5	
典型潮土	面积（万 hm²）	74.88	537.22	259.26	236.88	53.78	51.78	31.77	0.06	1 245.63
	占比（%）	6.01	43.13	20.81	19.02	4.32	4.16	2.55	0.00	100.00
灌淤潮土	面积（万 hm²）	1.40	4.80	2.17	0.98	0.00	0.00	0.00		9.35
	占比（%）	14.97	51.34	23.21	10.48	0.00	0.00	0.00		100.00
灰潮土	面积（万 hm²）	0.44	45.99	65.53	48.05	16.43	19.28	14.22	0.00	209.94
	占比（%）	0.21	21.91	31.21	22.89	7.83	9.18	6.77	0.00	100.00
碱化潮土	面积（万 hm²）	0.65	13.28	4.47	1.24	0.00	0.00	0.00	0.00	19.64
	占比（%）	3.31	67.62	22.76	6.31	0.00	0.00	0.00	0.00	100.00
湿潮土	面积（万 hm²）	0.58	11.59	12.50	15.16	5.04	5.64	2.88	0.00	53.39
	占比（%）	1.10	21.71	23.41	28.39	9.44	10.56	5.39	0.00	100.00
脱潮土	面积（万 hm²）	10.47	69.60	29.87	17.68	0.29	0.14	0.25		128.30
	占比（%）	8.16	54.25	23.28	13.78	0.23	0.11	0.19		100.00
盐化潮土	面积（万 hm²）	30.21	167.48	63.35	31.80	3.86	2.19	4.70	0.10	303.69
	占比（%）	9.95	55.15	20.86	10.47	1.27	0.72	1.55	0.03	100.00
总计	面积（万 hm²）	118.63	849.96	437.15	351.79	79.40	79.03	53.82	0.16	1 969.94
	占比（%）	6.02	43.15	22.19	17.86	4.03	4.01	2.73	0.01	100.00

二、潮土耕地土壤剖面性状

（一）质地构型

全国潮土区质地构型分为 7 种，分别为松散型（216.31 万 hm²）、上松下紧型（478.83 万 hm²）、上紧下松型（107.52 万 hm²）、紧实型（409.64 万 hm²）、夹层型（232.09 万 hm²）、海绵型（494.64 万 hm²）、薄层型（31.03 万 hm²）。其中，构型良好的海绵型、上松下紧型在潮土耕地上分布较多，面积占比分别为 25.10%、24.31%，其次为紧实型，占比为 20.79%，其他相对较差构型（夹层型、松散型、上紧下松型、薄层型）的耕地也有不小占比，累计占比 29.80%（图 9-27）。

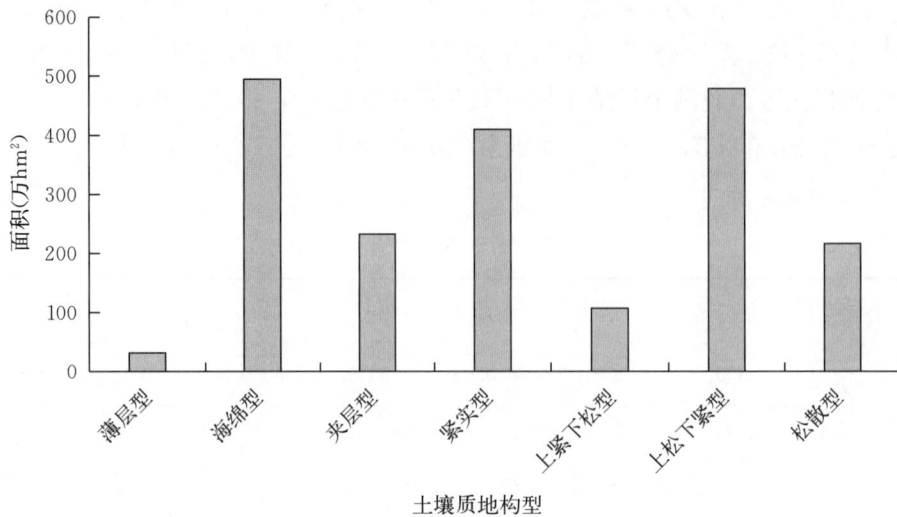

图 9-27 潮土耕地土壤不同质地构型情况

从不同农业区看，黄淮海区潮土主要质地构型为海绵型、紧实型、上松下紧型和夹层型，面积分别为 328.13 万 hm²、259.48 万 hm²、216.59 万 hm² 和 178.02 万 hm²，分别占本区潮土的 28.08%、22.20%、18.53% 和 15.23%。上松下紧型、紧实型和松散型为长江中下游区潮土主要质地构型，面积分别为 127.41 万 hm²、81.34 万 hm² 和 57.33 万 hm²，占比分别为 39.83%、25.43% 和 17.92%。内蒙古及长城沿线区潮土质地构型主要为海绵型、夹层型、松散型和紧实型；海绵型面积为 33.66 万 hm²，占比 20.01%；夹层型面积为 29.52 万 hm²，占比 17.55%；松散型面积 26.98 万 hm²，占比 16.04%；紧实型面积 28.46 万 hm²，占比 16.92%。东北区潮土主要质地构型为上松下紧型、紧实型和松散型，面积分别为 41.98 万 hm²、36.77 万 hm²、33.34 万 hm²，占比分别为 28.50%、24.96%、22.63%。甘新区和华南区潮土主要质地构型均为海绵型，面积分别 71.30 万 hm² 和 7.93 万 hm²，分别占本区潮土的 81.93% 和 78.36%。黄土高原区潮土质地构型为上松下紧型。西南区潮土质地构型主要为上松下紧型和紧实型，面积分别为 2.91 万 hm² 和 1.77 万 hm²，占比分别为 42.98% 和 26.14%。青藏区潮土质地构型主要为松散型、上松下紧型和薄层型，面积分别为 1.22 万 hm²、0.66 万 hm² 和 0.65 万 hm²，占比分别为 33.52%、18.13% 和 17.86%（表 9-30）。

表 9-30 不同区域潮土耕地土壤质地构型情况

区域		质地构型							总计
		薄层型	海绵型	夹层型	紧实型	上紧下松型	上松下紧型	松散型	
东北区	面积（万 hm²）	1.66	5.71	14.87	36.77	12.96	41.98	33.34	147.29
	占比（%）	1.13	3.88	10.10	24.96	8.80	28.50	22.63	100.00
甘新区	面积（万 hm²）	0.67	71.30	5.61	1.47	1.58	3.96	2.43	87.02
	占比（%）	0.77	81.93	6.45	1.69	1.82	4.55	2.79	100.00
华南区	面积（万 hm²）	0.00	7.93	0.00	0.15	0.00	1.94	0.10	10.12
	占比（%）	0.00	78.36	0.00	1.48	0.00	19.17	0.99	100.00

（续）

区域		质地构型							总计
		薄层型	海绵型	夹层型	紧实型	上紧下松型	上松下紧型	松散型	
黄淮海区	面积（万 hm²）	19.25	328.13	178.02	259.48	73.63	216.59	93.62	1 168.72
	占比（%）	1.65	28.08	15.23	22.20	6.30	18.53	8.01	100.00
黄土高原区	面积（万 hm²）	0.00	0.00	0.00	0.00	—	58.31	—	58.31
	占比（%）	0.00	0.00	0.00	0.00	0.00	100.00	0.00	100.00
内蒙古及 长城沿线区	面积（万 hm²）	8.07	33.66	29.52	28.46	16.45	25.07	26.98	168.21
	占比（%）	4.80	20.01	17.55	16.92	9.78	14.90	16.04	100.00
青藏区	面积（万 hm²）	0.65	0.00	0.42	0.20	0.49	0.66	1.22	3.64
	占比（%）	17.86	0.00	11.54	5.49	13.46	18.13	33.52	100.00
西南区	面积（万 hm²）	0.10	0.48	0.16	1.77	0.06	2.91	1.29	6.77
	占比（%）	1.48	7.09	2.36	26.14	0.89	42.98	19.06	100.00
长江中下游区	面积（万 hm²）	0.63	47.31	3.49	81.34	2.35	127.41	57.33	319.86
	占比（%）	0.20	14.79	1.09	25.43	0.74	39.83	17.92	100.00
总计	面积（万 hm²）	31.03	494.64	232.09	409.64	107.52	478.83	216.31	1 969.94
	占比（%）	1.58	25.10	11.78	20.79	5.46	24.31	10.98	100.00

（二）有效土层厚度

根据潮土有效土层的状况，将有效土层厚度分为 2 个等级，统计显示：≤100 cm 面积为 734.28 万 hm²，＞100 cm 面积为 1 235.66 万 hm²，两者面积占比分别为 37.27% 和 62.73%。长江中下游区、东北区、甘新区、华南区、内蒙古及长城沿线区、西南区、青藏区有效土层厚度主要集中在≤100 cm，黄淮海区、黄土高原区潮土耕地土壤有效土层厚度主要集中在＞100 cm（表 9-31）。

表 9-31 不同区域潮土耕地土壤有效土层厚度情况

区域		有效土层厚度		总计
		≤100 cm	＞100 cm	
东北区	面积（万 hm²）	130.89	16.40	147.29
	占比（%）	88.87	11.13	100.00
甘新区	面积（万 hm²）	82.11	4.91	87.02
	占比（%）	94.36	5.64	100.00
华南区	面积（万 hm²）	10.12	0.00	10.12
	占比（%）	100.00	0.00	100.00

（续）

区域		有效土层厚度		总计
		≤100 cm	>100 cm	
黄淮海区	面积（万 hm²）	37.81	1 130.91	1 168.72
	占比（%）	3.24	96.76	100.00
黄土高原区	面积（万 hm²）	7.21	51.10	58.31
	占比（%）	12.36	87.64	100.00
内蒙古及长城沿线区	面积（万 hm²）	150.77	17.44	168.21
	占比（%）	89.63	10.37	100.00
青藏区	面积（万 hm²）	3.64	0.00	3.64
	占比（%）	100.00	0.00	100.00
西南区	面积（万 hm²）	6.58	0.19	6.77
	占比（%）	97.19	2.81	100.00
长江中下游区	面积（万 hm²）	305.15	14.71	319.86
	占比（%）	95.40	4.60	100.00
总计	面积（万 hm²）	734.28	1 235.66	1 969.94
	占比（%）	37.27	62.73	100.00

（三）耕层厚度

根据潮土区耕层状况，将耕层厚度分为 4 个等级，统计显示：<15 cm 面积为 655.89 万 hm²，占比 33.29%，在长江中下游区、内蒙古及长城沿线区、甘新区、黄土高原区均有存在。其中，长江中下游区面积最大，为 319.86 万 hm²。15～20 cm 面积为 1 227.02 万 hm²，占比 62.29%；20～25 cm 面积为 58.22 万 hm²，>25 cm 面积为 28.81 万 hm²，只在东北区存在（表 9-32）。

表 9-32 不同区域潮土耕地土壤耕层厚度情况

区域		耕层厚度				总计
		<15 cm	15～20 cm	20～25 cm	>25 cm	
东北区	面积（万 hm²）	1.96	58.30	58.22	28.81	147.29
	占比（%）	1.33	39.58	39.53	19.56	100.00
甘新区	面积（万 hm²）	87.02	0.00	0.00	0.00	87.02
	占比（%）	100.00	0.00	0.00	0.00	100.00
华南区	面积（万 hm²）	10.12	0.00	0.00	0.00	10.12
	占比（%）	100.00	0.00	0.00	0.00	100.00

（续）

区域		耕层厚度				总计
		<15 cm	15～20 cm	20～25 cm	>25 cm	
黄淮海区	面积（万 hm²）	0.00	1 168.72	0.00	0.00	1 168.72
	占比（%）	0.00	100.00	0.00	0.00	100.00
黄土高原区	面积（万 hm²）	58.31	0.00	0.00	0.00	58.31
	占比（%）	100.00	0.00	0.00	0.00	100.00
内蒙古及长城沿线区	面积（万 hm²）	168.21	0.00	0.00	0.00	168.21
	占比（%）	100.00	0.00	0.00	0.00	100.00
青藏区	面积（万 hm²）	3.64	0.00	0.00	0.00	3.64
	占比（%）	100.00	0.00	0.00	0.00	100.00
西南区	面积（万 hm²）	6.77	0.00	0.00	0.00	6.77
	占比（%）	100.00	0.00	0.00	0.00	100.00
长江中下游区	面积（万 hm²）	319.86	0.00	0.00	0.00	319.86
	占比（%）	100.00	0.00	0.00	0.00	100.00
总计	面积（万 hm²）	655.89	1 227.02	58.22	28.81	1 969.94
	占比（%）	33.29	62.29	2.96	1.46	100.00

三、潮土耕地田间主要基础设施条件

（一）灌溉能力

全国潮土区耕地土壤灌溉能力为充分满足的区域为 25.71%，面积为 506.45 万 hm²；满足的区域为 40.28%，面积为 793.58 万 hm²；基本满足的区域为 23.51%，面积为 463.04 万 hm²；不满足的区域为 10.5%，面积为 206.87 万 hm²（图 9-28）。

黄淮海区潮土耕地土壤灌溉能力充分满足、满足、基本满足和不满足的区域面积分别为 336.97 万 hm²、499.60 万 hm²、255.47 万 hm² 和 76.68 万 hm²。长江中下游区潮土耕地土壤灌溉能力为满足的最多，面积为 166.44 万 hm²，占比 52.03%；充分满足的区域占比 21.21%，面积为 67.84 万 hm²。内蒙古及长城沿线区潮土耕地土壤灌溉能力充分满足的区域最多，面积为 66.04 万 hm²，占比 39.26%。东北区潮土耕地土壤灌溉能力充分满足的区域较少，不满足的区域最多，面积为 55.94 万 hm²，满足和基本满足的区域面积分别为 35.15 万 hm² 和 52.20 万 hm²。甘新区潮土耕地土壤灌溉能力满足的区域最多，占比 40.74%，面积为 35.45 万 hm²；基本满足的区域占比 33.10%，面积为 28.80 万 hm²；不满足的区域较少。黄土高原区潮土耕地土壤灌溉能力满足的区域最多，面积为 32.90 万 hm²，占比 56.42%；充分满足的区域面积为 14.69 万 hm²，占比 25.19%；基本满足和不满足的区域较少。华南区潮土耕地土壤灌溉能力主要为不满足，占比 96.25%，面积为 9.74 万 hm²。西南区潮土耕地土壤灌溉能力主

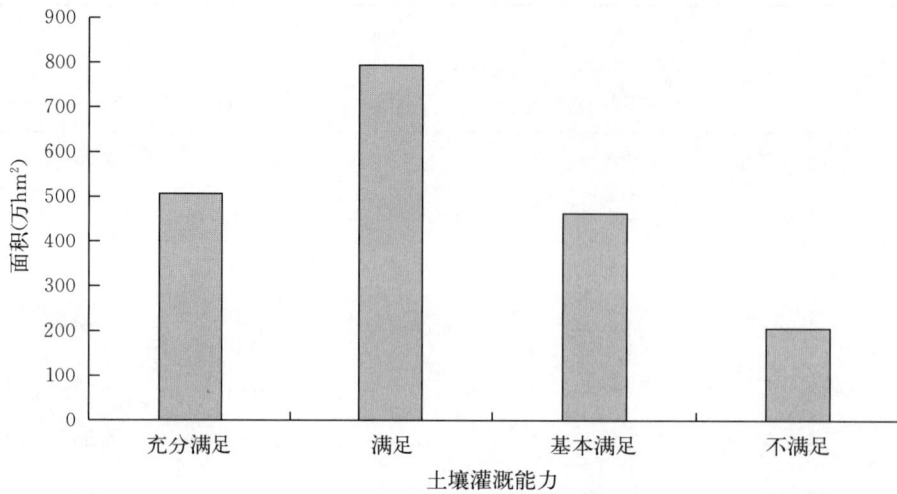

图 9-28　潮土耕地土壤灌溉能力情况

要为基本满足，占比 46.38％，面积为 3.14 万 hm²。青藏区潮土耕地土壤灌溉能力满足的区域最多，占比 82.42％，面积为 3.00 万 hm²（表 9-33）。

表 9-33　不同区域潮土耕地土壤灌溉能力情况

区域		充分满足	满足	基本满足	不满足	合计
东北区	面积（万 hm²）	4.00	35.15	52.20	55.94	147.29
	占比（%）	2.72	23.86	35.44	37.98	100.00
甘新区	面积（万 hm²）	16.25	35.45	28.80	6.52	87.02
	占比（%）	18.67	40.74	33.10	7.49	100.00
华南区	面积（万 hm²）	0.00	0.00	0.38	9.74	10.12
	占比（%）	0.00	0.00	3.75	96.25	100.00
黄淮海区	面积（万 hm²）	336.97	499.60	255.47	76.68	1 168.72
	占比（%）	28.83	42.75	21.86	6.56	100.00
黄土高原区	面积（万 hm²）	14.69	32.90	7.68	3.04	58.31
	占比（%）	25.19	56.42	13.17	5.22	100.00
内蒙古及长城沿线区	面积（万 hm²）	66.04	19.49	45.14	37.54	168.21
	占比（%）	39.26	11.59	26.83	22.32	100.00
青藏区	面积（万 hm²）	0.00	3.00	0.57	0.07	3.64
	占比（%）	0.00	82.42	15.66	1.92	100.00
西南区	面积（万 hm²）	0.66	1.55	3.14	1.42	6.77
	占比（%）	9.75	22.00	46.38	20.97	100.00
长江中下游区	面积（万 hm²）	67.84	166.44	69.66	15.92	319.86
	占比（%）	21.21	52.03	21.78	4.98	100.00
总计	面积（万 hm²）	506.45	793.58	463.04	206.87	1 969.94
	占比（%）	25.71	40.28	23.51	10.50	100.00

（二）排水能力

全国潮土区耕地土壤排水能力为充分满足的区域为 20.19%，面积为 397.79 万 hm²；满足的区域为 41.52%，面积为 817.97 万 hm²；基本满足的区域为 33.00%，面积为 649.97 万 hm²；不满足的区域为 5.29%，面积为 104.21 万 hm²（图 9-29）。

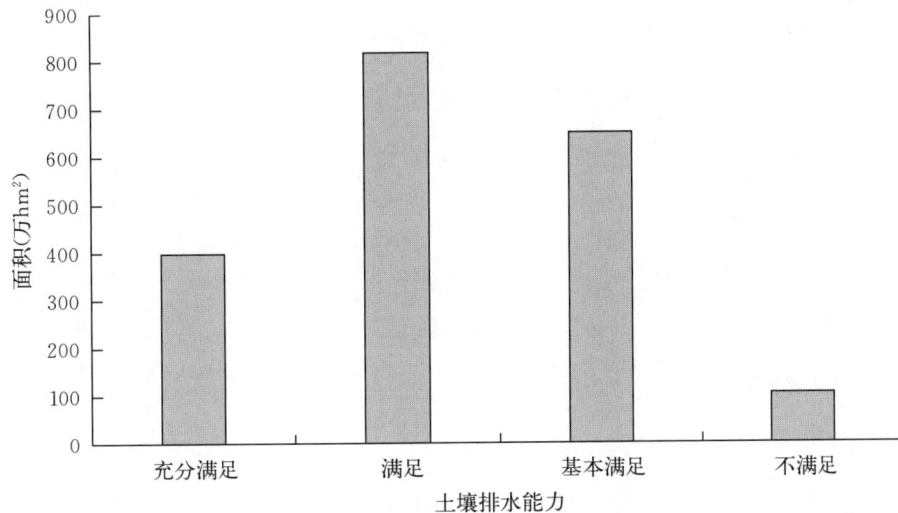

图 9-29　潮土耕地土壤排水能力情况

黄淮海区潮土耕地土壤排水能力主要为满足、基本满足和充分满足，面积分别为 455.17 万 hm²、361.46 万 hm² 和 303.08 万 hm²。长江中下游区潮土耕地土壤排水能力主要为满足和基本满足，面积分别为 176.92 万 hm² 和 98.34 万 hm²。内蒙古及长城沿线区潮土耕地土壤排水能力主要为满足和基本满足，面积分别为 82.64 万 hm² 和 46.08 万 hm²。东北区潮土耕地土壤排水能力基本满足的区域最多，面积为 77.1 万 hm²，占比 52.35%。甘新区潮土耕地土壤排水能力主要为基本满足，占比 56.69%，面积为 49.33 万 hm²；黄土高原区潮土耕地土壤排水能力主要为满足，面积为 36.34 万 hm²，占比 62.32%。西南区潮土耕地土壤排水能力满足的区域最多，占比 48.00%，面积为 3.25 万 hm²。华南区潮土耕地土壤排水能力为充分满足。青藏区潮土耕地土壤排水能力主要为满足，占比 67.86%，面积为 2.47 万 hm²（表 9-34）。

表 9-34　不同区域潮土耕地土壤排水能力情况

区域		充分满足	满足	基本满足	不满足	合计
东北区	面积（万 hm²）	5.10	51.75	77.10	13.34	147.29
	占比（%）	3.46	35.13	52.35	9.06	100.00
甘新区	面积（万 hm²）	20.50	9.43	49.33	7.76	87.02
	占比（%）	23.56	10.84	56.69	8.91	100.00
华南区	面积（万 hm²）	10.12	0.00	0.00	0.00	10.12
	占比（%）	100.00	0.00	0.00	0.00	100.00

（续）

区域		充分满足	满足	基本满足	不满足	合计
黄淮海区	面积（万 hm²）	303.08	455.17	361.46	49.01	1 168.72
	占比（%）	25.93	38.95	30.93	4.19	100.00
黄土高原区	面积（万 hm²）	3.04	36.34	14.67	4.26	58.31
	占比（%）	5.21	62.32	25.16	7.31	100.00
内蒙古及长城沿线区	面积（万 hm²）	12.21	82.64	46.08	27.28	168.21
	占比（%）	7.26	49.13	27.39	16.22	100.00
青藏区	面积（万 hm²）	0.00	2.47	1.10	0.07	3.64
	占比（%）	0.00	67.86	30.22	1.92	100.00
西南区	面积（万 hm²）	1.01	3.25	1.89	0.62	6.77
	占比（%）	14.92	48.00	27.92	9.16	100.00
长江中下游区	面积（万 hm²）	42.73	176.92	98.34	1.87	319.86
	占比（%）	13.36	55.31	30.74	0.59	100.00
总计	面积（万 hm²）	397.79	817.97	649.97	104.21	1 969.94
	占比（%）	20.19	41.52	33.00	5.29	100.00

四、潮土耕地盐渍化障碍

根据潮土含盐量状况，将盐渍化程度分为 4 个等级，全国潮土盐渍化程度统计显示：无盐渍化耕地面积 1 777.66 万 hm²、轻度盐渍化 145.94 万 hm²、中度盐渍化 35.39 万 hm²、重度盐渍化 10.95 万 hm²。其中，无盐渍化占比最大，为 90.24%，盐渍化区域主要分布在黄淮海区，集中在河北渤海湾、山东黄河三角洲和苏北的滨海一带，受地势低洼，高地下水位，坡降平缓，排水不畅，地下水矿化度高等水文地质因素影响，较易产生盐碱障碍。在地势略高的缓岗，以及脱离海潮影响较长时期的高滩地段，才有非盐渍化潮土耕地分布。需要特别说明的是，该部分数据是基于第二次土壤普查时期的土壤盐渍化调查数据统计获取，随着近些年地下水位不断下降，目前受到盐害威胁的渍化区域耕地面积已经大幅减少，此处数据结果仅供参考（表 9 - 35）。

表 9 - 35　不同区域潮土耕地土壤盐渍化情况

区域		盐渍化程度				合计
		无	轻度	中度	重度	
东北区	面积（万 hm²）	147.29	0.00	0.00	0.00	147.29
	占比（%）	100.00	0.00	0.00	0.00	100.00
甘新区	面积（万 hm²）	44.44	33.28	6.65	2.65	87.02
	占比（%）	51.07	38.24	7.64	3.05	100.00

（续）

区域		盐渍化程度				合计
		无	轻度	中度	重度	
华南区	面积（万 hm²）	10.12	0.00	0.00	0.00	10.12
	占比（%）	100.00	0.00	0.00	0.00	100.00
黄淮海区	面积（万 hm²）	1 022.38	112.00	26.99	7.35	1 168.72
	占比（%）	87.48	9.58	2.31	0.63	100.00
黄土高原区	面积（万 hm²）	58.31	0.00	0.00	0.00	58.31
	占比（%）	100.00	0.00	0.00	0.00	100.00
内蒙古及长城沿线区	面积（万 hm²）	168.21	0.00	0.00	0.00	168.21
	占比（%）	100.00	0.00	0.00	0.00	100.00
青藏区	面积（万 hm²）	0.28	0.66	1.75	0.95	3.64
	占比（%）	7.69	18.13	48.08	26.10	100.00
西南区	面积（万 hm²）	6.77	0.00	0.00	0.00	6.77
	占比（%）	100.00	0.00	0.00	0.00	100.00
长江中下游区	面积（万 hm²）	319.86	0.00	0.00	0.00	319.86
	占比（%）	100.00	0.00	0.00	0.00	100.00
总计	面积（万 hm²）	1 777.66	145.94	35.39	10.95	1 969.94
	占比（%）	90.24	7.41	1.80	0.55	100.00

第十章 | 潮土设施菜地氮磷转化特征及管理 >>>

我国是世界蔬菜生产大国。菜地是受人类活动强烈干扰的生态系统，具有复种指数高、氮肥用量大、水肥条件优越等特点。面对高产出、高收益的诱惑，氮肥过量施用现象在蔬菜实际生产中仍普遍存在。以山东寿光为例，设施菜地周年投入的化肥氮达 3 338 kg/hm²，是当地小麦-玉米轮作种植模式的 6～14 倍（刘苹等，2014）。与水田及旱作农业相比，设施蔬菜吸收的氮量只占施氮量的 16.6%～28.8%，氮肥利用率仅 14.5%～22.5%（曹兵等，2006）。在设施黄瓜-番茄-芹菜轮作周期内的氮肥利用率仅为 18%（Min et al.，2011）。施用的大部分氮肥经淋溶、氨挥发、N_2O 排放等途径损失于环境中（Fan et al.，2014；朱兆良，2008）。

氮肥在我国农业生产中占据着十分重要的地位。作物产量的形成有很大一部分要归功于氮肥的施用。随着我国经济的发展、人口的增长，粮食与蔬菜的需求量日益增加，而氮肥的投入量也在持续增长。据报道，1980 年我国氮肥使用量仅为 934 万吨，而到 2007 年，氮肥的消费量已增至 2 297 万 t，27 年内氮肥消耗量增加了 1 倍以上。我国氮肥消费量已占全世界消费总量的 1/4，是世界上最大的氮肥生产和消费国。氮肥施用量居高不下导致氮肥利用率仅为 30%～40%。相反，肥料氮素的损失率很高。未被吸收利用的肥料氮素除部分残留土壤之外，施入土壤中的肥料氮素大部分以各种途径损失，其损失率高达 67.2%～94.7%（李俊良等，2001）。氮素的高损失率不仅浪费了资源，造成了农民生产成本上升，而且损失掉的氮素还对环境造成了严重的污染。例如，地下水污染、河流和湖泊水质的富营养化以及温室效应等（Wei et al.，2009；Fang et al.，2010）。

第一节　潮土设施菜地土壤氮素转化损失与减肥增效机制

从 2008 年开始，依托"973"项目"养分与环境要素协同效应及其机制"子课题"集约化菜地特定水热环境因素对土壤供肥特征的影响及其机制"，中国农业科学院农业资源与农业区划研究所与河北省农林科学院农业资源环境研究所在河北省辛集市马庄乡科园农场建立壤质潮土设施蔬菜沟灌和滴灌氮磷用量梯度中长期定位试验，采用该区域典型的冬春茬黄瓜-秋冬茬番茄轮作制度，并展设施蔬菜适宜肥料用量研究。

设施黄瓜/番茄沟灌氮肥用量梯度定位试验设计 2 个灌溉水平，分别为常规灌水量（W_1）和减量灌溉（W_2，比常规灌溉减量约 30%），以及 4 个化肥氮用量水平，分别为常规氮肥用量（$N_{1200/900}$）、较常规减施氮肥 25%（$N_{900/675}$）、较常规减施氮肥 50%（$N_{600/450}$）和不施氮肥对照（N_0）。常规灌水量（W_1）采用当地农民习惯用水量。减量灌溉在黄瓜苗期、初瓜期、盛瓜期和末瓜期分别保持土壤田间持水率的 75%～90%、80%～95%、80%～95% 和 75%～90%，在番茄苗期、初花期、盛果期和后期分别保持土壤田间持水率的75%～95%、75%～90%、75%～90%和75%～90%，实时监测土壤含水量变化。$N_{1200/900}$、$N_{900/675}$、$N_{600/450}$和N_0处理对应黄瓜季施氮 1 200 kg/hm²、900 kg/hm²、600 kg/hm²、0 kg/hm²，番茄季施氮 900 kg/hm²、675 kg/hm²、450 kg/hm²、0 kg/hm²。设施蔬菜滴灌氮肥用量梯度定位试验设计 4 个化肥氮水平，分别用DN_0、$DN_{300/225}$、$DN_{600/450}$、$DN_{900/675}$表示，对应黄瓜季分别施氮 0 kg/hm²、300 kg/hm²、600 kg/hm²、900 kg/hm²，番茄季分别施氮0 kg/hm²、225 kg/hm²、450 kg/hm²、675 kg/hm²。各处理磷肥和钾肥用量一致。2008—2011 年，未施用有机肥，仅在 2008 年试验开始前施风干发酵鸡粪 30 t/hm²。从 2012 年开始，各施氮处理采用商品有机肥鸡粪配合小麦秸秆替代部分化肥模式，黄瓜季有机物料氮替代化肥氮 300 kg/hm²（MN_{300}），番茄季有机物料氮替代化肥氮 200 kg/hm²（MN_{200}）。其中，在番茄季施肥处理 CK、CN_{450}、CN_{675}、CN_{900}、$MN_{200}+CN_{250}$、$MN_{200}+CN_{475}$和$MN_{200}+CN_{700}$分别表示不施任何肥料、施纯无机氮 450 kg/hm²、施纯无机氮 675 kg/hm²、施纯无机氮 900 kg/hm²、施有机氮 200 kg/hm²＋无机氮 250 kg/hm²、施有机氮 200 kg/hm²＋无机氮 675 kg/hm² 和施有机氮 200 kg/hm²＋无机氮 700 kg/hm²。

一、设施菜地潮土 N_2O 排放特征

一氧化二氮（N_2O）既会产生温室效应，又破坏平流层中臭氧。农业土壤是 N_2O 排放的主要来源，每年释放到大气中的 N_2O-N 达 6.2 Tg（Mosier et al.，1998；Kroeze et al.，1999）。化学氮肥投入的增加是农田 N_2O 排放增加的主要原因之一，中国作为世界上最大的化肥生产和消费国，2012 年的化学氮肥用量已达 2 399.9 万 t，比 1980 年的用量增加了 156.9%（中国统计年鉴，2013）。由于菜地用肥量大、施肥次数多，被认为是 N_2O 的重要排放源（Yan et al.，2014）。研究表明，20 世纪 90 年代中国农田的 N_2O 排放量为 2.75×10^8 kg/年，其中，20% 源于蔬菜地（Zheng et al.，2004）。而在不施氮条件下菜地 N_2O 排放量是旱地农田的 3.1 倍，N_2O 排放系数也比旱地高 64.0%（于亚军等，2012）。设施环境具有高湿、高温、无阳光暴晒及无雨水淋洗等特点，为土壤微生物提供了适宜的繁殖条件，由此引起的 N_2O 排放量则会更高（张光亚等，2002；Min et al.，2012）。试验采用密闭静态箱法采集 N_2O 气体，气相色谱法测定，对华北平原典型设施蔬菜种植系统土壤的 N_2O 排放通量及环境因素进行监测，分析不同水氮管理模式下设施土壤 N_2O 排放的基本规律和影响因素，探讨节水减氮措施减少 N_2O 排放的效果，为建立合理的水氮管理模式提供科学依据。

（一）土壤 N_2O 排放通量动态变化

1. 节水减氮下黄瓜-番茄栽培 N_2O 排放通量变化 黄瓜栽培季（2—7 月）N_2O 排放通量呈增加趋势，施氮处理在此期间共出现 9 次排放高峰，由 50.34 $\mu g/(m^2 \cdot h)$ 增加至 818.4 $\mu g/(m^2 \cdot h)$。番茄栽培季（8—12 月）的 N_2O 排放通量呈下降趋势，施氮处理的 N_2O 排放峰值出现 5 次，由最高的 797.9 $\mu g/(m^2 \cdot h)$ 下降至 350.8 $\mu g/(m^2 \cdot h)$。从年内变化规律看，在气温相对较高的 4—10 月 N_2O 排放通量高；气温较低的 2—3 月以及 11—12 月不仅 0～10 cm 土壤硝态氮含量低，而且各处理 N_2O 排放通量也相对较低（图 10-1），在此期间的排放通量最高仅 464.5 $\mu g/(m^2 \cdot h)$，比 4—10 月 N_2O 排放峰值降低了 43.2%。

不同氮水平下的 N_2O 排放通量波动大（图 10-1），处理 W_1N_0、$W_1N_{600/450}$、$W_1N_{900/675}$ 和 $W_1N_{1200/900}$ 的波动范围分别为 1.08～41.5 $\mu g/(m^2 \cdot h)$、9.15～445.3 $\mu g/(m^2 \cdot h)$、9.79～614.1 $\mu g/(m^2 \cdot h)$

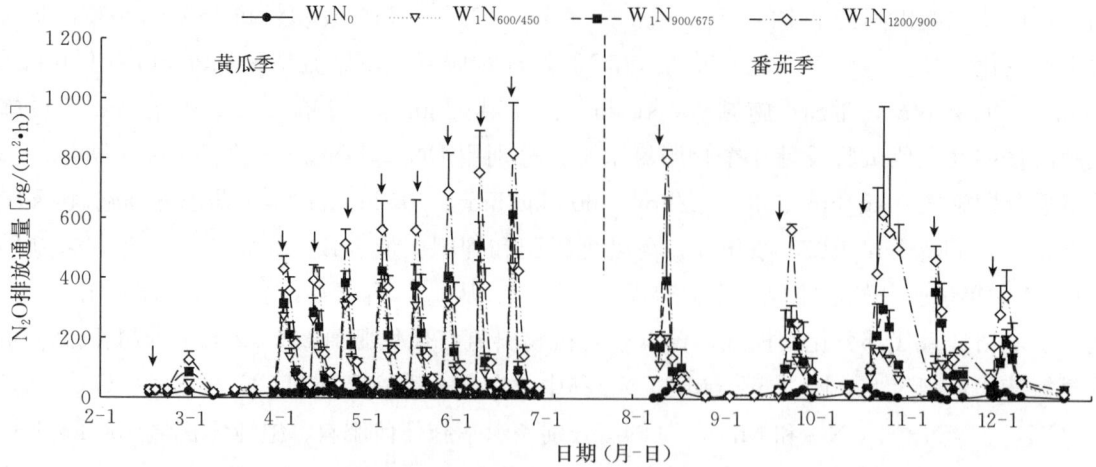

图 10-1　黄瓜-番茄生长季内 N_2O 排放通量的动态变化

(箭头表示施用氮肥)

和 $10.8\sim818.4\ \mu g/(m^2 \cdot h)$。不施氮处理 W_1N_0 的 N_2O 排放通量最小，而施氮处理的变化规律较为一致，N_2O 排放高峰均在施肥后出现（图 10-1）。氮肥基施阶段，番茄季的 N_2O 排放通量峰值在施肥后 5 d 出现，为 $797.88\ \mu g/(m^2 \cdot h)$；黄瓜季的 N_2O 排放通量峰值较番茄季低 $75.1\%\sim84.3\%$，且峰值出现时间比番茄季延后了 7 d。氮肥追施阶段的 N_2O 排放峰值一般在施肥后 5 d 内出现，峰值之后，N_2O 排放通量下降快，施肥后 10 d 的 N_2O 排放通量已降低至不施氮处理的排放水平。从黄瓜-番茄周年轮作周期内的 N_2O 排放特征看，N_2O 排放量主要集中在施肥后 7 d 内，处理 $N_{600/450}$、$N_{900/675}$ 和 $N_{1200/900}$ 在氮肥施用后 7 d 内（轮作周期内共 84 d）的排放量占整个黄瓜-番茄生长季（271 d）总排放量的 67.8%、64.7% 和 67.4%。减量施氮可大幅度降低 N_2O 排放通量，与处理 $N_{1200/900}$ 相比，处理 $N_{900/675}$ 和 $N_{600/450}$ 的 N_2O 排放通量峰值分别降低了 $22.3\%\sim55.0\%$（$P<0.01$）和 $33.0\%\sim83.0\%$（$P<0.01$）。

2. 有机替代下番茄栽培 N_2O 排放通量变化

（1）基肥阶段土壤 N_2O 排放特征。潮土设施番茄有机物料替代部分化肥基肥阶段，各施氮处理土壤 N_2O 排放通量变化相似（图 10-2），第 5 d 出现峰值，然后逐渐下降。处理间 N_2O 排放峰值差异显著（图 10-3），以 $MN_{200}+CN_{700}$ 处理最高，为 $9.8\ mg/(h \cdot m^2)$。随着基施氮量的降低，潮土 N_2O 的排放也随之降低。在相同施氮量下，有机物料氮替代部分化肥氮潮土 N_2O 排放通量较单施化肥氮增加 $22.5\%\sim34.2\%$。不施氮肥对照土壤 N_2O 排放通量始终处于较低水平。

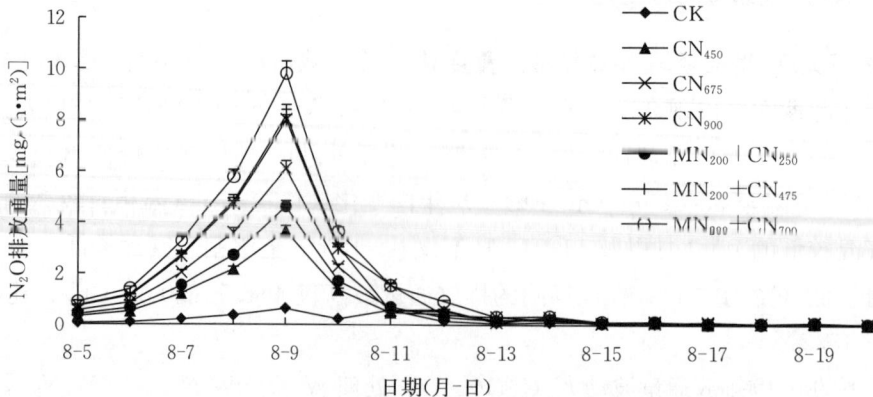

图 10-2　基肥阶段不同施肥处理下 N_2O 排放通量的变化特征

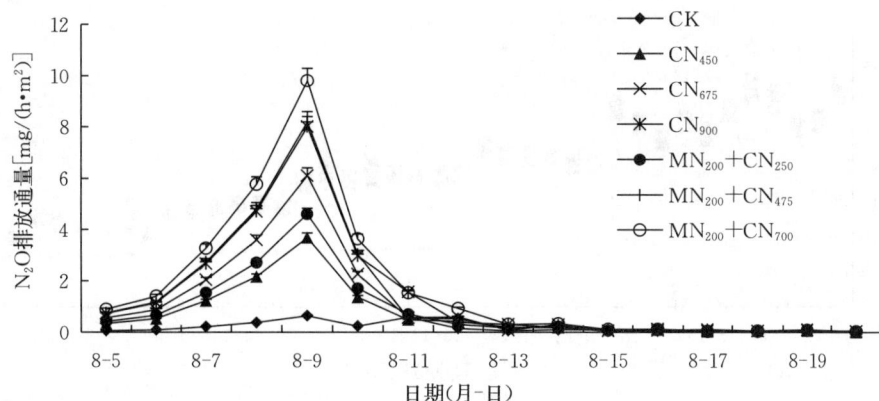

图 10-3 基肥后第 5 d 土壤 N_2O 的排放通量

（2）追肥阶段土壤 N_2O 排放特征。4 次追肥后土壤 N_2O 排放通量变化趋势基本一致，在追肥后 2 d 达到峰值，第 5 d 时已明显降低，至第 7 d 时各处理变化趋于稳定。追肥后前 5 d 土壤 N_2O 排放量占到总排放量的 88%，尤以前 3 d 排放量较高，占比 69%。不施氮对照 CK 的 N_2O 排放通量始终很低。随着追施氮量的降低，潮土 N_2O 排放通量出现不同程度降低，降幅为 5.4%～53.6%。在相同施氮量下，有机物料氮替代部分化肥氮 N_2O 排放量低于单施化肥氮，4 次追肥后 N_2O 排放量分别降低 18.4%～32.7%、10.2%～15.7%、5.6%～13.1%和 9.4%～38.3%（图 10-4）。说明有机物料氮替代部分化肥氮能降低潮土设施菜田追肥期间的 N_2O 排放。

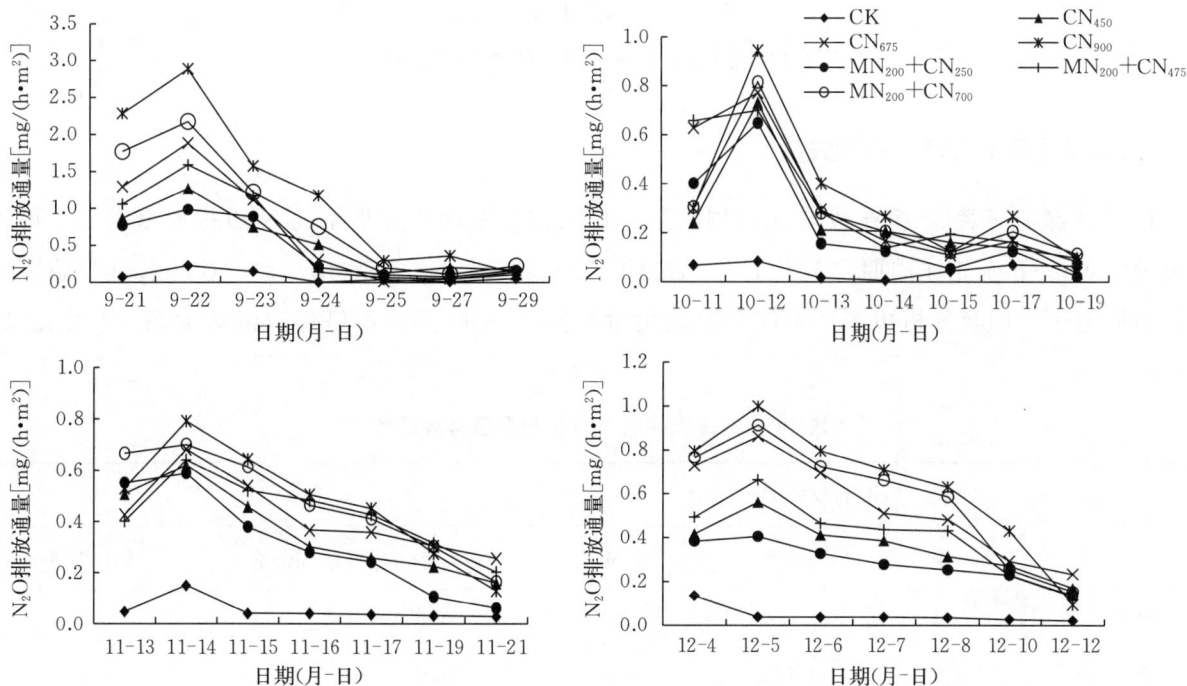

图 10-4 番茄各生育期氮肥追施阶段 N_2O 的变化特征

图 10-5 和图 10-6 为距土表 5 cm 处（0～5 cm 土层）土壤温度与土壤孔隙含水量（WFPS,%）变化特征，观测期间各处理土壤温度和土壤 WFPS 呈季节性变化，土壤温度介于 9.8～32.0 ℃，平

均为 19.6 ℃；灌水后土壤湿度均有所上升，WFPS 介于 23.7%～86.9%。

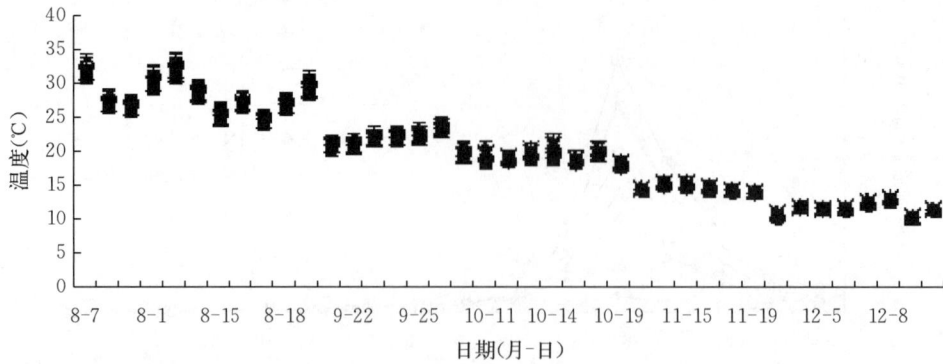

图 10-5　地下 5 cm 土壤温度变化特征

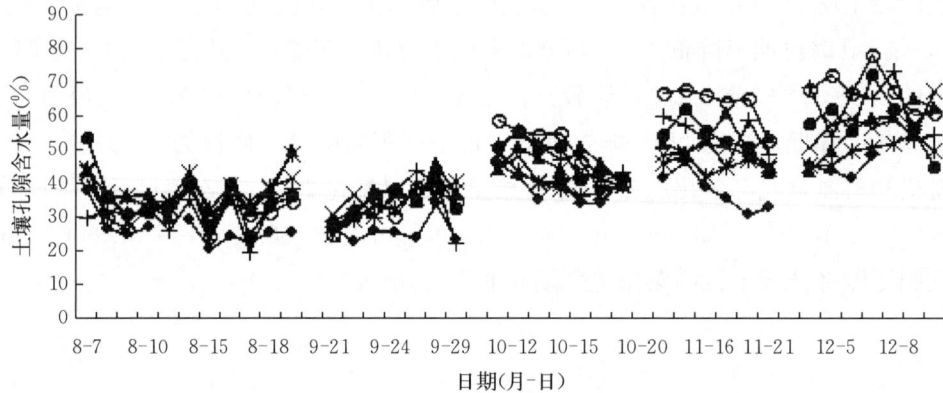

图 10-6　地下 5 cm 土壤 WFPS 变化特征

（二）设施蔬菜栽培 N_2O 损失量

1. 节水减氮下黄瓜-番茄栽培 N_2O 损失量　相同施氮处理在黄瓜季的 N_2O 排放量较高，可占日光温室黄瓜-番茄轮作周期内 N_2O 排放总量的 50.5%～56.9%（表 10-1），这与黄瓜季施用较高的氮肥有关。回归分析也表明，周年氮施用量与潮土 N_2O 排放量呈指数函数关系（$P<0.01$）（图 10-7）。

表 10-1　设施菜地 N_2O 排放量及排放系数

处理	N_2O 排放量（kg/hm^2）			排放系数（%）		
	黄瓜季	番茄季	总量	黄瓜季	番茄季	轮作周期
W_1N_0	0.47 d	0.51 d	0.99 d	—	—	—
$W_1N_{600/450}$	2.30 c	1.74 c	4.04 c	0.30	0.27	0.29
$W_1N_{900/675}$	3.01 b	2.90 b	5.91 b	0.28	0.35	0.31
$W_1N_{1200/900}$	5.01 a	4.91 a	9.92 a	0.38	0.49	0.43

注：同列数字后的不同小写字母表示在 0.05 水平上差异显著。

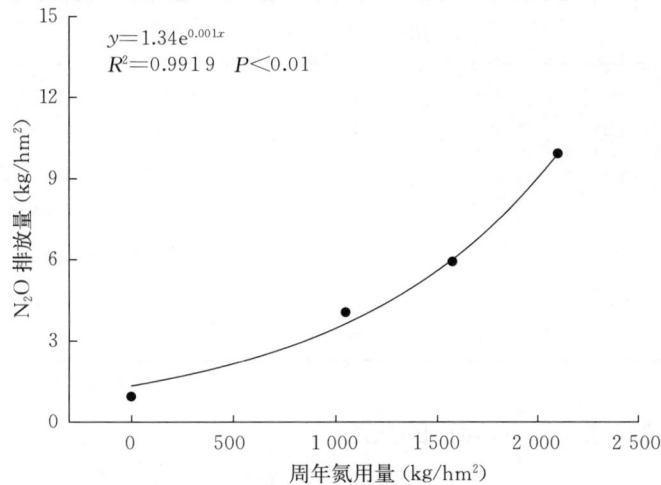

图 10-7　潮土 N_2O 排放量与施氮量的关系

设施黄瓜-番茄体系内 N_2O 排放总量为 $0.99\sim9.92$ kg/hm^2，其中，由施氮引起的 N_2O 排放量可占 $75.6\%\sim90.0\%$。轮作周期内的 N_2O 排放系数为 $0.29\%\sim0.43\%$，并随施氮水平的提高而增加。减施氮可显著降低土壤 N_2O 排放，与处理 $W_1N_{1200/900}$ 相比，处理 $W_1N_{600/450}$ 和 $W_1N_{900/675}$ 在轮作周期内的 N_2O 排放量可减少 59.3% 和 40.4%。

2. 有机替代下番茄栽培 N_2O 损失量　潮土有机替代下番茄各处理土壤 N_2O 排放总量见图 10-8，以 CN_{900} 处理 N_2O 排放总量最高，为 11.34 kg/hm^2；处理间 N_2O 排放总量差异显著。各施氮处理 N_2O 排放总量为不施氮对照的 $9.6\sim25.0$ 倍。在相同施氮量下，有机物料氮替代部分化肥氮较单施化肥氮土壤 N_2O 排放减少 $12.5\%\sim21.7\%$，说明有机物料替代部分化肥可以显著降低潮土 N_2O 排放。

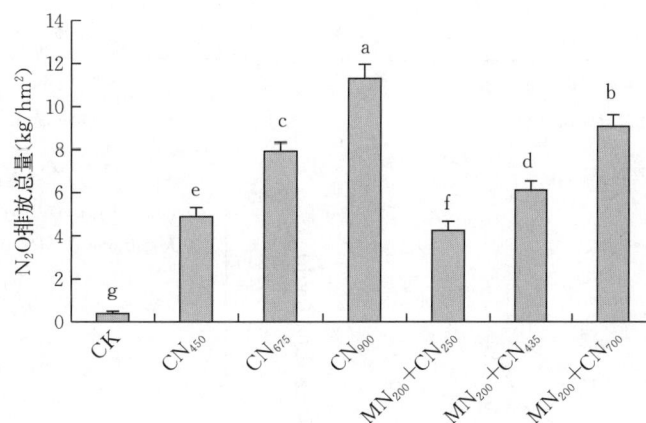

图 10-8　不同施肥处理下土壤 N_2O 排放总量

（不同字母表示在 0.05 水平上差异显著）

潮土有机氮替代下 N_2O 排放系数介于 $0.86\%\sim1.21\%$，以 CN_{900} 处理最高，$MN_{200}+CN_{475}$ 处理最低（表 10-2）。施化肥氮处理排放系数均超出 1%，而有机氮替代部分化肥氮后排放系数均低于 1%（表 10-2）。可见，有机肥替代部分化肥降低了由氮肥施用产生的潮土 N_2O 排放。

表 10-2　潮土 N_2O 排放系数与排放强度

处理	施氮量（kg/hm²）	排放系数（%）
CK	0	—
CN_{450}	450	1.00
CN_{675}	675	1.11
CN_{900}	900	1.21
$MN_{200}+CN_{250}$	450	0.87
$MN_{200}+CN_{475}$	675	0.86
$MN_{200}+CN_{700}$	900	0.97

（三）表层土壤无机氮含量与 N_2O 排放的关系

1. 黄瓜-番茄栽培土壤硝态氮含量与 N_2O 排放的关系　回归分析表明，除不施氮处理 W_1N_0 外，各施氮处理的 N_2O 排放通量与 $0\sim10$ cm 土壤硝态氮含量均呈指数函数关系（$P<0.01$）（图 10-9）。说明低土壤硝态氮浓度下，土壤 N_2O 排放通量随硝态氮含量的增加呈缓慢上升趋势，当土壤硝态氮超过一定浓度时，土壤 N_2O 排放通量则急剧增加。所以，土壤硝态氮含量是影响设施潮土 N_2O 排放的重要因素。

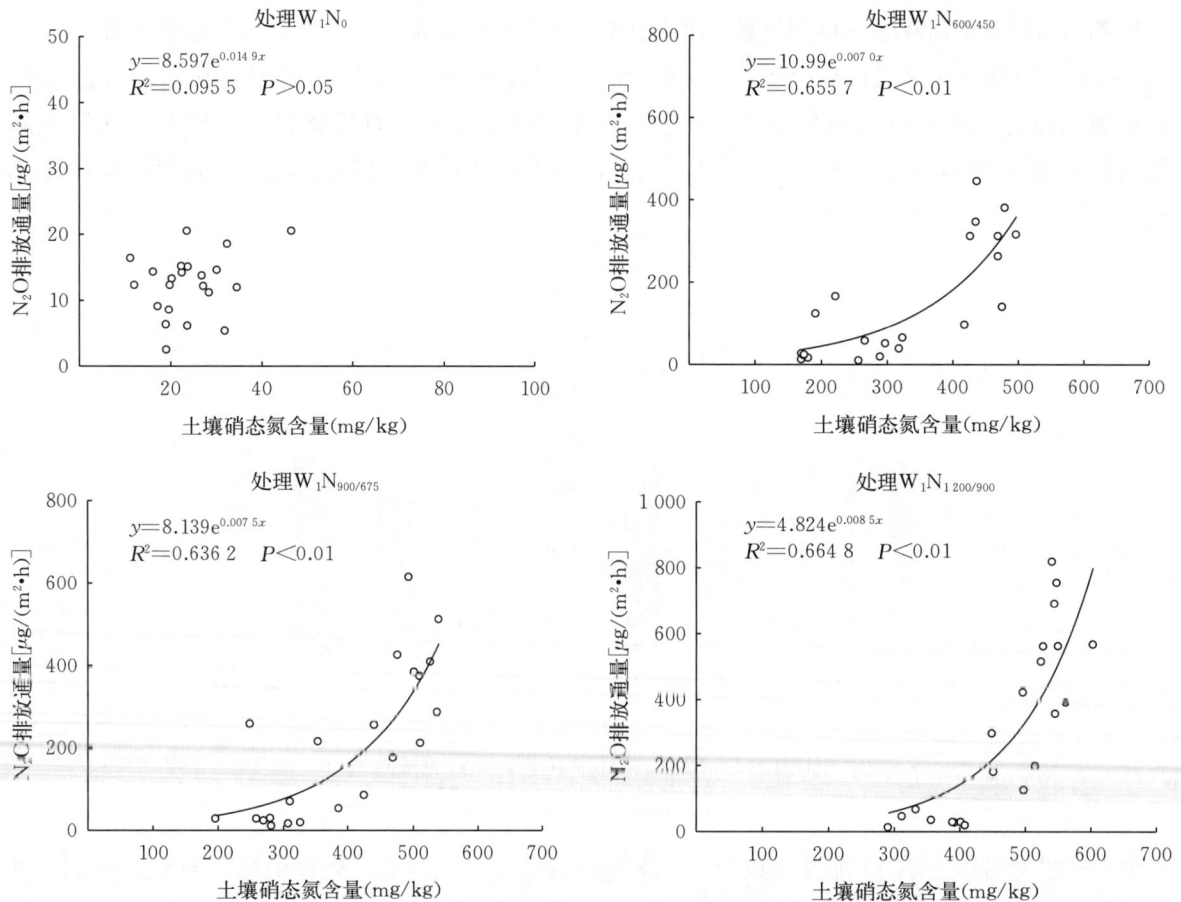

图 10-9　日光温室土壤 N_2O 排放与地表 $0\sim10$ cm 土壤硝态氮含量的关系

设施菜地环境不仅具有高温、高湿等特点，而且蔬菜种植过程中的高肥量和频繁灌水等管理模式，加强了土壤中硝化和反硝化作用的进行，由此引起 N_2O 的大量排放。黄瓜季 N_2O 排放量可占设施黄瓜-番茄体系内排放总量的 $50.5\%\sim56.9\%$。若不考虑氮肥的激发效应，N_2O 排放总量中的 $75.6\%\sim90.0\%$ 由施氮引起，这与 Diao 等（2013）$64.6\%\sim84.5\%$ 的研究结果相似。回归分析表明，N_2O 排放与施氮量呈指数关系（$P<0.01$），说明在高施氮水平下的土壤 N_2O 排放会急剧增加。由此也证明，高施氮量是引起设施菜地土壤 N_2O 排放增加的重要原因。与常规氮用量处理（$W_1N_{1200/900}$）相比，氮减量 25% 和 50% 处理（$W_1N_{900/670}$ 和 $W_1N_{600/450}$）的 N_2O 排放总量分别降低了 40.4% 和 59.3%。针对目前潮土设施蔬菜生产过程中的施肥高量现象，通过合理减少氮用量可显著降低潮土 N_2O 排放。

2. 有机替代下番茄栽培土壤无机氮含量与 N_2O 排放的关系 随着施氮量的增加，土壤硝态氮含量呈增加趋势。在相同施氮量下，有机氮替代部分化肥氮 $0\sim10$ cm、$10\sim20$ cm 土层硝态氮含量较单施化肥氮分别降低 $3.1\%\sim15.7\%$ 和 $7.1\%\sim14.9\%$。除不施氮 CK 外，各施氮处理土壤 N_2O 排放量与土壤硝态氮含量呈显著或极显著正相关，与铵态氮含量呈正相关关系，但均未达到显著水平（表 10 - 3）。

表 10 - 3 潮土 N_2O 排放通量与无机氮（$NH_4^+ - N$ 和 $NO_3^- - N$）含量的相关系数

处理	$NH_4^+ - N$	$NO_3^- - N$
CK	0.127	0.141
CN_{450}	0.159	0.450*
CN_{675}	0.32	0.632**
CN_{900}	0.461	0.638**
$MN_{200}+CN_{250}$	0.274	0.606**
$MN_{200}+CN_{475}$	0.226	0.456*
$MN_{200}+CN_{700}$	0.357	0.573**

注：*和**分别表示在 0.05 和 0.01 水平上差异显著。

土壤 N_2O 排放主要来源于硝化、反硝化作用，其最直接底物是硝态氮和铵态氮（李会合，2005）。氮肥过量施用是引起 N_2O 释放增加的主要原因（梁东丽等，2002；Rodney et al.，2008；董玉红等，2007）。施氮量的增加与土壤 N_2O 排放量的增加表现出极显著的直线回归关系（杜娅丹等，2017；李银坤等，2014）。土壤 $NO_3^- - N$ 含量与反硝化作用存在正相关关系（徐玉裕等，2007）。不同土地利用方式下 N_2O 排放通量与土壤 $NO_3^- - N$ 含量具有正相关关系，而与土壤铵态氮浓度没有相关性（林杉等，2008）。这与供试潮土设施蔬菜栽培研究结果一致。前人研究表明土壤硝态氮含量很高时，N_2O 还原成 N_2 的过程会被抑制，高浓度的 NO_3^- 对 N_2O 还原酶的抑制导致反硝化作用不完全发生并产生 N_2O；土壤硝态氮含量较低时，N_2O 还原成 N_2 的过程将更慢（Sainju et al.，2006；张光亚等，2002）。在本试验中，表层土壤（$0\sim10$ cm）土壤 $NH_4^+ - N$ 含量较低，与 N_2O 排放通量相关性不显著。研究表明，在一定水分、温度条件下，土壤铵态氮（$NH_4^+ - N$）含量由 50 mg/kg 增加到 200 mg/kg 时，N_2O 排放速度无明显变化，但随着铵态氮浓度继续增加，N_2O 排放将增加（王改玲等，2010）。

（四）环境因素与潮土 N_2O 排放的关系

1. 温度与 N_2O 排放的关系 温度影响到土壤微生物的硝化作用和反硝化作用，并对土壤 N_2O 排放产生影响。但土壤 N_2O 排放对温度的依赖关系随不同的灌水和施氮水平而不同，当土壤湿度过低抑制微生物活动时，即使温度适宜，土壤 N_2O 排放也会很弱；若土壤速效氮浓度较低，适宜的土壤温度下也不会发生明显的 N_2O 排放。说明 N_2O 排放受到灌水、施肥以及温度的共同控制，随着作物生育期的推进和环境因子的改变，主控制因子亦在不断发生变化。在温度较低的 2—3 月（平均气温和地温分别为 15.1 ℃和 15.0 ℃）以及 11—12 月（平均气温和地温分别为 14.7 ℃和 13.7 ℃），温度是影响土壤 N_2O 排放的主要因素。其间虽然施用较高的氮量也不会引起 N_2O 排放的突增，其原因与低温制约了土壤微生物活性有关。He 等（2009）研究认为，土壤温度低于 15 ℃，将不利于土壤微生物的硝化和反硝化作用，N_2O 排放通量受灌水和施肥的影响都很小。当温度由 2 ℃升高至 40 ℃时，N_2O 的排放量显著增加，若温度继续升高，N_2O/N_2 的值将会降低。在温度相对较高的 4—10 月 N_2O 排放主要受到施肥的影响，其间平均气温和地温分别为 27.4 ℃和 26.1 ℃，N_2O 排放通量最高可达 818.4 $\mu g/(m^2 \cdot h)$，峰值一般在施肥后 5 d 内出现。

图 10-10 为土壤 N_2O 排放量与土壤 5 cm 温度的关系。土壤温度对 N_2O 释放的影响主要通过调节土壤微生物活性和土壤溶液中的生物化学反应来进行，本质上就是改变土壤的硝化和反硝化作用的条件。本试验番茄季土壤温度能够解释 53%的土壤 N_2O 排放量，且与各处理的 N_2O 排放通量之间呈现显著或极显著的指数关系，相关系数为 0.450～0.627（表 10-4）。

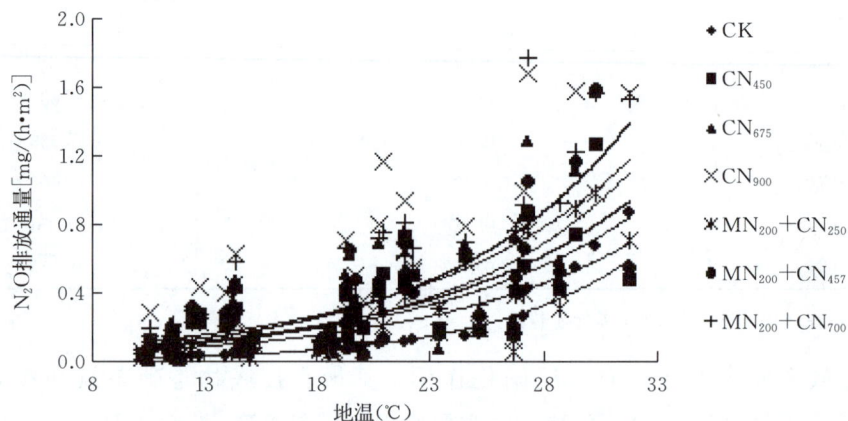

图 10-10　N_2O 排放通量与 5 cm 地温的关系

2. 土壤含水量与 N_2O 排放的关系　土壤水分状况会影响土壤 N_2O 的产生和向大气中的扩散。通常水分增加会降低土壤通气性，减弱硝化过程，促进反硝化过程。故当土壤水分含量对硝化和反硝化作用都有促进时，会导致大量的 N_2O 生成与排放。由表 10-4 可以看出 N_2O 排放与土壤 WFPS 显著正相关，相关系数为 0.356～0.596。有研究表明，小白菜田土壤 N_2O 排放通量与土壤湿度（介于田间持水量的 80%～97%时）呈显著正相关（姚志生等，2006）；但是当土壤含水量超过田间持水量时，已产生的 N_2O 进一步向土体外扩散会受到限制，增加它在土壤中滞留时间，最后被进一步还原（黄国宏等，1999）。也有研究发现，番茄地 N_2O 排放峰值出现在 WFPS 为 46%～52.1%（贾俊杏等，2012）。本试验研究表明，不同处理下土壤 N_2O 排放峰值出现在土壤充水孔隙率为 60%～80%，且土壤含水率与 N_2O 的排放表现为显著或极显著相关关系。土壤湿润程度的改变会造成 N_2O 大量排放，原因是干燥时土壤中有机碳含量增加，而灌水后土壤湿润度大幅上升导致反硝化作用发生，造成土壤中 N_2O 的大量积累。由于本试验温室内温度比较高，每次灌溉后水分蒸发比较快，等下次灌水时土壤已是干燥状态，所以灌水后 N_2O 大量释放。本研究也发现，不同处理间，灌水对施氮处理的影响比较大而对不施氮 CK 处理影响比较小，这表明同时施肥和灌溉更有利于 N_2O 的排放。

表 10-4　N₂O 排放通量与土壤含水率（WFPS）的相关系数

处理	WFPS
CK	0.573**
CN₄₅₀	0.586**
CN₆₇₅	0.435**
CN₉₀₀	0.551**
MN₂₀₀＋CN₂₅₀	0.529**
MN₂₀₀＋CN₄₇₅	0.356*
MN₂₀₀＋CN₇₀₀	0.596**

注：*和**分别表示在 0.05 和 0.01 水平上差异显著。

3. 土壤 pH 与 N₂O 排放的关系　土壤 pH 可以衡量土壤的酸碱性，其变化对硝化和反硝化速率具有显著影响（Dambreville et al.，2008；张星星，2015）。反硝化过程 3 种酶在土壤 pH<7 时活性更强（Dobbie et al.，2003）。硝化作用对土壤 pH 也特别敏感，其最适 pH 为 7～8（李卫芬等，2014）。在土壤 pH<7 时，硝化细菌反硝化过程产生的 N₂O 也会增多（董玉红等，2007）。全球田间试验数据综合分析表明，土壤 N₂O 排放随 pH 降低而升高（Dambreville et al.，2008）。N₂O/(N₂＋N₂O) 的比例与土壤 pH 5～8 显著负相关（张星星，2015）。本研究土壤 N₂O 排放与 pH 之间没有显著相关性，这可能与处理间土壤 pH 变幅较小有关（图 10-11）。

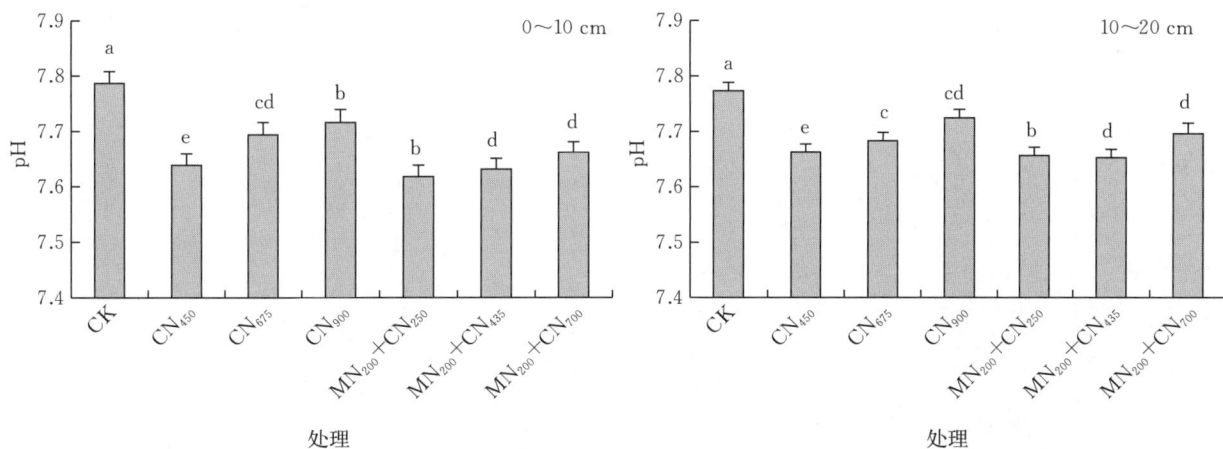

图 10-11　不同施肥处理对 0～10 cm 和 10～20 cm 土壤 pH 的影响

（不同字母表示差异达 5% 显著水平）

二、潮土设施菜地氨挥发特征

氨挥发是菜地土壤氮素损失的重要途径，根据研究区、管理方式及种植作物等方面的差异，氨挥发损失量一般可占施氮量的 0.1%～24%（Matsushima et al.，2009；Gong et al.，2013）。在我国设施蔬菜种植模式中，黄瓜和番茄轮作最普遍，但缺少对不同水肥条件下氨挥发周年动态变化的研究，而且对黄瓜和番茄轮作周期内氨挥发损失量及其影响因子尚不明确。本研究以华北平原设施黄瓜-番茄菜地为研究对象，通过设置不同水氮条件，探讨黄瓜-番茄种植体系内的氨挥发特征及其影响因素，以揭示影响设施菜地土壤氨挥发的重要因子，为建立合理的灌溉和施肥制度提供科学依据。

（一）土壤氨挥发速率动态变化

黄瓜季土壤氨挥发速率共出现 9 次峰值（图 10-12）。不同处理氨挥发峰值均出现在施基肥后 7 d，为 $0.173 \sim 0.539$ kg/(hm²·d)；追肥阶段氨挥发峰值在施肥后 1 d 出现，变动幅度为 $0.040\,3 \sim 0.278$ kg/(hm²·d)，虽然比基肥阶段氨挥发峰值出现时间提前，但峰值明显降低。番茄季土壤氨挥发共出现 5 次峰值（图 10-12）。不同处理基肥阶段（8 月 7 日至 9 月 18 日）氨挥发峰值出现在施肥后 5 d，变动幅度 $0.056\,6 \sim 0.219$ kg/(hm²·d)；追肥阶段氨挥发峰值均在施肥后 1 d 出现，变动幅度为 $0.018\,1 \sim 0.334$ kg/(hm²·d)。本试验土壤氨挥发峰值出现的次数与氮肥施用次数一致，以处理 $W_1N_{1200/900}$ 最高，达 0.539 kg/(hm²·d)，说明氮肥施用时间与氨挥发峰值的出现显著相关。

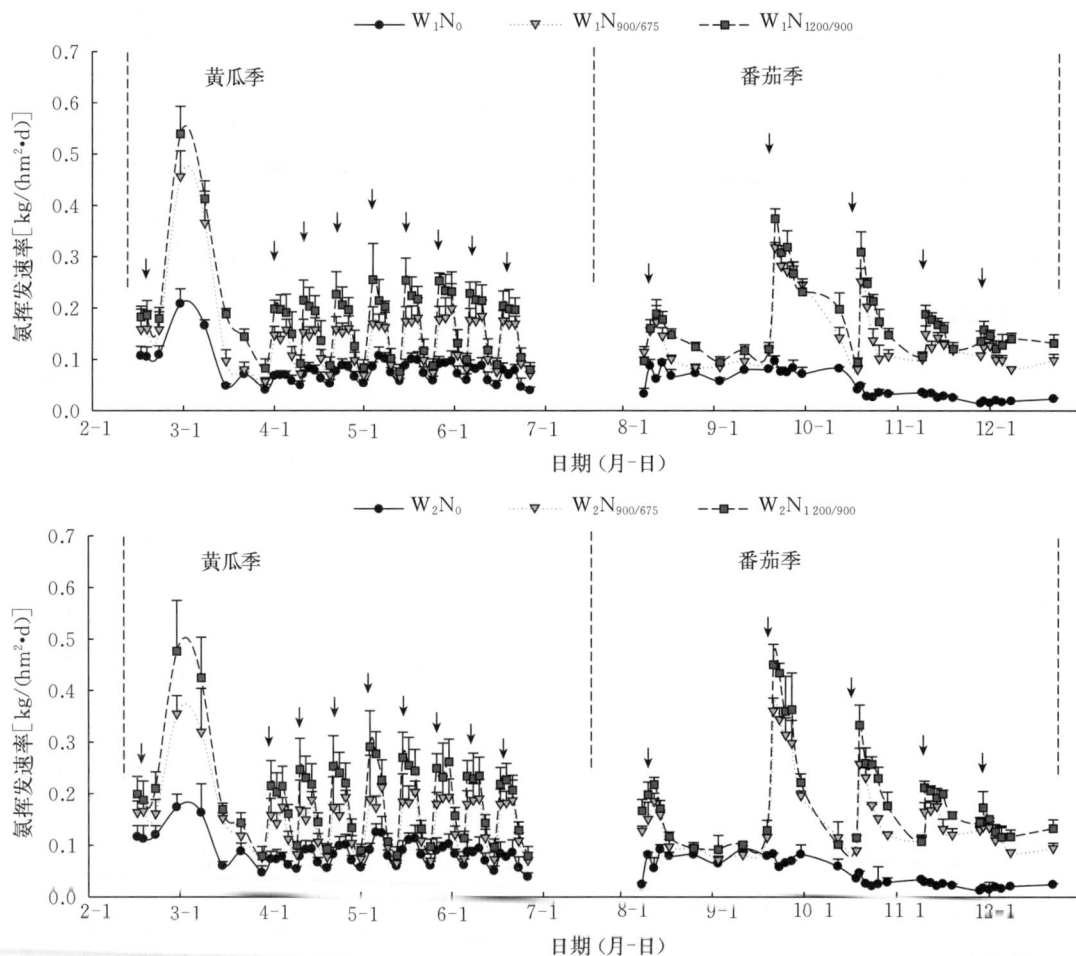

图 10-12　黄瓜-番茄生长季内土壤氨挥发动态变化
（箭头表示施用氮肥）

相同灌水条件下，减施氮量显著降低土壤氨挥发速率，与常规氮处理（$N_{1200/900}$）相比，减施氮处理（$N_{900/675}$）在黄瓜季的土壤氨挥发速率均值降低 $21.1\% \sim 22.8\%$（$P<0.05$），在番茄季的降幅为 $16.5\% \sim 17.9\%$（$P<0.05$）。相同施氮条件下，与常规灌溉处理（W_1）相比，减量灌溉（W_2）

在黄瓜季和番茄季的土壤氨挥发速率均值都有所增加，但并不显著。

（二）土壤氨挥发损失量

潮土设施黄瓜-番茄种植体系氨挥发损失量为 $17.8 \sim 48.1 \text{ kg/hm}^2$，黄瓜季的氨挥发损失可占全年氨挥发损失的 $53.8\% \sim 64.2\%$（表 $10-5$）。黄瓜季和番茄季氮肥的氨挥发损失率相似，分别为 $0.97\% \sim 1.27\%$ 和 $1.59\% \sim 1.68\%$，高于张琳等（2015）和习斌等（2010）等研究结果，但与在水稻、小麦和玉米以及果树上的研究结果相比（Gong et al.，2013；Ni et al.，2014；Huo et al.，2015；Han et al.，2014；Cantarella et al.，2003），则明显偏低。这可能与试验中灌水量大及灌溉频繁导致更多氮素通过淋洗等其他途径损失有关（Min et al.，2011；Fan et al.，2014）。另外，设施菜地高湿的空气环境引起氮素重新回归土壤，也是氮肥的氨挥发损失率较低的原因之一（习斌等，2010）。

表 10-5　黄瓜-番茄种植体系内土壤氨挥发损失情况

处理	氨挥发损失量（kg/hm²）			氨挥发损失率（%）		
	黄瓜季	番茄季	全年	黄瓜季	番茄季	全年
W_1N_0	11.4c	6.59c	18.0c	—	—	—
$W_1N_{900/675}$	20.1b	17.3b	37.4b	0.97c	1.59a	1.23c
$W_1N_{1200/900}$	25.4a	21.0a	46.4a	1.17ab	1.60a	1.35ab
W_2N_0	11.4c	6.36c	17.8c	—	—	—
$W_2N_{900/675}$	20.7b	17.7b	38.4b	1.04bc	1.68a	1.31bc
$W_2N_{1200/900}$	26.6a	21.5a	48.1a	1.27a	1.68a	1.44a

注：同列数字后不同小写字母表示差异达5%显著水平。

施氮量对设施菜地氨挥发损失量的影响显著。本试验中减少施氮量，潮土菜地氨挥发损失显著降低（$P<0.05$），与常规氮处理（$N_{1200/900}$）相比，减施氮处理（$N_{900/675}$）在全年氨挥发损失量可降低 $19.3\% \sim 20.0\%$，氮肥的氨挥发损失率降低 $0.85 \sim 0.92$ 个百分点。在日光温室芹菜和番茄上的研究表明，通过大幅减施肥料的有机无机肥配合施用模式与习惯施肥相比，氨挥发损失量分别降低了 50.0% 和 47.9%（郝小雨等，2012a）。在日光温室黄瓜上的研究也表明，比常规氮量减少50%左右，氨挥发损失量可降低 37.2%（李银坤等，2011）。葛顺峰等（2011）研究得出氨挥发损失率随施氮量的增加呈升高趋势。本试验减施氮处理（$N_{900/675}$）与常规氮处理（$N_{1200/900}$）相比，全年蔬菜产量提高 $3.5\% \sim 7.9\%$，氮肥农学效率提高 $95.4\% \sim 146.4\%$，表明适当控制氮肥投入量，能降低氮肥氨挥发损失，提高蔬菜产量，从而显著提高氮肥利用率。

施肥后灌水可抑制氮肥的氨挥发损失（Jantalia et al.，2012）。在供试条件下，减少灌溉量后，潮土设施菜地氨挥发损失量略有增加（$P>0.05$）。这与 Jantalia 等（2012）的研究结果一致。Holcomb 等（2011）研究表明，氮肥（尿素）施入土壤后立即灌水 14.6 mm，土壤氨挥发损失量可降低90%。从尿素施用后的转化过程看，其先转化为铵态氮，继而转变成硝态氮，施肥后灌水容易将可溶性氮素（铵态氮和硝态氮）带入土壤深层，大大降低了氮素的氨挥发损失（翟学旭等，2013）。同时在高土壤含水量条件下，土壤水中溶解的氨较多，易引起土-气界面氨浓度梯度的减小，这时氨扩散作用减弱，氨挥发量随之减少；相反，较低土壤水分条件下的氨挥发量呈增加趋势（高鹏程等，

2001)。本试验中常规灌溉（W_1）和减量灌溉（W_2）条件下的土壤水分变化幅度分别为 42.3%～68.1%（WFPS）和 40.0%～66.6%（WFPS），其中 W_1 处理下的土壤含水量相对较高。本试验中减量灌溉并没有显著增加潮土设施菜地氮肥的氨挥发损失，但节水效应显著，与常规灌溉处理（W_1）相比，减量灌溉（W_2）处理的灌溉水农学效率提高了 27.7%～54.0%。

（三）表层土壤铵态氮与氨挥发损失的关系

设施黄瓜-番茄种植体系表层（0～10 cm）土壤铵态氮波动幅度大（图 10-13），$W_1N_{900/675}$ 和 $W_1N_{1200/900}$ 处理最高值出现在番茄季，分别为 39.8 mg/kg 和 57.1 mg/kg；$W_2N_{900/675}$ 和 $W_2N_{1200/900}$ 处理最高值出现在黄瓜季，分别为 30.1 mg/kg 和 40.1 mg/kg。相同灌水下与常规氮处理（$N_{1200/900}$）相比，减施氮处理（$N_{900/675}$）0～10 cm 土壤铵态氮浓度最高值降低 25.1%～30.3%（$P<0.05$）。

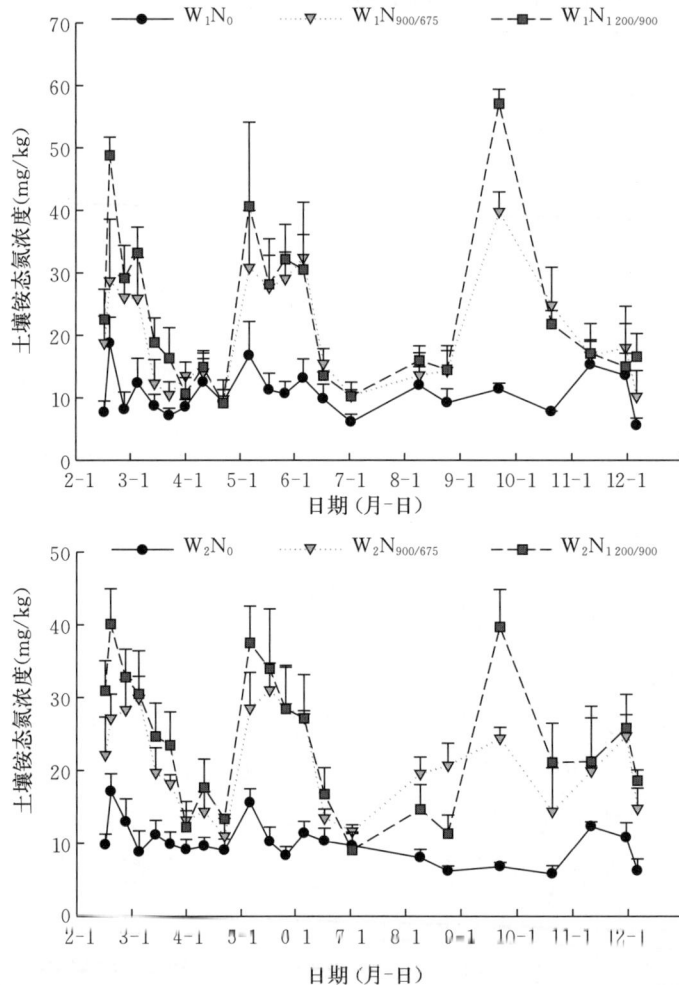

图 10-13　设施黄瓜-番茄体系地表 0～10 cm 土壤铵态氮浓度动态变化

监测期间地表 0～10 cm 土壤铵态氮浓度均值为 9.95～24.1 mg/kg。减施氮处理（$N_{900/675}$）0～10 cm 土壤铵态氮浓度均值较常规氮处理（$N_{1200/900}$）降低 12.8%～14.3%，而减量灌溉处理（W_2）铵态氮均值较常规灌溉处理（W_1）增加 2.7%～4.5%，表明减少施氮量或增加灌溉量均有利于降低 0～10 cm 土壤铵态氮浓度。

施氮因增加了表层土壤中氨挥发的底物（$NH_4^+ - N$）浓度，促进氨挥发过程（Gong et al.，2013；张琳等，2015）。本研究统计分析表明，各处理土壤氨挥发速率与表层（0～10 cm）土壤铵态氮浓度均呈正相关，除不施氮处理 W_1N_0 和 W_2N_0 外，相关关系均达显著或极显著水平（图 10 - 14），表明土壤铵态氮浓度是潮土设施菜地氨挥发的重要影响因子，氨挥发速率随表层土壤铵态氮浓度的增加而增大。

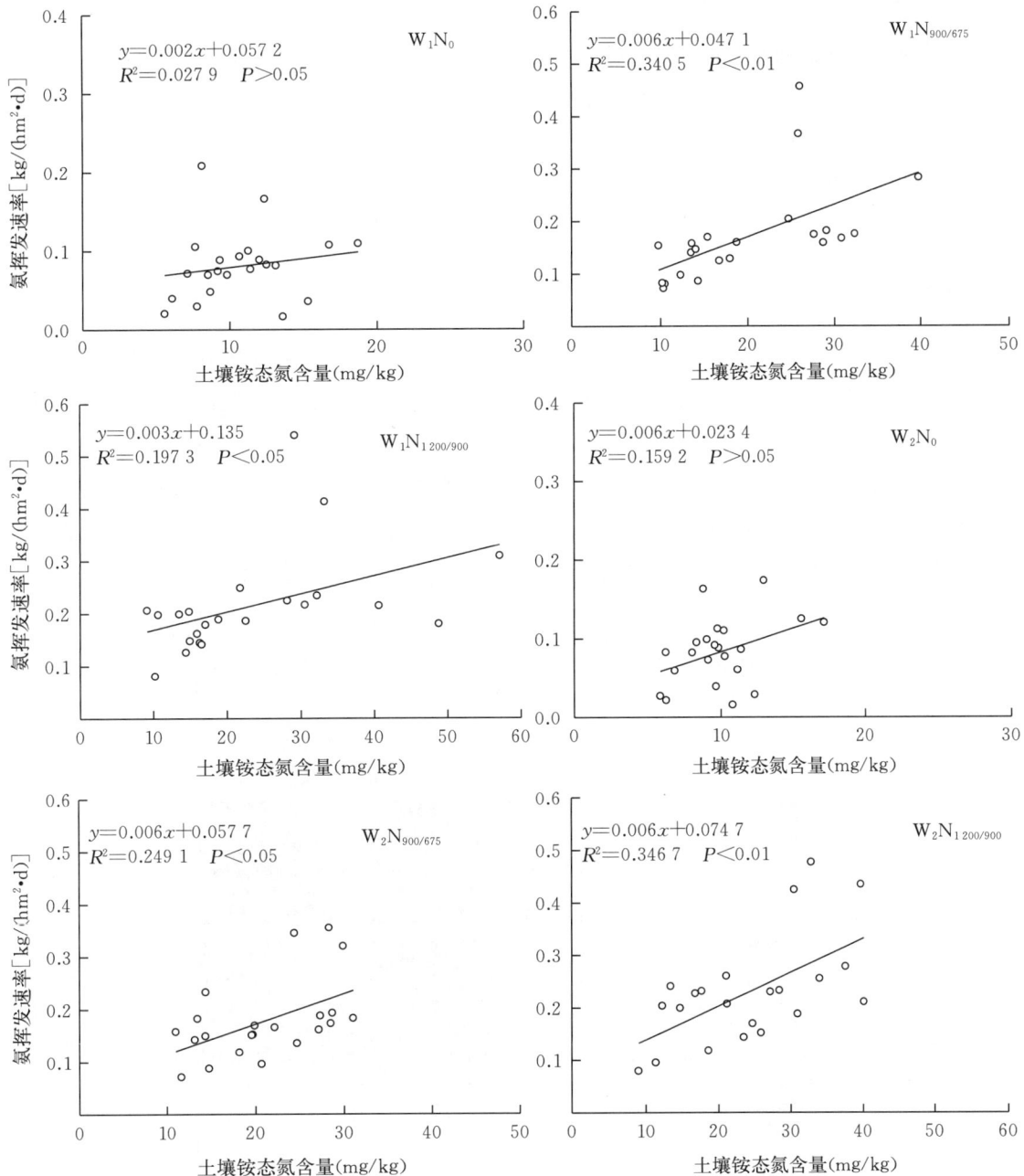

图 10 - 14　土壤氨挥发速率与 0～10 cm 土壤铵态氮含量的关系

三、潮土设施菜地氮素淋失特征

我国温室蔬菜生产"大水大肥"管理方式导致土壤氮素积累严重。过量积累在土壤中的硝态氮随大水灌溉向地下水体迁移。Ju 等（2006）在山东调查显示，温室收获后 0～90 cm 和 90～180 cm 土层硝态氮积累量分别达 1 173 kg/hm² 和 1 032 kg/hm²。张丽娟等（2010）对山东省惠民县典型集约化设施蔬菜种植区调查发现浅层地下水硝态氮污染十分严重，87%的样品硝态氮含量超过 50 mg/L。杜连凤等（2009）对北京菜地的调查显示菜田地下水硝酸盐含量超标率为 44.8%，是粮田地下水超标率的 3.3 倍。袁丽金等（2010）研究表明，河北定州设施蔬菜栽培区表层地下水硝态氮超标率和严重超标率分别达 39.3%和 7.1%，深层地下水硝态氮含量超标率为 37.5%。

优化水氮管理能降低蔬菜生产中土壤氮素残留和淋失。于红梅等（2005）在露地蔬菜上的研究显示，通过减少灌溉水量和施氮量均能明显降低蔬菜地 $NO_3^- - N$ 淋洗量。沟灌温室黄瓜-番茄轮作较农民习惯节氮 71.4%～75.0%、节水 29.7%～33.3%，地表 0～100 cm 土体硝态氮积累量、矿物质氮和有机氮渗漏量均明显下降（李若楠等，2013）。通过 3 年 6 季定位试验动态监测地表 0～100 cm 土体硝态氮分布，明确节水减氮对温室蔬菜土壤硝态氮积累和氮素淋失的影响。

（一）土壤硝态氮动态变化

1. 沟灌节水减氮下土壤硝态氮动态变化　种植 3 年，减量灌溉节氮 50%处理（$W_2N_{600/450}$）地表 0～100 cm 土体硝态氮未出现明显积累（图 10-15），根区硝态氮含量在相对适宜水平，3 年地表 0～60 cm 土层平均硝态氮含量为 53.3～80.9 mg/kg。然而，在 2009 年番茄季，常规水氮管理（$W_1N_{1200/900}$）和减量灌溉节氮 25%处理（$W_2N_{900/675}$）地表 0～40 cm 土层硝态氮显著积累，并在 2010 年黄瓜季向土壤深层迁移（图 10-15 箭头所示），在之后的 2010 年番茄季硝态氮又呈明显土表积累，表明 $W_1N_{1200/900}$ 和 $W_2N_{900/675}$ 处理施氮量显著超出该产量水平下番茄需求。

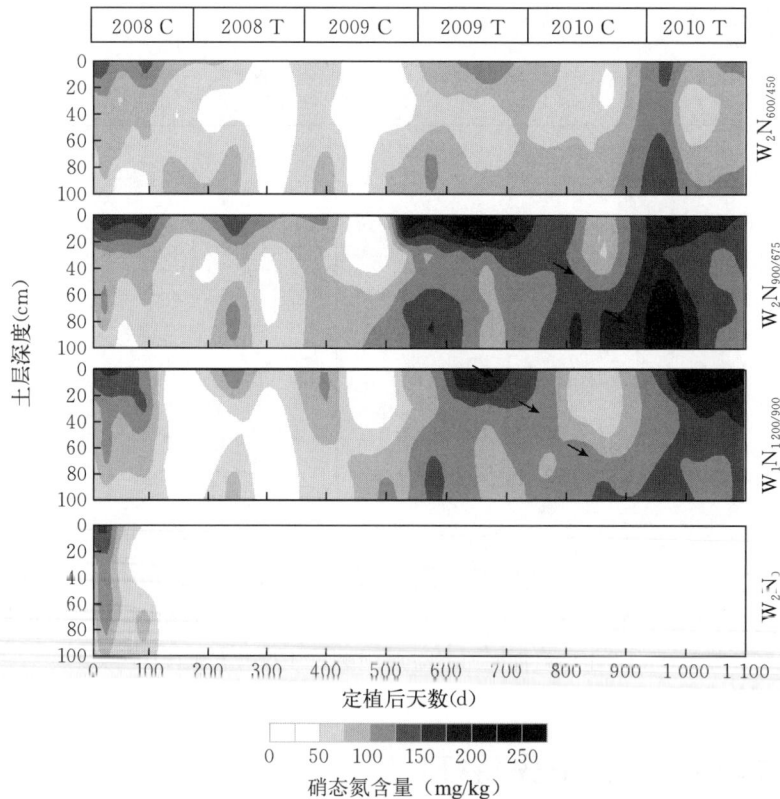

图 10-15　节水减氮对土体硝态氮含量动态变化的影响

（C 为黄瓜季；T 为番茄季；箭头表示表层土壤硝态氮向深层淋失）

种植 1 年后（从 2009 年黄瓜季开始），$W_2N_{600/450}$ 处理 0～100 cm 土体季均硝态氮含量均低于 $W_1N_{1200/900}$ 和 $W_2N_{900/675}$ 处理，在 0～20 cm、20～40 cm、40～60 cm、60～80 cm、80～100 cm 土层较 $W_1N_{1200/900}$ 处理分别下降 10.3％～40.4％、14.0％～49.7％、21.6％～40.3％、15.5％～26.9％、7.9％～25.0％，有效缓解 0～100 cm 土体硝态氮积累。然而，从 2008 年番茄季开始，$W_2N_{900/675}$ 处理土壤均硝态氮含量高于 $W_1N_{1200/900}$ 处理，表明关键生育期节水灌溉能减缓硝态氮向土壤深层迁移。

在 2009 年和 2010 年，0～20 cm 土层硝态氮含量与黄瓜-番茄产量之间存在显著回归关系。根据回归方程（图 10 - 16），得到最佳产量时的土壤硝态氮含量黄瓜季为 37.4～72.9 mg/kg，番茄季低于 90 mg/kg。

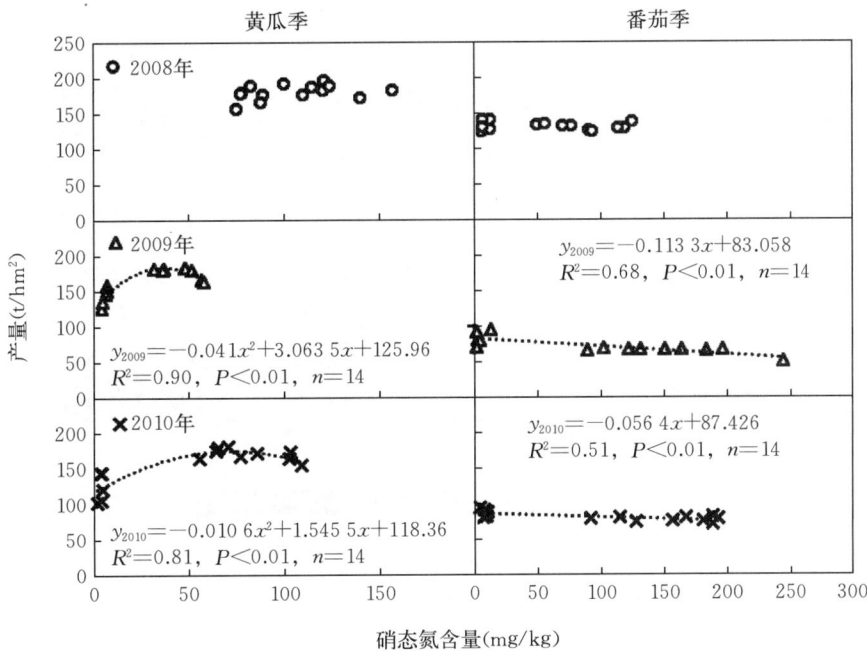

图 10 - 16　0～20 cm 土层硝态氮含量与产量之间的回归关系

2. 滴灌减氮下土壤硝态氮动态变化　随着种植年限的延长，滴灌低量氮肥处理（$DN_{300/225}$）蔬菜根区硝态氮含量显著增加（图 10 - 17），0～60 cm 土体硝态氮含量由 2008 年黄瓜季季均 12.2～17.1 mg/kg，增至 2010 年番茄季季均 42.3～61.4 mg/kg。中量（$DN_{600/450}$）和高量（$DN_{900/675}$）施氮处理土壤硝态氮呈显著积累态势（图 10 - 17）；在地表 0～100 cm 土体，$DN_{600/450}$ 和 $DN_{900/675}$ 处理土壤硝态氮含量分别由 2008 年黄瓜季季均 14.4～31.1 mg/kg 和 14.9～41.0 mg/kg，增至 2010 番茄季季均 76.4～119.8 mg/kg 和 129.0～184.5 mg/kg，分别增加了 1.9～5.1 倍和 3.5～7.7 倍，2 种植季间硝态氮含量差异显著。

在 3 年中，各施氮处理（$DN_{300/225}$、$DN_{600/450}$ 和 $DN_{900/675}$）地表 0～20、20～40、40～60、60～100 cm 土层季均硝态氮含量分别从 2008 年黄瓜季、2008 年番茄季、2009 年黄瓜季和 2010 年黄瓜季开始呈现显著差异。经过 3 年的种植（2010 年番茄收获后），$DN_{600/450}$、$DN_{900/675}$ 处理 0～100 cm 土体硝态氮含量分别达 $DN_{300/225}$ 处理的 1.4～3.0 倍和 2.1～4.5 倍。在中、高量施氮处理下可见，番茄季土壤硝态氮积累状况较黄瓜季严重，$DN_{900/675}$ 处理在 2010 年番茄季内地表 0～20 cm 硝态氮含量达 263.4 mg/kg，为各处理 3 年内最高，随后表层积累的硝态氮呈现向土壤深层迁移的趋势。

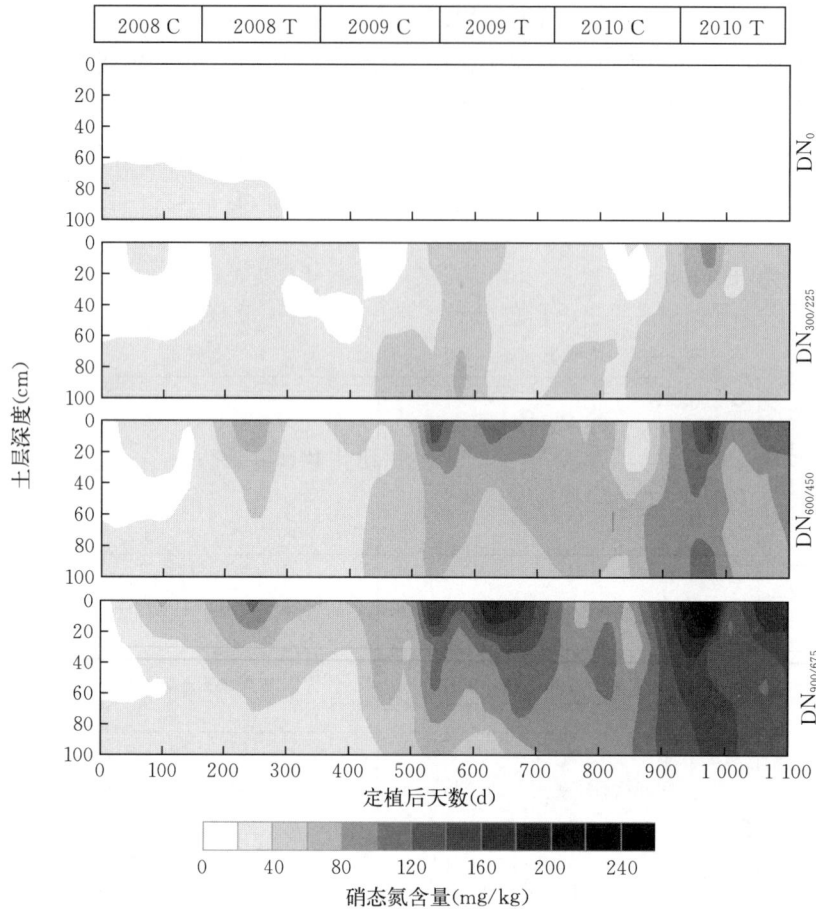

图 10-17 滴灌化肥氮用量对地表 0～100 cm 土壤硝态氮含量的影响

(C 为黄瓜季；T 为番茄季)

(二) 土壤硝态氮淋失量

在相同施氮量下，沟灌减量灌溉与常规灌水量相比可显著降低硝态氮淋失量（表 10-6），在黄瓜苗期、初瓜期、盛瓜期、末瓜期 W_2N_{1200} 处理的硝态氮淋失量比 W_1N_{1200} 处理分别减少 50.0%、37.3%、10.8%、2.8%，对应 4 个时期 W_2N_{900} 处理的硝态氮淋失量比 W_1N_{900} 处理分别减少了 37.1%、31.8%、6.3%、3.0%。

在相同灌水量下，减施氮用量能显著降低硝态氮淋失量，在苗期、初瓜期、盛瓜期、末瓜期 W_1N_{900} 处理比 W_1N_{1200} 处理硝态氮淋失量分别降低 23.1%、22.0%、20.5%、11.2%；对应 4 个生育期 W_2N_{900} 处理比 W_2N_{1200} 处理硝态氮淋失量分别降低 3.4%、15.2%、16.5%、11.4%。在整个黄瓜生育期，减量灌溉节氮 25% 处理（W_2N_{900}）比常规水氮处理（W_1N_{1000}）硝态氮淋失量降低了 35.0%。

黄瓜全生育期 95 cm 深度土壤硝态氮含量与硝态氮淋失量呈正相关（图 10-18）。苗期、初瓜期、盛瓜期、末瓜期的 R^2 值分别为 0.317 6（$P<0.05$）、0.802 1（$P<0.05$）、0.875 6（$P<0.05$）、0.716 8（$P<0.05$）。其中，盛瓜期土壤硝态氮含量与硝态氮淋失量相关性最高。

表 10-6　不同处理下硝态氮淋失量（kg/hm²）

生育期	处理					
	W_1N_0	W_1N_{1200}	W_1N_{900}	W_2N_0	W_2N_{1200}	W_2N_{900}
苗期	1.2a	105.2b	80.9b	1.0a	52.6c	50.8c
初瓜期	1.0a	122.9a	95.9a	1.4a	77.1b	65.4bc
盛瓜期	1.2a	104.1b	82.7b	2.1a	92.8ab	77.5b
末瓜期	0.8a	104.8b	93.1a	1.9a	101.9a	90.3a
累积淋失量	4.2	437.0	352.6	6.4	324.4	284.0

注：同列数字后不同小写字母表示差异达5%显著水平。

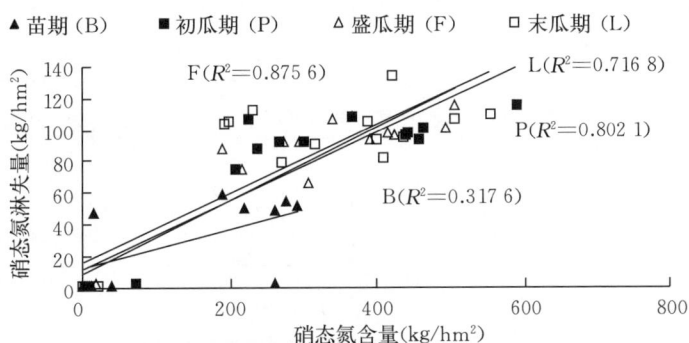

图 10-18　不同生育期土壤硝态氮含量与硝态氮淋失量相关性分析

四、潮土设施菜地无机氮肥所致盐化与酸化特征

（一）土壤电导率动态变化

随着种植年限的延长，土壤出现不同程度次生盐渍化倾向，以中、高量施氮处理土壤盐渍化程度最重（图 10-19）。DN_0、$DN_{300/225}$、$DN_{600/450}$、$DN_{900/675}$ 处理地表 0～100 cm 土体 $EC_{5:1}$（土壤导电率，水土比 5:1 测定）由 2008 年黄瓜季季均 331.1～503.3 $\mu S/cm$、368.5～506.5 $\mu S/cm$、379.6～514.3 $\mu S/cm$、407.0～476.7 $\mu S/cm$，增至 2010 年番茄季季均 478.3～723.1 $\mu S/cm$、636.3～1 071.0 $\mu S/cm$、663.0～1 212.4 $\mu S/cm$、710.0～1 359.6 $\mu S/cm$。其中，DN_0 处理地表 0～40 cm 土壤 $EC_{5:1}$升高显著，$DN_{300/225}$ 和 $DN_{600/450}$ 处理地表 0～60 cm 土体 $EC_{5:1}$显著升高，而 $DN_{900/675}$ 处理 0～100 cm 土体 $EC_{5:1}$均呈现显著升高。各处理均以地表 0～20 cm 土体 $EC_{5:1}$增加最为显著。对应 4 个处理（DN_0、$DN_{300/225}$、$DN_{600/450}$ 和 $DN_{900/675}$）地表 0～20 cm 土体 $EC_{5:1}$年均增幅分别达 91.4 $\mu S/cm$、172.4 $\mu S/cm$、206.7 $\mu S/cm$、257.3 $\mu S/cm$。

在 3 年中，$DN_{600/450}$、$DN_{900/675}$ 处理地表 0～100 cm 土体 $EC_{5:1}$分别为 $DN_{300/225}$ 处理的 0.8～1.8 倍、0.8～2.2 倍；从 2008 年番茄季至 2009 年番茄季，$DN_{600/450}$、$DN_{900/675}$ 处理与 $DN_{300/225}$ 处理地表 0～20 cm 土层季均 $EC_{5:1}$差异显著。进入 2010 年番茄季，$DN_{900/675}$ 处理 $EC_{5:1}$达到 3 年最高值 1 836.2 $\mu S/cm$，但是处理间季均 $EC_{5:1}$差异趋于减小而不显著。过量施用化学氮肥加重了土壤次生盐渍化程度，可见

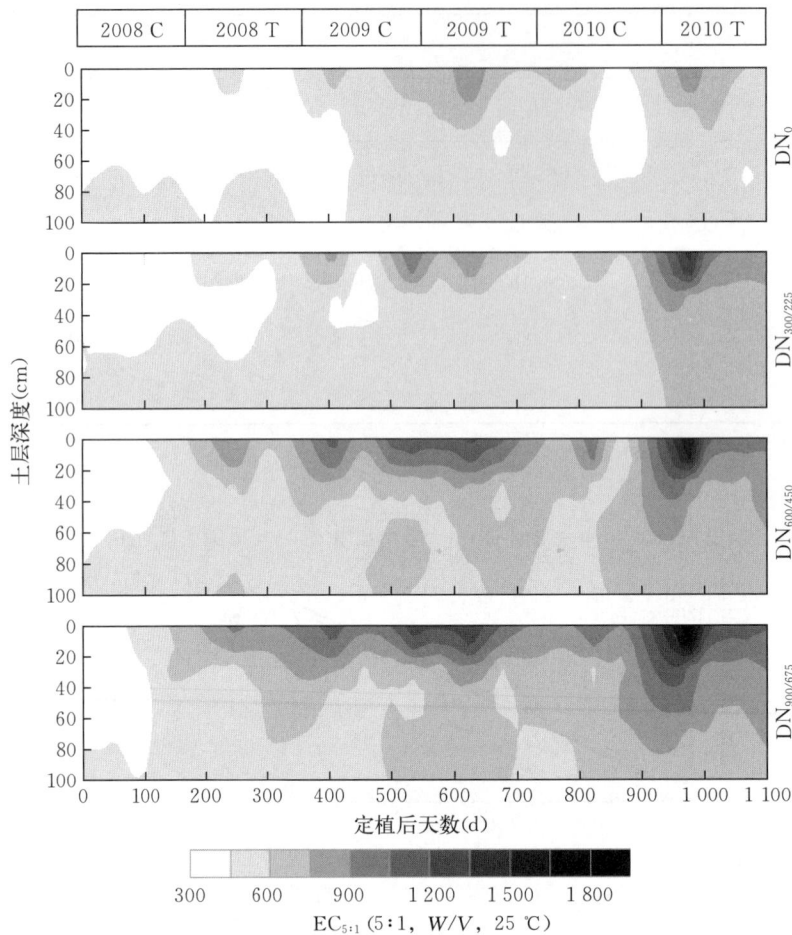

图 10-19　滴灌化肥氮用量对地表 0～100 cm 土体 $EC_{5:1}$ 的影响

（C 为黄瓜季；T 为番茄季）

NO_3^- 是导致设施土壤次生盐渍化的重要离子。有研究显示，设施菜地硝酸盐型次生盐渍化表层土壤硝酸盐含量与 EC 之间呈显著正相关关系（张金锦等，2012）。然而，本试验 N_0 处理土壤 $EC_{5:1}$ 也呈逐年增加趋势，地表 0～20 cm 土层季均 $EC_{5:1}$ 在进入 2009 年黄瓜季后超过 600 $\mu S/cm$，表明设施土壤次生盐渍化并非单由过量施氮所致。除 NO_3^- 外，SO_4^{2-}、Ca^{2+} 等也是影响设施土壤盐分含量的主要离子（曾希柏等，2010；施毅超等，2011；唐冬等，2014；黄敏等，2013）。

（二）土壤 pH 变化

随着种植年限的延长，地表 0～40 cm 土体 pH 逐渐降低（图 10-20）。在黄瓜季，各处理在 2010 年收获后地表 0～40 cm 土体 pH 较 2008 年有所下降，其中，$DN_{600/450}$ 和 $DN_{900/675}$ 处理 pH 下降显著；在番茄季，各处理 2010 年收获后地表 0～40 cm 土体 pH 较 2008 年也呈降低趋势，但仅 $DN_{900/675}$ 处理地表 0～20 cm 土体 pH 显著下降。综合 3 年，地表 0～20 cm 土体在 2010 年番茄收获后 pH 较 2008 年黄瓜季显著下降，DN_0、$DN_{300/225}$、$DN_{600/450}$、$DN_{900/675}$ 处理土壤 pH 年均降幅分别达 0.11、0.15、0.16、0.21；对应地表 20～40 cm 土体 pH 年均降幅分别达 0.09、0.14、0.15、0.16。

从 2008 年番茄季开始，施氮导致的土壤 pH 下降逐渐显现；在 5 季中，$DN_{300/225}$、$DN_{600/450}$、$DN_{900/675}$ 较 DN_0 处理地表 0～40 cm 土体 pH 分别下降了 0.03～0.22、0.06～0.23、0.13～0.30，其

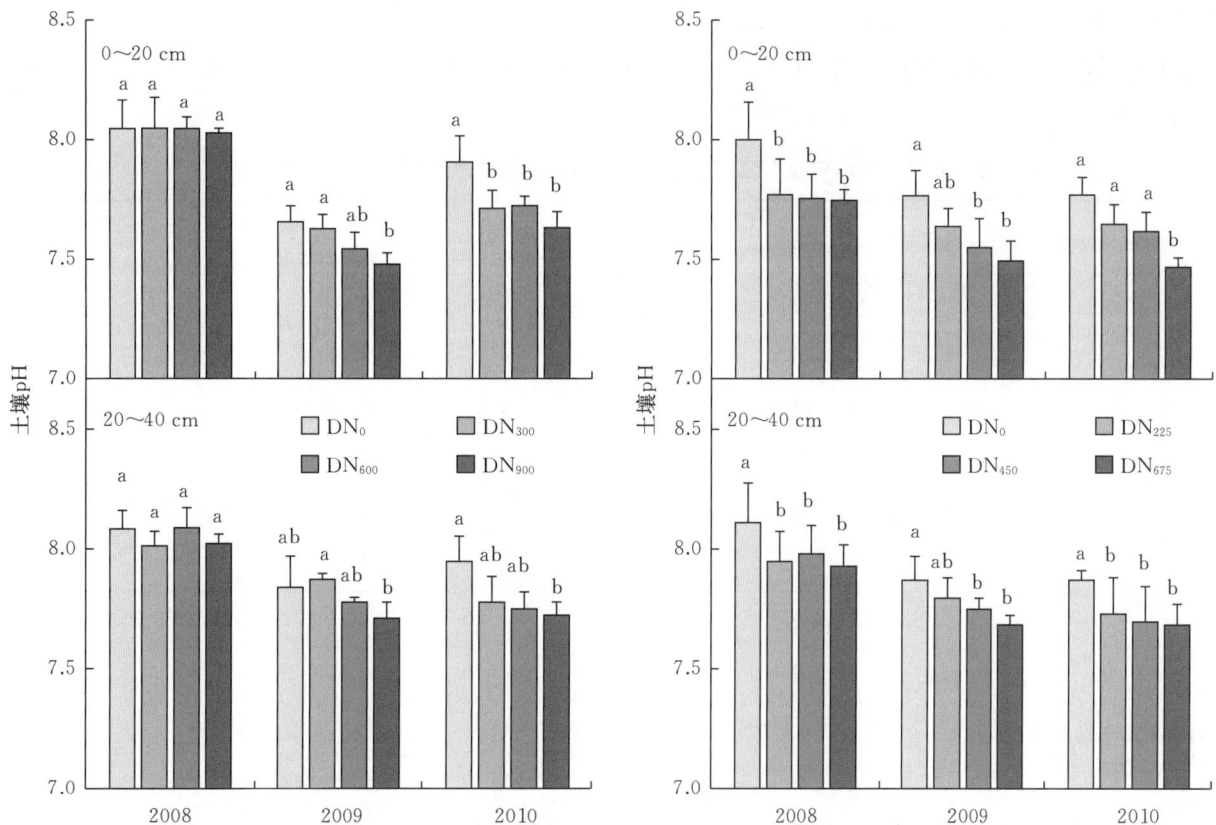

图 10-20　滴灌化肥氮用量对蔬菜根层土壤 pH 的影响

中，大部分种植季 $DN_{900/675}$ 与 DN_0 处理 pH 差异显著（仅除 2009 年黄瓜季地表 20~40 cm 土体外）；5 季中，$DN_{900/675}$ 处理较 $DN_{300/225}$ 处理土壤 pH 下降了 0.03~0.18 个 pH 单位，但是这 2 个处理仅在 2009 年黄瓜季和 2010 年番茄季地表 0~20 cm 土体 pH 差异显著。

设施土壤酸化与不合理施氮有关。陆扣萍等（2013）的研究显示过量的氮肥投入导致大棚土壤 pH 迅速下降。有研究表明设施土壤硝态氮及碱解氮含量与 pH 呈极显著负相关关系（沈灵凤等，2012；曹齐卫等，2012）。本试验中过量施用氮肥加快了土壤酸化的速度，3 年 $DN_{900/675}$ 处理 0~40 cm 土层 pH 由 8.10~8.15 降至 7.47~7.67，此时土壤 H^+ 浓度较基础土增加了 2.0~3.3 倍。由于北方旱地土壤通气状况良好，施用氮肥导致的土壤酸化可能与尿素水解产物 NH_4^+ 的硝化作用有关。1 个 NH_4^+ 在硝化细菌的作用下将产生 2 个 H^+。此外尿素水解产生的 CO_2 溶于土壤溶液后电离为也会产生 H^+。由于 H^+ 与土壤离子颗粒表面的结合力较 Ca^{2+}、Mg^{2+} 强，H^+ 浓度的增加可能导致这些离子从土壤表层淋失。但本试验 DN_0 处理土壤 pH 也呈逐年下降趋势，说明设施土壤酸化与次生盐渍化一样都是多因素共同调控的结果。由于设施栽培复种指数高，每年作物从土壤中带走大量的 Ca^{2+}、Mg^{2+} 离子，这可能是 N_0 处理土壤酸化的重要原因。此外，过磷酸钙、作物根系分泌 H^+ 都是土壤 H^+ 的来源。

五、潮土设施蔬菜生产优化水氮管理

（一）优化水氮管理对氮肥利用与损失的影响

1. 沟灌节水减氮下氮肥利用与损失　$W_2N_{600/450}$ 处理在满足蔬菜氮素需求的同时能有效控制氮素

损失。除 2008 年番茄季外，以 $W_2N_{600/450}$ 处理氮肥利用率最高，较 $W_1N_{1200/900}$ 处理增加 $2.4 \sim 3.3$ 个百分点（表 10-7）。$W_1N_{1200/900}$、$W_2N_{900/675}$ 和 $W_2N_{600/450}$ 处理均为盈余施氮，但是 $W_2N_{600/450}$ 处理氮素盈余量较 $W_1N_{1200/900}$ 处理少。3 年 $W_2N_{600/450}$ 处理表观氮素损失较 $W_1N_{1200/900}$ 处理下降 56.0%，估算氮素损失率降低 7.2 个百分点，残留率升高 4.3 个百分点。

表 10-7 节水减氮对温室蔬菜氮肥利用率、氮素表观盈亏和损失的影响

项目	蔬菜	年份	$W_2N_{600/450}$	$W_2N_{900/675}$	$W_1N_{1200/900}$	W_2N_0	W_1N_0
氮肥利用率 （%）	黄瓜	2008	8.5a	3.5b	6.1ab	—	—
		2009	12.5a	6.0b	9.2ab	—	—
		2010	12.6a	6.8b	9.6ab	—	—
	番茄	2008	5.9a	2.9a	6.1a	—	—
		2009	9.5a	4.6b	7.1ab	—	—
		2010	11.1a	6.2b	8.6ab	—	—
氮素表观盈亏 （kg/hm²）	黄瓜	2008	184.7c	504.5b	804.2a	−364.3d	−323.2d
		2009	109.5c	451.7b	777.2a	−345.6d	−237.4d
		2010	170.3c	480.3b	763.5a	−289.6d	−215.9d
	番茄	2008	214.8c	435.2b	646a	−224.7d	−196.5d
		2009	296.8c	520.7b	728.5a	−159.8d	−175.8d
		2010	270.3c	485.5b	703.3a	−170d	−176.1d
氮素表观损失 （kg/hm²）		2008— 2010	1 678.1c	2 753.9b	3 811.5a	—	—

注：同行数字后不同字母代表处理间差异达到 5% 显著水平。

一方面，本试验通过水氮合理调控，减量灌溉节氮 50% 后氮素表现为损失显著下降。这与节氮后显著降低盈余施氮量，使得硝态氮在土体剖面上的积累量明显下降（地表 $0 \sim 100$ cm 土体 3 年硝态氮均值下降 $13.9\% \sim 31.1\%$），从而减少了进入损失途径的氮素有关。本试验节氮 50% 后氮素损失量降幅与 Guo 等（2008；2010）在温室冬春茬黄瓜以及郝小雨等（2012a；2012b）在温室芹菜-番茄轮作上的研究结果较一致。李银坤（2010）对供试温室冬春茬黄瓜一季研究显示氮素总损失率在 $26.9\% \sim 41.2\%$。其中，氮素淋失率在 $25.7\% \sim 39.5\%$，氮素气态损失率为 $1.1\% \sim 1.8\%$。本试验 3 年氮素表观损失率较李银坤单季研究结果有所增加，表明番茄季施用的氮肥损失率较黄瓜季高。

另一方面，试验通过监测黄瓜和番茄关键生育期土壤含水量，合理控制关键生育期灌水量，显著减缓了硝态氮向土壤深层迁移，表明水分管理可以调控硝态氮在土体上的分布，也能有效降低土壤氮素淋失。这与殷冠羿等（2013）在温室番茄优化畦灌减量施氮上的研究结果较一致。李银坤（2010）对供试温室的研究显示相同施氮量下，减量灌水与习惯灌水相比，冬春茬黄瓜季硝态氮淋失量降低 $14.9\% \sim 23.8\%$，节水 30% 配合减氮 50% 较常规水氮管理土壤硝态氮淋失量下降 46%。

减量灌溉节氮 50% 后 3 年 $0 \sim 60$ cm 土层平均硝态氮含量控制在相对适宜范围（$50 \sim 100$ mg/kg），使得虽然较常规节水 $20\% \sim 30\%$、减氮 50%，但是蔬菜氮素吸收量未受显著影响，从而提高了氮肥

利用率，并保持了较高的经济效益。研究显示，较菜农常规施肥管理，化肥节氮 10%～57%，黄瓜表观氮肥利用率增加 6～15 个百分点，产量没有显著下降或增产 10%～30%（杨治平等，2007；刘晓燕等，2010；Min et al.，2011）。本研究较前人结果氮肥利用率增幅偏低，与供试土壤基础无机氮含量偏高有关。

2. 滴灌减氮下氮肥利用与损失 $DN_{300/225}$ 处理土壤氮素输入与输出基本平衡（表 10-8），但是中、高量施氮处理氮素表观盈余显著增加，3 年 $DN_{600/450}$ 和 $DN_{900/675}$ 处理氮素表观盈余量分别达 1 335.3 kg/hm^2 和 2 946.1 kg/hm^2。$DN_{300/225}$ 处理 N 肥利用率显著高于 $DN_{900/675}$ 处理，综合 3 年 $N_{300/225}$ 处理氮肥利用率较 $N_{600/450}$ 和 $N_{900/675}$ 处理提高了 9.0～13.8 个百分点。在低量施氮处理（$DN_{300/225}$）下，大部分种植季（5 季）地表 0～60 cm 土层硝态氮处于《中国主要作物施肥指南》中给出适宜黄瓜和番茄生长的土壤硝态氮含量（25.0～40.0 mg/kg）（张福锁等，2009），地表 60～100 cm 土层硝态氮未出现明显积累，氮肥利用率显著增加，具有较好的经济和环境效益。

表 10-8 滴灌化肥氮用量对温室蔬菜种植氮素表观平衡和氮肥利用率的影响

项目	蔬菜	种植季	$DN_{300/225}$	$N_{600/450}$	$N_{900/675}$	DN_0
氮素表观平衡（kg/hm^2）	黄瓜	2008	−148.3c	168.2b	502.1a	−378.7d
		2009	−137.3c	176.9b	474.7a	−322.3d
		2010	−4.6c	252.3b	536.7a	−206.8d
	番茄	2008	25.0c	225.1b	454.1a	−187.3d
		2009	29.2c	256.3b	501.7a	−159.3d
		2010	46.4c	256.4b	476.9a	−177.9d
氮肥利用率（%）	黄瓜	2008	23.2a	8.8b	2.1c	—
		2009	23.9a	11.6b	6.3b	—
		2010	24.6a	13.6ab	8.1b	—
	番茄	2008	15.7a	8.6b	3.4c	—
		2009	22.3a	10.8b	5.4b	—
		2010	21.1a	12.1ab	7.3b	—

注：同行数字后不同字母代表处理间差异达到 5% 显著水平。

（二）优化水氮管理对经济效益的影响

与 $W_1N_{1200/900}$ 相比，沟灌节水减氮后持续 3 年仍然保持了较高的经济效益（表 10-9），在 2008 年黄瓜季、2008 年番茄季和 2009 年番茄季，$W_2N_{675/450}$ 处理较 $W_1N_{1200/900}$ 处理经济效益增加 1.1%～5.8%。滴灌种植黄瓜-番茄 3 年实现经济效益 182.0 万～188.7 万元/hm^2，而各施氮处理经济效益未有显著差异（表 10-10）。

表 10-9 节水减氮对温室蔬菜生产经济效益的影响（万元/hm^2）

蔬菜	种植季	$W_2N_{600/450}$	$W_2N_{900/675}$	$W_1N_{1200/900}$	W_2N_0	W_1N_0
黄瓜	2008	34.9a	34.4a	32.9a	34.4a	31.8a
	2009	33.9a	31.6ab	34.0a	28.5b	24.1c
	2010	31.9a	30.6a	32.6a	25.5b	18.4c

（续）

蔬菜	种植季	$W_2N_{600/450}$	$W_2N_{900/675}$	$W_1N_{1200/900}$	W_2N_0	W_1N_0
番茄	2008	38.0a	37.4a	36.0a	39.2a	36.3a
	2009	18.4ab	16.4b	18.2ab	23.9a	22.2ab
	2010	21.8a	21.1a	21.9a	24.6a	24.7a

注：同行数字后不同字母代表处理间差异达到5%显著水平。

表 10-10　滴灌化肥氮用量对温室蔬菜种植经济效益的影响（万元/hm²）

蔬菜	种植季	$DN_{300/225}$	$DN_{600/450}$	$DN_{900/675}$	DN_0
黄瓜	2008	37.4a	37.7a	38.0a	37.7a
	2009	33.7a	33.0a	31.7a	31.3a
	2010	28.7a	29.6a	28.5a	20.5b
番茄	2008	38.0b	38.7ab	37.8b	41.5a
	2009	23.9ab	24.4ab	22.1b	25.8a
	2010	25.9a	25.2a	23.9a	25.7a

注：同行数字后不同字母代表处理间差异达到5%显著水平。

（三）设施蔬菜生产适宜水氮用量

供试黄瓜产量水平为 165～185 t/hm²，番茄产量水平为 70～130 t/hm²。在本试验条件下，沟灌黄瓜-番茄最佳产量 0～20 cm 土层硝态氮含量接近黄绍文等（2011）推荐的适宜蔬菜生长的土壤硝态氮含量 50～100 mg/kg，略高于 Guo 等（2008 和 2010）和 Ren 等（2010）得出的根层土壤无机氮控制值 150～200 kg/hm²。沟灌节水 30.5% 减氮 50% 后，2009—2010 年黄瓜季 0～20 cm 土层季均硝态氮含量处于本试验所得适宜区间，表明在该产量水平（160～180 t/hm²）下，沟灌冬春茬黄瓜施氮量 600 kg/hm²、灌水量 450～550 mm 较为适宜。高丽等（2012）研究推荐冬春茬黄瓜产量水平 110～130 t/hm² 下，沟灌优化灌水量为 240 mm，施氮量为 240 kg/hm²，与该结果相比本研究水氮推荐量略高，这与本研究黄瓜产量水平较高有关。

在节水 23.9% 减氮 50% 后，2009—2010 年番茄季 0～20 cm 土层季均硝态氮含量均高于 90 mg/kg，表明在该产量水平下（70～80 t/hm²）可进一步降低减量灌溉番茄季施氮量。按照每生产 1 t 番茄需要氮素 1.57 kg 计算，生产番茄 70～80 t/hm² 仅需氮 109.9～125.6 kg/hm²，也表明节氮 50% 时施氮 450 kg/hm² 偏高较多。综合上述，推荐沟灌秋冬茬番茄产量水平 70～80 t/hm² 下，灌水 170～200 mm，配合施氮量 250 kg/hm² 较适宜。石小虎等（2013）在膜下沟灌温室番茄上的研究显示在产量水平 52～68 t/hm² 下较理想水氮耦合模式为灌水量 148.5 mm、施氮量 410 kg/hm²。该结果略高于本文推荐施氮量，这与其供试土壤为沙壤土保肥能力偏低有关。本研究所得冬春茬黄瓜和秋冬茬番茄沟灌适宜水氮用量可在与供试条件相近的温室上采用，但是如果蔬菜品种、种植茬口、光温条件、土壤条件差异较大，建议参考该结果做进一步验证。

水分科学管理是氮肥减施增效的关键，合理调控灌水量并推荐适宜施氮量是氮肥减施增效的有效措施。华北平原温室黄瓜-番茄生产农民习惯水肥管理节水减氮潜力较大，较农民习惯节水 20%～30%，配合减氮 50%，能有效降低氮素损失，提高氮肥利用率，保持较高的经济效益（图 10-21）。根据本试验 3 年结果，推荐与供试条件相近的温室，沟灌冬春茬黄瓜产量水平 160～180 t/hm² 下灌水 450～550 mm 配合施氮量 600 kg/hm² 较适宜，秋冬茬番茄产量水平 70～80 t/hm² 下灌水 170～200 mm 配合施氮量 250 kg/hm² 较适宜。供试滴灌冬春茬黄瓜、秋冬茬番茄经济施氮量分别为 300 kg/hm²、225 kg/hm²，配合滴灌水量分别为 380 mm、130 mm。

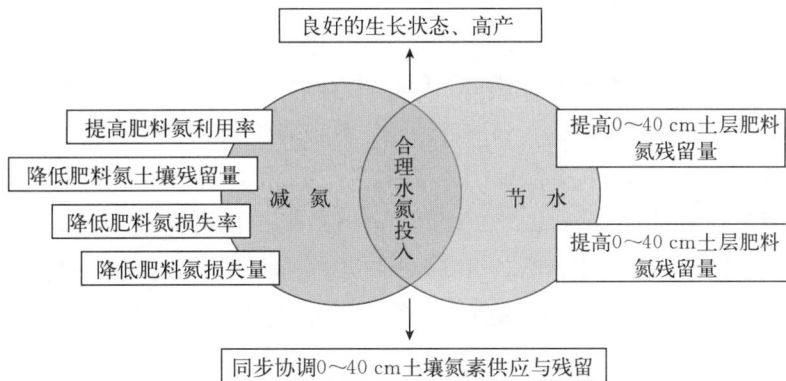

图 10-21　冬春茬黄瓜-秋冬茬番茄轮作体系节水减氮增效机制

减氮 50%能降低整体土壤剖面硝态氮积累，节水 20%～30%能使土壤硝态氮趋近根区分布，节水 20%～30%配合减氮 50%将根区硝态氮供应维持在适宜水平，并降低进入损失途径的氮素，从而实现了氮肥减施增效。对长期温室栽培而言，优化水分管理是氮肥减施增效的关键，合理调控灌水量下推荐适宜施氮量是氮肥减施增效的有效措施。

第二节　潮土设施菜地土壤磷素转化与减肥增效机制

设施蔬菜生产过量施磷问题普遍存在。我国设施蔬菜单季磷肥平均用量为 P_2O_5 1 308 kg/hm²，达蔬菜需磷量的 13.0 倍（Yan et al.，2013）。黄绍文等（2011）调查发现，我国温室和大棚菜田平均有效磷（Olsen-P）含量分别为 201.1 mg/kg 和 140.3 mg/kg，80%以上的调查田块 Olsen-P 含量超过适宜值上限 100 mg/kg。在河北，设施黄瓜和番茄栽培磷肥用量高达蔬菜需求量的 15.5 倍和 28.7 倍，平均土壤 Olsen-P 含量达 150.1 mg/kg 和 205.4 mg/kg（张彦才等，2005；Zhang et al.，2010）。在山东寿光，设施菜田年均磷素盈余量高达 1 485 kg/hm²，磷肥利用率仅 8%（余海英等，2010）。土壤中过量积累的磷素是水体环境的潜在威胁。一些研究显示，设施菜田水溶性磷含量高，磷素吸附饱和度大，淋失风险较高。严正娟（2015）研究发现我国设施菜田磷素淋失明显，20～100 cm 土体水溶性磷含量明显增加，而且随着设施年限的增加而加剧。吕福堂等（2010）调查显示，种植 14 年的日光温室土壤磷素已淋溶至 100 cm 甚至更深。然而，与此形成鲜明对比的是 2010 年我国磷矿石储量仅370 000 万 t，按照现在年开采量 6 800 万 t 计算，仅够维持 50 年左右（Sattari et al.，2014）。合理化设施蔬菜生产磷肥用量为磷资源可持续利用提供重要途径。

潮土设施蔬菜磷肥用量梯度定位试验设计 3 个无机磷水平，分别为不施磷肥 P_0 处理、减量施磷 P_1 处理和常规施磷量 P_2 处理。P_1 处理参考温室黄瓜和番茄目标产量、种植茬口、基础土壤 Olsen-P 测试值推荐施磷量，黄瓜季施 P_2O_5 300 kg/hm²，番茄季施 P_2O_5 225 kg/hm²。P_2 处理按照调查所得河北设施蔬菜磷肥平均用量设计，单季投入 P_2O_5 675 kg/hm²。2008—2011 年未施用有机肥，仅在 2008 年试验开始前施风干发酵鸡粪。潮土设施菜地磷素转化试验，设置不施肥（CK，P_2O_5 0 kg/hm²）、单施无机磷肥（P_1，无机磷肥 P_2O_5 300 kg/hm²）、单施鸡粪（OM，906 kg/hm²）、鸡粪配合施磷（OM+P_1，P_2O_5 300 kg/hm² + 鸡粪 906 kg/hm²）、鸡粪配合习惯施磷量（OM+P_2，P_2O_5 675 kg/hm² + 鸡粪 906 kg/hm²）5 个处理，研究不同施肥方式下潮土设施黄瓜栽培土壤无机磷各形态的转化富集。

一、潮土设施菜地无机磷形态与转化

石灰性土壤中的 Ca_2 - P 是作物的有效磷源，Ca_8 - P 和 Al - P 的有效性低于 Ca_2 - P 而高于 Fe - P，是作物的第二有效磷源，而 O - P 和 Ca_{10} - P 在短期内不能被作物吸收利用。土壤磷的形态和不同分级磷的含量与土壤性质、环境条件及管理因素都有关（Jalali，2016；Luo et al.，2017；Achat et al.，2016；SÁNCHEZ - ALCALÁ et al.，2015）。菜地磷肥转化研究发现，低磷、中磷、高磷土壤中无机磷的主要形态分别为：Ca_8 - P、Ca_2 - P 和 Ca_2 - P，3 种土壤磷肥的累积利用率分别为 41.3%、19.4% 和 21.2%（田秋英，2002）。哈尔滨地区黑土上的研究表明，蔬菜保护地土壤无机磷组分以 Ca - P 的含量最高，其次为 Al - P、Fe - P、O - P（高妍等，2011）。

（一）土壤无机磷形态

壤质石灰性潮土不同形态无机磷的含量为 Ca_{10} - P ＞ Ca_8 - P ＞ O - P ＞ Ca_2 - P ＞ Al - P ＞ Fe - P（图 10 - 22）。其中，Ca - P 所占比例最高，为 79.6%～83.4%。在 Ca - P 组分中，Ca_{10} - P 含量最多，占 Ca - P 总量的 45.6～59.5%；其次，Ca_8 - P 含量占 Ca - P 总量的 35.6～45.8%；含量最少的 Ca_2 - P 所占 Ca - P 总量的 4.4～9.4%。Ca_{10} - P、Ca_8 - P、O - P、Ca_2 - P、Al - P、Fe - P 分别占无机磷总量的 36.4%～48.6%、28.7%～37.8%、7.3%～8.7%、3.7%～7.5%、5.2%～6.3%、3.2%～6.7%。宋付朋（2006）对长期施磷石灰性土壤无机磷形态的研究发现耕层土壤不同形态磷含量为 Ca_{10} - P ＞ Ca_8 - P ＞ Al - P ＞ Fe - P ＞ O - P ＞ Ca_2 - P；郭智芬等（1997）对石灰性旱地土壤不同形态无机磷研究结果为 Ca_{10} - P ＞ O - P ＞ Fe - P ＞ Ca_8 - P ＞ Al - P ＞ Ca_2 - P，以上结果与本试验地土壤不同形态磷含量顺序略有不同。姚炳贵等（1997）研究指出，天津郊区潮土磷素磷的组成以磷酸钙最多，其次是闭蓄态磷酸盐，而磷酸铝盐与所占比例很少，其研究结果与本研究结论一致。

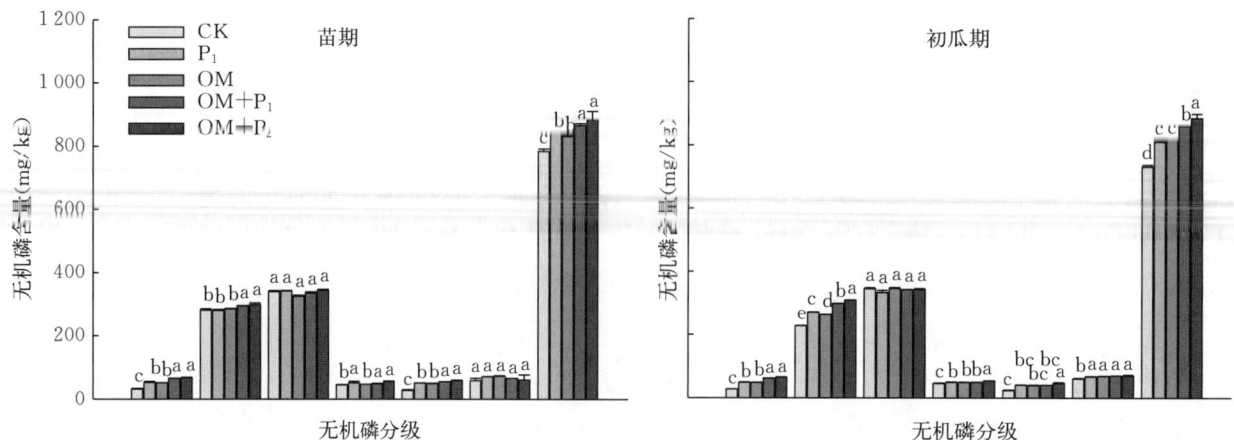

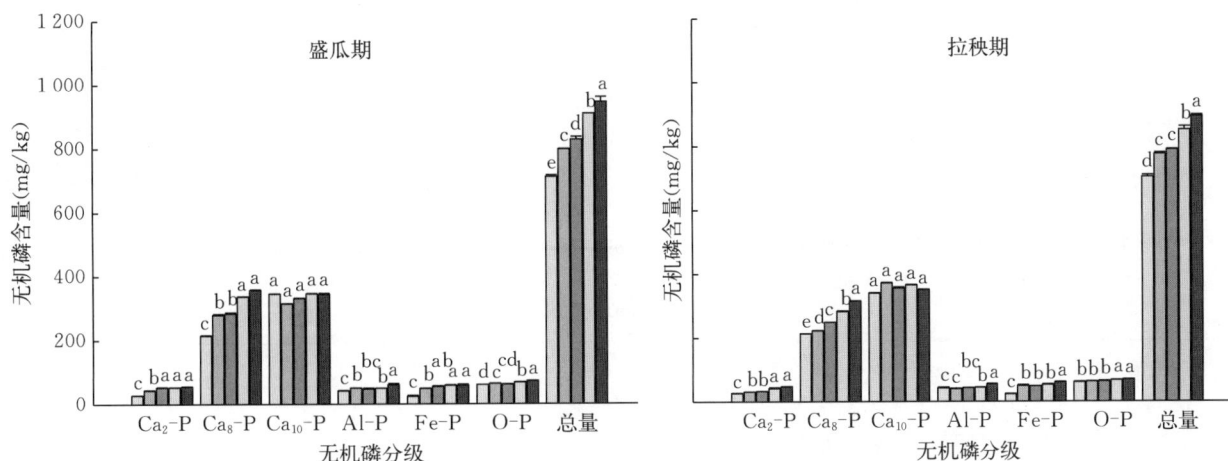

图 10-22 不同施肥处理对 0~20 cm 土层无机磷分级含量的影响

（不同字母表示同一生育时期不同处理之间在 0.05 水平上差异显著）

（二）有机无机肥配施下土壤无机磷转化

与有机无机配施相比，CK 普遍提高了不同组分无机磷的含量及总量，以 Ca_8-P 增加最多，其次是 Ca_2-P、$Al-P$、$Fe-P$，处理间差异达到显著水平；$OM+P_2$ 处理土壤无机磷的总量最高，变化趋势为 $OM+P_2$ 处理＞$OM+P_1$ 处理＞OM 处理＞P_1 处理＞CK 处理。O-P 在产瓜盛期和产瓜末期有所增加，而 $Ca_{10}-P$ 含量在各个处理间变化甚微，保持在 340.0~349.8 mg/kg。

分析不同生育时期土壤无机磷组分的变化趋势，Ca_2-P 的含量随着生育时期的推进逐渐下降，Ca_8-P 和 $Al-P$ 则在产瓜盛期之前呈现增加趋势，之后则又下降，$Fe-P$ 略有下降趋势，O-P 含量和 $Ca_{10}-P$ 变化不明显，说明当季作物主要吸收利用的磷素形态为 Ca_2-P、Ca_8-P、$Al-P$ 和 $Fe-P$，而 O-P 和 $Ca_{10}-P$ 很少被作物吸收利用；同时，磷肥加入土壤后很快会由 Ca_2-P 转化为 Ca_8-P，而以缓效态累积在土壤中，各形态无机磷中以 Ca_8-P 积累最多，缓效态 $Al-P$ 和 $Fe-P$ 也有一定量的积累。前人研究发现，对石灰性土壤投入磷素时，小麦根际土壤中 Ca_2-P、Ca_8-P、$Al-P$、$Fe-P$ 的含量会在短时间内迅速增加，而 $Ca_{10}-P$ 和 O-P 的含量几乎没有变化（介晓磊等，2007）；对盐土施用有机肥后，土壤中 Ca_2-P、Ca_8-P 的含量会快速增加，其他形态变化不大；对土壤施用无机磷肥时，磷素会首先向 Ca_2-P 转化，之后向 Ca_8-P、$Al-P$、$Fe-P$、$Ca_{10}-P$、O-P 转化（汤炎等，2007）。大量研究表明，土壤 pH 会影响营养元素的有效性。磷在 pH 6.5 以下时，随着 pH 的降低，其有效性降低；在 pH 7.5 以上时，随着 pH 的升高，其有效性也会降低（Halajnia et al.，2009）。本研究的试验偏碱性，随着生育时期的推进，pH 逐渐趋向于中性，可能会导致 $Al-P$、$Fe-P$ 等形态含量增加。

对有效磷和无机磷组分进行相关性分析表明（表 10-11），Ca_2-P 含量与土壤有效磷含量相关性最高，各生育时期相关系数均达到极显著水平，其次是 $Al-P$ 各生育时期相关系数达到显著或极显著水平，再次是 Ca_8-P，除苗期外各生育期相关系数均达到显著水平。可见，不同形态无机磷对黄瓜的有效性顺序是 Ca_2-P＞$Al-P$＞Ca_8-P＞$Fe-P$，即二钙磷和铝磷是黄瓜的有效磷源。研究表明，二钙磷是作物的有效磷源，铝磷、八钙磷、铁磷是缓效磷，十钙磷是潜在磷源（李新平等，2009；陈永亮，2012）。

表 10 - 11　土壤不同形态无机磷含量与有效磷的相关系数（r）

生育时期	$Ca_2 - P$	$Ca_8 - P$	$Ca_{10} - P$	$Al - P$	$Fe - P$	$O - P$
苗期	0.974**	0.699	0.835	0.991**	0.859	0.319
产瓜初期	0.992**	0.974**	0.691	0.973**	0.862	0.964*
产瓜盛期	0.962**	0.911*	0.695	0.929*	0.696	0.696
产瓜末期	0.929**	0.919*	0.672	0.945*	0.781	0.845

注：*和**表示在 0.05、0.01 水平上差异显著。

（三）单施无机磷肥下土壤无机磷转化

采用土培法研究无机磷肥在石灰性土壤上的转化，供试土壤类型为黏壤质石灰性潮土（取自武强），设计施用过磷酸钙处理（用 P 表示）和重过磷酸钙处理（用 PP 表示），施磷水平为 P_2O_5 0.224 g/kg。比较施用过磷酸钙和重过磷酸钙后土壤无机磷分级变化可见，经过 60 d 的平衡，各无机磷组分之间的相对含量并没有明显变化。无论是施用过磷酸钙还是重过磷酸钙的处理，土壤 $Ca_2 - P$ 和 $Ca_8 - P$ 含量均显著增加（图 10 - 23）；施用过磷酸钙还显著增加土壤中 $Fe - P$ 的含量，$Al - P$ 含量和 $Ca_{10} - P$ 含量也呈增加趋势，施用过磷酸钙平衡 60 d 后无机磷各组分含量排序为 $Ca_{10} - P > Ca_8 - P > O - P > Al - P > Fe - P > Ca_2 - P$；施用重过磷酸钙还增加了土壤 $Fe - P$ 含量，而 $Al - P$ 含量变化不大，$O - P$ 和 $Ca_{10} - P$ 含量略有下降，施用重过磷酸钙平衡 60 d 后无机磷各组分含量排序为 $Ca_8 - P > Ca_{10} - P > O - P > Al - P > Fe - P > Ca_2 - P$。

二、潮土设施菜地磷素积累、迁移与利用

设施蔬菜磷素需求量高，黄瓜（产量水平 150～180 t/hm²）、番茄（产量水平 90～120 t/hm²）单季磷素吸收量分别为 P_2O_5 165～198 kg/hm²、90～120 kg/hm²。目前，潮土设施菜地磷素积累与迁移特征研究较少。研究多集中于设施蔬菜生产磷肥减量施用与效率提升。中产番茄（70～85 t/hm²）单季研究表明，若追求产量，则以 P_2O_5 用量 300 kg/hm² 为宜；若以产量为主兼顾磷淋溶，则以 P_2O_5 用量 225 kg/hm² 为宜（何金明等，2016）。Liu 等（2011）通过 4 年（前茬作物分别为玉米、番茄、玉米、苜蓿）研究表明，滴灌加工番茄产量水平 89～94 t/hm²，施用 P_2O_5 206 kg/hm² 较不施磷总产量增加 5%。中低产（125～130 t/hm²）冬春茬黄瓜单季优化施用 P_2O_5 458 kg/hm²，此基础上减施磷 49% 导致产量显著下降（高宝岩等，2015）。本研究从磷素平衡角度入手，以增加并维持土壤有效磷供应在适宜范围为目标，探讨潮土设施蔬菜生产减施磷效应。

（一）土壤磷素有效性时空变化

温室菜田以表层土壤 Olsen - P 含量最高，年季变化最明显（图 10 - 24）。本试验中，P_0（不施磷肥，P_2O_5 0 kg/hm²）、P_1（减量施肥，黄瓜季 P_2O_5 300 kg/hm²、番茄季 225 kg/hm²）、P_2（常规施磷，黄瓜季 P_2O_5 675 kg/hm²、番茄季 675 kg/hm²）。在地表 0～20 cm 土层，随着种植年限的增加，P_0 处理 Olsen - P 含量呈降低趋势，年均降幅 3.4 mg/kg；P_1 和 P_2 处理 Olsen - P 含量呈波浪式

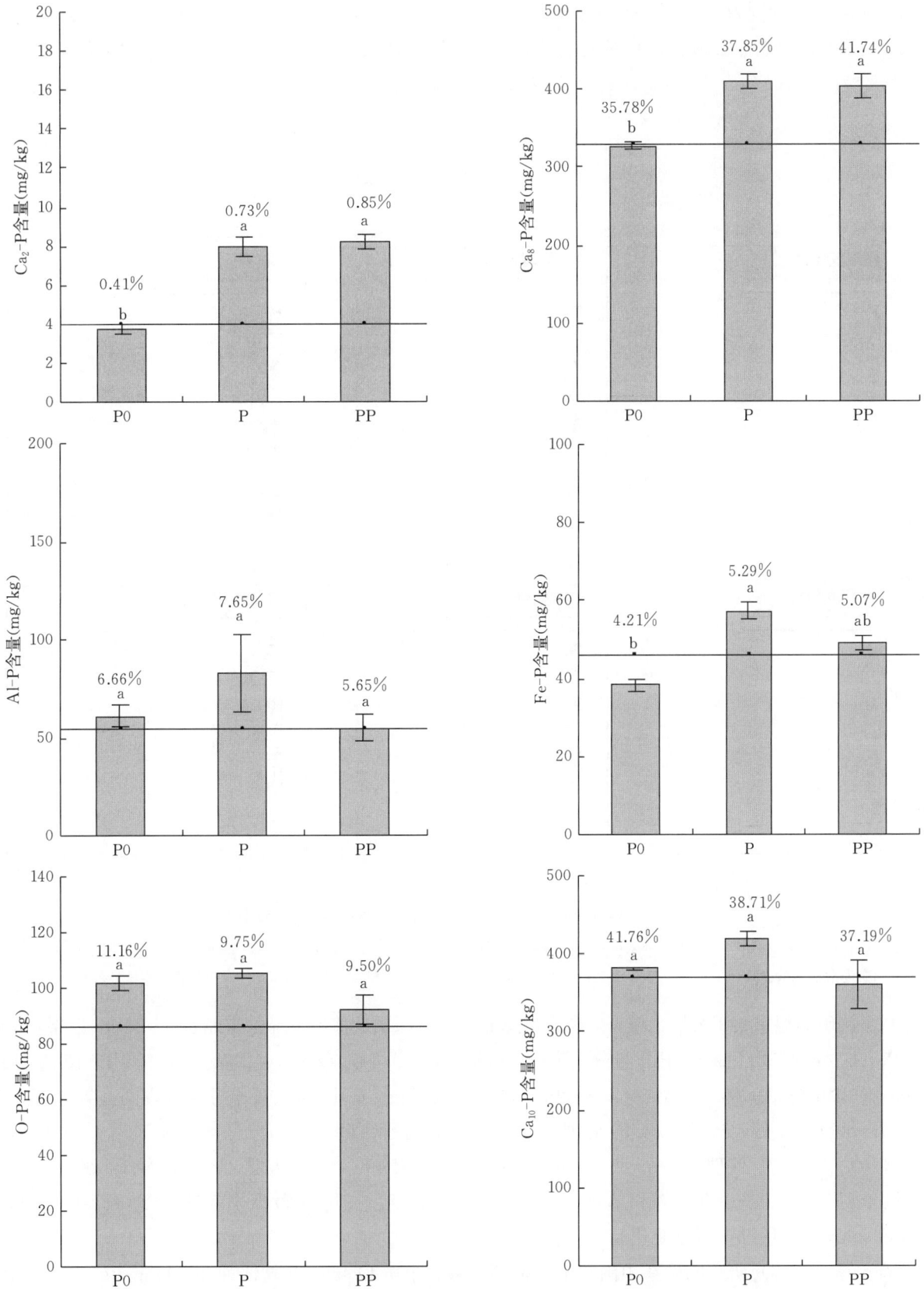

图 10-23　培养 60 d 黏壤质石灰性潮土施用无机磷肥对土壤无机磷各组分转化的影响

（图中每个柱子上的百分数代表该项目在总无机磷含量的百分比，不同字母表示各组之间在 0.05 水平上差异显著。实线表示基础土磷分级水平。P0 代表不施磷对照，P 代表施用过磷酸钙，PP 代表施用重过磷酸钙）

增加，年均增幅分别为 2.5 mg/kg 和 13.2 mg/kg。在地表 20～40 cm 土层，随着种植年限的增加，P_0 处理 Olsen-P 含量先降低之后恢复至基础水平，P_1、P_2 处理 Olsen-P 含量均呈增加趋势，年均增幅分别为 0.8 mg/kg、2.4 mg/kg。在地表 40～60 cm 土层，P_0、P_1、P_2 处理 Olsen-P 年均增幅分别为 1.1 mg/kg、2.0 mg/kg、2.1 mg/kg。

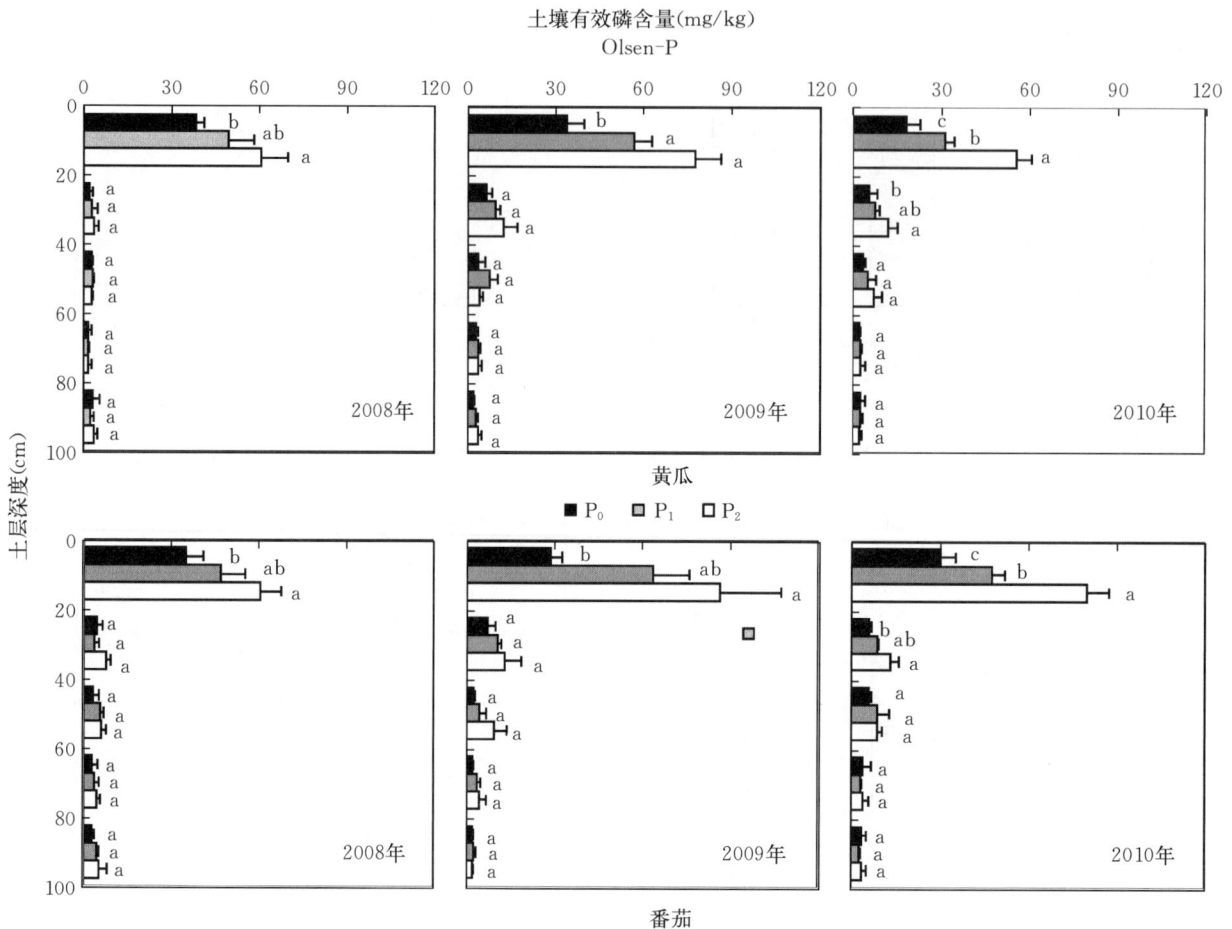

图 10-24　减量施磷对 0～100 cm 土体 Olsen-P 含量的影响

（P_0 为不施磷对照，P_2O_5 0 kg/hm²；P_1 为减量施磷处理，黄瓜季、番茄季 P_2O_5 为 300 kg/hm²、225 kg/hm²；P_2 为常规施磷处理，黄瓜季、番茄季 P_2O_5 均为 675 kg/hm²。不同字母表示各处理间在 0.05 水平上差异显著）

减量施磷后温室菜田表层土壤有效磷含量降低，磷素深层迁移量下降。在地表 0～20 cm 土层，3 年 P_0、P_1、P_2 处理平均 Olsen-P 含量分别为 30.5 mg/kg、49.3 mg/kg、70.2 mg/kg，P_0、P_1 较 P_2 处理 Olsen-P 含量分别下降 36.9%～67.6% 和 18.6%～43.5%，2010 年黄瓜季开始处理间差异显著。在地表 20～40 cm 土层，P_0、P_1 较 P_2 处理 Olsen-P 含量分别下降 40.7%～55.0% 和 17.1%～51.8%，种植 2 年后 P_0 和 P_2 处理 Olsen-P 含量差异显著。在地表 40～60 cm 土层，P_0、P_1 较 P_2 处理 Olsen-P 含量分别下降 4.8%～76.2% 和 2.0%～53.9%（2008 年、2010 年黄瓜季除外）。地表 60～100 cm 土体 Olsen-P 含量没有明显变化。

Yan 等（2013）研究明确在中国基于瓜果菜产量的土壤 Olsen-P 阈值为 58.0 mg/kg，高于该值时蔬菜产量对 Olsen-P 的增加不响应。《中国主要作物施肥指南》中给出适宜黄瓜、番茄生长的根层土壤 Olsen-P 含量为 60～100 mg/kg（张福锁等，2009）。本研究较农民常规施磷减量 61.1% 后，土壤有效磷积累显著缓解，地表 0～20 cm 土层 3 年平均 Olsen-P 含量下降 29.7%，在 50 mg/kg 的相对适宜值，蔬菜磷素吸收未受显著影响。研究表明设施番茄较农民常规减施磷50%～70%，单季有效磷下降33%～37%（赵伟等，2017）。本结果与前人结果较一致。

（二）土壤磷素移动性变化

温室菜田以表层土壤磷素饱和度最高。供试地表0～20 cm土层基础DPS_{M3}（M3浸提法计算的土壤磷素饱和度）为36.3%，经过3年种植，P_0处理地表0～20 cm土层DPS_{M3}较基础下降6.7个百分点。减量施磷下土壤磷素饱和度降低（图10-25）。2010年番茄收获后，P_0、P_1较P_2处理地表0～20 cm土层DPS_{M3}分别下降50.4、21.1个百分点。地表20～40 cm和地表40～60 cm土层DPS_{M3}低于10%，处理间未有显著差异。根据Langmuir方程估算2010年番茄收获后地表20～40 cm土壤Q_m（土壤磷最大吸附量）为396.8 mg/kg，k（与吸附能有关的常数）为0.139，DPS_{KCl}（磷等温吸附试验估算的土壤磷素饱和度）为2.2%。供试条件下，DPS_{KCl}估算土壤磷素饱和度较DPS_{M3}低。

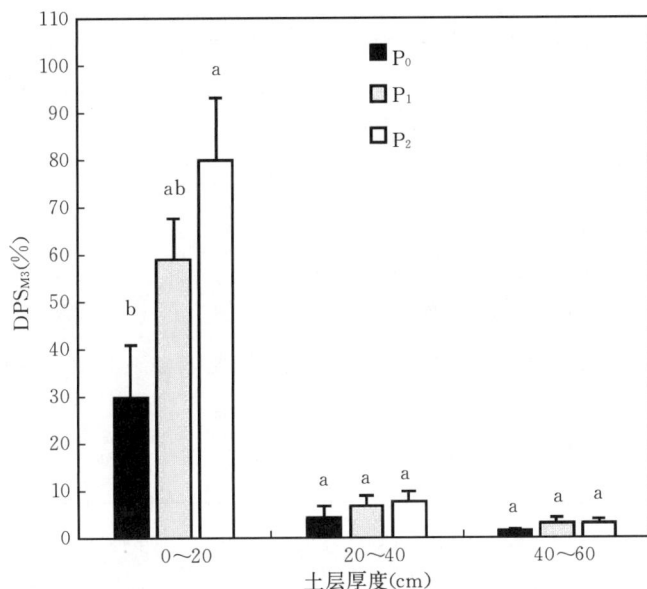

图10-25　减量施磷对0～60 cm土体磷素
饱和度的影响

（P_0为不施磷对照，P_2O_5 0 kg/hm²；P_1为减量施磷处理，黄瓜季、番茄季P_2O_5为300 kg/hm²、225 kg/hm²；
P_2为常规施磷处理，黄瓜季、番茄季P_2O_5均为675 kg/hm²。不同字母表示各处理间在0.05水平上差异显著）

温室蔬菜生产灌水频繁，一些研究显示土壤磷素存在淋失问题（严正娟，2015；吕福堂等，2010；袁丽金等，2010）。Heckrath等（1955）研究表明黏壤质土磷素淋失临界值为60 mg/kg。席雪琴（2015）对全国不同区域18个典型土壤调查发现磷素淋溶阈值在14.9～119.2 mg/kg，其中河北潮土磷淋溶阈值为14.9 mg/kg。Xue等（2014）研究我国典型石灰性土壤发现磷素流失的DPS_{M3}和Olsen-P临界值分别为28.1%和49.2 mg/kg。本研究施用磷肥后，地表20～60 cm土层Olsen-P含量随着种植年限的增加呈增加态势，表明存在土壤磷素深层迁移。经过3年种植，P_2处理地表0～20 cm土层Olsen-P含量和DPS_{M3}均高于薛巧云（2013）所得临界值，P_1处理地表0～20 cm土层平均Olsen-P含量接近薛巧云（2014）所得临界值，但是DPS_{M3}较高，这是磷深层迁移的原因。减量施磷61.1%后，明显缓解了地表20～60 cm土层有效磷积累，尤其是在地表20～40 cm土层，Olsen-P含量较农民常规施磷下降17.1%～51.8%。然而，无论是农民常规施磷还是减量施磷，经过3年后，地表

20~40 cm土层 Olsen-P 含量、DPS_{M3}、DPS_{KCl} 均未超过上述阈值。地表 40~60 cm 土层 Olsen-P 含量随种植年限而增加可能与土壤中形成优先流空隙，蔬菜按常规水量灌溉定苗缓苗水加速土壤颗粒移位有关（Djodjic et al.，2004）。

（三）蔬菜磷素吸收与平衡

苗期和盛瓜/果期是蔬菜磷素需求的关键时期，苗期要保证土壤磷素一定的供应强度，而盛瓜/果期则需保证磷素供应充足。虽然 P_1 较 P_2 磷肥用量下降了 61.1%，但是 3 年黄瓜和番茄关键生育期磷素吸收量没有显著差异（表 10-12）。2008 年番茄季 P_0 较 P_2 处理总磷吸收量显著下降，降幅 30.0%，P_0 较 P_1 处理总磷吸收量下降 19.8%，其余种植季 P_0、P_1 与 P_2 处理磷素吸收量未有显著差异。

表 10-12　减量施磷对温室黄瓜-番茄关键生育期磷素吸收的影响（kg/hm²）

种植茬口	年份	关键生育期	P_0	P_1	P_2
冬春茬黄瓜	2008	苗期	2.2a	1.9a	2.1a
		盛瓜期	45.7a	42.2a	48.9a
		全生育期	97.0a	89.5a	111.5a
	2009	苗期	2.2a	1.6a	1.9a
		盛瓜期	34.2a	36.9a	41.9a
		全生育期	70.0a	71.9a	77.2a
	2010	苗期	2.7a	2.6a	2.9a
		盛瓜期	27.3a	29.0a	29.5a
		全生育期	61.4a	62.5a	58.3a
秋冬茬番茄	2008	苗期	3.8a	3.0a	5.7a
		全生育期	25.4b	31.7ab	36.3a
	2009	苗期	3.3a	3.1a	3.3a
		全生育期	20.3a	22.0a	23.2a
	2010	苗期	5.0a	5.5a	5.5a
		全生育期	23.3a	23.0a	22.1a

注：同行数字后不同字母代表处理间差异达到 5% 显著水平。P_0 表示 P_2O_5 总用量为 0 kg/hm²；P_1 表示冬春茬和秋冬茬 P_2O_5 总用量分别为 300 kg/hm² 和 225 kg/hm²；P_2 表示冬春茬和秋冬茬 P_2O_5 总用量均为 675 kg/hm²。

连续 3 年 P_0 处理磷素一直呈亏缺状态（表 10-13），磷素亏缺量为每年 99.1 kg/hm²，蔬菜每从土壤中吸取 P 100 kg/hm²，地表 0~20 cm 土层 Olsen-P 含量下降 3.4 mg/kg。长期研究显示，土壤每亏缺 P 100 kg/hm²，典型潮土（魏猛等，2015）、黑土（展晓莹，2016）、紫色土（刘京，2015）有效磷含量分别降低 0.47~0.68 mg/kg、0.70~2.14 mg/kg、0.44 mg/kg。本研究中，不施磷肥单位磷亏缺下的 Olsen-P 降幅较高，这与土壤 Olsen-P 仍处于前期快速下降阶段有关。在黄壤性水稻土和典型潮土上的研究均显示不施磷肥土壤 Olsen-P 在试验初期快速下降，之后稳定在某一水平（刘彦伶等，2016；魏猛等，2015）。

减量施磷后温室黄瓜、番茄生产磷素盈余量显著降低（表 10-13）。P_1、P_2 处理磷素出现盈余，盈余量分别为 129.1 kg（hm^2·年）、480.0 kg/（hm^2·年），3 年 P_1 较 P_2 处理磷素盈余量下降 71.0%~77.3%；每盈余 100 kg/hm^2，地表 0~20 cm 土壤 Olsen-P 增加 1.9~2.7 mg/kg。前人在黄壤性水稻土（刘彦伶等，2016）、典型潮土（魏猛等，2015）、黑土（展晓莹，2016）、紫色土（刘京，2015）上的长期研究表明，土壤磷每盈余 100 kg/hm^2，有效磷分别提高 2.0~4.0 mg/kg、1.4~2.2 mg/kg、19.6 mg/kg、3.9~6.2 mg/kg。本试验与在黄壤性水稻土、典型潮土上的研究结果较接近。

表 10-13　减量施磷对温室黄瓜-番茄轮作磷素平衡的影响（kg/hm^2）

种植茬口	年份	P_0	P_1	P_2
冬春茬黄瓜	2008	−97.0c	41.5b	183.3a
	2009	−70.0c	59.1b	217.5a
	2010	−61.4c	68.5b	236.4a
秋冬茬番茄	2008	−25.4c	66.5b	258.4a
	2009	−20.3c	76.3b	271.6a
	2010	−23.3c	75.2b	272.7a
总磷素平衡	2008—2010	−297.3	387.2	1 440.0

注：同行数字后不同字母代表处理间差异达到 5% 显著水平。P_0 表示 P_2O_5 总用量为 0 kg/hm^2；P_1 表示冬春茬和秋冬茬 P_2O_5 总用量分别为 300 kg/hm^2 和 225 kg/hm^2；P_2 表示冬春茬和秋冬茬 P_2O_5 总用量均为 675 kg/hm^2。

三、潮土设施菜地无机磷肥所致盐化与酸化特征

设施菜田土壤退化问题制约设施园艺产业发展（蒋卫杰等，2015）。调查显示，我国温室和大棚菜田土壤电导率（EC）为 523.6~540.1 $\mu S/cm$（$n=633$），而露地菜田仅为 229.9 $\mu S/cm$（$n=568$）；北方温室和大棚菜田土壤 pH 平均为 7.2~7.3，而露地菜田为 7.7（黄绍文等，2011）。在典型设施蔬菜生产基地山东寿光，设施菜田耕层土壤较露地菜田明显盐渍化与酸化（曾希柏等，2011）。设施蔬菜生产磷肥过量施用状况较氮肥严重。我国设施蔬菜单季磷肥平均用量为 P_2O_5 1 308 kg/hm^2，达蔬菜需磷量的 13.0 倍（Yan et al.，2013）。定位研究无机磷肥对设施菜田土壤次生盐渍化和酸化的影响，有利于维护设施菜田的可持续利用。

（一）土壤电导率时空变化

分析设施菜田土壤盐分年度变化发现（图 10-26），经过 3 年种植，P_2、P_1 处理地表 0~100 cm 土体土壤 EC 由基础值 307.4~471.7 $\mu S/cm$ 分别增至 734.1~1197.5 $\mu S/cm$、664.1~927.5 $\mu S/cm$，增幅分别达 64.6%~289.6%、46.0%~201.8%，尤以番茄季土壤积盐明显；P_0 处理 3 年土壤盐分也呈增加趋势，地表 0~100 cm 土体 EC 由基础值增至 558.2~763.5 $\mu S/cm$，增幅 34.2%~148.4%。分析设施菜田土壤盐分分布发现（图 10-26），从 2008 年番茄季开始，P_2、P_1 处理 0~20 cm 土层盐分出现明显积累，3 年平均 EC 分别达地表 20~100 cm 土体的 1.3~1.8 倍、1.4~1.5 倍，

土壤盐分显著表聚；P_2 处理从 2009 年番茄季开始地表 0～100 cm 土体剖面呈现盐渍化，P_1 处理进入 2010 年番茄季也出现剖面盐渍化问题，土表盐分逐渐迁移至土壤深层。

分析不同过磷酸钙用量下蔬菜主根区盐分差异发现（表 10 - 14），与 P_2 处理相比，P_1 处理 2008—2010 年地表 0～40 cm 土体年均 EC 分别下降 15.0%～39.1%、21.0%～25.5%、35.1%～36.3%，3 年平均 EC 由 P_2 处理的 844.7～1 109.5 μS/cm 降至 557.6～821.7 μS/cm，处理间差异显著（2008 年 0～20 cm 土层除外）。P_0 处理 2008—2010 年地表 0～40 cm 土体年均 EC 较 P_2 处理分别下降 33.5%～44.7%、36.2%～52.7%、49.3%～57.1%，3 年平均 EC 为 471.8～547.5 μS/cm。分析根区以外土壤盐分差异发现（表 10 - 15），与 P_2 处理相比，P_1 处理 3 年地表 40～100 cm 土体平均 EC 分别下降 4.2%～14.4%，对应 P_0 处理降幅 13.1%～27.7%。

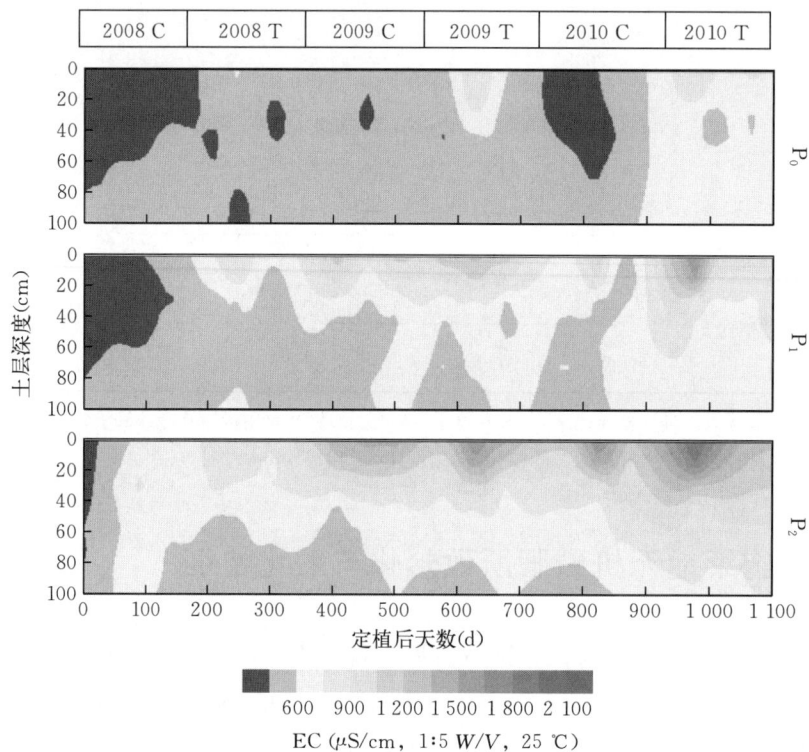

图 10 - 26　3 年施用过磷酸钙对温室菜田地表 0～100 cm 土体土壤电导率的影响

（C 为黄瓜季；T 为番茄季）

表 10 - 14　3 年施用过磷酸钙对温室蔬菜主根层地表 0～40 cm 土体土壤平均电导率的影响

土根区	项目	年份	P_0	P_1	P_2
0～20 cm 土层	电导率均值（μS/cm）	2008	438.3a	559.7a	658.7a
		2009	616.7c	1 030.3b	1 303.8a
		2010	597.3c	904.9b	1 393.9a
		3 年平均	547.5c	821.7b	1 109.5a
	估算盐分总量（g/kg）/盐化分级	3 年平均	2.2/轻度	3.0/轻度	3.9/轻度

（续）

主根区	项目	年份	P_0	P_1	P_2
	电导率均值（μS/cm）	2008	398.3b	438.5b	720.1a
		2009	521.0b	608.7b	817.2a
20～40 cm		2010	503.0b	633.0b	993.0a
土层		3 年平均	471.8b	557.6b	844.7a
	估算盐分总量（g/kg）/盐化分级	3 年平均	2.0/轻度	2.3/轻度	3.1/轻度

注：同行数字后不同小写字母代表处理间差异达到 5％显著水平。P_0 为不施磷对照，P_2O_5 0 kg/hm²；P_1 为减量施磷处理，黄瓜季、番茄季 P_2O_5 为 300 kg/hm²、225 kg/hm²；P_2 为常规施磷处理，黄瓜季、番茄季 P_2O_5 均为 675 kg/hm²。

表 10 - 15　3 年施用过磷酸钙对温室蔬菜根层以外 40～100 cm 土体土壤平均电导率的影响（μS/cm）

根区以外	3 年均值		
	P_0	P_1	P_2
地表 40～60 cm 土层	488.2b	577.7ab	675.2a
地表 60～80 cm 土层	534.9b	597.5ab	650.0a
地表 80～100 cm 土层	538.3b	593.2a	619.3a

注：同行数字后不同小写字母代表处理间差异达到 5％显著水平。P_0 为不施磷对照，P_2O_5 0 kg/hm²；P_1 为减量施磷处理，黄瓜季、番茄季 P_2O_5 为 300 kg/hm²、225 kg/hm²；P_2 为常规施磷处理，黄瓜季、番茄季 P_2O_5 均为 675 kg/hm²。

在供试条件下，每施用过磷酸钙 1 000 kg/hm²，地表 0～20 cm、20～40 cm、40～60 cm、60～80 cm、80～100 cm 土层 EC 分别增加 67.3 μS/cm、43.8 μS/cm、22.0 μS/cm、13.5 μS/cm、9.6 μS/cm。在农民常规过磷酸钙用量下，3 年主根区 EC 平均 844.7～1 109.5 μS/cm，参考黄绍文等（2016）给出的菜田土壤盐分分级，处于轻度盐化水平，但黄瓜番茄产量保持在中高水平。该结果表明，过磷酸钙所致土壤 Ca^{2+} 和 SO_4^{2-} 型次生盐渍化，在轻度盐化水平下（EC 在 850～1 100 μS/cm）对温室黄瓜番茄产量没有显著影响。张金锦等（2012）研究表明当土壤盐分低于 2 030 μS/cm，盐分对设施黄瓜产量的影响可忽略不计。但本研究与李宇虹等（2014）的研究结果有一定差异。此外，在不施过磷酸钙处理下仍观察到土壤盐分积累，与施用硫酸钾后 K^+ 吸收而 SO_4^{2-} 残留于土壤有关，表明在合理化肥料用量的同时，研发新型肥料，平衡离子施入与携出，是解决设施菜田土壤次生盐渍化的有效途径。

（二）土壤 pH 时空变化

分析设施菜田土壤 pH 年度变化发现（图 10 - 27），经过 3 年种植，P_2、P_1 处理地表 0～100 cm 土体土壤 pH 由基础值 8.05～8.15 分别降至 7.50～7.76、7.62～7.79，降幅分别为 0.34～0.55、0.31～0.43，尤以番茄季土壤酸化明显；P_0 处理 3 年土壤 pH 也呈降低趋势，地表 0～100 cm 土体 pH 由基础值降至 7.66～7.86，降幅 0.28～0.39 个 pH 单位。分析设施菜田土壤 pH 剖面变化发现（图 10 - 27），P_2、P_1 处理分别从 2008 年黄瓜季、2008 年番茄季开始地表 0～20 cm 土层 pH 明显下降，3 年平均 pH 较地表 20～100 cm 土体分别降低 0.14～0.26、0.12～0.15 个 pH 单位，土壤表层

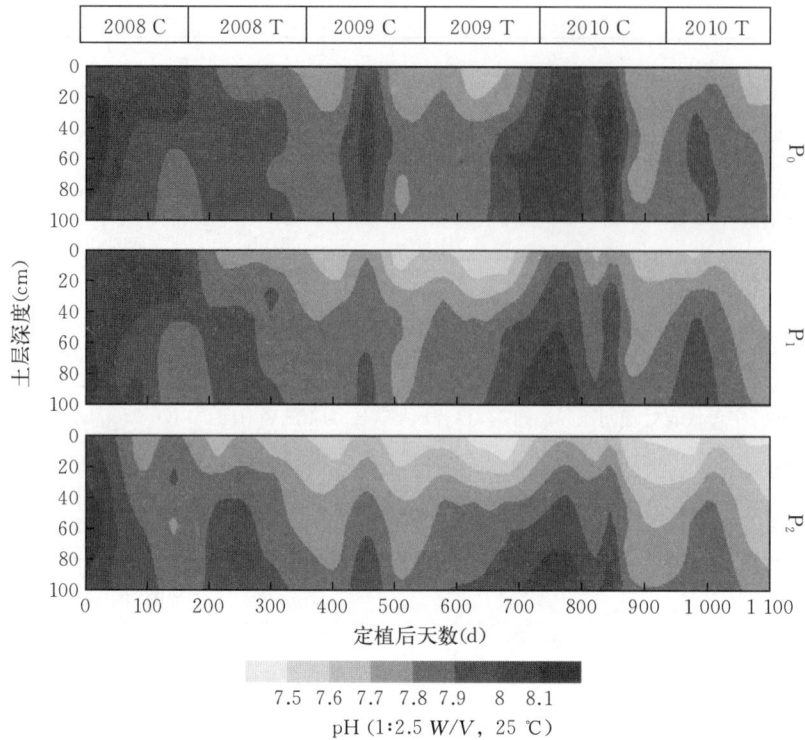

图 10-27　3 年施用过磷酸钙对温室菜田 0～100 cm 土体土壤 pH 的影响

（C 为黄瓜季；T 为番茄季）

显著酸化；P_2、P_1 处理分别从 2009 年黄瓜季、2009 年番茄季地表 0～100 cm 土体剖面呈现酸化倾向。

　　分析不同过磷酸钙用量下蔬菜主根区 pH 差异发现（表 10-16），与 P_2 处理相比，P_1 处理 2008—2010 年地表 0～40 cm 土体年均 pH 分别增加 0.09～0.13、0.07、0.10～0.12，3 年平均 pH 由 P_2 处理的 7.66～7.80 增至 7.77～7.88，2 个处理 0～20 cm 土层 pH 差异显著；P_0 处理 2008—2010 年地表 0～40 cm 土体年均 pH 较 P_2 处理分别增加 0.12～0.17、0.14～0.21、0.18～0.25，3 年平均 7.87～7.94。分析根区以外土壤 pH 差异发现（表 10-17），与 P_2 处理相比，P_1 处理 3 年地表 40～80 cm 土体平均 pH 增加 0.01～0.03，P_0 处理 pH 对应增幅为 0.05～0.10 个 pH 单位。3 个处理地表 80～100 cm 土层平均 pH 没有显著差异。

表 10-16　3 年施用过磷酸钙对温室蔬菜主根层地表 0～40 cm 土体 pH 年均值

主根区	年份	P_0	P_1	P_2
0～20 cm 土层	2008	7.97a	7.92a	7.80b
	2009	7.77a	7.63b	7.56c
	2010	7.86a	7.73b	7.61c
	3 年平均	7.87a	7.77b	7.66c
20～40 cm 土层	2008	8.02a	8.00a	7.91a
	2009	7.84a	7.77b	7.70c
	2010	7.94a	7.86ab	7.76b
	3 年平均	7.94a	7.88ab	7.80b

　　注：同行数字后不同小写字母代表处理间差异达到 5% 显著水平。P_0 为不施磷对照，P_2O_5 0 kg/hm²；P_1 为减量施磷处理，黄瓜季、番茄季 P_2O_5 为 300 kg/hm²、225 kg/hm²；P_2 为常规施磷处理，黄瓜季、番茄季 P_2O_5 均为 675 kg/hm²。

潮土设施菜地氮磷转化特征及管理

表 10-17　3 年施用过磷酸钙对温室蔬菜根层以外地表 40～100 cm 土体土壤平均 pH 的影响

根区以外	3 年均值		
	P_0	P_1	P_2
40～60 cm 土层	7.96a	7.90ab	7.87b
60～80 cm 土层	7.92a	7.89ab	7.87b
80～100 cm 土层	7.93a	7.92a	7.91a

注：同行数字后不同小写字母代表处理间差异达到 5% 显著水平。P_0 为不施磷对照，P_2O_5 0 kg/hm²；P_1 为减量施磷处理，黄瓜季、番茄季 P_2O_5 为 300 kg/hm²、225 kg/hm²；P_2 为常规施磷处理，黄瓜季、番茄季 P_2O_5 均为 675 kg/hm²。

在常规过磷酸钙用量下，3 年温室菜田表层土壤显著酸化，同时伴随地表 20～80 cm 土体剖面逐渐酸化。在供试条件下，每施用过磷酸钙 10 000 kg/hm²，地表 0～20 cm、20～40 cm、40～60 cm、60～80 cm 土层 pH 分别降低 0.25、0.17、0.12、0.06。供试为石灰性土壤，基础 pH 在 8.05～8.15，盐基饱和度接近 100%，土壤 pH 降低与过磷酸钙肥料中含有少量游离硫酸、磷酸，以及基施过磷酸钙后灌溉定苗缓苗水，过磷酸钙溶解〔$Ca(H_2PO_4)_2 \cdot H_2O + H_2O \rightarrow CaHPO_4 \cdot 2H_2O + H_3PO_4$〕释放 H^+ 与 $CaCO_3$ 水解产物 OH^- 反应（$CaCO_3 + 2H_2O \rightarrow Ca^{2+} + H_2CO_3 + 2OH^-$）(Lindsay、Stephenson，1959a；Lindsay、Stephenson，1959b；Lawton et al.，1954)，从而降低土壤 pH 有关。此外，在不施过磷酸钙仅施用尿素和硫酸钾下，3 年土壤 pH 也逐渐降低，这与尿素在脲酶作用下生成 NH_3，NH_4^+ 硝化释放 H^+ 有关。根据作物协调化肥中不同形态氮素比例，有利于缓解土壤酸化。

四、潮土设施菜地生产优化磷肥管理

（一）产量形成与磷肥用量的关系

供试温室为中高产水平，减量施磷后未显著影响黄瓜、番茄产量（表 10-18）。3 年 P_0、P_1 与 P_2 处理产量没有显著差异。分析冬春茬黄瓜产量形成发现，随着种植时期的延长，黄瓜日产瓜量先升后降，符合二次曲线特征（图 10-28）。根据曲线方程，2008—2010 年产瓜高峰出现在定植后 97～114 d，为 5 月底至 6 月中旬，高峰期日产瓜量 2.3～2.6 t/hm²（表 10-19）。与 P_2（常规施磷量 P_2O_5 675 kg/hm²）处理相比，P_1（推荐施磷量 P_2O_5 300 kg/hm²）处理产瓜高峰出现时期和高峰期产瓜量没有显著变化；但是 P_0（不施磷）处理 2009 年产瓜高峰期推迟 16 d，2010 年产瓜高峰推迟 2 d。

表 10-18　减量施磷对温室黄瓜-番茄产量的影响（t/hm²）

种植茬口	年份	P_0	P_1	P_2
冬春茬黄瓜	2008	199.9a	199.0a	203.2a
	2009	172.6a	175.2a	173.5a
	2010	158.7a	158.2a	159.3a
秋冬茬番茄	2008	129.1a	134.8a	138.4a
	2009	89.1a	87.1a	80.4a
	2010	89.6a	89.8a	90.2a

注：同行数字后不同小写字母代表处理间差异达到 5% 显著水平。P_0 为不施磷对照，P_2O_5 0 kg/hm²；P_1 为减量施磷处理，黄瓜季、番茄季 P_2O_5 为 300 kg/hm²、225 kg/hm²；P_2 为常规施磷处理，黄瓜季、番茄季 P_2O_5 均为 675 kg/hm²。

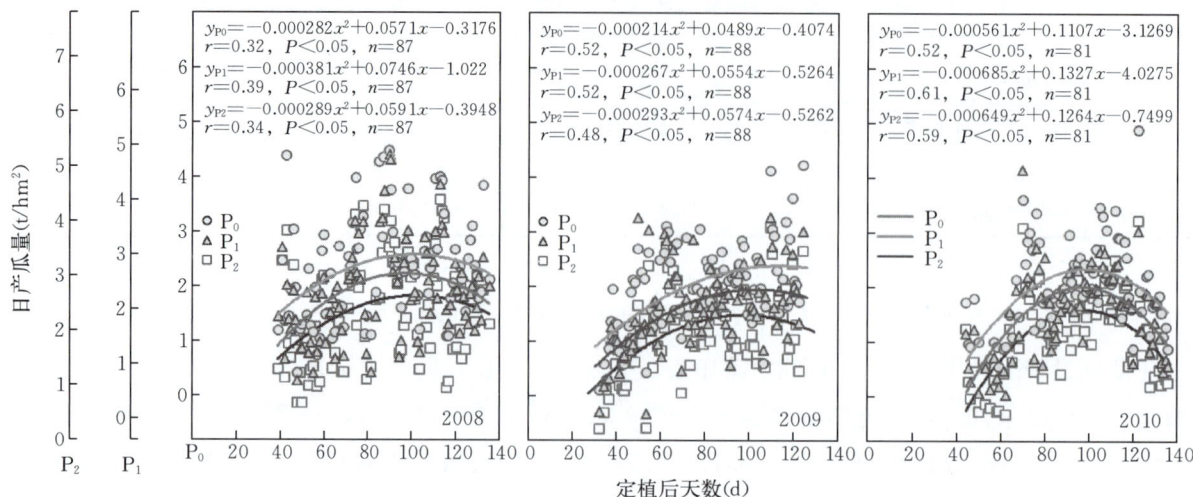

$$y_{P0} = -0.000282x^2 + 0.0571x - 0.3176$$
$$r = 0.32, \ P < 0.05, \ n = 87$$
$$y_{P1} = -0.000381x^2 + 0.0746x - 1.022$$
$$r = 0.39, \ P < 0.05, \ n = 87$$
$$y_{P2} = -0.000289x^2 + 0.0591x - 0.3948$$
$$r = 0.34, \ P < 0.05, \ n = 87$$

$$y_{P0} = -0.000214x^2 + 0.0489x - 0.4074$$
$$r = 0.52, \ P < 0.05, \ n = 88$$
$$y_{P1} = -0.000267x^2 + 0.0554x - 0.5264$$
$$r = 0.52, \ P < 0.05, \ n = 88$$
$$y_{P2} = -0.000293x^2 + 0.0574x - 0.5262$$
$$r = 0.48, \ P < 0.05, \ n = 88$$

$$y_{P0} = -0.000561x^2 + 0.1107x - 3.1269$$
$$r = 0.52, \ P < 0.05, \ n = 81$$
$$y_{P1} = -0.000685x^2 + 0.1327x - 4.0275$$
$$r = 0.61, \ P < 0.05, \ n = 81$$
$$y_{P2} = -0.000649x^2 + 0.1264x - 0.7499$$
$$r = 0.59, \ P < 0.05, \ n = 81$$

图 10 - 28　2008—2010 年不同磷肥用量下温室冬春茬黄瓜日产瓜量变化

（由于处理间回归曲线较为接近，采用 3 重 y 轴作图）

表 10 - 19　2008—2010 年不同磷肥用量下温室冬春茬黄瓜产瓜高峰出现时期和高峰期产瓜量

磷肥用量	定植至产瓜高峰出现天数（d）（月 - 日）			高峰期产瓜量 [t/(hm² · d)]			平均总产量 (t/hm²)
	2008 年	2009 年	2010 年	2008 年	2009 年	2010 年	
P0	101（5 - 29）	114（6 - 21）	99（5 - 30）	2.6	2.4	2.3	177.1
P1	98（5 - 26）	104（6 - 11）	97（5 - 28）	2.6	2.3	2.4	177.5
P2	102（5 - 30）	98（6 - 5）	97（5 - 28）	2.6	2.3	2.4	178.6

　　不施磷肥 3 年 0～20 cm 土壤 Olsen - P 平均含量仅 30.5 mg/kg，2008 年番茄季磷素吸收显著下降，表明经过 2008 年黄瓜高产 200 t/hm² 后，番茄持续高产 140 t/hm² 使得 P0 处理土壤磷素供应强度不足。此时观察到番茄产量呈降低趋势，但未见显著减产，这可能与氮素是决定产量水平的首要因素，供试条件下氮素供应充足有关，此外也与 P0 处理土壤磷素未到极缺乏状态，仍能维持一定的磷素供应有关。而 P0 处理试验中后期磷素吸收并未明显下降，与 2009 年番茄、2010 年黄瓜和 2010 年番茄处于中产水平有关，在该产量水平下 P0 处理土壤磷素供应强度满足了蔬菜需求。该结果也说明，高产和中产水平下蔬菜对土壤磷素供应强度的要求不同，适宜黄瓜、番茄生产的中等土壤磷素水平可适当下调至 40～50 mg/kg。

　　从本研究看出，不论产量水平如何，冬春茬黄瓜日产瓜量均呈二次曲线变化模式。这与陈春宏和向邦银（2005）所得秋冬茬黄瓜产量随采收周次呈二次多项式变化的结论一致，但是秋冬茬黄瓜最高周产量出现在第 1、2 周。根据本试验所得模型，冬春茬黄瓜产瓜高峰期出现在定植后 97～114 d，为 5 月底至 6 月中旬。冬春茬黄瓜 60% 以上的磷素分配给果实。刘军等（2007）研究发现，越冬长茬黄瓜初瓜期、盛瓜初期、盛瓜中期、盛瓜末期、拉秧期每形成 1 000 kg 产量，P_2O_5 需求量分别为 1.4 kg、1.5 kg、1.6 kg、1.2 kg、1.0 kg。由此可见，黄瓜产量高峰形成需要大量养分，产瓜高峰期也是养分需求最大效率期，满足此时肥水供应有利于提高黄瓜生产肥水利用效率。根据上述，在基施磷肥基础上，可在黄瓜产瓜高峰期形成前适量追施水溶性磷肥 1～2 次，以保证土壤磷素充足供应。

（二）设施菜地生产磷肥适宜用量

增加并维持是生产中常采用的施磷策略之一。其核心是通过合理施磷以保证根层土壤有效磷供应在适宜范围，在满足蔬菜产量的同时充分发挥磷肥肥效（Delgado、Scalenghe，2008；Li et al.，2011）。3 年农民常规施磷量达蔬菜吸收量的 5.4 倍，根区 0～20 cm 土层 Olsen - P 含量高于 Yan 等（2013）所得生理阈值和 Heckrath 等（1955）、Xue 等（2014）给出的淋失阈值，磷素系统盈余明显，淋失严重。较农民常规减施磷 60%，黄瓜、番茄施 P_2O_5 300 kg/hm^2、225 kg/hm^2，0～20 cm 土层 Olsen - P 含量接近适宜范围，保证了 3 年中高产量水平，同时养分吸收不降低，表明磷肥用量降至合理范围。徐福利等（2009）模型模拟得到滴灌基础有效磷 35.3 mg/kg、黄瓜目标产量 83～88 t/hm^2 的 P_2O_5、有机肥用量分别为 576.6～991.6 kg/hm^2、41.3～148.9 t/hm^2。赵伟等（2017）研究表明，基础土壤有效磷 221 mg/kg，施用磷肥 P_2O_5 267 kg/hm^2，较农民习惯减施磷 70%，能保证单季番茄产量 54 t/hm^2 不降低。何金明等（2016）研究显示基础有效磷 80.6 mg/kg，推荐施 P_2O_5 225 kg/hm^2，可保证单季番茄产量 80 t/hm^2。由于本试验基础土壤 Olsen - P 含量偏低而产量水平较高，因此，推荐施磷量较上述结论又有所下降。

进一步分析，本试验不施磷肥根区土壤 Olsen - P 含量在 30 mg/kg 上下波动，3 年间黄瓜、番茄产量没有显著下降，但 2009 年不施磷肥处理较常规施磷量（P_2O_5 675 kg/hm^2）处理产瓜高峰期推迟 16 d，在番茄高产水平（140 t/hm^2）下观察到磷素吸收量显著降低，说明连续不施磷肥下土壤磷素供应不能满足高产黄瓜在 5 月底至 6 月初形成产瓜高峰，不利于黄瓜持续高产生产，但供试条件下不施磷肥可保证连续 3 年中产水平（黄瓜 150～170 t/hm^2，番茄 90～100 t/hm^2）生产。由此可见，供试条件适宜施磷量可在 P_1 处理推荐施磷量基础上进一步下调，华北平原温室黄瓜-番茄生产减量施磷潜力较大。

综合上述，在基础土壤 Olsen - P 含量 40 mg/kg，较农民常规磷量减施磷 60%，磷素盈余量下降 71.0%～77.3%，主根区 Olsen - P 含量下降 18.6%～43.5%，3 年均值接近瓜果类蔬菜 Olsen - P 农学阈值，产量保持在中高水平不降低，同时土壤磷素深层迁移。在实际生产中，由于菜农超量施肥，种植一段时间的设施土壤有效磷含量均高于本试验供试水平。调查显示，我国北方菜区温室和大棚土壤平均 Olsen - P 含量为 179.7～203.7 mg/kg（黄绍文等，2011）。因此，对于中老龄（≥3 年）温室较常规减施磷肥 60%，可保证根区磷供应，保持黄瓜、番茄中高产量水平不降低。实际生产中常配施有机肥，在温室黄瓜、番茄总磷推荐量下，有机肥猪粪、鸡粪可按磷计算施用量，其投入磷量不应超过总磷推荐量。

第三节　潮土设施菜地土壤节水减肥增效技术

一、设施主栽蔬菜养分需求特征

我国黄瓜和番茄是设施蔬菜主栽种类。设施冬春茬黄瓜一般定植于 2 月中旬，苗期和初花期长 30～40 d，该阶段基本完成花芽和终生节位分化，培育壮苗对于高产的形成有决定作用。结瓜期始于 3 月底或 4 月初、止于 7 月中旬，此时营养生长与生殖生长并行，该阶段氮、磷、钾需求量占全生育期总量的 70%～90%，以向果实和叶片分配为主，其中果实养分需求量占该阶段总量的 60% 左右。

设施秋冬茬番茄一般于 8 月中旬定植，苗期和初花期长 30～40 d，该阶段第 1、2 花序花芽分化基本完成，第 3、4 花序也已进入花芽分化阶段，培育壮苗对高产的形成有决定作用。结果期始于 9 月中下旬、止于 12 月底，约 100 d，表现为第 1、2、3、4 穗果实重叠膨大；该阶段氮、磷、钾需求量占全生育期总量的 90% 左右，以向果实分配为主；果实养分需求量占到该阶段总量的 65%～80%。本研究依托日光温室不同肥水用量黄瓜-番茄轮作中长期定位试验结果，明确黄瓜番茄不同生育阶段养分需求特征，为肥料精量化施用提供科学依据。

（一）黄瓜养分需求特征

黄瓜全生育期全株氮、磷、钾吸收均呈弱 S 形增长趋势（图 10-29）。在 180～200 t/hm² 产量水平下，氮、磷、钾吸收总量分别达 N 392.2～483.1 kg/hm²、P_2O_5 235.6～304.8 kg/hm²、K_2O 610.3～712.1 kg/hm²，N:P_2O_5:K_2O 需求比例为 1:（0.54～0.75）:（1.46～1.56），平均为 1:0.62:1.50，以盛瓜期养分吸收最多。

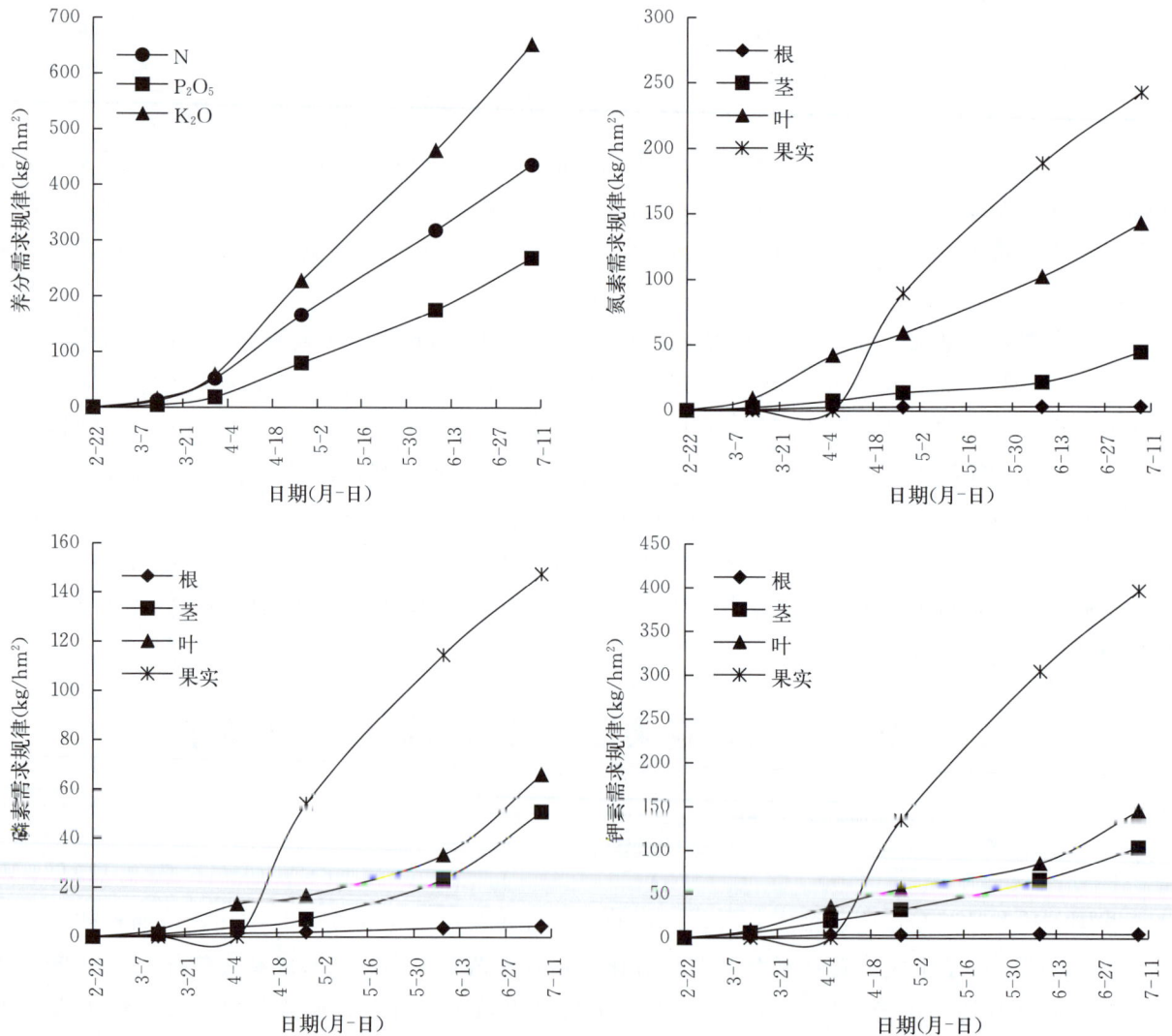

图 10-29　冬春茬黄瓜全生育期氮、磷、钾养分需求与器官分配

在目标产量 180～200 t/hm² 下，形成 1 000 kg 产量冬春茬黄瓜氮、磷、钾养分需求总量分别为 N 2.16～2.67 kg、P_2O_5 1.27～1.69 kg、K_2O 3.37～3.94 kg，平均需求量分别为 N 2.39 kg、P_2O_5 1.47 kg、K_2O 3.57 kg。刘军等（2007）研究表明，黄瓜全生育期 N：P_2O_5：K_2O 为 1：0.63：1.36，进入采收期每生产 100 kg 黄瓜需吸收 N 0.18～0.27 kg、P_2O_5 0.10～0.16 kg、K_2O 0.19～0.36 kg。黄绍文等（2017）推荐每生产 1 000 kg 黄瓜分别施用 N 2.15 kg、P_2O_5 1.10 kg、K_2O 2.75 kg。李国龙等（2014）发现生产 1 000 kg 黄瓜产品 N、P_2O_5 和 K_2O 用量分别为 2.2 kg、0.8 kg 和 2.2 kg。

全生育期根、茎、叶和果实氮素吸收量分别为 3.4～3.8 kg/hm²、40.3～48.7 kg/hm²、121.4～184.4 kg/hm²、227.1～259.4 kg/hm²，占全株氮素吸收量的 0.7%～0.9%、10.0%～11.1%、29.1%～38.2%、51.1%～59.0%（表 10-20）。根氮素吸收高峰出现在初花期，占根氮素吸收总量的 35.8%～55.6%（表 10-21）；茎吸收高峰出现在末瓜期至拉秧期，占茎氮素吸收总量的 39.5%～59.2%；叶片吸收高峰出现在盛瓜期，占叶片氮素吸收总量的 25.1%～41.4%；果实吸收高峰出现在初瓜期至盛瓜期，占果实氮素吸收总量的 35.7%～41.9%。

表 10-20 日光温室冬春茬黄瓜各器官氮素分配比例（%）

生育阶段	定植—苗期（20 d）		定植—初花期（38 d）		定植—初瓜期（65 d）		定植—盛瓜期（107 d）		全生育期（137 d）	
	范围	平均	范围	平均	范围	平均	范围	平均	范围	平均
根	6.1～6.2	6.1	4.3～5.2	4.7	1.7～1.8	1.8	1～1.1	1.1	0.7～0.9	0.8
茎	16.6～20.8	18.8	13.3～15.1	14.4	7.8～8.7	8.4	6.2～8.1	7.0	10～11.1	10.4
叶	73.1～77.3	75.1	79.9～82.4	80.9	32.1～37.4	35.7	31.7～33.4	32.3	29.1～38.2	32.8
果实	—	—	—	—	52.1～58.3	54.2	58.5～60.8	59.6	51.1～59.0	56.0

表 10-21 日光温室冬春茬黄瓜各阶段氮素分配比例（%）

生育阶段	项目	根	茎	叶	果实
苗期（0～20 d）	范围	18.7～24.1	4.5～5.9	5.5～7.0	—
	平均	20.9	5.0	6.4	—
初花期（21～38 d）	范围	35.8～55.6	9.8～14.3	14.8～30.0	—
	平均	47.9	11.5	23.9	—
初瓜期（39～65 d）	范围	4.0～26.7	12.1～15.7	8.3～16.4	35.7～38.8
	平均	14.8	14.2	12.2	36.9
盛瓜期（66～107 d）	范围	8.1～19.5	13.2～26.8	25.1～41.4	38.7～41.9
	平均	14.5	18.3	31.0	40.9
末瓜期～拉秧期（108～137 d）	范围	0.0～12.5	39.5～59.2	9.6～44.6	22～22.5
	平均	1.8	51.0	26.5	22.2

　　全生育期根、茎、叶和果实磷素吸收量分别为 3.0～6.6 kg/hm²、41.5～60.9 kg/hm²、47.1～84.6 kg/hm²、139.0～159.5 kg/hm²，占全株磷素吸收量的 1.3%～2.2%、17.4%～20.6%、20.0%～27.8%、50.9%～59.7%（表 10-22）。根磷素吸收高峰出现在盛瓜期，占根磷素吸收总量的 14.5%～49.2%；茎吸收高峰出现在末瓜期至拉秧期，占茎磷素吸收总量的 48.1%～58.0%；叶片吸收高峰出现在末瓜期至拉秧期，占叶片磷素吸收总量的 33.9%～62.1%；果实吸收高峰出现在初瓜期至盛瓜期，占果实磷素吸收总量的 31.7%～44.4%（表 10-23）。

表 10-22　日光温室冬春茬黄瓜各器官磷素分配比例（%）

生育阶段	定植—苗期（20 d）		定植—初花期（38 d）		定植—初瓜期（65 d）		定植—盛瓜期（107 d）		全生育期（137 d）	
	范围	平均	范围	平均	范围	平均	范围	平均	范围	平均
根	9.2～10.7	9.8	6.9～8.5	7.7	1.9～2.8	2.4	1.5～2.8	2.1	1.3～2.2	1.6
茎	21.5～26.3	24.1	19.9～22.1	21.1	7.8～10.4	8.9	11.3～17.5	13.3	17.4～20.6	18.9
叶	63.9～69.3	66.1	69.9～73.2	71.2	19.4～23.0	20.9	16.3～21.7	19.0	20～27.8	24.2
果实	—	—	—	—	64.8～71.0	67.8	63.4～67.9	65.7	50.9～59.7	55.3

表 10-23　日光温室冬春茬黄瓜各阶段磷素分配比例（%）

生育阶段	项目	根	茎	叶	果实
苗期 （0～20 d）	范围	7.3～13.9	1.8～2.6	3.8～5.8	—
	平均	10.5	2.2	4.7	—
初花期 （21～38 d）	范围	13.2～38.1	4.5～7.4	11.3～21.6	—
	平均	24.8	5.7	16.5	—
初瓜期 （39～65 d）	范围	0.4～20.8	4.6～9.9	3.5～7.4	31.7～42.1
	平均	10.1	6.5	5.4	36.8
盛瓜期 （66～107 d）	范围	14.5～49.2	23.7～40.2	16～31.7	37.9～44.4
	平均	36.4	31.3	25.8	40.9
末瓜期～拉秧期 （108～137 d）	范围	5.2～33.7	48.1～58.0	33.9～62.1	20～23.9
	平均	18.2	54.3	47.6	22.3

　　全生育期根、茎、叶和果实钾素吸收量分别为 4.3～5.6 kg/hm²、98.2～100.7 kg/hm²、92.9～203.8 kg/hm²、363.0～417.3 kg/hm²，占全株钾素吸收量的 0.6%～0.9%、15.4%～16.5%、15.2%～28.6%、55.4%～67.8%（表 10-24）。根钾素吸收高峰出现在初花期，占根钾素吸收总量的 43.6%～57.1%；茎吸收高峰出现在末瓜期至拉秧期，占茎钾素吸收总量的 18.1%～44.6%；叶片吸收高峰出现在末瓜期及拉秧期，占叶片钾素吸收总量的 25.0%～53.5%；果实吸收高峰出现在盛瓜期，占果实钾素吸收总量的 42.0%～44.6%（表 10-25）。

表 10-24 日光温室冬春茬黄瓜各器官钾素分配比例（％）

生育阶段	定植—苗期（20 d）		定植—初花期（38 d）		定植—初瓜期（65 d）		定植—盛瓜期（107 d）		全生育期（137 d）	
	范围	平均	范围	平均	范围	平均	范围	平均	范围	平均
根	6.0～8.0	6.7	5.8～6.5	6.1	1.4～1.9	1.6	0.9～1.3	1.1	0.6～0.9	0.8
茎	34～41.8	37.7	31.3～35.1	33.5	12.7～16	14.4	12.4～17.1	14.4	15.4～16.5	16.0
叶	50.3～60	55.6	58.4～62.9	60.4	22～27.6	24.6	14.6～20.5	18.5	15.2～28.6	22.1
果实	—	—	—	—	55.1～63.9	59.4	64.7～67	66.0	55.4～67.8	61.1

表 10-25 日光温室冬春茬黄瓜各阶段钾素分配比例（％）

生育阶段	项目	根	茎	叶	果实
苗期（0～20 d）	范围	19.4～23.7	5.1～6.4	3.9～9.4	—
	平均	20.7	5.5	6.3	—
初花期（21～38 d）	范围	43.6～57.1	12～14.8	10.4～31.6	—
	平均	52.5	13.4	20.4	—
初瓜期（39～65 d）	范围	0～12.9	8.1～18.3	8.4～24	31.5～35.5
	平均	3.0	12.9	15.6	34.0
盛瓜期（66～107 d）	范围	0～48.3	26.1～44.3	8.7～35.3	42.0～44.6
	平均	25.7	32.5	19.6	42.8
末瓜期～拉秧期（108～137 d）	范围	0～20.7	18.1～44.6	25.0～53.5	22.2～24.2
	平均	0.0	35.7	38.1	23.2

（二）番茄养分需求特征

秋冬茬番茄全生育期全株氮、磷、钾吸收呈 S 形曲线特征（图 10-30）。在 130～140 t/hm² 产量水平下，氮、磷、钾吸收总量分别达 187.3～235.2 kg/hm²、68.1～99.1 kg/hm²、420.6～548.5 kg/hm²，$N：P_2O_5：K_2O$ 需求比例为 1：（0.32～0.44）：（2.06～2.65），平均为 1：0.37：2.37；以第 1～4 穗果果实重叠膨大阶段（10 月中旬至 11 月中旬）养分需求量最多。

在目标产量 130～140 t/hm² 下，形成 1 000 kg 产量秋冬茬番茄氮、磷、钾养分需求量分别为 1.31～1.77 kg、0.51～0.73 kg、3.14～4.04 kg，平均需求量分别为 1.57 kg、0.58 kg、3.71 kg。黄绍文等（2017）推荐番茄每形成 1 000 kg 产量需 N 2.27 kg、P_2O_5 1.0 kg、K_2O 4.37 kg。李国龙等（2014）发现生产 1 000 kg 番茄产品 N、P_2O_5 和 K_2O 用量分别为 3.1 kg、1.1 kg 和 3.6 kg。本研究番茄养分需求量较黄绍文等研究结果偏低，可能与供试番茄品种特点有关。

全生育期根、茎、叶和果实氮素吸收分别达 1.4～2.3 kg/hm²、13.0～23.9 kg/hm²、41.9～72.7 kg/hm²、113.3～155.9 kg/hm²，占全株氮素吸收量的 0.6％～1.1％、5.8％～11.9％、22.4％～35.2％、55.5％～69.4％（表 10-26）。根和茎氮素吸收未出现明显高峰期，叶片吸收高峰出现在第

271

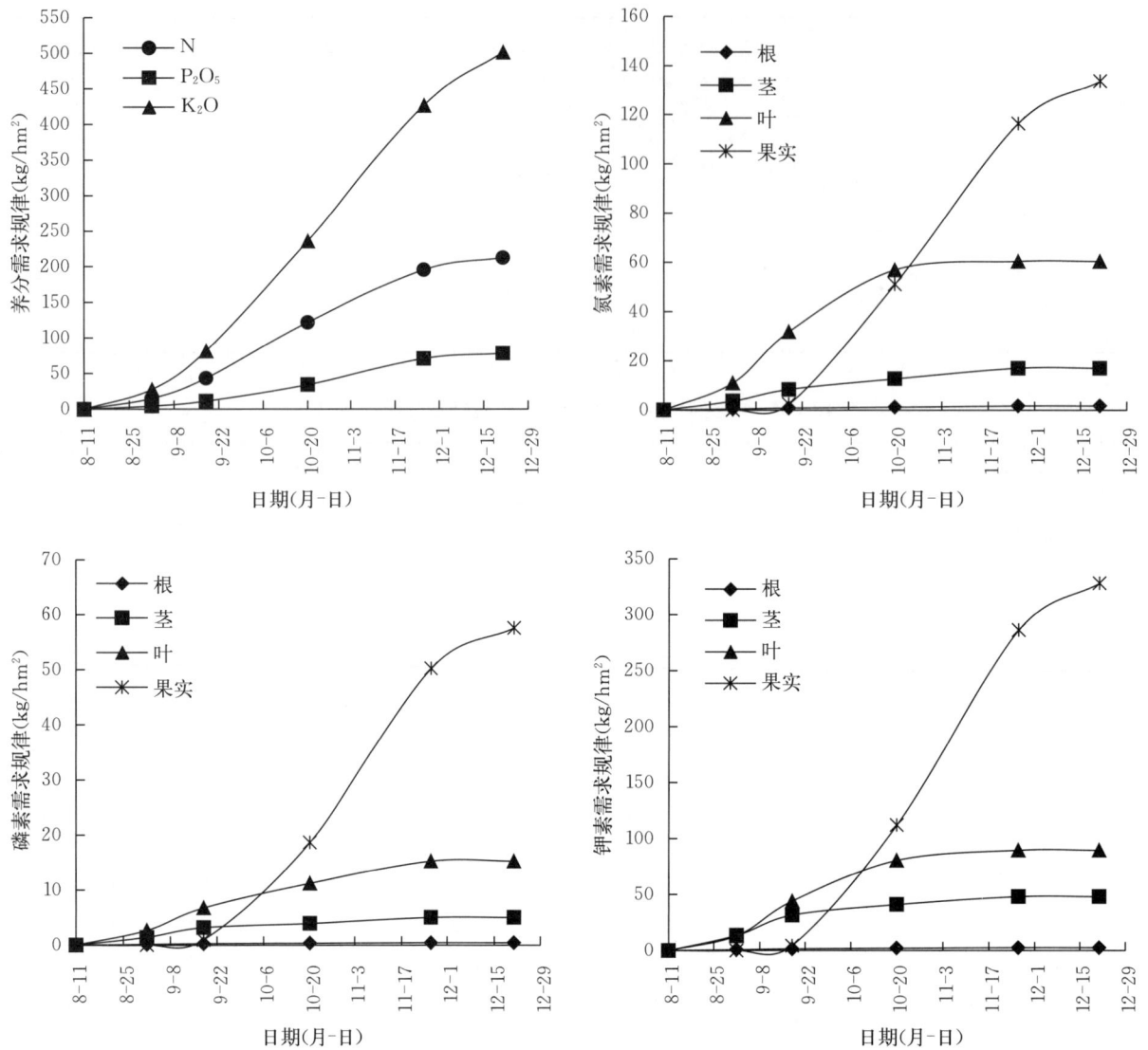

图 10 - 30 秋冬茬番茄全生育期氮、磷、钾养分需求与各器官间分配

1、2 果穗膨大期，占叶片氮素吸收总量的 31.9%～54.1%；果实吸收高峰出现在第 3、4 果穗膨大期，占果实氮素吸收总量的 42.3%～52.0%（表 10 - 27）。

表 10 - 26 日光温室秋冬茬番茄各器官氮素分配比例（%）

生育阶段	定植—苗期（21 d）		定植—初花期（38 d）		定植—第 1、2 果穗膨大期（70 d）		定植—第 3、4 果穗膨大期（107 d）		全生育期（140 d）	
	范围	平均	范围	平均	范围	平均	范围	平均	范围	平均
根	2.6～2.9	2.8	1.7～2.0	1.8	0.8～1.8	1.1	0.6～1.2	0.9	0.6～1.1	0.8
茎	21.2～27.2	24.2	17.4～20.1	19.2	8.8～14.3	10.3	6.3～13.0	8.8	5.8～11.9	8.1
叶	70.7～76.0	73	69.3～77.2	73.6	41.7～50.7	46.6	24.8～37.9	30.8	22.4～35.2	28.3
果实	—	—	1.8～9.1	5.4	37.4～48.0	42.0	52.2～67.0	59.5	55.5～69.4	62.8

表 10 - 27　日光温室秋冬茬番茄各阶段氮素分配比例（%）

生育阶段	项目	根	茎	叶	果实
苗期 （0～21 d）	范围	15.6～43.1	15.9～36.8	12.2～28.7	—
	平均	26.0	22.1	19.0	—
初花期 （22～38 d）	范围	17.5～26.2	20.5～39.2	28.2～43.6	0.7～3.9
	平均	22.8	28.9	35.2	1.8
第1、2果穗膨大期 （39～70 d）	范围	11.0～39.0	12.0～54.2	31.9～54.1	34.1～41.3
	平均	23.0	25.7	41.0	36.5
第3、4果穗膨大期 （71～107 d）	范围	9.8～52.8	0～48.9	0～18.0	42.3～52.0
	平均	28.3	23.3	4.8	48.7
拉秧期 （108～140 d）	范围	—	—	—	10.4～14.8
	平均	—	—	—	13.0

全生育期根、茎、叶和果实磷素吸收分别达 0.4～0.5 kg/hm²、3.9～6.3 kg/hm²、11.3～17.4 kg/hm²、48.0～75.0 kg/hm²，占全株磷素吸收量的 0.4%～0.7%、4.7%～8.1%、15.4%～23.5%、69.6%～76.9%（表 10 - 28）。根磷素吸收高峰出现在苗期，占根磷素吸收总量的 21.0%～57.9%；茎吸收高峰在初花期，占茎磷素吸收总量的 13.5%～56.0%；叶片吸收高峰出现在第1、2果穗膨大期，占叶片磷素吸收总量的 18.9%～39.0%；果实吸收高峰出现在第3、4果穗膨大期，占果实磷素吸收总量的 50.5%～58.7%（表 10 - 29）。

表 10 - 28　日光温室秋冬茬番茄各器官磷素分配比例（%）

生育阶段	定植—苗期（21 d）		定植—初花期（38 d）		定植—第1、2果穗膨大期（70 d）		定植—第3、4果穗膨大期（107 d）		全生育期（140 d）	
	范围	平均	范围	平均	范围	平均	范围	平均	范围	平均
根	2.8～3.5	3.2	2.1～2.7	2.3	0.8～2	1.1	0.4～0.8	0.6	0.4～0.7	0.6
茎	27.8～39.9	32.9	22.8～31.9	28.2	9.7～16.1	11.4	5.1～9	7.2	4.7～8.1	6.5
叶	56.9～68.7	63.9	58.1～62.5	60.8	29.4～34.8	32.9	17.3～25.7	21.6	15.4～23.5	19.6
果实	—	—	3.2～13.3	8.7	51～59.8	54.6	66.7～74	70.6	69.6～76.9	73.4

表 10 - 29　日光温室秋冬茬番茄各阶段磷素分配比例（%）

生育阶段	项目	根	茎	叶	果实
苗期 （0～21 d）	范围	21.0～57.9	14.1～39.0	11.4～27.8	—
	平均	32.6	27.7	17.8	—

（续）

生育阶段	项目	根	茎	叶	果实
初花期 （22～38 d）	范围	20～30.9	13.5～56.0	19.7～35.6	0.7～3.4
	平均	28.0	36.5	27.4	1.7
第1、2果穗膨大期 （39～70 d）	范围	1.9～38.3	0～44.1	18.9～39.0	28.5～34.4
	平均	20.1	15.3	28.9	30.9
第3、4果穗膨大期 （71～107 d）	范围	1.3～47.2	0～39.8	17.8～34.5	50.5～58.7
	平均	19.2	20.5	25.9	54.4
拉秧期 （108～140 d）	范围	—	—	—	10.2～14.9
	平均	—	—	—	13.0

全生育期根、茎、叶和果实钾素吸收分别达 2.4～3.4 kg/hm²、41.3～63.0 kg/hm²、64.8～103.3 kg/hm²、272.6～405.5 kg/hm²，占全株总钾素吸收的 0.4%～0.8%、8.1%～14.2%、14.7%～24.6%、64.8%～74.7%（表 10-30）。根钾素吸收高峰出现在苗期，占根钾素吸收总量的 16.1%～38.0%；茎吸收高峰在初花期，占茎钾素吸收总量的 23.9%～52.8%；叶片吸收高峰出现在第1、2果穗膨大期，占叶片钾素吸收总量的 26.1%～54.3%；果实吸收高峰出现在第3、4果穗膨大期，占果实钾素吸收总量的 48.3%～56.6%（表 10-31）。

表 10-30　日光温室秋冬茬番茄各器官钾素分配比例（%）

生育阶段	定植—苗期（21 d）		定植—初花期（38 d）		定植—第1、2果穗膨大期（70 d）		定植—第3、4果穗膨大期（107 d）		全生育期（140 d）	
	范围	平均	范围	平均	范围	平均	范围	平均	范围	平均
根	2.4～3.4	2.8	1.7～2.0	1.9	0.7～1.6	1.0	0.5～0.9	0.6	0.4～0.8	0.6
茎	45～58.1	49.4	35.1～43.3	38.7	16～20.6	17.4	8.8～15.6	11.4	8.1～14.2	10.4
叶	39～51.7	47.8	50.1～57.8	54.0	29.5～37.1	34.1	16.4～26.7	21.1	14.7～24.6	19.2
果实	—	—	1.8～8.3	5.5	42.6～53.1	47.5	61.7～71.8	66.8	64.8～74.7	69.8

表 10-31　日光温室秋冬茬番茄各阶段钾素分配比例（%）

生育阶段	项目	根	茎	叶	果实
苗期 （0～21 d）	范围	16.1～38.0	18.2～41.3	10～22.6	—
	平均	29.4	28.5	15.0	—
初花期 （22～38 d）	范围	22.3～35.5	23.9～52.8	25.1～45.9	0.5～2.7
	平均	28.3	38.6	35.3	1.4
第1、2果穗膨大期 （39～70 d）	范围	3.5～47.3	5.6～35.8	26.1～54.3	31.2～36.4
	平均	23.5	20.2	40.1	33.0

（续）

生育阶段	项目	根	茎	叶	果实
第3、4 果穗膨大期	范围	0～53.3	0～30.3	3.9～27.4	48.3～56.6
（71～107 d）	平均	18.7	12.8	9.6	52.7
拉秧期	范围	—	—	—	10.4～14.9
（108～140 d）	平均	—	—	—	13.0

二、设施菜地生产节水减肥增效技术

（一）基肥推荐原则与适宜用量

有规律的有机肥施用能增加土壤有机质含量，改善土壤结构、持水能力和生物活性。然而，不合理有机肥施用会带来巨大的环境问题。1991 年，欧盟通过《硝酸盐指令》（Nitrates Directive）。这个指令的目的是减少由农业来源硝酸盐导致或诱发的水体污染，并防止未来可能发生的这类水体污染。该指令中建立了硝酸盐脆弱区域，该区域肥料存储和施用将遵守严格规定，主要包括：①农场在不允许施用有机粪肥期间，有足够的有机粪肥存储能力；②施肥限制需特别考虑可预见的作物氮素需求与土壤肥料氮素供应之间的平衡，包括当作物氮素需求显著增加时土壤中氮素供应量，通过土壤储备的有机氮净矿化提供的氮素；③对于每个农场或养殖单元，每年畜禽粪便土壤施用量（包括牲畜带入的部分）不超过 170 kg N/hm²。推荐有机肥施用量应在满足作物养分需求的同时，对其环境风险进行评估。畜禽粪肥和秸秆，尤其是畜禽粪便作为肥料还田，除从带入养分的角度考虑其用量外，更重要的是保证其肥料化施用后重金属、有机污染物、卫生学指标等对土壤环境质量和蔬菜食用安全不形成威胁。目前，我国发布的相关标准有《肥料中有毒有害物质的限量要求》（GB 38400）、《土壤环境质量 农用地土壤污染风险管控标准》（GB 15618）、《食品安全国家标准食品中污染物限量》（GB 2762）。蔬菜生产有机废弃物尤其是畜禽粪便用量较高，目前仍缺乏不同土壤类型、不同土壤环境质量、不同蔬菜种类、不同栽培模式下的有机废弃物用量与土壤环境质量和蔬菜食用安全之间的定量关系。对有机肥用量进行合理推荐具有显著的环境效益和经济效益。

设施蔬菜养分需求强度较大，有机肥作为基肥应注意：一是根据土壤养分供应能力、蔬菜种类及茬口、有机物料养分特点等，合理选择有机物料种类；二是基肥以有机粪肥为主，配以部分化肥，在弥补有机肥养分供应缺陷的同时，充分利用有机肥中的养分；三是有机粪肥携入可供蔬菜利用的氮量不超过总氮推荐量的 50%，可供蔬菜利用的磷量不应超过总磷推荐量；四是对于基础土壤无机氮积累严重（≥200 mg/kg）的菜田建议配施秸秆，不建议施用鸡粪等速效养分含量较高的粪肥；对于基础土壤无机氮含量偏低（≤50 mg/kg）的菜田建议提高基肥中化肥的比例；五是秸秆的施用易导致土壤速效氮含量下降，与有机粪肥、化肥配合施用效果更好。

1. 基于土壤氮素推荐有机肥用量　有机肥带入的可供蔬菜利用的氮量不超过总氮推荐量的 50%。按照带入氮素对有机肥用量进行推荐时，可能会导致有机肥带入的可供蔬菜利用的磷量超出总磷推荐量，应该对土壤有效磷量进行监测，以防止土壤磷素的积累，以及随之而来的环境风险。对于基础土壤无机氮积累严重（≥200 mg/kg）的菜田配施作物秸秆，秸秆带入的适宜氮量约为总氮推荐量的 25%。

2. 基于磷素推荐有机肥用量　有机肥带入的可供蔬菜利用的磷量不超过总磷推荐量。按照带入磷量对有机肥施用量进行推荐时，可能会导致有机肥施用量过少。对于必须以磷估算有机肥用量的设施菜田，可以将 1 年/2 季作物所需磷量一次性施入土壤，同时对土壤氮磷含量进行监控。

对于设施秋冬茬/冬春茬黄瓜或番茄，推荐每亩施腐熟有机肥 3～6 m³ 或商品有机肥 1.3～1.8 t，化肥 20～30 kg 作基肥。设施越冬长茬黄瓜或番茄，推荐每亩施腐熟有机肥 6～8 m³ 或商品有机肥 1.8～2.3 t、化肥 25～35 kg 作基肥。

（二）滴灌追肥模式与适宜用量

冬春茬黄瓜滴灌精量追肥模式。根据冬春茬黄瓜养分需求特点，推荐追肥时期、养分配比、追肥频次及配合灌水量等。推荐采用全水溶滴灌专用肥，如 N∶P₂O₅∶K₂O 配方接近 18∶9∶23，追肥次数在 20～30 次，单次肥料用量每亩不超过 5 kg。在黄瓜苗期和初花期推荐施用具有促进根系发育的功能肥料，以培育壮苗。推荐追肥模式应根据生产实际情况，如天气状况、定植时间、苗的长势进行灵活调整。遇到阴天不进行灌水追肥操作（表 10 - 32、表 10 - 33）。

表 10 - 32　膜下滴灌日光温室冬春茬黄瓜精量追肥推荐

生长阶段	日期	关键时间点 定植后（d）	追肥频率 （d/次）	追肥次数（次）	追肥分配比例（%）	
					低肥力地	中高肥力地
定植	2 月中旬					
苗期	2 月中旬至 3 月上旬	20				
初花期	3 月上旬至 3 月底	40	5	3	10	5
初瓜期	3 月底至 4 月底	70	3～4	8	25	25
盛瓜期	4 月底至 6 月上旬	90	3～4	12	45	55
末瓜期	6 月上旬至 7 月上旬	110	5	5	20	15
拉秧期	7 月上旬至 7 月中旬					

表 10 - 33　膜下滴灌日光温室冬春茬黄瓜合理灌水推荐

生长阶段	日期	推荐 0～40 cm 土壤含水量（%）	灌水频率（d/次）	灌水定额（mm/次）
定植	2 月中旬		定苗水	15
苗期	2 月中旬至 3 月上旬		缓苗水	20
初花期	3 月上旬至 3 月底	75～95	2～3	3～4.5
初瓜期	3 月底至 4 月底	80～95	1～2	2.5～5
盛瓜期	4 月底至 6 月上旬	80～95	1	2.5～3.5
末瓜期	6 月上旬至 7 月上旬	85～95	1	3.5～4.5
拉秧期	7 月上旬至 7 月中旬	85～95	1	5～6
总计				370～400

秋冬茬番茄滴灌精量追肥模式。根据秋冬茬番茄养分需求特点，推荐单次追肥施用量与各时期的分配。推荐采用全水溶滴灌专用肥，如 $N:P_2O_5:K_2O$ 配方接近 15：6：29，追肥次数在 8～10 次，单次肥料用量每亩不超过 10 kg（表 10-34、表 10-35）。在初花期和果实膨大期推荐施用微生物肥。番茄第 4 穗果实膨大期为严冬季节，常见连续阴霾天气，此时不宜进行施肥灌水操作；如有条件应采取增温补光措施，以促进后期果实的成熟。

表 10-34　膜下滴灌日光温室秋冬茬番茄精量追施推荐

生长阶段	日期	追钾肥频率（次）	追肥分配比例（%）	
			低肥力地	中高肥力地
定植	8 月中上旬			
苗期	8 月中上旬至 9 月初			
初花期	9 月初至 9 月底			
第 1 果穗膨大期	9 月底至 10 月底	2	20	10
第 2 果穗膨大期	10 月初至 11 月初	3	30	30
第 3 果穗膨大期	10 月中旬至 11 月中下旬	2	30	30
第 4 果穗膨大期	10 月下旬至 12 月上旬	2	20	30
拉秧期	12 月底至翌年 1 月初			

表 10-35　膜下滴灌日光温室秋冬茬番茄合理灌水推荐

生长阶段	日期	推荐 0～40 cm 土壤含水量（%）	灌水频率	灌水定额
定植	8 月中上旬		定苗水	20 mm/次
苗期	8 月中上旬至 9 月初		缓苗水	20 mm/次
初花期	9 月初至 9 月底	75～95	1 天/次	2～3 mm/次
第一果穗膨大期	9 月底至 10 月底	75～95	2 天/次	3～4 mm/2 d
第二果穗膨大期	10 月初至 11 月初	70～90	2 天/次	3～4 mm/2 d
第三果穗膨大期	10 月中旬至 11 月中下旬	70～90	2 天/次	3～4 mm/2 d
第四果穗膨大期	10 月下旬至 12 月上旬			
拉秧期	12 月底至翌年 1 月初			
总计				160～210 mm

（三）沟灌追肥模式与适宜用量

冬春茬黄瓜沟灌节水减肥增效技术模式。沟灌冬春茬黄瓜推荐采用水溶性肥料，如 $N:P_2O_5:K_2O$ 配方接近 18：9：23，全生育期追肥 10～15 次，单次追肥量每亩不超过 10 kg，灌水 15～25 次，单次灌水量不超过 36 mm（表 10-36、表 10-37）。

表 10 - 36　膜下沟灌日光温室冬春茬黄瓜追肥推荐

生长阶段	日期	定植后天数 (d)	追肥频率 (d/次)	追肥次数 (次)	追肥分配比例（%）	
					中肥力	偏高肥力
定植	2 月中旬					
苗期	2 月中旬至 3 月上旬	20				
初花期	3 月上旬至 3 月底	40	15	1	10	5
初瓜期	3 月底至 4 月底	70	8～9	3	25	25
盛瓜期	4 月底至 6 月上旬	90	7～8	6	45	55
末瓜期	6 月上旬至 7 月上旬	110	10	2	20	15
拉秧期	7 月上旬至 7 月中旬					

表 10 - 37　膜下沟灌日光温室冬春茬黄瓜合理灌水推荐

生长阶段	日期	推荐 0～40 cm 土壤含水量（%）	灌水频率	灌水次数（次）	灌水量（mm/次）
定植	2 月中旬		定苗水	1	20
苗期	2 月中旬至 3 月上旬		缓苗水	1	30
初花期	3 月上旬至 3 月底	75～95	7 d/次	2	20～22
初瓜期	3 月底至 4 月底	80～95	6 d/次	5	20～22
盛瓜期	4 月底至 6 月上旬	80～95	5 d/次	7	20～22
末瓜期	6 月上旬至 7 月上旬	85～95	4 d/次	6	22～24
拉秧期	7 月上旬至 7 月中旬	85～95	3 d/次	3	24～30
总计				25	550～610

　　秋冬茬番茄沟灌节水减肥增效技术模式。沟灌秋冬茬番茄推荐采用水溶性肥料，如 N：P_2O_5：K_2O 配方接近 15：6：29，全生育期追肥 3～5 次，单次追肥量每亩不超过 20 kg，灌水 6～9 次，单次灌水量不超过 40 mm（表 10 - 38、表 10 - 39）。

表 10 - 38　膜下沟灌日光温室秋冬茬番茄追施钾肥推荐

生长阶段	日期	追肥频次（次）	追肥分配比例（%）	
			低肥力地	中高肥力地
定植	8 月中上旬			
苗期	8 月中上旬至 9 月初			
初花期	9 月初至 9 月底			
第 1 果穗膨大期	9 月底至 10 月底	1	20	10
第 2 果穗膨大期	10 月初至 11 月初	1	30	30
第 3 果穗膨大期	10 月中旬至 11 月中下旬	1	30	30
第 4 果穗膨大期	10 月下旬至 12 月上旬	1	20	30
拉秧期	12 月底至翌年 1 月初			

表 10 - 39   膜下沟灌日光温室秋冬茬番茄合理灌水推荐

生长阶段	日期	推荐 0～40 cm 土壤含水量（%）	灌水时间（定植后天数，d）	灌水量（mm/次）
定植	8 月中上旬		定苗水	20
苗期	8 月中上旬至 9 月初		缓苗水	20
初花期	9 月初至 9 月底	75～95	30	30
第一果穗膨大期	9 月底至 10 月底	75～95	45、55	25
第二果穗膨大期	10 月初至 11 月初	70～90	65、75	20
第三果穗膨大期	10 月中旬至 11 月中下旬	70～90	85、95	20
第四果穗膨大期	10 月下旬至 12 月上旬	70～90		
拉秧期	12 月底至翌年 1 月初			
总计			9 次	200

第十一章　潮土设施菜地存在的问题、对策与规划 >>>

第一节　潮土区设施农业发展概况

设施农业指具有一定设施、在局部范围改善或创造环境因素，为动植物生产提供良好环境条件而进行的高效农业生产方式。广义的设施农业包括设施栽培与设施养殖，狭义的设施农业主要是指设施栽培，包括设施蔬菜、花卉等。设施农业是我国农业战略性结构调整的一个重要方向，也是农业增效、农民增收的一项重要手段，目前发展迅速，已成为我国农业中最具有活力的新兴产业之一，尤其是大棚设施栽培的发展，为"菜篮子"工程建设起到了很大的作用，取得了显著的社会、经济和生态效益。

21 世纪以来，大棚设施栽培发展迅速，2016 年末，全国温室占地面积 334 000 hm²，大棚占地面积 981 000 hm²，渔业养殖用房面积 76 000 hm²。各类大棚、中小棚、温室等农业设施较快增长，在一定程度上改变了农业生产的时空分布，大部分地区一年四季都有新鲜瓜果蔬菜供应，满足了人民日益增长的多样化需求。我国温室大棚等占地面积稳居世界第一，工厂化种养也呈快速发展态势。

根据农业农村部 2019 年统计数据显示，潮土主要分布区山东、河北和河南有农业设施 354.5 万个，设施面积为 41.18 万 hm²，占全国农业设施数量的 18.9%，面积占全国的 20.4%。其中，日光温室面积占全国面积的 41.79%，塑料大棚占全国面积的 26.4%，连栋温室占全国面积 10.5%。设施蔬菜面积占全国设施蔬菜总面积的 20.4%。河北省有农业设施 102.8 万个，面积 10.59 万 hm²，其中，塑料大棚 53.5%，日光温室 35.4%，连栋温室 0.9%；河南省有农业设施 61.6 万个，面积 5.71 万 hm²，其中，塑料大棚 75.2%，日光温室 17.2%，连栋温室 1.8%；山东省有农业设施 190 万个，面积 24.88 万 hm²，其中，塑料大棚 48.0%，日光温室 43.3%，连栋温室 0.63%。

第二节　潮土区设施菜地土壤生产存在的问题

一、潮土区设施菜地土壤障碍现状和问题

潮土分布区，设施农业高度集约，垦殖率高，使各地设施农业普遍向规模化和单一化栽培发展，直接导致了设施土壤连作障碍，以及板结和次生盐渍化等障碍发生。设施蔬菜障碍土壤多发生在塑料大棚和日光温室上，塑料大棚多以土壤质量下降为核心的退化类型，日光温室多以连作障碍和次生盐

渍化为核心的退化类型。目前，山东寿光建成的下凹式日光温室，多以基质重建为核心，设人工土壤，改变了原有土壤类型，2019 年潮土区设施农业状况见表 11-1。

表 11-1　2019 年潮土区设施农业状况

省份	塑料大棚		日光温室		连栋温室		其他	
	数量（个）	面积（hm²）	数量（个）	面积（hm²）	数量（个）	面积（hm²）	数量（个）	面积（hm²）
河北	574 148	57 722	266 709	37 469	3 531	993	183 403	9 736
河南	529 913	42 923	64 219	9 817	4 238	1 012	18 122	3 302
山东	1 001 762	119 415	567 157	107 732	4 314	1 565	327 423	20 105
潮土区	2 105 823	220 060	898 085	155 018	12 083	3 570	528 948	33 143
全国	13 474 080	834 684	2 741 474	370 941	162 917	34 057	2 329 019	370 074

数据来源：2019 年农业农村部统计资料。

（一）山东省设施蔬菜发展障碍

1. 设施蔬菜发展情况　山东省作为一个农业大省，是中国蔬菜的主要产区，常年蔬菜种植面积占全国的 10% 以上，设施蔬菜的面积占全国的近 50%；也是全国蔬菜生产第一大省，蔬菜产业较为发达。截至 2021 年 2 月，全省设施栽培面积已达到 80 万 hm²，约占全省蔬菜占地面积的 40%。其中，节能温室越冬栽培面积 26.67 万 hm² 左右，约占全省设施栽培面积的 1/3，占全国日光温室栽培面积的 50% 左右。

山东蔬菜生产和发展也表现出明显的区域化、规模化特征，在 139 个县（市、区）中，有 8 个县市区蔬菜种植面积达到 3.33 万 hm² 以上，有 32 个县（市、区）蔬菜种植面积稳定在 2 万 hm² 以上，产生了寿光市、兰陵县、金乡县等重点蔬菜生产和供应大县。

山东省寿光市已成为全国最大的蔬菜科技示范园和种试基地，位于山东半岛中北部、渤海莱州湾南畔，总面积 2 072 km²，人口 107 万，是"中国蔬菜之乡"。2020 年，蔬菜播种面积占比 80% 以上，种植品种以茄果类蔬菜为主。其中，番茄种植面积约 8 000 hm²、黄瓜种植面积 10 000 hm²、胡萝卜种植面积 3 333 hm²、西甜瓜种植面积 2 000 hm²。在蔬菜产业发展中，形成农产品物流园和寿光果菜批发市场 2 处年销售量 10 亿 kg 以上的大型蔬菜批发市场，5 000 多种蔬菜、种苗等产品实现网上销售。

2. 山东省设施蔬菜障碍主要问题

（1）土壤板结严重。过量施肥导致土壤团粒结构破坏，透气性变差，作物根系受损，养分吸收不好。

（2）土壤盐渍化。随着种植年数的增加，设施土壤盐分逐渐升高，作物死棵严重。山东省设施菜地约 39.73% 出现不同程度的盐渍化现象。其中，轻度盐渍化为 28.64%，中度盐渍化为 8.37%，重度盐渍化为 2.29%，盐土为 0.43%。随种植年限的增加，土壤全盐量逐年增加。

（3）重金属污染严重。寿光 20 年以上的大棚主要是低、矮原始型的棚，镉污染严重，主要是由于粪便污染和将污泥做有机肥施入土壤造成的。山东省施用的有机粪便主要是鸡粪、猪粪、牛粪。

（4）设施大棚养分失衡。农民盲目施肥，钾肥施用过多，土壤盐分增多，造成恶性循环。

（5）土传病害严重。堆肥效果差，未腐熟成分进入，携带病原微生物，导致土传病害增多。

（二）河南省设施蔬菜障碍

1. 设施蔬菜发展的状况　河南省设施蔬菜生产近年来获得较快发展，成为农民增收致富的新途径。河南省近 10 年来蔬菜播种面积较为稳定，总体在 1 666.67～1 766.67 hm² 波动。随着种植技术水平提高，产量有显著提升。2018 年播种面积 1 721.09 hm² 比 2009 年播种面积 1 692.21 hm² 增加 28.88 hm²，增幅 1.71%。2018 年蔬菜产量 7 260.67 万 t，其中，设施蔬菜播种面积 289.71 hm²，产量 1 856.61 万 t。据统计，河南省设施栽培面积占到蔬菜种植面积的 20%。每亩露地蔬菜受益一般在 1 000～2 000 元，每亩设施蔬菜效益一般可达 500～1 000 元，最高可达万元以上，是一般大田作物的 15～20 倍。

2018 年，河南省设施蔬菜播种面积 3 334 hm² 以上的县（市、区）达到 32 个，占全省设施蔬菜的 62.9%。设施蔬菜基本形成了豫南地区塑料大棚为主的早春和晚秋菜基地，豫北日光温室为主的冬春菜基地，豫东、豫中地区温室大棚并重的冬春和早秋菜基地。在特色蔬菜方面，形成了杞县、中牟大蒜，柘城、临颍小辣椒，开封胡萝卜，鹿邑西芹，淮阳、平舆黄花菜，许昌绿叶菜等一批露地蔬菜基地，还有内黄设施瓜菜、新野拱棚甘蓝、汝南温室番茄等一批知名设施蔬菜产品。

2. 河南省设施蔬菜障碍主要问题

（1）设施蔬菜连作障碍轻重程度划分。为了便于统计，连作障碍的轻重程度具体划分为轻、中、重 3 级（王广印等，2016）。轻度障碍同比（与前 1～2 年比，病害一般防治水平），蔬菜生长势有减弱迹象，主要土传病害发病率 5%～10%，产量下降 10% 以下。中度障碍同比（与前 1～2 年比，病害一般防治水平），蔬菜生长势减弱，主要土传病害发病率 11%～20%，产量下降 10%～20%。重度障碍同比（与前 1～2 年比，病害一般防治水平），蔬菜生长势明显减弱，主要土传病害发病率 20% 以上，产量下降 20% 以上。

（2）河南省设施蔬菜连作年限与障碍比例及障碍轻重程度（表 11 - 2）。河南省设施连作年限大都在 5 年以上，最长连作年限达 30 年以上。绝大多数棚室都有连作障碍的问题，一般连作 3 年以上即开始表现连作障碍现象。有连作障碍棚室的比例及严重程度（以主要病害为主）随连作年限的延长而增加。另外，调查发现，连作障碍的轻重程度还与设施类型、茬口模式、区域分布和不同农户（农业园区）等有关。

表 11 - 2　河南省设施蔬菜连作年限、障碍比例及障碍轻重程度

（王广印，2016）

设施种类	项目	5 年以下	5～9 年	10～19 年	19 年以上
大棚	调查点数（个）	10	15	11	3
	点数所占比例（%）	35.6	38.5	28.2	7.7
	有连作障碍比例（%）	85	96.4	96.4	100
	轻度障碍（%）	50	12.5	0	0
	中度障碍（%）	50	31.3	37.5	0
	重度障碍（%）	0	56.2	62.5	100

（续）

设施种类	项目	5 年以下	5～9 年	10～19 年	19 年以上
日光温室	调查点数（个）	10	19	18	6
	点数所占比例（%）	18.8	35.8	34	11.4
	有连作障碍比例（%）	54.0	90.46	97.9	99.3
	轻度障碍（%）	50.0	42.1	22.2	0
	中度障碍（%）	25.0	21.1	44.4	50
	重度障碍（%）	25.0	36.8	33.4	50

（3）河南省设施蔬菜连作障碍的基本类型状况。河南省设施蔬菜土传病害发生最为严重，其中，最为严重的是根结线虫病，大棚发生率达 84.6%，日光温室发生率达 56.9%。调查发现，根结线虫病在春、秋季都有发生，但一般以秋季发生最为严重，而地区间、年份间、农户间和蔬菜种类间发生情况会有所不同。特别是大棚秋番茄根结线虫如果不防治，几乎可达到绝收的程度。对大棚而言，其他发生率较高的土传病害依次是根腐病、黄瓜枯萎病、黄瓜蔓枯病、番茄（辣椒）茎基腐病等。日光温室土传病害发生情况与大棚基本相同，但发生率比大棚稍低。

另外，调查得知，设施蔬菜生产上还有许多发生严重的其他与连作相关的病害，主要有番茄灰霉病、叶霉病、晚疫病、早疫病和细菌性溃疡病等；黄瓜霜霉病、疫病、菌核病、靶斑病、白粉病和炭疽病等；芹菜软腐病；西葫芦灰霉病和白粉病等。

除土传病害外，调查反映最多的设施蔬菜连作障碍类型以土壤养分失衡（生理病害）较多，如各种缺素症，包括一些不明原因的生理病害。土壤次生盐渍化也普遍发生，但大棚比日光温室次生盐渍化相对较轻，下沉式日光温室比非下沉式日光温室相对较重，这可能与大棚揭膜雨淋有关。

自毒作用现象也有存在，但菜农认识不足。土壤酸化现象表现较轻，直观上无明显表现，但不等于设施土壤没有发生酸化，需进行测土确定。例如，洛阳市孟津区某农户的棚室土壤，经当地农业部门测试 pH 达 3.0～5.0，酸化已经相当严重。土壤板结现象在部分地区或重或轻都有存在，表现为土质黏重和透气性变差，这与当地土质类型和耕作制度等有关。调查发现，自毒作用、土壤酸化和土壤板结这 3 种连作障碍现象还没有引起菜农重视。

（4）河南省设施蔬菜连作障碍的宏观表现。根据调查结果反映，河南省设施蔬菜连作障碍的总趋势表现是随着连作年限的延长，蔬菜生长势减弱，病害逐渐加重，产量逐渐降低，品质下降。但不管是大棚，还是日光温室，一般连作 3 年以上，就开始出现一些轻微的连作障碍现象。河南省设施蔬菜连作障碍比例及严重程度随连作年限的延长而增加，但设施蔬菜产量下降与否，则与许多因素有关。有的地方连作 7 年左右的日光温室，因后茬种植夏玉米，产量未明显下降，这与种植夏玉米有降盐、改土作用及其他技术措施的应用有关。

（三）河北省设施蔬菜障碍

1. 设施蔬菜发展情况 截至 2013 年，河北省设施种植面积 20.78 万 hm²。其中，连栋温室 0.04 万 hm²，日光温室 7.73 万 hm²，塑料大棚 12.8 万 hm²。主要以日光温室和塑料大棚为主，约占施舍总面积的 98%。分布区域来看，沧州市设施面积最大，为 13.51 万 hm²，约占总面积的 65%。

2. 河北省设施蔬菜障碍主要问题

（1）由于茄果类蔬菜效益大，常年连作，导致土壤盐渍化。河北设施菜田土壤电导率平均为 599.4 $\mu S/cm$，以 NO_3^-、SO_4^{2-}、Ca^{2+} 积累为主；超过 1/3 的调查田块处于轻度盐渍化水平。

（2）设施蔬菜病虫害的发生以病害为主，虫害较少。虫害主要是烟（白）粉虱、美洲斑潜蝇等小型害虫。老菜区的根结线虫发生严重，在河北危害很大，已经遍及全省，一旦发病会造成 10%～20% 的损失，严重时甚至 30%～50%，已成为威胁蔬菜产量的主要因子，且防治困难。茄子黄萎病危害达 30% 以上，损失严重，限制产业的发展。

（3）菜农多是凭经验施肥，一般施用氮、磷肥较多，钾肥施用较少，这样就必然导致某些营养元素特别是微量元素的缺乏。据河北省专家试验数据显示，番茄、黄瓜温室 70% 以上的土壤有效磷含量处于偏高和极高水平。另外，氮、磷肥的超量施用，使土壤营养元素比例严重失调，土壤离子的拮抗作用诱发作物发生营养元素缺乏或过剩造成生育障碍。常见的缺素症如番茄缺钙导致发生脐腐病，缺硼导致茎部硬化或顶部形成小叶。

（4）由于化肥用量大、施用不平衡等问题，也造成了蔬菜中的硝酸盐含量升高。与露地菜田相比，设施蔬菜生产体系中氮肥的高投入量尤为明显。河北省专家调研显示，65% 的调查地块存在硝态氮积累，90% 以上的地块出现磷钾积累（较高或高水平）。

二、潮土设施菜地水肥管理现状和存在问题

设施蔬菜产业具有技术装备水平高、集约化程度高、科技含量高、比较效益高等特点，其产值为露地蔬菜种植的 1.69～2.33 倍（王亚坤等，2015）。我国设施蔬菜生产发展迅速，蔬菜种植主要集中在环渤海、黄淮海等潮土，约占全国蔬菜种植总面积的 60%。现阶段国内大中拱棚以上的设施面积已达 370 万 hm^2（5 550 万亩），约占世界设施园艺面积的 80%。全国设施蔬菜总产达 2.6 亿 t，占蔬菜总产量的 35% 以上，年人均蔬菜供应量达到 540 kg 左右（张真和等，2010；梁静等，2015）。我国已成为世界设施蔬菜生产大国，面积和产量均居世界第一。

传统设施蔬菜生产中，主要通过盲目增加水肥用量提高经济效益，导致水肥投入量远超植株生长需求。与传统粮田农业相比，设施菜田氮肥（折合纯氮）的平均用量为 1 741.0 kg/hm^2，是粮田用量的 4.5 倍（杜连凤等，2009）。据报道，山东省寿光市温室番茄生产中每季氮素投入量为 2 186 kg/hm^2，远超过植株地上部带走量（146 kg/hm^2），单季的灌溉总量高达 1 000 mm，灌溉水可入渗至地表 2 m 以下（朱建华，2002；李俊良等，2001）。已有研究表明，在获得最高温室番茄产量时，其对应的灌水量、施氮量和施钾量分别为 2 637.2 m^3/hm^2、374.1 kg/hm^2 和 51.6 kg/hm^2（陈修斌等，2006）；春茬温室番茄合适的灌溉定额为 2 723～2 837 m^3/hm^2（陈碧华等，2008）。可见，设施蔬菜生产中水肥传统投入量远超推荐用量。水肥过量投入不仅造成土壤养分积累，次生盐渍化和土壤微生态失衡等连作障碍，还导致蔬菜对养分吸收下降，养分利用效率低，土壤质量退化等一系列问题，成为限制设施蔬菜高产优质与可持续生产的瓶颈。设施蔬菜生产水肥管理现状主要表现在几方面：①有机肥和化肥投入盲目过量，偏施氮磷肥，忽视了氮磷钾等养分平衡配比；②忽视生育期各个阶段的施肥用量、养分分配，养分供应与作物需求在时间和空间上不协调；③菜田土壤养分比例失衡，土壤氮磷养分积累；④灌溉不合理，大水沟灌和过量灌溉，氮磷淋洗严重；⑤在施肥认识上重视无机肥料养分管理，忽视有机肥养分的养分供应。因此，设施蔬菜过量灌溉施肥导致增肥不增产，水分和养分资源浪费，

环境污染问题日趋严重。

(一)肥料投入总体过量，养分比例失调

菜农在实际生产过程中大量施用有机肥和化肥，以培肥土壤、增加养分。我国主要设施蔬菜种植区域的施肥状况表明（表11-3），无论是有机肥还是化肥，过量施用现象极其普遍。有机肥每季每公顷施肥量达十几吨至近百吨，其养分投入量占总量的55%以上，投入比例也逐年增加（Chen et al.，2004；张彦才等，2005；王敬国，2011；王丽英，2012a）。通过对国内与设施番茄施肥有关的57篇文献中的79个试验数据进行分析，结果表明，传统施肥模式下的设施番茄有机肥氮素和化肥氮素投入量平均分别为617.0 kg/hm² 和705 kg/hm²，总氮投入达到1 313 kg/hm²（梁静等，2015）。以山东寿光为例，1994年氮、磷养分投入量分别为817 kg/hm²、956 kg/hm²，到2004年分别增加到1 272 kg/hm²、1 376 kg/hm²（刘兆辉等，2008）；刘苹等（2014）对山东省寿光市51个设施大棚的施肥情况进行了调查分析，结果表明，设施大棚周年投入肥料养分平均为N 3 338 kg/hm²、P_2O_5 1 710 kg/hm²、K_2O 3 446 kg/hm²，是当地小麦-玉米轮作种植模式的6~14倍。河北省蔬菜主产区日光温室番茄N、P_2O_5 和 K_2O 的平均施用量分别为996.0 kg/hm²、687.0 kg/hm² 和502.5 kg/hm²；黄瓜的N、P_2O_5 和 K_2O 平均施用量分别为1 269.0 kg/hm²、1 609.5 kg/hm² 和610.5 kg/hm²；甜椒的N、P_2O_5 和 K_2O 平均施用量分别为5 265.0 kg/hm²、1 447.5 kg/hm² 和1 140.0 kg/hm²。北京郊区1996—2000年的氮、磷施肥量分别为301 kg/hm²、129 kg/hm²，到2009年分别增加到565 kg/hm²、340 kg/hm²，其中，番茄、黄瓜、椒类、茄子总养分（N：P_2O_5：K_2O）投入量已分别达1 206：504：782、1 426：735：1 101、1 298：599：915、1 255：631：958 kg/hm²（王丽英等，2012b）。西安市郊区100余个日光温室栽培番茄的氮、磷平均施用量分别为600 kg/hm²、623 kg/hm²。而一般蔬菜形成1 000 kg产量平均需要吸收氮、磷、钾分别为2~4 kg、0.18~1.20 kg、3.5 kg（杜会英，2007），与蔬菜作物养分需求相比，有机肥和化肥的养分总投入量远远超过作物需求量。以高产水平（150~180 t/hm²）黄瓜和番茄为例，氮、磷需求量分别为370~470 kg/hm²、105~180 kg/hm²（王敬国等，2011）。可见，设施蔬菜生产中氮肥投入超出需求量的5~10倍，磷肥超出比例更高（何飞飞等，2006；张彦才等，2005）。

设施蔬菜生产复种指数高，产量大，消耗的养分量也大。蔬菜从土壤中吸收的养分钾最多，氮次之，磷最少，一般N：P_2O_5：K_2O 吸收比例为1：（0.3~0.5）：（1.0~1.5）。而实际施用比例为1：（0.6~1.0）：（0.4~0.7），养分比例严重失衡，王敬国（2011）提出各地设施蔬菜生产肥料施用量的指南，建议N、P、K肥施用量比例为1.00：0.38：1.81。李红梅（2006）和张彦才等（2005）研究发现，河北实际施肥中，氮、磷肥施用量偏高，钾肥偏低。养分失衡会直接影响蔬菜的品质和产量，而长期大量的氮磷富集，很容易引起次生盐渍化以及土壤酸化，导致蔬菜生理缺钙失调。因此，为使土壤养分均衡，应采取引导农民合理施肥、滴灌施肥或测土配方施肥等施肥措施，或利用不同作物对养分的需求不一致，采取作物轮作的种植模式，保持土壤养分平衡。

(二)灌溉不合理，水分养分利用效率低

蔬菜需水量大，目前蔬菜作物仍沿用经验式灌溉管理，以大水漫灌或沟灌为主，灌溉量大，水分利用效率低（王丽英，2012a）。据调查，河北省设施蔬菜年灌溉用水量一般为9 000~9 750 m³/hm²，且灌溉用水几乎全依靠地下水，造成华北地区的地下水漏斗区进一步扩大，水资源环境继续恶化（刘晓敏等，2011）。山西省盐湖区日光温室蔬菜每次灌水47~63 mm，每季灌溉10~20次，灌溉总量达

表 11-3 我国部分地区设施果菜蔬菜生产有机肥和化肥养分投入量（kg/hm²）

地点	作物	年份/调查样点数	来自有机肥			来自化肥投入			养分总投入			文献来源
			N	P₂O₅	K₂O	N	P₂O₅	K₂O	N	P₂O₅	K₂O	
山东惠民	黄瓜/番茄	2 002/n. m*	1 142	891	973	1 382	1 022	573	2 524	1 913	1 546	寇长林等，2002
	黄瓜/番茄/辣椒	2 002/57	1 881	417	1 047	1 358	452	570	3 239	869	1 617	寇长林等，2005
山东武城、青州	黄瓜/番茄/辣椒/茄子	1 996/45	658	688	442	1 829	2 591	730	2 487	3 279	1 172	刘兆辉等，2008
	黄瓜/番茄/辣椒/茄子	1 996/24	1 155	647	949	1 272	1 376	1 085	2 427	2 023	2 034	刘兆辉等，2008
山东寿光	番茄	2 007/n. m	960	912	716	1 000	800	885	1 960	1 712	1 601	姜慧敏等，2010
河北省 8 个县	黄瓜/番茄/辣椒	2 003/243	959	414	1 277	943	748	361	1 902	1 162	1 638	张彦才等，2005
	黄瓜/番茄/辣椒/茄子	2 009/188	748	279	480	542	294	415	1 290	573	895	王丽英等，2012b
北京郊区	辣椒/番茄等	2 001/n. m	381	348	231	301	129	23	682	427	254	吴建繁等，2001
陕西安康	茄子/辣椒	2 006/n. m	930	780	630	517	400	140	1 447	1 180	770	郭全忠等，2007
陕西西安市郊	番茄	2 006. n. m	1 074	1 026	823	600	623	497	1 674	1 649	1 320	周建斌等，2006
甘肃白银	黄瓜等	2 009/n. m	1 530	1 080	1 125	1 137	654	76	2 667	1 734	1 201	黄绦宁等，2006
宁夏银川	黄瓜	2 004/n. m	512	335	334	1 316	459	133	1 828	794	467	李程，2004
江苏南京	番茄等茄果类	2 009/n. m	172	100	182	331	109	128	503	209	310	杨步银等，2009

* n. m 表示文献中没有提及调查数量。

数据来源：王丽英，2012a。

470~1 200 mm，平均 767 mm（王敬国，2011）。山东省寿光市全年灌溉水总量为 748~1 957 mm，平均灌溉量高达 1 307 mm（宋效宗，2007）。在北京郊区的设施果菜生产中，每年沟灌或漫灌的用水量为 7 500~10 500 m³/hm²（王丽英等，2012b）。过量灌溉导致水肥渗漏、土壤养分流失严重，对地下水环境造成威胁。孙丽萍等（2010）、曹琦等（2010）研究表明，日光温室冬春茬和秋冬茬黄瓜的传统灌溉用水量分别为 450~810 mm、340~450 mm，而保证黄瓜高产和减少渗漏的优化灌溉量为 300~400 mm；膜下沟灌的传统灌溉量为 300~350 mm，优化灌溉量为 210 mm。可见，设施蔬菜生产中的过量灌溉现象很普遍。调查数据表明，北京市郊区设施果类蔬菜的灌溉中漫灌占 26%，沟灌占 64%，滴灌比例仅占 6%（图 11 - 1），灌溉方式不合理是造成灌溉量远高于作物需求量的重要因素（王丽英，2012a）。

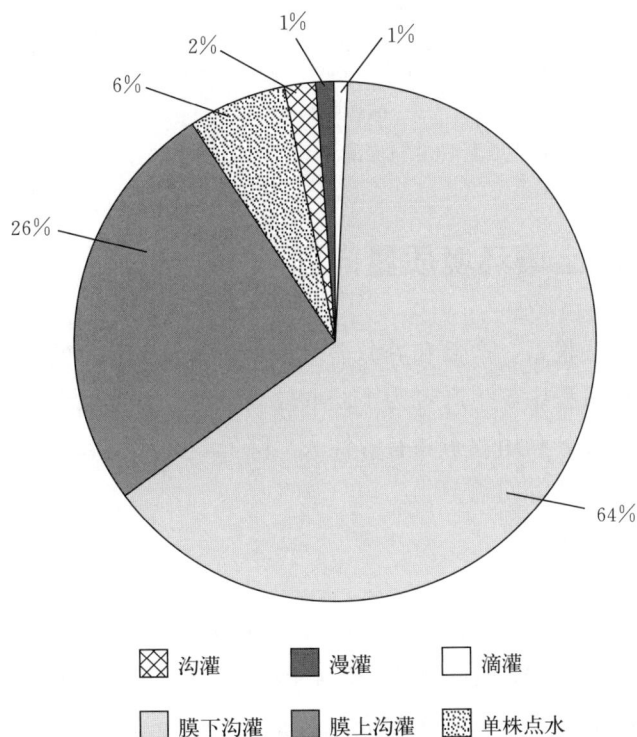

图 11 - 1 北京市郊区设施果类蔬菜不同灌溉方式所占比例（n=188）

（王丽英，2012a）

文献中设施黄瓜灌溉量与渗漏量、蒸腾蒸发量和土壤储水的关系表明（图 11 - 2），传统灌溉的灌溉水深层渗漏量占灌溉量的 28%，蒸腾蒸发量占灌溉量的 35%，土壤储水量占 3%，植株水分吸收量占 24%（王丽英，2012a）。因此，减少灌溉渗漏量还是控制养分损失的主要途径。频繁灌水是蔬菜生长前期氮素大量损失的主要原因，前期灌水占全生育期的 39%，远远超过黄瓜等蔬菜需水量（郭瑞英，2007）。在蔬菜生长期，通过优化灌溉方式减少灌溉水量能显著降低水分渗漏量，提高水分与养分利用效率。采用滴灌和渗灌等节水灌溉方式，比传统漫灌的灌水量显著减少，灌溉水的深层渗漏减少，减少了养分淋洗损失的风险。覆膜灌溉可减少土壤蒸发、增加土壤持水量，具有更佳的节水节肥效果。膜下滴灌已逐渐成为提高我国设施蔬菜水分与养分利用效率的主要灌溉模式之一，该技术还可以降低温室空气相对湿度，并在早春和秋冬低温期提高土壤温度，增加作物层根系生长。研究表明，与传统畦灌相比，滴灌和渗灌可分别减少硝态氮淋洗量 85.9% 和 91.7%（韦彦等，2010）。但在有些情况下，滴灌条件下也会有氮素损失，主要由于根层土壤硝态氮积累，在番茄生长前期的氮素淋洗损失可占全生育期的 50%（Vázquez et al.，2006）。

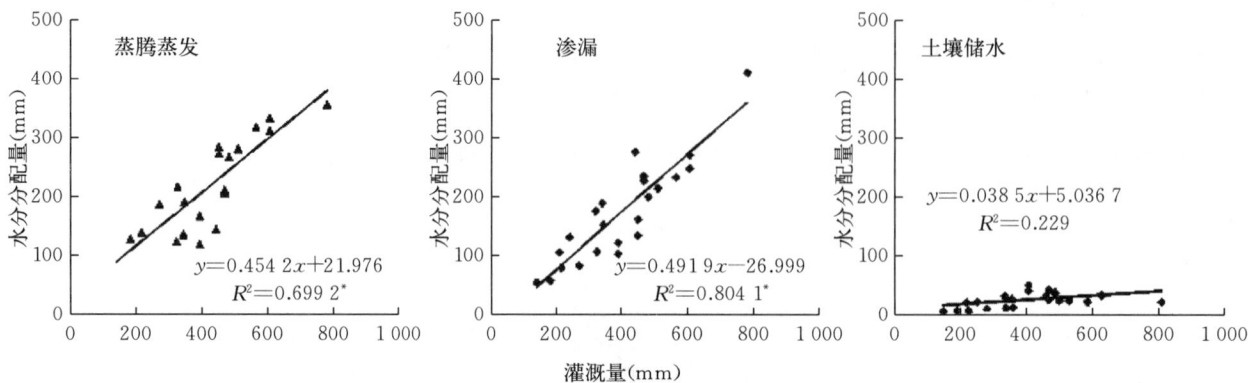

图 11-2　日光温室黄瓜灌溉量与渗漏量和蒸腾蒸发量的关系（王丽英，2012a）

三、潮土设施菜地土壤环境质量问题

大多数蔬菜作物根系为浅根系，产量和养分需求量高，为保证充足的水分和养分供应，需要经常灌溉和施肥。而在实际生产过程中，生产者为了获取较高经济效益增加水肥投入量，不仅容易导致土壤水分和养分的过量供应，养分利用效率和有效性大大降低，而且引起了土壤质量下降、环境质量恶化，蔬菜品质降低以及污染超标等问题。

（一）土壤养分积累

我国设施蔬菜土壤氮磷积累现象突出（表 11-4），其中，河北省大棚蔬菜土壤碱解氮、有效磷和速效钾的平均含量分别是相邻露地的 $1.0 \sim 9.4$ 倍、$1.4 \sim 36.3$ 倍和 $0.6 \sim 4.6$ 倍（张彦才等，2005）。河北省日光温室蔬菜 $0 \sim 20$ cm 土壤硝态氮含量在 $29.1 \sim 269.4$ mg/kg（刘建玲，2004），山东寿光 $0 \sim 30$ cm 土壤硝态氮残留量在 $120 \sim 500$ kg/hm²，平均为 340 kg/hm²；山东惠民菜地 $0 \sim 90$ cm 土壤硝态氮的累积量为 $270 \sim 5\,038$ kg/hm²（Ju et al.，2006）。陕西杨凌示范区日光温室蔬菜收获后土壤剖面（$0 \sim 200$ cm）硝态氮残留量在 $707 \sim 1\,161$ kg/hm²，平均 954 kg/hm²（唐莉莉等，2006）。北京 126 个蔬菜保护地在 $0 \sim 400$ cm 土层的氮积累量达到 1 230 kg/hm²。Johnson（1999）研究发现，当土壤无机氮超过了土壤-植物缓冲范围，土壤中无机氮就会增加，可能造成浅层地下水的硝酸盐污染。过量施肥导致设施蔬菜的氮肥利用率仅有 10% 左右（Zhu et al.，2005；梁静，2011），韩鹏远等（2010）利用 [15]N 示踪技术研究发现，设施番茄的氮肥利用效率只有 $8\% \sim 9\%$。过量的有机肥和高浓度复合肥的投入导致土壤磷养分积累现象特别严重。张树金等（2010）的调查数据显示，在目前的磷肥投入下，$4 \sim 8$ 年以后，土壤全磷显著增加，是大田土壤全磷的 $2 \sim 4$ 倍。对衡水市 240 个村设施蔬菜的土壤养分状况调查表明，土壤有效磷含量为 $45 \sim 108.5$ mg/kg（王玉朵等，2006）。山东寿光设施土壤有效磷含量平均达到了 200 mg/kg，高的甚至达到 437 mg/kg（Ren et al.，2010）。

表 11 - 4　华北地区设施果类蔬菜土壤养分状况（0～20 cm 土层）

地点	蔬菜种类	样点数（个）	碱解氮（mg/kg）	有效磷（mg/kg）	pH	有机质（g/kg）
山东寿光	黄瓜、番茄、辣椒、茄子、芹菜	111	205.4	225.2	7.69	12.7
山东济南	黄瓜、番茄、辣椒、茄子、芹菜	10	128.7	97.6	6.85	20.6
山东泰安	黄瓜、番茄、辣椒、茄子	40	143.0	135.0	6.85	22.3
山东德州	黄瓜、番茄、辣椒、茄子、芹菜	4	91.3	77.5	6.85	12.7
河北 8 个产区	番茄、黄瓜、辣椒	243	109.3	383.1	7.70	20.2

数据来源：张彦才等，2005；王丽英，2012a。

（二）土壤次生盐渍化

设施土壤次生盐渍化指由于灌溉等人为调控措施不当引起的土壤盐渍化过程，当土壤表层或亚表层中（一般厚度为 20～30 cm）水溶性盐类累计量超过 0.1% 或 0.2%，或土壤中碱化层的碱化度超过 5% 就发生土壤盐渍化。土壤次生盐渍化是当前设施蔬菜生产中较为突出的土壤障碍因子。对山东、辽宁、江苏、四川的实地调查发现，在温室、大棚栽培条件下，土壤表面均有大面积白色盐霜出现，有的甚至出现块状紫红色胶状物（紫球藻），土壤盐化板结，作物长势差，甚至成为不毛之地，其中，以山东、江苏等地的设施土壤的盐渍化程度最为严重（冯永军等，2001）。土壤次生盐渍化对作物造成的损失主要是由于可溶性盐分增多会降低土壤溶液的水势，土壤溶液水势降低到一定程度就会阻碍作物对水分和养分的吸收，当土壤溶液的水势与根系细胞液的水势相等时，植物就不能从土壤中吸收水分，造成植物生理失水而萎蔫、死亡。不合理地大量施肥是造成设施菜地土壤次生盐渍化的重要原因之一；设施菜地特殊的水分运移形式，土壤温度和湿度高以及有机肥的施用量与施肥方法不当等均会引起设施菜地土壤次生盐渍化。有研究发现，0～20 cm 土壤电导率与种植年限呈极显著相关，表明随着种植年限的增长，设施土壤次生盐渍化呈加剧趋势（刘建霞等，2013）。

（三）土壤酸化

在自然和人为条件下土壤 pH 下降的现象称为土壤酸化。土壤自然酸化过程是盐基阳离子淋失，使 Al^{3+} 和 H^+ 成为土壤中主要交换性阳离子的过程，但这个过程是相对缓慢的。20 世纪 80 年代以来，我国农业土壤的 pH 显著降低，平均下降了约 0.5 个单位（Guo et al.，2010），特别是设施蔬菜生产体系中，高度集约化的水肥管理会导致土壤酸化程度加剧。刘兆辉等（2008）对山东省寿光市的设施蔬菜土壤分析结果表明，建棚前土壤 pH 为 8.14，种植设施蔬菜 7 年后，土壤 pH 降至 6.85 左右。设施菜地产生土壤酸化问题，一是由于蔬菜产量高，从土壤中移走了过多的碱基元素，如镁、钾等，导致了土壤中的钾和中微量元素消耗过度，使土壤向酸化方向发展；二是大棚复种指数高，肥料用量大，导致土壤有机质含量下降，缓冲能力降低，加重土壤酸化；三是由于肥料的不合理投入，高浓度氮、磷、钾三元复合肥的投入比例过大，而钙、镁等中微量元素投入相对不足，造成土壤养分失调，使土壤胶粒中的钙、镁等碱基元素很容易被氢离子置换。通过对廊坊市永清县 27 个温室大棚表层土壤 pH 的分析表明，土壤 pH 随种植年限的延长呈现明显的下降趋势。当种植年限为 7 年时，pH 达到最低值（7.43），相较于棚外土壤下降了 0.36（李玉涛等，2016）。通过增加化学氮肥、钾肥的施入，可以提高土壤养分的有效性，改良土壤，提高土壤的生产能力。但是蔬菜对氮肥的吸收率远远低于施入的肥料，而且土壤的环境容量也是有限的，导致大量的氮肥留在土壤溶液中，或者淋溶进入地下水。这不仅会直接引起 pH 降低，另外也会淋失大量的盐基离子，加剧土壤酸化。

（四）土壤重金属污染

设施菜地容易受到高复种指数、高肥料与农药投入等人为活动的影响，尤其是随着粪肥、农药以及污水的大量施用，导致设施蔬菜土壤出现了不同程度的重金属污染问题。重金属一般先进入土壤并积累，蔬菜通过根系从土壤吸收、富集重金属，然后通过食物链进入人体，给人类健康带来危害。研究表明，我国设施菜地重金属含量超标严重程度依次为 Cd、Hg、As、Zn、Cu、Cr 和 Pb，其中，Cd 超标严重时可达到 24.1%（曾希柏等，2007）。不同使用年限对设施土壤中的重金属含量有影响，一般是设施土壤栽培年限越长，重金属含量越高。黄霞等（2010）研究表明，在设施种植 4 年左右时，土壤中的 Cr、Pb、Cd 和 Zn 含量达到最大值。对河北省设施蔬菜土壤金属元素的评价研究表明，重金属综合污染指数为 1.25，属于轻度污染水平。其中，镉（Cd）的超标率为 73.7%，化肥（特别是磷肥）是河北省设施蔬菜土壤 Cd 污染的主要来源（王丽英等，2009）。设施蔬菜地 0～100 cm 土层的镉（Cd）含量是露地土壤的 1.41～2.80 倍，有机肥和磷肥的大量施用是设施土壤中 Cd 累积的主要原因（黄霞等，2010）。因此，不施用重金属含量高的肥料以及不使用污水灌溉，也是控制设施土壤重金属含量的重要措施之一。

（五）土壤养分淋洗

氮素淋洗是设施蔬菜生产体系氮素的主要损失途径。在设施辣椒种植体系中施氮量分别为 600 kg/hm²、1 200 kg/hm²、1 800 kg/hm² 时，体系中地表 90 cm 土体淋出的硝态氮量为 224 kg/hm²、345 kg/hm² 和 542 kg/hm²，分别占施氮量的 37%、29% 和 30%（Zhu et al.，2005）。设施番茄长期定位试验中传统氮素管理的每季氮素表观损失达 79%，平均氮素损失比例在 59%～63%（何飞飞，2006）。王娟（2010）对北京典型的设施蔬菜生产体系的氮素投入和淋洗研究表明，平均每年氮素淋洗高达 858 kg/hm²，占总氮投入的 22.6%。陶虹蓉等（2018）研究表明，温室黄瓜季淋洗出地表 90 cm 土体的氮总量为 56.08～203.13 kg/hm²，占总施氮量的 9.02%～32.69%。南京郊区的 ^{15}N 试验发现氮素总损失为 34.2%～46.0%（曹兵等，2006）。

氮肥施用过量是造成地下水 $NO_3^- - N$ 含量高的主要原因之一，地下水的硝酸盐超标与过量氮肥投入所造成的淋洗有密切关系。有研究指出，沉入水底的氮素约有 60% 来自化肥（黄国勤等，2004）。日本中部有 30% 调查点的地下水硝酸盐含量超过日本的标准（44 mg NO_3^-/L），而这些超标的地点大多集中在蔬菜种植区域（Babiker et al.，2004）。我国部分设施蔬菜种植区域浅层地下水 $NO_3^- - N$ 污染也不容乐观（表 11-5）。刘海军等（2013）研究发现，蔬菜种植区土壤 $NO_3^- - N$ 含量要显著高于大田作物，并且蔬菜种植区 $NO_3^- - N$ 的深层渗漏速度要＞大田作物。董章杭等（2005）

调查了山东省寿光市典型集约化蔬菜种植区，发现 3 个有代表性的乡（镇）的 653 个地下水水样全年平均 $NO_3^- - N$ 含量高达 22.6 mg/L，超出我国饮用水标准的水井比例为 36.5%，超出最高允许含量（10 mg/L）的水井比例达 59.5%。华北平原设施蔬菜种植区域浅水井硝态氮含量变化范围是 9~274 mg/L，99% 的样品硝态氮含量超过欧盟标准 10 mg/L，53% 超过美国标准 50 mg/L，26% 超过 100 mg/L（Ju et al.，2006）。河北省蔬菜高产区硝酸盐污染超标率为 20%~33.3%，主要在 ≤30 m 的浅水层，地下水硝酸盐含量与土壤硝态氮含量呈显著直线相关（王凌等，2008）。因此，硝酸盐淋洗损失成为限制我国集约化蔬菜产区肥料利用效率提高的主要损失途径。

表 11-5　部分设施蔬菜地区浅层地下水 $NO_3^- - N$ 污染情况

地点	$NO_3^- - N$ 含量或超标率	参考用水标准（mg/L）	参考文献
山东寿光	超标率 18.2%~71.4%	10	刘兆辉，2008；李俊良，2001；Zhu et al.，2005
山东惠民	超标率 99%	10	Ju et al，2006
延安安塞	含量 142 mg/L		徐福利等，2003
江苏太仓	超标率 76.9%	10	桂烈勇，2006
北京郊区	含量 72.42 mg/L		刘宏斌，2006
河北蔬菜高产区	含量 5.18~7.54 mg/L，超标率 20%~33.3%	10	王凌等，2008
石家庄张营	含量 115 mg/L		赵俊玲等，2005
石家庄西三教	含量 184 mg/L		

数据来源：王丽英，2012a。

农田土壤磷主要是通过地表径流和渗漏方式向地表或地下水体迁移，土壤磷素渗漏主要受土壤磷水平的影响，在大量施用有机肥的土壤上表现尤为突出（张作新等，2009）。欧洲规定土壤有效磷的环境阈值为 60 mg/kg，洛桑试验站的结果表明，土壤 Olsen-P>57 mg/kg 时，土壤磷淋失风险显著增大（Brookes et al.，1995）。而我国河北省 91.71% 的大棚土壤有效磷含量>105 mg/kg（张彦才等，2005）；北京郊区设施黄瓜传统施肥条件下土壤溶解性全磷的年淋洗量为 8.9 kg/hm²（王娟，2010）。菜田的有机肥施用增加了土壤磷淋失的临界值，钟晓英（2004）研究提出，全国 23 个农田土壤的磷淋失临界值 Olsen-P 在 29.96~156.78 mg/kg，其中淋失量为 156.78 mg/kg 的调查样点所对应的土壤有机质含量在 80 g/kg 左右。杭州市郊典型菜园土壤磷素状况评价表明，72% 的土壤超过菜园土磷素丰缺的有效磷-临界值 Olsen-P 为 60 mg/kg。通过分段线性模型分析土壤磷素淋失的临界值分别为 Olsen-P 为 76.19 mg/kg，60% 以上超过该临界值，存在磷素淋溶的风险。我国北方农田土壤有效磷含量超过 40 mg/kg 就认为处于极高水平，即使考虑到蔬菜作物根系较浅的特点，根层土壤有效磷 50~60 mg/kg 应该是上限，否则磷的环境风险加大（王敬国，2011）。以上研究结果在不同的作物体系和土壤条件下进行，但有效磷临界值比较一致的观点在 60 mg/kg 左右（姜波，2007）。

（六）氮素气态损失

氨挥发是农田氮素气态损失的重要途径。Streets 等（2003）研究表明，在发展中国家的农业生产中，氮肥的氨挥发损失为 10%~50%。水田、旱地和草地的氨挥发损失则分别占施氮量的 20%、

14％和6％，菜地的氨挥发损失也可占到施氮量的11％～18％（Bouwman et al.，1997；贺发云等，2005）。

N_2O排放是农田氮素气态损失的另一个重要途径。N_2O还是一种备受关注的温室气体，不仅能直接导致温室效应，而且还能破坏平流层中的臭氧层，增加到达地表的紫外线。Cai等（2000）人估算，1990年由中国农田直接排放的N_2O可达0.28 Tg。每年施入土壤中的氮肥，有很大一部分的氮素通过N_2O排放方式而损失掉。因此，化学氮肥过量投入被认为是农田N_2O排放增加的重要原因。

第三节　潮土区设施蔬菜连作障碍土壤改良研究进展

潮土区是我国设施蔬菜重点发展区域之一，经过多年的发展，潮土区日光温室蔬菜走出了一条低碳、节能的以果菜类蔬菜为主的设施蔬菜周年生产模式，在设施土壤改良上探索出了一条特色之路。

一、山东省设施障碍土壤变化过程

在山东寿光，进行了一系列土壤调查，明确土壤黏粒增加，粉粒减少，土壤颗粒变细，其表面积增大（表11-6）。

表11-6　土壤黏粒组成变化状况（％）

（张敬敏等，2019）

种植年限	黏粒				粉粒			
	细黏粒	粗黏粒	细粉粒	总和	中粉粒	粗粉粒	细砂粒	总和
6	3.53±0.92	7.45±0.30	15.48±0.064	26.46±1.29	14.36±0.67	40.35±4.50	18.84±5.12	73.54±1.29
8	3.45±0.31	7.41±1.68	15.68±0.052	26.54±6.04	15.98±4.21	44.40±5.15	13.09±5.10	73.46±6.039
10	3.47±0.76	7.30±2.26	15.15±4.41	25.92±7.43	14.88±3.50	40.01±0.11	19.20±10.82	74.09±7.43
12	5.21±2.41	11.24±5.94	22.90±11.43	39.35±19.78	18.32±3.34	34.29±15.17	8.05±7.95	60.65±19.79
14	4.57±2.01	10.29±4.11	21.48±8.39	36.34±14.41	18.69±2.65	37.58±12.20	7.40±4.86	63.66±14.41

土壤氮磷钾等变化随种植年限的延长，化学性状趋势见表11-7。

表11-7　不同种植年限温室土壤主要化学性状

（万欣，2013）

种植年限	样品数（份）	pH	有机碳含量（g/kg）	全氮含量（g/kg）	全磷含量（mg/kg）	有效磷含量（mg/kg）
1	4	5.88±0.5	7.87±1.1	0.61±0.1	197.4±20	28.0±4
3	4	5.55±0.6	0.14±0.9	0.81±0.3	342.8±25	39.3±7
5	13	5.41±0.4	10.25±1.0	1.22±0.2	1972.7±159	207.7±25
8	4	5.31±0.3	14.70±1.2	1.73±0.3	18033.3±282	1107.5±231
11	8	5.22±0.4	13.81±1.3	1.48±0.4	2184.6±152	706.1±89
14	7	4.99±0.5	9.38±0.9	1.12±0.3	3822.2±173	621.1±81

微量元素除钼和硅含量相对稳定；有效铁、锰、锌、硼均随种植年限的延长而增加（表 11-8），这可能与土壤 pH 降低有关。

表 11-8 不同年限温室土壤微量元素变化

（刘长庆，2001）

种植年限	碱解氮 (mg/kg)	有效磷 (mg/kg)	速效钾 (mg/kg)	有效铁 (mg/kg)	有效锌 (mg/kg)	有效锰 (mg/kg)	有效硼 (mg/kg)
1	117	53	144	27.5	0.43	13.9	1.59
2	135	200	229	30.5	0.32	14.0	1.55
3	123	129	199	34.9	0.44	14.0	4.75
4	169	134	185	34.4	0.48	13.8	5.53
5	138	103	305	34.1	0.95	13.7	5.59
6	114	137	212	37.4	0.47	13.6	6.10
7	119	99	304	38.5	0.82	13.7	4.20
8	168	251	360	45	0.59	12.9	7.10
9	164	148	455	42	0.76	13.9	6.20

不同温室土壤随种植年限的增加，土壤全盐量增加（图 11-3），第 18 年达 1.833 g/kg。

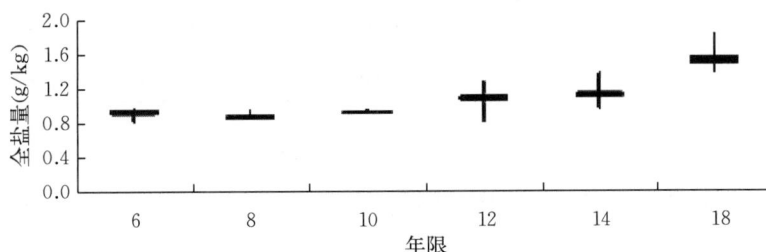

图 11-3 不同年限温室土壤全盐量变化

（张敬敏等，2019）

随种植年限的延长，土壤 pH 下降。酸化程度加重，交换能力下降，土壤肥力下降（表 11-9）。

表 11-9 不同种植年限日光温室土壤理化性状及养分含量

（吕福堂，2004）

种植年限	样本数	可溶性盐 (%)	EC 值 (mS/cm)	pH	有机质 (%)	碱解氮 (mg/kg)	有效磷 (mg/kg)	速效钾 (mg/kg)	硝态氮 (mg/kg)
1	3	0.211±0.013	1.30±0.10	8.04±0.12	1.507±0.171	304±25	85.6±9.3	240±25	178±18
2	4	0.274±0.007	1.75±0.08	7.95±0.13	1.821±0.093	317±21	149.4±12.52	80±22	225±20
3	5	0.325±0.005	2.03±0.05	7.90±0.13	2.215±0.101	370±27	195.7±17.8	353±24	278±23
4	5	0.347±0.011	2.35±0.09	7.76±0.15	2.437±0.142	423±30	207.8±21.1	405±20	335±28
5	6	0.372±0.008	2.72±0.07	7.65±0.11	2.664±0.151	455±28	215.8±19.3	460±26	375±30

（续）

种植年限	样本数	可溶性盐（％）	EC值（mS/cm）	pH	有机质（％）	碱解氮（mg/kg）	有效磷（mg/kg）	速效钾（mg/kg）	硝态氮（mg/kg）
6	5	0.415±0.010	2.85±0.08	7.72±0.15	2.794±0.162	480±26	227.0±17.1	505±35	400±31
7	6	0.443±0.015	3.00±0.11	7.54±0.14	2.986±0.112	505±30	233.7±20.5	605±32	425±30
8	5	0.472±0.009	3.20±0.09	7.48±0.08	3.154±0.130	526±35	240.5±22.7	650±36	455±29
大田（CK）	8	0.080±0.006	0.50±0.04	8.15±0.11	1.035±0.083	75±13	23.2±8.5	100±23	35±12

研究土壤重金属变化（表 11 - 10），土壤镉、铬、铜、锌均随种植年限的延长而逐渐积累。除第 10 年和 14 年的镉超标外，其他均未出现重金属超标。

表 11 - 10　不同年限温室土壤重金属变化（mg/kg）

（张敬敏等，2019）

种植年限	汞	砷	铅	镉	铬	铜	锌
6	0.063±0.044	9.26±0.080	21.77±2.28	0.218±0.031	87.9±8.69	36.69±3.51	150.60±3.15
8	0.034±0.005	7.94±1.75	21.85±2.58	0.232±0.120	88.95±7.88	38.86±10.80	159.52±49.78
10	0.050±0.021	9.28±2.12	24.08±3.67	0.372±0.151	102.41±27.32	44.49±11.68	173.91±31.30
14	0.050±0.228	9.39±1.92	22.96±2.41	0.428±0.191	115.99±10.17	52.04±2.60	165.19±60.89

二、河北省设施障碍土壤变化过程

在定兴、青县、永清、藁城、高邑等不同地区采集了 160 多个样品进行测定，结果如下。

（一）土壤 pH、有机质和氮磷钾变化

硝态氮、有效磷和速效钾含量普遍过度积累；65％的调查地块存在硝态氮积累，90％以上的地块出现磷、钾积累（较高或高水平）番茄、黄瓜温室 70％以上的土壤有效磷含量处于偏高和极高水平（表 11 - 11、表 11 - 12，图 11 - 4、图 11 - 5）。

表 11 - 11　日光温室不同土层土壤养分含量

（倪格平，2018）

土层深度	项目	pH	电导率（mS/cm）	全盐量（％）	CEC（％）	有机质（g/kg）	碱解氮（mg/kg）	有效磷（mg/kg）	速效钾（mg/kg）
0～20 cm	平均值	7.45	1.21	0.28	14.74	22.6	215.6	82.4	644.3
	最大值	7.62	1.97	0.49	16.87	28.8	360.6	109.9	954
	最小值	6.94	0.55	0.15	6.19	18.8	172.8	48.5	189

（续）

土层深度	项目	pH	电导率 (mS/cm)	全盐量 (%)	CEC (%)	有机质 (g/kg)	碱解氮 (mg/kg)	有效磷 (mg/kg)	速效钾 (mg/kg)
20~40 cm	平均值	7.55	0.81	0.23	14.49	23.4	213.0	64.8	435.2
	最大值	7.62	2.59	0.75	17.94	30.4	360.6	88.2	707
	最小值	6.91	0.22	0.13	9.12	19.1	134.9	34.8	247

表 11-12　设施土壤养分状况 （mg/kg）

项目	临界值	极低	低	中	较高	高
有机质	20	<10	10~20	20~30	30~40	≥40
硝态氮	50	<25	25~50	50~100	100~150	≥150
有效磷	50	<25	25~50	50~100	100~150	≥150
速效钾	150	<100	100~150	150~200	200~300	≥300

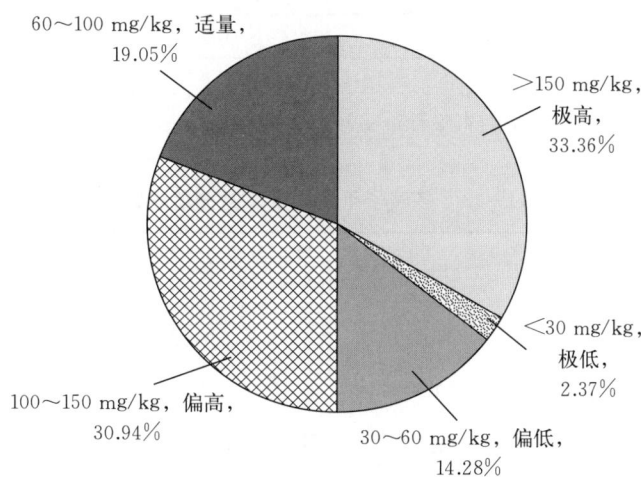

图 11-4　番茄温室调查土壤有效磷含量分级

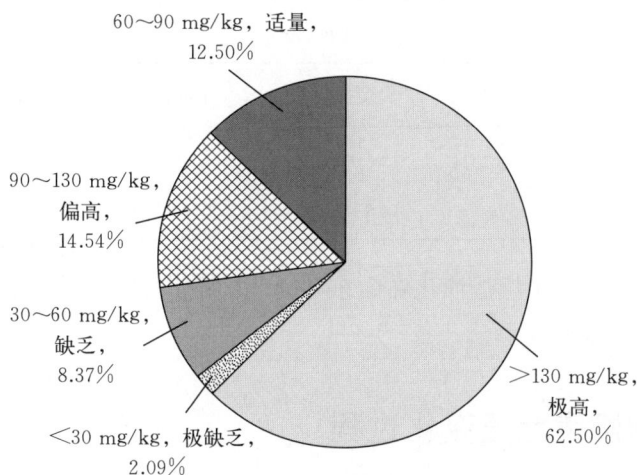

图 11-5　黄瓜温室调查土壤有效磷含量分级

（二）土壤盐分变化

河北设施菜田土壤电导率平均为 0.599 mS/cm（图 11 - 6），以 NO_3^-、SO_4^{2-}、Ca^{2+} 积累为主（表 11 - 13）；超过 1/3 的调查田块处于轻度盐渍化水平（表 11 - 14）。

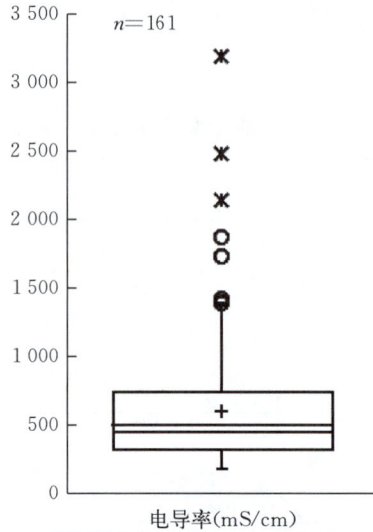

图 11 - 6　设施菜田土壤电导率测定

表 11 - 13　各离子平均含量及盐分所占比例

阴离子	平均含量（g/kg）	总盐分比例（%）	阳离子	平均含量（g/kg）	总盐分比例（%）
NO_3^-	0.504	33.0	Na^+	0.121	8.0
HCO_3^-	0.163	10.7	K^+	0.056	3.6
SO_4^{2-}	0.330	21.6	Ca_2^+	0.184	12.0
Cl^-	0.116	7.6	Mg_2^+	0.047	3.1

表 11 - 14　河南省设施蔬菜连作障碍发生类型

（王广印，2016）

项目	非盐化	轻度盐化	中度盐化	重度盐化	盐土
土壤盐分总（g/kg）	<2	2～5	5～7	7～10	>10
估算的电导率（mS/cm）	<0.5	0.5～1.5	1.5～2.2	2.2～3.2	>3.2

调研和试验数据分析表明，土壤盐渍化在山东和河北均是非常明显突出的土壤质量退化问题；同时伴随着土壤养分不均衡等现象发生。

三、河南省设施障碍土壤变化过程

河南省设施蔬菜连作障碍防治措施的应用情况（苏鹤，2019）。

1. 轮作与倒茬　　如果能做到适度的轮作倒茬，可大大减轻土传病害的发生。如濮阳市调查反映，当每家农户有几个棚室时，即能进行倒茬，病害就相对减轻。但是大部分农户棚室数少时，难以做到轮作倒茬，病害则呈逐年加重趋势。个别农业园区拥有棚室数较多，可进行适当的轮作。如修武县的焦作市现代农业综合开发公司，进行日光温室—大茬生产，做到轮作倒茬，并采取嫁接技术，经营 4 年多基本无连作障碍现象发生。开封市兰考县农民在根结线虫严重的棚区，不再种植秋番茄，而更换成其他蔬菜种植，效果良好。

2. 优良抗病虫蔬菜品种的筛选和利用　　这是最有效地克服连作障碍的技术措施之一。如采用一些抗根结线虫的番茄品种和抗枯萎病的黄瓜品种，防病效果都十分显著；或采取化学药物处理土壤的方法。高温闷棚主要是在夏季休闲期进行，应与施粗肥（如生粪和秸秆肥）、深翻土壤、大水漫灌和晒垡等有机结合。化学药品应用有阿维菌素、噻唑膦、阿维·辛硫磷、多菌灵、百菌清（熏蒸用）、高锰酸钾、恶霉灵等。只有个别地方根据土壤性质情况，与生石灰消毒结合进行。调查未见到石灰氮消毒和蒸汽消毒在生产上的应用。

3. 有机肥和生物肥的应用　　增施有机肥是克服连作障碍的重要措施之一（喻景权等，2000；吴凤芝等，2000）。注重施用有机肥，特别是秸秆有机肥和生物有机肥的施用（何文寿，2004）。其他拮抗微生物（如拮抗菌）、有益微生物（如菌根菌）等也少有应用（郑军辉等，2004）。

4. 加强病虫害防治　　病虫害加重是连作障碍的主要表现。据各地反映的经验，设施蔬菜病虫害关键是提早预防，若能把防治工作做到前面，防治病虫害效果则会更显著。有的菜农使用进口农药，认为防治效果更好。

5. 加强水肥管理　　主要有水肥一体化、膜下暗灌、蔬菜全营养冲施肥、根外追肥、配方施肥、沼渣肥及腐殖酸肥的应用等常规措施。

6. 土壤耕作与改良　　主要有旱揭棚膜、充分雨淋、深翻地、晒地、高垄栽培、增施土壤改良剂（防板结）、种植夏玉米和土壤休闲等。如在洛阳市洛龙区李楼乡，个别菜农人工翻地 30～40 cm，表现土壤板结和次生盐渍化减轻。在三门峡市灵宝市，有连作 25 年的日光温室中种植的西葫芦，虽然生长势有所减弱，但产量未明显下降，其与坚持进行休闲和晒地有密切的关系。

7. 加强育苗管理　　主要是采用穴盘基质育苗、严格进行基质或床土的消毒、苗期灌施杀菌剂等防治病害。

第四节　潮土区设施生产的发展规划

一、总体目标

科学合理地对潮土区设施土壤障碍治理制订整体解决方案，旨在为潮土区日光温室和塑料大棚严重土壤连作障碍和土壤板结及次生盐渍化建立针对性的物理、化学生物措施，为蔬菜生产的可持续发展提供技术支持。形成障碍土壤轻中重治理模式，建立蔬菜绿色生产技术规程，使设施土壤达到健康指标。

到 2025 年，建立潮土区设施连作土壤，板结土壤，次生盐渍化土壤障碍治理模式，力争实现退化土壤面积减少 50% 以上，耕地质量提高 1 个等级，连作障碍病情指数降低 90%，土壤有机质含量平均提高到 2 g/kg 以上，土壤持水能力提高 30%，化肥利用率提高 10 个百分点；形成布局合理、多元利用的健康蔬菜土壤可持续利用产业化格局。

二、以健康土壤指标为标准，进行潮土分区布局

针对日光温室和塑料大棚棚龄超过 7 年，设施蔬菜土壤出现不同程度的连作土传病害、次生盐渍化、土壤板结等土壤障碍，划分 3 个省级核心治理区。

1. 山东设施蔬菜土壤治理区　山东病害核心区包括济南、淄博市等地的 31 个县（市、区）8.67 万 hm² 蔬菜田，寿光市蔬菜日光温室以及山东鲁西北平原低洼地带和滨海平原以及辽河三角洲。

2. 辽宁设施蔬菜土壤治理区　主要集中在沈阳、大连、鞍山等大城市周边以及锦州、阜新、朝阳、葫芦岛等保护地蔬菜主产区。

3. 河北设施蔬菜土壤治理区　主要分布于河北滨海平原、冲积平原及坝上设施蔬菜地区。

三、障碍消减技术措施及模式

针对设施土壤障碍类型形成轮作＋水氮管理＋有机肥共性技术及 X 连作（3＋X）、次生盐渍化等个性技术，构建技术体系。技术措施如下。

1. 轮作技术，改善栽培制度　不同作物间进行合理轮作是防止连作障碍的最佳措施。根据不同蔬菜的科属类型、根系深浅、吸肥特点及分泌物的酸碱性等特性，制订合理的蔬菜轮作制度，实行有计划地轮作换茬，能有效防止连作障碍的发生。设施温室内实行浅根性蔬菜同深根性蔬菜的轮回耕作，可以使浅层与深层土壤养分都得到了有效的利用，还可以通过远缘的蔬菜品种轮回耕作，这样同源病虫害侵染就会实现有效的控制。

2. 水肥一体化技术，控制氮素施用，加强氮水管理　采用灌溉与施肥融为一体的精准灌溉施肥技术，主要原理是借助压力灌溉系统，按照土壤养分含量和作物种类的需水需肥特点，将水溶性固体或液体肥料配兑而成的肥液与灌溉水混合均匀，通过可控管道系统为作物根区均匀、定时、定量地供水、供肥。加强氮水管理，防止次生盐渍化。改善作物微域环境，培育健康土壤。

3. 蔬菜秸秆原位还田，提升土壤肥力水平　利用高温闷棚消毒时，进行蔬菜秸秆原位腐解处理，既杀灭病虫卵，又实现秸秆腐殖化利用，从而替代鸡粪等高危有机物料，实现秸秆资源化利用。施用大量的有机质，如腐叶土、松针、木屑、树皮、马粪、泥炭及其他有机物料，可增加土壤有机物质，达到改良土壤的目的。实现生物肥替代化肥，深施改良土壤，提高蔬菜品质。

4. 平衡施肥配施土壤改良调理制剂，培育健康土壤　适当增施磷、钾肥，严禁单一偏施氮肥；针对土壤次生盐渍化障碍配施化学改良制剂，包括施用石膏、过磷酸钙、腐殖酸、泥炭等。降低土壤pH。针对连作病害，施用福路达、福气多、阿维菌素等化学药剂。针对线虫防治，提倡"以菌治虫"。补充有机质、有益微生物，培育健康土壤。

四、设施蔬菜障碍土壤改良模式

针对塑料大棚和日光温室及下凹式温室土壤障碍轻中重类型，形成 3 种治理模式。

1. 设施退化土壤轻度障碍治理模式　5 年以下棚室，病害发生较轻，主要是施肥不合理造成病害，应重点加强肥水管理和有机培肥，提升土壤健康质量。采用轮作＋水碳氮管理模式。

2. 设施退化土壤中度障碍治理模式　5 年以上棚室，病害发生比较严重，主要是连作造成病害、

养分偏耗和有机质下降并伴有次生盐渍化和土壤板结等问题，采用轮作＋水碳氮管理＋改良调理制剂模式。

3. 设施退化土壤重度障碍治理模式　7年以上棚室，病害发生相当严重，主要是长期连作造成病害、养分偏耗和有机质下降并伴有次生盐渍化和土壤板结等多重问题，还有下凹式日光温室，地表土壤耕层已经被破坏，采用人工基质栽培模式，形成不同作物、不同基质栽培模式。

五、潮土设施农业健康土壤质量的评价指标及预期目标

（一）设施农业健康土壤质量评价指标

设施健康土壤在设施农业生态系统的范围内，维持果蔬的生产力、保护地下水环境质量以及保障果蔬健康生长的营养品质的能力。其评价指标包括土壤物理学指标（土壤质地、容重、有效水含量等）、土壤化学指标（有机质、C/N，pH、电导率等）、土壤生物学指标（土壤微生物碳、土壤微生物群落等）等。

（二）预期目标

到2025年，在潮土区设施蔬菜土壤障碍通过改良后，可提高土壤肥力，增加团粒结构，调节土壤pH，使设施土壤性质和植物生长状况得到改善。土壤中可溶性盐分的总量<0.3％或碱土中含盐量不高时，代换性钠<5％（占代换量），病害指数下降90％，土壤持水能力提高30％，土壤有机质>2％以上，耕地质量提高1个等级。

第十二章 华北潮土分析 >>>

第一节 华北潮土资源利用现状

一、潮土分布状况

（一）潮土主要分布区域

我国潮土分布范围广泛，在我国黄淮海平原区面积最大，分布最为集中，在长江中游和辽河中下游的开阔谷地与平原区，以及黄河河套平原有连片集中分布，在一系列的盆地、河谷、山前平原与高山谷地、高原滩地也有小面积分布。潮土在山东、河北、河南三省的面积最大，各省的面积都在300 万 hm² 以上，主要分布在广袤的黄河冲积平原，以及海河、滦河冲积平原，在山东丘陵区河流冲积平原和沟谷也有少量分布。长江中游区也是潮土主要分布区，主要分布在长江、汉水沉积物形成的广阔的江汉平原，洞庭湖平原和鄱阳湖平原及其大小支流两岸小面积分布的河谷冲积平原，共同构成向心状枝形分布格局。

（二）潮土主要土壤类型

华北平原区历史上受黄河以及淮河、海河的多次泛滥、决口与溃堤的影响，沙、壤、黏沉积物的区域分布及垂直剖面中的质地层理分异尤为明显。根据地形及水文条件对土壤形成发育的影响，区域潮土可划分为典型潮土、湿潮土、脱潮土、盐化潮土、碱化潮土、灌淤潮土等亚类。又由于受区域成土条件的影响，其母质来源不同，或虽同源但质地类型不同，使土壤属性存在一定程度上的差异，从而分为沙质潮土、壤质潮土、黏质潮土、石灰性河潮土、非石灰性河潮土、沙质脱潮土、壤质脱潮土、黏质脱潮土、沙质湿潮土、壤质湿潮土、黏质湿潮土、滨海潮土、碱化潮土等土属。

（三）潮土与其他土壤类型组合分布状况

潮土发育在河流沉积物上，潮土区一般地形平坦开阔，且大多集中连片分布，但随着区域性的地形与成土物质的改变，潮土分布面积有大小、类型组合分布的差异。东部半干旱半湿润区的黄淮海平原，受黄河、淮河及海河泛滥沉积物的广泛影响，潮土分布面积大，集中连片，局部地区的潮土与盐土、碱土、砂姜黑土或与地带性的潮褐土、潮棕壤组合分布。在湿润地区的长江与珠江冲积平原与三角洲地区，河谷地貌发育，潮土沿河道两侧呈条带状分布，由中游至下游及出海口，河谷平原逐步开阔，潮土分布较为集中；中游地区的潮土常与水稻土组合，在相邻的岗丘与低山区则与红壤、黄褐土与黄棕壤等相接；下游地区除了潮土与水稻土组合分布外，并常与滨海盐土构成组合，或与风沙土毗邻；在低洼区，由人工开挖桑基稻田、桑基鱼塘，在桑基上的潮土与低部位的水稻土构成框（垛）式或条格式的复域分布。此外，山丘沟谷间，溪流弯曲，河床狭窄，潮土面积小，多呈枝状，与相邻各种基岩风化物上发育的区域性土壤呈组合分布（全国土壤普查办公室，1998）。

二、潮土利用状况

潮土分布范围广，地形平坦开阔，水热资源充足，是我国粮棉油及一些名特优产品的重要产区，进一步合理利用与开发潮土资源，对促进我国农业经济可持续发展具有重要意义（全国土壤普查办公室，1998）。

由于潮土为隐域性土壤，全国各地均有分布。受土地利用现状图、土壤图比例尺与精度的限制，全国潮土的土地利用现状数据获取难度大。华北平原是潮土分布最为集中、面积最大区域，河南、山东、河北3个省的40个市352个农业县（市、区）占华北平原潮土的绝大部分（表12-1）。这3个省是我国粮食、蔬菜的主要产区。本章内容以河南、山东、河北为主体进行分析，并简称华北平原潮土农业主产区。按照国家标准《土地利用现状分类》（GB/T 21010—2007），潮土土地利用类型主要分为耕地、园地、林地、草地、交通运输用地、水域及水利设施用地、城镇村及工矿用地、其他用地8个一级类及其相应的32个二级类。

表12-1 华北平原潮土农业主产区土地利用现状分类面积及占比

一级名称	地类编码	地类名称	面积（万 hm²）	占总面积比例（%）
耕地	011	水田	14.96	1.25
	012	水浇地	901.74	75.07
	013	旱地	128.42	10.69
园地	021	果园	27.29	2.27
	023	其他园地	0.56	0.05
林地	031	有林地	10.08	0.84
	032	灌木林地	0.12	0.01
	033	其他林地	4.36	0.36
草地	041	天然牧草地	0.02	0.00
	043	其他草地	1.84	0.15
交通运输用地	101	铁路用地	0.01	0.00
	102	公路用地	0.10	0.01
	105	机场用地	0.10	0.01
	106	港口码头用地	0.06	0.01

（续）

一级名称	地类编码	地类名称	面积（万 hm²）	占总面积比例（%）
水域及水利设施用地	111	河流水面	3.22	0.27
	112	湖泊水面	0.82	0.07
	113	水库水面	2.33	0.19
	114	坑塘水面	3.96	0.33
	115	沿海滩涂	0.26	0.02
	116	内陆滩涂	7.06	0.59
	117	沟渠	0.00	0.00
	118	水工建筑用地	0.56	0.05
城镇村及工矿用地	201	城市	28.80	2.40
	202	建制镇	31.58	2.63
	203	村庄	21.62	1.80
	204	采矿用地	2.15	0.18
	205	风景名胜及特殊用地	0.42	0.03
其他用地	122	设施农用地	0.35	0.03
	124	盐碱地	7.02	0.58
	125	沼泽地	0.09	0.01
	126	沙地	0.77	0.06
	127	裸土地	0.43	0.04
合计			1 201.10	100.00

三、潮土利用结构分析

据统计，华北平原潮土农业主产区潮土主要利用类型为耕地，总面积为 1 045.12 万 hm²，山东省 395.77 万 hm²、河南省 334.55 万 hm²、河北省 314.80 万 hm²，其中，又以水浇地为主，面积为 901.74 万 hm²，占耕地面积的 86.28%，旱地面积 128.42 万 hm²，占耕地面积的 12.29%，水田面积 14.96 万 hm²，占耕地面积的 1.43%。园地、林地、草地、交通运输用地、水域及水利设施用地、其他用地和城镇村及工矿用地的面积均较小，分别为 27.85 万 hm²、14.56 万 hm²、1.86 万 hm²、0.27 万 hm²、18.21 万 hm²、8.66 万 hm² 和 84.57 万 hm²。

四、潮土耕地质量状况

(一) 潮土耕地质量等级分析

华北平原潮土农业主产区相对其他土壤而言，土地平整，土体深厚，农田基础设施较为完善，是我国冬小麦、夏玉米一年两熟粮食作物主产区，也是北方地区重要的蔬菜生产基地。依据《耕地质量等级》(GB/T 33469)，选用黄淮海区评价指标体系和等级划分指数，对华北平原潮土农业主产区耕地质量等级进行评价 (表 12-2)。

表 12-2　华北平原潮土农业主产区耕地质量等级统计

等级	山东省		河南省		河北省		合计	
	耕地面积 (万 hm²)	面积比例 (%)	耕地面积 (万 hm²)	面积比例 (%)	耕地面积 (万 hm²)	面积比例 (%)	耕地面积 (万 hm²)	面积比例 (%)
1	23.86	6.02	0.10	0.03	1.21	0.38	25.17	2.41
2	114.68	28.98	16.28	4.87	12.64	4.01	143.60	13.74
3	92.84	23.46	88.81	26.54	57.32	18.21	238.97	22.87
4	79.43	20.07	113.51	33.93	105.97	33.66	298.91	28.59
5	37.17	9.39	86.23	25.78	85.41	27.13	208.81	19.98
6	16.07	4.06	23.45	7.01	42.71	13.57	82.23	7.87
7	11.22	2.84	5.35	1.60	8.17	2.60	24.74	2.37
8	5.51	1.39	0.78	0.23	1.16	0.37	7.45	0.71
9	5.46	1.38	0.04	0.01	0.12	0.04	5.62	0.54
10	9.53	2.41	0	0	0.09	0.03	9.62	0.92
总计	395.77	100	334.55	100	314.80	100	1 045.12	100

评价结果表明，华北平原潮上农业主产区耕地质量较高，平均等级为 3.96，高于全国的平均等级 4.76，也高于黄淮海区的平均等级 4.2。评价为一至三等的高等级耕地面积为 407.74 万 hm²，占华北平原潮土农业主产区耕地总面积的 39.01%，其中，山东省占 22.14%、河南省占 10.06%、河北省占 6.81%。排灌设施完善，土壤质地以轻壤土和中壤土为主。土壤理化性状良好，养分含量较高、无明显障碍因素。评价为四至六等的中等级耕地面积为 589.95 万 hm²，占华北平原潮土农业主产区耕地总面积的 56.45%，其中，河北省占 22.4%、河南省占 21.36%、山东省占 12.69%。灌排能力基本满足，土壤养分含量中等，部分区域有盐渍化、沙化问题。评价为七至十等的低等级耕地面积较少，仅为 47.43 万 hm²，占华北平原潮土农业主产区耕地总面积的 4.54%，其中，山东省占 3.04%、河北省占 0.91%、河南省占 0.59%。该区域基本没有灌溉条件，盐渍化、沙化比较严重。

(二) 潮土耕地主要物理性状分析

1. 耕层质地分析　土壤质地是土壤的一种十分稳定的自然属性，其反映了土壤的沉积形成条件，对土壤肥力和农业生产有很大影响。沙质土，沙粒含量占优势，通气透水性强，耕性好；保水保肥能力差，潜在养分低，但养分转化快，供肥性较强，发小苗不发老苗，作物后期易脱肥；土壤抗旱能力弱，适种耐瘠耐旱作物；土温变化快，昼夜温差大，有利于块茎、块根作物的生长。黏质土，黏粒含量高，通气透水性差，耕性不良，适耕期短；蓄水多，不能利用的水也多，土温上升慢，昼夜温差小；含有丰富的矿物质和较高量的有机质，保肥供肥能力强，发老苗不发小苗，适种耐水耐肥作物。壤质土，沙粒和黏粒比例适中，兼有沙质土和黏质土的优点，通气透水性好，耕性好，适耕期长，保水保肥及供水供肥能力强，适种各种作物。

从华北平原潮土农业主产区土壤质地统计结果看（表 12-3），该区域潮土耕地质地轻壤面积最大，为 438.26 万 hm²，占全区耕地面积的 41.94%，其次为中壤土，面积为 225.56 万 hm²，占全区耕地面积的 21.58%，沙壤土面积为 142.69 万 hm²，占全区耕地面积的 13.65%，重壤土面积为 129.86 万 hm²，占全区耕地面积的 12.42%，黏土面积为 91.84 万 hm²，占全区耕地面积的 8.79%，沙土、砾质土面积较少，面积分别为 9.63 万 hm²、7.28 万 hm²，砾质土全部分布在山东省丘陵区沟谷地带。

表 12-3 华北平原潮土区耕层质地面积统计

表层质地	山东省 耕地面积（万 hm²）	面积比例（%）	河南省 耕地面积（万 hm²）	面积比例（%）	河北省 耕地面积（万 hm²）	面积比例（%）	总计 耕地面积（万 hm²）	面积比例（%）
轻壤	196.1	49.55	110.08	32.92	132.08	41.96	438.26	41.94
中壤	97.21	24.56	79.84	23.86	48.51	15.41	225.56	21.58
重壤	13.92	3.52	62.17	18.58	53.77	17.08	129.86	12.42
沙壤	71.66	18.11	34.76	10.39	36.27	11.52	142.69	13.65
沙土	5.28	1.33	3.29	0.98	1.06	0.34	9.63	0.92
黏土	4.32	1.09	44.41	13.27	43.11	13.69	91.84	8.79
砾质土	7.28	1.84	—	—	—	—	7.28	0.70
合计	395.77	100	334.55	100	314.80	100	1 045.12	100.00

2. 土体构型分析 潮土的土体构型是不同质地层次的排列，反映其形成过程中水流的急缓，土粒沉积的快慢。本区域的潮土多是黄河冲积而成，由于在历史上多次决口泛滥和改道，沉积物不仅在水平分布上有粗细之区别，而且由于交互沉积的结果，在剖面中常有不同质地层次排列的土层，这样就构成了土壤质地的复杂性和土体构型的多样性。这些不同的土体构型，对土壤的理化性质、保肥保水性能都有重要影响。

由于第二次土壤普查期间，对土体构型划分没有统一的标准，本次统计资料来源于全国耕地地力评价的县级资料，导致不同省份构型结果有一定差异。统计资料显示，通体壤型和紧实型面积最大，占比最高，面积分别为 219.17 万 hm²、204.97 万 hm²，分别占耕地总面积的 20.97%、19.61%。上松下紧型面积 115.96 万 hm²、海绵型面积 87.11 万 hm²，分别占 11.10%、8.33%（表 12-4），以上 4 种质地构型比较理想，有利于农作物生长发育。夹层型、上紧下松型以及松散型土体内一般有沙土层，容易出现漏肥漏水问题，在灌溉施肥管理中应该注意。

表 12-4　华北平原潮土区土体构型面积统计

质地构型	山东省		河南省		河北省		总计	
	耕地面积（万 hm²）	面积比例（%）	耕地面积（万 hm²）	面积比例（%）	耕地面积（万 hm²）	面积比例（%）	耕地面积（万 hm²）	面积比例（%）
海绵型	—	—	—	—	87.11	27.67	87.11	8.33
夹层型	35.34	8.93	45.91	13.72	76.28	24.23	157.53	15.07
夹黏型	74.00	18.70	—	—	—	—	74.00	7.08
紧实型	65.35	16.51	66.53	19.89	73.09	23.22	204.97	19.61
上紧下松型	—	—	72.06	21.54	—	—	72.06	6.89
上松下紧型	4.88	1.23	79.96	23.90	31.12	9.88	115.96	11.10
松散型	—	—	70.09	20.95	21.97	6.98	92.06	8.81
通体壤型	193.97	49.02	—	—	25.22	8.01	219.19	20.98
其他型	22.22	5.61	—	—	0.02	0.01	22.24	2.13
总计	395.76	100	334.55	100	314.81	100	1 045.12	100

（三）潮土耕地主要化学性状分析

土壤 pH、有机质及大中量营养元素是作物生长发育所必需的物质基础，土壤的肥力或生产力在很大程度上取决于土壤对植物生长供应营养元素的能力。通过对耕地土壤 pH、有机质以及各养分含量状况的分析测定评价，摸清了华北平原潮土农业主产区耕地土壤肥力状况及存在问题，可为提升耕地肥力水平、建立科学的施肥制度、增加粮食产量提供科学依据。总体分析，华北平原潮土农业主产区土壤 pH 适中，有机质、全氮、有效磷、有效硫、有效硅含量处于中等水平，土壤速效钾、缓效钾比较丰富（表 12-5）。微量元素有效锌比较丰富，其他元素处于中等水平（表 12-6）。

表 12-5　华北平原潮土农业主产区耕地耕层理化性状统计

省份	项目	pH	有机质（g/kg）	全氮（g/kg）	有效磷（mg/kg）	速效钾（mg/kg）	缓效钾（mg/kg）	有效硫（mg/kg）	有效硅（mg/kg）
山东	样本数（个）	5 051	5 079	3 786	5 083	5 061	3 406	1 467	1 413
	平均值	7.77	15.65	1.099	32.18	174.83	861.63	57.73	140.95
	标准差	0.64	4.13	0.26	22.52	69.37	164.68	35.48	59.18
	变异系数	0.08	0.26	0.23	0.70	0.40	0.19	0.61	0.42
河南	样本数（个）	4 392	4 266	4 274	4 275	4 274	4 276	476	332
	平均值	7.99	17.91	1.087	19.37	151.89	748.43	31.26	171.67
	标准差	0.43	4.34	0.25	10.27	58.11	154.96	30.15	95.92
	变异系数	0.05	0.24	0.23	0.53	0.38	0.21	0.96	0.56

（续）

省份	项目	pH	有机质 （g/kg）	全氮 （g/kg）	有效磷 （mg/kg）	速效钾 （mg/kg）	缓效钾 （mg/kg）	有效硫 （mg/kg）	有效硅 （mg/kg）
河北	样本数（个）	3 393	3 383	2 678	3 388	3 387	2 511	526	254
	平均值	8.06	15.91	0.907	21.40	156.14	847.57	59.50	187.39
	标准差	0.38	4.39	0.32	15.04	56.91	217.61	107.35	101.40
	变异系数	0.05	0.28	0.36	0.70	0.36	0.26	1.80	0.54
全区平均值		7.92	16.47	1.046	25.02	162.14	810.68	53.00	151.96

表 12-6 华北平原农业主产区耕地耕层微量元素含量统计

省份	项目	有效铜 （mg/kg）	有效锌 （mg/kg）	有效铁 （mg/kg）	有效锰 （mg/kg）	有效硼 （mg/kg）	有效钼 （mg/kg）
山东	样本数（个）	1 536	1 546	1 479	1 466	1 486	1 463
	平均值	2.01	2.35	19.37	12.06	0.79	0.16
	标准差	1.33	2.68	15.29	8.45	0.34	0.04
	变异系数	0.66	1.14	0.79	0.70	0.43	0.26
河南	样本数（个）	838	833	830	829	610	463
	平均值	1.36	1.29	16.68	17.19	0.60	0.14
	标准差	0.59	0.81	16.55	15.81	0.34	0.10
	变异系数	0.43	0.63	0.99	0.92	0.56	0.71
河北	样本数（个）	440	500	500	435	349	241
	平均值	1.97	2.01	11.94	16.91	0.75	0.33
	标准差	2.84	3.49	6.45	41.99	0.44	0.33
	变异系数	1.44	1.74	0.54	2.48	0.58	1.00
全区平均值		1.81	1.98	17.26	14.39	0.73	0.18

1. 土壤 pH、有机质及大中量元素含量分析　华北平原潮土农业主产区成土母质以黄河河流沉积物为主，土壤 pH 以弱碱性（7.5＜pH≤8.5）为主。山东丘陵区的潮土母质来源于酸性岩风化物的河流沉积物，土壤 pH 以中性（6.5＜pH≤7.5）和弱酸性（5.5＜pH≤6.5）为主。部分碱化潮土、盐化潮土土壤 pH 呈碱性（pH＞8.5）。据 12 836 个样本统计，全区土壤 pH 平均为 7.92。

华北平原潮土农业主产区土壤有机质，据 12 728 个样本统计，全区土壤有机质平均为 16.47 g/kg，省际差异比较明显，河南省含量最高平均为 17.91 g/kg，河北省与山东省比较接近，分别为 15.91 g/kg、15.65 g/kg。本区土壤有机质平均值低于全国（《测土配方施肥土壤基础养分数据集》，下同）平均值 24.65 g/kg，也低于华北区平均值 17.24 g/kg。

华北平原潮土农业主产区土壤全氮，据 10 738 个样本统计，全区土壤全氮平均为 1.046 g/kg，山东省含量最高平均为 1.099 g/kg，河南省与山东省比较接近，平均为 1.087 g/kg，河北省相对较低，平均为 0.907 g/kg。本区土壤全氮平均值低于全国平均值 1.301 g/kg，与华北区平均值 1.024 g/kg 相当。

华北平原潮土农业主产区土壤有效磷，据 12 746 个样本统计，全区土壤有效磷平均为 25.02 mg/kg，山东省含量最高平均为 32.18 mg/kg，河南省与河北省比较接近，平均分别为 19.37 mg/kg、21.40 mg/kg，部分耕地有效磷含量偏低。本区土壤有效磷平均值高于全国平均值 19.2 mg/kg，也高于华北区平均值 18.3 mg/kg。

华北平原潮土农业主产区土壤速效钾，据 12 722 个样本统计，全区土壤速效钾平均为 162.14 mg/kg，山东省含量最高平均为 174.83 mg/kg，河南省与河北省比较接近，平均分别为 151.89 mg/kg、156.14 mg/kg。本区土壤速效钾平均值高于全国平均值 120.6 mg/kg，也高于华北区平均值 127.7 mg/kg。

华北平原潮土农业主产区土壤缓效钾，据 10 193 个样本统计，全区土壤缓效钾平均为 810.68 mg/kg，山东省含量最高平均为 861.63 mg/kg，河北省、河南省平均值分别为 847.57 mg/kg、748.43 mg/kg。全区土壤有效硫平均为 53.00 mg/kg，河北省、山东省含量较高平均值分别为 59.50 mg/kg、57.73 mg/kg，河南省平均值为 31.26 mg/kg。全区土壤有效硅平均为 151.96 mg/kg，河北省、河南省含量较高平均值分别为 187.39 mg/kg、171.67 mg/kg，山东省平均值为 140.95 mg/kg。

2. 土壤微量元素含量分析　铜、锌、铁、锰、硼、钼是植物生长必需的营养元素，在植物体内多为辅酶的组成成分，对叶绿素和蛋白质的合成，光合作用和代谢作用以及氮、磷、钾的吸收利用均有重要的促进和调节作用。植物对各种微量元素的需求量虽不多，但它们在植物营养上的作用，与大量元素相同，缺少任何一种都会对植物产生不利影响。

华北平原潮土区耕层微量元素有效锌比较丰富，其他元素处于中等水平。据 1 400 多个样本统计，全区有效锌含量评价为 1.98 mg/kg，山东省平均为 2.35 mg/kg，河北省为 2.01 mg/kg，河南省为 1.29 mg/kg。全区有效硼含量平均为 0.73 mg/kg，山东省平均为 0.79 mg/kg，河北省为 0.75 mg/kg，河南省为 0.60 mg/kg。全区有效铜含量平均为 1.81 mg/kg，有效铁含量平均为 17.26 mg/kg，有效锰含量平均为 14.39 mg/kg，有效钼含量平均为 0.18 mg/kg。

(四) 潮土资源的生产能力分析

华北平原潮土农业主产区属暖温带半干旱、半湿润地区，年均气温 14.5 ℃，≥10 ℃积温在 3 600～4 700 ℃，平均 4 500 ℃，年均降水量 500～900 mm，平均 700 mm，目前以一年两熟为主，主要种植小麦、玉米。本区域粮食作物单产水平较高，据山东省、河南省、河北省 2018 年统计，小麦平均单产为 6 595 kg/hm²，玉米平均单产为 6 365 kg/hm²。若按照全区 1 045.12 万 hm² 耕地全部种植小麦、玉米，本区域小麦粮食产能达到 6 892 万 t，占 2018 年全国小麦总产量的 51.6%，粮食产能达到 6 652 万 t，占 2018 年全国玉米总产量的 25.5%，粮食作物总产达到 13 544 万 t，占全国粮食总产量的 20.4%。本区域是我国小麦优势主产区，玉米在全国也占有很大的比例。

第二节　华北潮土资源利用存在的主要问题

一、复种指数高，地力消耗大

(一) 复种的作用与现状

华北平原潮土农业主产是全国重要的粮食生产基地，近 30 年，全国粮食增产的 1/3 来源于本区域，对保障国家粮食安全起着重要作用。复种是提高土地利用率、保证粮食总产持续增长的重要种植方式。合理提高复种指数，符合中国作为人口大国对粮食需求量巨大以及人均耕地面积少的具体国情。高旺盛的统计分析表明，中国 1952—1980 年的复种指数与粮食总产相关系数为 0.866 3，呈显著水平。在 1986—1995 年的 10 年间，中国复种指数增加了 9.7 个百分点，增加复播面积 $8.51 \times 10^6 \ hm^2$，其中农作物增产中有 1/3 以上是依靠复种得来的。从全国潮土的种植制度看，主要决定于气候和积温状况，南方主要实行一年两熟、一年三熟，西北、东北以一年一熟为主。华北平原潮土农业主产气候和积温能够满足一年两熟需求，加之水浇地占耕地面积比例高达 86.28%，机械化水平比较高，以一年两熟为主。据山东省 5 616 个样本统计，一年两熟占 85.2%，一年一熟占 8.0%，其他熟制占 6.8%。据河南省 4 742 个样本统计，一年两熟占 91.7%，一年一熟占 8.0%，其他熟制占 0.3%。据河北省 3 499 个样本统计，一年两熟占 74.5%，一年一熟占 25.5%。分析本区域采取一年一熟的主要原因，主要是受土壤和灌溉条件的影响，土壤多为盐化潮土，灌溉水没有保障，多种植棉花和杂粮。

（二）复种对土壤有机质的影响

复种指数提高，其养分消耗也在增加，在用地程度增加的同时势必带来土壤肥力的下降，必须通过施用更多肥料进行培肥地力才能保证复种的可持续性。在作物生长过程中，通过光合作用，固定了大量碳，且一年内种植次数越多，产量越高，固定的碳也就越多。据韩湘玲等 1980—1984 年在北京的试验得出，两熟比一熟增加了生物产量，因而增加了土壤有机质来源，如果把经济产量部分移走，而将茎叶等全部还田的话，那么土壤有机质的增加将比分解要多 3、4 倍，在一年两熟情况下，有机质平衡要比一熟情况下增加 17%～18%。因此，不能简单地认为复种只是消耗地力，应该说，它更多消耗了土壤中的氮、磷、钾等元素，也提供了丰富的碳素来源。如果能将这部分植物有机质加入土壤中去，那么土壤的有机质含量与理化性质将有所改善。

据 2017 年国家耕地质量长期定位监测评价报告，2017 年潮土监测点土壤有机质平均含量为 18.1 g/kg，比第二次土壤普查的 14.0 g/kg 提高 29.3%，但低于 2017 年全国有机质平均值 24.4 g/kg。其中，92.65% 的潮土有机质含量分布在 10～30 g/kg，其中，10～20 g/kg、20～30 g/kg 区间的监测点所占比例为 62.5%、30.15%，含量低于 10 g/kg 和高于 30 g/kg 的所占比例<10%。华北平原潮土农业主产区土壤有机质平均为 16.47 g/kg，低于华北区平均值 17.24 g/kg，造成潮土有机质偏低的主要原因是潮土区复种指数高、单产高，秸秆还田普及率不高。从土壤有机质含量变化呈现几个阶段特点也可以得到验证，土壤有机质在 20 世纪 80 年代末至 90 年代初基本保持稳定，局部略有下降，90 年代中期开始呈上升趋势，尤其是 2005 年以后上升趋势加快，这与农村秸秆作为燃料的比例减少，以及小麦、玉米秸秆还田比例不断增加有密切关系。但是必须注意的是，目前粮田仅 6.1% 的地块施用有机肥，有机肥投入比例和投入量明显偏低也是有机质提高缓慢的原因之一。

二、地下水位明显下降，区域地下水漏斗严重

（一）地下水超采现状

华北平原是北方经济发展核心区，水资源紧缺日趋严峻。平原区大部分河流长期干涸，地下水超采严重，已成为世界最大的地下水"漏斗区"，是我国地下水超采最严重的区，地面沉降和海水入侵

地下淡水体等问题频发，对该区经济社会可持续发展产生了一定影响。据有关统计资料，河北省超采区面积 6.97 万 km²，山东省划定超采区面积 5.38 万 km²（浅层地下水超采区 1.04 万 km²，深层承压水超采区面积 4.34 万 km²，2014 年资料），河南省划定超采区总面积 4.40 万 km²（其中，浅层地下水超采区面积 1.40 万 km²，深层承压水超采区面积 2.80 万 km²，2014 年资料）。

（二）地下水超采原因分析

华北平原水资源紧缺和地下水超采的主要原因，一是区域降水量显著减少，造成自然资源性缺水；二是水资源管理方面存在缺陷，包括用水量无效增加以及污染导致水资源无法利用等管理性缺水；三是人口膨胀、经济社会发展规模过大，造成对水资源的需求远超过区域水资源承载力等政策性缺水。

本区域农业用水占地下水开采量的 70% 左右，其中，有 75% 以上来自地下水，是地下水超采的主导因素。分析农业用水多的主要原因，一是复种指数高，粮食总量和单产水平持续提高。随着灌溉条件的改善，种植制度从两年三熟、三年四熟或一年一熟为主逐渐转变为以小麦、玉米一年两熟为主的高强度灌溉农业生产模式，低需水量作物大幅减少，在鲁西北有非常悠久的棉花种植历史，但较低的经济效益及对劳动力成本的高要求使得当地农民放弃种植棉花，改种一年两熟的小麦、玉米。有关研究表明，地下水开采量增大与粮食产量之间呈正相关关系。华北平原潮土农业主产区小麦平均单产 6 595 kg/hm²，玉米平均单产 6 365 kg/hm²，比全国小麦平均单产高 21.9%，比全国玉米平均单产高 4.5%。二是蔬菜等耗水经济作物面积不断扩大，用水量显著增加。据资料统计，河北平原 1985—2007 年蔬菜灌溉年用水量从 5.87 亿 m³ 增至 22.89 亿 m³。据张雅芳等对华北平原种植结构变化对农业需水的影响研究，该地区果蔬需水量呈增加趋势，分别占华北平原果蔬需水增加总量的 71.75% 和 55.39%，这主要与城市对于果蔬需求量的日益增长，经济效益驱动，使得果蔬种植面积不断增长有关。

三、耕层变浅，犁底层深厚

耕层是经过耕种熟化的表土层，耕层养分含量比较丰富，作物根系最为密集，多呈粒状、团粒状或碎块状结构。自 20 世纪 90 年代开始，大田耕作大量采用机械进行旋耕，连续多年旋耕，使耕层变浅，犁底层加厚。据山东省潍坊市进行的耕层厚度调查，大部分农田耕层厚度在 14~19 cm，而据国家产业技术研发中心研究，玉米耕作层 22 cm 为最低要求。在耕作层以下形成比较紧实的犁底层，严重影响作物根系发育、下扎，减小了根系吸收养分的范围，土壤通透性变差，养分有效性降低，土壤保水保肥性能下降，抗旱、抗寒、防涝能力降低，成为产量进一步提高的主要限制因素。

华北潮土农业主产区耕翻方式主要是旋耕，耕层普遍变浅，并且紧实，据山东省潍坊市进行耕层厚度调查，大部分农田耕层厚度在 14~19 cm。据统计耕作层土壤容重一般在 1.35~1.5 g/cm³，犁底层土壤容重一般在 1.45~1.6 g/cm³。耕层变浅对农业生产的影响主要是养分及水分利用率低，根系分布浅、易倒伏。近年来，随着实施深耕或深松资金补贴项目，以及玉米秸秆直接还田技术的推广，大功率农机具数量的增加，耕层变浅的问题得到了一定的缓解。

四、土壤次生盐渍化依然影响耕地生产能力

土壤盐渍化过程是由季节性地表积盐与脱盐 2 个方向相反的过程构成的，积盐是盐分随潜水向土

壤上层聚集，即"盐随水来"的过程，脱盐是表层盐分在地表水的作用下，使之下移或从土体中排出，即"盐随水去"的过程。潮土由于主要的成土过程是潮化作用，其地下水位较浅，加之地下水含有一定的盐分，是形成盐化潮土的重要原因。华北平原盐渍化土壤主要包括草甸盐土、滨海盐土、盐化潮土等主要亚类。据第二次全国土壤普查数据，山东省盐渍化土壤面积 140.14 万 hm²（其中，盐化潮土、碱化潮土 93.74 万 hm²）、河北省盐渍化土壤面积 81.47 万 hm²（其中，盐化潮土、碱化潮土 72.80 万 hm²）、河南省盐渍化土壤面积 17.39 万 hm²（其中，盐化潮土、碱化潮土 16.63 万 hm²）。3 个省合计盐渍化土壤面积 239.00 万 hm²，其中，盐化潮土、碱化潮土面积 183.17 万 hm²，占盐渍化土壤面积的 76.64%。

第二次土壤普查至今已过去 30 多年的时间，土壤环境条件和利用管理均发生了明显变化，尤其是华北平原地下水位有了大幅度的下降，盐渍化分布面积和盐分含量都有了明显的变化。山东省在华北平原盐渍化面积最大，并且既有内陆，也有滨海，对山东省盐渍化土壤进行研究分析，具有较强的代表性。山东省于 2015 年组织开展了全省耕地土壤盐渍化状况的调查分析，组织有关市和县域进行大田盐渍化土壤现状调查、取样和分析化验工作，建立全省大田盐渍化属性数据库，并对全省盐渍化大田分布与面积变化和重点土壤类型盐渍化程度时空变化情况等进行分析研究。

调研范围具体包括德州、滨州、聊城、菏泽、东营 5 市全区域及济宁、济南、淄博、潍坊 4 市部分县（市、区）。各地根据土壤图，对各个盐化潮土、碱化潮土土种，以及已开垦种植的草甸盐土、滨海盐土类型进行布点，布点时要考虑代表性和均匀性，原则上每县采集土样 50～100 个，采样深度 0～20 cm。采样时间安排在春、秋返盐高峰期，并避免雨后采样。共计调查有效点位 3 565 个。

调研结果是，调研区耕地总面积为 339.93 万 hm²，盐渍化耕地面积 38.40 万 hm²，无盐渍化耕地面积 301.53 万 hm²，分别占调研区域面积的 11.30% 和 88.70%。盐渍化耕地中，轻度盐渍化面积 24.59 万 hm²，主要分布在东营、滨州、聊城和德州，占盐渍化耕地面积的 64.04%；中度盐渍化面积 12.16 万 hm²，占盐渍化耕地面积的 31.66%，主要分布在东营、聊城、滨州、潍坊和德州；重度盐渍化面积 1.65 万 hm²，占盐渍化耕地面积的 4.30%，主要分布在滨州和东营；盐土面积 0.026 万 hm²，占盐渍化耕地面积的 0.07%，分布在东营和聊城。总体来看，土壤盐渍化程度较高的区域主要在黄河三角洲地区，以东营市相对集中。

与第二次土壤普查时期相比，调研区域盐渍化情况明显好转。第二次土壤普查时全省盐渍化耕地面积 81.56 万 hm²，其中，本次调研区盐渍化耕地 38.40 万 hm²，盐渍化耕地减少面积 43.15 万 hm²，减幅 52.9%。其中，盐土面积减少了 99.83%，减少面积为 15.28 万 hm²；重度盐渍化面积减少了 44.21%，减少面积为 1.29 万 hm²；中度盐渍化面积减少了 57.28%，减少面积为 16.29 万 hm²；轻度盐渍化减少了 29.49%，减少面积为 10.29 万 hm²（表 12-7）。

表 12-7　山东省耕地盐渍化面积变化

盐渍化等级	2015 年（万 hm²）	二次普查（万 hm²）	面积净增减（万 hm²）	比二次普查增减比例（%）
轻度盐渍化	24.59	34.88	10.29	−29.49
中度盐渍化	12.16	28.45	16.29	−57.28
重度盐渍化	1.62	2.91	1.29	−44.21
盐土	0.03	15.31	15.28	−99.83

（续）

盐渍化等级	2015 年（万 hm²）	二次普查（万 hm²）	面积净增减（万 hm²）	比二次普查增减比例（%）
盐渍化合计	38.40	81.56	43.15	−52.91
无盐渍化	339.93	380.68	40.75	−10.70

从各市的盐渍化面积变化分析，除东营外，各市盐渍化耕地面积均大幅减少，且降幅均在 40% 以上。按面积减少由高到低依次为德州、菏泽、聊城、滨州、潍坊、济宁、济南、淄博。总体来看，内陆地区的盐渍化减轻幅度＞滨海区，濒海的东营耕地土壤盐渍化面积略有增加，这与盐荒地开垦为耕地有关。

第三节　华北潮土利用对策与建议

一、地力提升主要对策与建议

（一）秸秆还田技术

随着农业种植结构调整、农村劳动力转移，大田作物施用有机肥料的比例相当低，据统计仅占 6.1%，大量的有机肥料资源，多用于果园、蔬菜等经济作物。要保证耕地土壤有机质稳定或稳步提升，目前看，实施秸秆还田是最为有效的途径。秸秆还田有许多方式，如秸秆直接还田、秸秆覆盖还田、秸秆堆沤还田、秸秆过腹还田等，其中，秸秆直接还田是在大田作物上应用最广泛、最有效、最为群众接受的有机培肥技术。

1. 技术原理　秸秆的成分主要是纤维素、半纤维素和一定数量的木质素和蛋白质等，在微生物作用下分解转化为土壤的重要组成成分——有机质，产生的腐殖酸与土壤中的钙、镁离子结合形成稳性团粒，从而改善了土壤理化性质。秸秆还田可以将其养分归还土壤，特别是提供给土壤较多的钾素营养，而保持土壤肥力水平。土壤有机质是土壤微生物生命活动所需养分和能量的主要来源，没有它就不会有土壤中的所有生物化学作用。有机质还可通过刺激微生物和动物的活动增加土壤酶活性，从而间接影响土壤养分转化的生物化学过程。此外，有机质在改善土壤环境、防治土壤侵蚀、增加透水性和提高水分利用率等方面也具有重要的作用。

2. 技术方法

（1）机械收获小麦秸秆直接还田技术方法。在小麦收获时，通过联合收割机留高茬 10~15 cm，秸秆切碎长度≤10 cm，并将麦秸均匀抛撒到地表。配套技术及注意事项：确定合理的轮作、间作方式，保证秸秆不妨碍下季作业，并防止秸秆焚烧；套种麦田，宜在麦收前 10~15 d 套种；麦收后干旱无雨时，要进行灌水，以加速秸秆腐解，防火灾发生；若进行翻耕，应增施秸秆量 1% 的纯氮；要注意防治病虫害。

（2）玉米秸秆机械粉碎直接还田技术方法。玉米采用联合机械收获时，将玉米秸秆粉碎，秸秆切碎长度≤5 cm，并均匀地抛撒到地表。然后，施基肥、化肥，进行翻耕，耙平土地，直接播种小麦，并进行播后镇压。配套技术及注意事项：要采用玉米联合收割机械；要进行深耕，耕作深度要＞25 cm，深耕要及时，以保留玉米秸秆含水率，利于腐烂；应增施秸秆量 1% 的纯氮；为加快玉米秸秆腐烂，可喷洒腐熟剂在切碎的秸秆上再耕翻；要注意防治病虫害。

3. 秸秆还田增加有机质的作用　土壤有机质的积累与矿化是土壤与生态环境之间物质和能量循环的一个重要环节。由于本区域处于暖温带半湿润季风气候区，干湿交替明显，夏季湿热，冬季干冷，其生物、气候条件有利于有机质分解，土壤有机质积累量较低。据山东省第二次土壤普查资料，全省潮土耕层土壤有机质含量平均 9.0 g/kg。20 世纪 90 年代，全省大力推广小麦高留茬、玉米秸秆粉碎还田技术，并随着农业机械化水平的提高，以及农民经济条件改善，作物秸秆作燃料的比例越来越低，也有效地促进了秸秆还田，弥补了土壤有机质的矿化，使土壤有机质含量逐年提高。从 2003年以后，随着小麦联合收获机的普及、玉米秸秆粉碎机和玉米联合收获机数量的增加，小麦基本全部实行联合收获，小麦秸秆全部还田，目前潮土区玉米秸秆还田面积约占 90%，有力地促进了土壤有机质含量的增加。

（二）增施有机肥料技术

随着养殖业和农产品加工业的发展，畜禽粪污和工厂化有机废弃物数量非常巨大，近年来有机肥、生物有机肥产量不断增加，大田作物施用有机肥逐步引起广大农民和新型农业经营主体的重视。

1. 技术原理　有机肥料主要指来源于植物和（或）动物，经过发酵腐熟的含碳有机物料，其功能是改善土壤性状、提供植物营养、提高作物产量与品质。有机肥料养分全面，除含有氮、磷、钾大量元素，还含有多种中微量元素，对补充土壤中钾及中微量元素具有重要作用。有机肥料中的有机质，可增加土壤有机质的含量，改良土壤物理、化学和生物性状，熟化土壤，培肥地力，提高土壤保水保肥性能。施用有机肥料还可提高土壤和作物的抗逆性，其含有的活性基团与进入土壤中的有害物质结合使其无害化，对治理土壤污染起到重要作用。有机肥料与化肥配合施用，能够较好地保持肥料养分长久供给，避免流失、提高化肥利用率。因此，应大力提倡增施有机肥料。

2. 技术方法　有机肥可做基肥施用也可做追肥施用。作基肥用的有机肥主要可采用撒施、条施或穴施等方式。撒施：在前茬作物收获后，后茬作物种植前整地时结合土壤翻耕时施入，可采用均匀撒施在土壤表面后，翻耕入土壤 20 cm 左右，然后再整地作畦。条施或穴施：在土壤耕翻整平后，在畦面中间开一条沟（或开穴），将有机肥均匀撒施入沟（或穴）中，然后用土覆盖，整平作畦。一般粮田施用 30 000 kg/hm²，蔬菜田、果园 60 000 kg/hm²。在作物的生长过程中，追肥可进行条施，施用时应注意肥料不要离作物根部太近。精制商品有机肥作追肥，既可条施也可穴施，一般用量在 3 000～4 500 kg/hm²。

3. 技术效果及注意问题　多处多地施用有机肥试验证明，土壤有机质含量明显提高，各种养分较为平衡，土壤理化性状明显改善，作物产量高且品质好，其表现程度视有机肥施用量及品种质量均不同。山东省在风沙化土壤上改良试验证明，增施有机肥能明显改善土壤物理性状，连续两年施用有机肥 30 000 kg/hm²，0～20 cm 土壤容重由 1.38 g/cm³ 降低到 1.35 g/cm³，土壤有机质提高 0.3 g/kg，土壤有效磷提高 2.4 mg/kg，土壤速效钾提高 10 mg/kg。山东省农业科学院试验田长期定位试验，连续 19 年施用有机肥处理、有机肥和化肥配施处理比不施有机肥处理，土壤有机质含量均表现出明显的提高趋势，有机质平均每年提高 0.5 g/kg 以上。据资料介绍，一般施有机肥 22 500～30 000 kg/hm²，可保持或提高土壤地力，增产 5%～10%，提高土壤有机质 0.3 g/kg，并解决了废弃物大量堆积污染环境的问题。

当前在有机肥的利用方面存在的最大问题就是有机肥资源利用效率低。例如，人畜粪便、农村的土杂肥等难以利用，秸秆利用也不充分。所以，一是要在有机肥料利用上下功夫，对未充分利用的有机肥资源要从政策、环保、科研、机械设备等方面设法提高利用率。着力提高机械化水平，在过腹还田、高温积肥、秸秆综合利用的同时，实现剩余秸秆全部机械化还田。二是在有机肥料的施用上，切实做到有机肥与无机肥配合施用，有机肥具有肥效慢、养分低的不足，与无机肥配合，可以取长补短，有利于农业生产的可持续发展，不能过分强调只施用有机肥料，否则作物产量会受到影响，也不能过分强调无机肥料的施用，否则会导致耕地肥力下降。三是有机肥的施用方法要科学合理，生产中经常会遇到有机肥害，其原因是有机肥未腐熟或未彻底腐熟就施用。有机物在腐熟过程中会产生热量，并会产生一些对作物有害的物质，所以，有机肥料在施用前要让其充分腐熟，以免发生"生肥咬苗"的现象。同时，要注意平衡施用有机肥，重视大田作物有机肥的施用，特别对秸秆还田量少的作物，如棉花、花生、甘薯等，每年要保证一定量的有机肥料施用，保持耕地地力水平不降低。

二、缓解地下水下降主要对策与建议

水利部、财政部、国家发展改革委、农业农村部会同有关部门，研究制定了《华北地区地下水超采综合治理行动方案》，提出通过强化节水、实行禁采限采、调整农业种植结构、充分利用当地水和外调水置换地下水开采等措施，逐步实现地下水采补平衡，地下水利用管控能力进一步提升，地下水利用与保护长效机制得到健全。重点推进"节""控""调""管"等治理措施任务。"调""管"属于管理层面，不在此赘述。"节""控"属于技术层面，针对本区农业用水效率偏低的实际，应该从工程节水和农艺节水2方面开展工作。工程节水主要包括渠道防渗、低压管道输水、集雨补灌、土地平整、水肥一体化等内容。农艺节水主要包括地面节水灌溉技术、蓄水保墒技术、覆盖保墒技术、保护性耕作技术等。现重点介绍在本区域内应用比较广泛、效果比较好的低压管道输水、水肥一体化、农艺节水。

（一）低压管道输水

1. 低压管道输水类型　低压管道输水灌溉系统是20世纪90年代在我国迅速发展起来的一种节水节能型的新式地面灌溉系统。它利用低耗能机泵或由地形落差所提供的自然压力水头将灌溉水加低压，然后再通过低压管道网输配水到农田进行灌溉，以充分满足作物的需水要求。因此，在输、配水上，它是以低压管网来代替明渠输配水系统的一种农田水利工程形式；而在田间灌水上，通常采用畦灌、沟灌、"小白龙"灌等地面灌水方法。其特点是出水流量大，出水口工作压力较低。按低压管道输水灌溉系统在灌溉季节中各组成部分的可移动程度分类，可分为三类。

（1）固定式。管道灌溉系统中的水源和各级管道及分水设施均埋入地下，固定不动。给水栓或分水口直接分水进入田间沟、畦，没有软管连接。田间毛渠较短，固定管道密度大，标准高。这类系统一次性投资大，但运行管理方便，灌水均匀。有条件的地方应推广这种形式。

（2）移动式。除水源外，管道及分水设备都可移动，机泵有的固定，有的也可移动。它们可在灌溉季节中轮流在不同地块上使用，非灌溉季节时则集中收藏保管。管道多采用软管，一次性投资低，适应性较强，使用方便，但劳动强度大，若管理运用不当，设备极易损坏。

（3）半固定式，又称半移动式。这类系统的引水取水枢纽和干管或干、支管为固定的地埋暗管。而配水管道，支管、农管或仅农管可移动。这种系统具有固定式和移动式两类低压管道输水灌溉系统的特点，是目前渠灌区低压管道输水灌溉系统使用最广泛的类型。由于其枢纽和干管笨重，固定它们可以降低移动的劳动强度。

2. 低压管道输水优点

（1）节水节能。低压管道输水系统有效地防止了水的渗漏和蒸发损失，其输水过程中水的有效利用率可达90％以上，而土渠输水灌溉，其水的有效利用率只有45％左右。因此，管灌可大大提高水的利用率，是一项有效的节水灌溉工程措施。井灌区管道输水比土渠输水节水30％左右，比土渠输水灌溉节能20％～30％。

（2）省地省工。以管道代替土渠输水，一般可减少占地2％～4％，而且管道灌溉输水速度快，浇地效率高，一般效率提高一倍，用工减少一半以上。所以，渠灌区实现管道灌溉后，减少渠道占用耕地的优点尤为突出。这对于我国土地资源紧缺，人均耕地面积少的现实来说，具有显著的社会效益和经济效益。

（3）扩大灌溉面积。低压管道输水灌溉，减少了水量损失，可有效地扩大灌溉面积。在井灌区，用管道输水代替土渠输水，单井灌溉面积可由2.67～4 hm² 扩大到6.67～8 hm²。

（4）灌水及时，促进增产增收。低压管道输水灌溉供水及时，可缩短轮灌周期、改善田间灌水条件，有利于适时适量灌溉，从而可有效地满足作物生长的需水要求。特别是在作物需水关键期，土渠灌溉往往因为轮灌周期长，灌水不及时而影响作物生长，造成减产，管道输水灌溉较好地克服了这一缺点，从而起到了增产增收的效果。

（5）适应性强，管理方便。低压管道输水不仅能满足灌区微地形及局部高地农作物的灌溉，而且能适应当前农业生产责任制的要求，灌水时户与户之间干扰小、矛盾少，每个出水口灌溉多户承包田，群众自己能够负责把出水口和移动软管管好、用好。

（二）水肥一体化

水肥一体化技术是借助低压灌溉系统，将肥料溶解在水中，在灌溉的同时进行施肥，适时、适量地满足农作物对水分和养分的需求，实现水肥同步管理和高效利用的节水工程技术。

1. 水肥一体化模式类型 经过多年的探索，适合华北平原潮土农业主产区的水肥一体化模式主要有大田作物可移动式喷灌水肥一体化模式、大田作物地埋可伸缩式水肥一体化模式、大田作物喷水带喷灌水肥一体化模式、大田作物一次性滴灌水肥一体化模式、设施蔬菜单井单棚滴灌施肥模式、设施蔬菜恒压变频滴灌水肥一体化模式、果园微喷水肥一体化模式、果园滴灌水肥一体化模式等。

2. 水肥一体化技术效果 施肥一体化技术具有节水、节肥、节药、省工、增产和改善品质等优点。蔬菜果树等经济作物平均节水30％～40％，大田作物平均节水20％～30％；蔬菜果树等经济作物平均节肥30％～50％，山东省资料显示，水肥一体化使氮肥利用率平均提高18.4个百分点，磷肥提高8个百分点，钾肥提高21.5个百分点。大田作物平均节肥20％～30％；水肥一体化节省人工的效果非常显著，由于实现了灌溉与施肥同步，对缓解当前农村青壮年劳力大量外出务工，造成的劳动力短缺的矛盾，以及减少规模化经营用工成本，具有重要作用。

（三）农艺节水

农艺节水具有投资少、见效快、效果好特点。农艺节水主要包括节水型地面节水灌溉技术、蓄水保墒耕作技术、覆盖保墒技术、保护性耕作技术等。

1. 节水型地面节水灌溉技术 主要有水平畦灌、长畦分段灌、小畦灌、覆膜灌、波涌灌、隔沟灌、细流沟灌等。目前推广使用比较广的主要有长畦分段灌溉技术、小畦灌溉技术。

（1）长畦分段灌溉的畦宽可以宽至5～10 m，畦长一般在100～400 m，但其单宽流量并不增大。

这种灌水技术的主要技术要求是，确定适宜的入畦灌水流量，侧向分段开口的间距（短畦长度与间距）和分段改水时间或改水成数。一般分段畦的面积控制在 0.067～0.1 hm²。长畦分段灌溉技术可以实现低定额灌水，灌水均匀度高于 85%，与畦田长度相同的常规畦灌技术相比可省水 40%～60%，田间灌水有效利用率提高 1 倍左右或更多。

（2）小畦灌溉是我国北方井灌区行之有效的一种节水灌溉技术，主要是指"长畦改短畦，宽畦改窄畦，大畦改小畦"的"三改"畦灌灌水技术。小畦"三改"灌溉技术的畦田宽度，自流灌区为 2～3 m，机井提水灌区以 1～2 m 为宜。畦长，自流灌区以 30～50 m 为宜，最长不超过 70 m。山东、河北、河南等省的一些园田化标准较高的地方，正在逐步推广应用。其优点是灌水流程短，减少了沿畦长产生的深层渗漏，因此能节约灌水量，提高灌水均匀度和灌水效率。缺点是灌水单元缩小，整畦时费工。小畦灌溉就是相对过去长畦、大畦而言，将灌溉土地单元划小，但畦的大小也不是越小越好，而是根据一些技术指标来确定畦田的长度。

2. 蓄水保墒耕作技术　蓄水保墒耕作技术主要包括深耕蓄墒技术、耙糖保墒技术、镇压保墒和提墒技术、中耕保墒技术。深耕蓄墒技术必须利用大马力机械进行耕作，深耕深度控制在 30～40 cm，一般 2～3 年深耕一次效果较好，也可以深耕 30 cm＋深松 10 cm，此种方式更易被农民接受。其他蓄水保墒技术要求不高，不再赘述。

3. 覆盖保墒技术　适合本区域的覆盖保墒技术主要有秸秆覆盖保墒技术、地膜覆盖保墒技术。

（1）秸秆覆盖能减少地表蒸发和降水径流，提高耕层供水量，取得明显增产效果。据测定，秸秆覆盖的抑蒸保墒效应可波及地表 1 m 深处，在降水或灌水后，将秸秆覆盖垄间，可以调节地温，保持土壤湿度，土壤培肥地力。适合华北平原潮土区的模式是小麦联合收获后小麦秸秆进行本田覆盖。据山东省莱州市试验，实行小麦秸秆本田覆盖后，腾发量减少了 31.9 mm，占常规栽培条件下腾发量的 8.03%。果园秸秆覆盖，土壤含水量高于地面裸露的 2～4 个百分点，水分腾发量减少了 155.4 mm，占常规栽培下苹果水分腾发量的 19.78%。

（2）地膜覆盖能够阻断土壤水分的垂直蒸发，有效抑制土壤水分的无效蒸发，对土壤水分的抑蒸力可达 80% 以上。覆膜增加了耕层土壤储水量，有利于作物利用深层水分，改善作物吸收水分条件、水热条件及作物生长状况，有利于土壤矿物质养分的吸收利用，据山东省农业技术推广总站资料，花生实行地膜覆盖比不盖膜的每公顷增产 1 517 kg，增产率为 38.8%。

4. 保护性耕作技术　保护性耕作是利用还田机械或收获机械将秸秆直接粉碎后均匀抛洒在地表，然后实施机械免（少）耕播种，以达到改善土壤结构，培肥地力，提高抗旱能力，减少风蚀、水蚀，节本增效，保护环境的目的。保护性耕作主要包括秸秆覆盖、免（少）耕施肥播种、机械植保和深松四项技术。适合华北平原潮土农业主产区的技术模式是：玉米联合收获秸秆粉碎覆盖地表→机械深松（2～4 年 1 次）→小麦免耕播种→小麦田间管理→灌溉（有灌溉条件）→小麦联合收获秸秆覆盖地表→机械玉米免耕播种→玉米田间管理→灌溉（有灌溉条件）。示范效果表明，保护性耕作与传统耕作相比每公顷小麦增产 560 kg、玉米增产 514 kg，每公顷减少作业成本 525 元左右，每公顷节水 300 m³，每公顷增收节支 1 500 元左右。

三、耕层变浅的主要对策与建议

（一）深耕改土技术原理与方法

高产土壤必须具有良好的土壤肥力条件，即土壤能在农作物生长发育过程中，不断地供给作物水分和养分。土壤要达到这种良好的肥力条件，就必须具有适宜的耕层深度，良好的结构性，养分充足，水分和空气协调并存。深耕深松的目的是通过机械作用和物理作用，为作物生长发育创造一个水、肥、气、热相互协调的土壤环境条件。良好的孔隙状况是指在土体中有小的毛管孔隙和大孔隙，小孔隙可以依靠毛管力保持住土壤中的溶液和水分，大孔隙则可以流通空气，使土壤的好气过程和嫌气过程得到协调，使养分的积累和释放同时进行，土壤温度状况也可得到改善，土壤肥力得以提高。

深耕就是利用大型机械超过常规耕层深度且能打破原有犁底层的耕地作业，一般深度＞25 cm，也包括超过常规耕层深度且能打破原有犁底层，并保持上下土层基本不乱的松土作业。目前深耕深松有 3 种方法。

1. 深耕方法 铧式犁是生产中应用最广泛的深耕机械，它具有良好的翻垡覆盖性能，耕后植被不露头，回立垡少，为其他机具所不及，耕深一般为 25 cm。

2. 深松方法 机械包括凿形铲式深松机和带翼柱式深松机两大类。凿形铲式深松机，有三铲式和六铲式 2 种机型，其结构特点是松土铲为凿形铲，铲尖呈凿形，利用铲尖对土壤作用过程中产生的扇形松土区来保证松土的宽度，对土壤耕层的搅动较少。带翼铲柱式深松机，具有一个高强度的铲柄，在铲柄两侧各安装有略向上翘且固定的翼铲，作业时，表层 20 cm 之内全面疏松，松土质量较好，作业后地表平整。

3. 深耕深松方法 通常采用在铧式犁的犁体后面加装深松铲的办法来实现上翻下松、不乱土层的要求，深松铲有单翼式、双翼式 2 种，深松深度可达 25～32 cm。

在实施深耕的同时，配套其他技术措施，一是深耕后配套耙地、镇压，保证土地平整，无坷垃，减少失墒。二是耕翻前根据秸秆量的多少，增施氮肥，调节土壤碳氮比，一般每公顷撒施 75 kg 尿素，并配套有机肥料施用技术。三是实施配方施肥技术，根据测土结果和下年度种植的作物种类及目标产量，调节土壤氮、磷、钾及中微量元素供给水平，科学施肥，推广施用配方肥。四是根据土壤墒情，适时浇冻水，并注意防治病虫害等。

（二）深耕改土技术效果

实施深耕改土技术具有明显保水保肥及增产效果。据山东省莱州市小麦-玉米一年两作大田试验，深耕 30 cm＋深松 10 cm、深耕 30 cm 与常规浅耕 15 cm 相比（表 12-8），一是深耕能够明显增加土壤蓄水库容，在降水 34.9 mm 的 2 d 后，深耕 30 cm＋深松 10 cm 处理比常规浅耕 15 cm 的处理每公顷多蓄水 201.3 m³，深耕 30 cm 的处理比常规浅耕 15 cm 的处理每公顷多蓄水 162.15 m³，"库容"平均每公顷增加蓄水 181.8 m³。二是表层以下土壤容重降低、毛管孔隙度增加，深耕 30 cm＋深松 10 cm、深耕 30 cm 与常规浅耕 15 cm，因 0～15 cm 土层都经过了耕作，各处理间变化不大，但 15～30 cm 有明显变化，深耕 30 cm＋深松 10 cm、深耕 30 cm 2 个处理与常规浅耕 15 cm 相比，明显降低了土壤容重，提高了土壤毛管孔隙度，2 个处理土壤容重平均为 1.30 g/cm³，毛管孔隙度为 44.10%，比常规浅耕 15 cm 容重 1.46 g/cm³ 下降了 0.16 g/cm³，毛管孔隙度 39.71% 增加了 4.39 个百分点。三是促进了小麦生长发育，深耕 30 cm＋深松 10 cm、深耕 30 cm 处理，小麦分蘖量、次生根数量、叶面积系数、单株干重等比常规浅耕 15 cm 都有明显增加，如小麦的分蘖量，在小麦拔节前后分别增加了 10.8% 和 8.8%，单株分蘖分别增加了 0.60 个和 0.47 个，但由于小麦群体的自我调节能力较强，抽穗后穗数的差距又明显缩小。四是提高了作物产量，经测产，深耕 30 cm＋深松 10 cm、深耕 30 cm 处理分别比常规浅耕 15 cm 增产 32.58 kg 和 28.08 kg，增产率分别为 9.27% 和 7.99%。从小麦产量来看，深耕的效果可影响到第二年播种的小麦产量，增产约 5%。经对各处理小麦产量进行方差分析，处理

间 $F=6.946^{**}$，达到了显著差异水平。LSD 法多重比较深耕 30 cm＋深松 10 cm、深耕 30 cm 处理小麦产量之间无显著差异，但均与常规浅耕 15 cm 的处理达到了显著差异水平。所以深耕深度要达到 30 cm 左右，疏松土壤及增产效果好，如有条件，深耕的同时，可在耕作层以下再深松 10 cm。

表 12 - 8　不同耕作方式对土壤物理性状的影响

处 理	土层（cm）	容重（g/cm³）	总孔隙度（%）	毛管孔隙度（%）	通气孔隙度（%）
深耕 30 cm＋深松 10 cm	0～15	1.23	53.74	48.67	5.07
	15～30	1.31	50.64	43.89	6.75
	30～40	1.39	47.40	40.99	6.41
深耕 30 cm	0～15	1.20	54.60	48.79	5.81
	15～30	1.28	51.62	44.30	7.32
	30～40	1.51	43.17	37.31	5.86
常规浅耕 15 cm	0～15	1.24	53.40	47.98	5.42
	15～30	1.46	44.98	39.71	5.27
	30～40	1.53	42.11	35.42	6.69

另据山东省淄博市临淄区小麦深耕 25 cm 与旋耕 15 cm 试验，深耕能够明显增加土壤蓄水库容，据测定，深耕前耕作层土壤容重 1.28 g/cm³，总孔隙度 51.7%，渗透系数 5.05 mm/h，犁底层土壤容重 1.60 g/cm³，总孔隙度 39.9%，渗透系数 0.07 mm/h，心土层土壤容重 1.45 g/cm³，总孔隙度 45.3%，渗透系数 2.59 mm/h。通过深耕打破了犁底层，明显降低了土壤容重，提高了通气孔隙度和总孔隙度，降水时，加快了水的入渗，减少了地面径流，深耕 25 cm 比旋耕 15 cm 在 20 cm 土层中每公顷多蓄水 40.5 m³，提高了土壤的蓄水保水能力。同时，深耕有利于冬小麦根系下扎和群体发育，旋耕 15 cm 处理的小麦根系，有 72.2% 的集中在 0～20 cm 土层中，有 25.2% 的集中在 20～50 cm 土层中，而深耕 25 cm 处理，有 55.9% 的小麦根系分布在 0～20 cm 土层中，有 37.8% 的根系分布在 20～50 cm 土层中，说明深耕促进了根系下扎，扩大了根系吸收土壤营养面积，有利于抗旱、抗倒伏，促进小麦生长，从而提高产量。

根据华北潮土农业主产区秋季降水量少的气候特点，一般采用早秋耕，随耕随耙，或者初冬深耕等耕地方式，根据深耕的长效性，建议采取隔年深耕或隔 2 年深耕 1 次的深耕模式。

四、土壤盐渍化改良主要对策与建议

（一）工程改良措施

工程措施是改良盐渍化土壤的根本，通过工程措施，有效降低和控制地下水位，从而抑制土壤返盐，提高自然降水和人工灌溉的脱盐效果，实现区域脱盐和土体脱盐。

1. 深沟排盐工程　根据降低地下水位、控制返盐、改良盐渍化土壤的要求，设计支沟、斗沟、农沟和毛沟的间距和断面。支沟一般深度 3.5 m，斗沟间距 400 m，深度 3 m，农沟间距 150～300 m，沟深 2.5 m。实际设计时可参考计算公式确定排水沟深度和间距。排水沟深度＝地下水临界深度＋排水沟中部地下水位与排水沟内水位之差（一般采用 0.2～0.4 m）＋排水沟排地下水时的设计水深（一般采用 0.2 m）。排水沟间距：在壤质土质地盐渍土区，沟深为 1.7～3.5 m 时，以排水沟单侧脱盐范围为沟深的 60～100 倍计算，在黏质土质地盐渍土区，沟深在 2～2.1 m，以排水沟单侧脱盐范围为沟深的 80～100 倍计算。

2. 平地挖沟压盐工程　适于地下水位高、面积大的轻、中度盐渍化耕地。在条田内挖沟一般为 2.5～3 m 深，与外围主引、排水沟渠相通，做到排、灌结合，条田长度根据具体情况而定。根据东营市多年的试验观测，在不使用黄河水灌溉的基础上，经过 2～3 年的雨水淋洗，大部分地块可脱盐变为轻度或中度盐渍化地块，100 cm 深土层含盐量可下降到 3 g/kg 左右。

3. 高筑台田工程　一般高出原地面 1.8～2 m，宽度 30 m 左右，长度根据实际情况而定，台田两侧要有比较大的引、排水沟，并与外围主引、排水沟渠相通，做到旱能引、涝能排、碱能改。这一模式，第三年 100 cm 内的含盐量可下降到 3 g/kg 左右，用于种植棉花、大豆等耐盐碱作物，第四年继续脱盐，100 cm 内土层含盐量可下降到 2 g/kg 左右，可种植花生、西瓜、玉米等。

4. 暗管排盐工程　暗管排盐是利用人工或机械将排盐滤管埋入 1.6～2.0 m 深的地下，排出土壤中盐分，改良盐碱地的一种新技术。暗管排水能明显降低地下水位，有效地降低土壤含盐量。

5. 平整土地工程　平整土地是农田水利工程得以充分发挥作用的基础，同时也是灌水冲洗压盐的需要。土地平整一般以方田为单位进行，如果地面起伏过大，还需打破方田界限，实行大平大整。土地平整一般在秋冬进行，然后进行冬灌压盐和冻伐。因黄河三角洲淡水资源紧张，灌水定额可为抗旱灌水用量的 2 倍，将耕层土壤盐分冲洗到植物能出苗生长即可。

（二）农艺改良措施

1. 采用合理耕作技术　通过采用正确的耕作技术，达到局部改良盐渍化耕地的目的。如划锄、深松可有效降低土壤容重，增加渗透性，切断盐分上移的土壤毛细管，阻断盐分在表层积累。

2. 沟种躲盐技术　根据"盐往高处爬"的特点，采取沟种躲盐，即开沟起垄，在强烈返盐的季节，垄背蒸发强烈，返盐多，沟内返盐少，沟内种作物比较安全。

3. 种稻改盐技术　种稻改盐适合于水资源丰富区域，是当年投入当年见效的改良措施，省种稻改盐过去主要集中在黄河三角洲地区，通过几年水稻种植，土壤得到良好的脱盐改良。但由于近年来黄河来水量减少，工业用水量增加等原因，种稻改盐面积不断减少。

4. 地力培肥技术　充分利用当地畜禽粪便、土杂肥等有机肥料资源，增加有机肥料用量，每公顷施有机肥 30 000 kg 以上。小麦、玉米两季秸秆全部还田，结合深耕翻压将秸秆全部入土，并配套其他技术。增施有机肥料可以提高土壤有机质，改善土壤结构、增强土壤保水保肥能力，减少水分蒸发，抑制返盐，加速脱盐，同时，有机质可以与钠离子结合，减少钠离子毒害。

5. 覆盖技术　覆盖技术包括秸秆覆盖和地膜覆盖，地表覆盖能够减少土壤表层蒸发，抑制返盐。盐渍化土壤区因秸秆数量少，秸秆覆盖相对较少，而地膜覆盖由于技术成熟，抗旱抑盐效果好，得到广泛应用，但应注意地膜回收，防止白色污染。

（三）化学及生物改良措施

1. 化学措施　化学措施改良主要指施用化学改良剂，其主要作用：一是凝聚土壤颗粒，改善土壤结构。通过改良剂具有的膨胀性、分散性、黏着性等特性，使因盐碱而分散的土壤颗粒聚结从而改变土壤的孔隙度，提高土壤通透性，利于盐分淋洗。二是置换土壤 Na^+，促进盐分淋洗。改良剂带有或者发生化学反应产生的离子能够置换 Na^+，促进盐分淋洗。三是中和土壤碱性。采用酸性改良剂可直接中和土壤中的碱性物质，并且溶解 $CaCO_3$，释放 Ca^{2+} 以置换土壤中的 Na^+。由于土壤是一个大的缓冲体，且盐渍化地区有盐渍化条件，化学改良可能仅在一个阶段内效果较好，效果持续时间较为有限。

2. 生物措施　改变作物种植模式，优先选用生理耐盐作物种类种植，可采用粮食作物-牧草间作、粮食作物-绿肥、棉花-牧草间作、棉花-绿肥等，通过牧草、绿肥培肥地力、抑制土壤返盐。牧草、绿肥耐盐性强，植物茎叶繁茂，可有效降低地表水分蒸发，减轻土壤返盐。发达的根系可伸入土壤深层，提高土壤的透水性和保水力，抑制土壤盐分表聚，降低土壤表层含盐量，加速脱盐。如田菁可适应含盐量 8 g/kg 左右的重度盐渍土，在重度盐渍土中的生物量仍能达到正常土壤中生物量的95% 以上。在全盐含量 4 g/kg 的土壤上连续种植 3 年苜蓿，土壤含盐量下降到 2 g/kg，种植田菁后表土层盐分下降 25.2%～64.0%。种植黄花草木樨的脱盐率为 13.3%～95.4%。

潮土耕地分区利用与保护及可持续利用 >>>

第一节　潮土利用改良的原则与依据

一、开展潮土耕地质量保护的重要性和紧迫性

耕地是最宝贵的农业资源、最重要的生产要素。中央高度重视耕地质量保护工作，2015 年中央 1 号文件提出："实施耕地质量保护与提升行动"。《中共中央　国务院关于加快推进生态文明建设的意见》也要求："强化农田生态保护，实施耕地质量保护与提升行动，加大退化、污染、损毁农田改良和修复力度，加强耕地质量调查监测与评价"。为贯彻落实推动实施耕地质量保护与提升行动，着力提高耕地内在质量，实现"藏粮于地"，夯实国家粮食安全基础，潮土耕地分区利用与保护势在必行。

潮土广泛分布在我国黄淮海平原、长江中下游平原以及上述地区的山间盆地，在珠江、辽河中下游开阔的河谷平原也有一定面积分布。分布区地势平坦，土层深厚，水热资源较丰富，造种性广，是我国主要的旱作土壤，盛产粮棉。潮土分布面积最大的是黄淮海平原，旱涝灾害却时有发生，尚有盐碱危害，加之土壤养分低或缺乏，大部分属中低产土壤，作物产量低而不稳。潮土土体构型复杂，沉积层次明显，潮土由于在垦殖前生草时间短，有机质积累少，垦殖后作物秸秆又大量移除，尽管采取了一些培植措施，如施用有机肥料或者部分秸秆还田、种植绿肥等，但土壤有机质的积累量仍不多，土壤养分含量低或缺乏，大部分属中低产土壤，作物产量低而不稳，因此，加强对潮土的合理利用与改良显得尤为重要。

（一）潮土区设施退化土壤治理是国家发展战略需要

潮土区主要分布丁黄淮海平原，订河下游平原，长江中下游平原及汾、渭谷地，此区域以种植小麦、玉米、高粱和棉花为主。土壤耕地治理是全国"菜篮子"的重要保障。

（二）潮土区设施退化土壤治理是保障国家农产品供给的需要

潮土区（主要分布在山东、河南和河北三省）设施蔬菜占全国设施农业数量的 18.9%，占全国蔬菜面积的 20.4%，土壤退化直接威胁到设施蔬菜质量和数量安全，通过退化土壤治理保障农产品安全。

（三）潮土区设施退化土壤治理是实现土壤可持续利用的需要

设施蔬菜土壤经常处于高蒸发、高温、高湿、无雨水淋溶的环境中。在此基础上土壤出现连作障碍，如板结、次生盐渍化和酸化等，所以亟待解决障碍，提升地力。

（四）潮土区设施退化土壤治理是促进农业绿色发展的迫切需要

化肥农药投入过量，打破了土壤原有稳定的微生态系统，土壤生物多样性、养分维持、碳储存、缓冲性、水净化与水分调节等生态功能退化。此外，地下水硝酸盐含量、土壤重金属和激素含量、抗生素含量超标，严重影响农业生产。

二、潮土利用改良的原则与依据

（一）明确建设目标

将耕地质量建设作为高质量完成高标准潮土农田建设任务的重要内容，在高标准农田建设项目区因地制宜采取"改、培、保、控"等措施，确保措施覆盖面积达到90％以上，项目建成后耕地质量等级有所提升。

（二）抓好技术路径

综合采取"改良土壤、培肥地力、保水保肥、控污修复"等措施，改善潮土土壤理化性状，改进耕作方式。提高土壤有机质含量、平衡土壤养分，实现用地与养地结合，持续提升土壤肥力。推广保护性耕作，打破犁底层，加深耕作层，增强耕地保水保肥能力。控施化肥农药，减少不合理投入数量，阻控重金属和有机物污染，控制农膜残留。

（三）突出区域重点

根据全国耕地土壤类型和质量现状，突出粮食主产区和主要农作物优势产区，潮土区划分淮北（黄）潮土区和（灰）潮土区两大区域，结合区域农业生产特点，针对耕地质量突出问题，有针对性地开展耕地质量建设。

（四）明确工作责任

省级农业农村部门负责制定全省高标准耕地质量建设实施方案，组织开展业务培训，加强技术指导。市级农业农村部门负责组织、协调、指导和监督县级农业农村部门开展高标准耕地质量建设，开展抽查复核工作。省、市、县级农业农村部门负责抓好工作落实，整合耕地质量建设资源，建立投入保障机制，把耕地质量建设与高标准农田建设项目同规划、同设计、同建设、同考核。按照《耕地质量等级》（GB/T 33469）要求，对高标准农田建设项目区耕地质量进行监测评价，做好样品留验、相关监测评价等台账记录，形成监测评价报告。

第二节　潮土利用与保护意见

一、开展潮土质量保护的总体思路、基本原则和行动目标

（一）总体思路

以保障国家粮食安全、农产品质量安全和农业生态安全为目标，落实最严格的耕地保护制度，树立耕地保护"量质并重"和"用养结合"理念（郝亮等，2019），坚持生态为先、建设为重，以新建成的高标准农田、耕地退化污染重点区域和占补平衡补充耕地为重点，依靠科技进步，加大资金投入，推进工程、农艺、农机措施相结合，依托新型经营主体和社会化服务组织，构建耕地质量保护与提升长效机制，守住耕地数量和质量红线，奠定粮食和农业可持续发展的基础。

（二）基本原则

1. 坚持量质并重、保护提升　在严格保护耕地数量的同时，更加注重耕地质量的建设和管理，推动各级政府落实"质量红线"要求，划定耕地质量保护的"硬杠杠"（马永欢等，2014）。

2. 坚持因地制宜、综合施策　根据不同区域耕地质量现状，分析主要障碍因素，集成组装治理技术模式，因地制宜、综合施策，确保耕地质量保护与提升行动取得实效。

3. 坚持突出重点、整体推进　与《全国高标准农田建设总体规划》等相衔接，以粮食主产区为重点，连片治理、建一片成一片。着眼长远，加强顶层设计，持之以恒推进耕地质量建设。

4. 坚持政府引导、多方参与　创新耕地质量建设投入机制，发挥政府项目示范带动作用，充分调动农民、地方政府和企业积极性，形成全社会合力参与耕地质量保护的格局。

（三）行动目标

预计到 2025 年，潮土区耕地质量状况得到阶段性改善，耕地土壤酸化、盐渍化、养分失衡、耕层变浅、重金属污染、白色污染等问题得到有效遏制，土壤生物群系逐步恢复。到 2030 年，区域耕地质量状况实现总体改善，对粮食生产和农业可持续发展的支撑能力明显提高。

1. 耕地质量水平持续提升　到 2025 年，潮土区蔬菜地地力平均提高 0.5 个等级。其中，新建成的 8 亿亩高标准耕地，地力平均提高 1 个等级以上。全国耕地土壤有机质含量平均提高 0.2 个百分点，耕作层厚度平均达到 25 cm 以上。

2. 有机肥资源利用水平持续提升　到 2025 年，畜禽粪便养分还田率达到 60%，提高 10 个百分点；农作物秸秆养分还田率达到 60% 以上，提高 25 个百分点以上。

3. 科学施肥水平持续提升　到 2025 年，测土配方施肥技术覆盖率达到 90% 以上；肥料利用率达到 40% 以上，提高 7 个百分点以上，主要农作物化肥使用量实现零增长。

二、保障措施

（一）加强组织领导

建立由生态环境部牵头，国务院相关部门参加的部际协调机制，指导、协调和督促检查土壤环境

保护和综合治理工作。有关部门要各负其责，协同配合，共同推进土壤环境保护和综合治理工作。地方各级人民政府对本行政区域内的土壤环境保护和综合治理工作负总责，要尽快编制各自的土壤环境保护和综合治理工作方案，明确目标、任务和具体措施。

（二）健全投入机制

各级人民政府要逐步加大土壤环境保护和综合治理投入力度，保障土壤环境保护工作经费。按照"谁污染、谁治理"的原则，督促企业落实土壤污染治理资金；按照"谁投资、谁受益"的原则，充分利用市场机制，引导和鼓励社会资金投入土壤环境保护和综合治理。中央财政对土壤环境保护工程中符合条件的重点项目予以适当支持。

（三）完善法规政策

研究起草土壤环境保护专门法规，制定农用地和集中式饮用水水源地土壤环境保护、新增建设用地土壤环境调查、被污染地块环境监管等管理办法。建立优先区域保护成效的评估和考核机制，制定并实施"以奖促保"政策。完善有利于土壤环境保护和综合治理产业发展的税收、信贷、补贴等经济政策。研究制定土壤污染损害责任保险、鼓励有机肥生产和使用、废旧农膜回收加工利用等政策措施。

（四）强化科技支撑

完善土壤环境保护标准体系，制（修）定土壤环境质量、污染土壤风险评估、被污染土壤治理与修复、主要土壤污染物分析测试、土壤样品、肥料中重金属等有毒有害物质限量等标准；制定土壤环境质量评估和等级划分、被污染地块环境风险评估、土壤污染治理与修复等技术规范；研究制定土壤环境保护成效评估和考核技术规程。加强土壤环境保护和综合治理基础与应用研究，适时启动实施重大科技专项。研发推广适合我国国情的土壤环境保护和综合治理技术和装备。

（五）引导公众参与

完善土壤环境信息发布制度，通过热线电话、社会调查等多种方式了解公众意见和建议，鼓励和引导公众参与和支持土壤环境保护。制定实施土壤环境保护宣传教育行动计划，结合世界环境日、地球日等活动，广泛宣传土壤环境保护相关科学知识和法规政策。将土壤环境保护相关内容纳入各级领导干部培训工作。可能对土壤造成污染的企业要加强对所用土地土壤环境质量的评估，主动公开相关信息，接受社会监督。

（六）严格目标考核

建立土壤环境保护和综合治理目标责任制，制定相应的考核办法，生态环境部要与各省级人民政府签订目标责任书，明确任务和时间要求等，定期进行考核，结果向国务院报告。地方政府要与重点企业签订责任书，落实企业的主体责任。要强化对考核结果的运用，对成绩突出的地方政府和企业给予表彰，对未完成治理任务的要进行问责。

三、技术路径和区域重点

（一）技术路径

重点是"改、培、保、控"四字要领。"改"：改良土壤。针对耕地土壤障碍因素，治理水土侵蚀，改良酸化、盐渍化土壤，改善土壤理化性状，改进耕作方式。"培"：培肥地力。通过增施有机肥，实施秸秆还田，开展测土配方施肥，提高土壤有机质含量、平衡土壤养分，通过粮豆轮作套作、固氮肥田、种植绿肥，实现用地与养地结合，持续提升土壤肥力。"保"：保水保肥。通过耕作层深松耕，打破犁底层，加深耕作层，推广保护性耕作，改善耕地理化性状，增强耕地保水保肥能力。"控"：控污修复。控施化肥农药，减少不合理投入数量，阻控重金属和有机物污染，控制农膜残留。

（二）区域重点

根据我国主要土壤类型和耕地质量现状，突出粮食主产区和主要农作物优势产区，潮土主要分布在华北及黄淮平原，地形平坦土层深厚，土壤熟化度高，水资源较丰富，加以开垦较早，群众有丰富的改土培肥经验，具有实现农业现代化的优越条件。但部分区域存在渍涝、盐碱等威胁，产量不高，应针对存在的主要问题，进行合理利用与改良。

第三节　潮土主要区域土壤肥力特征及其发展规划

采用综合指数法，对全国潮土耕地进行质量等级分区评价，划分为 10 个等级，对等级结果按照潮土耕地类型进行汇总，获得全国潮土耕地质量等级基本状况，统计分析显示，潮土耕地 10 个等级特征基本呈现等级数越小，耕地肥力水平越高，耕层理化性质、剖面情况和灌排设施条件越好；等级数越大，耕地肥力水平越低，耕层理化性质、剖面情况和灌排设施条件越差，障碍因素越多的规律。这表明本次评价等级划定方法基本科学，结果比较符合全国潮土耕地质量实际情况。另外，评价结果表明，潮土区耕地质量相对较好，平均质量等级为 4.10，总体处于中等偏高水平，以中高等级（一等至六等地）为主，面积占比为 91.9%。

潮土耕地在全国 9 个农业区中有分布，各农业区潮土耕地质量特征为：东北区质量水平最高，平均质量等级 3.07；其次是西南区、黄土高原区和黄淮海区，平均等级分别为 3.45、3.70 和 3.91；再次为甘新区、长江中下游区和内蒙古及长城沿线区，质量等级分别为 4.40、4.73 和 4.90；质量等级较低的是华南区，平均等级为 6.32；质量等级最低的区域为青藏区，平均等级为 8.84。潮土耕地约 91.6% 的面积主要集中在黄淮海、长江中下游、内蒙古及长城沿线和东北区 4 个农业区。各主要农业区潮土耕地质量主要性状特征如下所述，在此基础上针对各区耕地质量存在的问题，提出相应的培肥改良建议，以供后续耕地质量建设提升作为参考。

一、黄淮海区潮土耕地质量主要性状特征、问题及建议

（一）黄淮海区潮土耕地质量主要性状特征、问题

黄淮海区是 4 个主要农业区中潮土耕地分布面积最大，潮土耕地质量水平最高的区，平均质量等级 3.91。该区耕地质量以三等、四等和五等级为主，面积 844.72 万 hm²，面积占比 72.3%。中低等级（四至十等）耕地面积 689.75 万 hm²，面积占比 59.0%。低等级面积占比不高，仅 4.3%，但分布面积较多，共 50.1 万 hm²。

该区耕地土壤肥力处于中等水平，土壤有机质平均含量为 16.5 g/kg，土壤有效磷平均含量为 29.5 mg/kg，土壤速效钾平均含量为 172 mg/kg。耕地土壤 pH 大多分布在 6.5～8.5，面积占比

89.1%，pH 为 8.0～8.5 的耕地面积较多，约 554.3 万 hm²，土壤 pH 过高或过低的耕地分布较少。

该区耕层质量状况表现为耕层厚度适中，均处于 15～20 cm。耕层质地以壤性土为主，面积占比 87.9%；质地较差、分布面积较大的耕地为黏土耕地，分布面积约 123.4 万 hm²，占比 10.6%；以漏水漏肥为特征的沙土耕地面积约 18.2 万 hm²，面积占比不大。

剖面层次上，该区耕地有效土层厚度基本＞100 cm，作物有效的土层深厚。剖面层次上，质地构型主要为海绵型、紧实型、上松下紧型和夹层型，面积占比 84.0%。构型较好的上松下紧型耕地面积占区域总面积 18.53%，这类耕地常称为"蒙金土"，属质量较好的耕地土壤，其次为海绵型，面积占比 28.1%，质地构型紧实的耕地面积占比 22.2%，存在障碍夹层的耕地面积占比 15.2%，占比较高，面积约 73.6 万 hm² 的耕地属于上紧下松型构型，就是俗称"倒蒙金土"，还有一些耕地属于薄层型或松散型不良质地构型，面积约 112.87 万 hm²，占比 9.7%。

此外，田间基础设施配套上，该区耕地灌排能力较好，灌溉能力不满足的耕地面积 76.7 万 hm²，面积占比 6.6%，充分满足、满足、基本满足的耕地面积占比 93.4%，耕地排水能力不满足的 49.0 万 hm²，占比 4.2%，基本满足、满足和充分满足，面积占比 95.8%。

（二）黄淮海区潮土耕地质量建议

该区域耕地以中高等级耕地为主，中低等级耕地占比相对较低，但由于中低等级耕地的绝对面积较大，开展中低等级耕地培肥改良与质量提升空间较大。该地区中低等耕地存在的主要问题是土壤肥力水平仍相对偏低，约 390 万 hm² 的耕地土壤有机质含量低于 15 g/kg。因此，该地区耕地土壤有机质含量水平仍有较大的提升空间，应通过秸秆还田、有机肥培肥等措施逐年提高土壤有机质水平。其次，该区域存在障碍夹层的耕地面积约 178 万 hm²，占比 15.2%。潮土本身没有发生学上的土壤层次，剖面层次主要以质地的排列层次为其主要地力特征，这类耕地地表 1 m 土体内，特别是地表 40 cm 出现夹砂、夹砾等夹层，则会造成土壤的漏水漏肥。另外，面积约 113 万 hm² 耕地属于薄层型或松散型不良质地构型，面积约 73.6 万 hm² 耕地属上紧下松型构型"倒蒙金土"，这些类耕地也多存在漏水漏肥的沙漏层，土壤贫瘠和土壤干旱等问题较为常见。这类障碍一般较难改良，但可以根据沙漏层厚度和位置进行改良，若其较薄且处于耕层、亚耕层 40 cm 以内，则可以采用机械深翻方式将沙层上翻于上层土壤混合；若出现在 40 cm 以下，则只采用农艺措施进行，避免打破沙漏层。一是加深耕作层到 20 cm 以上；二是增施有机肥，包括增施农家肥、秸秆还田和种植绿肥；三是测土配方施肥，增施磷钾肥和硅钙肥；四是添加客土，对地势低洼田通过加入客土增加上部改良耕层质地，加厚土层（阳小民，2014）。此外，耕层质地也是影响耕地质量的重要因素，该地区耕层质地较为黏重的耕地面积约有 123 万 hm²，多分布于地势低洼的地方，土壤黏实、通透性差、耕性差、适耕期短，冬春季地温较低升温较慢，不利于作物良好生长，这类耕地可采用增施有机肥、秸秆还田，以及客土法逐步进行改良。

水资源保障是黄淮海区耕地质量改良提升最关键最有效的措施。该地区尚有 76.7 万 hm² 潮土耕地没有相应的灌溉保障条件，有待结合实际开展工程配套或农艺节水措施配套，提高土壤灌溉保障能力。

（三）黄淮海区潮土资源优化配置对策

1. 因地制宜，发展区域优质小麦品种　潮土是河南省面积最大、分布最广的土壤。黄淮海冲积平原地形平坦，但由于黄河多次改道泛滥的影响，形成几条较高的黄河故道滩地及故道两侧洼地。河流沉积物是形成潮土的主要母质。质地粗细呈水平分布；在土体剖面的垂直分布上多为层次状排列，形成沙、壤、黏质地的层次复式构型。土壤肥力较低，一定程度上影响强筋麦品质，强筋麦不同的品质指标变异较大，影响小麦的商品价值。但该区并非完全不能种植强筋小麦，在肥力较高的黏土、壤土区采用优质面包小麦品种，配合增施有机肥和氮肥为主的配套技术，也可生产出适宜制作面包等的强筋商品小麦。该区沙土面积较大，虽然气候条件不完全适合弱筋小麦生长，但可在灌水条件较好或降水较多的沙土、沙壤土区发展弱筋小麦。据多点种植豫麦 50（弱筋小麦品种）的品质测试结果，只要栽培技术适当，沙质土上可以保持原有弱筋麦的主要品质指标。

2. 调整农业结构，优化耕地资源 根据国家确定的主要粮食产区一定要在稳定粮食生产、确保以粮食为主的农产品总量有效供给的前提下，搞好农业和农村经济结构的要求，该区调整的方向是要在保持粮食总量持续稳定增长的同时，坚持粮、油、肉、蛋、菜同步发展、综合经营的总体发展方向。调整的重点是"专用""优质""高效"和优化区域布局，狠抓农产品品种及质量结构调整，大力发展以牛、羊、兔为主的饲草、节粮型养殖业和农产品加工业，突出区域特色，尽快使该区成为专用小麦、大米、大豆、棉花、花生、禽蛋等优质农产品生产基地。

在具体实施中，粮食作物仍以小麦、玉米、大豆、大米为主，但在结构布局上，一是在稳定小麦播种面积、提高单产、增加总产的同时，加大品种及品质结构调整力度，在"优质""专用"上下大功夫，增加并稳妥地扩大优质面包型专用小麦种植面积，并在黄河故道、沙壤土地发展一定面积的优质啤酒大麦，以缓解并尽快扭转过分依赖进口的被动局面；二是充分利用本区为光照高值区的有利条件，扩大优质大豆种植面积；三是利用加大畜牧养殖业调整力度的大好时机，做好由粮食作物-经济作物"二元结构"，向粮食作物-经济作物-饲料作物"三元结构"的转变，适当扩大高淀粉、高蛋白、高油等加工和饲用型玉米种植面积；四是在该区沿黄滩涂及背河洼地，因地制宜扩大以原阳大米为主的优质稻谷面积。

（1）经济作物。一是在本区东部选择优质、抗虫品种、集中连片，对棉花实行规模种植。做到粮经并重，侧重棉花生产；二是充分发挥黄河故道及沙区适于发展花生这一突出优势，依据市场对食用和生产油品等不同需求，扩大花生种植面积；三是城市郊区、铁路、公路干线沿线在继续抓好反季节蔬菜种植的同时，加大品种调整力度，积极引进和推广种植名、优、稀、新等新品种，既满足当地需求，又可参与国内外市场竞争。

（2）林果业。该区为潮土、盐碱土区，林、果、牧比例应大，才能发挥其土壤特点。继续加大太行山区、黄河故道、沙区以植树种草为主的生态建设力度，积极稳妥发展以乡土杂果为主的经济林果业，逐步压缩、淘汰不适宜于本区生长的苹果等。

（3）畜牧、水产养殖业。一是充分发挥农业大区粮食及秸秆、饼粕等饲草饲料资源丰富以及畜禽为主的养殖已初具规模等优势特点，在稳定猪、家禽总量生产的前提下，加大畜禽品种结构调整力度，扩大以牛、羊、兔等草食动物饲养量，同时稳妥地发展特种动物养殖；二是充分发挥该区河流密布、黄河滩涂及背河洼地可养殖面积大、水资源较为丰富的优势，因地制宜扩大以鱼类及优质莲藕为主的水产养殖业。

（4）农产品加工业。要尽快扭转农产品加工尤其是精深加工落后的局面，充分发挥农业大区农、林、畜、米、药、土特产品等资源丰富，5 个地级市及相应高新经济技术开发区工业及科技相对发达，交通便利等优势，以农业产业化经营为主线，充分发挥、依靠龙头企业带动、市场驱动、科技拉动等合力效应，全力推动农产品加工业的发展。

3. 改良土壤，培肥地力 潮土的主要障碍因素是旱、涝、盐碱、瘠薄与风沙，其利用改良方向主要如下。

（1）发展灌溉措施，防止旱涝盐。潮土区潮土区属大陆性季风型气候，冬春雨雪较少，夏季降水集中，约占全年降水量的 60%，降水时间分布不均是造成潮土区经常发生旱涝盐碱的主要原因。为此，在排水方面应疏浚河道，健全排水系统，做到河沟相通，排水顺利；在灌溉方面，应采取引黄灌溉、引黄种稻、引黄放淤等措施，充分利用黄河水沙资源、防旱治盐碱；在沙颍河等地建闸蓄水，既可发展灌溉，又可调节地下水位；打井抗旱，充分利用地下水源，降低地下水位，既可保证灌溉用水，获得农业丰收，又可防止土壤盐碱化的发生，近年来由于广泛开采利用地下水，地下水位明显降低，遂使盐碱土面积大大减少，就充分证明了这个问题。同样，盐碱土地区地下水位浅、排水出路不畅，要搞好排水工程基础设施。

（2）增施有机肥，培肥地力。在科学施用化肥的基础上，保持施用有机肥的传统，推广秸秆还田，发展绿肥，用养结合。但种植绿肥要因地制宜，采用粮肥轮作。主要技术模式如下。

① 施用有机肥。施用有机肥有机质含量明显增长，全氮、有效磷、速效钾、缓效钾等养分含量都有不同程度的提高，土壤容重略有下降。

② 秸秆快速腐熟还田技术。传统的秸秆还田由于秸秆腐解速度慢，大量秸秆还田对农业生产会产生一定的负面影响。在秸秆粉碎还田与常规施肥条件下，配施秸秆腐熟剂能显著加速秸秆的腐解，促进土壤理化性状的改善，土壤容重降低，土壤有机质、全氮、有效磷、速效钾含量增加；能明显改善土壤理化性状、提高作物产量。

③ 秸秆粉碎还田-肥沃耕层构建技术。长期的浅耕、旋耕会导致土壤的耕层变薄、犁底层增厚，严重制约养分的保蓄与供给。将玉米秸秆机械化粉碎并深翻至 35 cm 以下，可以显著提高小麦生育后期 20~40 cm 土层有机碳和碱解氮、有效磷含量；通过秸秆深还田，可以增厚耕层，构建肥沃耕层，提高土壤耕层缓冲能力。

④ 深耕免耕相结合提升地力技术。少免耕保护性耕作具有培育耕地地力、减轻水土流失、降低能耗、提高农机作业效率、节省成本等特点，但长期免耕会导致土壤板结、耕层变薄、养分表聚等问题，从而影响粮食产量。研究发现玉米全免耕、小麦 2~3 年深耕 1 次的深耕免耕相结合技术，能够促进土壤团聚体形成，增加土壤有机质含量。

二、长江中下游区潮土耕地质量主要性状特征、问题及建议

（一）长江中下游区潮土耕地质量主要性状特征

本区潮土耕地平均耕地质量等级为 4.73，以三至六等为主，面积 254.37 万 hm²，面积占比 79.5%。中低等级（四至十等）耕地面积 251.49 万 hm²，面积占比 78.6%。低等级面积分布较多 39.8 万 hm²，面积占比 12.5%，高于黄淮海区面积占比。

该区耕层质量特性表现为土壤肥力水平较高，土壤有机质平均含量为 20.6 g/kg，土壤有效磷平均含量为 22.1 mg/kg，速效钾平均含量为 128 mg/kg。土壤 pH 大部分位于 7.5~8.5，面积为 213.90 万 hm²，占比为 66.9%，pH<5.5 的耕地面积 9.5 万 hm²，占比约 3%。区域耕地耕层较浅，耕层厚度均<15 cm。耕层质地以壤性土为主，面积占比 87.4%，质地较差分布面积较大的耕地为黏土耕地，分布面积约 37.1 万 hm²，占比 11.6%，质地为沙土的耕地约 3.23 万 hm²，面积占比较小。

土壤剖面层次上，该区耕地有效土层厚度基本<100 cm，作物有效的土层相对较浅。质地构型主

要为上松下紧型、紧实型和松散型，面积占比 83.2%；该区质地构型较好的上松下紧型耕地面积占区域总面积 39.8%，其次为海绵型，面积占比 14.8%，质地构型紧实的耕地面积占比 25.4%，构型相对较差的松散构型耕地面积占比 17.9%，分布有 57.3 万 hm²。另外，该区田间基础设施保障良好，灌排能力较强。耕地灌溉能力充分满足、基本满足和满足面积占比 95.0%，不满足的耕地占比较小，为 5.0%，面积约为 16.0 万 hm²。耕地排水能力不满足的面积仅 1.9 万 hm²，占 0.6%。

（二）长江中下游区潮土耕地质量主要问题与建议

长江中下游区潮土耕地存在的首要问题是耕层浅薄，大部分耕地不足 15 cm，这主要与较长时期内，耕地耕翻主要通过浅旋耕作方式进行种植，犁底层变厚有关，需要通过机械深松等机械化措施不断加厚耕层，将耕层逐步加厚到 15～20 cm 适宜耕层厚度，即利于保水储肥，也利于作物根系发育，是有效提高耕地基础地力的重要措施。深耕要结合培肥措施逐步进行，每年可加深熟化 3～5 cm，连续 3 年或隔年实施。其次，该区域质地构型相对较差的松散构型耕地分布较多，面积有 57.3 万 hm²，占比 17.9%，这类土壤质地较粗，土壤保肥保水能力较差，土壤干旱和土壤贫瘠现象较为普遍，是制约耕地质量提升的重要限制因子，应加大培肥力度，有条件的地方可以引淤压沙或客土压沙，逐步改良土壤耕层质地特性。另外，部分耕地质地较为黏重，耕性较差、通气透水能力较弱，易于板结，不利于作物根系发育生长，这类耕地多属中低产田类型，在有沙源条件的情况下可采用客土掺沙方法进行改良，如可以每年亩掺沙 10 m³，连续 3～5 年，可有效改善土壤的通透性，破除黏重障碍。没有条件的地方可以秸秆还田、增施有机肥、绿肥种植等方式多年持续改良。

三、内蒙古及长城沿线区潮土耕地质量主要性状特征、问题及建议

（一）内蒙古及长城沿线区潮土耕地质量主要性状特征

本区潮土耕地平均耕地质量等级为 4.90，各等级均有分布，以三等、四等、五等和六等面积居多。中低等级（四至十等）耕地面积 116.63 万 hm²，面积占比 69.3%，低等级面积分布较多，高于黄淮海和长江中下游区。

该区相比其他三区土壤肥力水平相对较低，有机质平均含量为 15.2 g/kg，土壤有效磷平均含量为 15.1 mg/kg，土壤速效钾平均含量为 134 mg/kg。内蒙古及长城沿线区耕地土壤呈碱性，pH 大部分在分布在 8.0 以上，面积为 138.16 万 hm²，占比为 82.13%。pH>8.5 的耕地面积 57.5 万 hm²，占比高达 34.2%。

耕层性状上该区潮土耕地耕层厚度均<15 cm，耕层较浅。耕层质地以壤性土为主，面积占比 74.5%，质地较差分布面积较大的耕地为沙土耕地，分布面积约 32.9 万 hm²，占比 19.6%。土壤剖面层次上，该区耕地有效土层厚度以<100 cm 为主，面积占比 89.6%，作物有效土层较浅，>100 cm 的耕地面积 17.4 万 hm²，占比 10.4%。土壤质地构型主要为海绵型、夹层型、松散型和紧实型，面积占比 70.5%；该区质地构型较好的上松下紧型耕地面积占区域总面积 14.9%，其次为海绵型，面积占比 20.0%，质地构型紧实的耕地面积占比 16.9%，夹层构型耕地面积占比 17.6%，构型相对较差的松散构型耕地面积占比 16.0%，上紧下松型耕地占比 9.8%，薄层型占比较小，约 4.8%。

田间基础设施保障方面，该区灌溉能力不满足的潮土耕地面积为 37.5 万 hm²。排水能力不满足

的面积分别为 27.3 万 hm²。因此，相比黄淮海和长江中下游区，该区灌排保障能力较弱。

（二）内蒙古及长城沿线区潮土耕地质量主要问题及建议

该区潮土耕地质量相对较低，中低等级耕地存在以下问题。首先是土壤贫瘠问题比较普遍。54%的耕地土壤有机质含量低于 15 g/kg，61% 的耕地土壤有效磷含量低于 15 mg/kg，而低于 10 mg/kg 的耕地也占到 21.6%。较大比例的耕地有待培肥，需要加大力度推广土壤培肥技术和测土配方施肥技术的应用。其次，约 80% 的耕地 pH>8.0，34% 的耕地土壤属于强碱性土壤（pH>8.5），可通过种植绿肥、增施有机肥或施用土壤改良剂来改善土壤的碱性环境。此外，该区域田间灌排配套设施相对缺乏，有 16%~22% 的耕地没有灌排保障，可以通过农田建设工程实施和农业节水技术推广应用来加强。

还有，该区域约 1/3 的耕地质地构型相对较差，为松散型、倒蒙金土和薄层型，沙化也是该地区耕地的一大障碍问题，约占 1/5 的耕地属沙化耕地，这类耕地由于地处半干旱、半湿润气候，冬春两季年降水量较少，多干旱的西北风，蒸发量远远>降水量，耕地处于极度干旱状态，当表层含水量低于 3% 则极易发生风蚀侵害，是大气沙尘的重要来源地，另外，夏季高温干旱也是沙化耕地的一大障碍。因此，风蚀、干旱、贫瘠是这类耕地的主要障碍特征，多属于低产田类型，改良措施上应首先注重农田林网化建设，降低风速，同时增加地表植被覆盖，可以冬春季留高茬覆盖、免耕等措施，抑制和削弱风蚀。其次，应逐步增加土壤有机质和养分累积，培肥改良土壤的贫瘠问题。此外，沙化耕地多属古旧河道区域，近代河床河漫滩，地下水资源相对丰富，可就近开发灌溉水源，发展节水灌溉工程，解决干旱问题，有的还可以引淤压沙灌溉，即解决灌溉问题，还可客土培肥，改良土壤质地。

四、东北区潮土耕地质量特征主要性状特征、问题及建议

（一）东北区潮土耕地质量特征主要性状特征

本区潮土耕地质量水平较高，平均耕地质量等级为 3.07，主要集中在一至五等地，占全区潮土耕地总面积的 94.3%。中低等级（四至十等）耕地面积 60.75 万 hm²，面积占比 41.3%，低等级面积分布 3.1 万 hm²，面积占比 2.1%，占比较少。

该区土壤肥力水平中等偏上，土壤有机质平均含量为 17.2 g/kg，土壤有效磷平均含量为 36.8 mg/kg，土壤速效钾平均含量为 164 mg/kg。东北区潮土耕地土壤 pH 主要集中在 6.0~8.0，占东北区潮土耕地的 71.6%，土壤 pH 过高或过低的面积占比较少。耕层厚度较深厚，一般>15 cm，约一半的耕地>20 cm，<15 cm 的耕地占比仅为 1.3%。耕层质地以壤性土为主，面积占比 91.0%，过黏过沙的耕地面积占比则较小。土壤剖面层次上，该区耕地有效土层厚度以<100 cm 为主，面积占 88.9%，作物有效的土层相对较浅；土壤主要质地构型为上松下紧型、紧实型和松散型，面积占比 76.1%。该区质地构型较好的上松下紧型潮土耕地面积占区域总面积 28.5%，其次为质地构型紧实的耕地面积占比约 25%，构型相对较差的松散构型耕地面积占比 26.6%，分布有 33.3 万 hm²，夹层构型耕地面积占比 10%，面积 14.9 万 hm²，上紧下松型耕地占比 8.8%，分布面积约 13 万 hm²。

田间基础设施保障上，该区耕地土壤灌溉能力不满足的区域最多，面积为 55.9 万 hm²，面积占比较大，达 38.0%，灌溉能力充分满足的耕地占比则较少，仅 2.7%。耕地排水能力基本满足的区域最多，面积为 77.1 万 hm²，占比 52.35%，排水能力充分满足的耕地占比也较少，仅 5.1%。

（二）东北区潮土耕地质量特征主要问题及建议

因此，该区域尽管质量相对较高，中低等级耕地占比相对偏低，但也存在田间基础设施保障严重不足问题，抗旱和排水能力有待进一步强化。其次，该区域耕地耕层过浅，原因与前述类似，有待进行机械深松作业，打破犁地层，加深有效耕层。另外，该区域近一半的耕地质地构型存在不良的问题，如松散构型、夹层障碍构型等，需要采取治沙压沙，机械翻耕或深松破除障碍层、增施有机肥、秸秆还田等措施进行土壤构型改良。另外，约38%的耕地土壤有机质水平低于 15 g/kg，区域耕地土壤有机质仍有较大培肥提升潜力，需要加强有机物料的培肥还田，逐步改良这类中低产田。

主 要 参 考 文 献

艾娜，2008. 不同处理土壤微生物量对氮素的固持及其调控研究 [D]. 杨凌：西北农林科技大学.

艾娜，周建斌，杨学云，等，2008. 长期施肥及撂荒土壤对不同外源氮素固持及转化的影响 [J]. 中国农业科学（41）：4109-4118.

白由路，杨俐苹，金继运，2007. 测土配方施肥原理与实践 [M]. 北京：中国农业出版社.

保琼莉，2011. 华北平原旱作农田土壤 N_2O 产生的微生物机制 [D]. 北京：中国农业大学.

北京市通县土壤普查试点技术组，1980. 通县潮土基层分类系统的制定 [J]. 土壤通报（8）：11-14.

曹兵，李新慧，张琳，等，2001. 冬小麦不同基肥施用方式对土壤氨挥发的影响 [J]. 华北农学报（16）：83-86.

曹兵，贺发云，徐秋明，等，2006. 南京郊区番茄地中氮肥的气态氮损失 [J]. 土壤学报（1）：62-68.

曹宁，陈新平，张福锁，等，2007. 从土壤肥力变化预测中国未来磷肥需求 [J]. 土壤学报，44（3）：536-543.

曹齐卫，张卫华，李利斌，等，2012. 济南地区日光温室土壤养分的分布状况和累积规律 [J]. 应用生态学报，23（1）：115-124.

柴泽宇，2019. 不同磷肥调控措施对作物与土壤磷库的影响 [D]. 杨凌：西北农林科技大学.

陈碧华，郜庆炉，杨和连，等，2008. 华北地区日光温室番茄膜下滴灌水肥耦合技术研究 [J]. 干旱地区农业研究，26（5）：80-83.

陈春宏，向邦银，2005. 大型温室黄瓜生长发育特性研究 [J]. 农业工程学报，21（2）：189-193.

陈防，鲁剑巍，万运帆，等，2000. 长期施钾对作物增产及土壤钾素含量及形态的影响 [J]. 土壤学报（2）：233-241.

陈赫，韩晓日，杨劲峰，等，2010. 长期施肥土壤有机碳含量与气候因子的相关性研究 [J]. 土壤通报，41（3）：622-626.

陈军平，汪金舫，2015. 长期施肥条件下有机磷组分在潮土中淋溶特性研究 [J]. 天津农业科学，21（11）：16-20.

陈淑峰，吴文良，胡克林，等，2011. 华北平原高产粮区不同水氮管理下农田氮素的淋失特征 [J]. 农业工程学报，27（2）：65-73.

陈晓影，刘鹏，程乙，等，2019. 土壤深松下磷肥施用深度对夏玉米根系分布及磷素吸收利用效率的影响 [J]. 作物学报，45（10）：1565-1575.

陈永亮，2012. 不同氮源对黑松幼苗根——土界面无机磷形态转化及有效性的影响 [J]. 林业科学，48（3）：51-57.

崔德杰，高静，宋宏伟，2000. 施用硅钾肥对冬小麦抗旱性的影响 [J]. 土壤肥料（4）：27-29.

戴晓琴，李运生，欧阳竹，2009. 免耕系统土壤氮素有效性及其管理 [J]. 土壤通报（3）：691-696.

翟学旭，王振林，戴忠民，等，2013. 灌溉与非灌溉条件下黄淮冬麦区不同追氮时期农田土壤氨挥发损失研究 [J]. 植物营养与肥料学报，19（1）：54-64.

丁洪，王跃思，李卫华，2004. 玉米-潮土系统中不同氮肥品种的反硝化损失与 N_2O 排放量 [J]. 中国农业科学（12）：1886-1891.

董玉红，欧阳竹，李鹏，等，2007. 长期定位施肥对农田土壤温室气体排放的影响 [J]. 土壤通报，38（1）：97-100.

董章杭，李季，孙丽梅，2005. 集约化蔬菜种植区化肥施用对地下水硝酸盐污染影响的研究 [J]. 农业环境科学学报（6）：1139-1144.

杜连凤，赵同科，张成军，等，2009. 京郊地区 3 种典型农田系统硝酸盐污染现状调查 [J]. 中国农业科学，42（8）：2837-2843.

杜伟，赵秉强，林治安，等，2011. 有机复混磷肥对石灰性土壤无机磷形态组成及其变化的影响 [J]. 植物营养与肥料学报，17（6）：1388-1394.

杜娅丹，张倩，崔冰晶，等，2017. 加气灌溉水氮互作对温室芹菜地 N_2O 排放的影响 [J]. 农业工程学报，33（16）：127-134.

段争虎，周玉麟，吴守仁，1990. 土壤特性对氨挥发影响的研究 [J]. 土壤通报（3）：131-134.

范秀艳，杨恒山，高聚林，等，2013. 施磷方式对高产春玉米磷素吸收与磷肥利用的影响 [J]. 植物营养与肥料学报，9（2）：312-320.

冯丽媛，2019. 潮土氧化亚氮及氨挥发排放特征和影响因素 [D]. 北京：中国农业大学.

冯永军，陈为峰，张蕾娜，等，2001. 设施园艺土壤的盐化与治理对策 [J]. 农业工程学报，17（2）：111-114.

冯元琦，2011. 利用不溶性含钾矿源力促我国钾肥自给 [J]. 化肥设计，49（3）：59-60.

高宝岩，高伟，李明悦，等，2015. 不同施肥处理和茬口对设施黄瓜产量及养分累积的影响 [J]. 北方园艺（13）：52-56.

高焕平，2018. 秸秆与氮肥调节 C/N 对潮土温室气体排放及土壤理化性质的影响 [D]. 郑州：河南农业大学.

高静，张淑香，徐明岗，等，2009. 长期施肥下三类典型农田土壤小麦磷肥利用效率的差异 [J]. 应用生态学报，20（9）：2142-2148.

高丽，李红岭，王铁臣，等，2012. 水氮耦合对日光温室黄瓜根系生长的影响 [J]. 农业工程学报，28（8）：58-63.

高鹏程，张一平，2001. 氨挥发与土壤水分散失关系的研究 [J]. 西北农林科技大学学报（自然科学版），29（6）：22-26.

高薪，张婷瑜，2019. 农田土壤氮素淋失阻控方法研究进展 [J]. 农业工程，9（3）：99-103.

高妍，姜佰文，刘大森，等，2011. 不同种植年限黑土型蔬菜保护地磷素状况的研究 [J]. 核农学报，25（1）：121-126.

葛顺峰，姜远茂，魏绍冲，等，2011. 不同供氮水平下幼龄苹果园氮素去向初探 [J]. 植物营养与肥料学报，17（4）：949-955.

龚子同，1999. 中国土壤系统分类——理论·方法·实践 [M]. 北京：科学出版社.

郭瑞英，2007. 设施黄瓜根层氮素调控及夏季种植填闲作物阻控氮素损失研究 [D]. 北京：中国农业大学.

郭素春，2013. 长期施肥对潮土团聚体有机碳分子结构的影响 [D]. 南京：南京农业大学.

郭智芬，涂书新，李晓华，等，1997. 石灰性土壤不同形态无机磷对作物磷营养的贡献 [J]. 中国农业科学，30（1）：26-32.

韩鹏远，焦晓燕，王立革，等，2010. 太原城郊老菜区番茄氮肥利用率及氮去向研究 [J]. 中国生态农业学报，18（3）：482-485.

郝亮，汪晓帆，张丛林，等，2019. 中国耕地生态管护制度碎片化困境与整体性治理研究 [J]. 干旱区资源与环境，33 (8)：26-35.

郝小雨，高伟，王玉军，等，2012a. 有机无机肥料配合施用对设施番茄产量、品质及土壤硝态氮淋失的影响 [J]. 农业环境科学学报，31 (3)：538-547.

郝小雨，高伟，王玉军，等，2012b. 有机无机肥料配合施用对日光温室土壤氨挥发的影响 [J]. 中国农业科学，45 (21)：4403-4414.

何飞飞，2006. 设施番茄周年生产体系中的氮素优化及环境效应分析 [D]. 北京：中国农业大学.

何金明，高峻岭，宋克光，等，2016. 磷肥用量对番茄产量，磷素利用及土壤有效磷的影响 [J]. 中国农学通报，32 (31)：40-45.

何萍，金继运，Pampolino M F，等，2012. 基于作物产量反应和农学效率的推荐施肥方法 [J]. 植物营养与肥料学报，18 (2)：499-505.

何文寿，2004. 设施农业中存在的土壤障碍及其对策研究进展 [J]. 土壤 (3)：235-242.

河南土壤普查办公室，2004. 河南土壤 [M]. 北京：中国农业出版社.

贺发云，尹斌，金雪霞，等，2005. 南京两种菜地土壤氨挥发的研究 [J]. 土壤学报，42 (2)：253-259.

侯格平，甄东升，孙宁科，等，2018. 河西走廊蔬菜日光温室土壤次生盐渍化现状及改良对策 [J]. 山西农业大学学报（自然科学版），38 (1)：48-54.

胡诚，宋家咏，李晶，等，2012. 长期定位施肥土壤有效磷与速效钾的剖面分布及对作物产量的影响 [J]. 生态环境学报 (4)：673-676.

胡春胜，张玉铭，秦树平，等，2018. 华北平原农田生态系统氮素过程及其环境效应研究 [J]. 中国生态农业学报，26 (10)：1501-1514.

胡笃敬，杨敏元，刘国华，1980. 高钾植物研究 [J]. 湖南农学院学报 (4)：5-13.

化党领，余长坤，刘世亮，等，2008. 石灰性土壤不同土层磷形态研究 [J]. 中国农学通报，24 (9)：277-282.

黄国宏，陈冠雄，韩冰，等，1999. 土壤含水量与 N_2O 产生途径研究 [J]. 应用生态学报，10 (1)：53-56.

黄国勤，王兴祥，钱海燕，等，2004. 施用化肥对农业生态环境的负面影响及对策 [J]. 生态环境 (4)：656-660.

黄敏，余婉霞，李亚兵，等，2013. 武汉城郊设施菜地土壤 pH 与可溶性盐分的变化规律分析 [J]. 水土保持学报，27 (6)：51-56.

黄绍敏，宝德俊，皇甫湘荣，等，2006. 长期施肥对潮土土壤磷素利用与积累的影响 [J]. 中国农业科学 (1)：102-108.

黄绍文，高伟，唐继伟，等，2016. 我国主要菜区耕层土壤盐分总量及离子组成 [J]. 植物营养与肥料学报，22 (4)：965-977.

黄绍文，唐继伟，李春花，等，2017. 我国蔬菜化肥减施潜力与科学施用对策 [J]. 植物营养与肥料学报，23 (6)，1480-1493.

黄绍文，王玉军，金继运，等，2011. 我国主要菜区土壤盐分，酸碱性和肥力状况 [J]. 植物营养与肥料学报，17 (4)：906-918.

黄绍文，金继运，1995. 土壤钾形态及其植物有效性的研究进展 [J]. 土壤肥料 (5)：23-29.

黄霞，李廷轩，余海英，2010. 典型设施栽培土壤重金属含量变化及其风险评价 [J]. 植物营养与肥料学报，16 (4)：833-839.

黄欣欣，廖文华，刘建玲，等，2016. 长期秸秆还田对潮土土壤各形态磷的影响 [J]. 土壤学报 (3)：779－789.

黄勇，杨忠芳，2009. 土壤质量评价国外研究进展 [J]. 地质通报，28 (1)：130－136.

贾俊香，张曼，熊正琴，等，2012. 南京市郊区集约化大棚蔬菜地 N_2O 的排放 [J]. 应用生态学报，23 (3)：739－744.

贾良良，韩宝文，刘孟朝，等，2014. 河北省潮土长期定位施钾和秸秆还田对农田土壤钾素状况的影响 [J]. 华北农学报，29 (5)：207－212.

贾树龙，唐玉霞，孟春香，等，2000. 土壤中铵的固定与温度的关系及调控 [J]. 植物营养与肥料学报 (2)：173－178.

贾兴永，李菊梅，2011. 土壤磷有效性及其与土壤性质关系的研究 [J]. 中国土壤与肥料 (6)：76－82.

姜波，2007. 杭州市郊典型菜园土壤磷素状况及其环境风险研究 [D]. 杭州：浙江大学.

姜德文，2017. 保护水土资源改善生态环境推进生态文明建设 [J]. 中国水土保持 (11)：3－10.

蒋卫杰，邓杰，余宏军，2015. 设施园艺发展概况、存在问题与产业发展建议 [J]. 中国农业科学，48 (17)：3515－3523.

介晓磊，李有田，庞荣丽，等，2005. 低分子量有机酸对石灰性土壤磷素形态转化及有效性的影响 [J]. 土壤通报，36 (6)：856－860.

介晓磊，杨先明，黄绍敏，等，2007. 石灰性潮土长期定位施肥对小麦根际无机磷组分及其有效性的影响 [J]. 中国土壤与肥料 (2)：53－58.

金继运，1993. 土壤钾素研究进展 [J]. 土壤学报，30 (1)：94－101.

靳熙，2014. 河南省耕地表层土壤有机碳储量估算与尺度效应分析 [D]. 郑州：郑州大学.

巨晓棠，2015. 理论施氮量的改进及验证——兼论确定作物氮肥推荐量的方法 [J]. 土壤学报，52 (2)：249－261.

巨晓棠，刘学军，张福锁，2002. 小麦苗期施入氮肥在土壤不同氮库的分配和去向 [J]. 植物营养与肥料学报 (8)：259－264.

巨晓棠，边秀举，刘学军，等，2000. 旱地土壤氮素矿化参数与氮素形态的关系 [J]. 植物营养与肥料学报，6 (3)：251－259.

巨晓棠，谷保静，2014. 我国农田氮肥施用现状、问题及趋势 [J]. 植物营养与肥料学报，20 (4)：783－795.

巨晓棠，李生秀，1993. 旱地土壤供氮能力研究的进展 [J]. 干旱地区农业研究 (11)：43－48.

巨晓棠，李生秀，1998. 土壤氮素矿化的温度水分效应 [J]. 植物营养与肥料学报，4 (4)：37－42.

巨晓棠，张福锁，2003. 关于氮肥利用率的思考 [J]. 生态环境，12 (2)：192－197.

康日峰，任意，吴会军，等，2016. 26 年来东北黑土区土壤养分演变特征 [J]. 中国农业科学，49 (11)：2113－2125.

劳秀荣，吴子一，高燕春，2002. 长期秸秆还田改土培肥效应的研究 [J]. 农业工程学报，18 (2)：49－52.

李波，张吉旺，靳立斌，等，2012. 施钾量对高产夏玉米产量和钾素利用的影响 [J]. 植物营养与肥料学报，18 (4)：832－838.

李春俭，2008. 高级植物营养学 [M]. 北京：中国农业大学出版社.

李德成，2017. 中国土系志·安徽卷 [M]. 北京：科学出版社.

李国龙，2014. 甘肃戈壁滩日光温室基质栽培番茄和黄瓜氮磷钾均衡管理研究 [D]. 北京：中国农业科学院研究生院.

李会合，2005. 氮钾对酸性菜园土壤莴笋品质的效应及机理研究 [D]. 重庆：西南大学.

李建军，辛景树，张会民，等，2015. 长江中下游粮食主产区 25 年来稻田土壤养分演变特征 [J]. 植物营养与肥料学报，21 (1)：92-103.

李菊梅，李生秀，2003. 可矿化氮与各有机氮组分的关系 [J]. 植物营养与肥料学报，9 (9)：158-164.

李俊改，2019. 半量有机替代下化肥氮在农田中的转化特征及微生物响应机制研究 [D]. 北京：中国农业科学院研究生院.

李俊良，朱建华，张晓晟，等，2001. 保护地番茄养分利用及土壤氮素淋失 [J]. 应用环境生物学报，7 (2)：126-129.

李露，周自强，潘晓健，等，2015. 不同时期施用生物炭对稻田 N_2O 和 CH_4 排放的影响 [J]. 土壤学报 (4)：129-138.

李欠欠，2014. 脲酶抑制剂 LIMUS 对我国农田氨减排及作物产量和氮素利用的影响 [D]. 北京：中国农业大学.

李若楠，武雪萍，张彦才，等，2017. 减量施磷对温室菜地土壤磷素积累、迁移与利用的影响 [J]. 中国农业科学，50 (20)：3944-3952.

李若楠，张彦才，黄绍文，等，2013. 节水控肥下有机无机肥配施对日光温室黄瓜-番茄轮作体系土壤氮素供应及迁移的影响 [J]. 植物营养与肥料学报，19 (3)：677-688.

李少丛，万红友，王兴科，等，2014. 河南省潮土、砂姜黑土基本性质变化分析 [J]. 土壤，46 (5)：7.

李书田，金继运，2011. 中国不同区域农田养分输入、输出与平衡 [J]. 中国农业科学，44 (20)：4207-4229.

李书田，刘晓永，何萍，2017. 当前我国农业生产中的养分需求分析 [J]. 植物营养与肥料学报 (6)：12-28.

李树山，杨俊诚，姜慧敏，等，2013. 有机无机肥氮素对冬小麦季潮土氮库的影响及残留形态分布 [J]. 农业环境科学学报，32 (6)：1185-1193.

李卫芬，郑佳佳，张小平，等，2014. 反硝化酶及其环境影响因子的研究进展 [J]. 水生生物学报，38 (1)：166-170.

李晓兰，兰翔，潘振鹏，等，2018. 有机肥及 DMPP 对蔬菜生产及硝态氮淋失的影响 [J]. 中国土壤与肥料 (2)：118-126.

李晓欣，马洪斌，胡春胜，等，2011. 华北山前平原农田土壤硝态氮淋失与调控研究 [J]. 中国生态农业学报，19 (5)：1109-1114.

李新平，张亚林，魏玉奎，等，2009. 杨凌地区大棚土壤无机磷形态及有效性研究 [J]. 水土保持学报，23 (4)：195-199.

李彦，孙翠平，井永苹，等，2017. 长期施用有机肥对潮土土壤肥力及硝态氮运移规律的影响 [J]. 农业环境科学学报，36 (7)：1386-1394.

李银坤，2010. 不同水氮条件下黄瓜季保护地氮素损失研究 [D]. 北京：中国农业科学院研究生院.

李银坤，武雪萍，郭文忠，等，2014. 不同氮水平下黄瓜-番茄日光温室栽培土壤 N_2O 排放特征 [J]. 农业工程学报，30 (23)：260-267.

李银坤，武雪萍，梅旭荣，等，2011. 常规灌溉条件下施氮对温室土壤氨挥发的影响 [J]. 农业工程学报，27 (7)：23-30.

李宇虹，陈清，2014. 设施果类蔬菜土壤 EC 值动态及盐害敏感性分析 [J]. 中国蔬菜 (2)：15-20.

李玉涛，李博文，马理，2016. 不同种植年限设施番茄土壤理化性质变化规律的研究 [J]. 河北农业大学学报 （39）：63 - 68.

李志国，张润花，赖冬梅，等，2012. 膜下滴灌对新疆棉田生态系统净初级生产力、土壤异氧呼吸和 CO_2 净交换通量的影响 [J]. 应用生态学报 （23）：1018 - 1024.

李志坚，林治安，赵秉强，等，2013. 增值磷肥对潮土无机磷形态及其变化的影响 [J]. 植物营养与肥料学报，19 （5）：1183 - 1191.

李宗新，王庆成，刘开昌，等，2008. 不同施肥模式下夏玉米田间土壤氨挥发规律 [J]. 生态学报 （29）：307 - 314.

梁东丽，同延安，Ove Emteryd，等，2002. 菜地不同施氮量下 N_2O 逸出量的研究 [J]. 西北农林科技大学学报 （自然科学版），30 （2）：73 - 77.

梁静，2011. 我国菜田氮肥投入现状及其去向分析研究 [D]. 北京：中国农业大学.

林培，1993. 区域土壤地理学 （北方本） [M]. 北京：中国农业大学出版社.

林杉，冯明磊，阮雷雷，等，2008. 三峡库区不同土地利用方式下土壤氧化亚氮排放及其影响因素 [J]. 应用生态学报，19 （6）：1269 - 1276.

刘方斌，2012. 钾肥：稳健增长供需平衡 [J]. 中国石油和化工 （2）：32.

刘海军，李艳，张睿昊，等，2013. 北京市集约化种植土壤硝态氮分布和迁移速率研究 [J]. 北京师范大学学报 （自然科学版） （Z1）：266 - 270.

刘宏斌，李志宏，张维理，等，2004a. 露地栽培条件下大白菜氮肥利用率与硝态氮淋溶损失研究 [J]. 植物营养与肥料学报，10 （3）：286 - 291.

刘宏斌，李志宏，张云贵，等，2004b. 北京市农田土壤硝态氮的分布与累积特征 [J]. 中国农业科学，37 （5）：692 - 698.

刘建涛，2014. 秸秆还田条件下氮肥的高效调控与施用技术研究 [D]. 保定：河北农业大学.

刘建霞，马理，李博文，2013. 不同种植年限黄瓜温室土壤理化性质的变化规律 [J]. 水土保持学报 （27）：164 - 168.

刘京，2015. 长期施肥下紫色土磷素累积特征及其环境风险 [D]. 重庆：西南大学.

刘军，曹之富，黄延楠，等，2007. 日光温室黄瓜冬春茬栽培氮磷钾吸收特性研究 [J]. 中国农业科学，40 （9）：2109 - 2113.

刘苹，李彦，江丽华，等，2014. 施肥对蔬菜产量的影响——以寿光市设施蔬菜为例 [J]. 应用生态学报，25 （6）：1752 - 1758.

刘荣乐，金继运，吴荣贵，等，2000. 我国北方土壤-作物系统内钾素循环特征及秸秆还田与施钾肥的影响 [J]. 植物营养与肥料学报，6 （2）：123 - 132.

刘晓敏，范凤翠，王慧军，2011. 华北地区设施蔬菜节水技术集成模式综合评价 [J]. 中国农学通报，27 （14）：165 - 170.

刘晓燕，同延安，张树兰，2010. 不同施肥处理对日光温室黄瓜产量和土壤 $NO_3 - N$ 含量的影响 [J]. 西北农林科技大学学报 （自然科学版），38 （5）：131 - 136.

刘长庆，王德科，王义香，等，2001. 不同棚龄大棚土壤养分年度变化特征研究 [J]. 中国农学通报 （6）：38 - 40.

刘兆辉，江丽华，张文君，等，2008. 山东省设施蔬菜施肥量演变及土壤养分变化规律 [J]. 土壤学报，45 （2）：296 - 303.

鲁彩艳，陈欣，2003. 土壤氮矿化-固持周转 （MIT） 研究进展 [J]. 土壤通报 （34）：473 - 477.

陆景陵，2003. 植物营养学［M］. 北京：中国农业大学出版社.

陆扣萍，闵炬，施卫明，等，2013. 不同轮作模式对太湖地区大棚菜地土壤氮淋失的影响［J］. 植物营养与肥料学报，19（3）：689-697.

骆伯胜，钟继洪，陈俊坚，2004. 土壤肥力数值化综合评价研究［J］. 土壤，36（1）：104-106.

骆东奇，白洁，谢德体，2002. 论土壤肥力评价指标和方法［J］. 生态环境报，11（2）：202-205.

吕福堂，张秀省，董杰，等，2010. 日光温室土壤磷素积累，淋移和形态组成变化研究［J］. 西北农业学报，19（2）：203-206.

吕福堂，司东霞，张秀省，2004. 日光温室土壤盐分和养分的变化趋势［J］. 中国蔬菜（3）：15-17.

吕福堂，张秀省，董杰，等，2010. 日光温室土壤磷素积累，淋移和形态组成变化研究［J］. 西北农业学报，19（2）：203-206.

吕家珑，张一平，张君常，等，1999. 土壤磷运移研究［J］. 土壤学报，36（1）：75-82.

吕贻忠，李保国，2006. 土壤学［M］. 北京：中国农业出版社.

马常宝，卢昌艾，任意，等，2012. 土壤地力和长期施肥对潮土区小麦和玉米产量演变趋势的影响［J］. 植物营养与肥料学报，18（4）：796-802.

马常宝，徐明岗，薛彦东，等，2019. 耕地质量演变规律30年［M］. 北京：中国农业出版社.

马俊永，李科江，曹彩云，等，2007. 有机-无机肥长期配施对潮土土壤肥力和作物产量的影响［J］. 植物营养与肥料学报，13（2）：236-241.

马明坤，袁亮，李燕婷，等，2019. 不同磺化腐殖酸磷肥提高冬小麦产量和磷素吸收利用的效应研究［J］. 植物营养与肥料学报，25（3）：362-369.

马永欢，张丽君，黄先栋，2014. 确立我国土地管理红线的战略思考［J］. 中国软科学（1）：29-35.

南镇武，刘树堂，袁铭章，等，2016. 农田长期定位施肥土壤硝态氮和铵态氮积累特征及其与玉米产量的关系［J］. 华北农学报，31（2）：179-184.

潘虹，曹翠玲，林雁冰，等，2015. 石灰性土壤解磷细菌的鉴定及其对土壤无机磷形态的影响［J］. 西北农林科技大学学报：自然科学版，43（10）：114-122.

戚瑞敏，温延臣，赵秉强，等，2019. 长期不同施肥潮土活性有机氮库组分与酶活性对外源牛粪的响应［J］. 植物营养与肥料学报，25（8）：1265-1276.

钦绳武，顾益初，朱兆良，1998. 潮土肥力演变与施肥作用的长期定位试验初报［J］. 土壤学报（3）：367-375.

曲均峰，赵福军，傅送保，2010. 非水溶性钾研究现状与应用前景［J］. 现代化工，30（6）：16-19.

曲清秀，1980. 铵态氮肥在石灰性土壤中损失的研究［J］. 土壤肥料（3）：31-35.

曲善功，李怀军，郝建成，2006. 德州市土壤肥力变化及培肥建议［J］. 中国土壤与肥料（4）：19-31.

全国农业技术推广服务中心，2012. 测土配方施肥技术模式［M］. 北京. 中国农业出版社.

全国农业技术推广服务中心，2015. 华北小麦玉米轮作区耕地地力［M］. 北京：中国农业出版社.

全国农业技术推广服务中心，2015. 生物有机肥克服连作障碍技术［J］. 广东农村实用技术（11）：17.

全国土壤普查办公室，1996. 中国土种志［M］. 北京：中国农业出版社.

全国土壤普查办公室，1998. 中国土壤［M］. 北京：中国农业出版社.

冉炜，沈其荣，郑金伟，等，2000. 土壤硝化作用过程中亚硝态氮的累积研究［J］. 土壤学报，37（4）：474-481.

山东省土壤肥料工作总站，1994. 山东土壤［M］. 北京：中国农业出版社.

山东省土壤肥料工作总站，2018. 山东耕地［M］. 北京：中国农业出版社.

邵时雄，郭盛乔，韩书华，1989. 黄淮海平原地貌结构特征及其演化 [J]. 地理学报，44 (3)：314-322.

沈灵凤，白玲玉，曾希柏，等，2012. 施肥对设施菜地土壤硝态氮累积及 pH 的影响 [J]. 农业环境科学学报，31 (7)：1350-1356.

沈浦，2014. 长期施肥下典型农田土壤有效磷的演变特征及机制 [D]. 北京：中国农业科学院研究生院.

沈荣芳，陈美军，孔祥斌，等，2012. 耕地质量的概念和评价与管理对策 [J]. 土壤学报，49 (6)：1210-1217.

沈善敏，1998. 中国土壤肥力 [M]. 北京：中国农业出版社.

沈中泉，郭云桃，刘良学，等，1988. 生物钾肥的增产作用及对土壤钾平衡的影响 [J]. 土壤学报 (1)：31-36.

施毅超，胡正义，龙为国，等，2011. 轮作对设施蔬菜大棚中次生盐渍化土壤盐分离子累积的影响 [J]. 中国生态农业学，19 (3)：548-553.

石柯，董士刚，申凤敏，等，2019. 小麦播量与减氮对潮土微生物量碳氮及土壤酶活性的影响 [J]. 中国农业科学，52 (15)：2646-2663.

石小虎，曹红霞，杜太生，等，2013. 膜下沟灌水氮耦合对温室番茄根系分布和水分利用效率的影响 [J]. 西北农林科技大学学报：自然科学版，41 (2)：89-93.

石小霞，赵诣，张琳，等，2017. 华北平原不同农田管理措施对于土壤碳库的影响 [J]. 环境科学，38 (1)：301-308.

史云庆，2013. 中国市场钾肥供应现状分析 [J]. 中国贸易经济 (2)：17-20.

舒馨，朱安宁，张佳宝，等，2014. 保护性耕作对潮土不同组分有机碳、氮的影响 [J]. 土壤通报，45 (2)：432-438.

宋付朋，2006. 长期施磷石灰性土壤无机磷形态特征及其有效性研究 [D]. 泰安：山东农业大学.

宋付朋，张民，于林，2005. 石灰性菜园土壤中各形态磷素的富集与变异特征 [J]. 水土保持学报，19 (6)：65-69.

宋效宗，2007. 保护地生产中硝酸盐的淋洗及其对地下水的群影响 [D]. 北京：中国农业大学.

宋永林，李秀英，李小平，2010. 长期施肥对褐潮土氮、有机质动态变化的影响 [J]. 中国农学通报，26 (18)：206-209.

宋泽峰，段亚敏，栾文楼，等，2014. 河北平原表层土壤有机碳和无机碳的分布及碳储量估算 [J]. 干旱区资源与环境，28 (5)：97-102.

苏芳，黄彬香，丁新泉，等，2006. 不同氮肥形态的氨挥发损失比较 [J]. 土壤 (6)：682-686.

苏鹤，2019. 河南省蔬菜产业发展现状及建议 [J]. 中国瓜菜，32 (11)：83-86.

苏瑞光，王宜伦，刘举，等，2014. 养分专家系统推荐施肥对潮土冬小麦产量及养分吸收利用的影响 [J]. 麦类作物学报，34 (1)：120-125.

孙爱文，张卫峰，杜芬，等，2009. 中国钾资源及钾肥发展战略 [J]. 现代化工，29 (9)：10-16.

孙丽敏，李春杰，何萍，等，2012. 长期施钾和秸秆还田对河北潮土区作物产量和土壤钾素状况的影响 [J]. 植物营养与肥料学报 (5)：1096-1102.

孙丽萍，王树忠，赵景文，等，2008. 灌溉频率对日光温室黄瓜水分利用规律的影响 [J]. 上海交通大学学报 (农业科学版) (5)：487-490.

孙瑞莲，朱鲁生，等，2004. 长期施肥对土壤微生物的影响及其在养分调控中的作用 [J]. 应用生态学报，15 (10)：1907-1910.

孙志梅，武志杰，陈利军，等，2006. 农业生产中氮肥施用现状及其环境效应研究进展 [J]. 土壤通报，37 (4)：

782 - 786.

孙志梅，武志杰，陈利军，等，2007.3，5 -二甲基吡唑对尿素氮转化及 $NO_3 - N$ 淋溶的影响 [J]. 环境科学，28（1）：176 - 181.

孙志梅，武志杰，陈利军，等，2008. 硝化抑制剂的施用效果、影响因素及其评价 [J]. 应用生态学报，19（7）：1611 - 1618.

谭德水，金继运，黄绍文，2008. 长期施钾与秸秆还田对西北地区不同种植制度下作物产量及土壤钾素的影响 [J]. 植物营养与肥料学报，14（5）：886 - 893.

谭德水，金继运，黄绍文，等，2007. 不同种植制度下长期施钾与秸秆还田对作物产量和土壤钾素的影响 [J]. 中国农业科学，40（1）：133 - 137.

谭德水，金继运，黄绍文，等，2008. 长期施钾与秸秆还田对华北潮土和褐土区作物产量及土壤钾素的影响 [J]. 植物营养与肥料学报（1）：106 - 112.

谭秋英，张礼红，石跃才，等，2015. 湖南省西瓜甜瓜产业发展现状、问题及对策 [J]. 中国瓜菜，28（3）：68 - 71.

汤炎，赵海涛，封克，等，2007. 施磷对滨海盐土无机磷组分的动态影响 [J]. 土壤通报，38（1）：77 - 80.

唐冬，毛亮，支月娥，等，2014. 上海市郊设施大棚次生盐渍化土壤盐分含量调查及典型对应分析 [J]. 环境科学，35（12）：4705 - 4711.

唐莉莉，陈竹君，周建斌，2006. 蔬菜日光温室栽培条件下土壤养分累积特性研究 [J]. 干旱地区农业研究，24（2）：70 - 74.

田秋英，2002. 菜地磷肥转化、影响因素及生物有效性研究 [D]. 保定：河北农业大学.

田有国，2003. 基于 GIS 的全国耕地质量评价方法及应用 [D]. 武汉：华中农业大学.

田有国，张淑香，刘景，等，2010. 褐土耕地肥力质量与作物产量的变化及影响因素分析 [J]. 植物营养与肥料学报，16（1）：105 - 111.

万丹，2019. 铁氧化物和钙离子对土壤有机碳的固定及有机质对 Pb 形态转化的影响 [D]. 武汉：华中农业大学.

万欣，董元华，王辉，等，2013. 番茄温室土壤碳氮磷的生态化学计量学特征及其与土壤酶活性的关系 [J]. 江苏农业科学，41（10）：281 - 285.

汪家铭，2011. 富钾岩石制取钾肥生产现状与前景展望 [J]. 磷肥与复肥，26（5）：20 - 23.

王改玲，陈德立，李勇，2010. 土壤温度、水分和 $NH_4^+ - N$ 浓度对土壤硝化反应速度及 N_2O 排放的影响 [J]. 中国生态农业学报，18（1）：1 - 6.

王广印，郭卫丽，陈碧华，等，2016. 河南省设施蔬菜连作障碍现状调查与分析 [J]. 中国农学通报，32（25）：27 - 33.

王桂伟，陈宝成，贾吉玉，等，2019. 活化磷钾肥在小白菜上施用效果研究 [J]. 磷肥与复肥，34（5）：30 - 34.

王敬国，1995. 植物营养的土壤化学 [M]. 北京：中国农业大学出版社.

王敬国，2011. 设施菜田退化土壤修复与资源高效利用 [D]. 北京：中国农业大学.

王娟，2010. 设施菜田土壤溶解性有机物质的淋洗特点分析 [D]. 北京：中国农业大学.

王军，李萍，詹韵秋，等，2019. 中国耕地质量保护与提升问题研究 [J]. 中国人口·资源与环境，29（4）：87 - 93.

王乐，张淑香，马常宝，等，2018. 潮土区 29 年来土壤肥力和作物产量演变特征 [J]. 植物营养与肥料学报，24（6）：1435-1444.

王丽英，2012. 根层氮磷供应对设施黄瓜-番茄生长及氮磷高效利用的影响［D］. 北京：中国农业大学.

王丽英，陈丽莉，张彦才，等，2009. 河北省设施蔬菜土壤微量金属元素状况评价及来源分析［J］. 华北农学报，24（S2）：268-272.

王利军，2003. 农用地分等土地经济系数计算方法研究［D］. 石家庄：河北师范大学.

王帘里，孙波，2011. 培养温度和土壤类型对土壤硝化特性的影响［J］. 土壤学报，48（6）：1173-1179.

王凌，张国印，孙世友，等，2008. 河北省蔬菜高产区化肥施用对地下水硝态氮含量的影响［J］. 河北农业科学，12（10）：75-77.

王娜，2012. 微晶化磷钾矿粉在几种农作物上的应用研究［D］. 泰安：山东农业大学.

王萍萍，段英华，徐明岗，等，2019. 不同肥力潮土硝化潜势及其影响因素［J］. 土壤学报，56（1）：124-134.

王庆仁，李继云，李振声，2000. 不同磷肥对石灰性土壤磷效率小麦基因型生长发育的影响［J］. 土壤通报（3）：127-129，146.

王蓉芳，曹富友，等，1996. 中国耕地的基础地力与土壤改良［M］. 北京：中国农业出版社.

王慎强，蒋其鳌，等，2001. 长期施用有机肥与化肥对潮土土壤化学及生物学性质的影响［J］. 中国生态农业学报，9（4）：67-69.

王万金，白志民，马鸿文，1996. 利用不溶性钾矿提取的研究进展与展望［J］. 地质科技情报，15（3）：59-63.

王伟妮，鲁剑巍，鲁明星，等，2011. 湖北省早、中、晚稻施钾增产效果及钾肥利用率研究［J］. 植物营养与肥料学报，17（5）：1058-1065.

王先乐，岑华，韦京耀，等，1986. 富钾绿肥——小葵子的筛选及栽培利［J］. 土壤通报（2）：64-67.

王小明，2011. 施氮模式对冬小麦/夏玉米土壤硝态氮变化及产量的影响［D］. 郑州：河南农业大学.

王兴科，2013. 河南省砂姜黑土与潮土系统分类研究［D］. 郑州：郑州大学.

王秀群，2008. 京郊设施菜田土壤有机氮矿化特点的研究［D］. 北京：中国农业大学.

王亚坤，王慧军，2015. 我国设施蔬菜生产效率研究［J］. 中国农业科技导报，17（2）：159-166.

王宜伦，苗玉红，谭金芳，等，2010. 不同施钾量对沙质潮土冬小麦产量、钾效率及土壤钾素平衡的影响［J］. 土壤通报（1）：160-163.

王宜伦，苏瑞光，刘举，等，2014. 养分专家系统推荐施肥对潮土夏玉米产量及肥料效率的影响［J］. 作物学报，40（3）：563-569.

王玉朵，梁金香，2006. 衡水设施蔬菜土壤肥力状况分析［J］. 作物杂志（1）：40-41.

王芸，赵鹏祥，2020. 华北地区土地利用类型对土壤呼吸、有机碳组分和水稳性团聚体的影响［J］. 水土保持研究，27（1）：59-65.

韦彦，孙丽萍，王树忠，等，2010. 灌溉方式对温室黄瓜灌溉水分配及硝态氮运移的影响［J］. 农业工程学报（8）：67-72.

魏克循，1995. 河南土壤地理［M］. 郑州：河南科学技术出版社.

魏猛，张爱君，李洪民，等，2015. 长期施肥条件下黄潮土有效磷对磷盈亏的响应［J］. 华北农学报，30（6）：226-232.

温延臣，李燕青，袁亮，等，2015. 长期不同施肥制度土壤肥力特征综合评价方法［J］. 农业工程学报（7）：91-99.

吴得峰，姜继韶，孙棋棋，等，2016. 减量施氮对雨养区春玉米产量和环境效应的影响［J］. 农业环境科学学报，35（6）：1202-1209.

吴凤芝，赵凤艳，刘元英，2000. 设施蔬菜连作障碍原因综合分析与防治措施 [J]. 东北农业大学学报（3）：241-247.

吴汉卿，2018. 不同水氮调控下设施土壤有机氮组分与固持氮库、可溶性氮库关系研究 [D]. 沈阳：沈阳农业大学.

吴克宁，2019. 中国土系志·河南卷 [M]. 北京：科学出版社.

吴克宁，2020. 中国土系志·新疆卷 [M]. 北京：科学出版社.

吴其聪，张丛志，张佳宝，等，2015. 不同施肥及秸秆还田对潮土有机质及其组分的影响 [J]. 土壤，47（6）：1034-1039.

武岩，红梅，林立龙，等，2017. 不同施肥措施对河套灌区盐化潮土氨挥发及氧化亚氮排放的影响 [J]. 土壤，49（4）：745-752.

奚小环，杨忠芳，廖启林，等，2010. 中国典型地区土壤碳储量研究 [J]. 第四纪研究，30（3）：573-584.

习斌，翟丽梅，刘申，等，2015. 有机无机肥配施对玉米产量及土壤氮磷淋溶的影响 [J]. 植物营养与肥料学报，21（2）：326-335.

习斌，张继宗，左强，等，2010. 保护地菜田土壤氨挥发损失及影响因素研究 [J]. 植物营养与肥料学报（2）：327-333.

席承藩，张俊民，1982. 中国土壤区划的依据与分区 [J]. 土壤学报（2）：97-109，212.

席雪琴，2015. 土壤磷素环境阈值与农学阈值研究 [D]. 杨凌：西北农林科技大学.

肖娇，樊建凌，叶桂萍，等，2016. 不同施肥处理下小麦季潮土氨挥发损失及其影响因素研究 [J]. 农业环境科学学报，35（10）：2011-2018.

肖伟伟，范晓晖，杨林章，等，2009. 长期定位施肥对潮土有机氮组分和有机碳的影响 [J]. 土壤学报，46（2）：274-280.

谢佳贵，侯云鹏，尹彩侠，等，2014. 施钾和秸秆还田对春玉米产量、养分吸收及土壤钾素平衡的影响 [J]. 植物营养与肥料学报（5）：1110-1118.

谢建昌，2000. 钾与中国农业 [M]. 南京：河海大学出版社.

谢建昌，周健民，1999. 我国土壤钾素研究和钾肥使用的进展 [J]. 土壤（5）：244-254.

谢迎新，刘园，靳海洋，等，2015. 施氮模式对沙质潮土氨挥发、夏玉米产量及氮肥利用率的影响 [J]. 玉米科学（2）：128-133.

解文艳，周怀平，杨振兴，等，2015. 秸秆还田方式对褐土钾素平衡与钾库容量的影响 [J]. 植物营养与肥料学报，21（4）：936-942.

信秀丽，钦绳武，张佳宝，等，2015. 长期不同施肥下潮土磷素的演变特征 [J]. 植物营养与肥料学报，21（6）：1514-1520.

邢素丽，刘孟朝，韩保文，2007. 12 年连续施用秸秆和钾肥对土壤钾素含量和分布的影响 [J]. 土壤通报，38（3）：486-490.

邢肖毅，盛荣，徐慧芳，等，2019. 不同母质发育旱地土壤反硝化功能差异及其关键影响因素 [J]. 土壤，51（5）：949-954.

徐福利，王振，徐慧敏，等，2009. 日光温室滴灌条件下黄瓜氮、磷、有机肥肥效与施肥模式研究 [J]. 植物营养与肥料学报，15（1）：177-182.

徐明岗，梁国庆，张夫道，2006. 中国土壤肥力演变 [M]. 北京：中国农业科学技术出版社.

徐明岗，梁国庆，张夫道，等，2006. 中国土壤肥力演变 [M]. 北京：中国农业科学技术出版社.

徐明岗，张文菊，黄绍敏，2015. 中国土壤肥力演变 [M].2 版. 北京：中国农业科学技术出版社.

徐艳，张凤荣，汪景宽，等，2004.20 年来我国潮土区与黑土区土壤有机质变化的对比研究 [J]. 土壤通报（2）：102-105.

徐玉裕，曹文志，黄一山，等，2007. 五川流域农业土壤反硝化作用测定及其调控措施 [J]. 农业环境科学学报，26（3）：1126-1131.

薛巧云，2013. 农艺措施和环境条件对土壤磷素转化和淋失的影响及其机理研究 [D]. 杭州：浙江大学.

闫湘，2008. 我国化肥利用现状与养分资源高效利用研究 [D]. 北京：中国农业科学院研究生院.

严正娟，2015. 施用粪肥对设施菜田土壤磷素形态与移动性的影响 [D]. 北京：中国农业大学.

阳小民，2014. 障碍层次型农田高标准改造 [J]. 湖南农业（6）：38.

杨柳青，2017. 石灰性潮土 N_2O 产生过程及相关功能基因丰度和表达 [D]. 北京：中国农业大学.

杨路华，沈荣开，覃奇志，2003. 土壤氮素矿化研究进展 [J]. 土壤通报，34（6）：78-80.

杨毅，赵文婷，2015. 不同施肥制度对北方石灰性土壤无机磷形态影响研究 [J]. 灌溉排水学报，34（7）：28-33.

杨玉建，杨劲松，2005. 潮土区土壤有机质含量的趋势演变研究——以禹城市为例 [J]. 土壤通报（5）：9-13.

杨治平，陈明昌，张强，等，2007. 不同施氮措施对保护地黄瓜养分利用效率及土壤氮素淋失影响 [J]. 水土保持学报，21（2）：57-60.

姚炳贵，姚丽竹，王苹，等，1997. 津郊潮土磷素组成及其演变规律的定位研究 [J]. 土壤学报，34（3）：286-294.

姚源喜，刘树堂，郇恒福，2004. 长期定位施肥对非石灰性潮土钾素状况的影响 [J]. 植物营养与肥料学报，10（3）：241-244.

姚志生，郑循华，周再兴，等，2006. 太湖地区冬小麦田与蔬菜地 N_2O 排放对比观测研究 [J]. 气候与环境研究，11（6）：692-701.

殷冠羿，胡克林，李品芳，等，2013. 不同水肥管理对京郊设施菜地氮素损失及氮素利用效率的影响 [J]. 农业环境科学学报，32（12）：2403-2412.

殷永娴，李玉祥，彭春华，等，1996. 水稻根际硝化作用的生态与生物反硝化 [J]. 土壤（3）：123-127.

尹金来，沈其荣，周春霖，等，2001. 猪粪和磷肥对石灰性土壤有机磷组分及有效性的影响 [J]. 土壤学报，38（3）：295-300.

于红梅，李子忠，龚元石，2005. 不同水氮管理对蔬菜地硝态氮淋洗的影响 [J]. 中国农业科学，38（9）：1849-1855.

于淑芳，徐长英，张军，等，1998. 山东省主要土壤对不同形态氮素吸持能力的研究 [J]. 山东农业科学（5）：3-5.

于亚军，高美荣，朱波，2012. 小麦-玉米轮作田与菜地 N_2O 排放的对比研究 [J]. 土壤学报，49（1）：96-103.

余海英，李廷轩，张锡洲，2010. 温室栽培系统的养分平衡及土壤养分变化特征 [J]. 中国农业科学，43（3）：514-522.

俞海，黄季焜，SCOTT ROZELLE，等，2003. 中国东部地区耕地土壤肥力变化趋势研究 [J]. 地理研究（3）：380-388.

喻景权，杜尧舜，2000. 蔬菜设施栽培可持续发展中的连作障碍问题 [J]. 沈阳农业大学学报（1）：

124-126.

袁丽金，巨晓棠，张丽娟，等，2010. 设施蔬菜土壤剖面氮磷钾积累及对地下水的影响 [J]. 中国生态农业学报，18 (1)：14-19.

展晓莹，2016. 长期不同施肥模式黑土有效磷与磷盈亏响应关系差异的机理 [D]. 北京：中国农业科学院研究生院.

占丽平，李小坤，鲁剑巍，等，2012. 土壤钾素运移的影响因素研究进展 [J]. 土壤，44 (4)：548-553.

张承先，武雪萍，吴会军，等，2008. 不同土壤水分条件下华北冬小麦基施不同氮肥的氨挥发研究 [J]. 中国土壤与肥料 (5)：28-32.

张凤荣，2002. 土壤地理学 [M]. 北京：中国农业出版社.

张凤荣，2017. 中国土系志·北京天津卷 [M]. 北京：科学出版社.

张福锁，陈新平，陈清，2009. 中国主要作物施肥指南 [M]. 北京：中国农业大学出版社.

张福锁，崔振岭，陈新平，2010a. 高产高效养分管理技术 [M]. 北京：中国农业大学出版社.

张福锁，崔振岭，陈新平，2010b. 最佳养分管理技术列单 [M]. 北京：中国农业大学出版社.

张福锁，王激清，张卫峰，等，2008. 中国主要粮食作物肥料利用率现状与提高途径 [J]. 土壤学报，45 (5)：915-924.

张光亚，陈美慈，闵航，等，2002. 设施栽培土壤氧化亚氮释放及硝化、反硝化细菌数量的研究 [J]. 植物营养与肥料学报，8 (2)：239-243.

张桂兰，宝德俊，1999. 长期施用化肥对作物产量和土壤性质的影响 [J]. 土壤通报，30 (2)：64-67.

张国印，王丽英，王凌，等，2004. 河北省典型保护地蔬菜土壤硝态氮的含量和分布 [J]. 河北农业科学 (4)：22-25.

张会民，徐明岗，吕家珑，等，2007a. 长期施钾下中国3种典型农田土壤钾素固定及其影响因素研究 [J]. 中国农业科学，40 (4)：749-756.

张会民，徐明岗，吕家珑，等，2007b. 不同生态条件下长期施钾对土壤钾素固定影响的机理 [J]. 应用生态学报，18 (5)：1009-1014.

张金锦，段增强，李汛，2012. 基于黄瓜种植的设施菜地土壤硝酸盐型次生盐渍化的分级研究 [J]. 土壤学报，49 (4)：673-680.

张金涛，卢昌艾，王金洲，等，2010. 潮土区农田土壤肥力的变化趋势 [J]. 中国土壤与肥料 (5)：6-10.

张敬敏，隋申利，李艳玮，等，2019. 不同年限温室土壤盐分变化及对土壤退化的影响 [J]. 土壤，51 (6)：1183-1187.

张丽娟，巨晓棠，刘辰琛，等，2010. 北方设施蔬菜种植区地下水硝酸盐来源分析——以山东省惠民县为例 [J]. 中国农业科，43 (21)：4427-4436.

张琳，孙卓玲，马理，等，2015. 不同水氮条件下双氰胺（DCD）对温室黄瓜土壤氮素损失的影响 [J]. 植物营养与肥料学报，21 (1)：128-137.

张树金，余海英，李廷轩，等，2010. 温室土壤磷素迁移变化特征研究 [J]. 农业环境科学学报，29 (8)：1534-1541.

张树兰，杨学云，吕殿青，等，2002. 温度、水分及不同氮源对土壤硝化作用的影响 [J]. 生态学报，22 (12)：2147-2153.

张水清，黄绍敏，聂胜委，等，2014. 长期定位施肥对夏玉米钾素吸收及土壤钾素动态变化的影响 [J]. 植物营养与肥料学报 (1)：56-63.

张水清，林杉，郭斗斗，等，2017. 长期施肥下潮土全氮、碱解氮含量与氮素投入水平关系 [J]. 中国土壤与肥料（6）：23-29.

张水清，杨莉，黄绍敏，等，2014. 长期施肥下潮土速效钾含量与钾素投入水平关系 [J]. 植物营养与肥料学报，20（3）：773-777.

张桃林，潘剑君，赵其国，1999. 土壤质量研究进展与方向 [J]. 土壤，31（1）：1-7.

张先凤，朱安宁，张佳宝，等，2015. 耕作管理对潮土团聚体形成及有机碳累积的长期效应 [J]. 中国农业科学，48（23）：4639-4648.

张心昱，陈利顶，2006. 土壤质量评价指标体系与评价方法研究进展与展望 [J]. 水土保持研究（3）：30-34.

张星星，2015. 氮肥类型对免耕稻田 NH_3 挥发与 N_2O 排放及氮肥利用率的影响 [D]. 武汉：华中农业大学.

张雅芳，郭英，2020. 华北平原种植业结构变化对农业蓄水的影响 [J]. 中国生态农业学报（1）：10-12.

张彦才，李巧云，翟彩霞，等，2005. 河北省大棚蔬菜施肥状况分析与评价 [J]. 河北农业科学，9（3）：61-67.

张艳红，段彩霞，薛旗，2011. 硅钙镁钾肥在花生上的施用效果研究 [J]. 现代农业科技（8）：278.

张艺磊，韩建，张丽娟，等，2019. 新型尿素对农田土壤 N_2O 排放、氨挥发及土壤氮素转化的影响 [J]. 江苏农业科学，47（11）：313-316.

张英鹏，李洪杰，刘兆辉，等，2019. 农田减氮调控施肥对华北潮土区小麦-玉米轮作体系氮素损失的影响 [J]. 应用生态学报，30（4）：104-112.

张瑜，郭景恒，2011. 华北平原潮土酸度特征与酸化敏感性的初步探讨 [J]. 环境化学，30（6）：1126-1130.

张玉铭，胡春胜，董文旭 . 2004. 农田土壤 N_2O 生成与排放影响因素及 N_2O 总量估算的研究 [J]. 中国生态农业学报，12（3）：119-123.

张玉铭，胡春胜，毛任钊，等，2003. 华北太行山前平原农田生态系统中氮、磷、钾循环与平衡研究 [J]. 应用生态学报（11）：1863-1867.

张月平，张炳宁，王长松，等，2011. 基于耕地生产潜力评价确定作物目标产量 [J]. 农业工程学报，27（10）：328-333.

张云舒，徐万里，刘骅，2007. 土壤盐渍化特性和施肥方法对氮肥氨挥发影响初步研究 [J]. 西北农业学报（16）：19-22.

张张华，张甘霖，2001. 土壤质量指标和评价方法 [J]. 土壤，33（6）：326-330.

张真和，陈青云，高丽红，等，2010. 我国设施蔬菜产业发展对策研究 [J]. 蔬菜（5）：1-3.

张作新，刘建玲，廖文华，等，2009. 磷肥和有机肥对不同磷水平土壤磷渗漏影响研究 [J]. 农业环境科学学报（4）：729-735.

章明清，李娟，扎庆波，等，2016. 作物肥料效应函数模型研究进展与展望 [J]. 土壤学报，53（6）：1343-1356.

章士炎，1994. 试论土种的划分和命名 [J]. 土壤肥料（1）：1-3.

赵凤兰，高红莉，慕兰，等，2006. 硅钾肥产业化风险评价及前景分析 [J]. 地域研究与开发，25（6）126-128.

赵金花，2016. 潮土土壤团聚体形成及土壤有机碳累积过程对激发式秸秆深还的响应机制 [D]. 郑州：河南农业大学.

赵竟英，宝德俊，张鸿程，等，1996. 潮土硝态氮移动规律及对环境的影响 [J]. 农业环境保护（4）：166-169.

赵其国，龚子同，徐琪，等，1991. 中国土壤资源 [M]. 南京：南京大学出版社.

赵彤，蒋跃利，闫浩，等，2014. 土壤氨化过程中微生物作用研究进展 [J]. 应用与环境生物学报，20（2）：315-321.

赵伟，白青，张凯，等，2019. 减磷施肥对番茄光合特性的影响 [J]. 陕西农业科学，65（6）：27-29，47.

赵伟，刘梦龙，杨圆圆，等，2017. 减施磷肥对番茄植株生长产量、品质及土壤养分状况的影响 [J]. 中国农学通报，33（1）：47-51.

赵亚丽，杨春收，王群，等，2010. 磷肥施用深度对夏玉米产量和养分吸收的影响 [J]. 中国农业科学，43（23）：4805-4813.

赵玉皓，2018. 长期施肥对两种典型农田土壤有机碳化学性质的影响 [D]. 南昌：江西师范大学.

赵自超，2017. 华北平原优化农作条件下作物生产和温室气体减排研究 [D]. 北京：中国农业大学.

郑军辉，叶素芬，喻景权，2004. 蔬菜作物连作障碍产生原因及生物防治 [J]. 中国蔬菜（3）：57-59.

中国科学院南京土壤研究所土壤地理研究室，1988. 国际土壤分类述评 [M]. 北京：科学出版社.

中国农业科学院农田灌溉研究所盐改室引黄渠系泥沙研究组，1977. 引黄灌溉泥沙处理的经验 [J]. 灌溉科技（1）：13-19.

中华人民共和国国家统计局，2013. 中国统计年鉴 [M]. 北京：中国统计出版社.

钟晓英，2004. 我国 23 个不同地区土壤磷素潜在淋失临界值的研究 [D]. 北京：中国农业大学.

周宏美，宋晓，2006. 豫东潮土区耕地土壤养分动态监测与培肥途径 [J]. 河南农业科学（3）：68-71.

周毅，郭世伟，宋娜，等，2006. 供氮形态和水分胁迫对苗期—分蘖期水稻光合与水分利用效率的影响 [J]. 植物营养与肥料学报，12（3）：334-339.

朱安宁，张佳宝，李立平，等，2005. 华北平原潮土速效 N、P、K 的空间分布及时间变化 [J]. 干旱地区农业研究，23（4）：32-37.

朱建春，张增强，樊志民，等，2014. 中国畜禽粪便的能源潜力与氮磷耕地负荷及总量控制 [J]. 农业环境科学学报，33（3）：435-445.

朱兆良，2006. 推荐氮肥适宜施用量的方法论刍议 [J]. 植物营养与肥料学报，12（1）：1-4.

朱兆良，2008. 中国土壤氮素研究 [J]. 土壤学报，45（5）：778-783.

朱兆良，文启孝，1992. 中国土壤氮素 [M]. 南京：江苏科技出版社.

朱兆良，张福锁，2010. 主要农田生态系统氮素行为与氮肥高效利用的基础研究 [M]. 北京：科学出版社.

曾希柏，白玲玉，苏世鸣，等，2010. 山东寿光不同种植年限设施土壤的酸化与盐渍化 [J]. 生态学报，30（7）：1853-1859.

曾希柏，李莲芳，梅旭荣 . 2007. 中国蔬菜土壤重金属含量及来源分析 [J]. 中国农业科学，40（11）：2507-2517.

邹娟，2010. 冬油菜施肥效果及土壤养分丰缺指标研究 [D]. 武汉：华中农业大学.

左余宝，Yasukazu H，褚海燕，2004. 不同水分含量对潮土和火山灰土硝化动态的影响 [J]. 土壤肥料（5）：21-24.

ACHAT D，NOÉMIE P，NICOLAS M，et al，2016，Soil properties controlling inorganic phosphorus availability：general results from a national forest network and a global compilation of the literature [J]. Biogeochemistry，127（2/3）：255-272.

AULAKH M S, RENNIE D A. 1984. Transformation of fall – applied, nitrogen – 15 – labeled fertilizers [J]. Soil Science Society of America Journal, 48 (5): 1184 – 1189.

AVRAHAMI S, CONRAD R, BRAKER G. 2002. Effect of soil ammonium concentration on N_2O release and on the community structure of ammonia oxidizers and denitrifiers [J]. Applied and Environmental Microbiology, 68 (11): 5685 – 5692.

BABIKER INSAF S, MOHAMED MOHAMED A A, TERAO H, et al, 2004. Assessment of groundwater contamination by nitrate leaching from intensive vegetable cultivation using geographical information system [J]. Environment International, 29 (8): 1009 – 1017.

BAI Z H, LI H G, YANG X Y, et al, 2013. The critical soil P levels for crop yield soil fertility and environmental safety in different soil types [J]. Plant and Soil, 372: 27 – 37.

BARNARD R, LEADLEY P W, HUNGATE B A. 2005. Global change, nitrification, and denitrification: A review [J]. Global Biogeochemical Cycles, 19 (1): 1007.

BEAUDOIN N, SAAD J K, VAN LAETHEM C, et al, 2005. Nitrate leaching in intensive agriculture in Northern France: Effect of farming practices, soils and crop rotations [J]. Agriculture Ecosystems & Environment, 111 (14): 292 – 310.

BOUWMAN A F, LEE D S, ASMAN W A H, et al, 1997. A global high – resolution emission inventory for ammonia [J]. Global Biogeochemical Cycles, 11 (4): 561 – 587.

BOUWMAN A F, 1998. Nitrogen oxides and tropical agriculture [J]. Nature, 392: 866 – 867.

BROOKES P, POULTON P, HECKRATH G, et al, 1995. Goulding, K. Phosphorus leaching from soils containing different phosphorus concentrations in the Broadbalk experiment. Journal of Environmental Quality, 24 (5): 904 – 910.

CAI G X, ZHU Z L, 2000. An assessment of N loss from agricultural fields to the environment in China [J]. Nutrition Cycle in Agroecosystems, 57 (1): 67 – 73.

CANTARELLA H, MATTOS D, QUAGGIO J A, et al, 2003. Fruit yield of Valencia sweet orange fertilized with different N sources sand the loss of applied N [J]. Nutrient Cycling in Agroecosystems, 67 (3): 215 – 223.

CHEN HAIFEI, ZHANG QUAN, CAI HONGMEI, et al, 2018. H_2O_2 mediates nitrate-induced iron chlorosis by regulating iron homeostasis in rice [J]. Plant, Cell & Environment, 41 (4): 767 – 781.

CHEN X, CUI Z, FAN M, et al, 2014. Producing more grain with lower environmental costs [J]. Nature, 514: 486 – 489.

CHEN Z, CHEN F, ZHANG H, et al, 2016. Effects of nitrogen application rates on net annual global warming potential and greenhouse gas intensity in double – rice cropping systems of the Southern China [J]. Environmental Science and Pollution Research, 23: 24781 – 24795.

CHENG J, CHEN Y, HE T, et al, 2017. Soil nitrogen leaching decreases as biogas slurry DOC/N ratio increases [J]. Applied Soil Ecology, 111: 105 – 113.

COLE J A, BROWN C W, 1980. Nitrite reduction to ammonia by ferment circuit in the biological nitrogen cycle [J]. FEMS Microbiology Letters, 7 (2): 65 – 72.

CUI Z, CHEN X, ZHANG F, 2013. Development of regional nitrogen rate guidelines for intensive cropping systems in China [J]. Agronomy Journal, 105: 1411 – 1416.

DAMBREVILLE C, MORVAN T, GERMON J, 2008. N_2O emission in maize – crops fertilized with pig slurry, matured pig manure or ammonium nitrate in Brittany [J]. Agriculture, Ecosystems & Environment, 123 (1 - 3): 201 - 210.

DELGADO A, SCALENGHE R, 2008. Aspects of phosphorus transfer from soils in Europe [J]. Journal of Plant Nutrition and Soil Science, 171 (4): 552 - 575.

DIAO TIANTIAN, XIE LIYONG, GUO LIPING, et al, 2013. Measurements of N_2O emissions from different vegetable fields on the North China Plain [J]. Atmospheric Environment, 72: 70 - 76.

DJODJIC F, BÖRLING K, BERGSTRÖM L, 2004. Phosphorus leaching in relation to soil type and soil phosphorus content [J]. Journal of Environmental Quality, 33 (2): 678 - 684.

DOBBIE K E, SMITH K A, 2001. The effects of temperature, waterfilled pore space and land use on N_2O emissions from an imperfectly drained gleysol [J]. European Journal of Soil Biology, 52 (4): 667 - 673.

DOBBIE K E, SMITH K A, 2003. Impact of different forms of N fertilizer on N_2O emissions from intensive grassland [J]. Nutrient Cycling in Agroecosystems, 67 (1): 37 - 46.

DU H, GAO W, LI J, et al, 2019. Effects of digested biogas slurry applicationmixed with irrigation water on nitrate leaching during wheat - maize rotation in the North China Plain [J]. Agricultural Water Management, 213: 882 - 893.

DUAN Y, XU M, GAO S, et al, 2014. Nitrogen use efficiency in a wheat - corn cropping system from 15 years of manure and fertilizer applications [J]. Field Crops Research, 157: 47 - 56.

FAN Z B, LIN S, ZHANG X M, et al, 2014. Conventional flooding irrigation causes an overuse of nitrogen fertilizer and low nitrogen use efficiency in intensively used solar greenhouse vegetable production [J]. Agricultural Water Management, 144: 11 - 19.

FANG J, DING Y J, 2010. Assessment of groundwater contamination by NO_3^- using geographical information system in the Zhangye Basin, Northwest China [J]. Environmental Earth Sciences, 60 (4): 809 - 816.

GAI X, LIU H, LIU J, et al, 2019. Contrasting impacts of long - term application of manure and crop straw on residual nitrate - N along the soil profile in the North China Plain [J]. Science of the Total Environment, 650 (2): 2251 - 2259.

GAIFFE M, DUQUET B, TAVANT H, et al, 1984. Stabilité biologique et comportement physique d'un complexe argilo - humique placé dans différentes conditions de saturation calcium en potassium [J]. Plant Soil, 77: 271 - 284.

GAO B, JU X, SU F, et al, 2014. Nitrous oxide and methane emissions from optimized and alternative cereal cropping systems on the North China Plain: A two - year field study [J]. Science of The Total Environment (472): 112 - 124.

GIOSEFFI E, DE NEERGAARD A, SCHJOERRING J K, 2012. Interactions between uptake of amino acids and inorganic nitrogen in wheat plants [J]. Biogeosciences, 9 (4): 1509 - 1518.

GONG F, ZHA Y WU X, et al, 2013. Analysis on basic soil productivity change of winter wheat in fluvo - aquic soil under long - term fertilization [J]. Transactions of the Chinese Society of Agricultural Engineering, 29 (12): 120 - 129.

GONG W W, ZHANG Y S, HUANG X F, et al, 2013. High - resolution measurement of ammonia emissions from fertilization of vegetable and rice crops in the Pearl River Delta Region, China [J]. Atmospheric Environment (6): 51 - 10.

GU B, GE Y, CHANG S X, et al, 2013. Nitrate in groundwater of China: Sources and driving forces [J]. Global Environmental Change, 23 (5): 1112 - 1121.

GUO J H, LIU X J, ZHANG Y, et al, 2010. Significant acidification in major Chinese croplands [J]. Science, 327 (5968): 1008 - 1010.

GUO R Y, LI X L, CHRISTIE P, et al, 2008. Influence of root zone nitrogen management and a summer catch crop on cucumber yield and soil mineral nitrogen dynamics in intensive production systems [J]. Plant and soil, 313 (1): 55 - 70.

GUO R Y, NENDEL C, RAHN C, et al, 2010. Tracking nitrogen losses in a greenhouse crop rotation experiment in North China using the EU - Rotate _ N simulation model [J]. Environmental pollution, 158 (6): 2218 - 2229.

GUO Z C, ZHANG J B, FAN J, et al, 2019. Does animal manure application improve soil aggregation? Insights from nine long - term fertilization experiments [J]. Science of the Total Environment, 180: 232 - 237.

HALAJNIA A, HAGHNIA G H, FOTOVAT A, et al, 2009. Phosphorus fractions in calcareous soils amended with P fertilizer and cattle manure [J]. Geoderma, 50 (1/2): 209 - 213.

HAN K, ZHOU C J, WANG L Q, 2014. Reducing ammonia volatilization from maize fields with separation of nitrogen fertilizer and water in an alternating furrow irrigation system [J]. Journal of Integrative Agriculture, 13 (5): 1099 - 1112.

HARADA T, KAI H, 1968. Studies on the environmental conditions controlling nitrification in soil. Effects of ammonium and total in Media on the rate of nitrification [J]. Soil Science and Plant Nutrition, 14 (1): 20 - 26.

HARTMANN T E, YUE S, SCHULZ R, et al, 2014. Nitrogen dynamics, apparent mineralization and balance calculations in a maize - wheat double cropping system of the North China Plain [J]. Field Crops Research, 160: 22 - 30.

HE P, YANG L P, XU X P, et al, 2015. Temporal and spatial variation of soil available potassium in China (1990 - 2012) [J]. Field Crops Research, 173: 49 - 56.

HECKRATH G, BROOKES P C, POULTON P R, et al, 1955. Phosphorus leaching from soils containing different phosphorus concentrations in the Broadbalk experiment [J]. Journal of environmental quality, 24 (5): 904 - 910.

HOLCOMB J C III, SULLIVAN D M, HORNECK D A, et al, 2011. Effect of irrigation rate on ammonia volatilization [J]. Soil Science Society of America Journal, 75 (6): 2341 - 2347.

HOLTAN - HARTWIG L, DÖRSCH P, BAKKEN L R, 2002. Low temperature control of soil denitrifying communities: kinetics of N_2O production and reduction [J]. Soil Biology and Biochemistry, 34 (11): 1797 - 1806.

HUANG T, GAO B, HU X K, et al, 2014. Ammonia - oxidation as an engine to generate nitrous oxide in an intensively managed calcareous fluvo - aquic soil [J]. Scientific Reports (4): 3950.

HUANG T, JU X, YANG H. 2017. Nitrate leaching in a winter wheat - summer maize rotation on a calcareous soil as affected by nitrogen and straw management [J]. Scientific Reports, 7 (1): 1 - 11.

HUO Q, CAI X H, KANG L, et al, 2015. Estimating ammonia emissions from a winter wheat cropland in North China Plain with field experiments and inverse dispersion Modeling [J]. Atmospheric Environment,

104：1－10.

JALALI M，JALALI M，2016. Relation between various soil phosphorus extraction methods and sorption parameters in calcareous soils with different texture ［J］. Science of the Total Environment （566/567）：1080－1093.

JANTALIA C P，HALVORSON A D，FOLLETT R F，et al，2012. Nitrogen source effects on ammonia volatilization as measured with semi－static chamber ［J］. Agronomy journal，104 （6）：1595－1603.

JENKINS M C，KEMP M，1984. The coupling of nitrification and denitrification in two estuarine sediments ［J］. Limnology and Oceanography，29 （3）：609－619.

JIA X，ZHU Y，HUANG L，et al，2018. Mineral N stock and nitrate accumulation in the 50 to 200 m profile on the Loess Plateau ［J］. Science of the Total Environment，633：999－1006.

JOHNSON D W，CHENG W，BURKE I C，2000. Biotic and abiotic nitrogen retention in a variety of forest soils ［J］. Soil Science Society of America Journal，64：1503－1514.

JOHNSON G V，RAUN W R，1999. Improving nitrogen use efficiency for cereal production ［J］. Agronomy Journal，91 （3）：357－363.

JU X T，KOU C L，ZHANG F S，2006. Nitrogen balance and groundwater nitrate contamination：Comparison among three intensive cropping systems on the North China Plain ［J］. Environmental Pollution，143 （1）：117－125.

JU X T，XING G X，CHEN X P，et al，2009. Reducing environmental risk by improving N management in intensive Chinese agricultural systems ［J］. Proceedings of the National Academy of Sciences of the United States of America，106 （9）：3041－3046.

JU X T，2014. Direct pathway of nitrate produced from surplus nitrogen inputs to the hydrosphere ［J］. Proceedings of the National Academy of Sciences of the United States of America，111 （4）：416.

JU X T，XING G X，CHEN X P，et al，2009. Reducing environmental risk by improving N management in intensive Chinese agricultural systems ［J］. Proceedings of the National Academy of Sciences of the United States of America，106 （9）：3041－3046.

JU X，LU X，GAO Z，et al，2011. Processes and factors controlling N_2O production in an intensively managed low carbon calcareous soil under sub－humid monsoon conditions ［J］. Environmental Pollution，159 （4）：1007－1016.

KARLEN D L，MAUSBACH M J，DORAN J W，et al，1997. Soil quality：A concept definition and framework for evaluation ［J］. Soil Science Society of America Journal （61）：4－10.

KOOP－JAKOBSEN K，GIBLIN A E，2010. The effect of increased nitrate loading on nitrate reduction via denitrification and DNRA in salt marsh sediments ［J］. Limnology and Oceanography，55 （2）：789－802.

KRAMER S B，REGANOLD J P，GLOVER J D，et al，2006. Reduced nitrate leaching and enhanced denitrifier activity and efficiency in organically fertilized soils ［J］. Proceedings of the National Academy of Sciences，103 （12）：4522－4527.

KROEZE C，MOSIER A，BOUWMAN L，1999. Closing the global N_2O budget：A retrospective analysis 1500—1994 ［J］. Global Biogeochemical Cycles，13 （1）：1－8.

LAL R，2010. Beyond Copenhagen：mitigating climate change and achieving food security through soil carbon sequestration ［J］. Food Sec.，2：169－177.

LAWTON K，VOMOCIL J A，1954. The dissolution and migration of phosphorus from granular superphosphate in some Michigan soils [J]. Soil Science Society of America Journa, 18 (1): 26 – 32.

LI H, HUANG G, MENG Q, et al, 2011. Integrated soil and plant phosphorus management for crop and environment in China [J]. Plant and soil, 349 (1): 157 – 167.

LI J, LIU H, WANG H, et al, 2018. Managing irrigation and fertilization for the sustainable cultivation of greenhouse vegetables [J]. Agricultural Water Management, 210: 354 – 363.

LI W, GUO S, LIU H, et al, 2018. Comprehensive environmental impacts of fertilizer application vary among different crops: Implications for the adjustment of agricultural structure aimed to reduce fertilizer use [J]. Agricultural Water Management (210): 1 – 10.

LINDSAY W L, STEPHENSON H F, 1959a. Nature of the reactions of monocalcium phosphate monohydrate in soils: I. the solution that reacts with the soil [J]. Soil Science Society of America Journal, 23 (1): 12 – 18.

LINDSAY W L, STEPHENSON H F, 1959b. Nature of the reactions of monocalcium phosphate monohydrate in soils: II. dissolution and precipitation reactions involving iron, aluminum, manganese, and calcium [J]. Soil Science Society of America Journal, 23 (1): 18 – 22.

LIU K, ZHANG T Q, TAN C S, ASTATKIE T, 2011. Responses of fruit yield and quality of processing tomato to drip – irrigation and fertilizers phosphorus and potassium. Agronomy journal, 103 (5): 1339 – 1345.

LIU Y X, YANG J Y, HE W T, et al, 2017. Provincial potassium balance of farmland in china between 1980 and 2010 [J]. Nutrient Cycling in Agroecosystems, 107 (2): 247 – 264.

LOVELAND P, WEBB J, 2003. Is there a critical level of organic matter in the agricultural soils of temperate regions: a review [J]. Soil and Tillage Research, 70: 1 – 18.

LU W W, ZHANG H L, SHI W M, 2013. Dissimilatory nitrate reduction to ammonium in an anaerobic agricultural soil as affected by glucose and free sulfide [J]. European Journal of Soil Biology (58): 98 – 104.

LUO L, MA Y B, SANDERS R L, et al, 2017. Phosphorus speciation and transformation in long – term fertilized soil: evidence from chemical fractionation and P K – edge XANES spectroscopy [J]. Nutrient Cycling in Agroecosystems, 107 (2): 215 – 226.

MASAKA J, WUTA M, NYAMANGARA J, et al, 2013. Effect of manure quality on nitrate leaching and groundwater pollution in wetland soil under field tomato (*Lycopersicon esculentum*, Mill var. Heinz) rape (*Brassica napus*, L var. Giant) [J]. Nutrient Cycling in Agroecosystems, 96 (2 – 3): 149 – 170.

MATSUSHIMA M, LIM S S, KWAK J H, et al, 2009. Interactive effects of synthetic nitrogen fertilizer and composted manure on ammonia volatilization from soils [J]. Plant and Soil, 325 (1/2): 187 – 196.

MAYFIELD A H, TRENGOVE S P, 2009. Grain yield and protein responses in wheat using the N – Sensor for variable rate N application [J]. Crop and Pasture Science (60): 818 – 823.

MENDUM T A, HIRSCH P R, 2002. Changes in the population structure of β – group autotrophic ammonia oxidizing bacteria in arable soils in response to agricultural practice [J]. Soil Biology and Biochemistry (34): 1479 – 1485.

MIN J, ZHAO X, SHI W M, et al, 2011. Nitrogen balance and loss in a greenhouse vegetable system in southeastern China [J]. Pedospher, 21 (4): 464 – 472.

MIN JU, SHI WEIMING, XING GUANGXI, et al, 2012. Nitrous oxide emissions from vegetables grown in a polytunnel treated with high rates of applied nitrogen fertilizers in Southern China [J]. Soil Use and Management,

28 (1): 70 - 77.

MOSIER A, KROEZE C, NEVISON C, et al, 1998. Closing the global N₂O budget: Nitrous oxide emissions through the agricultural nitrogen cycle [J]. Nutrient Cycling in Agroecosystems, 52 (2/3): 225 - 248.

NI K, PACHOLSKI A, KAGE H, 2014. Ammonia volatilization after application of urea to winter wheat over 3 years affected by novel urease and nitrification inhibitors [J]. Agriculture, Ecosystems and Environment (197): 184 - 194.

NIJBURG J W, LAANBROEK H J, 1997. The influence of Glycefia maxima and nitrate input on the composition and nitrate metabolism of the dissimilatory nitrate reducing bacterial community [J]. FEMS Microbiology Ecology, 22 (1): 57 - 63.

OGILVIE B, RUTTER M, NEDWELL D, 1997. Selection by temperature of nitrate reducing bacteria from estuarine sediments: species composition and competition for nitrate [J]. FEMS Microbiology Ecology, 23 (1): 11 - 22.

PARTON W J, MOSIER A R, OJIMA D S, et al, 1996. Generalized model for N₂ and N₂O production from nitrification and denitrification [J]. Global Biogeochemical Cycles (10): 401 - 412.

PHILLIPS F A, LEUNING R, BAIGENT R, et al, 2007. Nitrous oxide flux measurements from an intensively managed irrigated pasture using micrometeorological techniques [J]. Agricultural and Forest Meteorology, 143 (1 - 2): 92 - 105.

PRINCIC A, MAHNE I, MEGUŠAR F et al, 1998. Effects of pH and oxygen and ammonium concentrations on the community structure of nitrifying bacteria from wastewater [J]. Applied and Environmental Microbiology (64): 3584 - 3590.

REN T, CHRISTIE P, WANG J, et al, 2010. Chen Q, Zhang F. Root zone soil nitrogen management to maintain high tomato yields and minimum nitrogen losses to the environment [J]. Scientia horticulturae, 125 (1): 25 - 33.

SAGGAR S, LUO J, GILTRAP D L, et al, 2009. Nitrous oxide emissions from temperate grasslands: Processes, measurement, modeling and mitigation [M]. In: Sheldon A I, Barnhart E P. Nitrous oxide emissions research progress. New York: Nova Science Publishers Inc.

SAN FRANCISCO S, URRUTIA O, MARTIN V, 2011. Efficiency of urease and nitrification inhibitors in reducing ammonia volatilization from diverse nitrogen fertilizers applied to different soil types and wheat straw mulching [J]. Journal of the Science of Food and Agriculture, 91 (9): 1569 - 1575.

SÁNCHEZ - ALCALÁ I, DEL CAMPILLO M C, BARRÓN V, et al, 2015. The Olsen P/solution P relationship as affected by soil properties [J]. Soil Use & Management, 30 (4): 454 - 462.

SCHIMEL J P, BENNETT J, 2004. Nitrogen mineralization: challenges of a changing paradigm [J]. Ecology, 85 (3): 591 - 602.

SCHMIDT E L, 1982. Nitrification in soil [M]. In: Stevenson F J. Nitrogen in agricultural soils. Hoboken: Wiley Online Library.

SCOTT J T, MCCARTHY M J, GARDNER W S, et al, 2008. Denitrification dissimilatory nitrate reduction to ammonium, and nitrogen fixation along a nitrate concentration gradient in a created freshwater wetland [J]. Biogeochemistry, 87 (1): 99 - 111.

SEBILO M, MAYER B, NICOLARDOT B, et al, 2013. Long - term fate of nitrate fertilizer in agricultural soils [J]. Proceedings of the National Academy of Sciences of the United States of America, 110 (45): 18185 - 18189.

SHI N, ZHANG Y, LI Y, et al, 2018. Water pollution risk from nitrate migration in the soil profile as affected by fertilization in a wheat - maize rotation system [J]. Agricultural Water Management, 210: 124 - 129.

SHI W, NORTON J M, 2000. Effect of long - term, biennial, fall - applied anhydrous ammonia and nitrapyrin on soil nitrification [J]. Soil Science Society of America Journal (64): 228 - 234.

SIX J, ELLIOTT E T, PAUSTIAN K, et al, 1998. Aggregation and Soil Organic Matter Accumulation in Cultivated and Native Grassland Soils [J]. Soil Science Society of America Journal, 62 (5): 1367 - 1377.

SMITH M S, ZIMMERMAN K, 1981. Nitrous oxide production by non - denitrifying soil nitrate reducers [J]. Soil Science Society of America Journal, 45 (5): 865 - 871.

SMITH P, 2004. Carbon sequestration in croplands: the potential in Europe and the global context [J]. Eur. J. Agron. (20): 229 - 236.

SMITH R V, BURNS L C, DOYLE R M, et al, 1997. Free ammonia inhibition of nitrification in river sediments leading to nitrite accumulation [J]. Journal of Environmental Quality (26): 1049 - 1055.

SPARKS D L. 1987. Potassium dynamics in soil [J]. Advances in Soil Science (6): 1 - 63.

STANFORD G, EPSTEIN E, 1974. Nitrogen mineralization - water relations in soils [J]. Soil Science Society of America Proceeding, 38 (1): 103 - 107.

STEIN L Y, ARP D J, 1998. Loss of ammonia monooxygenase activity in Nitrosomonas europaea upon exposure to nitrite [J]. Applied and Environmental Microbiology (64): 4098 - 4102.

STEVENS R J, LAUGHLIN R J, MALONE J P, 1998. Soil pH affects the processes reducing nitrate to nitrous oxide and di - nitrogen [J]. Soil Biology & Biochemistry, 30 (8 - 9): 1119 - 1126.

STREETS D G, BOND T C, CARMICHAEL G R, et al, 2003. An inventory of gaseous and primary aerosol emissions in Asia in the year 2000 [J]. Journal of Geophysical Research, 108 (D21): 8809.

SUN L, LI L, CHEN Z, et al, 2014. Combined effects of nitrogen deposition and biochar application on emissions of N_2O, CO_2 and NH_3 from agricultural and forest soils [J]. Soil Science and Plant Nutrition (60): 254 - 265.

TAN D S, JIN J Y, JIANG L H, et al, 2012. Potassium assessment of grain producing soils in North China [J]. Agriculture & Ecosystems and Environment (148): 65 - 71.

TANG X, LI J M, MA Y B, et al, 2009. Determining critical values of soil Olsen - P for maize and winter wheat from long - term experiments in China [J]. Plant and soil, 323: 143 - 151.

TIAN D, ZHANG Y, MU Y, et al, 2016. The effect of drip irrigation and drip fertigation on N_2O and NO emissions, water saving and grain yields in a maize field in the North China Plain [J]. Science of the Total Environment, 575: 1034 - 1040.

VÁZQUEZ N, PARDO A, SUSO M L, et al, 2006. Drainage and nitrate leaching under processing tomato growth with drip irrigation and plastic mulching [J]. Agriculture, Ecosystems and Environment, 112: 313 - 323.

WAN Y, JU X, INGWERSEN J, et al, 2009. Gross nitrogen transformations and related nitrous oxide emissions in an intensively used calcareous soil [J]. Soil Science Society of America Journa, 73 (1): 102 - 112.

WANG H，ZHANG Y，CHEN A，et al，2017. An optimal regional nitrogen application threshold for wheat in the North China Plain considering yield and environmental effects [J]. Field Crops Research，207：52 - 61.

WANG H，JU X，WEI Y，et al，2010. Simulation of bromide and nitrate leaching under heavy rainfall and high - intensity irrigation rates in North China Plain [J]. Agricultural Water Management，97（10）：1646 - 1654.

WANG Y，CHEN X，WHALEN JK，et al，2015. Kinetics of inorganic and organic phosphorus release influenced by low molecular weight organic acids in calcareous，neutral and acidic soils [J]. Journal of Plant Nutrition and Soil Science，178：555 - 566.

WEI Y P，CHEN D L，KELIN H，et al，2009. Policy incentives for reducing nitrate leaching from intensive agriculture in desert oases of Alxa，Inner Mongolia [J]. China. Agricultural Water Management，96（7）：1114 - 1119.

WIJLER J，DELWICHE C C，1954. Investigations on the denitrifying process in soil [J]. Plant and Soil，5（2）：155 - 169.

WRAGE N，VELTHOF G L，VAN BEUSICHEM M L，et al，2001. Role of nitrifier denitrification in the production of nitrous oxide [J]. Soil Biology & Biochemistry，33（12 - 13）：1723 - 1732.

XU C，HAN X，BOL R，et al，2017. Impacts of natural factors and farming practices on greenhouse gas emissions in the North China Plain：A meta - analysis [J]. Ecology and Evolution（7）：6702 - 6715.

XU W，WU Q，LIU X，et al，2016. Characteristics of ammonia，acid gases，and PM2.5 for three typical land - use types in the North China Plain [J]. Environmental Science and Pollution Research，23：1158 - 1172.

XUE Q Y，LU L L，ZHOU Y Q，et al，2014. Deriving sorption indices for the prediction of potential phosphorus loss from calcareous soils [J]. Environmental Science and Pollution Research，21（2）：1564 - 1571.

XUE Q Y，SHAMSI I H，DA SHENG SUN，2013. Impact of manure application on forms and quantities of phosphorus in a Chinese Cambisol under different land use [J]. Journal of Soils and Sediments，13（5）：837 - 845.

YAN G，YAO Z，ZHENG X，et al，2015. Characteristics of annual nitrous and nitric oxide emissions from major cereal crops in the North China Plain under alternative fertilizer management [J]. Agriculture，Ecosystems & Environment，207：67 - 78.

YAN G，ZHENG X，CUI F，et al，2013. Two - year simultaneous records of N_2O and NO fluxes from a farmed cropland in the northern China plain with a reduced nitrogen addition rate by one - third [J]. Agriculture Ecosystems & Environment，178：39 - 50.

YAN HONGLIANG，XIE LIYONG，GUO LIPING，et al，2014. Characteristics of nitrous oxide emissions and the affecting factors from vegetable fields on the North China Plain [J]. Journal of Environmental Management，144：316 - 321.

YAN Z，LIU P，LI Y，et al，2013. Phosphorus in China's intensive vegetable production systems：overfertilization，soil enrichment，and environmental implications [J]. Journal of environmental quality，42（4）：982 - 989.

YANG M H，ZHAO X M，WANG F D，et al，2016. Fertility index construction based on the smallest data set of principal component analysis [J]. Journal of Jiangxi Agricultural University，38（6）：1188 - 1195.

YANG S, WANG Y, LIU R, et al, 2018. Effects of straw application on nitrate leaching in fields in the Yellow River irrigation zone of Ningxia, China [J]. Scientific Reports (8): 954.

YU C J, QIN J G, XU J, et al, 2010. Straw combustion in circulating fluidized bed at low - temperature: transformation and distribution of potassium [J]. Canadian Journal of Chemical Engineering, 88 (5): 874 - 880.

ZHANG H M, XU M G, ZHANG W J, et al, 2009. Factors affecting potassium fixation in seven soils under 15 - year long - term fertilization [J]. Chinese Science Bulletin, 54 (10): 1773 - 1780.

ZHANG W L, TIAN Z X, ZHANG N, et al, 1996. Nitrate pollution of groundwater in northern China [J]. Agriculture, Ecosystems & Environment, 59: 223 - 231.

ZHANG W, YU Y, LI T, et al, 2014. Net greenhouse gas balance in China's Croplands over the last three decades and its mitigation potential [J]. Environmental Science & Technology, 48: 2589 - 2597.

ZHANG X, WU Y, LIU X, et al, 2017. Ammonia Emissions May Be Substantially Underestimated in China [J]. Environment Science Technology, 51: 12089 - 12096.

ZHANG X, MENG F, LI H, et al, 2019. Optimized fertigation maintains high yield and mitigates N_2O and NO emissions in an intensified wheat - maize cropping system [J]. Agricultural Water Management, 211: 26 - 36.

ZHANG Y C, LI R N, WANG L Y, et al, 2010. Threshold of soil Olsen - P in greenhouses for tomatoes and cucumbers [J]. Communications in soil science and plant analysis, 41 (20): 2383 - 2402.

ZHANG Y S, LUAN S J, CHEN L L, et al, 2011. Estimating the vola - tilization of ammonia from synthetic nitrogenous fertilizers used in China [J]. Journal of Environmental Management, 92 (3): 480 - 493.

ZHANG Y, GUO J H, 2011. Preliminary study on acidity characteristics and acidification sensitivity of fluvo - aquic soil in North China Plain [J]. Environmental Chemistry, 30 (6): 1126 - 1130.

ZHANG Y, LI T, BEI S, et al, 2018. Growth and distribution of maize roots in response to nitrogen accumulation in soil profiles after long - term fertilization management on a calcareous soil [J]. Sustainability, 10 (11): 4315.

ZHANG Y, WANG H, LIU S, et al, 2015. Identifying critical nitrogen application rate for maize yield and nitrate leaching in a Haplic Luvisol soil using the DNDC model [J]. Science of the Total Environment, 514: 388 - 398.

ZHAO S C, HE P, QIU S J, et al, 2014. Long - term effects of potassium fertilization and straw return on soil potassium levels and crop yields in north - central China [J]. Field Crops Research, 169: 116 - 122.

ZHAO Y, LU C, SHI Y, et al, 2016. Soil fertility and fertilization practices affect accumulation and leaching risk of reactive N in greenhouse vegetable soils [J]. Canadian Journal of Soil Science, 96 (3): 281 - 288.

ZHOU J, GU B, SCHLESINGER W H, et al, 2016. Significant accumulation of nitrate in Chinese semi - humid croplands [J]. Scientific Reports, 6 (1): 25088.

ZHU J, LI X, CHRISTIE P, et al, 2005. Environmental implications of low nitrogen use efficiency in excessively fertilized hot pepper (*Capsicum frutescens* L.) cropping systems [J]. Agriculture, ecosystems & environment, 111 (1): 70 - 80.